2019
我国水生动物重要疫病状况分析

2019 ANALYSIS OF MAJOR AQUATIC ANIMAL DISEASES IN CHINA

农业农村部渔业渔政管理局
Bureau of Fisheries, Ministry of Agriculture and Rural Affairs

全国水产技术推广总站
National Fisheries Technology Extension Center

中国水产学会
China Society of Fisheries

中国农业出版社
北 京

图书在版编目（CIP）数据

2019我国水生动物重要疫病状况分析/农业农村部渔业渔政管理局，全国水产技术推广总站，中国水产学会编. —北京：中国农业出版社，2019.9

ISBN 978-7-109-25963-8

Ⅰ. ①2… Ⅱ. ①农… ②全… ③中… Ⅲ. ①水生动物－动物疾病－研究－中国－2019 Ⅳ. ①S94

中国版本图书馆CIP数据核字（2019）第214587号

中国农业出版社出版
地址：北京市朝阳区麦子店街18号楼
邮编：100125
责任编辑：林珠英　黄向阳
版式设计：吴　妪　　责任校对：刘丽香
印刷：中农印务有限公司
版次：2019年9月第1版
印次：2019年9月北京第1次印刷
发行：新华书店北京发行所
开本：787mm×1092mm　1/16
印张：28
字数：650千字
定价：98.00元

编写说明

一、自本期起，《我国水生动物重要疫病病情分析》更名为《我国水生动物重要疫病状况分析》，并以正式出版年份标序。其内容和数据起讫日期：2018年1月1日至2018年12月31日。

二、内容和全国统计数据中，均未包括香港特别行政区、澳门特别行政区、台湾省和西藏自治区。

三、读者对本报告若有建议和意见，请与全国水产技术推广总站联系。

本书编委会

前　言

为全面掌握我国水生动物的病情发生及流行状况，及时采取防控措施，受农业农村部渔业渔政管理局委托，全国水产技术推广总站自2001年起组织开展了全国水产养殖动植物的病情测报，自2005年起在全国组织开展了重大疫病专项监测工作。经过多年发展，全国病情监测体系基本健全，监测队伍基本稳定，监测手段不断强化，预测预报工作科学水平不断提高，为政府部门决策和制订有效防控措施提供了技术支撑，为水产养殖业绿色、可持续发展发挥了重要保障作用。

2018年，全国水产技术推广总站在全国共设置测报点4 571个，6 000余人参与监测；测报面积约31万公顷，占全国水产养殖面积的4.3%；监测发病养殖种类66种；并对鲤春病毒血症等11种重大疫病进行专项监测，采集样品7 854份，检测鱼虾约118万尾。组织各省（自治区、直辖市）及首席专家对监测结果进行分析，对发病趋势进行了研判，形成了分疫病及分省份的分析报告。

《2019我国水生动物重要疫病状况分析》分综合篇和地方篇两部分。综合篇主要收录了综述和首席专家对11种重要疫病的分析报告；地方篇收录了29个省（自治区、直辖市）的分析报告。

本书的出版，得到了各位首席专家及各地水产技术推广机构、水生动物疫病预防控制机构的大力支持，也离不开各级疫病监测信息采集分析人员的无私奉献，在此一并致以诚挚的感谢！

编　者

2019年9月

目　录

综 合 篇

地 方 篇

综合篇

2018 年全国水生动物病情综述

近年来，随着我国水产养殖模式多样，养殖品种日益丰富，水产苗种流动日趋频繁，长期危害渔业生产的病害问题未得到根本解决。2018 年，我国水产养殖因病害造成的经济损失约 450 亿元，约占渔业产值的 3.5%。

一、2018 年我国水生动物病情概况

（一）发病养殖种类

根据全国水产技术推广总站组织开展的全国水产养殖动植物病情测报结果，2018 年监测到发病养殖种类 66 种（表 1）。其中，鱼类 39 种，虾类 9 种，蟹类 3 种，贝类 7 种，藻类 3 种，两栖/爬行类 3 种，其他类 2 种。主要的养殖鱼类和虾类都监测到疾病。

表 1　2018 年全国监测到发病的水产养殖种类汇总

类别		种类	数量
淡水	鱼类	青鱼、草鱼、鲢、鳙、鲤、鲫、鳊、泥鳅、鲇、鮰、黄颡鱼、鲑、鳟、河鲀、短盖巨脂鲤、长吻鮠、黄鳝、鳜、鲈（淡水）、乌鳢、罗非鱼、鲟、鳗鲡、鲮、倒刺鲃、白鲳、红鲌、笋壳鱼、梭鱼、金鱼、锦鲤	31
	虾类	罗氏沼虾、青虾、克氏原螯虾、南美白对虾（淡水）	4
	蟹类	中华绒螯蟹	1
	贝类	河蚌	1
	两栖/爬行类	龟、鳖、大鲵	3
海水	鱼类	鲈（海水）、鲆、大黄鱼、河鲀、石斑鱼、鲽、半滑舌鳎、卵形鲳鲹	8
	虾类	南美白对虾（海水）、斑节对虾、中国对虾、日本对虾、脊尾白虾	5
	蟹类	梭子蟹、锯缘青蟹	2
	贝类	牡蛎、鲍、螺、扇贝、蛤、蚶	6
	藻类	海带、裙带菜、紫菜	3
	其他类	海参、海蜇	2
合计			66

（二）监测到的疾病种类

监测到的鱼类主要疾病有鲤春病毒血症、草鱼出血病、传染性脾肾坏死病、锦鲤疱疹病毒病、病毒性神经坏死病、斑点叉尾鮰病毒病、传染性造血器官坏死病、传染性胰脏坏死病、鲤浮肿病、鲫造血器官坏死病、淡水鱼细菌性败血症、迟缓爱德华氏菌病、链球菌病、大黄鱼内脏白点病、鳗弧菌病、鱼柱状黄杆菌病、水霉病、刺激隐核虫病、小瓜虫病、车轮虫病、固着类纤毛虫病等。

监测到的虾蟹类主要疾病有白斑综合征、传染性皮下和造血器官坏死病、虾虹彩病毒病、弧菌病、急性肝胰腺坏死病、水霉病、固着类纤毛虫病、虾肝肠胞虫病等。

监测到的贝类主要疾病有鲍脓疱病、鲍弧菌病、三角帆蚌气单胞菌病、才女虫病等。

监测到的两栖爬行类主要疾病有鳖红底板病、蛙病膜炎败血金黄杆菌病、固着类纤毛虫病等。

另外，还监测到海参腐皮综合征、海参烂边病等。

（三）经济损失情况

2018 年，我国水产养殖因病害造成的测算经济损失约 450 亿元，约占渔业产值的 3.5%。在病害经济损失中，甲壳类损失最大，约占 49.0%，鱼类约占 20.0%，贝类约占 20.0%，其他约占 11.0%。主要养殖种类经济损失情况如下。

1. 甲壳类　因病害造成较大经济损失的有：南美白对虾 117.8 亿元，克氏原螯虾 28.4 亿元，中华绒螯蟹 15.1 亿元，锯缘青蟹 14.3 亿元，斑节对虾 13.1 亿元，梭子蟹 8.6 亿元。

2. 鱼类　因病害造成经济损失较大的有：罗非鱼 16.3 亿元，草鱼 9.2 亿元，鲈 7.8 亿元，鲫 6.7 亿元，鳙 6.2 亿元，大黄鱼 4.7 亿元，黄鳝 4.6 亿元，鲢 4.1 亿元，鳜 4.1 亿元，鲤 3 亿元。

3. 贝类　因病害造成较大经济损失的有：牡蛎 35.4 亿元，扇贝 31.1 亿元，蛤 10.5 亿元，螺 8.1 亿元，鲍 3.6 亿元。

4. 其他　因病害造成较大经济损失的有：海参 36.8 亿元，海带 11.4 亿元，龟 1.8 亿元，鳖 1.4 亿元

二、2019 年发病趋势分析

2019 年，农业农村部等 10 部委将联合发布《关于加快推进水产养殖绿色发展的若干意见》（农渔发［2019］1 号），要求各地强化水生动物疫病的防控工作，并提出了科学设置网箱、网围等多项举措。另外，2019 年农业农村部计划公布“2018 年国家水生动物疫病监测阴性和阳性场名单”，还将把水产苗种产地检疫范围进一步扩大。这些相关措施的出台，都将在一定程度上控制了水生动物疫病的发生和蔓延。因此，预计 2019 年水生动物病害发生面积和造成的经济损失将会有所减少。

但是，由于机构调整尚未完全到位、苗种产地检疫尚未全面铺开等问题的存在，病害问题在短时期内难以得到彻底解决。2019年，水产动植物病害防控形势仍然十分严峻。部分水产养殖密集地区和主要依赖购买苗种养殖的地区，仍然可能出现突发疫情。推测主要发病养殖品种有鲤、锦鲤、石斑鱼、鲆、大黄鱼、鳟、草鱼、罗非鱼、鲈、鲫、鲢、鳜、南美白对虾、克氏原螯虾、中华绒螯蟹、牡蛎等。

1. 鱼类发病趋势　在大宗淡水鱼主养区，预测将发生鲤春病毒血症、锦鲤疱疹病毒病、鲤浮肿病、草鱼出血病、鲫造血器官坏死病、淡水鱼细菌性败血症、烂鳃病、细菌性肠炎病、水霉病等；在特色淡水鱼养殖区，预测将发生传染性造血器官坏死病、链球菌病、烂尾病、固着类纤毛虫病等；在海水养殖区域，预测将发生病毒性神经坏死病、白鳃病、内脏白点病、弧菌病、刺激隐核虫病等。

2. 甲壳类发病趋势　在对虾养殖区，预测将发生虾虹彩病毒病、对虾肠道细菌病、弧菌病、急性肝胰腺坏死病、虾肝肠胞虫病等；在克氏原螯虾养殖区，预测将发生白斑综合征、烂鳃病等；在中华绒螯蟹养殖区，预测将发生肠炎病、蜕壳不遂症等。

3. 贝类发病趋势　在一些贝类集中养殖区，牡蛎等养殖品种的发病情况将与2018年基本持平。

2018年鲤春病毒血症状况分析

深圳海关动植物检验检疫技术中心

（刘　莛　贾　鹏　温智清）

一、前言

鲤春病毒血症（spring viraemia of carp，SVC）是我国法定动物一类疫病之一。SVC是一种由鲤春病毒血症病毒（spring viraemia of carp virus，SVCV）感染鲤科和鮰科鱼类并导致宿主产生以急性、出血性临床症状为主的病毒性传染病。世界动物卫生组织（world organization for animal health，OIE）将其列入水生动物疫病名录；我国将其列入《一、二、三类动物疫病病种名录》一类动物疫病；《中华人民共和国进境动物检疫疫病名录》二类进境动物疫病。

2005年，我国首次制定《国家水生动物疫病监测计划》并组织实施。自2004年我国江苏发生首例SVC疫情，给我国鲤科鱼类养殖业造成较大影响，引起我国渔业渔政管理局的重视，并于2005年首次实施《国家水生动物疫病监测计划》。自此，我国已经对SVC开展了14年的连续监测，累计设置监测点6 539个，累计抽样10 733批次，累计监测到SVC阳性样品377批次。基本明确了SVC在我国的分布、病毒毒力、基因型、易感宿主、传播路径以及对我国养殖业可能造成潜在风险和危害等情况。

我国SVC国家监测成果达到预期目标，符合OIE《水生动物法典》规定的水生动物疫病监测目标。①证明了我国不同省（直辖市、自治区）鲤科鱼类养殖场SVC流行和SVCV感染情况；②为我国主管部门向OIE或世界粮农组织（Food and Agriculture Organization，FAO）亚太水产养殖网络中心（Network of Aquaculture Centres in Asia-Pacific，NACA）通报SVC疫情提供科学依据；③掌握SVC在我国发生发展、分布、流行率等数据，为我国SVC疫情控制和风险分析提供科学参考；④保证我国鲤科鱼类（特别是观赏鱼）国际贸易健康发展，为进口国入境风险分析提供监测数据参考。

为了不断完善SVC监测数据，深入挖掘监测数据的科学价值，本报告将对2018年SVC国家监测数据进行总结和分析，包括监测点分布、监测点类型、监测品种以及阳性检出情况等。还将2018年SVC国家检测数据与历年监测数据进行了比较分析，结合SVC最新研究进展，通过分子流行病学和生物信息学手段，分析SVC对我国鲤科鱼类养殖业和观赏鱼国际贸易可能存在的潜在风险和影响，并提出相应的防控措施。

二、主要内容概述

根据2018年23个省（自治区、直辖市）上报的监测数据，形成2018年中国鲤春病毒血症分析报告，主要内容为：①分析了全国SVC国家监测工作总体实施情况；②将2018年和往年（2005—2017年）监测数据进行比较分析，发掘2018年SVC监测数据的特点；③以数据为基础，分析我国SVC流行和发生疫情的风险；④2018年SVC国家监测存在的主要问题；⑤对今后监测工作提出相应建议。

三、2018年SVC国家监测实施情况

（一）监测范围

2018年，SVC监测范围为北京、天津、河北、山西、内蒙古、辽宁、吉林、黑龙江、上海、江苏、浙江、安徽、江西、山东、河南、湖北、湖南、广西、重庆、四川、陕西、宁夏和新疆23个省（自治区、直辖市）的231个县、366个乡（镇）（图1）。

图1　2005—2018年SVC国家监测的省份、县和乡镇

2018年，SVC监测的省（自治区、直辖市）和2017年度相同，但监测的县由237个减少至231个，监测的乡（镇）由382个减少至366个。与2005—2017年监测范围相比，2018年监测覆盖的县数（个）和乡（镇）数（个）高于2005—2017年中位数。

2005—2018年，监测范围累计覆盖县2 854次，中位数为203.9次；监测范围累计覆盖乡（镇）4 368次，中位数为312.0次。

（二）不同养殖场类型和监测点

2018年，全国共设置SVC监测点6大类，共计536个。包括国家级原良种场11个、省级原良种场53个、苗种场132个、观赏鱼养殖场75个、成鱼养殖场265个和引育种中心0个（图2），分别占当年监测点总数的比例为2.1%、9.9%、24.6%、14.0%、49.4%和0.0。

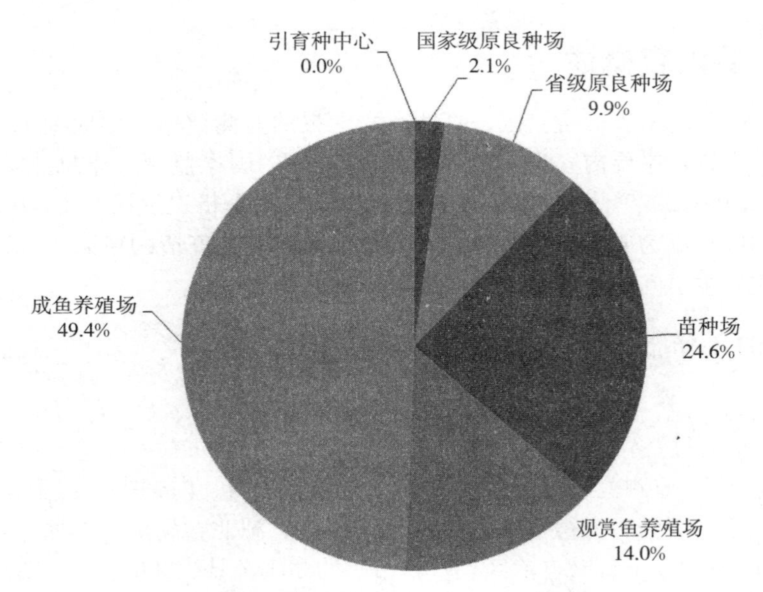

图 2　2018 年不同类型监测点占比情况

与 2017 年相比较，2018 年监测点总数减少 17 个。不同类型监测点占比情况如下：国家级原良种场占比由 2.0%上升至 2.1%、省级原良种场占比由 9.4%上升至 9.9%、苗种场占比由 27.7%下降至 24.6%、观赏鱼养殖场占比由 13.7%上升至 14.0%、成鱼养殖场占比由 47.2%上升至 49.4%、引育种中心占比没有变化。与 2005—2017 年相比，2018 年国家级原良种、观赏鱼养殖场和成鱼养殖场监测点设置数高于 13 年平均数，省级原良种场和苗种场监测点设置数低于 13 年平均数（图 3）。

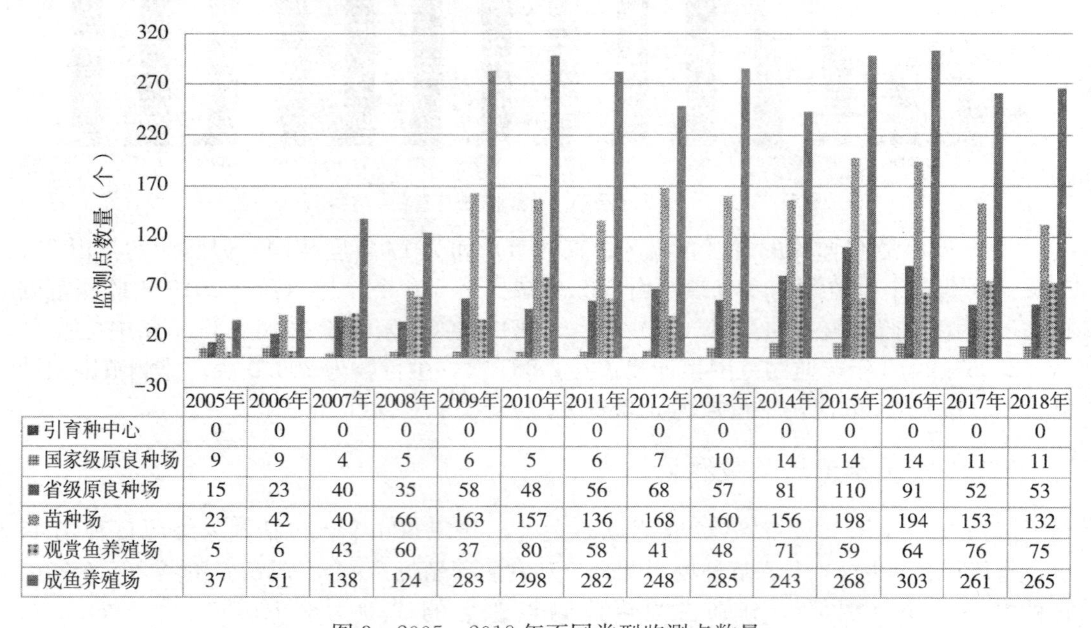

	2005年	2006年	2007年	2008年	2009年	2010年	2011年	2012年	2013年	2014年	2015年	2016年	2017年	2018年
引育种中心	0	0	0	0	0	0	0	0	0	0	0	0	0	0
国家级原良种场	9	9	4	5	6	5	6	7	10	14	14	14	11	11
省级原良种场	15	23	40	35	58	48	56	68	57	81	110	91	52	53
苗种场	23	42	40	66	163	157	136	168	160	156	198	194	153	132
观赏鱼养殖场	5	6	43	60	37	80	58	41	48	71	59	64	76	75
成鱼养殖场	37	51	138	124	283	298	282	248	285	243	268	303	261	265

图 3　2005—2018 年不同类型监测点数量

2005—2018 年，全国累计设置监测点 6 539 次。其中，国家级原良种场累计设置 125 次，中位数 9.6 个/年；省级原良种场累计设置 787 次，中位数 60.5 个/年；苗种场累计设置 1 788 次，中位数 137.5 个/年；观赏鱼养殖场累计设置 723 次，中位数 55.6 个/年；成鱼养殖场累计设置 3 116 次，中位数 239.7 个/年。13 年中，不同类型养殖场占比见图 4。

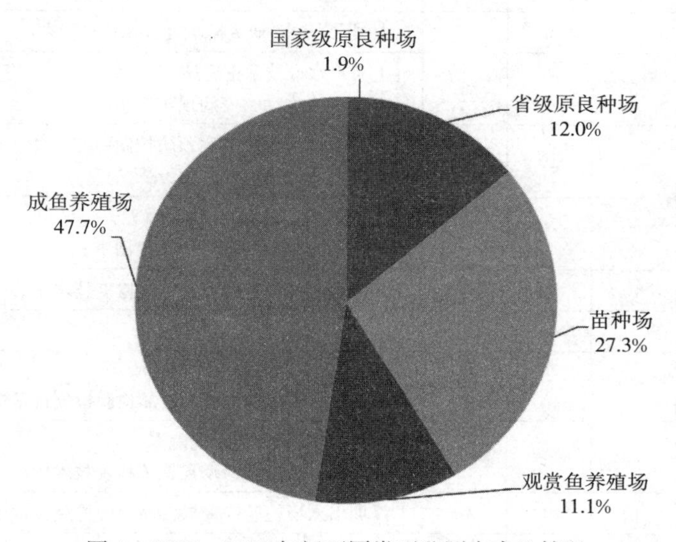

图 4　2005—2018 年间不同类型监测点占比情况

（三）不同省份监测任务完成情况

2018 年，SVC 国家监测拟计划采集样品 565 批次，实际采样 573 批次，超额完成采样任务。所有省（直辖市、自治区）均按照监测计划完成采样任务。其中，天津、山东、四川超额完成采样任务（表 1）。

表 1　2018 年不同省（直辖市、自治区）SVC 采样任务完成情况

省份	原计划		实际完成情况		实际检测单位	完成率（%）
	自检	送检	自检	送检		
北京	15	15	15	15	A 北京市水产技术推广站 D 河北省水产养殖病害防治监测总站	100.0
天津	10	10	14	11	C 天津市水生动物疫病预防控制中心 D 河北省水产养殖病害防治监测总站	125.0
河北	20	20	20	20	D 河北省水产养殖病害防治监测总站 C 天津市水生动物疫病预防控制中心	100.0
山西	0	5	0	5	A 北京市水产技术推广站	100.0
内蒙古	0	20	0	20	A 北京市水产技术推广站	100.0

（续）

省份	原计划		实际完成情况		实际检测单位	完成率（%）
	自检	送检	自检	送检		
辽宁	15	15	15	15	辽宁省水产技术推广总站 F 中国水产科学研究院黑龙江水产研究所	100.0
吉林	0	10	0	10	E 吉林出入境检验检疫局检验检疫技术中心	100.0
黑龙江	0	40	0	40	F 中国水产科学研究院黑龙江水产研究所	100.0
上海	5	5	5	5	G 上海市水产技术推广站 H 江苏省水生动物疫病预防控制中心	100.0
江苏	20	20	20	20	H 江苏省水生动物疫病预防控制中心 G 上海市水产技术推广站	100.0
浙江	5	5	5	5	J 浙江省水生动物防疫检疫中心 H 江苏省水生动物疫病预防控制中心	100.0
安徽	0	40	0	40	Q 湖北出入境检验检疫局检验检疫技术中心	100.0
福建	—	—	—	—	—	—
江西	5	5	5	5	江西省水产技术推广站 T 深圳出入境检验检疫局食品检验检疫技术中心	100.0
山东	20	20	20	23	A1 山东省淡水渔业研究院 O 山东出入境检验检疫局检验检疫技术中心	107.5
河南	0	40	0	40	T 深圳出入境检验检疫局食品检验检疫技术中心	100.0
湖北	0	40	0	40	Q 湖北出入境检验检疫局检验检疫技术中心	100.0
湖南	0	40	0	40	R 湖南出入境检验检疫局检验检疫技术中心（19） Q 湖北出入境检验检疫局检验检疫技术中心（20）	100.0
广东	—	—	—	—	—	—
广西	15	15	15	15	广西渔业病害防治环境监测和质量检验中心 T 深圳出入境检验检疫局食品检验检疫技术中心	100.0
海南	—	—	—	—	—	—
重庆	10	10	10	10	重庆市水产品质量监督检验测试中心 T 深圳出入境检验检疫局食品检验检疫技术中心	100.00
四川	0	20	0	21	T 深圳出入境检验检疫局食品检验检疫技术中心（11） U 四川农业大学（10）	105.0
贵州	—	—	—	—	—	—
云南	—	—	—	—	—	—
陕西	5	10	5	10	陕西省水产工作总站 T 深圳出入境检验检疫局食品检验检疫技术中心	100.0
甘肃	—	—	—	—	—	—
青海	—	—	—	—	—	—
宁夏	0	10	0	10	T 深圳出入境检验检疫局食品检验检疫技术中心	100.0
新疆	0	5	0	5	A 北京市水产技术推广站	100.0

（续）

省份	原计划		实际完成情况		实际检测单位	完成率（%）
	自检	送检	自检	送检		
新疆建设兵团	0	5	0	5	A北京市水产技术推广站	100.0
总完成率	145	420	149	430	15	101.4

2005—2018年，全国共采集SVC监测样品10 733批次，江苏、山东、北京、天津和河北采样量居前五。2018年全国采样批次占14年总采样量的5.4%。不同年份、不同省份SVC国家监测采样数量见图5。

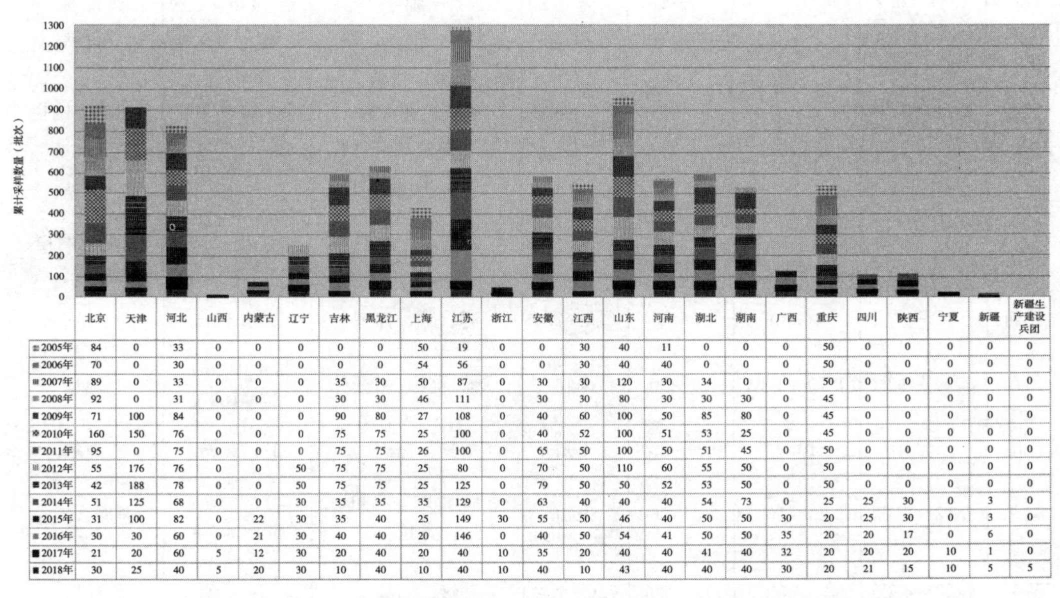

	北京	天津	河北	山西	内蒙古	辽宁	吉林	黑龙江	上海	江苏	浙江	安徽	江西	山东	河南	湖北	湖南	广西	重庆	四川	陕西	宁夏	新疆	新疆生产建设兵团
2005年	84	0	33	0	0	0	0	0	50	19	0	0	30	40	11	0	0	0	50	0	0	0	0	0
2006年	70	0	30	0	0	0	0	0	54	56	0	0	30	40	40	0	0	0	50	0	0	0	0	0
2007年	89	0	33	0	0	0	35	30	50	87	0	30	30	120	30	34	0	0	50	0	0	0	0	0
2008年	92	0	31	0	0	0	30	30	46	111	0	30	30	80	30	30	30	0	45	0	0	0	0	0
2009年	71	100	84	0	0	0	90	80	27	108	0	40	60	100	50	85	80	0	45	0	0	0	0	0
2010年	160	150	76	0	0	0	75	75	25	100	0	40	52	100	51	53	25	0	45	0	0	0	0	0
2011年	95	0	75	0	0	0	75	75	26	100	0	65	50	100	50	51	45	0	50	0	0	0	0	0
2012年	55	176	76	0	0	50	75	75	25	80	0	70	50	110	60	55	50	0	50	0	0	0	0	0
2013年	42	188	78	0	0	50	75	75	25	125	0	79	50	50	52	53	50	0	50	0	0	0	0	0
2014年	51	125	68	0	0	30	35	35	35	129	0	63	40	40	40	54	73	0	25	25	30	0	3	0
2015年	31	100	82	0	22	30	35	40	25	149	30	55	50	46	40	50	50	30	20	25	30	0	3	0
2016年	30	30	60	0	21	30	40	40	20	146	0	40	50	54	41	50	50	35	20	20	17	0	6	0
2017年	21	20	60	5	12	30	20	40	20	40	10	35	20	40	40	41	40	32	20	20	20	10	1	0
2018年	30	25	40	5	20	30	10	40	10	40	10	40	10	43	40	40	40	30	20	21	15	10	5	5

图5　2005—2018年不同省（直辖市、自治区）完成采样任务情况

（四）采样规格和自然条件

2018年，多数省（直辖市、自治区）均能够按照监测计划的要求，采取合格的样品。其中，天津、河北、山西、内蒙古、吉林、黑龙江、上海、江苏、山东、河南、湖南、四川、陕西、宁夏和新疆基本在水温为10～22℃时采样。但是，北京、辽宁、湖北、部分样品的采样水温略高，为25℃左右，而广西和浙江的采样时水温明显偏高，为19～31.5℃。

19个省（直辖市、自治区）在春季或秋季一次性完成采样任务，山东、湖北、广西和四川分春秋两季采样（表2）。

样品涉及各种规格，包括夏花、片寸和成鱼，以苗种为主。养殖方式主要以池塘养殖为主，河北、江苏、安徽、湖北对工厂化、网箱和网栏养殖方式的养殖场进行了采样监测。

表 2　2018 年各省采样信息

省份	采样时间（月·日）		采样温度（℃）	pH	采样种类	规格	养殖方式
	春季	秋季					
北京	4.10～6.19	9.13	12～25	未知	锦鲤、金鱼和其他观赏鱼	5～20 cm	池塘
天津	4.10～4.19	—	13～20	未知	鲤、鲫、锦鲤、草鱼	1.5～35 cm	池塘
河北	4.18～4.27	—	15	未知	鲤、锦鲤、金鱼	1 cm	池塘和工厂化
山西	—	10.16～10.17	12～15	7.8～8.0	鲤	8～15 cm	池塘
内蒙古	4.10～4.18	—	15～16.5	8.0～8.2	鲤	50～150 g	池塘
辽宁	6.4～6.21	—	21～24	未知	鲤	2.1～9 cm	池塘
吉林	4.17～4.25	—	11～13	未知	鲤	7～8 cm	池塘
黑龙江	4.17～5.2	—	15～18	未知	鲤	150 g	池塘
上海	4.4～4.24		10～20	未知	金鱼、锦鲤、鲤	4.75～17.4 cm	池塘
江苏	4.16～5.30	—	16～23.6	7.1～8.2	鲤、锦鲤、金鱼、鲢、草鱼、鲫、鳊、鳙、青鱼	0.5～15 cm	池塘和网栏
浙江	4.25～5.18	—	19～31.5	6.4～7.1	鲤、锦鲤	0.5～2 cm	池塘
安徽	5.15～5.24	—	18～21	7.3～7.4	鲤、锦鲤	2～8 cm	池塘、网箱、网栏
江西	—	10.30	17～21	6.9～7.0	鲤、鲫、锦鲤	3～12 cm	池塘
山东	6.19～6.21	10.10～10.11	18～20	未知	鲤、锦鲤、金鱼	3～20 cm；20～100 g	池塘
河南	4.17	10.9	16～20	未知	鲤、锦鲤	1～10 cm	池塘
湖北	4.12～6.22	10.25～10.31	16～26	未知	鲤、锦鲤、草鱼、青鱼	2～20 cm；50～300 g	池塘、网箱
湖南	4.23～4.25	—	16～20	7.0～7.2	鲤、锦鲤	1～2 cm；1～5 g	池塘
广西	5.15～7.25	9.19～10.15	20～30	6.8～8.2	鲤	6～50 g；3～10 cm	池塘
重庆	5.8～5.29	—	22～23	7.5	鲤	3 cm	池塘
四川	5.03～5.09	10.23～10.25	15～21	—	鲤、锦鲤	3～8 cm	池塘
陕西	6.12	—	18～22		鲤、锦鲤	10～20 cm	池塘
宁夏	5.28	—	19～20	8.2～9	鲤	1～2cm	池塘
新疆	4.26～5.29	—	17～19		鲤	0.5～2 cm	池塘
新疆建设兵团	2.25～5.28	—	15～20	7.7～8.5	鲤	2～5 cm	池塘

（五）监测品种

2018 年，监测样品有 10 种，分别为鲤、锦鲤、鲫、金鱼、鲢、鳙、草鱼、鳊、青鱼和其他。其中，鲤占76.7%、鲫占5.5%、锦鲤占9.3%、金鱼占2.9%、草鱼占1.9%。不同种类监测品种所占比例见图6。

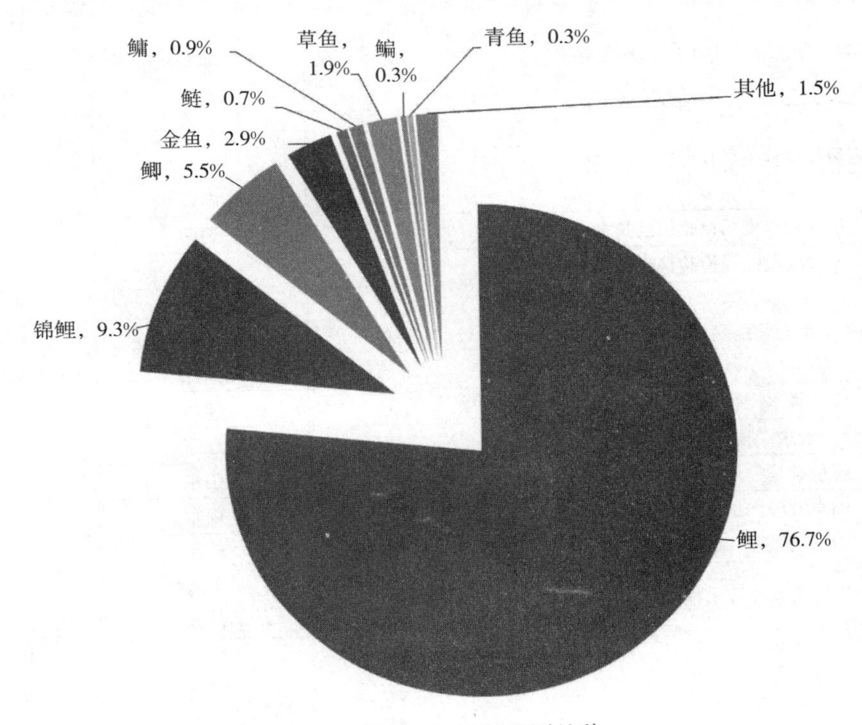

图6　2018年监测品种

（六）实验室检测情况和检测标准的选择情况

2018年，共19个实验室参与了SVC监测样品的检测工作，不同实验室承担检测任务量和委托检测等情况见表3。

2018年，深圳出入境检验检疫局食品检验检疫技术中心、湖北省出入境检验检疫局检验检疫技术中心和中国水产科学研究院黑龙江水产研究所承担检测任务量占前三位，样品检测量占总样品量的44.2%。其中，深圳出入境检验检疫局食品检验检疫技术中心承担了7个省份SVC监测样品的检测任务（表3）。

表3　2018年不同实验室承担检测任务量及检测情况

检测单位	检测样品总数	样品来源	各省送样数
北京市水产技术推广站	50	北京	15
		内蒙古	20
		山西	5
		新疆	5
		新疆建设兵团	5
广西渔业病害防治环境监测和质量检验中心	15	广西	15

（续）

检测单位	检测样品总数	样品来源	各省送样数
河北省水产养殖病害防治监测总站	46	北京	15
		河北	20
		天津	11
湖北出入境检验检疫局检验检疫技术中心	100	安徽	40
		湖北	40
		湖南	20
湖南出入境检验检疫局检验检疫技术中心	20	湖南	20
吉林出入境检验检疫局检验检疫技术中心	10	吉林	10
江苏省水生动物疫病预防控制中心	30	上海	5
		江苏	20
		浙江	5
江西省水产技术推广站	5	江西	5
辽宁省水产技术推广总站	15	辽宁	15
山东出入境检验检疫局检验检疫技术中心	23	山东	23
山东省海洋生物研究院	20	山东	20
陕西省水产工作总站	5	陕西	5
上海市水产技术推广站	25	上海	5
		江苏	20
深圳出入境检验检疫局食品检验检疫技术中心	101	广西	15
		河南	40
		江西	5
		宁夏	10
		陕西	10
		四川	11
		重庆	10
四川农业大学	10	四川	10
天津市水生动物疫病预防控制中心	34	河北	20
		天津	14
浙江省淡水水产研究所	5	浙江	5
中国水产科学研究院黑龙江水产研究所	55	黑龙江	40
		辽宁	15
重庆市水产品质量监督检验测试中心	10	重庆	10

四、2018 年 SVC 国家监测结果分析

（一）检出率

1. 2018 年监测点阳性检出情况　2018 年，23 个省（自治区、直辖市）共设置监测

点536个，检出阳性21个，平均阳性养殖场点检出率为3.9%。在536个监测养殖场点中，国家级原良种场11个，未检出阳性；省级原良种场53个，3个阳性，检出率是5.7%；苗种场132个，7个阳性，检出率是5.3%；观赏鱼养殖场75个，3个阳性，检出率是4.0%；成鱼养殖场265个，8个阳性，检出率是3.0%；引育种中心0个（图7）。

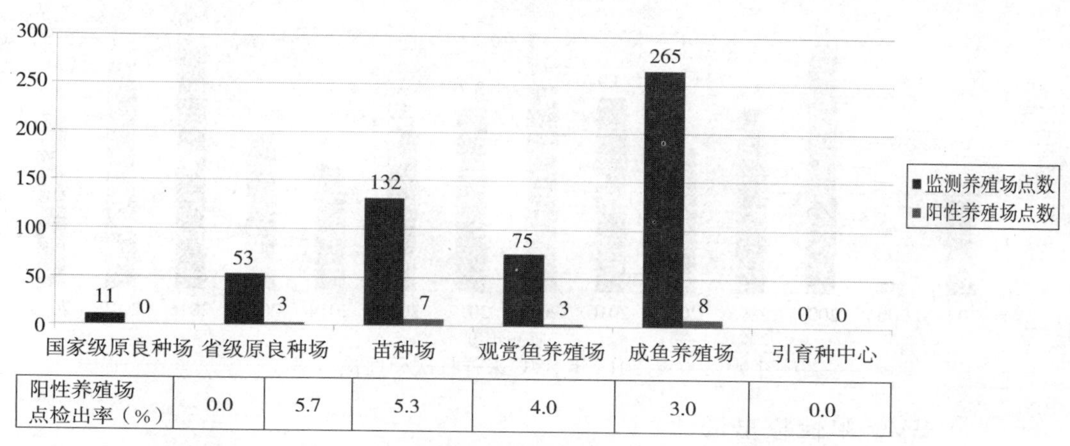

阳性养殖场点检出率（%）	0.0	5.7	5.3	4.0	3.0	0.0

图7　2018年不同类型监测点SVC阳性检出情况

2. 2018年样品批次阳性检出情况　2018年，23个省（自治区、直辖市）共采集样品579批次，检出阳性样品21批次，平均阳性样品检出率为3.6%。

3. 2017年和2018年监测点阳性检出情况比较　2018年，SVC监测点阳性检出率为3.9%。相比2017年，检出率下降1个百分点。2017年，SVC监测点阳性检出率为4.9%。

相比2017年，2018年省级原良种场、苗种场、观赏鱼养殖场阳性检出率均有所上升（图8）。

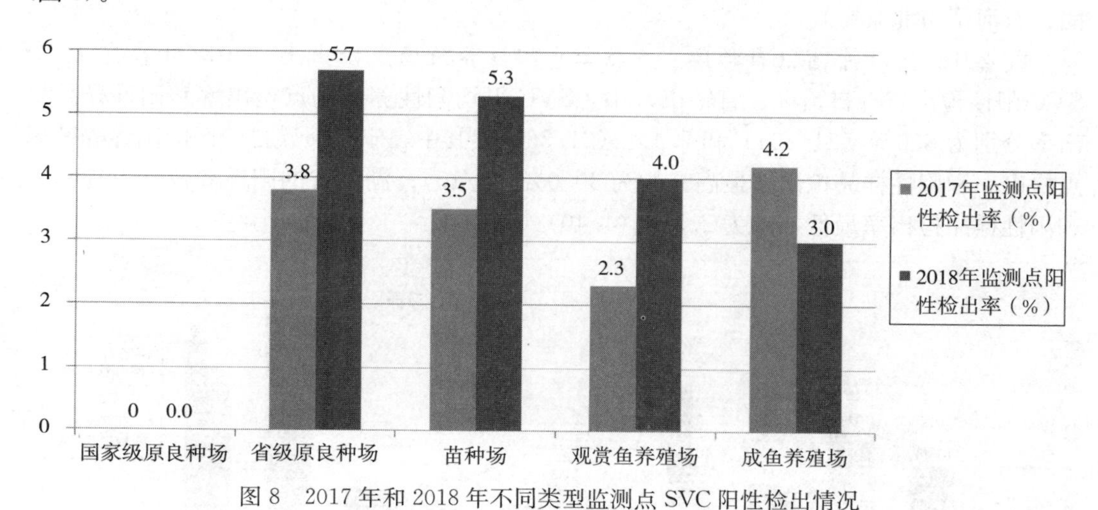

图8　2017年和2018年不同类型监测点SVC阳性检出情况

4. 2005—2018年阳性样品检出率比较分析　2018年，SVC阳性样品检出率为3.6%（21/579），与2005—2017年相同。

2005—2017 年，SVC 阳性样品检出率为 3.6%（364/10，154）；2005—2018 年 SVC 阳性样品检出率 3.5%（377/10，733）；2016—2018 年，SVC 阳性样品检出率逐年降低。不同年度 SVC 批次阳性检出率见图 9。

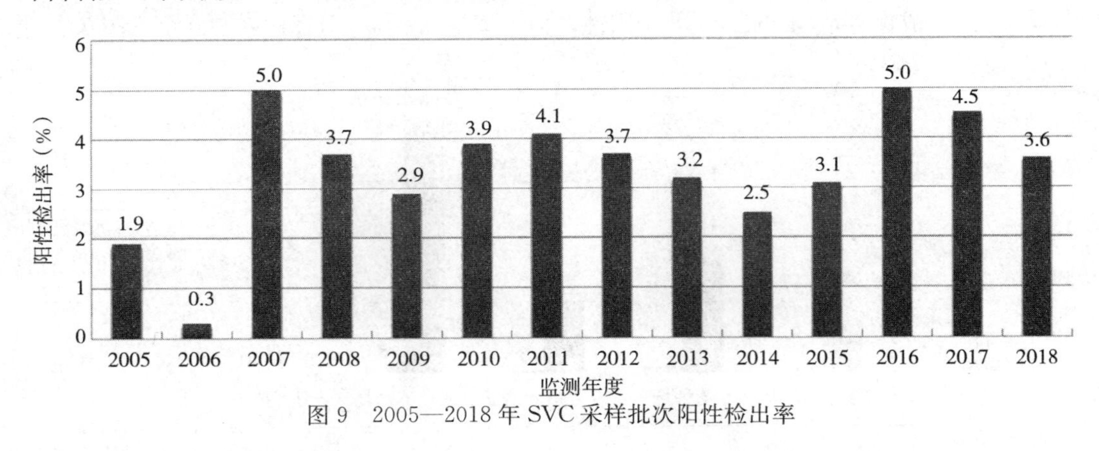

图 9　2005—2018 年 SVC 采样批次阳性检出率

（二）SVC 阳性检出区域

1. 2018 年阳性检出区域　2018 年，在 23 个省（自治区、直辖市）中，11 个省（自治区、直辖市）的 18 个乡镇检出了 SVC 阳性样品，分别为北京（通州区于家务回族乡）、内蒙古（鄂尔多斯市树林召镇）、辽宁（营口市高坎镇和沈阳市冷子堡镇）、黑龙江（绥化市黎明镇、大庆市肇源镇、哈尔滨市富江乡）、上海（金山区山阳镇）、江苏（扬州市邵伯镇）、湖北（随州市环潭镇）、湖南（长沙市）、陕西（西安市滦镇街道）、宁夏（中卫市迎水桥镇、银川市郝家桥镇和梧桐树乡）和新疆（五家渠市兵团一零一团、石河子市北泉镇）。

2. 2018 年 11 个省（自治区、直辖市）阳性养殖场点检出率　2018 年，在 11 个 SVC 阳性检出省（自治区、直辖市）中，SVC 平均阳性养殖场点检出率和阳性样品检出率分别为 8.0%（21/264）和 7.4%（21/285）。其中，宁夏回族自治区的阳性养殖场点检出率和阳性样品检出率最高，均为 30.0%（3/10）；湖南省的阳性养殖场点检出率和阳性样品检出率最低，均为 2.5%（1/40）（图 10）。

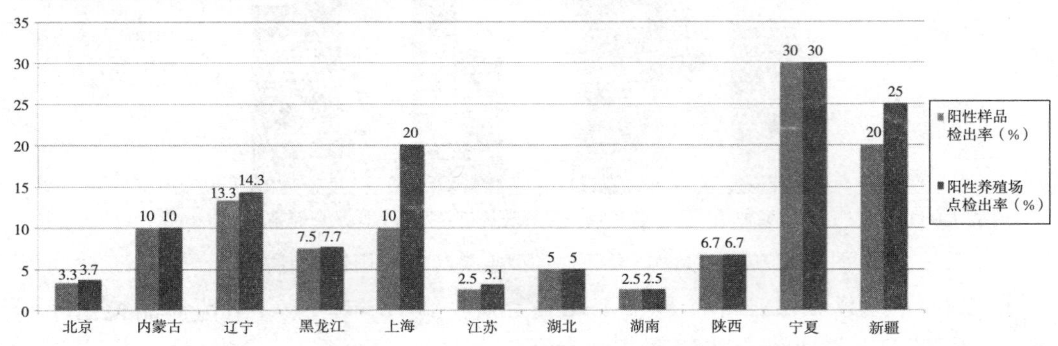

图 10　2018 年 11 个 SVC 阳性省（自治区、直辖市）阳性样品检出率和阳性养殖场点检出率

3. 2016—2018年SVC阳性检出区域情况比较　2016—2018年，在被监测的23个省（自治区、直辖市）中，仅河北、吉林、安徽和广西4省（自治区）连续3年未监测到SVC；2017—2018年，天津、河北、山西、吉林、安徽、江西、广西、重庆8个省（自治区、直辖市）连续2年未监测到SVC；2016—2018年，SVC阳性23个省（自治区、直辖市）连续3年SVC监测情况见图11。

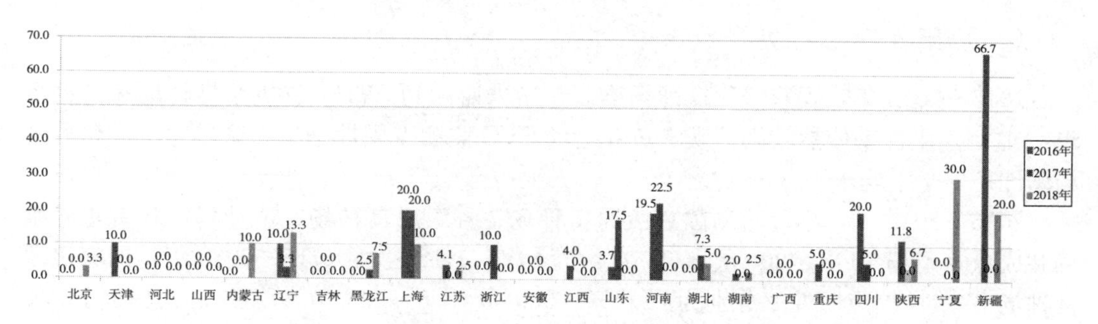

图11　2016—2018年23个省（自治区、直辖市）SVC阳性检出率（%）

2016年，从天津（东丽区）、辽宁（辽中县和沈阳市）、上海、江苏（如皋市、南通市、新沂市、徐州市）、江西（萍乡市、宜春市）、山东（济宁市）、河南（漯河市、安阳县和开封市）、湖南（长沙市）、重庆（荣昌区）、四川（绵阳市和江油市）、陕西（西安市）和新疆（乌鲁木齐市）12个省（自治区、直辖市）检出了SVC阳性样品。

2017年，从辽宁、黑龙江、上海、江苏、浙江、山东、河南、湖北和四川9个省（直辖市）检出了SVC阳性样品。

2018年，从北京等11个省（自治区、直辖市）的18个乡镇检出SVC阳性样品，详见“2018年阳性检出区域”。

4. 2005—2018年SVC阳性检出区域　2005—2018年，全国先后有21个省（自治区、直辖市）监测到SVC（图12），各省SVC阳性检出率高低不同，重庆、四川、宁夏和新疆西部地区SVC阳性检出率较高，分别为13.3%、9.9%、15.0%和30.4%。

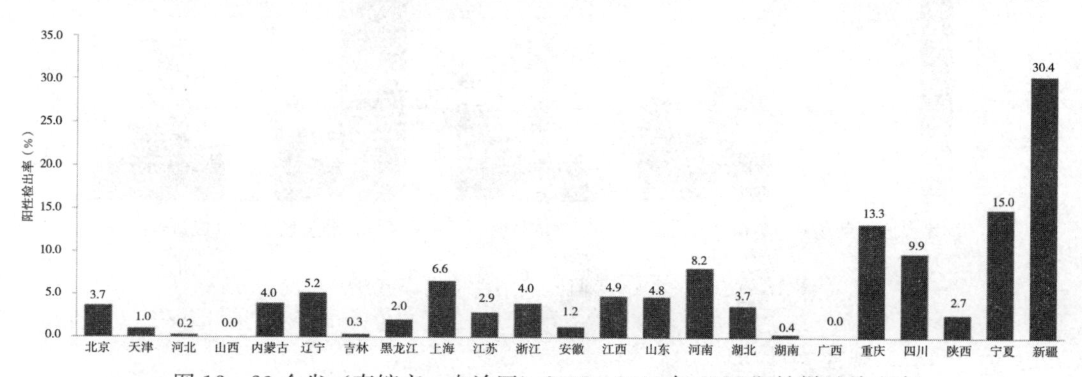

图12　23个省（直辖市、自治区）2005—2018年SVC阳性样品检出率

由高到低为河南（8.2%）、上海（6.6%）、辽宁（5.2%）、江西（4.9%）、山东（4.8%）、内蒙古（4.0%）、浙江（4.0%）、北京（3.7%）、湖北（3.7%）、江苏

(2.9%)、陕西(2.7%)、黑龙江(2.0%)、安徽(1.2%)、天津(1.0%)、湖南(0.4%)、河北(0.2%)、吉林(0.3%)、山西(0.0%)、广西(0.0%)(图12)。陕西从2015年首次参加SVC监测，并于2016年首次监测到SVC阳性养殖场；广西连续实施4年监测，均未监测到SVC；山西和宁夏2017年首次参加SVC国家监测；山西至今未监测到阳性样品。

(三)阳性养殖场类型检出率

2015—2018年，国家级原良种场连续3年未监测到SVC；省级原良种场和苗种场SVC监测点阳性率依然较高；观赏鱼养殖场SVC监测点阳性率呈下降趋势；成鱼养殖场阳性率处于平均水平(图13)。

2015—2018年，累计监测国家级原良种场、省级原良种场、苗种场、观赏鱼养殖场和成鱼养殖场50次、306次、677次、274次、1 127次。2015—2018年，国家级原良种场SVC监测点阳性率分别为21.4%、0.0%、0.0%和0.0%；省级原良种场SVC监测点阳性率分别为2.7%、6.6%、3.8%和5.7%；苗种场SVC监测点阳性率分别为2.5%、5.7%、3.5%和5.3%；观赏鱼养殖场SVC监测点阳性率分别为13.6%、10.9%、2.3%和4.0%；成鱼养殖场SVC监测点阳性率分别为3.0%、3.6%、4.2%和3.0%。

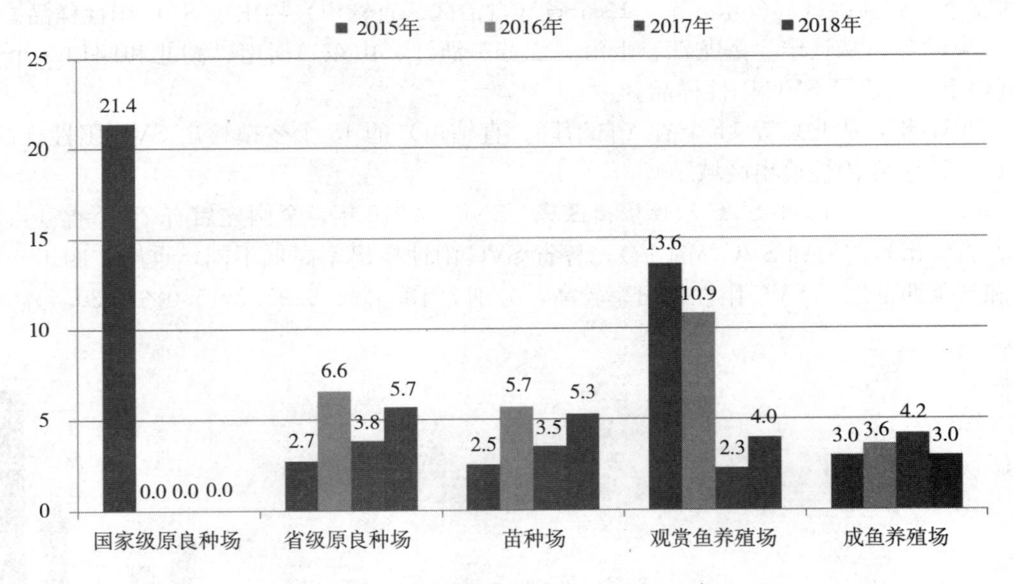

图13 2015—2018年监测点阳性检出率(%)情况

(四)检出宿主及比较分析

1. 2018年阳性品种 2018年，监测养殖品种有食用鲤、锦鲤、食用鲫、金鱼、鲢、鳙、草鱼、鳊、青鱼等。其中，在食用鲤和锦鲤中检出了SVC阳性样品，分别占总体阳性品种比例为90.5%（19/21）和9.5%（3/21）。食用鲤SVC阳性检出率为4.3%（19/444），锦鲤SVC阳性检出率为3.7%（2/54）（表4）。

表4　2018年阳性检出和品种的关系

监测样品种类	10	青鱼、草鱼、鲢、鳙、鲤、鲫、鳊、金鱼、锦鲤、其他
检出阳性品种	2	鲤、锦鲤
阳性品种	占总阳性样品的比率	阳性检出率（同一品种）
鲤	90.5%（19/21）	4.3%（19/444）
锦鲤	9.5%（2/21）	3.7%（2/54）

2. 2005—2018年阳性品种　2005—2018年，食用鲤感染SVC的比例最高，占68.4%；其他依次为锦鲤12.5%、金鱼9.0%、鲫5.3%、草鱼2.1%、鲢1.6%、鳙0.3%、其他品种0.8%（图14）。

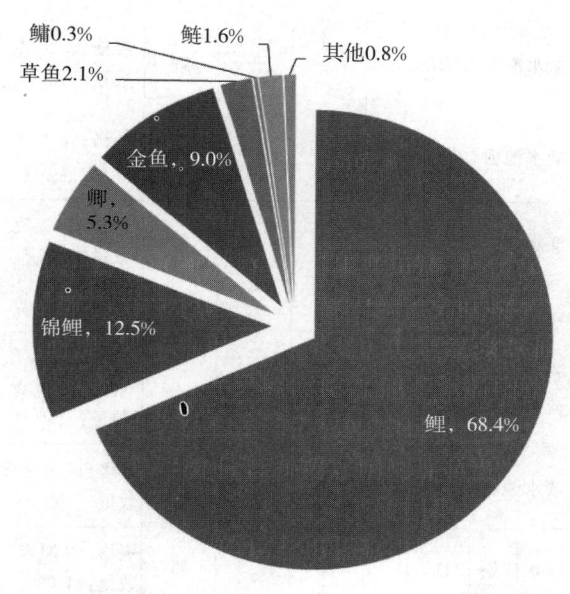

图14　2005—2018年不同品种鱼类检出SVC占总阳性的比例

（五）阳性样品和温度的关系

2018年，全年SVC监测采样最低水温为10℃，最高水温为31.5℃。21批次阳性样品的采样水温范围为14～24℃（表5）。

表5　2018年SVC阳性监测点信息表

省份	监测点类型	养殖方式	采样日期	水温（℃）	pH	送检品种	送检规格及数量（尾）	检测日期	检测单位
北京	观赏鱼养殖场	淡水池塘	2018-06-07	22	—	锦鲤	规格：2～3厘米 数量：150	2018-06-07	北京市水产技术推广站

（续）

省份	监测点类型	养殖方式	采样日期	水温（℃）	pH	送检品种	送检规格及数量（尾）	检测日期	检测单位
内蒙古	成鱼养殖场	淡水池塘	2018-04-18	16.5	8.2	鲤	规格：150 克 数量：150	2018-04-19	北京市水产技术推广站
	成鱼养殖场	淡水池塘	2018-04-18	16.5	8.5	鲤	规格：150 克 数量：150	2018-04-19	北京市水产技术推广站
辽宁	苗种场	淡水池塘	2018-06-05	24	—	鲤	规格：0.18 克 数量：150	2018-06-05	中国水产科学研究院黑龙江水产研究所
	苗种场	淡水池塘	2018-06-05	24	—	鲤	规格：0.17 克 数量：150	2018-06-05	中国水产科学研究院黑龙江水产研究所
	苗种场	淡水池塘	2018-06-05	24	—	鲤	规格：0.20 克 数量：150	2018-06-05	中国水产科学研究院黑龙江水产研究所
	省级原良种场	淡水池塘	2018-06-21	21	—	鲤	规格：3 厘米 数量：150	2018-06-22	辽宁省水产技术推广总站
黑龙江	成鱼养殖场	淡水池塘	2018-04-26	15	—	鲤	规格：150 克 数量：150	2018-04-26	中国水产科学研究院黑龙江水产研究所
	成鱼养殖场	淡水池塘	2018-04-26	15	—	鲤	规格：150 克 数量：150	2018-04-26	中国水产科学研究院黑龙江水产研究所
	苗种场	淡水池塘	2018-04-27	15	—	鲤	规格：150 克 数量：150	2018-04-27	中国水产科学研究院黑龙江水产研究所
上海	观赏鱼养殖场	淡水池塘	2018-04-24	14	—	锦鲤	规格：17.4 厘米 数量：150	2018-05-18	上海市水产技术推广站
江苏	苗种场	淡水池塘	2018-04-18	20	7.8	鲤	规格：2 厘米 数量：1 000	2018-05-20	上海市水产技术推广站
湖北	成鱼养殖场	淡水池塘	2018-04-13	18	—	鲤	规格：9～13 厘米 数量：150	2018-04-13	湖北出入境检验检疫局检验检疫技术中心
	成鱼养殖场	淡水池塘	2018-04-13	18	—	鲤	规格：8～12 厘米 数量：150	2018-04-13	湖北出入境检验检疫局检验检疫技术中心
湖南	观赏鱼养殖场	淡水池塘	2018-04-25	18	—	鲤	规格：3 克 数量：150	2018-04-27	湖南出入境检验检疫局检验检疫技术中心
陕西	省级原良种场	淡水池塘	2018-06-12	19	—	鲤	规格：8 厘米 数量：150	2018-07-04	深圳出入境检验检疫局食品检验检疫技术中心

（续）

省份	监测点类型	养殖方式	采样日期	水温（℃）	pH	送检品种	送检规格及数量（尾）	检测日期	检测单位
宁夏	成鱼养殖场	淡水池塘	2018-05-28	19.5	9	鲤	规格：1～2厘米 数量：150	2018-06-19	深圳出入境检验检疫局食品检验检疫技术中心
	苗种场	淡水池塘	2018-05-28	19	9	鲤	规格：1～2厘米 数量：150	2018-06-19	深圳出入境检验检疫局食品检验检疫技术中心
	苗种场	淡水池塘	2018-05-28	19	9	鲤	规格：1～2厘米 数量：150	2018-06-19	深圳出入境检验检疫局食品检验检疫技术中心
新疆生产建设兵团	成鱼养殖场	淡水池塘	2018-05-28	20	8.1	鲤	规格：3～5厘米 数量：200	2018-05-30	北京市水产技术推广站
	省级原良种场	淡水池塘	2018-05-28	20	8.5	鲤	规格：2厘米 数量：200	2018-05-30	北京市水产技术推广站

（六）不同养殖模式监测点的阳性检出情况

在21个阳性样品中，养殖模式均为淡水池塘养殖（表5）。

（七）2016—2017年连续监测养殖场情况

1. 两年连续监测总体情况　2017年，23个省（自治区、直辖市）共设置监测点553个；2018年，23个省（自治区、直辖市）共设置监测点536个。2018—2017年，对其中224个监测点连续2年SVC监测，占2018年监测点总数的41.8%。其中，山西、内蒙古、辽宁、江苏、浙江、湖北、湖南、广西、宁夏9省（自治区、直辖市）对养殖场连续2年监测占比（2017—2018年对同一监测点连续2年采样监测/2018年监测点总数）超过（含）50.0%（表6）。

表6　2017—2018年对同一养殖场连续2年SVC监测情况

省份	监测点数（个）		连续2年监测点数量（点）	占比2018年采样批次百分比（%）
	2017年	2018年		
北京	18	27	9	33.3
天津	20	20	5	25.0
河北	45	40	11	27.5
山西	5	5	5	100.0
内蒙古	12	20	10	50.0

（续）

省份	监测点数（个）		连续 2 年监测点数量（点）	占比 2018 年采样批次百分比（%）
	2017 年	2018 年		
辽宁	30	28	15	53.6
吉林	20	10	4	40.0
黑龙江	39	39	14	35.9
上海	9	5	2	40.0
江苏	28	32	17	53.1
浙江	10	10	6	60.0
安徽	35	39	9	23.1
江西	20	10	4	40.0
山东	40	39	6	15.4
河南	40	40	10	25.0
湖北	40	40	30	75.0
湖南	40	40	34	85.0
广西	31	26	13	50.0
重庆	20	12	4	33.3
四川	20	21	3	14.3
陕西	20	15	4	26.7
宁夏	10	10	8	80.0
新疆	1	8	1	12.5
小计	553	536	224	41.8

2. SVC 阳性养殖场 2 年连续监测情况　2017 年，23 个省（自治区、直辖市）共设置监测养殖场点 553 个，检出阳性 27 个，平均阳性养殖场点检出率为 4.9%，涉及 9 个省（直辖市）；2018 年，仅对其中 9 个进行连续监测，占 2017 年阳性养殖场总数的 33.3%。其中，辽宁、黑龙江、河南和湖北对 2017 年阳性养殖场进行了全部或部分连续 2 年监测，黑龙江苗种场连续 2 年监测结果为阳性（表 7）。

表 7　对 2017 年 27 个阳性监养殖场连续 2 年监测的情况

省份	2017 年阳性监测点数（个）	阳性监测点类型	2018 年对上一年度阳性监测点监测数（个）	连续 2 年监测占比	2018 年监测结果
北京	0		0	—	—
天津	0		0	—	—

（续）

省份	2017年阳性监测点数（个）	阳性监测点类型	2018年对上一年度阳性监测点监测数（个）	连续2年监测占比	2018年监测结果
河北	0		0	—	—
山西	0		0	—	—
内蒙古	0		0	—	—
辽宁	1	省级原良种场	1	100.0	阴性
吉林	0		0	—	
黑龙江	1	苗种场	1	100.0	阳性
上海	3	观赏鱼养殖场（2）、成鱼养殖场（1）	0	0.0	—
江苏	1	观赏鱼养殖场	0	0.0	—
浙江	1	苗种场	0	0.0	—
安徽	0		0	—	—
江西	0		0	—	—
山东	7	成鱼养殖场（7）	0	0.0	—
河南	9	苗种场（8）、观赏鱼养殖场（1）	4	44.4	阴性
湖北	3	成鱼养殖场（3）	3	100.0	阴性
湖南	0		0	—	—
广西	0		0	—	—
重庆	0		0	—	—
四川	1	省级原良种场	0	0.0	—
陕西	0		0	—	—
宁夏	0		0	—	—
新疆	0		0	—	—
小计	27		9	33.3	

（八）SVC基因型分析

2018年SVCV分离株基因型分析　基于SVCV G基因（560 nt），对2018年SVCV分离株进行基因型。结果表明，2018年被分析的SVCV分离株均属于Ia基因型（图15）。

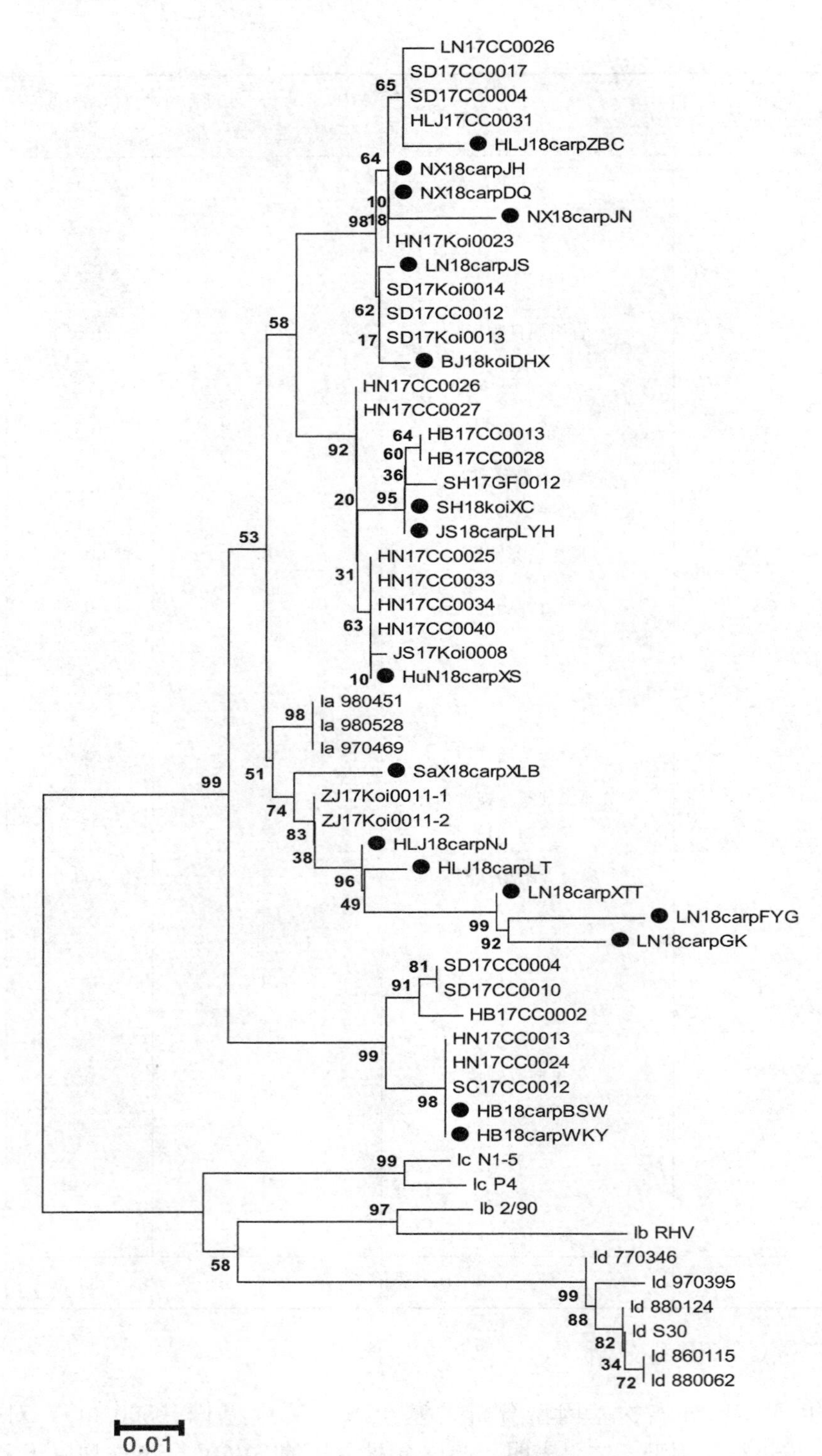

图 15　2018 年 SVCV 分离株基因型分析

（九）2018年SVC疫情发生情况

2018年，辽宁某鲤省级原良种场发生SVC临床病例疫情，发病时水温为19℃。初期每天死亡鲤20尾左右，高峰期每天死亡100尾左右，疫情持续7天。该场近期没有引种，可排除病毒通过亲本传入的可能。该场周边无发病渔场，但靠近水生动物集散地，病毒可能通过机械传播途径传入。疫情发生后，当地按照相关法律和规范要求，及时采取了净化和无害化处理，疫情得到有效控制，未造成蔓延扩散。

五、2018年SVC监测风险分析

（一）我国SVC主要流行病学因素分析

1. 易感宿主

（1）监测结果　2005—2018年的监测结果表明，共监测到SVC阳性样本377个。其中，从不同品种检出SVC数量占14年阳性总数的比例不同，食用鲤68.4%、观赏性鲤（锦鲤）12.5%、鲫（金鱼）9.0%、食用鲫5.3%、草鱼2.1%、鲢1.6%、鳙0.3%、团头鲂等其他品种0.8%。

2005—2018年，我国先后从以下品种中监测到SVC，包括食用鲤（建鲤、黄河鲤、兴国红鲤）、食用鲫（鲫、异育银鲫）、观赏用鲤（锦鲤）和观赏用鲫（金鱼和草金鱼）、草鱼、鲢、鳙、团头鲂。

（2）监测结果分析　根据世界动物卫生组织（OIE）对SVCV易感宿主的规定，SVCV易感宿主包括鲤（*Cyprinus carpio carpio*）和锦鲤（*Cyprinus carpio koi*）、鲫（*Carassius carassius*）、鲢（*Hypophthalmichthys molitrix*）、鳙（*Aristichthys nobilis*）、草鱼（*Ctenopharyngodon idellus*）、金鱼（*Carassius auratus*）、高体雅罗鱼（*Leuciscus idus*）、丁鲅（*Tinca tinca*）和欧鳊（*Abramis brama*）。实验条件下，拟鲤（*Rutilus rutilus*）、斑马鱼（*Danio rerio*）、美鳊（*Notemigonus crysoleucas*）、虹鳉（*Lebistes reticulatus*）、太阳鱼（*Lepomis gibbosus*）对SVCV易感。另外，卷须鲮（*Cirrhinus cirrhosus*）、南亚野鲮（*Labeo rohita*）和卡特拉鲃（*Catla catla*）、欧鲇（又称为欧洲鲇鱼或六须鲇）（*Silurus glanis*）和白斑狗鱼（*Esox luciu*）、尼罗罗非鱼（*Sarotherodon niloticus*）和虹鳟（*Oncorhynchus mykiss*）也是其潜在易感宿主。

2005—2018年，我国对约11种淡水鱼类进行SVC监测，先后从鲤、鲫、草鱼、鲢、鳙、团头鲂中检出SVCV，监测结果表明，鲤和鲫是SVCV主要宿主。然而，根据OIE《水生动物疾病诊断手册》第2.3.9章的规定，鲇、雅罗鱼、罗非鱼和虹鳟也是SVCV易感宿主或潜在的易感宿主，不断有文献报道SVCV对其他种类鱼易感。Eveline等（Eveline J. Emmenegger，2015）报道，虹鳟和硬头鳟（*O. mykiss*）、大鳞大麻哈鱼（*O. tshawytscha*）、红大麻哈鱼（*O. nerka*）和黄金鲈（*Perca flavescens*）易感，实验条件下可引起这些鱼类死亡。虹鳟、鲈、雅罗鱼、罗非鱼在我国均有养殖，但我们对这些品种感染 SVCV 的情况还未知。

2. 水温与 SVC 阳性率的关系　2017 年，27 个 SVC 阳性检出样品中，采样水温在 12～22℃；2018 年，21 批次 SVC 阳性样品的采样水温为 14～24℃。因此在我国，SVC 在水温 12～24℃均有流行。

3. 样品规格和 SVC 阳性率的关系　2018 年，所采集样品主要为鱼苗或幼鱼，规格范围在 0.5～35 厘米或 6～300 克。21 个 SVC 阳性样品规格主要为 1～3 厘米或 0.17～150 克，仅上海的锦鲤样品为成鱼，约 17.4 厘米。

4. SVC 在我国的地理分布　2005—2018 年，全国先后有 21 个省（自治区、直辖市）监测到 SVC，14 年平均阳性率由高到低依次为新疆（30.4%）、宁夏（15.0%）、重庆（13.3%）、四川（9.9%）、河南（8.2%）、上海（6.6%）、辽宁（5.2%）、江西（4.9%）、山东（4.8%）、内蒙古（4.0%）、浙江（4.0%）、北京（3.7%）、湖北（3.7%）、江苏（2.9%）、陕西（2.7%）、黑龙江（2.0%）、安徽（1.2%）、天津（1.0%）、湖南（0.4%）、吉林（0.3%）、河北（0.2%）、山西（0.0%）、广西（0.0%）。

5. SVC 中国株基因型　2018 年，我国 SVCV 分离株属于 Ia 基因亚型。

6. SVC 在不同类型养殖场的分布　2015 年，国家级原良种场 SVC 监测点阳性率为 21.4%。至 2016 年起，国家级原良种场再未监测到 SVC 阳性。但省级原良种场和苗种场 SVC 阳性率仍然很高。2015—2018 年，省级原良种场 SVC 监测点阳性率为 2.7%～6.6%；苗种场 SVC 监测点阳性率为 2.5%～5.7%；观赏鱼养殖场 SVC 监测点阳性率为 2.3%～13.6%；成鱼养殖场 SVC 监测点阳性率为 3.0%～4.2%。因此，苗种场仍然是监测的重点对象。

7. 各省对 SVC 阳性养殖场采取的控制措施　2018 年，11 个省（直辖市）监测到 SVC 阳性样品。除辽宁某鲤省级原良种场发生 SVC 疫情外，其他省（直辖市）均未发生 SVC 疫情。各省（直辖市）水产技术推广站对阳性结果进行确认后，及时报告至省（直辖市）渔业行政主管部门，行政主管部门指导地方相关部门人员对阳性场开展处置工作，对苗种来源、流行病学等信息开展调查。

为了防止病原扩散，对阳性养殖场采取隔离措施，禁止养殖场水生动物移动；对养殖场水体、器械、池塘和场地实施严格的封闭消毒措施，严禁未经消毒处理的水体排除场外；对被污染水生动物进行无害化处理；对阳性养殖场采取持续监控。部分省（直辖市）水产技术推广站制定了《鲤春病毒血症防控技术建议》，并下发全省各级水产防疫部门，加强防控意识。

（二）SVC 风险分析

1. 主要风险点识别

（1）苗种场　目前，全国现有鱼类相关国家级原良种场 14 家，省级水产原良种场 500 余家。按照 2016—2018 年监测结果，SVC 监测涵盖了全部国家级原良种场，省级原良种场覆盖度为 10.4%（52/500）、18.2%（91/500）和 10.4%（53/500）。由于我国重点苗种场较多，未能准确统计出监测覆盖度。

2016—2018年未从国家级原良种场监测到SVC，但是省级原良种场和其他苗种场的阳性检出率不可忽视。2016—2018年，省级原良种场SVC阳性率分别为3.8%、6.5%和5.7%；苗种场SVC监测点阳性率分别为5.7%、3.5%和5.3%。因此，省级原良种场和苗种场是SVCV重要传染源，SVCV通过省级原良种场和苗种场传出并扩散的风险为极高。

（2）成鱼养殖场　SVCV污染成鱼养殖场广泛。2005—2018年，虽然食用鲤感染SVC的比例最高，占总阳性检出数的68.4%。另外，基于对重庆SVC监测数据也表明，成鱼养殖场被SVC污染严重。重庆2015年前主要送检1～4kg成鱼，2005—2015年阳性检出率为15%；2015—2018年，成鱼养殖场SVC监测点阳性率分别为3.0%、3.6%、4.2%和3.0%。相比之下，2016—2018年重庆主要送检苗种，阳性检出率大幅降低，分别为5.0%和0.0%。但是，成鱼养殖场主要以生产食用鱼为主，水生动物多数直接进入消费市场，SVC通过水生动物传播的风险为低，但是未经处理的成鱼养殖场污水排放至外界环境，将对自然环境中的水生动物造成严重危害。

（3）鲢和团头鲂等品种　2005—2018年的监测结果表明，先后从草鱼、鲢、鳙、团头鲂中也监测到SVC，说明鳙等鱼类是SVCV携带者，传播SVCV的风险较高。特别是，我国多数成鱼养殖场以混养居多，鳙等将成SVCV在养殖场的传染源。

（4）锦鲤等观赏鱼　2015—2018年，观赏鱼养殖场SVC监测点阳性率分别为13.6%、10.9%、2.3%和4.0%。虽然近两年阳性率有所降低，但仍然值得关注。14年间，锦鲤和金鱼占阳性品种总数的12.5%和9.0%。说明两种观赏性鱼类是SVCV主要宿主，其发病鱼或隐性感染者将成为SVC传染源。

锦鲤和金鱼在我国大部分地区均有养殖场，并且观赏鱼具有跨省跨地区运输的特点，一旦被病毒污染，这些观赏鱼将成为传播SVCV的重要载体，观赏鱼传播SVCV的风险极高。

2. 风险评估

（1）观赏鱼感染和传播SVCV的风险高　加强锦鲤和金鱼等观赏性鲤科鱼类SVC监测，有利于防止病原在国内传播，促进我国观赏鱼的国际贸易。

2015—2018年，观赏鱼养殖场SVC监测点阳性率分别为13.6%、10.9%、2.3%和4.0%，4年平均阳性检出率高于其他类型养殖场的阳性检出率，说明锦鲤等观赏鱼感染SVC的风险很高。观赏鱼作为价值较高的品种，跨省跨地区运输较为常见，交易频繁。另外，观赏鱼不同于食用鱼类，养殖时间较长，一旦被感染，进一步传播的风险很高。SVCV通过水源或苗种传入观赏鱼养殖场的风险较大。我国观赏鱼曾经多次被英国检出SVC，并疑似出口英国的观赏鱼出现SVC临床症状；OIE SVC参考实验室的研究也表明，部分SVCV中国株对锦鲤具有较高的致死率。因此，观赏鱼感染、传播SVC风险很高，并且出现SVC疫情的风险高。

（2）鲢和团头鲂等传播SVCV的风险极高　草鱼和鲢等其他鱼类隐性带毒情况需要关注。2005—2018年，草鱼、鲢、鳙和其他鱼类检出了SVC，说明草鱼、鲢、鳙和团头鲂等其他鱼类是 SVC 的易感动物或隐性感染者。然而，混养模式在我国较为常见，一旦草鱼等携带病原，将成为不可忽视的传染源，传播风险极高。

（3）苗种场传播 SVCV 的风险极高　国家级水产原良种场作为经农业农村部认定的单位，具有搜集和保存一定数量原种基础群体，按照原种生产标准和操作规程培育原种亲本和苗种，供应社会需求，在整个苗种生产体系中具有带动示范作用。然而，省级原良种场 SVC 监测点阳性率分别为 2.7%、6.6%、3.8%和 5.7%；苗种场 SVC 监测点阳性率分别为 2.5%、5.7%、3.5%和 5.3%。

苗种场污染 SVC，将对我国鱼类种质资源存量以及优良亲本和苗种供应战略保障造成极大危险。SVC 通过苗种扩大传播的风险极高，造成的社会和经济损失后果风险极高。

另外，基于糖蛋白基因的遗传进化分析表明，相似的 SVCV 毒株在重庆、江西、湖北、河南间相互传播，进一步预示 SVCV 通过苗种传播。

（4）被污染养殖场传播 SVCV 的风险极高　SVCV 对外界环境具有一定抵抗力。当水温为 10℃时，SVCV 在河水中可存活 30 天以上；水温为 4℃时，SVCV 可在淤泥中存活 36 天左右。因此，一旦该养殖场被污染，SVCV 可能在该养殖场的自然环境中存活一定时间。如果不能对被污染养殖场进行彻底无害化处理，仅更换养殖品种，无法达到根除 SVCV 的目的。

通常，当养殖场被 SVCV 污染后，养殖户会更换鲢、草鱼等品种进行养殖。根据目前监测结果，草鱼和鲢等品种是 SVCV 的携带者，即使 SVCV 无法在草鱼和鲢等体内增殖引起发病，但 SVCV 可以在草鱼和鲢体内存活较长时间。因此，一旦养殖池塘被污染，清塘并进行消毒处理是根除 SVCV 的有效手段。

3. *后果评估*　我国是鲤科鱼类养殖大国，鲤科鱼类养殖产量占淡水养殖产量的 65%，占有举足轻重的地位。SVCV 的流行，将对国内鲤科鱼类养殖业和观赏性鱼类贸易产生影响。

（1）SVCV 中国株致病力　目前，流行于我国的 SVCV 主要属于 Ia 基因亚型。2004 年江苏、2016 年新疆、2017—2018 年辽宁先后发生了 SVC 疫情。说明，SVCV 中国株具有较强的致病力。深圳海关水生动物检验检疫实验室作为 OIE 鲤春病毒血症参考实验室，致力于 SVC 致病力研究。使用不同基因型或亚型 SVCV 毒株，通过浸泡方式分别感染长鳍锦鲤和短鳍锦鲤，结果表明，5 个不同 SVCV 中国株的致病力不同。其中，2 株 SVCV 中国株致病力较强，引起 2 种锦鲤累计死亡率在 85%左右；1 株 SVCV 中国株致病力相对较弱，引起 2 种锦鲤累计死亡率在 40%左右；其余 2 株 SVCV 中国株基本没有致病力（数据尚未发表）。由此可见，不同 SVCV 中国株其致病力差异明显，一旦具有强致病性的 SVCV 中国株在我国扩散流行，将对我国鲤科鱼类养殖业造成极大威胁。

（2）对我国鲤科鱼类养殖业存在巨大威胁　SVC 已经对国内鲤科鱼类养殖业造成一定直接经济损失。目前为止，我国 SVCV 分离株均属于 Ia 基因亚型，在同一个亚型内，有不同的遗传进化趋势。根据监测和流行病学调查结果，SVCV 中国株和我国鲤科鱼类品种相互适应，通常不会导致被感染鲤科鱼类发病。但2004年江苏、2016年新疆、2017—2018年辽宁均发生SVC疫情，导致一定规模鲤科鱼类死亡。推断两方面原因导致了这两次疫情：①在特殊条件下（气候、养殖环境等），SVCV中国株存在引起一定规模疫情的可能性；②SVCV中国株毒力增强，有导致全国范围大规模疫情的可能性。

SVC对国内鲤科鱼类养殖业造成巨大的间接经济损失。虽然我国SVCV分离株对我国鲤科鱼类养殖业造成的直接经济损失有限，但是一旦发生疫情，将造成严重后果。2004年，江苏新沂7个乡镇、8个村的643亩*养殖水面发生SVC疫情，死亡鱼苗1.75亿尾，造成直接损失上亿元。因此，为了避免类似事件出现，国家需要投入大量财力、人力和精力对该病进行监测和防控。

（3）对我国观赏性鱼类国际贸易影响极大　1998年，英国从北京进口的金鱼和锦鲤中检出SVCV，一方面将中国划为SVC疫区，另一方面做出禁止从中国进口观赏鱼的决定。英国的决定立即引起连锁反应，新加坡、日本、法国、比利时、意大利等国家纷纷效仿，欧盟及其他成员国也采取措施统一行动，造成中国观赏鱼无法出口欧美市场，中国的观赏鱼场损失惨重。因此，一旦我国观赏鱼被国外检出携带SVCV，可能导致我国整个观赏鱼国际贸易暂停，直接经济损失和间接经济损失难以估量。目前，作为我国有代表性的观赏水生动物——锦鲤，其出口贸易基本处于停滞状态。

（4）对生态的影响不可估量　我国地域辽阔，水系丰富，土著鱼类种类丰富，但种群数量参差不齐，有的土著鱼类濒临灭绝，如青海湖的裸鲤。由于尚未知道这些土著鱼类品种对SVCV的易感性，一旦SVCV通过被污染的水、病鱼或者其他形式的机械传播途径传入土著鱼类生活的自然环境，将对其种群产生不可预测的严重后果。

（5）对虹鳟和罗非鱼等鱼类养殖业的潜在影响　根据OIE《水生动物疾病诊断手册》第2.3.9章的规定，鲇、雅罗鱼、罗非鱼和虹鳟也是SVCV易感宿主或潜在的易感宿主，不断有文献报道SVCV对其他种类鱼易感。不断有报道从虹鳟体内检测和分离到SVCV（Haghighi，et al.，2008；Jeremic，et al.，2006）。Eveline等（Eveline J. Emmenegger，2015）报道，虹鳟和硬头鳟（*O. mykiss*）、大鳞大麻哈鱼(*O. tshawytscha*)、红大麻哈鱼（*O. nerka*）和黄金鲈（*Perca flavescens*）易感，实验条件下可引起这些鱼类死亡。虹鳟、鲈、雅罗鱼、罗非鱼在我国均有养殖，一旦SVCV传入虹鳟等养殖环境，将对其产生一定程度的影响。更为重要的是，我们尚不知道SVCV中国株对虹鳟等品种的致病性。

4. 风险评估结论　SVC对我国鲤科鱼类养殖业存在潜在威胁巨大，基于SVCV中国株致病力差异，我国SVC防控更加复杂。

六、监测中存在的主要问题

1. 完善监测点流行病学调查信息　流行病学调查结果中，缺少可以追溯的流行病

* 亩为非法定计量单位，1亩=1/15公顷。——编者注

学信息，无法进行深入的分析，建议加大流行病学调查的力度，特别是要对养殖场引入鱼的信息和苗种场输出鱼的去向信息进行调查。2018 年，21 个阳性监测点，仅上传了 9 个阳性监测点的流行病学调查表。

2. 检测实验室上传数据不规范　实验室未能按照要求将检测规程和结果相关数据上传，多数实验室将所有数据进行打包后，直接上传于某个样品的附件位置。但是，有些数据标记混乱，难以区分数据属于哪一个样品。测序结果没有以 word 或 txt 文件上传，而是以图片代替，不能用于后续分析。

3. 苗种场覆盖度不够　2016—2018 年，监测点已覆盖所有国家级原良种场，但省级原良种场覆盖率仅为 10.4%（52/500）、18.2%（91/500）和 10.64%（53/500）。因此，应继续提升苗种场的采样监测力度，适当降低成鱼养殖场监测比例。

4. 部分阳性养殖场未进行连续监测　2016 年监测到的 35 个阳性监测点，2017 年仅对其中 12 个养殖场进行了连续监测。2017 年共有 27 个阳性监测点，但 2018 年仅对其中 9 个进行了连续监测，占比仅为 33.3%。明确某种疾病在一定范围内有无流行，是疾病监测的重要目的。虽然下一年度养殖户更换了养殖品种，但仍然建议对该养殖场进行连续监测，以评价防控措施是否有效。

5. 监测数据的深度挖掘和应用不足　每年 SVC 监测数据分析还有待提升，深层次信息挖掘不足，停留在数据或情况的统计。另外，监测数据在 SVC 防控中的作用还未完全体现，对指导产业发展、服务渔民等方面的促进作用不明显。

6. 对 SVC 阳性养殖场防控措施执行不到位　SVC 作为一类动物疫病，阳性检出养殖场由于涉及经费补偿以及政策规定不明确等问题，多数无法采取扑杀措施。

7. 国家水生动物监测系统某些模块需要升级　原始数据下载模块没有筛选功能；缺乏 2 年连续监测监测点汇总功能。

七、SVC 国家监测工作建议

1. 适时开展 SVC 无疫苗种场示范　在有条件的省份开展无疫苗种场示范，并逐步推广实施。2016—2018 年，河北、吉林、安徽和广西 4 省（自治区）连续 3 年未检出 SVC 阳性，具有开展无疫区或无疫苗种场示范的良好基础。

2. 我国 SVC 防控实施区域化管理（中期目标）　动物疫病区域化管理，是当前国际认可的重要动物卫生措施，逐渐成为技术贸易措施中的关键手段。如非洲猪瘟，欧盟区域化成果得到美国的认可，而俄罗斯的贸易制裁被 WTO 判定违规。

各省主管部门应根据本省水产养殖和病害发生情况，对 SVC 特定疾病制订长远计划，实行多种疾病统筹考虑，分片区、有步骤、彻底明确某地某个疾病的流行状况，然后逐步推进至其他地区，为无疫区建设奠定基础，将有利于 SVC 防控以及我国鲤科鱼类国际贸易。

3. 快速检测平台应用和免疫防控技术储备　加强现场快速检测方法研究和诊断便携式设备及快速检测试剂盒的评价和推广应用，提升基层监测点检测手段。加强 SVC 被动监测的力度，及时掌握发病信息，以便采取及时有效的控制措施。

对我国流行的Ia基因型分化进行深入解析，对新疆致病株的毒力做进一步确定。同时，结合国外流行的SVCV致病毒株的其他基因型序列，研发储备具有较好防控效果的口服或者浸泡疫苗，为开展SVCV的免疫或者非免疫无疫区建设，以及我国SVCV的净化打下基础。

4. *优化监测方案* 加大苗种场和观赏鱼监测力度的同时，扩大苗种产地检疫实施范围，逐步建立观赏鱼跨省跨地区调运检疫制度。

在疫病监测计划中明确，必须对上一年度阳性养殖场连续监测。对上一年度监测为阳性的养殖场，需要进行连续监测，直到连续两年监测均为阴性，方可调整。对于连续多年监测结果为阴性的养殖场，下一年度可采取减少采样数量和采样种类等措施。

5. *与CEV、KHV共感染情况需要关注* 鲤浮肿病毒病（carp edema virus，CEV）在我国作为一种新发疾病，已经在多个省份监测到该病出，对鲤科鱼类养殖存在潜在威胁。锦鲤疱疹病毒（KHV）作为一种对鲤科鱼类危害严重的病毒，对我国鲤科鱼类养殖影响较大。

目前，在对往年SVC监测样品进行回顾性检测时发现，部分样品存在SVCV和CEV、SVCV和KHV感染的现象，这将对SVC防控提出新的挑战。

6. *适当扩大采样品种范围* 往年曾在草鱼、鲢、鳙和团头鲂中检出阳性样品，建议继续对其进行监测。另外，虹鳟、罗非鱼和鲇等作为SVCV潜在的易感宿主，应该逐步纳入监测采样范围。

7. *每年彻底查清阳性养殖场的流行病学信息* 建议检出阳性样品的省份，应按照农业农村部要求开展流行病学调查，查明阳性监测场点种苗来源和去向，以便进行溯源和关联性分析，特别是苗种场。

8. *加强苗种质量管理* 制定水产苗种良好生产操作管理规范（GAP），不断加强对苗种疫病的检验检疫；引导教育养殖户自觉主动对引入苗种检疫并消毒，建立苗种隔离池，加强日常管理，对苗种采实行产地溯源制度。

开展水生动物苗种产地检疫工作，从源头抓起，控制和减少病害流行。鲜活水产品流通交易日益频繁，大大增加了病原体传播的机会，这也是病害种类逐渐增多的原因。因此，为防止新的病原随苗种带入或盲目引进带病的苗种，必须对运输苗种进行检疫，杜绝疾病传入，减少疾病流行。

9. *不断扩大重大水生动物疫病监测种类和样品数量* 水生动物疫病常常会引起鱼类的大量死亡，会给渔民造成较大的经济损失，甚至会影响产业的持续发展。近些年，因为水产养殖品种种质退化、品种贸易频繁等因素，重大水生动物疫病的发生种类多，危害巨大。因此，建议依照常规监测模式，不断扩大重大水生动物疫病监测种类和样品数量。

2018年锦鲤疱疹病毒病状况分析

江苏省水生动物疫病预防控制中心

（袁　锐　陈　辉　方　苹　倪金俤）

一、前言

锦鲤疱疹病毒病（koi hepesvirus disease，KHVD），世界动物卫生组织（OIE）将其列入水生动物疫病名录，我国将其列入《一、二、三类动物疫病病种名录》将其列为二类动物疫病。易感宿主主要为鲤和锦鲤，是一种具有高传染性、高发病率和高死亡率的病毒性疾病。KHVD流行范围广，危害大，给我国及世界多个国家的鲤及锦鲤养殖业造成了严重的经济损失。

KHVD的病原是鲤疱疹病毒Ⅲ型，又名锦鲤疱疹病毒（KHV），为疱疹病毒目（Herpesbirales）、异样疱疹病毒科（Alloherpesbiridae）、鲤疱疹病毒属（*Cyprinibirus*）成员。自1997年在德国首次暴发后，KHV迅速在全球蔓延，目前已有28个国家报道过锦鲤疱疹病毒病，遍布欧洲（波兰、英国、奥地利、比利时、捷克共和国、丹麦、法国、匈牙利、意大利、卢森堡、荷兰、爱尔兰、瑞士、罗马尼亚、斯洛文尼亚、西班牙），北美洲（加拿大、美国），亚洲（中国、日本、韩国、新加坡、马来西亚、印度尼西亚、泰国），非洲（南非）。

为了及时了解我国KHVD发病流行情况并有效控制该病的发生和蔓延，农业农村部部渔业渔政管理局从2014年开始已连续5年下达了（KHV）监测与防治项目。项目下达后，各承担单位能够按照监测实施方案的要求，认真组织实施，较好地完成了年度目标和任务。

二、2018年全国KHV监测实施情况

1. 各省监测情况分析　2018年，KHV疫病监测共采集样品534份，其中，检出阳性12例，分别是北京1例、辽宁3例、广东8例。所设监测点共457个，其中，国家级原良种场5个、省级原良种场42个、苗种场109个、观赏鱼养殖场132个、成鱼养殖场169个。

各省份监测任务完成情况如图1所示。2018年，KHV的监测范围是北京、天津、河北、内蒙古、辽宁、吉林、黑龙江、江苏、浙江、安徽、江西、山东、河南、湖南、广东、广西、重庆、四川、陕西、甘肃、宁夏共21个省（自治区、直辖市）。其中，北京、天津、河北、辽宁、吉林、黑龙江、江苏、浙江、安徽、江西、广西、四川、重庆、甘肃等14个省（自治区、直辖市）是连续5年参加KHV监测；而内蒙古、山东、河南、湖

南 4 省也连续 4 年进行 KHV 的监测，KHV 监测网已经基本覆盖全国鲤和锦鲤养殖区。

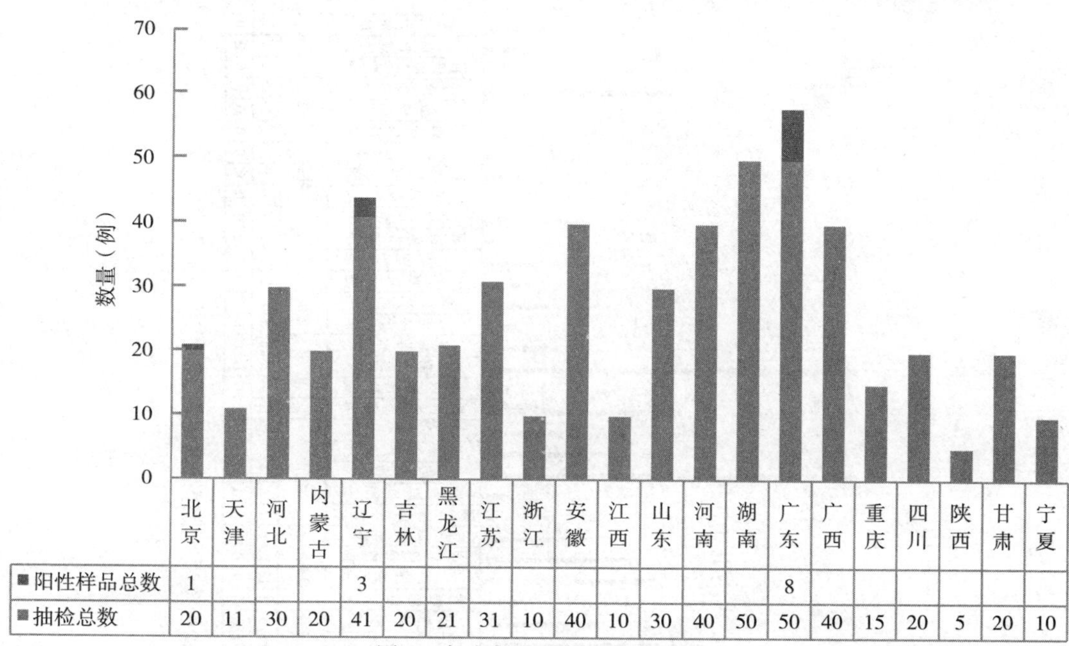

	北京	天津	河北	内蒙古	辽宁	吉林	黑龙江	江苏	浙江	安徽	江西	山东	河南	湖南	广东	广西	重庆	四川	陕西	甘肃	宁夏
■阳性样品总数	1				3										8						
■抽检总数	20	11	30	20	41	20	21	31	10	40	10	30	40	50	50	40	15	20	5	20	10

图 1　各省份监测任务完成情况

各省份监测点设置分布情况如图 2 所示，共有 17 个省（自治区、直辖市）的监测点能够覆盖苗种场、成鱼养殖场或观赏鱼养殖场等各种类型的养殖场。其中，北京、河北等 14 个省（自治区、直辖市）对省级以上的原良种场进行了监测；而天津、安徽两地则未对苗种场进行监测。建议各省继续加强对苗种场的监测。

2. 养殖模式分析　2018 年，各省份不同养殖模式样品监测情况如图 3 所示。北京、天津、河北、辽宁、江苏、山东、广东、陕西等 8 省（直辖市）的监测点除了池塘养殖以外，还包括工厂化、网箱等多种养殖模式，其余省份监测点均是单一池塘养殖模式，这也与各省的养殖模式分布有关。工厂化养殖监测样品共 57 例，网箱养殖 11 例；而池塘养殖监测样品达到 1 052 例，占到总样品数的 93.9%。所有阳性样品，池塘养殖模式检出阳性 24 例，工厂化养殖 1 例，值得注意的是，尽管工厂化养殖的监测点很少，但仍然能检出阳性。因此，从连续几年的监测情况来看，无论哪种养殖模式，都无法完全避免 KHV 的感染。

3. 监测单位　按照监测实施工作的要求，2018 年的监测时间为 3～11 月，覆盖所有可能发病的时间点，全年采集、检测的样品为 534 份。采样和调查工作由其各省市负责，检测工作由具有 KHV 检测资质的实验室负责，确保了检测结果的有效性和可靠性。本年度参与 KHV 样品监测的单位有：北京市水产技术推广站、河北省水产养殖病害防治监测总站、天津市水生动物疫病预防控制中心、辽宁省水产技术推广总站、吉林省出入境检验检疫局检验检疫技术中心、江苏省水生动物疫病预防控制中心、连云港出入境检验检疫局检验检疫技术中心、杭州市水产技术推广总站、浙江省淡水水产研究所、深圳市出入境检验检疫局动植物检验检疫技术中心、江西省水产技术推广站、山东

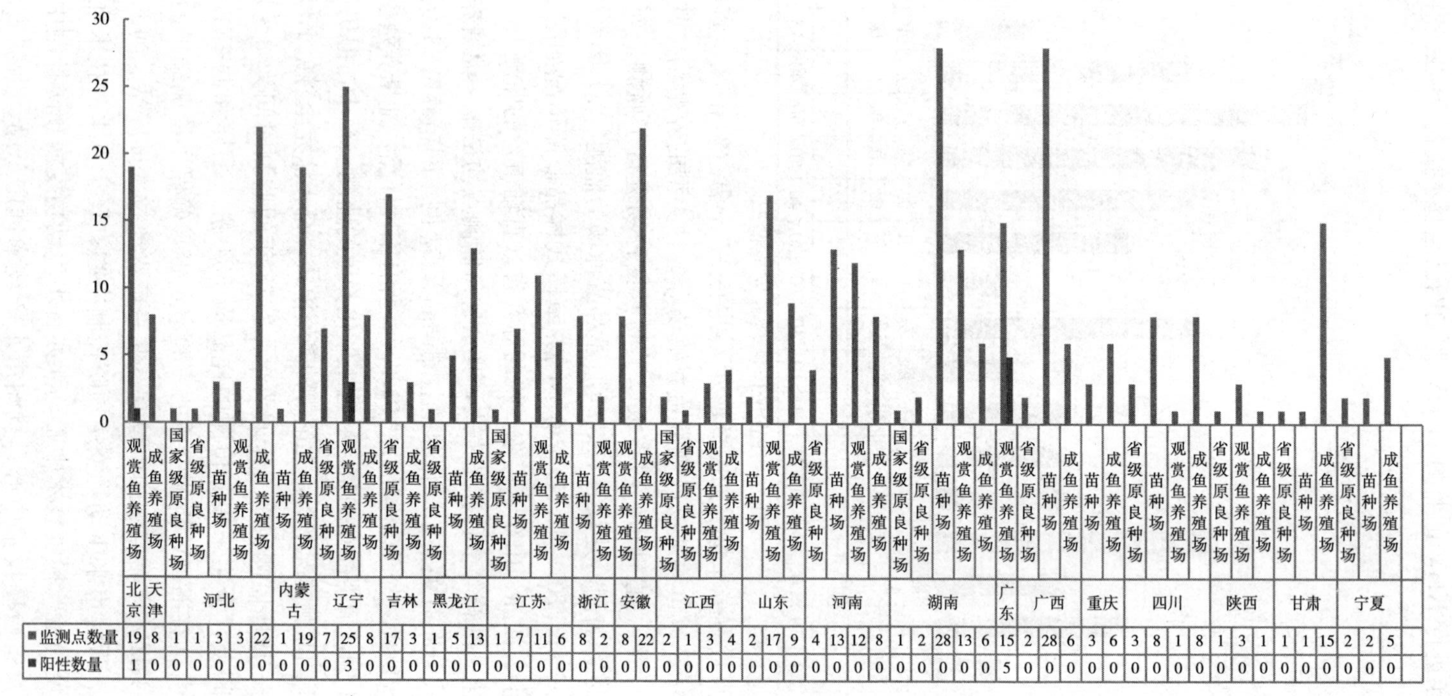

省份	监测点类型	监测点数量	阳性数量
北京	观赏鱼养殖场	19	1
天津	成鱼养殖场	8	0
河北	国家级原良种场	1	0
河北	省级原良种场	1	0
河北	苗种场	3	0
河北	观赏鱼养殖场	3	0
河北	成鱼养殖场	22	0
内蒙古	苗种场	1	0
内蒙古	成鱼养殖场	19	0
辽宁	省级原良种场	7	0
辽宁	观赏鱼养殖场	25	3
辽宁	成鱼养殖场	8	0
吉林	省级原良种场	17	0
吉林	成鱼养殖场	3	0
黑龙江	省级原良种场	1	0
黑龙江	苗种场	5	0
黑龙江	成鱼养殖场	13	0
江苏	国家级原良种场	1	0
江苏	苗种场	7	0
江苏	观赏鱼养殖场	11	0
江苏	成鱼养殖场	6	0
浙江	苗种场	8	0
浙江	观赏鱼养殖场	2	0
安徽	观赏鱼养殖场	8	0
安徽	成鱼养殖场	22	0
江西	国家级原良种场	2	0
江西	省级原良种场	1	0
江西	观赏鱼养殖场	3	0
江西	成鱼养殖场	4	0
山东	苗种场	2	0
山东	观赏鱼养殖场	17	0
山东	成鱼养殖场	9	0
河南	省级原良种场	4	0
河南	苗种场	13	0
河南	观赏鱼养殖场	12	0
河南	成鱼养殖场	8	0
湖南	国家级原良种场	1	0
湖南	省级原良种场	2	0
湖南	苗种场	28	0
湖南	观赏鱼养殖场	13	0
湖南	成鱼养殖场	6	0
广东	观赏鱼养殖场	15	5
广西	省级原良种场	2	0
广西	苗种场	28	0
广西	成鱼养殖场	6	0
重庆	苗种场	3	0
重庆	成鱼养殖场	6	0
四川	省级原良种场	3	0
四川	苗种场	8	0
四川	观赏鱼养殖场	1	0
四川	成鱼养殖场	8	0
陕西	省级原良种场	1	0
陕西	观赏鱼养殖场	3	0
陕西	成鱼养殖场	1	0
甘肃	省级原良种场	1	0
甘肃	苗种场	1	0
甘肃	成鱼养殖场	15	0
宁夏	省级原良种场	2	0
宁夏	苗种场	2	0
宁夏	成鱼养殖场	5	0

图2　各省份监测点设置情况

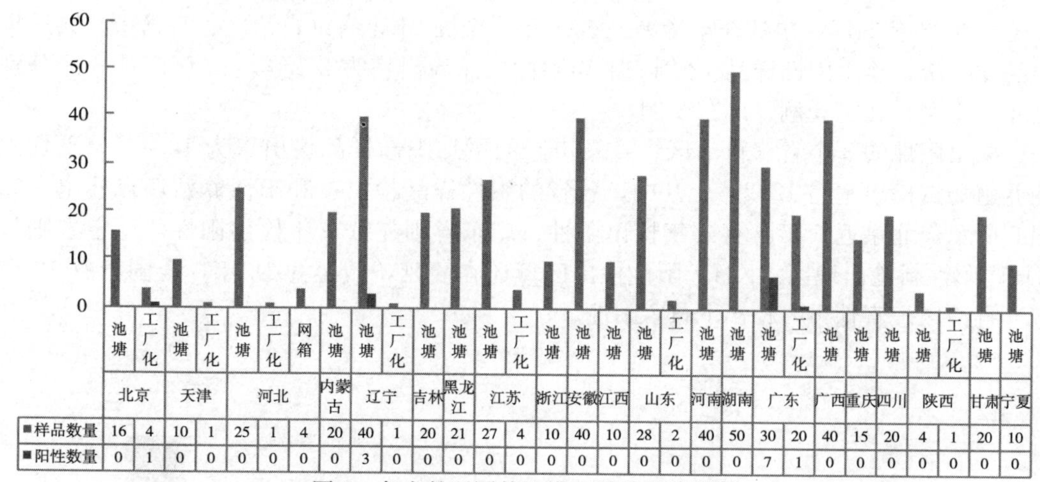

省份	养殖模式	样品数量	阳性数量
北京	池塘	16	0
北京	工厂化	4	1
天津	池塘	10	0
天津	工厂化	1	0
河北	池塘	25	0
河北	工厂化	1	0
河北	网箱	4	0
内蒙古	池塘	20	0
辽宁	池塘	40	3
辽宁	工厂化	1	0
吉林	池塘	20	0
黑龙江	池塘	21	0
江苏	池塘	27	0
江苏	工厂化	4	0
浙江	池塘	10	0
安徽	池塘	40	0
江西	池塘	10	0
山东	池塘	28	0
山东	工厂化	2	0
河南	池塘	40	0
湖南	池塘	50	0
广东	池塘	30	7
广东	工厂化	20	1
广西	池塘	40	0
重庆	池塘	15	0
四川	池塘	20	0
陕西	池塘	4	0
陕西	工厂化	1	0
甘肃	池塘	20	0
宁夏	池塘	10	0

图 3　各省份不同养殖模式样品监测情况

省出入境检验检疫局检验检疫技术中心、山东省海洋生物研究院、湖南省出入境检验检疫局检验检疫技术中心、湖北省出入境检验检疫局检验检疫技术中心、广东省水生动物疫病预防控制中心、广西渔业病害防治环境监测和质量检验中心、四川农业大学、重庆市水产品质量监督检验测试中心。

三、监测结果分析

1. 阳性监测点分布　21 个省（自治区、直辖市）共设置监测养殖场点 457 个，检出阳性 9 个，平均阳性养殖场点检出率为 1.97%。其中，国家级原良种场 5 个，未检出阳性；省级原良种场 42 个，未检出阳性；苗种场 109 个，未检出阳性；观赏鱼养殖场 132 个，检出 9 个阳性，检出率是 6.82%；成鱼养殖场 169 个，未检出阳性（图 4）。国家级原良种场和省级原良种场虽未检出阳性，但是由于其样品基数相对其他 3 种监测点要少很多，因此并不能完全反应 KHV 的携带实际情况。

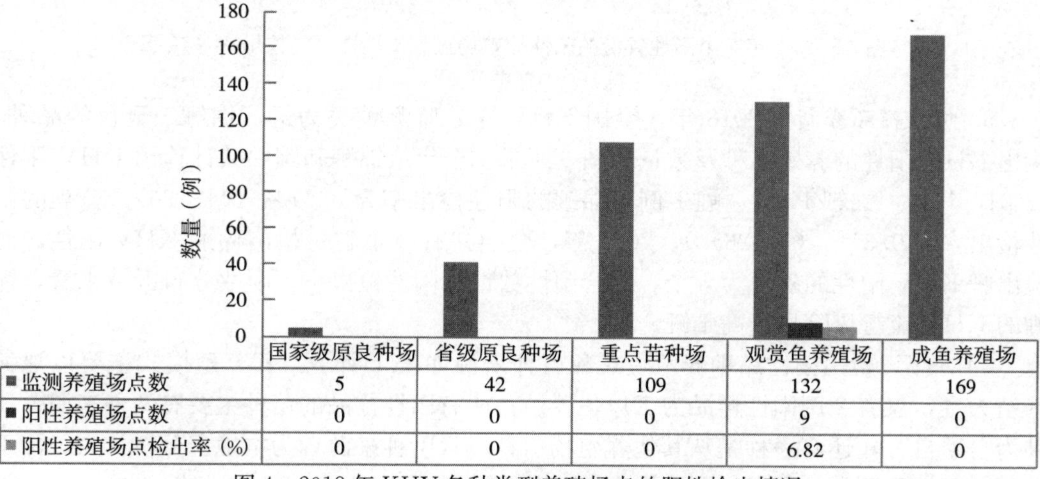

	国家级原良种场	省级原良种场	重点苗种场	观赏鱼养殖场	成鱼养殖场
监测养殖场点数	5	42	109	132	169
阳性养殖场点数	0	0	0	9	0
阳性养殖场点检出率（%）	0	0	0	6.82	0

图 4　2018 年 KHV 各种类型养殖场点的阳性检出情况

2. 2018 年 KHV 阳性分布情况　2018 年，全国 21 个省（自治区、直辖市）共采集样品 534 份，检出阳性样品 12 例，平均阳性样品检出率为 2.2%。12 例阳性样品分别是北京 1 例、辽宁 3 例、广东 8 例。

检出阳性的 3 个省（自治区、直辖市）的平均阳性样品检出率为 10.8%，平均阳性养殖场点检出率为 12.2%。其中，各省的阳性样品检出率和阳性养殖场点检出率如图 5 所示。北京近 5 年已有 4 年检出阳性，广东省则连续 2 年检出阳性，辽宁省则是 KHV 阳性新检出地区。KHV 阳性检出区域还在蔓延，截至 2018 年，全国已有 12 个省（自治区、直辖市）检出 KHV 阳性。

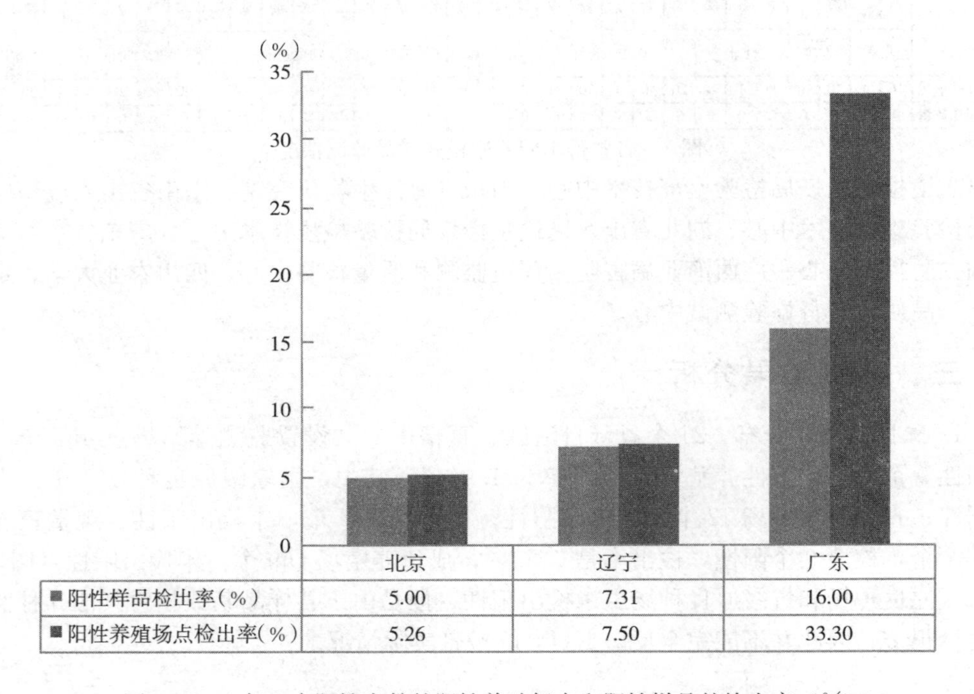

	北京	辽宁	广东
■阳性样品检出率(%)	5.00	7.31	16.00
■阳性养殖场点检出率(%)	5.26	7.50	33.30

图 5　2018 年 5 个阳性省份的阳性养殖场点和阳性样品的检出率（%）

3. 阳性样品分析　2018 年，全国 KHV 样品监测种类为鲤、锦鲤、金鱼等品种，检出 KHV 阳性的养殖品种及数量如图 6 所示。全年从锦鲤和鲤中共计检出 KHV 阳性 12 例，其中，锦鲤 11 例、鲤 1 例。锦鲤的阳性检出率为 5.61%（11/196），鲤的阳性检出率为 0.31%（1/326）。2018 年，全国共有 3 个省份检出锦鲤 KHV 阳性，而检出鲤 KHV 阳性的省份为 1 个。综合阳性数量、阳性检出率、阳性分布区域来看，锦鲤的 KHV 流行风险显著高于鲤。

2018 年，检出阳性品种养殖模式和苗种来源如表 1 所示。其养殖模式主要以池塘养殖为主，仅有 2 例阳性样品为工厂化养殖；所有阳性样品的苗种主要有两种来源，一种为自繁自育，还有一种是从其他养殖场引种，且引种来源皆为本地。分析认为，由于大部分阳性监测点的苗种来源皆为自繁或从本地引种，因此，KHV 阳性并未出现大面

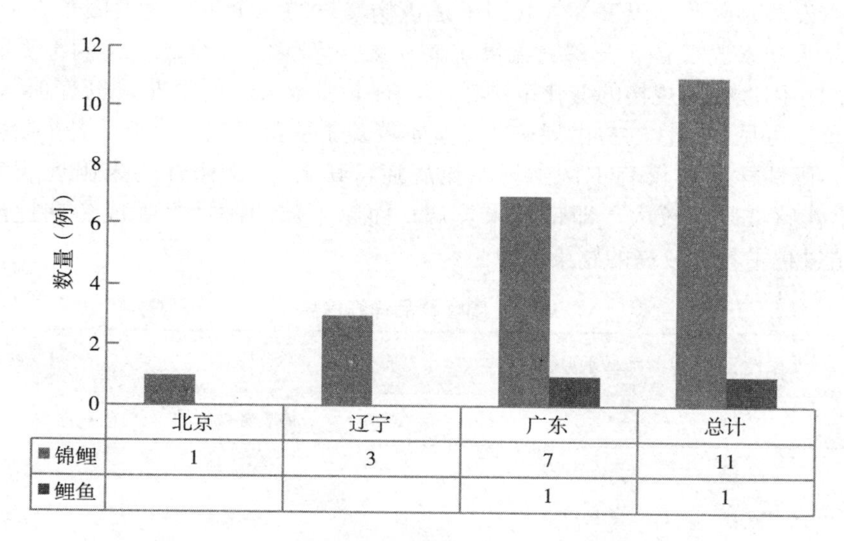

图6　阳性养殖品种及数量

积传播、蔓延；然而，也有极少数阳性样品的苗种来源于外地引种，其流通、传播、扩散风险不容忽视。

表1　阳性样品养殖模式与苗种来源

省　份	阳性品种	取样地点	养殖模式	苗种来源
北　京	锦　鲤	北京市通州区漷县镇雅悦锦鲤养殖场	淡水工厂化	自　繁
辽　宁	锦　鲤	辽宁省辽阳市辽阳县刘二堡镇张志洪养殖场	淡水池塘	自　繁
	锦　鲤	辽宁省辽阳市辽阳县刘二堡镇刘胜世养殖场	淡水池塘	自　繁
	锦　鲤	辽宁省辽阳市辽阳县刘二堡镇李学成养殖场	淡水池塘	自　繁
广　东	锦　鲤	广东省江门市会城街道南雄锦鲤养殖场	淡水池塘	从本地引种
	锦　鲤	广东省江门市会城街道万鲤锦鲤场	淡水池塘	从本地引种
	锦　鲤	广东省江门市潮连街道江门大地一龙锦鲤养殖场	淡水池塘	自　繁
	锦　鲤	广东省江门市礼乐街道简成泽养殖场	淡水池塘	自　繁
	锦　鲤	广东省江门市会城街道南雄锦鲤养殖场	淡水池塘	从本地引种
	锦　鲤	广东省江门市会城街道万鲤锦鲤场	淡水池塘	从本地引种
	锦　鲤	广东省江门市会城街道万鲤锦鲤场	淡水池塘	从本地引种
	鲤	广东省江门市会城街道万鲤锦鲤场	淡水工厂化	从本地引种

KHV的感染具有季节性，即在18～28℃会引起高死亡率，而低于13℃或高于

28℃便较少发病。因此，温度等气候因子是该病暴发的一个主要诱发因素。从2018年的阳性样品采样水温来看（表2），温度主要在24～31℃，完全涵盖了病毒复制的最适宜温度范围；阳性样品规格的变化范围较大，有5厘米大小的夏花，也有15～30厘米大小的成鱼。可见，阳性的检出规格范围基本覆盖了从苗期到养成期的各个阶段。值得注意的是，阳性样品中仅有1例出现明显病症，其余11例阳性均未出现病症。提示KHV的潜伏感染风险较大，即带毒未发病；而超半数的阳性是在成鱼期检出，提示KHV养殖过程中具有较高的感染风险。

表2　阳性样品详细信息

省 份	阳性品种	取样水温（℃）	大小（厘米）	外观	处理措施
北 京	锦 鲤	25	25	体表轻微红肿	消毒、监控
辽 宁	锦 鲤	24	7	无症状	消毒
	锦 鲤	24	5	无症状	消毒
	锦 鲤	24	7	无症状	消毒、分区隔离
广 东	锦 鲤	25	15～30	无症状	消毒、监控
	锦 鲤	26	15～30	无症状	消毒
	锦 鲤	30	15～20	无症状	消毒
	锦 鲤	31	15～25	无症状	消毒、监控
	锦 鲤	29	15～30	无症状	消毒、监控
	锦 鲤	29	15～30	无症状	消毒、监控
	锦 鲤	29	15～30	无症状	消毒、监控
	鲤	31	15～25	无症状	消毒

4. 阳性样品基因型　利用锦鲤疱疹病毒的TK（胸苷激酶）保守基因进行基因的分型，是目前KHV基因分型的一种方法。根据这种分型，KHV主要分为欧洲株（主要来自以色列和美国）和亚洲株（日本及其他东南亚地区）。目前，在我国较为流行的株型主要是KHV-A1（亚洲株）型。本文将各检测单位提供的测序结果利用MEGA 5.0软件建立进化树如图7所示。分析认为，大部分KHV阳性与亚洲株亲缘关系十分相近。值得注意的是，2017年山东1株阳性与2018年3株辽宁阳性并没有与亚洲株聚在一起，但是经NCBI比对，依然与KHV亚洲株有着99%的同源性。因此可以说明，各个阳性之间亲缘关系很近，未出现明显变异。此外，各省的样品则呈现出区域同源性更强的特点，及来自一个省份的样品其同源性要更强，这可能与养殖场的就地引种以及共用一个水系有关，病毒的传播过程可能与水系密切相关。

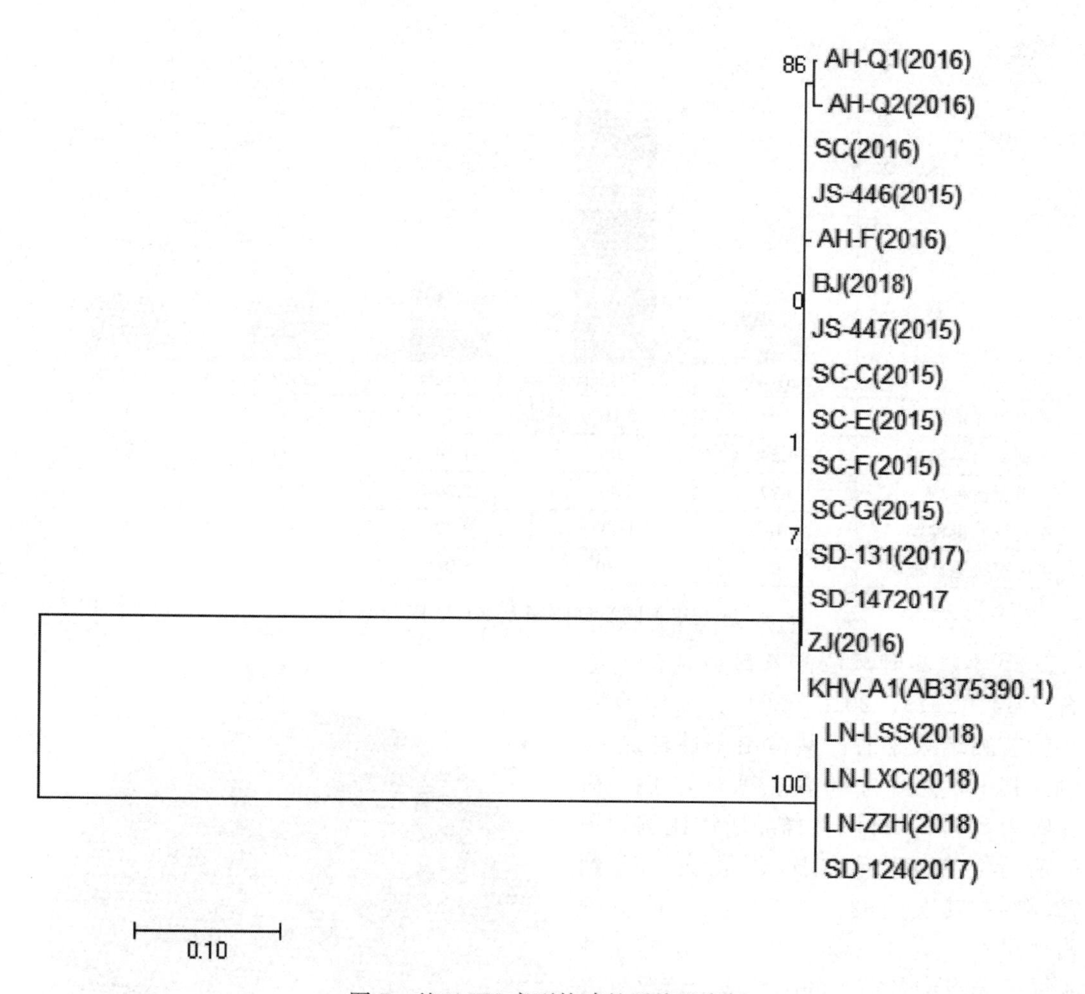

图7　基于TK序列构建的系统发育树

四、风险分析及建议

1. 不同类型监测点风险分析　设置不同类型的监测点（国家级原良种场、省级原良种场、重点苗种场、观赏鱼养殖场、成鱼养殖场），对其进行相关疫病的跟踪监测。根据监测结果，可以分析出不同类型监测点感染风险，从而对疫病的防控产生重要的指导意义。5年来，共设置不同类型监测点共2 376个，检出阳性监测点57个，阳性率为2.40%。近5年各个类型养殖场点的KHV阳性检出率如图8所示。国家级原良种场仅在2015年检出过阳性，其余年份均未检出阳性；省级原良种场在2014年和2015年均检出过阳性，其余年份未检出阳性；成鱼养殖场除了2014年、2018年未检出过阳性，其余年份均检出阳性；观赏鱼养殖场每年均有阳性检出，且阳性率要高于其他类型养殖场点。分析认为，苗种、观赏鱼、成鱼这3种养殖场点均有较大感染风险，其中，苗种和观赏鱼的感染风险最大，国家级原良种场和省级原良种场的感染风险也不容忽视。

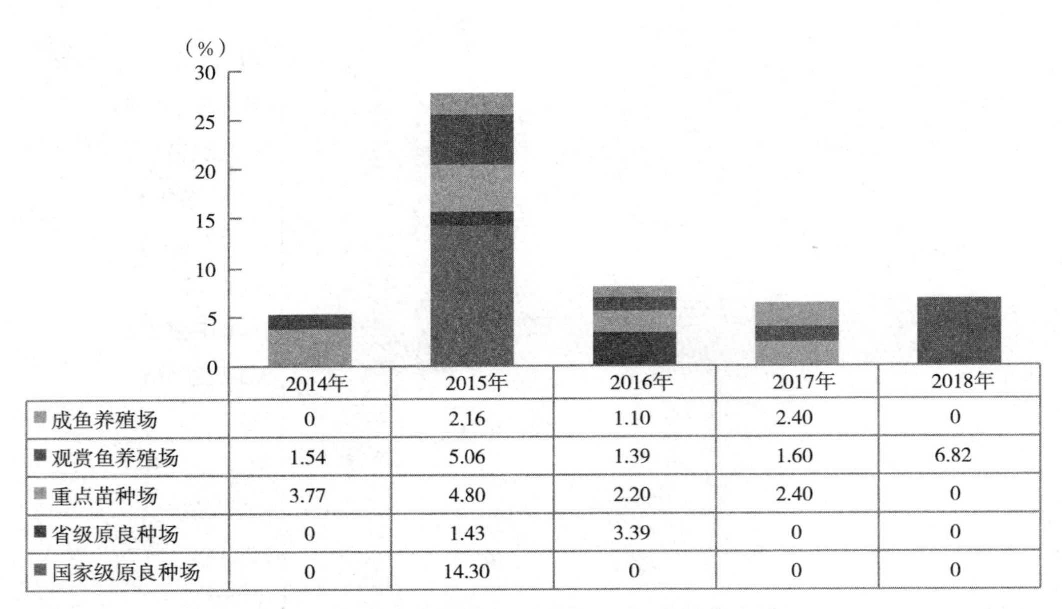

	2014年	2015年	2016年	2017年	2018年
成鱼养殖场	0	2.16	1.10	2.40	0
观赏鱼养殖场	1.54	5.06	1.39	1.60	6.82
重点苗种场	3.77	4.80	2.20	2.40	0
省级原良种场	0	1.43	3.39	0	0
国家级原良种场	0	14.30	0	0	0

图 8　近五年不同类型监测点 KHV 阳性率（%）

2. *养殖品种风险点及防控建议*　综合 2014、2015、2016、2017、2018 年 5 年的监测结果来看，共检出阳性样品 62 例。其中，锦鲤为 45 例、鲤为 14 例、荷花鲤为 3 例，3 种阳性样品所占比例如图 9 所示，锦鲤所占比重最大，达到 72.6%；其次是鲤，为 22.6%，荷花鲤占比最小，为 4.83%。此外，分析 5 种不同监测点中各宿主的阳性检出情况可以发现（图 10），包括国家级原良种场在内的各种监测点中均有锦鲤感染 KHV。截至目前，国家级原良种场和省级原良种场中的鲤还未检出过 KHV 阳性。因此，锦鲤依然是 KHV 感染的最主要风险品种；而鲤及其普通变种的感染风险也始终存在，不容小觑。KHV 目前公认的敏感宿主就是锦鲤和鲤及其普通变种，研究表明，包括金鱼在内的多种淡水鱼类也可能成为 KHV 的携带者，但还没有致病的报道或相关研究证明，因此，KHV 目前的防控重点仍然是锦鲤和鲤。

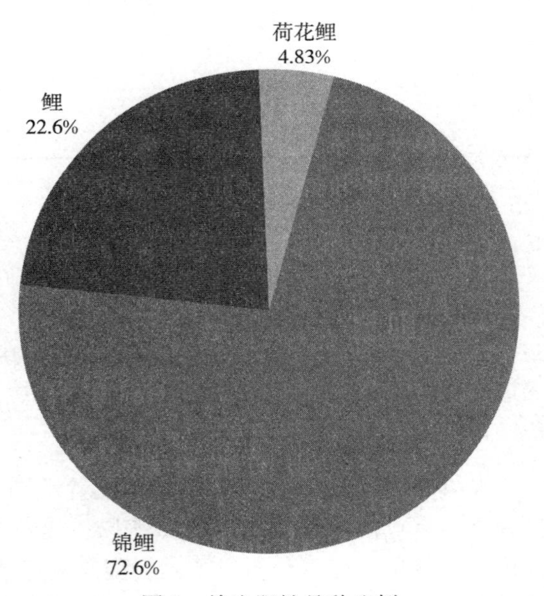

图 9　检出阳性品种比例

防控建议：一是加强监测，尤其是苗种的检测，从源头上防止 KHV 的流通性传播，控制了苗种的健康，也就牵住了整个产业的牛鼻子；二是加强养殖阶段的综合管

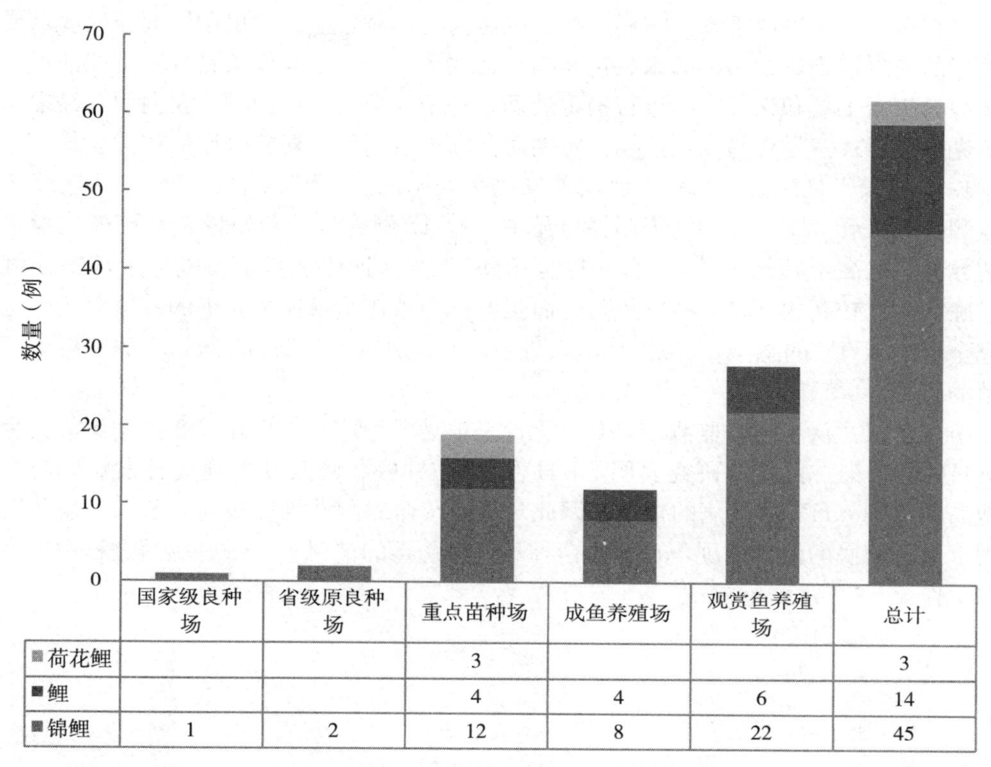

	国家级良种场	省级原良种场	重点苗种场	成鱼养殖场	观赏鱼养殖场	总计
荷花鲤			3			3
鲤			4	4	6	14
锦鲤	1	2	12	8	22	45

图10　不同类型监测点KHV感染宿主分布

理，当前KHV主要流行于养殖阶段，近几年的KHV阳性也多是在养殖阶段感染暴发；三是加强对进口KHV疫区的锦鲤检测，目前国内的养殖锦鲤，有一部分是来自于日本以及东南亚一些国家，而日本和东南亚国家曾多次暴发KHVD，因此，KHV通过进口方式传入国内的风险需加以控制。

3. 养殖区域风险点　经过连续5年的全国KHV监测，目前已有北京、辽宁、河北、山东、江苏、安徽、四川、上海、浙江、湖南、广西、广东共计12个省（自治区、直辖市）检出KHV阳性。其中，北京、江苏、安徽、四川这4个省（直辖市）则至少2年检出阳性。2014—2018年，全国KHV阳性区域不断扩大，蔓延至全国东、南、西、北四个区域。

从各检出阳性省份来看，KHV阳性主要呈点分布，还未形成大面积扩散趋势。以近2年检出KHV阳性最多的广东省为例，其阳性监测点主要集中在江门市和中山市的5个监测点上。从目前监测结果来看，全国各地锦鲤或鲤主养区均已检测到KHV阳性，呈逐渐蔓延趋势，尤其是在我国沿海一带，KHV已经广泛存在，虽未暴发大规模连片的疫情，但是其潜在的暴发风险不容忽视。

防控建议：一是做好阳性养殖场点苗种溯源调查，对于苗种来源、流通去向，需要继续跟踪、监测，密切关注KHV流行情况，必要时，应及时切断带毒苗种的市场流通，对检出阳性品种要及时进行无害化处理或者净化，控制疫情或阳性样品的扩散、流通；二是做好日常生产管理，疫病防控，以防为主，对于连续检出阳性的养殖场点要采取适当的消毒措施，如污染的水、包装物、运载工具、养殖操作工具等要定期消毒，进入场地的交通工具和人员需要进行消毒处理，每个池塘的生产用具不要混用，经常用消毒剂进行消毒；三是在易发病前期，定期对池埂进行消毒，切断病原的传播途径。

4. *养殖模式风险点* 当前，池塘养殖仍是我国水产养殖的主要模式。从连续 5 年的监测结果来看（图 11），62 个阳性样品中，有 47 例为池塘养殖模式。该模式检出阳性的数量明显高于其他养殖模式，因此，池塘单养这种传统养殖模式对于锦鲤或鲤而言，确实有比较高的 KHV 感染风险。而工产化养殖作为目前最先进的养殖模式，也不能完全隔绝 KHV 的感染，2015、2017、2018 年分别检出 5 例、7 例和 2 例来自工厂化养殖的样品。

防控建议：从当前的监测结果看，无论是池塘养殖或是工厂化养殖，均不能完全隔绝 KHV 的感染。目前的研究表明，KHVD 只在锦鲤、鲤及其普通变种发病，尚未见其他品种感染 KHV 并发病的报道。因此对于连续监测阳性且发病的养殖场，需要对养殖用水进行彻底的消毒处理，在保证苗种不携带病毒的情况下，做好养殖过程中的疾病预防工作。

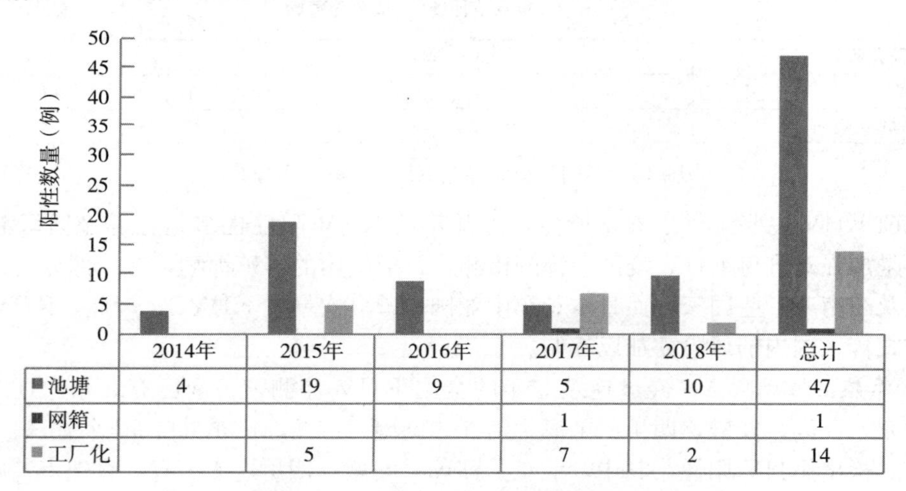

	2014年	2015年	2016年	2017年	2018年	总计
池塘	4	19	9	5	10	47
网箱				1		1
工厂化		5		7	2	14

图 11 近 5 年全国阳性样品养殖模式

5. *苗种来源风险点* 苗种来源的风险控制，对于杜绝、切断 KHVD 的传染、流行具有重大意义。我们对 2018 年检出阳性的养殖场的数据进行分析（表 1），发现各阳性养殖场点的苗种主要有三种来源：一是自繁自养；二是从本地引种；三是从外地引种。其中，自繁自养的比例最高，达到 72%；其次是从本地引种，比例为 24%；仅 1 例阳性为从外地引种。分析认为，目前检出 KHV 的样品，其苗种主要在本养殖场或者本地区流通，当前最主要的风险点在于对外销售，且在一个或多个地区流通的苗种。

防控建议：一是做好苗种检疫工作，建议加强对各级原良种场的监测、检疫力度，在源头上控制 KHV 的传播风险；二是对于自繁自养的养殖场来说，要加强种苗生产的管理，对于种苗要坚持做好前期的隔离暂养工作。在隔离期间，一方面进行健康状况的观察，另一方面及时向当地水产检疫部门进行申报检疫，检疫合格后，可以正式养殖；如检疫不合格，或者检疫结果携带病原，应按照国家相关规定，对检疫品种进行无害化处理或者净化。

6. *基因型风险点* 从2015、2016、2017、2018年连续4年的监测结果来看，当前流行于我国的KHV株型主要是亚洲株和欧洲株这两种，并且大部分阳性样品与亚洲株的同源性更高一些。这表明，不同地区KHV的毒株在病毒的起源进化及分类上的差异性微乎其微。通过系统发育树可以明显的观察到一个现象，即来自同一省份或地区的阳性样品，其同源性也要比不同地区的更高一些。当然，由于当前获得的KHV阳性测序数据较少，且KHV基因分型研究还不够完善，因此关于不同地区KHV基因型的差异还需要大量的流行病学和基因数据来研究证实。而这些不同基因型毒株差异的鉴定，对于疫苗的筛选和引进也具有重要的意义。

五、存在的主要问题及建议

农业农村部渔业渔政管理局从2014年开始，已经连续5年下达了（KHV）监测与防治项目。项目下达后，各承担单位均能够按照监测实施方案的要求和相关会议精神，认真组织实施，较好地完成了年度目标和任务，为KHV的防控提供了较为翔实的数据支撑。但也还存在一些问题，其中，最为突出的主要有以下几个方面：

1. *可能存在漏检* 疱疹病毒的特点之一是在初次感染后具有潜伏宿主的能力，即病毒在宿主体内存留遗传物质但不复制病毒颗粒，基因不表达或仅有少数潜伏相关基因表达。在一定的应激条件下，如改变温度，潜伏的病毒可被诱导复制并释放病毒粒子，导致宿主出现疾病的临床症状。研究证实，锦鲤疱疹病毒也存在潜伏感染，而高温夏季和低温冬季一般不发病，发病温度为一般为18～28℃，病毒的最适增值温度为15～25℃。然而，近几年检出阳性的监测点水温主要集中在25～30℃，并未检出其他水温下的锦鲤疱疹病毒阳性，尤其是潜伏感染的阳性病例并未检出。分析认为，我国当前的KHV流行情况还没有完全掌握，还有被KHV感染的区域没有被发现。因此，建议各监测单位对于采样时间的安排能够覆盖15～30℃这一水温区间，而不是只集中某一个较短的时期。

2. *监测点设置的连续性和合理性还有待加强* 针对已检出过阳性的监测点进行连续的跟踪监测，对于掌握KHV的分布情况及流行趋势具有重要意义。从监测点的设置来看，部分省份未能对往年检出阳性的养殖场开展连续的跟踪监测，因此，KHV的流行趋势未能得到最全面地反映，其潜在的传播风险分析由于未能连续跟踪监测而缺乏必要的数据支撑。建议各监测单位如无特殊情况（如养殖场因为各种原因而不再开展养殖活动），还是应当坚持对已检出阳性样品的养殖场开展持续监测，尤其是一些国家级或省级的良种场，应当纳入到每年的监测计划中。

3. *部分检测单位对于阳性样品测序的必要性认识还不够，缺乏相应的测序数据*
做好阳性样品的测序工作，可以为我国的KHV基因型的分类及时空分布研究提供数据支撑，而这也为我国KHV起源和进化研究提供重要依据。目前，已发现流行于我国的

KHV 基因型变异及分布情况还没能完全掌握。从 2014 年开始的全国 KHV 监测，可以为基因型的时空分布提供更多的流行病学调查数据。然而。当前 KHV 的监测关于这方面的数据还有所欠缺，阳性的测序结果也还需进一步加以利用分析。建议各单位保存好阳性样品（−80℃保存），并且对阳性样品及时测序，从而做好测序的数据归档工作，为 KHV 基因型调查研究打下坚实的基础。

4. *对于阳性场的处理是一个亟待解决的问题* 目前，国家虽然出台了《动物防疫法》《重大动物疫情应急条例》《国家突发重大动物疫情应急预案》，但在实际动物疫病处理过程中缺乏可执行的操作细则。致使疫病处置职责不清，阳性场也不愿进行无害化处理，即使各机构检测出了疫病，但因没有很好的处置，病原依旧处在失控状态，十分不利于疫病的控制，建议应尽快出台管理办法。

5. *监测数据的完整性还有待加强* 从各省份提供的监测数据汇总来看，大部分省份都能严格按照要求填报各项监测数据，但是也有少数单位的数据填写并不完整，如养殖方式、采样水温和 pH、规格等基础数据，造成相关的分析难以进行。尤其是阳性样品的数据，如详细的养殖场地点、养殖场面积、养殖水温、死亡率、苗种来源、造成的损失，包括测序的结果等，对于风险分析和评估意义重大。建议各单位在平时的监测工作中，就要做好数据的填写保存工作，以免造成因工作量过于集中而导致的漏填、错填等情况发生。

2018年鲫造血器官坏死病状况分析

中国水产科学研究院长江水产研究所

（刘文枝　曾令兵）

一、前言

（一）2018年鲫造血器官坏死病研究进展

鲤疱疹病毒Ⅱ型（CyHV-2）是鲫造血器官坏死病的病原，引起养殖鲫大量死亡，严重威胁鲫养殖业的健康发展。鲫造血器官坏死病已引起国内外科研人员及我国渔业管理部门的高度重视。2018年，围绕CyHV-2引起的鲫造血器官坏死病，开展了流行病学调查与病原监测工作，建立了CyHV-2病毒的快速检测方法研究，比较分析了免疫预防及病毒感染鱼体后mRNA的转录表达变化，为病毒感染机制的研究奠定基础。在病毒检测与疾病诊断方法方面，建立了快速检测CyHV-2的可视化RPA-LED试纸条技术和单克隆抗体检测CyHV-2技术，推动了临床快速诊断技术的发展。在CyHV-2感染的分子机制与宿主应答方面问题，一些学者通过高通量测序鉴定miRNA表达谱，对差异表达的miRNA靶标的预测，来揭示miRNA参与多种免疫相关信号通路的调控，也通过基因克隆技术获得异育银鲫（*Carassius auratus gibelio*）TLR2和TLR3（分别命名为CagTLR2和CagTLR3）两种TLR基因以及属于Ⅰ型干扰素家族的干扰素基因ccIFNc，为抗CyHV-2感染研究奠定基础。在CyHV-2病毒基因结构组成方面，CyHV-2 SY病毒全长测序结果表明，与ST－J1和SY－C1相比，SY基因组的ORF10、ORF107、ORF156具有重复序列的插入或缺失，其可以用作SY毒株的标记，为我国CyHV-2分子流行病学跟踪监测提供数据支撑。在CyHV-2防控方面主要利用生物絮团技术（BFT）改良水产养殖系统，进而改善水质，减少病原体的引入，增强养殖物种的免疫力和抗病能力，能够有效预防鲫感染CyHV-2。药物研究表明，硫酸新霉素能够有效保护鲫免于鲤疱疹病毒Ⅱ型（CyHV-2）感染，并抑制CyHV-2复制。

2015—2018年，农业农村部对全国鲫主养省份的CyHV-2进行了大范围的跟踪监测，从最初2015年的9个省（自治区、直辖市）到2018年的17个省（自治区、直辖市），监测省份范围逐年扩大，为未来我国鲫造血器官坏死病全国范围内的流行病学调查、疾病防控和健康养殖管理奠定基础。

（二）主要内容概述

为了继续跟踪监测CyHV-2疫病在我国的流行情况，保障我国鲫养殖业的持续健康发展。2018年，农业农村部渔业渔政管理局继续将CyHV-2纳入《国家水生动物疫病监测计划》方案，通过整理与分析2018年各监测省份的上报数据，了解CyHV-2在17个省份的监测实施情况。最后将2015—2018年4年的监测数据进行比较分析，对连续4年监测结果的发病规律进行总结，以及在全年监测样品监测过程中存在的问题给予相关建议，初步形成2018年CyHV-2国家监测分析报告。

二、各省开展CyHV-2疫病的监测情况

1. *2015—2018年参加省份、乡镇数和监测点分布* 自2015年首次开展CyHV-2的专项监测工作以来，随着工作的顺利推进，鲫造血器官坏死病的监测范围逐年扩大。2015年监测范围包括北京、天津、河北、上海、江苏、浙江、江西、河南和甘肃9个省（自治区、直辖市）的83个县、148个乡（镇）；2016年，在2015年已有监测9个省（自治区、直辖市）的基础上新增加6个省（自治区、直辖市），监测范围覆盖北京、天津、河北、内蒙古、吉林、上海、江苏、浙江、安徽、江西、山东、湖北、河南、广西、甘肃15个省（自治区、直辖市）的167个县、253个乡（镇）（图1、图2）；2017年，监测范围扩大到17个省（自治区、直辖市）的168个县、276个乡（镇），监测范围（自治区、直辖市）包括北京、天津、河北、内蒙古、吉林、上海、江苏、浙江、安徽、江西、山东、河南、湖北、湖南、广西、四川和甘肃，在2016年监测范围的基础上，增加了湖南省和四川省；2018年，鲤疱疹病毒2型（CyHV-2）的监测省份与2017年相同，但是在2017年监测的基础上县和乡（镇）数量及地址进行了相应的调整，其中，监测县的数量由2017年168个县增加到

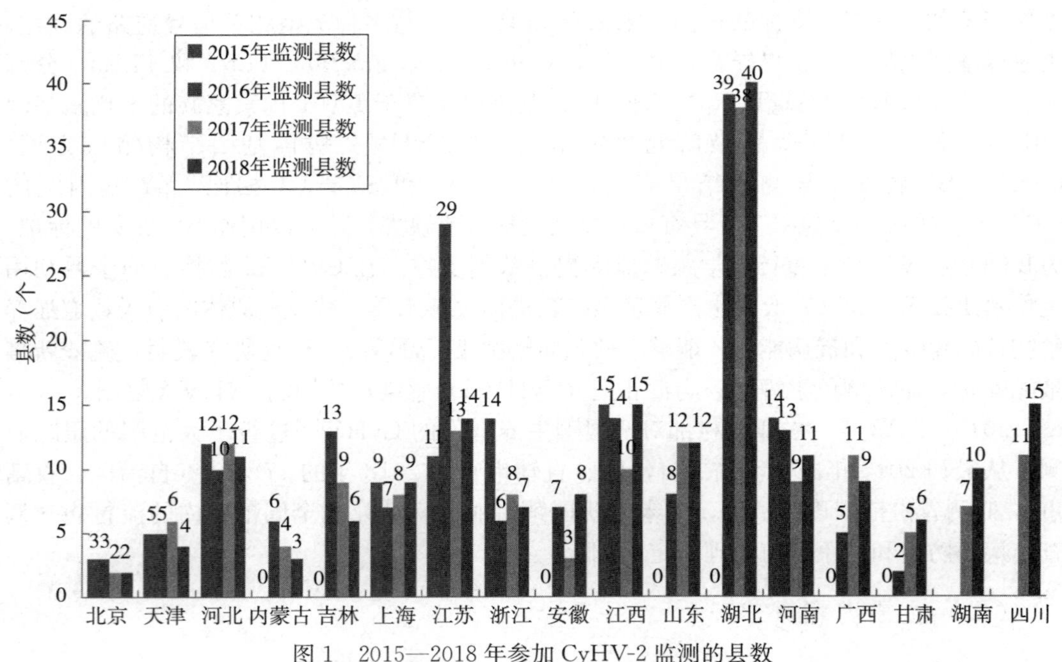

图1　2015—2018年参加CyHV-2监测的县数

2018 年的 17 个省（自治区、直辖市）182 个县。

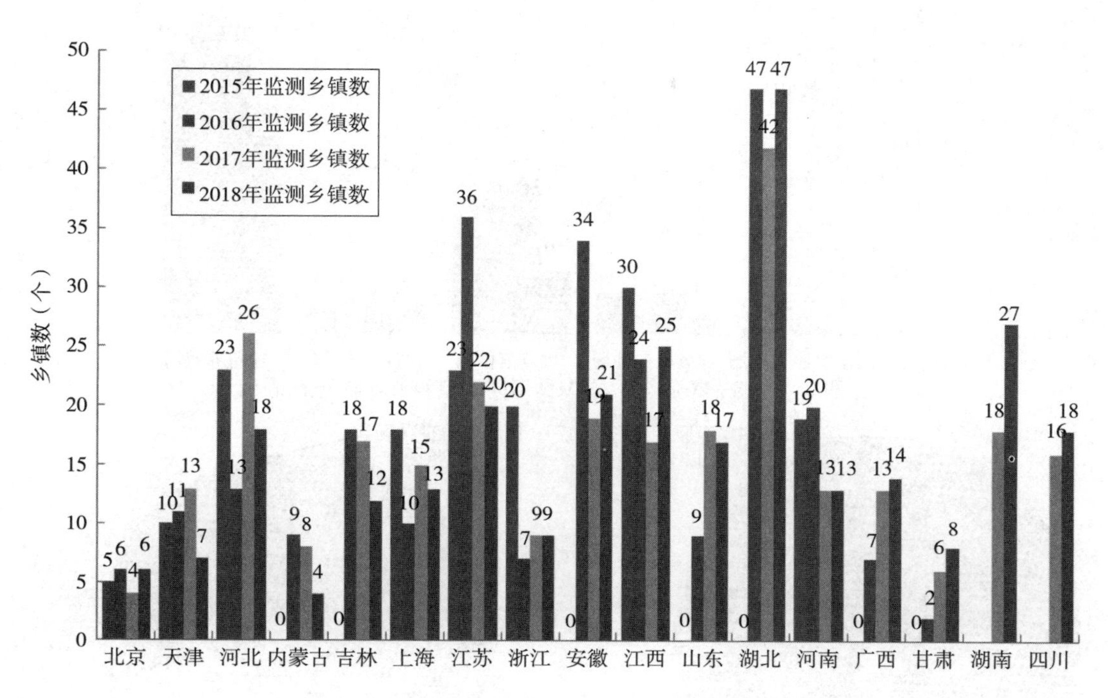

图 2　2015—2018 年参加 CyHV-2 监测的乡镇数

2. 2015—2018 年监测省份不同类型养殖场情况　按照《国家水生动物疫病监测计划》采样要求，监测点应包括辖区内鲫的国家级和省级原良种场、常规测报点中的重点苗种场、观赏鱼养殖场及成鱼养殖场。2018 年，鲫造血器官坏死病监测任务中 17 个省（自治区、直辖市）共设置监测养殖点 384 个。其中，国家级原良种场 5 个（1.3%）、省级原良种场 32 个（8.3%）、重点苗种场 105 个（27.4%）、观赏鱼养殖场 22 个（5.7%）、成鱼养殖场 220 个（57.3%）（图 3）。2015—2017 年，在 17 个、15 个和 9 个省（自治区、直辖市）分别共设置监测养殖点 426、414 和 249 个。其中，国家级原良种场 5 个（1.2%）、6 个（1.4%）和 4 个（1.6%），省级原良种场 39 个（9.2%）、35 个（8.5%）和 17 个（6.8%），重点苗种场 102 个（23.9%）、123 个（29.7%）和 50 个（20.0%），观赏鱼养殖场 28 个（6.6%）、32 个（7.7%）和 23 个（9.3%）及成鱼养殖场 252 个（59.1%）、218 个（52.7%）和 155 个（62.3%）。与 2015—2017 年 3 年的统计结果相比，2018 年对监测省份苗种场的监测数量较 2015 年和 2017 年有所增加，由 2015 年的 50 个和 2017 年的 102 个重点苗种养殖场增加至 2018 年的 105 个（图 4、图 5、图 6、图 7），而观赏鱼和成鱼养殖场的采集比例有所下降，观赏鱼养殖场采集比例从 2015 年的 9.3%、2016 年的 7.7%到 2017 年的 6.6%，2018 年的采集比例为 5.7%；成鱼养殖场采集比例从 2015 年的最高采集比例为 62.3%降为 2018 年的 57.3%。

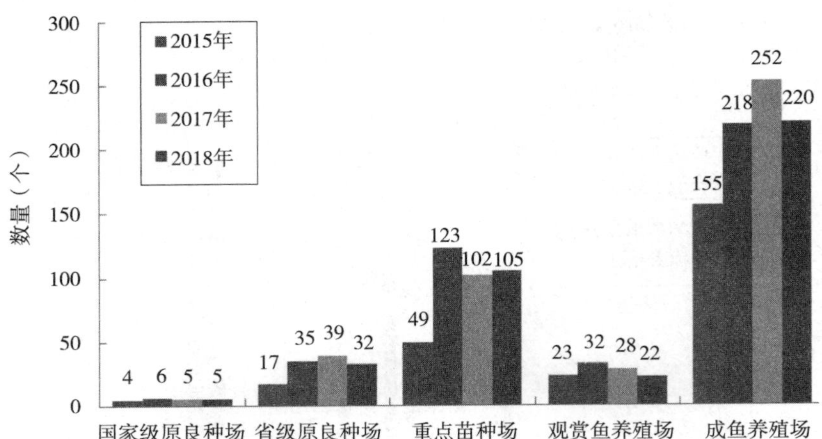

图 3　2015—2018 年 CyHV-2 不同类型养殖点监测情况

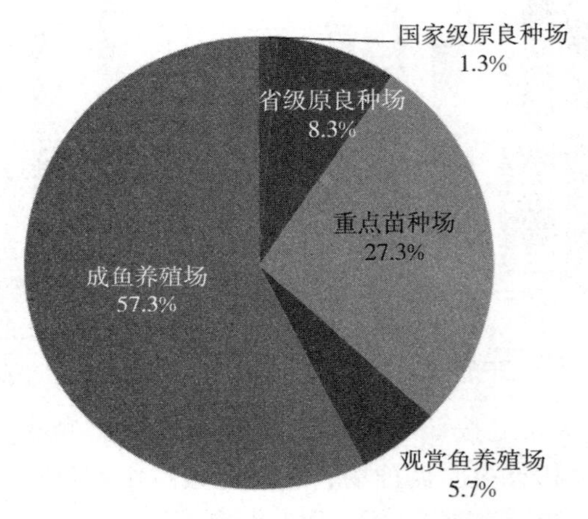

图 4　2018 年 CyHV-2 不同类型养殖点占比情况

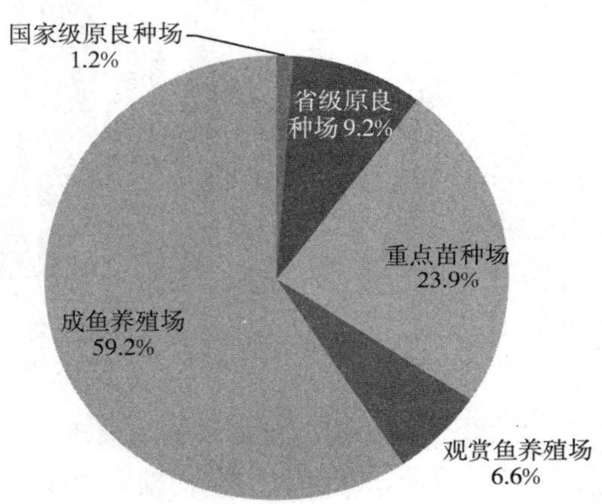

图 5　2017 年 CyHV-2 不同类型养殖点占比情况

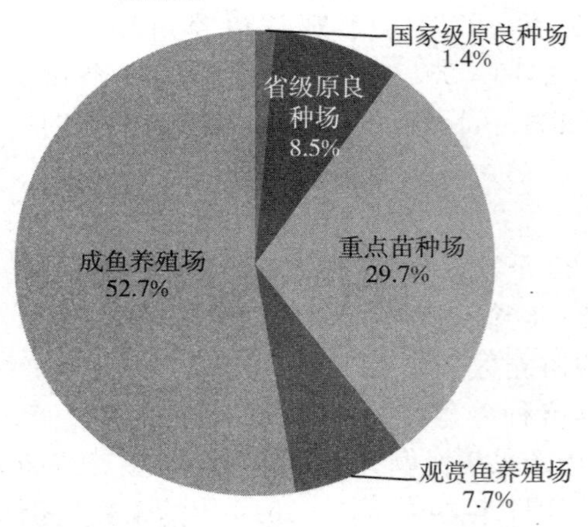

图 6　2016 年 CyHV-2 不同类型养殖点占比情况

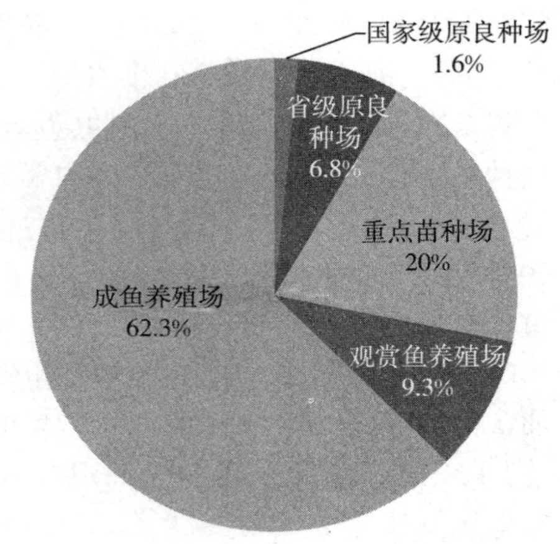

图 7　2015 年 CyHV-2 不同类型养殖点占比情况

3. 2015—2018 年各省份监测采样数量　2018 年，CyHV-2 疫病监测 17 个省（自治区、直辖市）共采集样品 407 批次。其中，北京 20 份、天津 10 份、河北 30 份、内蒙古 10 份、吉林 15 份、上海 30 份、江苏 30 份、浙江 10 份、安徽 32 份、江西 30 份、山东 30 份、河南 20 份、湖北 50 份、湖南 30 份、广西 30 份、四川 20 份和甘肃 10 份。2015—2017 年的监测样品采集，分别为 454、487 和 307 批次。其中，分别为北京 20、30 和 25 份，天津 20、30、30 份，河北 62、50 和 72 份，内蒙古 15 和 18 份（2017 年和 2016 年），吉林 20 和 20 份（2017 年和 2016 年），上海 28、24 和 20 份，江苏 34、72 和 69 份，浙江 10、10 和 30 份，安徽 50 和 60 份（2017 年和 2016 年），江西 20、30 和 30 份，山东 30 和 20 份（2017 年和 2016 年），湖北 43 和 50 份（2017 年和 2016 年）；河南 20 和 28 份（2017 年和 2016 年），湖南 20 份（2017 年），广西 30 和 30 份（2017 年和 2016 年），四川 20 份（2017 年），甘肃 12 和 15 份（2017 年和 2016 年）。与 2015—2017 年相比，连续 4 年各省份监测数量除上海、山东、湖南和湖北比 2017 年和 2015 年多以及浙江、吉林和广西连续 2 年持平外，其他参加监测省份的采集样品数量均不同程度地有所下降（图 8）。

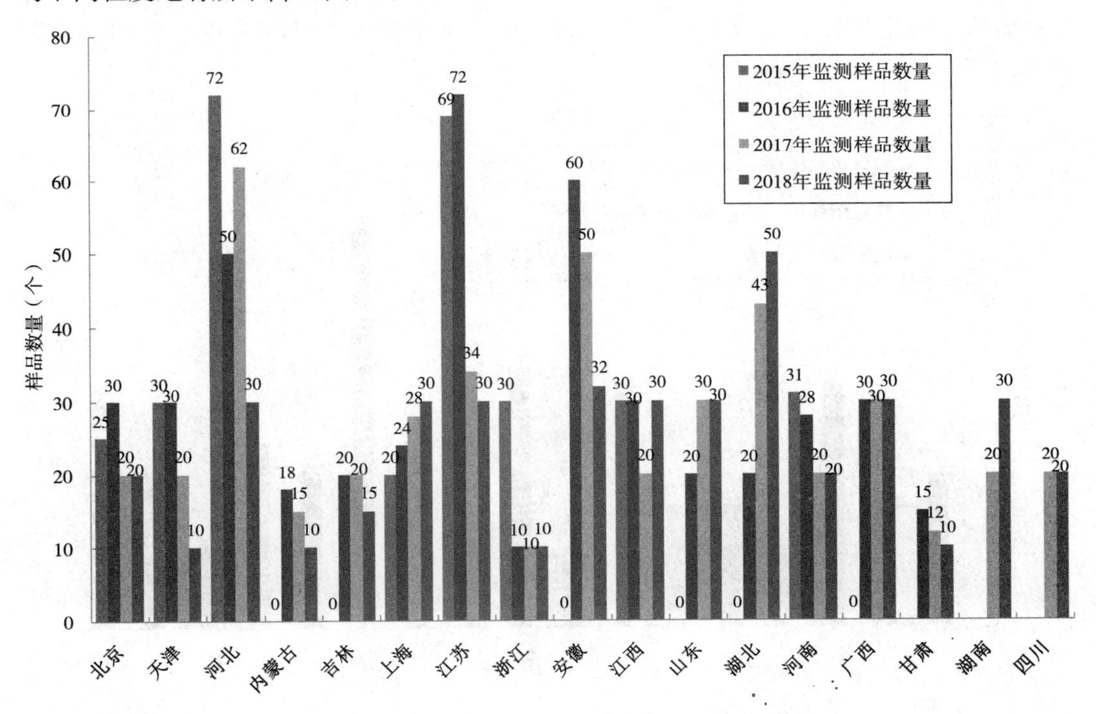

图 8　2015—2018 年 CyHV-2 各省份样品数量监测情况

2018 年，参加监测的 17 个省（自治区、直辖市）养殖点性质设置分布情况如图 9 所示。江苏、上海、江西、湖北和湖南 5 个省（自治区、直辖市）的监测点基本覆盖了国家级、省级良种场、重点苗种场、成鱼养殖场或观赏鱼养殖场；其他省份包括苗种场监测的有河北、内蒙古、吉林、浙江、安徽、山东、河南、广西、四川和甘肃10个省（自治区、直辖市）；北京和天津则以观赏鱼或成鱼场为主。2018年，参加鲫造血器官坏死病监测的17个省（自治区、直辖市）中，能够全部覆盖养殖点性质的省（自治区、直辖市）比例为29.4%（5/17），能够覆盖苗种场和成鱼场或观赏鱼场的比例为58.8%（10/17），主要以成鱼场或观赏鱼场为监测点的比例为11.8%（2/17）。2017年，17个省（自治区、直辖市）监测点中，能够全部覆盖养殖点性质的省（自治区、直辖市）比例为11.8%（5/17），能够覆盖苗种场和成鱼场或观赏鱼场的比例为88.2%（15/17），主要以成鱼场或观赏鱼场为监测点的比例为11.8%（2/17）；2016年，15个省（自治区、直辖市）养殖点性质设置覆盖了国家级、省级良种场、重点苗种场、成鱼养殖场和观赏鱼养殖场的有江苏、江西和湖北3个省（自治区、直辖市），其他省份除北京以观赏鱼养殖场，天津、河北、内蒙古以成鱼养殖为主外，其他省份养殖场采集范围包括了苗种场和成鱼养殖场或观赏鱼养殖场（图9）。2015年为河北、江苏、江西、河南、上海及浙江6个省（自治区、直辖市），其他3个省份北京和天津的监测点则以成鱼养殖场和观赏鱼养殖场为主（图10、图11）。综合2015—2018年总体数据来看，与2017年相比，能够全部覆盖5种养殖场性质的监测省份有所上升。该监测范围基本能够对CyHV-2进行全面的跟踪监测。

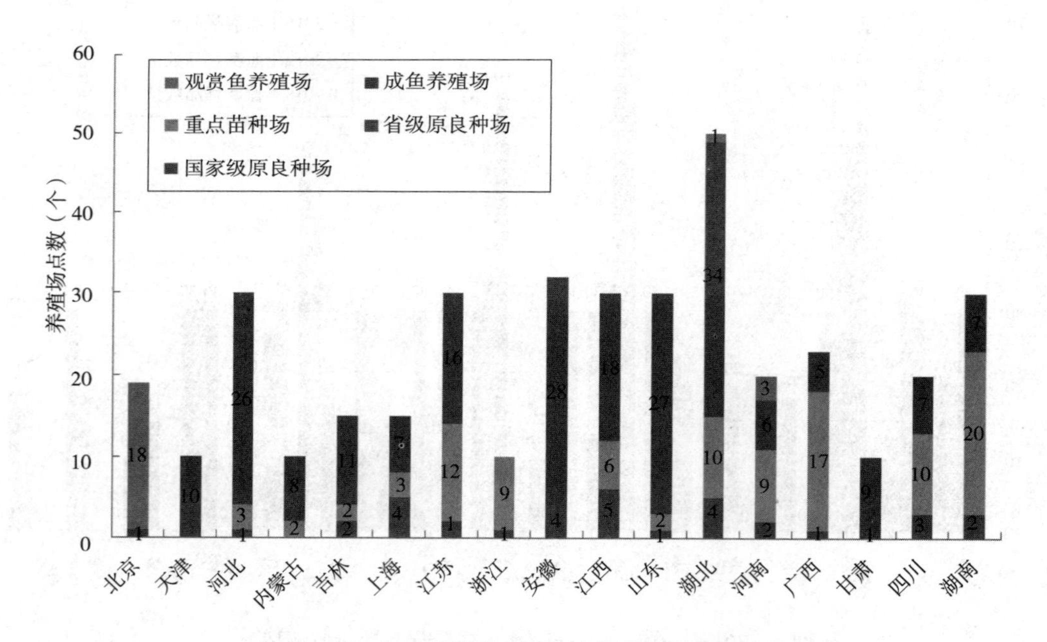

图9　2018年各监测省份养殖点性质设置分布情况

4. 采样品种和采样条件　2018年，鲫造血器官坏死病的监测样品品种，包括鲫、金鱼、鲤、草鱼及其他品种。其中，鲫数量最多，为385份，约占94.6%（385/407）；金鱼监测数量为18，约占4.4%（18/407）；草鱼2份，鲤和其他品种鱼类分别为1份（图12）。与2015—2017年3年监测的鱼类品种类别相比有所下降，2018年监测样品种

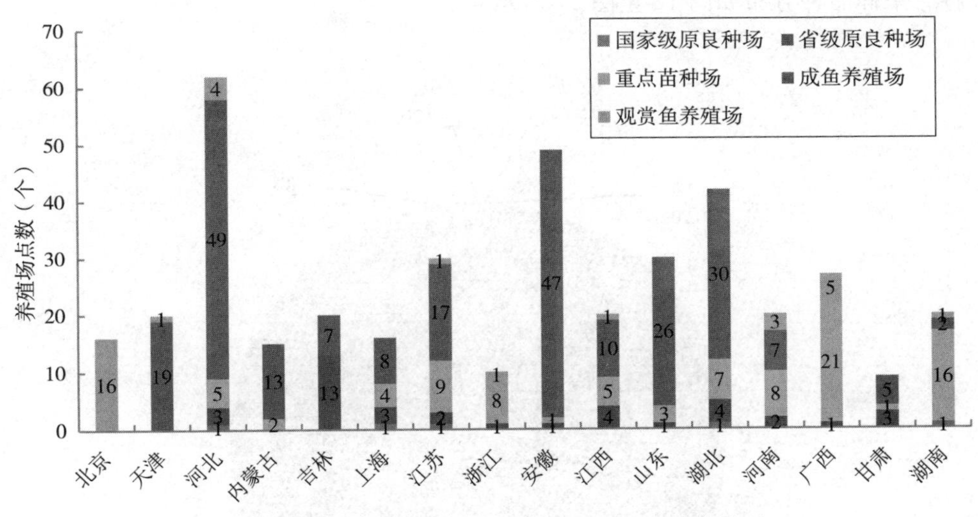

图 10　2017 年各监测省份养殖点性质设置分布情况

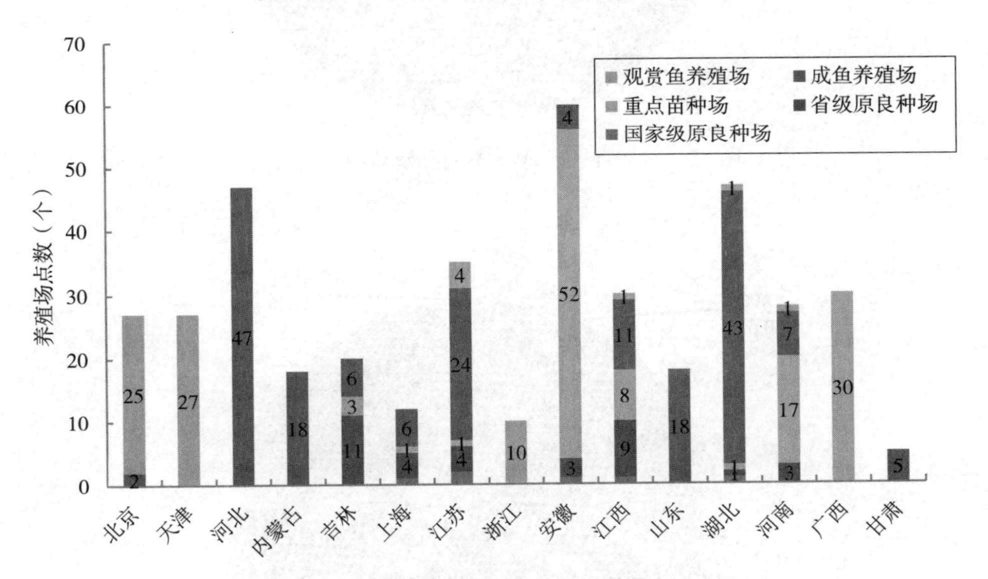

图 11　2016 年各监测省份养殖点性质设置分布情况

类主要集中在 CyHV-2 易感的鲫和金鱼品种，在其他养殖品种几乎未涉及。这使得在监测 CyHV-2 过程中，能够更好地针对鲫造血器官坏死病进行监测，避免不易感的品种过多，对整体的监测精准性有所影响。

与 2015—2017 年监测鲫数量和比例相比，2018 年的监测数量和比例显著上升，由 2016 年的鲫采样量 376 份（77.2%）、2017 年的 420 份（92.5%）逐渐上升到 2018 年的 385 份（94.6%）；鲤、草鱼及其他养殖品种的采样量下降，2018 年为 4 份（4/407）、2017 年为 8 份（8/454）、2016 年为 29 份（29/487）。不同种类监测品种所占比例及各省采样品种分布如图 12 至图 17 所示。

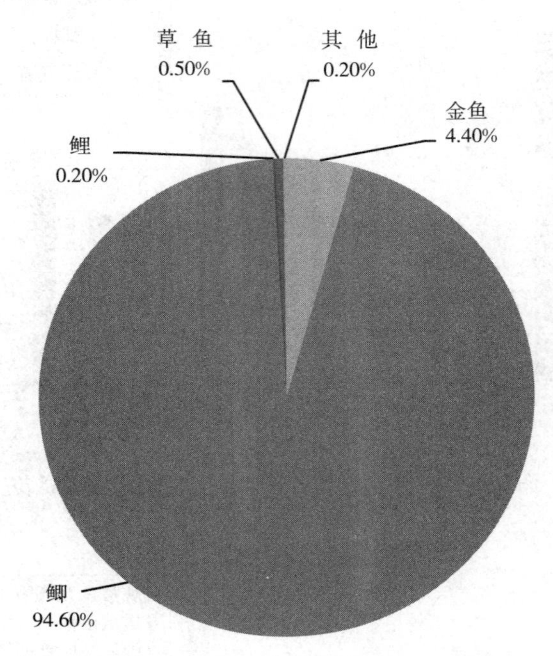

图 12　2018 年 CyHV-2 不同养殖品种占比情况

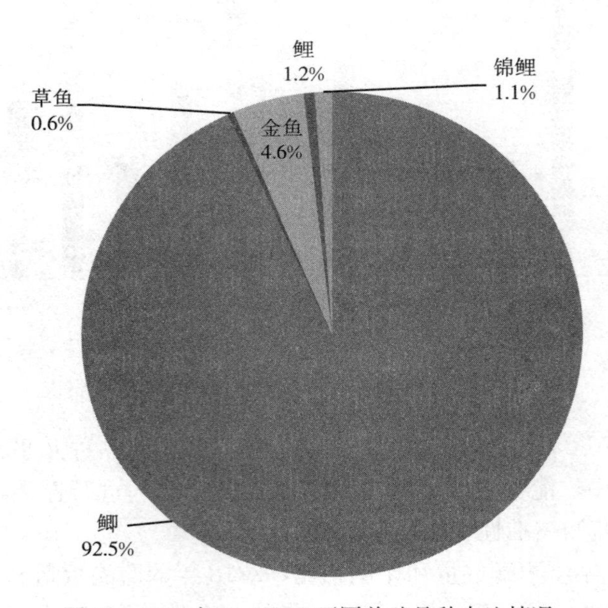

图 13　2017 年 CyHV-2 不同养殖品种占比情况

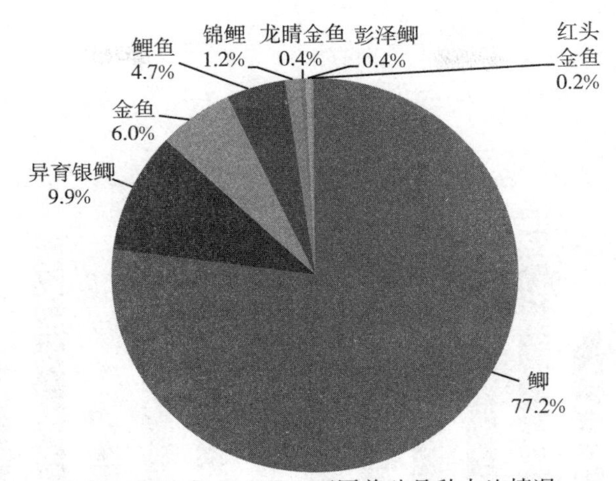

图14　2016年CyHV-2不同养殖品种占比情况

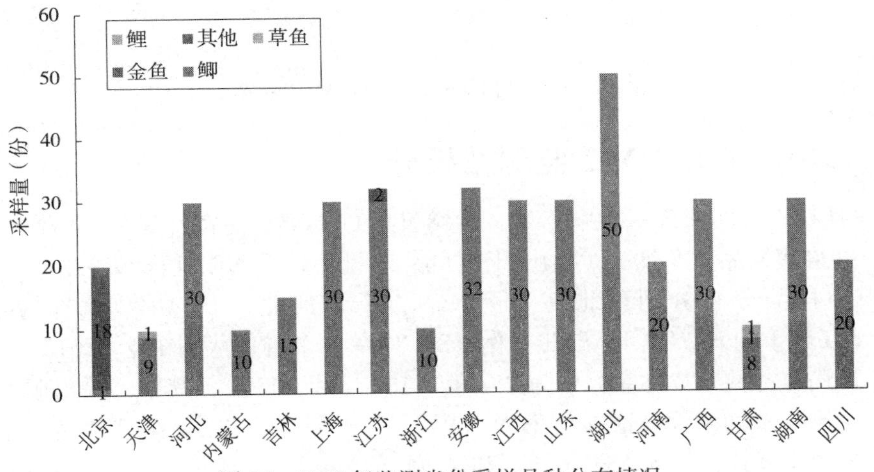

图15　2018年监测省份采样品种分布情况

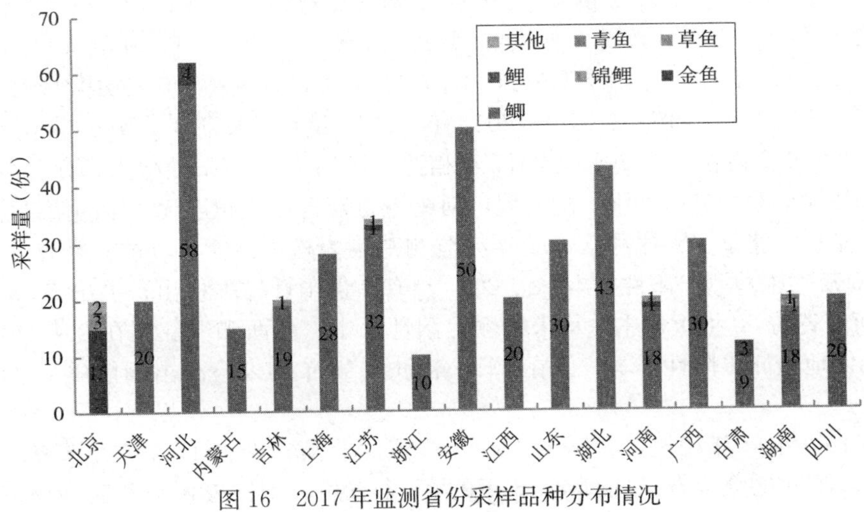

图16　2017年监测省份采样品种分布情况

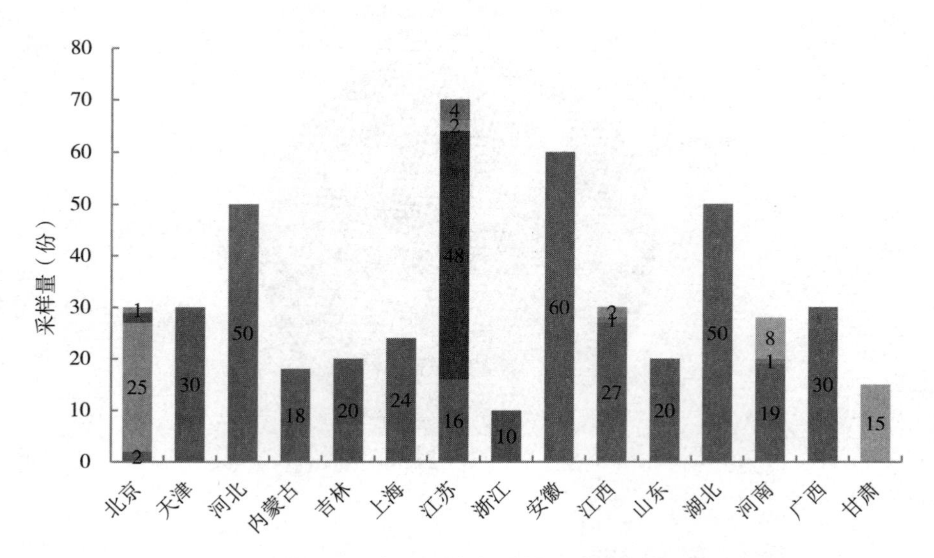

图 17　2016 年监测省份采样品种分布情况

三、2018 年 CyHV-2 监测结果分析

1. 阳性检出情况及区域分布分析　2018 年，CyHV-2 疫病监测 17 个省（自治区、直辖市）共采集样品 407 批次，检出阳性样品 21 批次，平均阳性样品检出率为 5.2%。其中，阳性样品分布分别是北京 8 例（38.1%）、河北 4 例（19.0%）、吉林 1 例（4.8%）、江苏 1 例（4.8%）、湖北 7 例（33.3%）5 个省份（图 15）；2015—2017 年，CyHV-2 疫病监测共采集样品分别为 454 份、487 份和 307 份，其中，检出阳性 45 例、38 例和 54 例，平均阳性样品检出率为 9.9%、7.8%和 17.6%，阳性样品分布分别是北京 3 例（15.0%）、6 例（20.0%）和 4 例（16.0%），河北 6 例（9.7%）、19 例（26.4%）（2015 年），天津 1 例（5.0%）、1 例（3.3%）和 6 例（20.0%），内蒙古 4 例（22.2%）（2016 年），江苏 1 例（2.9%）、18 例（25.0%）和 10 例（14.5%），上海 1 例（4.2%）（2016 年），江西 5 例（16.7%）和 3 例（10.0%）（2016 年、2015 年），湖北 32 例（74.4%）、1 例（2.0%）（2017 年、2016 年）以及浙江 2 例（20.0%）和 12 例（40.0%）6 个省份。与 2015—2017 年相比，2018 年平均阳性检出率比往年各省份的平均阳性检出率均有所下降。随着我国对鲫造血器官坏死病连续 4 年的阳性省份监测结果统计显示，北京、天津和江苏 4 年在监测范围内检测出阳性样本；河南省在 2015 年和 2016 年均未检测出阳性样本，但 2017 年有 2 例阳性样本检出，检出率为 10.0%，2018 年河南省份 50 批次样本中均未检测出阳性样本；江西和浙江省在 2015 年和 2016 年不同比例地检测出阳性样本，但在 2017 年和 2018 年均未检测出阳性样本（图 18 至图 20）。

与 2015—2017 年相比，2018 年 CyHV-2 疫病监测省份为 17 个省（自治区、直辖市），从 2015 年的 9 个省扩大到 2018 年的 17 个省份。阳性省份数量有所下降，如天

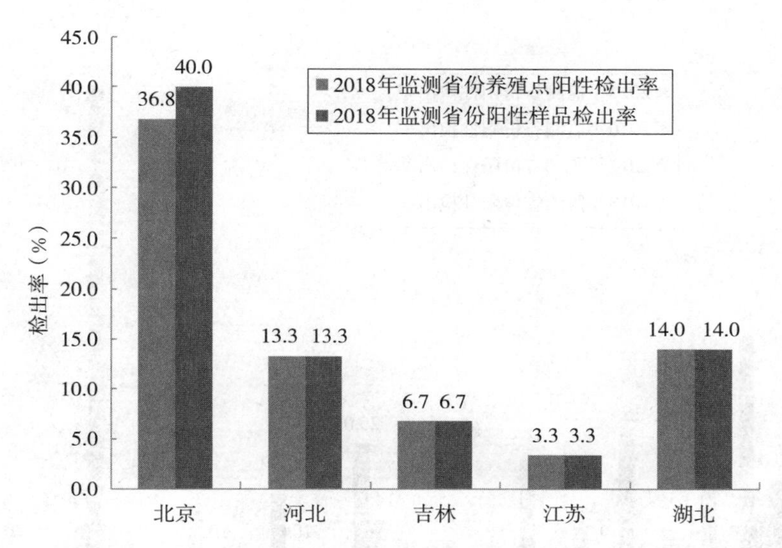

图 18 2018 年 5 个阳性省份的阳性养殖场点检出率和阳性样品检出率

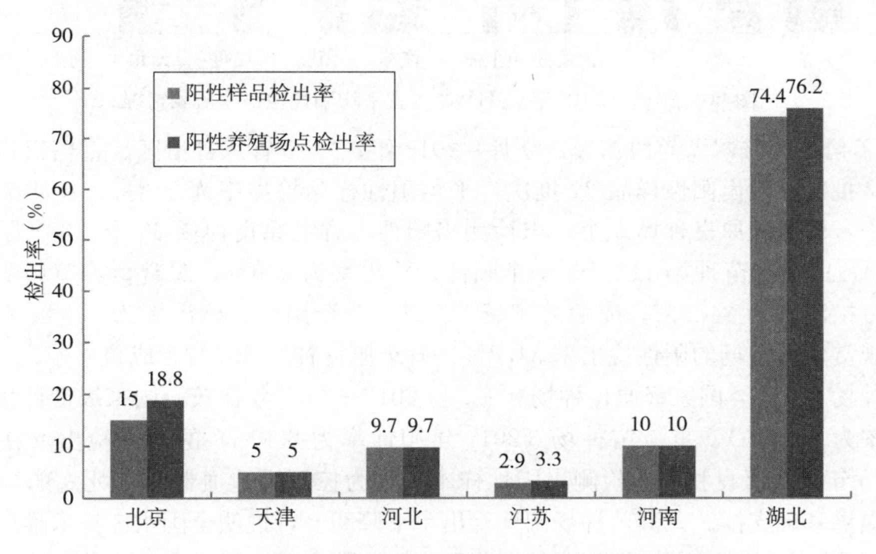

图 19 2017 年 6 个阳性省份的阳性养殖场点检出率和阳性样品检出率

津、河北、内蒙古、安徽、江西等作为其中观赏鱼和鲫的主养区，在 2018 年未检测出阳性样本，这与渔业部门和相关领域专家在该病有效的监测检测、预防措施有密切关系。尽管一些养殖地区经过近 4 年全国水产技术推广总站采取的监测防控后有所改善，但是我国对 CyHV-2 易感宿主鲫和金鱼的主要养殖省份连续几年均检测出阳性样本。如北京和江苏省在 4 年连续监测中均检测出 CyHV-2 阳性样品，此结果说明，CyHV-2 仍然是我国鲫主养区域的主要疾病之一。此外，从疾病的监测省份来看，2018 年，在吉林省连续 3 年监测中首次检测出 CyHV-2 阳性样品，建议对该地区提高关注，采取相应有效措施，避免 CyHV-2 进一步扩散。

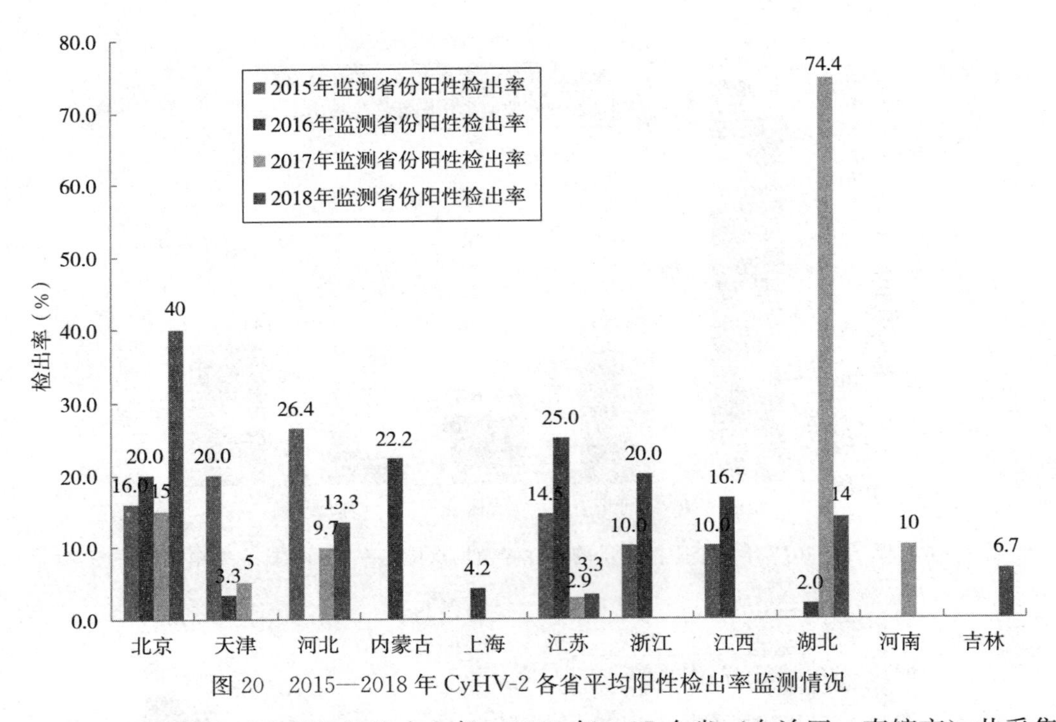

图 20　2015—2018 年 CyHV-2 各省平均阳性检出率监测情况

2. 不同类型监测点的阳性检出分析　2018 年，17 个省（自治区、直辖市）共采集样品 407 批次，检出阳性样品 21 批次，平均阳性样品检出率为 5.2%。在 407 个监测养殖点中，国家级原良种场 6 个，未检测出阳性；省级原良种场 36 个，3 个阳性，检出率 8.3%；重点苗种场 115 个，1 个阳性，检出率为 0.9%；观赏鱼养殖场 23 个，8 个阳性，检出率为 34.8%；成鱼养殖场 227 个，9 个阳性，检出率为 4.0%（图 21）。其中，观赏鱼养殖场的阳性检出率 34.8%>省级原良种场 8.3%>成鱼养殖场 4.0%>重点苗种场 0.9%>国家级原良种场 0%。与 2015—2017 年比较，国家级良种场（2017 年阳性率为 20.0%）、重点苗种场（2017 年阳性率为 6.9%）的阳性检出率在逐年下降，2018 年国家级良种场未检测出阳性样本，这为控制鲫造血器官坏死病的蔓延和疾病净化提供基础支撑。尤其苗种场阳性检出率下降明显，说明全国水产技术推广总站及相关研究团队在鲫造血器官坏死病的监测和疾病防控方面取得一定的成效，建议继续加大对鲫和金鱼原良种场的监测和监管，在苗种方面有效控制疾病发生，为防止 CyHV-2 的继续蔓延和苗种带毒广泛传播起到关键作用。观赏鱼养殖场的结果显示，2018 年的观赏鱼阳性检出率（34.8%），要高于 2017 年（10.7%）和 2016 年（25.5%）的观赏鱼养殖场，以上阳性检出率的数据比较结果会给相关监测单位启示，下一步的监测方向应加强对观赏鱼养殖场的监测，尽管观赏鱼不作为我国的主要食用经济鱼类，但是观赏鱼携带 CyHV-2 病毒，在运输或售卖过程中可能对养殖鲫 CyHV-2 传播产生影响，而且 CyHV-2 高检出率也为我国观赏鱼产业健康发展的隐患。因此，建议重视对观赏鱼 CyHV-2 的监测。

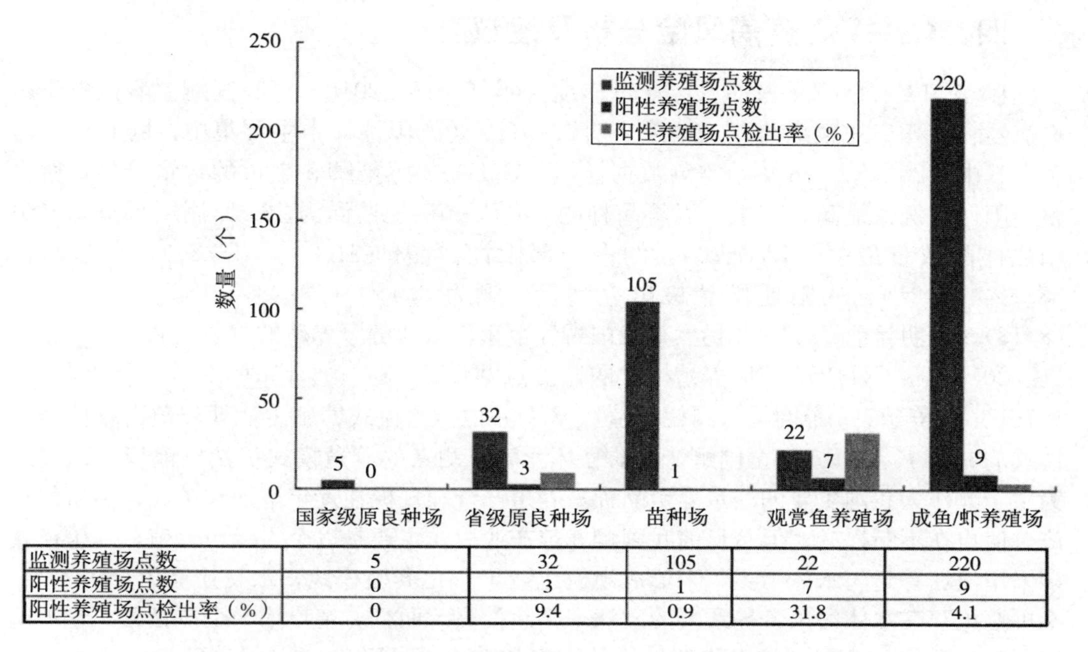

监测养殖场点数	5	32	105	22	220
阳性养殖场点数	0	3	1	7	9
阳性养殖场点检出率（%）	0	9.4	0.9	31.8	4.1

图 21　2018 年 CyHV-2 各种类型养殖场点的平均阳性检出情况

3. *易感宿主及比较分析*　2018 年，鲫造血器官坏死病的监测养殖品种有鲫、金鱼、鲤、草鱼和其他养殖品种，与 2015—2017 年的阳性样本检出品种相比，2018 年阳性样本的检出品种是鲫和金鱼。在 2015 年和 2016 年样本监测过程中，出现有一些省份在其他品种鱼类中检测出阳性样本的情况，如锦鲤、鲤和兴国红鲤。但是由于这几个品种的采样量较少，没有统计学意义，具体是由于 CyHV-2 感染宿主范围扩大还是由于在监测过程某些环节出现问题，还有待大量的确凿数据进行验证（图 22）。

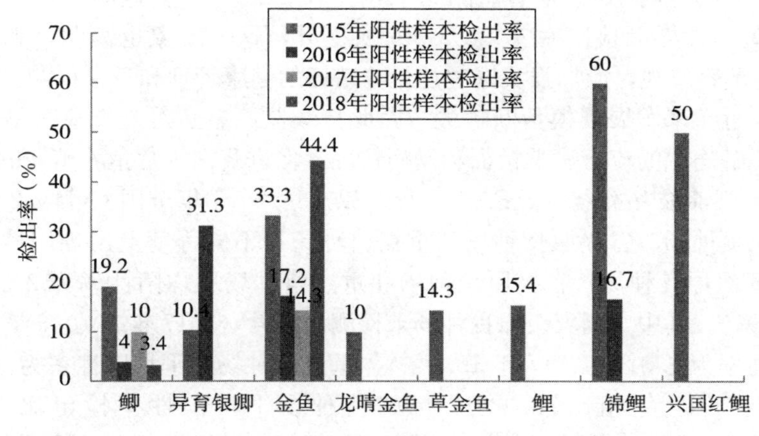

图 22　2015—2018 年各种监测品种阳性检出率

四、CyHV-2 疫病风险分析及建议

1. *我国 CyHV-2 易感宿主* 通过连续 4 年（2015—2018）对我国鲫主养区省份鲫造血器官坏死病的跟踪监测，结果表明，CyHV-2 的阳性样本主要集中在鲫和金鱼品种。其中，2015—2018 年的监测数据显示，CyHV-2 感染鲫和金鱼的数量最多，所占整个阳性比例也最高，其中，以鲫品种的 CyHV-2 疾病监测为主。监测结果显示，鲫阳性样品数量最多（13 批次），约占全部阳性样品的 61.9%（13/21）；金鱼约占 38.1%（8/21）。从阳性样品检出率来看，鲫为 3.4%（13/385）；金鱼为 44.4%（8/18）。说明目前 CyHV-2 仍然是我国鲫和金鱼养殖业健康养殖的重要威胁。

2018 年，CyHV-2 不同养殖模式的监测点共设置 384 个。其中，369 个池塘养殖，1 个工厂化养殖，6 个网箱（网拦养殖），8 个其他养殖模式养殖。池塘养殖占整体养殖模式的 96.1%，2018 年全国鲫造血器官坏死病监测点的养殖模式仍然以池塘养殖模式为主。鲫作为我国主要的淡水养殖品种，养殖产量和规模在逐年增加和扩大，创造的经济价值也在不断提升。但是目前我国鲫养殖产业模式主要是以个人承包养殖，养殖模式多采用池塘等封闭水体为主，未形成规模化或工厂化养殖模式，水交换能力严重不足，不可避免存在水体污染，导致鲫的发病率不断提高。而且养殖户均为个体经营，管理比较困难，感染 CyHV-2 的水体随处排放，极易造成 CyHV-2 通过一家发病很快成为区域发病，这为 CyHV-2 提供传播途径。尽管在以上不利的条件下，2018 年苗种良种场监测的数据结果显示，国家良种场未检测出阳性样本，苗种场较 2015—2017 年有所下降，说明相关部门在鲫造血器官坏死病的监测和防控起到有效的作用，为以后我国鲫的健康养殖奠定基础和提供数据支撑。

2018 年监测阳性养殖品种结果显示，在鲫和金鱼养殖品种体内均检出了阳性样品。其中，尽管 CyHV-2 在鲫（13/21）中检测阳性样本较金鱼（8/21）阳性样本多，但是从阳性样品检出率比较发现，2018 年金鱼阳性样品检出率（44.4%）要高于鲫阳性样品检出率（3.4%）。与 2017 年的监测结果相比较，2018 年金鱼的阳性样品检出率较 2017 年的金鱼阳性样品检出率（4.8%）有所上升，这一现象也表明，观赏鱼养殖场 CyHV-2 病害不容忽视，应加强我国观赏鱼养殖场的健康管理和日常检测。我国作为金鱼的原产地，近年来发展规模不断扩大，因此持续监测金鱼等观赏鱼感染 CyHV-2 情况，有利于了解病原的流行病学特征和发病情况，促进我国观赏鱼养殖业的健康发展。

2. *不同类型养殖场传播 CyHV-2 分析* 2015—2018 年全国 CyHV-2 监测数据显示，国家级原良种场、省级原良种场和重点苗种场在不同程度上出现阳性样本。其中 2018 年，国家级原良种场、省级原良种场和重点苗种场平均阳性率为 2.5%（4/157）（2017 年 8.2%）。其中，国家级原良种场未检测出阳性（2017 年 20.0%），省级原良种场的平均阳性率为 8.3%（2017 年 10.3%），重点苗种场的平均阳性率为 0.9%（2017 年 6.9%）。与 2017 年相比较，2018 年的苗种场平均阳性率检出比率显著下降（8.2%→2.5%）。以上监测比较结果表明，相关部门连续组织实施我国鲫造血器官坏死病的监测工作和防控工作的重要性和必要性，在对我国主养鲫区域设置监测点和连续的

跟踪调查疾病流行情况的基础上，对出现阳性样本的养殖场，尤其是苗种养殖场进行相关的预后措施，进而采取疾病防治工作来降低疾病的发生和传播。由于苗种是养殖好鲫的基础和关键，健康优质的苗种能从源头上切断疾病的传播。而通过连续4年监测的数据显示，国家级原良种场、省级原良种场和重点苗种场阳性样品的检测率逐渐降低，说明鲫造血器官坏死病的监测工作对我国鲫的健康养殖起着促进和推动作用，也为下一步我国鲫苗种场的规范化养殖提供配套监测服务。

3. CyHV-2区域流行特征分析　从2018年样品监测区域分布来看，2018年参与监测的17个省份中，有5个省份检出了阳性样品。其中，阳性省份包括我国鲫主养区域江苏、湖北和河南以及观赏鱼养殖区北京和首次检出阳性样本的吉林省。此外，北京、天津和江苏在连续4年监测结果中均检测出阳性样本，说明以上3个鲫或观赏鱼主养区仍然是CyHV-2的主要流行区。建议下一步加大对以上主养区域进行继续监测和相关疾病预防措施。

4. 水温与CyHV-2流行关系　在养殖生产过程中，鲫造血器官坏死病的暴发、流行与温度、气候及其变化密切相关。有研究表明，温度变化，特别是短时间内温度的急剧变化，可以诱发潜伏感染的鲤疱疹病毒开始复制增殖而引起疾病。鲫造血器官坏死病在5～8月高发，也证实了气候与温度变化是该病发生的重要原因之一。2018年的监测数据统计显示，温度在6～7月检出阳性样本最多（16份阳性），平均阳性检出率为76.2%（16/21）。此外，其他5个阳性检出时间在4～5月。以上阳性检测结果，可能是鱼体本身携带病毒或是该病的检出时间范围扩大，这也为将来鲫造血器官坏死病的提前采取预防措施给予时间暗示。

5. 防控策略建议　由于目前缺乏有效治疗鱼类病毒病的药物，再加上鱼类的生存环境决定了其在发病初期很难被察觉，这给鱼病的治疗带来了极大的困难。因此，鱼类病毒病的预防是最为重要的防控途径。针对鲫造血器官坏死病的病原特性、流行病学特征与发病原因，做好防治工作。

要定期对养殖场亲鱼、鱼苗鱼种进行CyHV-2检疫。根据该疾病的流行和暴发季节选择好检疫时间和对象，尤其是针对国家级原良种场、省级苗种场和重点苗种场应定期对亲鱼和苗种进行检疫，杜绝亲鱼带毒繁殖。养殖户在购买鲫鱼种时，应对购买的鲫鱼种进行检疫或询问苗种产地发病历史等，避免购买携带病毒的鲫苗种。对历年有阳性样品检出记录的苗种场进行严密跟踪和调查苗种带毒原因，旨在杜绝病毒的发生和传播；此外，要重视养殖水环境的水质质量和底质改良，保持健康的养殖水环境对避免疾病的发生起着至关重要的作用。在日常管理中建议定期投喂天然植物抗病毒药物，调节鱼体的免疫力，增强其对病原生物感染的抵抗力，而且对鱼体没有明显的毒副作用。在鲫饲料中适量添加多种维生素、免疫多糖制剂以及肠道微生态制剂等，可明显改善鱼体的代谢环境，提高鱼体健康水平和抗应激能力；当疾病流行和暴发时，应对所有因患造血器官坏死病而死亡的鲫采用深埋、集中消毒、焚烧等无公害化处理，避免病原进一步传播。对所有涉及疫病池塘水体、患病鱼体的操作工具，应采用高浓度高锰酸钾、碘制剂消毒处理。切忌将患病池塘水体排入进水沟渠。而且切忌滥用药，滥用药可能导致死亡数量急剧上升。

五、项目工作总结

1. *存在的问题* 本项目在2018年较好地完成了所负责的监测工作和数据的及时上报，为掌握CyHV-2的发病特点、流行情况和防控措施提供了翔实的数据支撑。而且也将2015—2017年在监测过程中存在的问题进行调整和改善，如在2015年和2016年存在的养殖场养殖类型设置问题，在2018年得到明显的改善。在监测的17个省份中，15个省份在监测过程中包括了苗种场。而且监测采样信息相比2016年更为翔实，但是在监测工作中仍然存在着一些问题。其中，主要的问题为缺乏连续3年监测阳性养殖点的翔实记录，使得在分析报告中无法进行详细统计和分析。此外，在鲫造血器官坏死病监测采样过程中未分时间段进行采样，缺乏采样时间的连续性。一些省份将样本采集时间确定在某一个月，或是少数的1～2个月完成，这样短时间内进行取样监测，缩小鲫造血器官坏死病的时间监测范围，使得错失全年疾病的流行和发病情况统计，也可能影响阳性样本的漏检。合理地安排采样时间，对CyHV-2流行病学规律性研究和调查起着重要的作用，也能有效防止阳性样本的漏检，及早发现疾病，及时进行有效防控。

2. *建议* 加强对阳性养殖场的连续监测，并且建议在国家水生动物疫病监测信息管理系统中能够加注连续监测养殖点以及连续阳性养殖点的栏目，以便于将来进行统计和分析；建议每个参加鲫造血器官坏死病的监测采样单位能够合理安排采样时间，尽量将采样时间分布在3～10月。因为目前的研究结果显示，CyHV-2可以在温度较广范围内发病（15～30℃），因此，为了调查我国主要养殖鲫和金鱼区域CyHV-2的流行水温，建议按照规定时间进行有效采样，这将为该疾病的具体发病时间和温度提供可靠的数据材料；最后建议检测单位将全年阳性检测样本进行测序分析，为掌握我国CyHV-2主要流行株、为将来CyHV-2的免疫防控奠定基础。

2018年草鱼出血病状况分析

中国水产科学研究院珠江水产研究所

（王　庆　曾伟伟　尹纪元　石存斌　王英英　李莹莹）

一、前言

草鱼（*Ctenopharyngodon idella*）是我国最主要的淡水养殖品种，2017年渔业统计年鉴显示，草鱼的产量是534.56万吨，位居淡水鱼产量之首。草鱼出血病是由草鱼呼肠孤病毒（grass carp reovirus，GCRV）引起的一种能够使草鱼、青鱼的鳍条鳃盖、肌肉、肠道等组织器官产生以出血性临床症状为主的传染性疾病。该疾病流行范围广，发病季节长，病死率高，给我国草鱼养殖造成了巨大的经济损失。2008年，我国将草鱼出血病列入《一、二、三类动物疫病病种名录》二类动物疫病；2015年，草鱼出血病首次列入《国家水生动物疫病监测计划》。

据不完全统计，草鱼养殖每年由于草鱼出血病导致的经济损失至少达10亿，GCRV变异迅速和复杂的病原学及缺乏有针对性的防控措施，是导致草鱼出血病广泛、快速、持续流行的主要原因。GCRV的基因组由11条分节段的双链RNA（dsRNA）组成。与DNA病毒相比，RNA病毒缺乏具有修正错误的聚合酶，RNA在复制时出现的错误无法及时修正，更易发生突变，此外，分节段RNA病毒也可以通过重配的形式发生变异。病毒的突变导致抗原性和毒力均发生改变，从而逃避免疫应答，对宿主表现出强致病性。

为了防控草鱼出血病，2015年草鱼出血病列入《国家水生动物疫病监测计划》，全国有16个省（自治区、直辖市）包括北京、天津、河北、内蒙古、吉林、上海、江苏、浙江、安徽、江西、山东、湖北、湖南、广西、重庆和四川参加草鱼出血病监测工作，共设置监测养殖场点418个，检出阳性10个，平均阳性养殖场点检出率为2.39%；采集样品488个，检出阳性25个，平均样品阳性率2.05%。2016年参加监测计划的省份不变，共设置监测养殖场点463个，检出阳性23个，平均阳性养殖场点检出率为4.97%；采集样品501个，检出阳性24个，平均样品阳性率4.79%。2017年监测点中减少了内蒙古，增加了贵州和宁夏，在17个省（自治区、直辖市）的186个县、271个乡镇共设置监测养殖场点376个，检出阳性14个，平均阳性养殖场点检出率为3.72%；共采集样品395个，检出阳性样品14个，平均阳性样品检出率为3.54%。

二、2018 年全国开展草鱼出血病的监测情况

（一）概况

2018 年，监测计划中全国有 17 个省（自治区、直辖市）参加草鱼出血病监测工作，包括天津、河北、吉林、上海、江苏、浙江、安徽、江西、山东、湖北、湖南、广东、广西、重庆、四川、贵州、宁夏，监测样品预计共计 440 个，截至 2019 年 1 月，所有省份都完成了既定的监测任务，一共完成监测样品 451 份；部分省份如山东、江苏、广西都超额完成监测任务（图 1）。

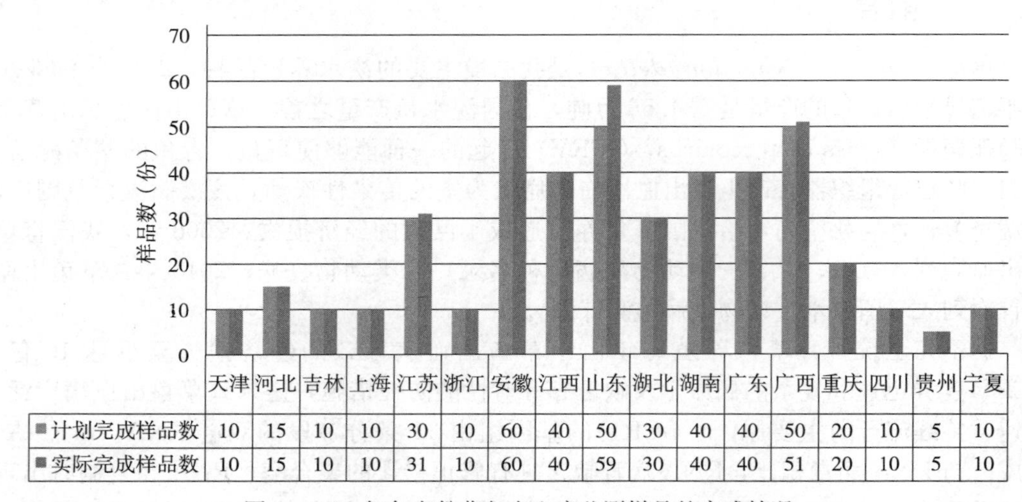

	天津	河北	吉林	上海	江苏	浙江	安徽	江西	山东	湖北	湖南	广东	广西	重庆	四川	贵州	宁夏
■计划完成样品数	10	15	10	10	30	10	60	40	50	30	40	40	50	20	10	5	10
■实际完成样品数	10	15	10	10	31	10	60	40	59	30	40	40	51	20	10	5	10

图 1　2018 年各省份草鱼出血病监测样品的完成情况

（二）监测点的分布和类型

2018 年，在 17 个省（自治区、直辖市）开展草鱼出血病监测，在 181 个区县、271 个乡镇设置了 380 个监测场点，每个省份涉及的县和乡镇数见图 2。与 2017 年相比较，2018 年草鱼出血病监测计划覆盖省份、区县和乡镇的数量基本持平，监测覆盖范围的布局更加合理，增加了对草鱼主要养殖省份广东省的监测，同时也提高了对另一个草鱼主要养殖省份江西省检测区县、检测乡镇和检测点数量。

在 380 个监测养殖场中，国家级原良种场 4 个，占监测点 1%；省级原良种场 45 个，占监测点 12%；重点苗种场 124 个，占监测点 33%；成鱼养殖场 207 个，占监测点 54%；2018 年监测点中未涉及观赏鱼养殖场（图 3、图 4）。江苏、江西、湖北、湖南 4 省的监测点类型较为丰富，涉及国家级原良种场、省级原良种产、苗种场和成鱼养殖场 4 种监测点类型；安徽、山东、广西、重庆市、四川和宁夏 6 省（自治区、直辖市）的监测点涉及 3 种监测点类型，其他省份都较为单一。由于草鱼出血病的主要危害范围是 1～2 龄草鱼，因此，监测范围应该同时包括苗种场和成鱼养殖场。

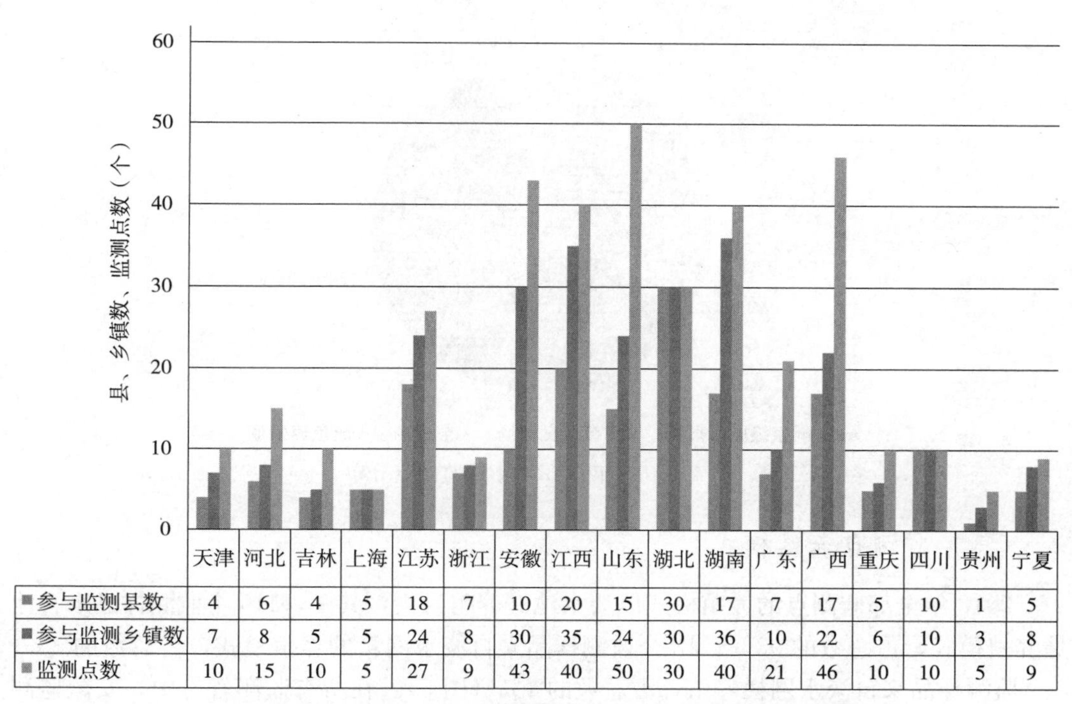

	天津	河北	吉林	上海	江苏	浙江	安徽	江西	山东	湖北	湖南	广东	广西	重庆	四川	贵州	宁夏
参与监测县数	4	6	4	5	18	7	10	20	15	30	17	7	17	5	10	1	5
参与监测乡镇数	7	8	5	5	24	8	30	35	24	30	36	10	22	6	10	3	8
监测点数	10	15	10	5	27	9	43	40	50	30	40	21	46	10	10	5	9

图 2　2018 年参加草鱼出血病监测的区县、乡镇和监测点数量

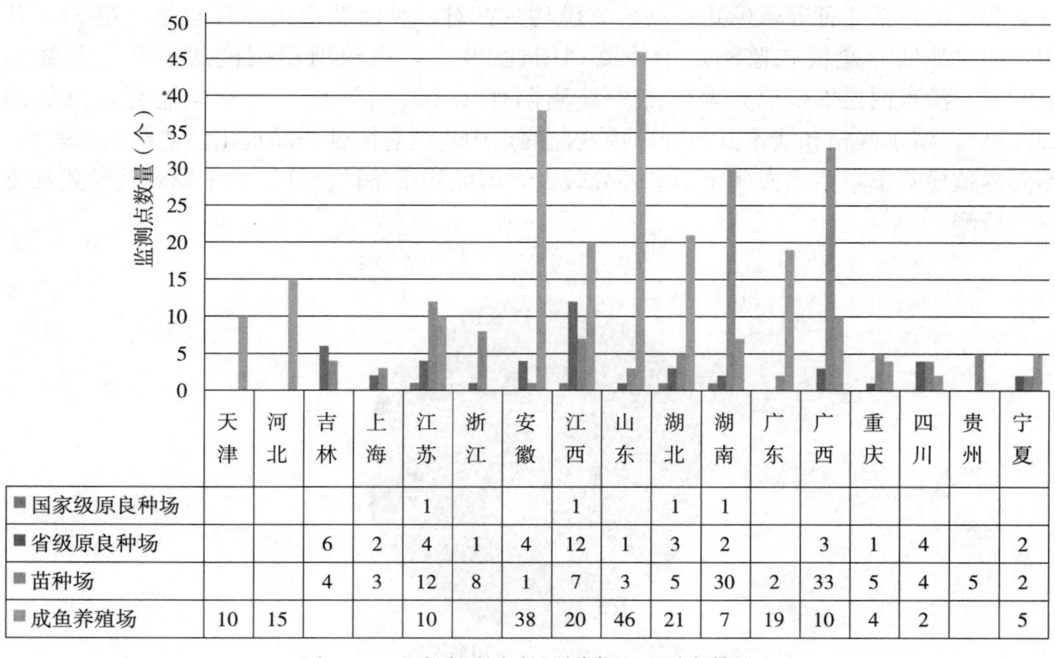

	天津	河北	吉林	上海	江苏	浙江	安徽	江西	山东	湖北	湖南	广东	广西	重庆	四川	贵州	宁夏
国家级原良种场					1			1		1	1						
省级原良种场			6	2	4	1	4	12	1	3	2		3	1	4		2
苗种场			4	3	12	8	1	7	3	5	30	2	33	5	4	5	2
成鱼养殖场	10	15			10		38	20	46	21	7	19	10	4	2		5

图 3　2018 年每个省份不同类型监测点数量

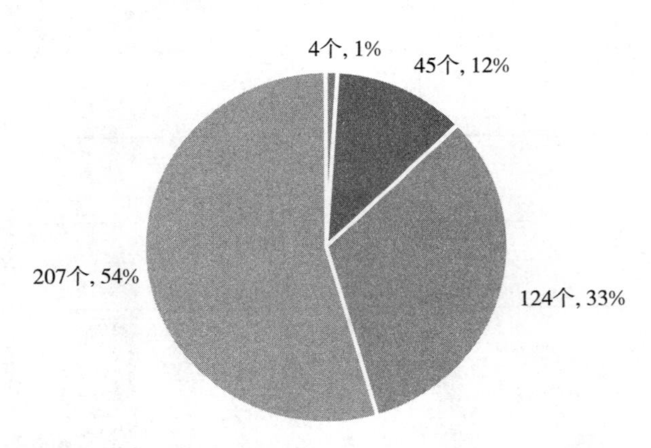

图 4　2018 年 GCRV 不同监测点分布

（三）监测点养殖模式

2018 年全部监测点的养殖模式以淡水池塘养殖为主，其中，419 个监测样品来自池塘养殖模式，占总数的 93%；13 个监测样品来自淡水网箱的养殖模式，占总数的 3%；3 个监测样品来自淡水网栏养殖，占总数的 1%（图 5）。在所有监测省份中，安徽监测点养殖模式多样性较好，包括网箱、网栏、其他等 3 种养殖模式；江西、山东、贵州 3 省监测范围包括 2 种养殖模式；其他省份均只针对 1 种池塘模式进行监测（图 6）。其中，淡水池塘养殖模式监测点中检测到阳性 29 个，占池塘养殖模式监测点总数的 6.92%；淡水网栏养殖模式监测点中检测阳性 1 个，占网栏养殖模式监测点总数的 33.33%；淡水网箱和淡水其他养殖模式监测点中均没有阳性样品检出。监测结果表明，不同养殖模式下草鱼出血病感染率差异较大，因此如果条件允许，对不同养殖模式都要进行检测。

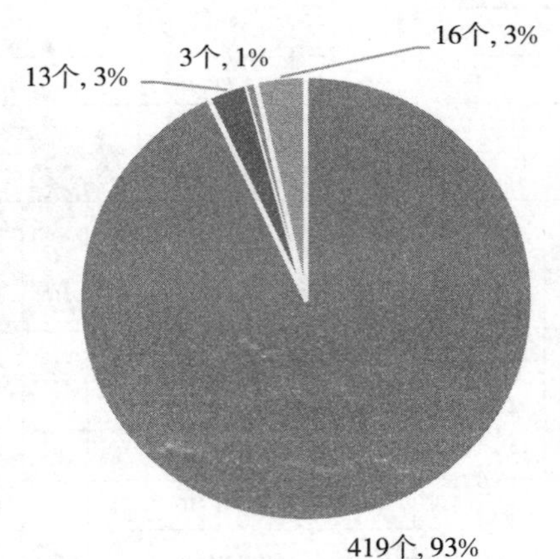

图 5　2018 年监测样品来自于不同的养殖模式

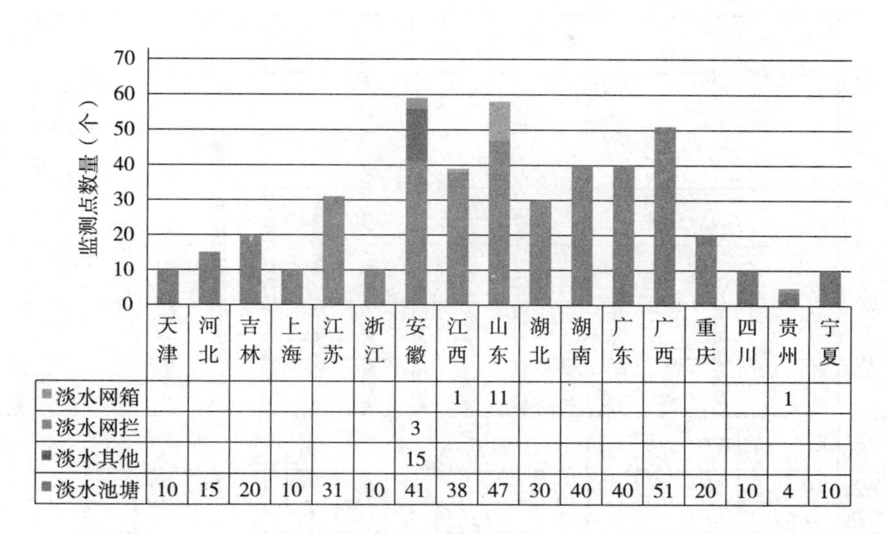

	天津	河北	吉林	上海	江苏	浙江	安徽	江西	山东	湖北	湖南	广东	广西	重庆	四川	贵州	宁夏
淡水网箱								1	11							1	
淡水网拦							3										
淡水其他							15										
淡水池塘	10	15	20	10	31	10	41	38	47	30	40	40	51	20	10	4	10

图 6　2018 年监测点养殖模式

（四）采样品种

2018 年，采样品种基本为草鱼。在全部监测样品中，草鱼样品有 441 份，占全部样品的 98%；青鱼样品 10 份，占全部样品 2%（图 7）。除了草鱼样品外，江苏提供了 6 份青鱼样品，湖南、湖北、山东和浙江分别提供了 1 份青鱼样品（图 8）。所有的监测阳性样品全部为草鱼，由于青鱼也是草鱼呼肠孤病毒的主要敏感宿主，能够携带、感染和传播草鱼出血病，因此加强对青鱼的监测力度，对控制草鱼出血病疫情、净化病原都具有重要意义。

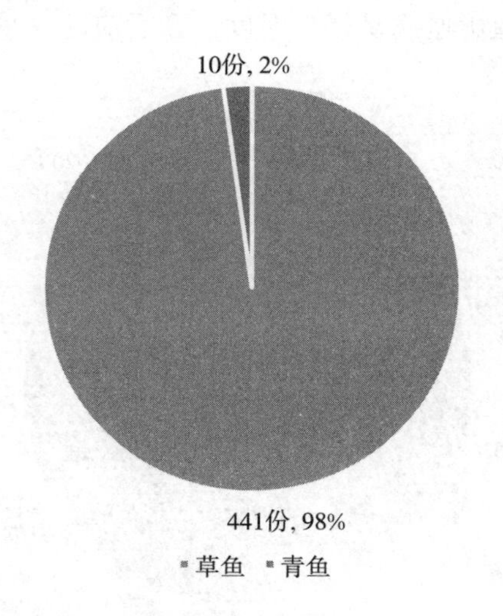

图 7　2018 年草鱼出血病采样品种分布

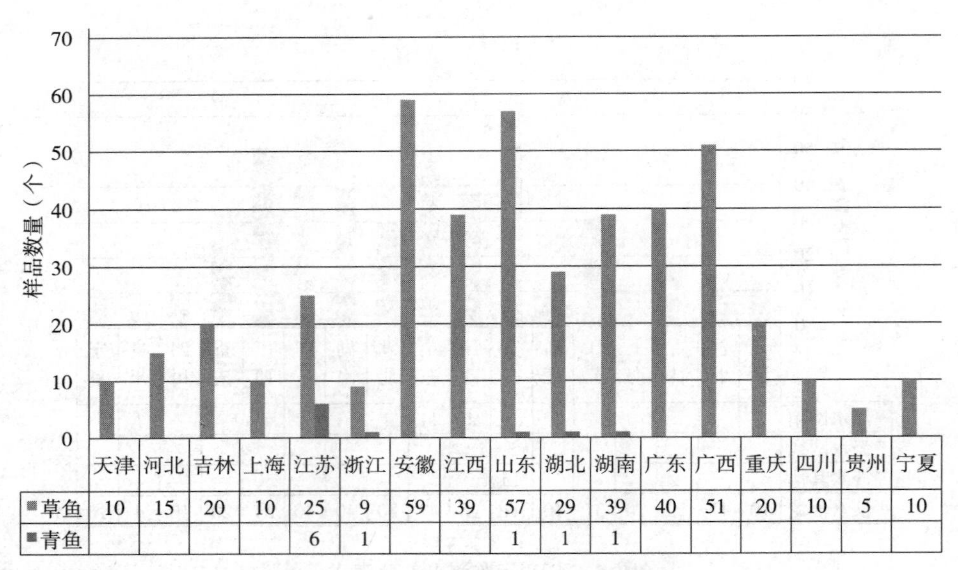

	天津	河北	吉林	上海	江苏	浙江	安徽	江西	山东	湖北	湖南	广东	广西	重庆	四川	贵州	宁夏
■草鱼	10	15	20	10	25	9	59	39	57	29	39	40	51	20	10	5	10
■青鱼					6	1			1	1	1						

图 8　2018 年每个省份采样品种和采样数量

（五）采样水温

按照草鱼出血病的采样要求，采样在春、夏、秋季进行，水温在 22～30℃，最好在 25～28℃采样。2018 年，采集的 451 份样品中均在采样时记录了温度，所有样品采集时温度均高于 15℃。其中，在 15～20℃温度条件下采集的样品 70 个，占 16%；在 21～25℃温度条件下采集的样品 158 个，占 35%；在 26～30℃温度条件下采集的样品 203 个，占 45%；30℃以上采集的样品 20 个，占 4%。20～30℃采集的样品合计 360 个，占样品总数的 79.82%（图 9）。各省样品采集时温度统计结果表明，部分省份样品采集时温度偏低，不是草鱼出血病易感染温度，今后应注意采样季节，提高监测结果有效性（图 10）。

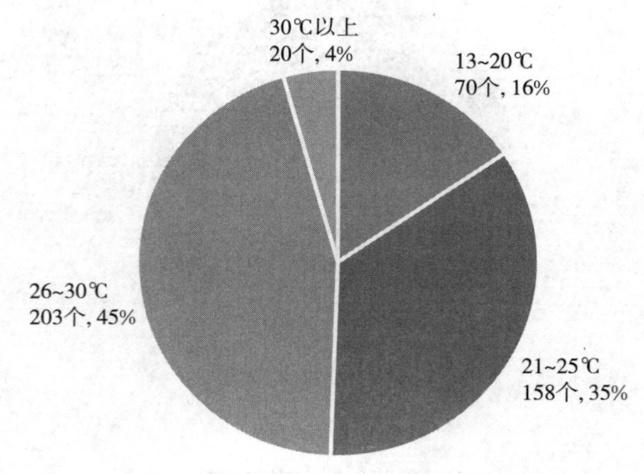

图 9　2018 年样品采集水温分布

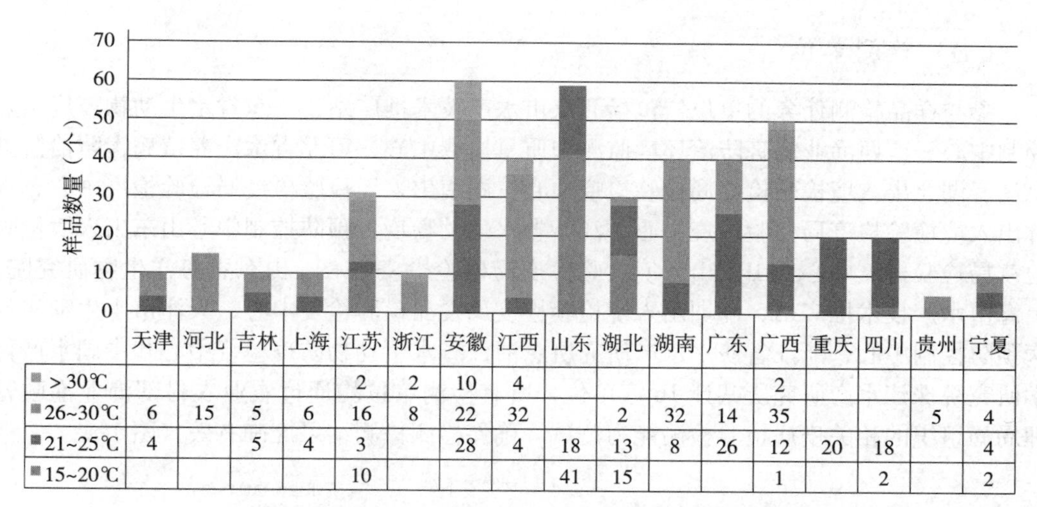

	天津	河北	吉林	上海	江苏	浙江	安徽	江西	山东	湖北	湖南	广东	广西	重庆	四川	贵州	宁夏
>30℃					2	2	10	4					2				
26~30℃	6	15	5	6	16	8	22	32		2	32	14	35			5	4
21~25℃	4		5	4	3		28	4	18	13	8	26	12	20	18		4
15~20℃					10				41	15			1		2		2

图10　2018年各个省份采样温度的分布情况

（六）采样规格

2018年，记录采样规格的样品有451份。其中，大多数样品采用体长作为规格指标，部分样品是以体重作为规格指标，为了便于统计，一律以体长作为规格指标（提供体重数据的样品进行了体长估算）。从记录的数据来看，2018年草鱼出血病采样规格主要集中在5厘米以下的鱼，共计219个样，占样品的48.56%；其次为5～10厘米的鱼，共计151个样品，占样品的33.48%；10～15厘米鱼，53份，占11.75%；15～20厘米的鱼11份，占样品的2.44%；20cm以上的鱼27份，占样品的5.99%（图11）。

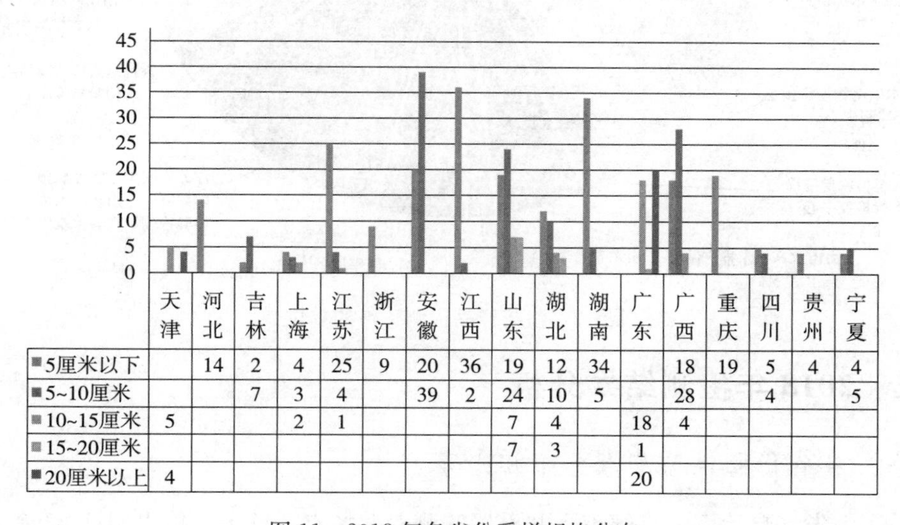

	天津	河北	吉林	上海	江苏	浙江	安徽	江西	山东	湖北	湖南	广东	广西	重庆	四川	贵州	宁夏
5厘米以下		14	2	4	25	9	20	36	19	12	34		18	19	5	4	4
5~10厘米			7	3	4		39	2	24	10	5		28		4		5
10~15厘米	5			2	1				7	4		18	4				
15~20厘米									7	3		1					
20厘米以上	4											20					

图11　2018年各省份采样规格分布

（七）检测单位

参与样品检测任务的单位，包括北京市水产技术推广站、广东省水生动物疫病预防控制中心、广西渔业病害防治环境监测和质量检测中心、河北省水产养殖病害防治监测总站、湖北出入境检验检疫局检验检疫中心、湖南出入境检验检疫局检验检疫中心、吉林出入境检验检疫局检验检疫中心、江苏省水生动物疫病预防控制中心山东出入境检验检疫局检验检疫中心、山东出入境检验检疫局检验检疫中心、山东省海洋生物研究院、上海市水产技术推广站、深圳出入境检验检疫局食品检验检疫中心、天津市水生动物疫病预防控制中心、浙江省淡水水产研究所、浙江省水生动物防疫检疫中心和中国水产科学研究院珠江水产研究所共计 16 家单位，所有检测单位均通过农业农村部渔业渔政管理局局组织的相关疫病检验检测能力测试，确保检测检测结果准确有效（图 12）。

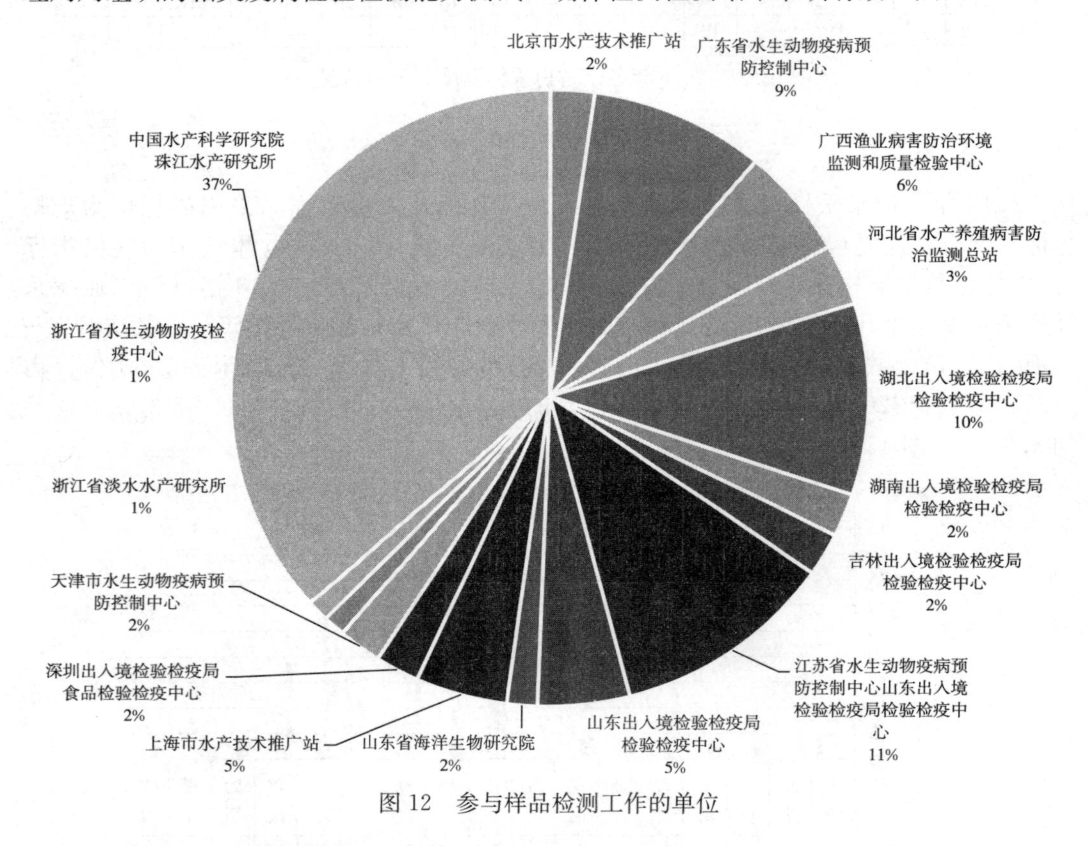

图 12　参与样品检测工作的单位

三、2018 年检测结果分析

（一）各省份阳性监测点分布和比率

在 17 个省（自治区、直辖市）共设置监测养殖场点 380 个，检出阳性 27 个，平均阳性养殖场点检出率为 7.11%。在 380 个监测养殖场中，国家级原良种场 4 个，无阳性样品检出；省级原良种场 45 个，3 个阳性，检出率是 6.7%；苗种场 124 个，9 个阳性，检出率 7.3%；成鱼养殖场 207 个，15 个阳性，检出率 7.25%（图 13）。

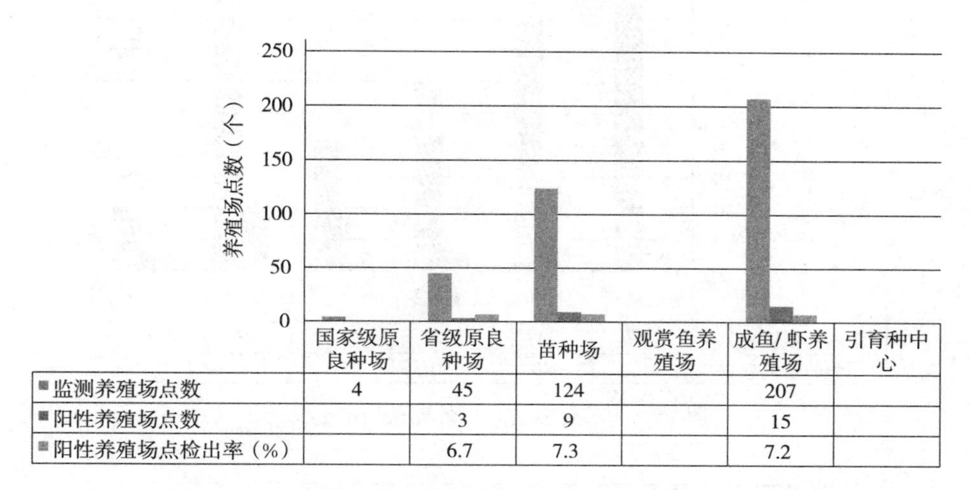

	国家级原良种场	省级原良种场	苗种场	观赏鱼养殖场	成鱼/虾养殖场	引育种中心
监测养殖场点数	4	45	124		207	
阳性养殖场点数		3	9		15	
阳性养殖场点检出率（%）		6.7	7.3		7.2	

图 13　2018 年草鱼出血病各种类型养殖场点的阳性检出情况

（二）各省份阳性样品分布和比率

17 个省（自治区、直辖市）共采集样品 451 批次，检出阳性样品 30 批次，平均阳性样品检出率为 6.65%。在 17 个省（自治区、直辖市）中，安徽、江西、湖北、广东、广西、重庆（自治区、直辖市）检测出了阳性样品。6 个省（自治区、直辖市）的平均阳性样品检出率为 12.45%；平均阳性养殖场点检出率为 14.21%（图 14、图 15）。其中有阳性检出的场点中，重庆市样品阳性检出率最高，为 30%；其次是广西，样品阳性率为 21.7；安徽省样品阳性检出率最低，为 7%（图 16）。

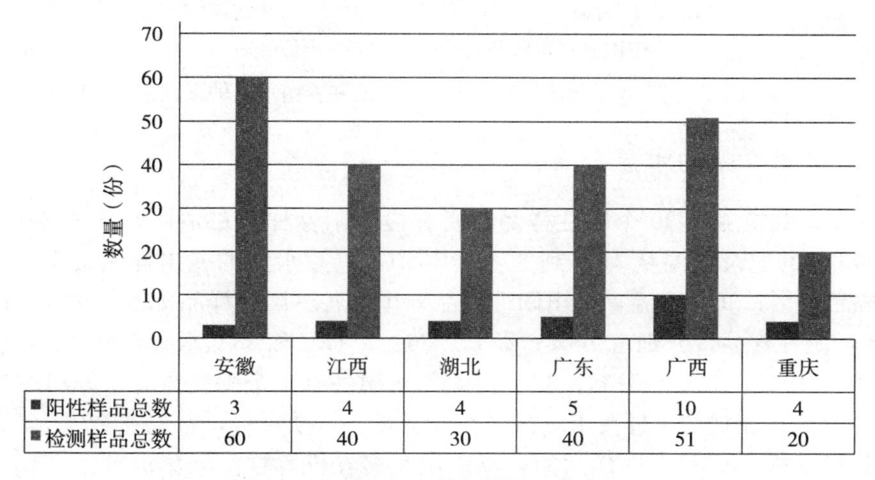

	安徽	江西	湖北	广东	广西	重庆
阳性样品总数	3	4	4	5	10	4
检测样品总数	60	40	30	40	51	20

图 14　2018 年各省份阳性样品检出情况

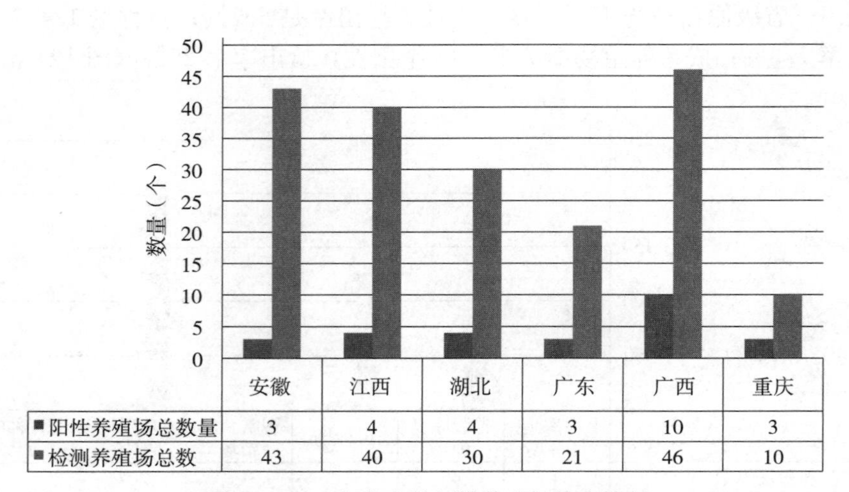

	安徽	江西	湖北	广东	广西	重庆
■阳性养殖场总数量	3	4	4	3	10	3
■检测养殖场总数	43	40	30	21	46	10

图 15　2018 年各省份阳性养殖场检出情况

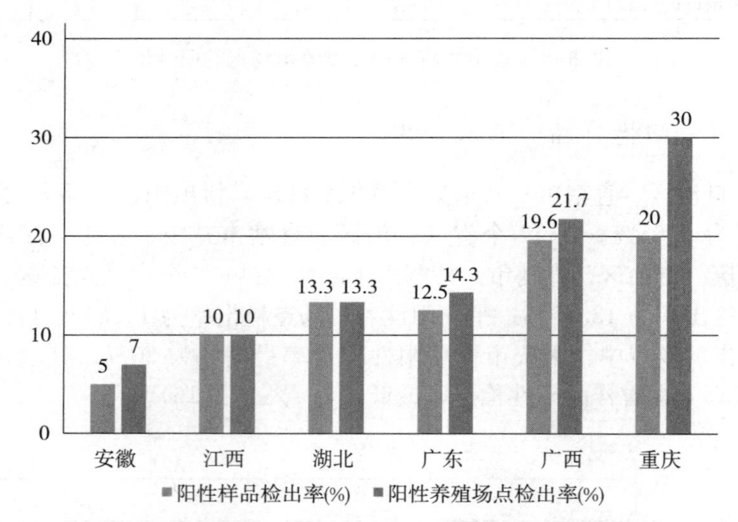

图 16　2018 年阳性样品检出省份样品和养殖场点的阳性率

（三）阳性样品的水温分布

2018 年，共检测出 30 个阳性样品，所有检测阳性样品都清晰记录了采样时的水温，阳性样品的记录水温从 19℃到 35℃。其中，25℃水温的检出样品最多，为 6 个，占阳性样品 20%；30℃水温，检出阳性样品 5 个，各占阳性样品 17%；24℃和 29℃水温各有 3 个阳性样品，分别占 10%；23℃、26℃、27℃和 28℃水温各有 2 个阳性样品，分别占 7%；19℃、22℃、31℃、33℃和 35℃水温各有 1 个阳性样品，分别占 3%（图 17）。按照草鱼出血病的采样要求，采样在春、夏、秋季进行，水温在 22～30℃，最好在 25～28℃采样。检测阳性样品的采集水温大多在推荐样品采集温度下获得的样品，但在 19℃采集的样品中也有 1 例检测结果为阳性；25～30℃的阳性样品最多，合计 20

个，占阳性样品总数的 66.67％。因此推测样品采集水温范围应适度扩大，最好在 25～30℃水温条件下采集样品。

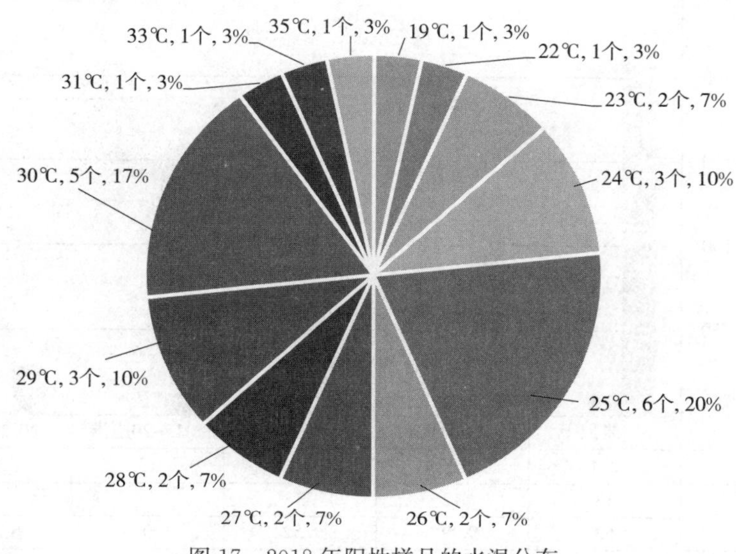

图 17　2018 年阳性样品的水温分布

（四）阳性样品的规格分布

2018 年阳性样品 30 份，其中，5 厘米以下的样品有 13 个，占阳性样品 43％；5～10 厘米的样品 12 个，占阳性样品的 40.00％；10～15 厘米的样品 3 个，占阳性样品的 10.00％；20 厘米以上的样品，2 个阳性样品，占阳性样品的 7％（图 18、图 19）。但从不同规格采样数和样品阳性率来看，5～10 厘米的样品阳性率最高，为 9.09％；其次为体长 20 厘米以上的样品，阳性率为 6.70％。小于 5 厘米样品的检测阳性率最低，为 5.63％。因此建议增加对体长 5 厘米以上样品的采集量。

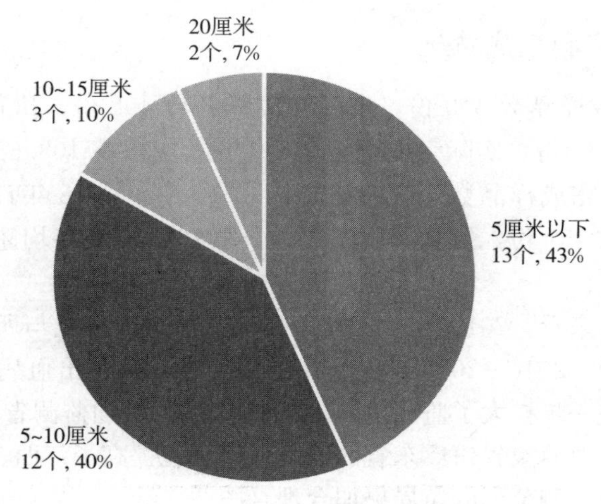

图 18　2018 年阳性样品的规格分布

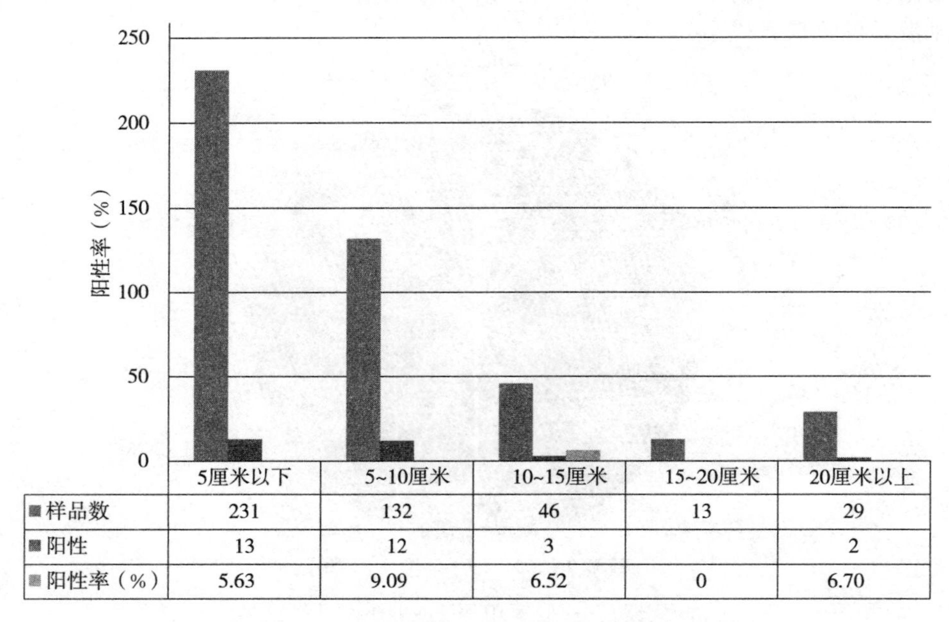

	5厘米以下	5~10厘米	10~15厘米	15~20厘米	20厘米以上
样品数	231	132	46	13	29
阳性	13	12	3		2
阳性率（%）	5.63	9.09	6.52	0	6.70

图 19　2018 年不同采集样品规格的检测阳性率

（五）阳性样品的地区分布

2018 年检出的阳性样品，主要在安徽、湖北、广东、广西、江西、重庆等省份，阳性样品的分布在华南、西南等南方地区，华北、东北等北方地区无草鱼出血病检出，建议加大对南方地区的疫病监测。

四、2015—2018 年监测情况对比

（一）采样规模和完成情况

2015 年计划完成样品数 510 份，实际完成样品数 498 份，执行率 97.65%；2016 年计划完成样品数 461 份，实际完成样品数 501 份，完成率 108.68%；2017 年计划完成样品数 373，实际完成样品数 395，完成率 105.90%；2018 年计划完成样品数 450 份，实际完成样品数 451 份，执行率 100.22%。2016—2018 年均超额完成了年初制订的采样任务。

从采样点的设置来看，2015 年内蒙古完成度不理想，可能与所处地理位置有关以及水产养殖现状有关。2016—2018 年停止在内蒙古进行草鱼出血病检测，2017 年新增加了贵州和宁夏，进一步扩大了监测范围。2018 年没有增加监测省份，调整监测布局，增加覆盖了对草鱼主要养殖省份广东省的监测，同时也提高了江西、安徽等草鱼主要养殖省份的检测量，使监测范围的布局更加合理（图 20）。

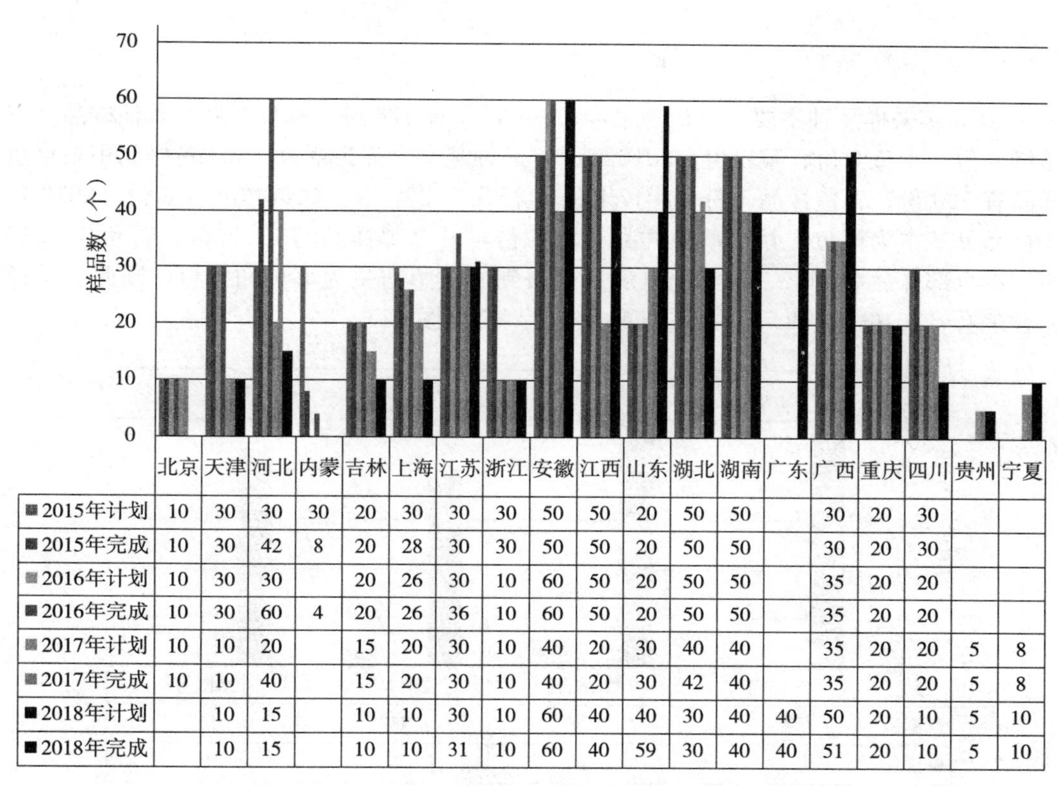

	北京	天津	河北	内蒙	吉林	上海	江苏	浙江	安徽	江西	山东	湖北	湖南	广东	广西	重庆	四川	贵州	宁夏
2015年计划	10	30	30	30	20	30	30	30	50	50	20	50	50		30	20	30		
2015年完成	10	30	42	8	20	28	30	30	50	50	20	50	50		30	20	30		
2016年计划	10	30	30		20	26	30	10	60	50	20	50	50		35	20	20		
2016年完成	10	30	60	4	20	26	36	10	60	50	20	50	50		35	20	20		
2017年计划	10	10	20		15	20	30	10	40	20	30	40	40		35	20	20	5	8
2017年完成	10	10	40		15	20	30	10	40	20	30	42	40		35	20	20	5	8
2018年计划		10	15		10	10	30	10	60	40	40	30	40	40	50	20	10	5	10
2018年完成		10	15		10	10	31	10	60	40	59	30	40	40	51	20	10	5	10

图20　2015—2018年各省份采样规模和完成情况对比

（二）监测点的类型

2015年监测点合计472个，2016年监测点463个，2017年监测点376个，2018年监测点380个，监测点在数量与2017年相比较略有上升，比2015年和2016年有所减少。由于草鱼出血病具有明显的宿主特异性，因此2016年开始，取消了对观赏鱼的监测（图21）。

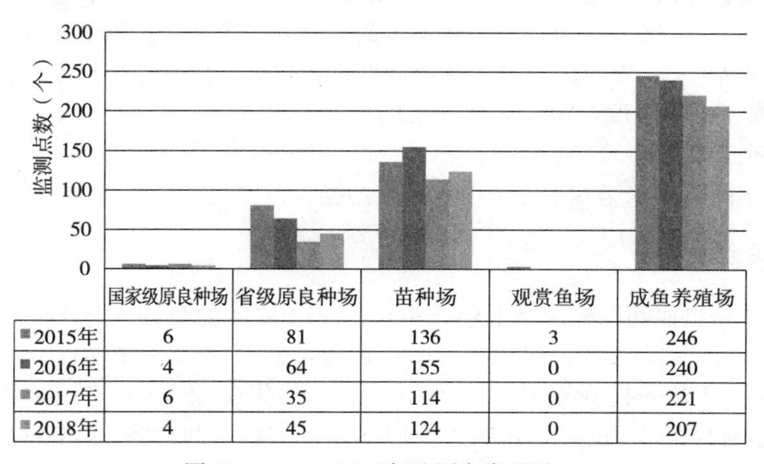

	国家级原良种场	省级原良种场	苗种场	观赏鱼场	成鱼养殖场
2015年	6	81	136	3	246
2016年	4	64	155	0	240
2017年	6	35	114	0	221
2018年	4	45	124	0	207

图21　2015—2018年监测点类型对比

（三）监测品种

2015 年采样品种主要以草鱼为主，488 份样品有 476 份为草鱼样品，其他样品分别是鲤 6 份、青鱼 5 份、鳊 1 份；2016 年采样品种基本全部为草鱼，501 份样品中，草鱼样品有 500 份、青鱼样品 1 份；2017 年草鱼样品有 387 份，青鱼样品有 8 份。2018 年采样品种基本为草鱼，其中草鱼样品有 441 份，占全部样品的 97.78%；青鱼样品 10 份，占全部样品 2.21%。草鱼出血病目前报到的敏感宿主为草鱼和青鱼，因此从采样品种来看，2016—2018 年样品采样更具有针对性（图 22）。

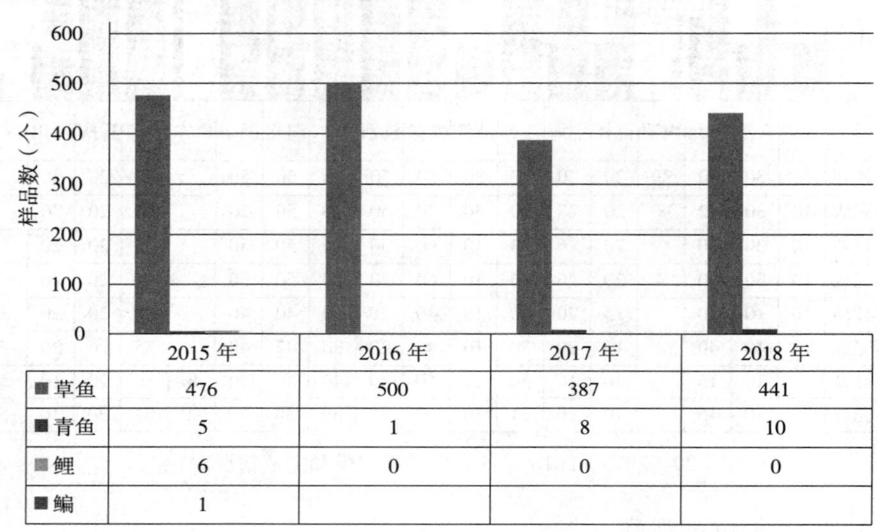

	2015 年	2016 年	2017 年	2018 年
■草鱼	476	500	387	441
■青鱼	5	1	8	10
■鲤	6	0	0	0
■鳊	1			

图 22　2015—2018 年采样品种对比

（四）采样水温

2015 年所有记录采样温度的 405 个样品，20～30℃采集的样品有 337 个，占全部样品的 83.21%；2016 年所有记录采样温度的样品 397 个，20～30℃采集的样品有 332 个，占全部样品的 83.62%；2017 年采样 395 个，仅有 1 例样品采样温度记录错误，其余样品均记录了采样温度，20～30℃采集的样品有 343 个；2018 年所有记录采样温度的样品 451 个，20～30℃采集的样品有 360 个，占样品总数的 79.82%（图 23）。2015—2018 年的采样水温基本都集中在指南的推荐范围内。

（五）采样规格

2015 年草鱼出血病采样规格主要集中在 5～10 厘米的鱼，共计 180 个样品，占全部样品的 52.02%；其次为 10～15 厘米的鱼，共计 112 个样品，占全部样品的 32.37%。2016 年的采样规格与 2015 年相似，仍然集中在 5～10 厘米的鱼，共计 211 个样品，占全部样品 59.93%；其次为 5 厘米以下的鱼，共计 83 个样品，占全部样品 23.58%。考虑到草原出血病对草鱼苗种危害较大，尽早检出可以最大限度避免经济损

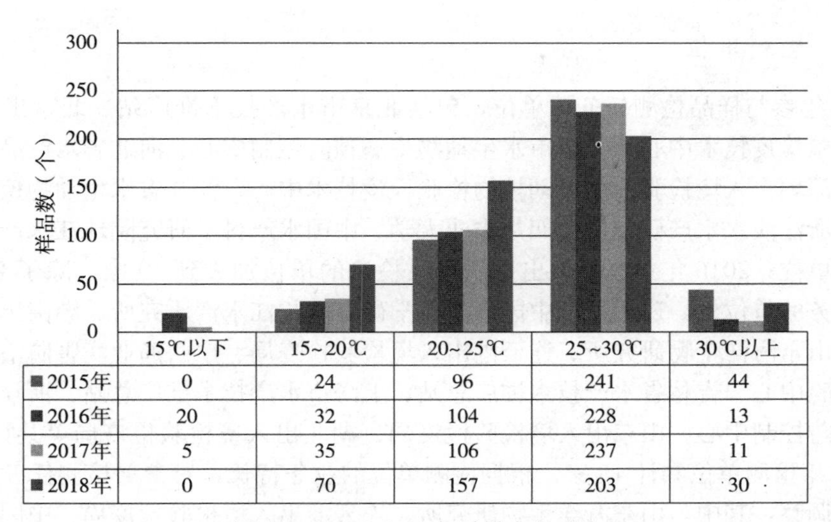

	15℃以下	15~20℃	20~25℃	25~30℃	30℃以上
2015年	0	24	96	241	44
2016年	20	32	104	228	13
2017年	5	35	106	237	11
2018年	0	70	157	203	30

图 23　2015—2018 年采样水温对比

失。2017 年草鱼出血病采样规格主要集中在 5 厘米以下的鱼，共计 204 个样品，占全部样品的 51.65%；其次为 5～10 厘米的鱼种，共计 117 个样品，占样品的 29.62%。2016 年和 2017 年都适当增加了 20 厘米以上的鱼检测，并分别检测到 1 例阳性，提示在后面的监测采样工作中，可以适当加大较大规格的样品。2018 年草鱼出血病采样规格主要集中在 5 厘米以下的鱼，共计 231 个样品，占样品的 51.22%；其次为 5～10 厘米的鱼，共计 132 个样品，占样品的 29.27%；10～15 厘米的鱼，46 个样品，占样品的 10.20%；15～20 厘米的鱼 13 个样品，占样品的 2.88%；20 厘米以上的鱼 27 个样品，占样品的 6.43%（图 24）。

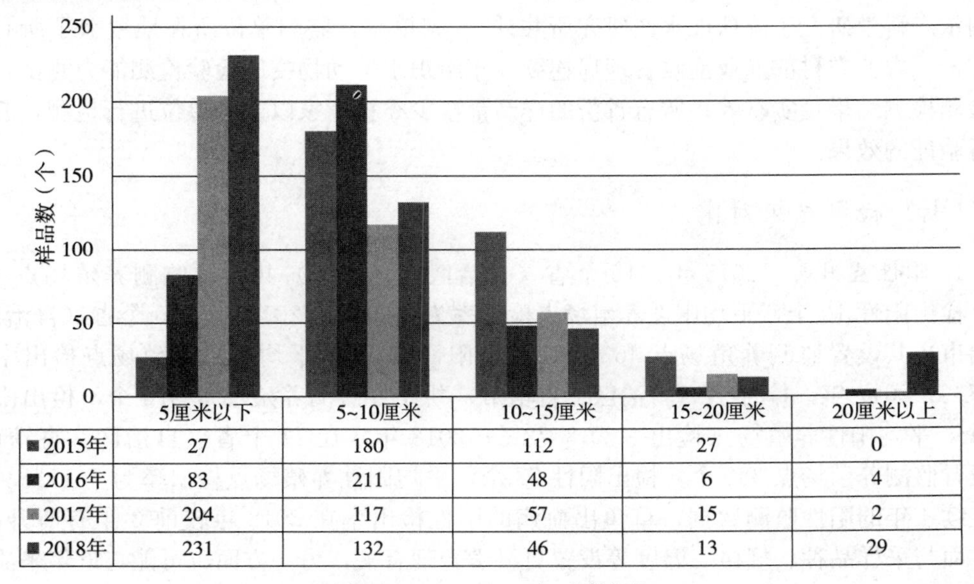

	5厘米以下	5~10厘米	10~15厘米	15~20厘米	20厘米以上
2015年	27	180	112	27	0
2016年	83	211	48	6	4
2017年	204	117	57	15	2
2018年	231	132	46	13	29

图 24　2015—2018 年采样规格

（六）检测单位

2015 年参与样品检测任务的单位，包括北京市水产技术推广站、北京出入境检验检疫局检验检疫技术中心、天津市水生动物疫病预防控制中心、河北省水产品质量检验检测站、深圳出入境检验检疫局动植物检验检疫技术中心、江苏省水生动物疾病预防控制中心、浙江淡水水产研究所、四川农业大学、中国水产科学研究院珠江水产研究所等共计 9 个单位；2016 年参与草鱼出血病样品检测的单位加大到 19 家，除了 2015 年承担检测任务的单位外，还增加了中国水产科学研究院长江水产研究所、湖南出入境检验检疫局、山东海洋生物研究所、连云港出入境检验检疫局、广西渔业病害防治环境监测和质量检验中心、吉林省水产技术推广总站、上海市水产技术推广总站、浙江省水生动物疫病预防控制中心、山东出入境检验检疫局、湖北出入境检验检疫局等共计 10 个单位；2017 年检测单位共计 15 家，根据检测单位的业务特长，对参加检测任务的单位进行了部分调整，其中，山东海洋生物研究所、连云港出入境检验检疫局、中国水产科学研究院长江水产研究所、北京出入境检验检疫局检验检疫技术中心、四川农业大学未参加 2017 年的检测任务，增加了吉林出入境检验检疫局检验检疫技术中心作为检测任务的单位；2018 年参与样品检测任务的单位，有北京市水产技术推广站、广东省水生动物疫病预防控制中心、广西渔业病害防治环境监测和质量检测中心、河北省水产养殖病害防治监测总站、湖北出入境检验检疫局检验检疫中心、湖南出入境检验检疫局检验检疫中心、吉林出入境检验检疫局检验检疫中心、江苏省水生动物疫病预防控制中心山东出入境检验检疫局检验检疫中心、山东出入境检验检疫局检验检疫中心、山东省海洋生物研究院、上海市水产技术推广站、深圳出入境检验检疫局食品检验检疫中心、天津市水生动物疫病预防控制中心、浙江省淡水水产研究所、浙江省水生动物防疫检疫中心和中国水产科学研究生院珠江水产研究所共计 16 家单位，监测单位所在地覆盖了所有采样省份。农业农村部渔业渔政管理局连续 5 年组织水生动物疫病检验检测能力测试，确保检测检测结果真实有效；所有省份的样品都至少委托 2 家以上的单位进行检测，起到平行验证的效果。

（七）检测结果对比

1. 阳性监测点　2015 年，15 个省（自治区、直辖市）共设置监测养殖场点 418 个，检出阳性 10 个，平均阳性养殖场点检出率为 2.39%；2016 年，16 个省（自治区、直辖市）共设置监测养殖场点 463 个，检出阳性 23 个，平均阳性养殖场点检出率为 4.97%；2017 年，17 个省（自治区、直辖市）共设置监测养殖场点 376 个，检出阳性 14 个，平均阳性养殖场点检出率为 3.72%；2018 年，在 17 个省（自治区、直辖市）共设置监测养殖场点 380 个，检出阳性 27 个，平均阳性养殖场点检出率为 7.11%。对比连续 4 年的阳性监测数据，草鱼出血病的阳性检出率在 2018 年较前 3 年有所升高，一方面与采样品种、规格、温度等设置更科学合理有关，另一方面也可能与近年来流行毒株的发生变异导致病情加重有关（图 25、图 26）。

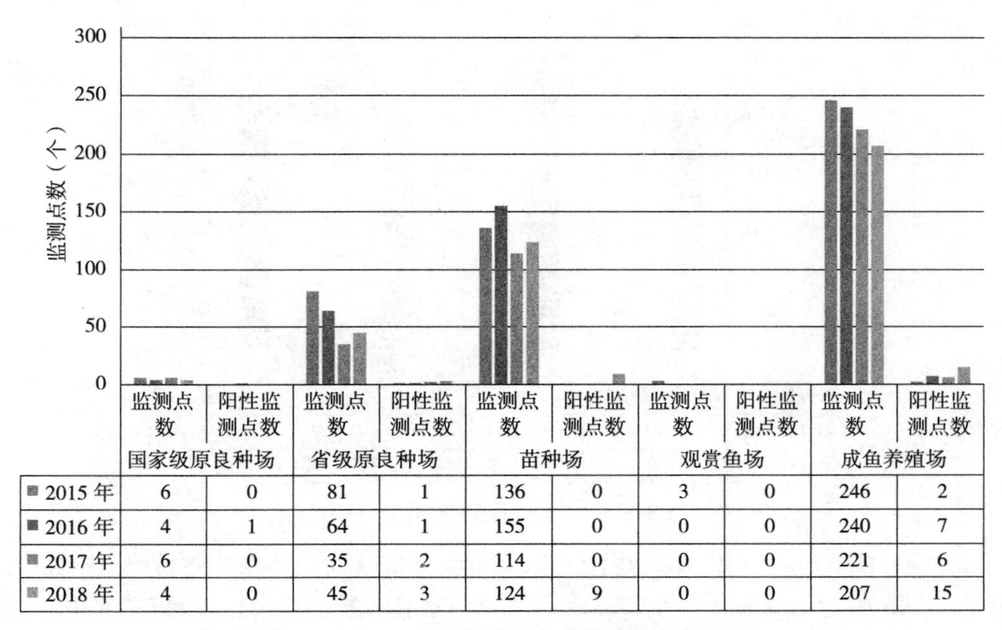

	国家级原良种场		省级原良种场		苗种场		观赏鱼场		成鱼养殖场	
	监测点数	阳性监测点数	监测点数	阳性监测点数	监测点数	阳性监测点数	监测点数	阳性监测点数	监测点数	阳性监测点数
2015 年	6	0	81	1	136	0	3	0	246	2
2016 年	4	1	64	1	155	0	0	0	240	7
2017 年	6	0	35	2	114	0	0	0	221	6
2018 年	4	0	45	3	124	9	0	0	207	15

图 25　2015—2018 年监测点和阳性监测点对比

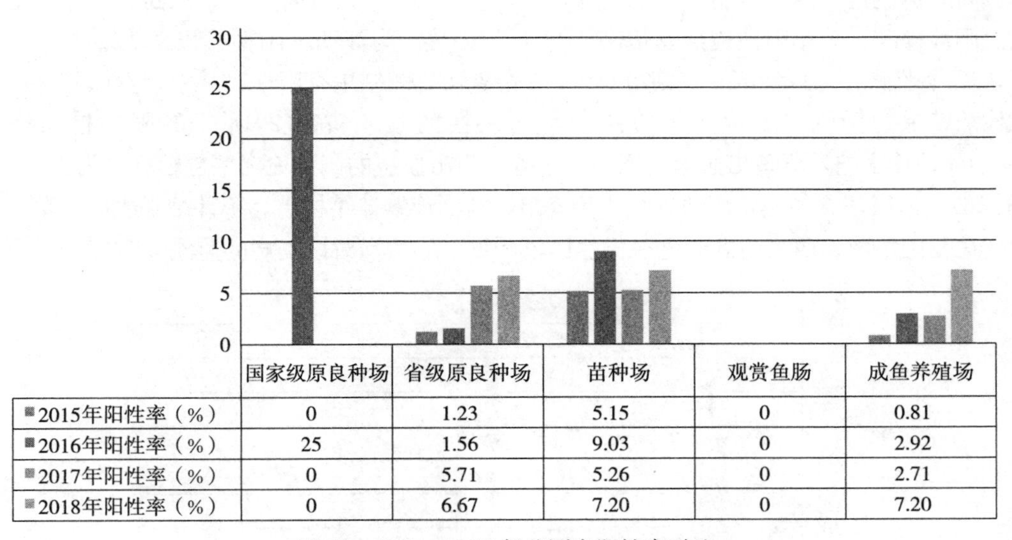

	国家级原良种场	省级原良种场	苗种场	观赏鱼肠	成鱼养殖场
2015年阳性率（%）	0	1.23	5.15	0	0.81
2016年阳性率（%）	25	1.56	9.03	0	2.92
2017年阳性率（%）	0	5.71	5.26	0	2.71
2018年阳性率（%）	0	6.67	7.20	0	7.20

图 26　2015—2018 年监测点阳性率对比

2. 阳性样品　2015 年采集样品 488 个，检出阳性样品 10 个，阳性率 2.05%；2016 年，采集样品 501 个，检出阳性样品 24 个，阳性率 4.79%；2017 年采集样品 395 个，检出阳性样品 14 个，阳性率为 3.54%；2018 年采集样品 451 个，检出阳性样品 30 个，阳性率为 6.65%（图 27）。统计结果表明，2018 年阳性样品的检出率较前 3 年有所提高，应加大对草鱼出血病的监测。

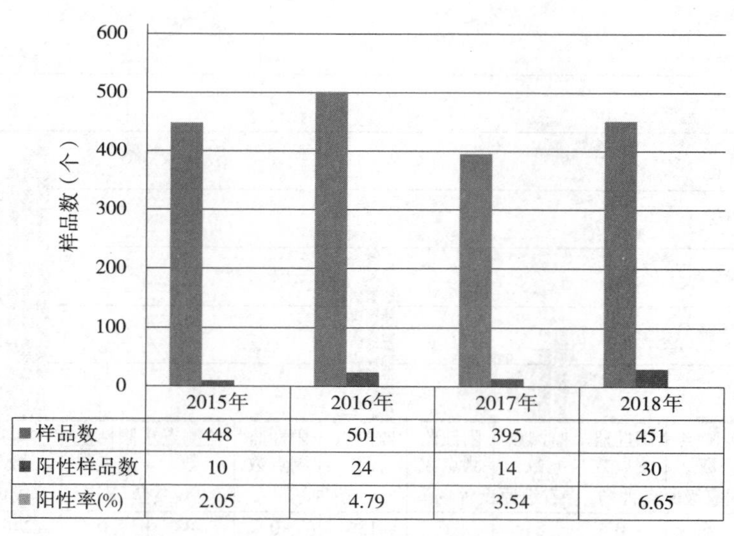

	2015年	2016年	2017年	2018年
■样品数	448	501	395	451
■阳性样品数	10	24	14	30
■阳性率(%)	2.05	4.79	3.54	6.65

图 27　2015—2018 年样品数和阳性样品对比

3. 阳性样品分布　2015 年，共有北京、广西、江苏和湖北等 4 个省份检出阳性样品，其中，广西阳性检出率最高，为 23.33%。2016 年，阳性检出城市扩大到 6 个省份，包括北京、广西、江苏、江西、上海和天津，比 2015 年多增加了 2 个城市，其中，阳性检出率最高的仍然是广西，样品阳性率达到 31.43%。2017 年，共有广西、江西、天津和上海检出阳性样品，天津阳性检出率最高，为 40%；其次为江西，阳性检出率为 20%。2018 年，17 个监测省（自治区、直辖市）中，6 个省份检测结果有阳性，其中，安徽和重庆首次检测结果为阳性，连续 2 年检测结果为阴性的湖北省在 2018 年的阳性检出率为 13.30%，首次纳入草鱼出血病监测的广东省草鱼出血病的阳性检出率也较高，为 12.50%（图 28）。值得注意的是，广西连续 4 年检出，江西连续 3 年检出。统计结果表明，草鱼出血病在我国华南、西南地区的危害仍然比较严重，应加强对该疫病的监测和防控。

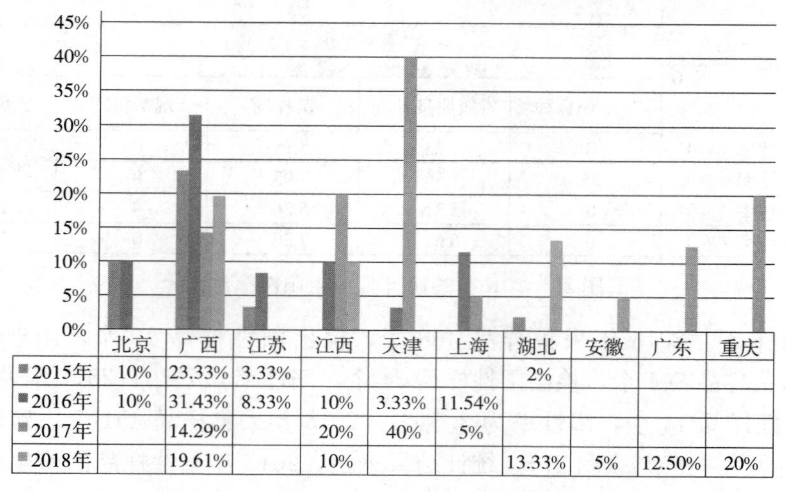

	北京	广西	江苏	江西	天津	上海	湖北	安徽	广东	重庆
■2015年	10%	23.33%	3.33%				2%			
■2016年	10%	31.43%	8.33%	10%	3.33%	11.54%				
■2017年		14.29%		20%	40%	5%				
■2018年		19.61%		10%			13.33%	5%	12.50%	20%

图 28　2015—2018 年阳性检出省份的对比

五、风险分析及建议

草鱼出血病列入全国水生动物疫病监测计划已经4年，虽然历年监测数据中未出现草鱼出血病大规模疫病暴发的报道，但该病的防疫形式仍然不容乐观。2018年，草鱼出血病参考实验室从广东、江西、广西、湖南、湖北等我国草鱼主养区共采集草鱼样品492份，进行草鱼出血病病原检测，其中，未发病草鱼样品309份，检测到GCRV阳性样品23份，阳性率为7.44%；从上述地区收集发病样品183份，检测到GCRV阳性样品104份，阳性率为56.83%。检测到总阳性样品为127份，阳性率为25.81%，全部为II型GCRV（表1）。其中，湖北、湖南、广东、江西、江苏等草鱼养殖量较大的省份均有检出（图29、图30）。

从2018年的全国水生动物疫病监测计划结果来看，草鱼出血病在广东、广西、江西、湖北、安徽、重庆均出现阳性监测点，且2018年总体阳性率高于往年。作为草鱼养殖主养区，应该进一步加强草鱼主养区域的监测，一旦发生疫情尽快处理；同时，建议上述阳性地区的草鱼养殖企业与个人，应做好草鱼出血病疫苗的免疫接种，尽量降低养殖草鱼的感染风险。

表1　2018年草鱼出血病样品监测结果统计

样品	样品数量	阳性数量	阳性率（%）
未发病样品	309	23	7.44
发病样品	183	104	56.83
汇总	492	127	25.81

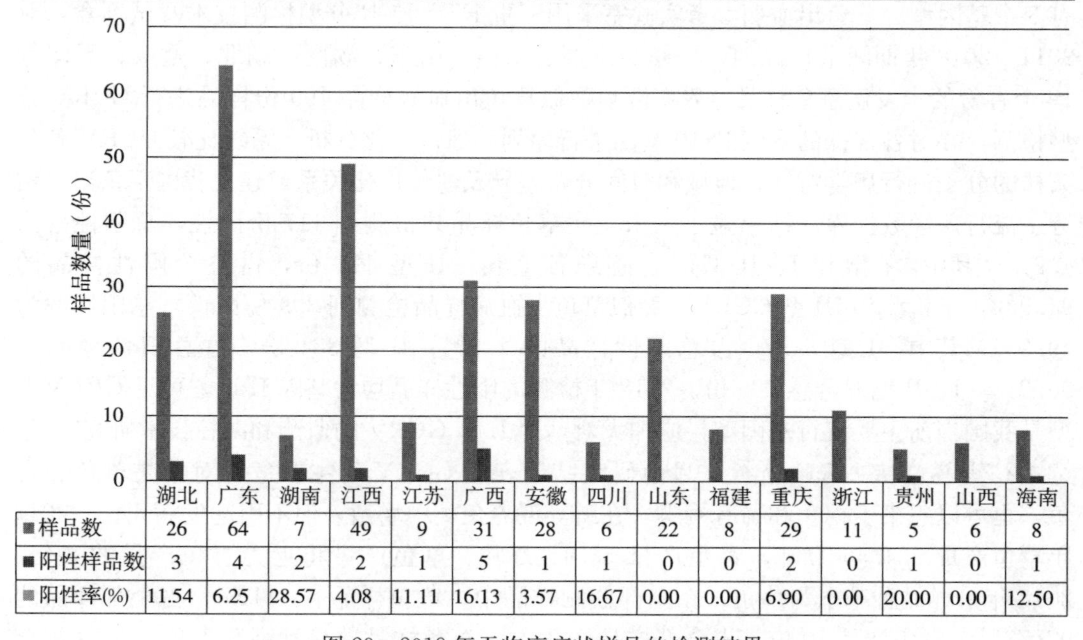

	湖北	广东	湖南	江西	江苏	广西	安徽	四川	山东	福建	重庆	浙江	贵州	山西	海南
样品数	26	64	7	49	9	31	28	6	22	8	29	11	5	6	8
阳性样品数	3	4	2	2	1	5	1	1	0	0	2	0	1	0	1
阳性率(%)	11.54	6.25	28.57	4.08	11.11	16.13	3.57	16.67	0.00	0.00	6.90	0.00	20.00	0.00	12.50

图29　2018年无临床症状样品的检测结果

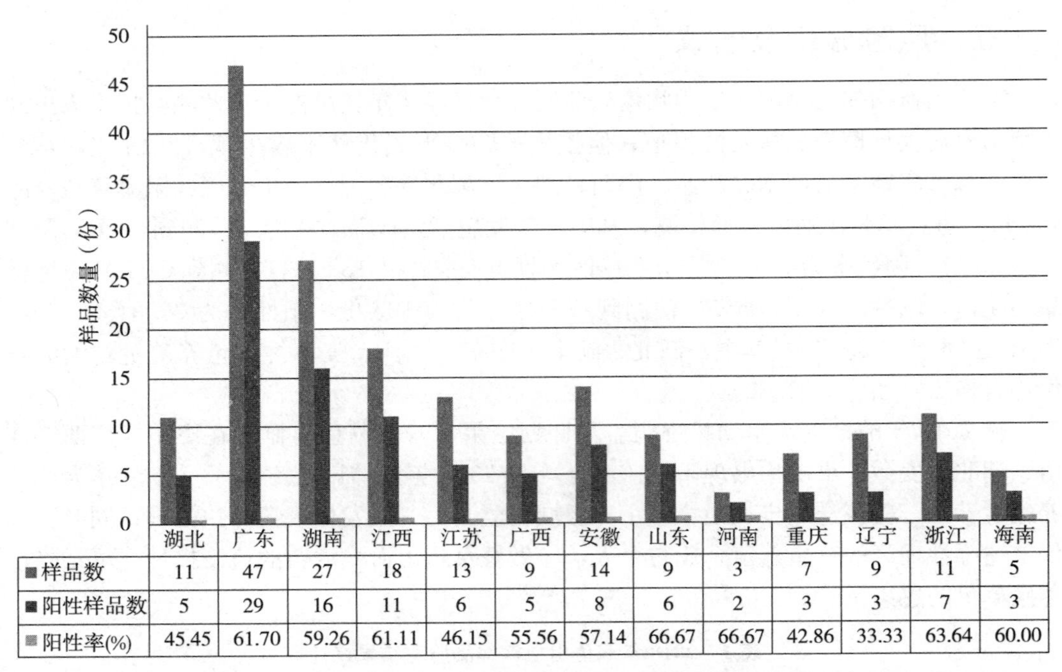

	湖北	广东	湖南	江西	江苏	广西	安徽	山东	河南	重庆	辽宁	浙江	海南
■样品数	11	47	27	18	13	9	14	9	3	7	9	11	5
■阳性样品数	5	29	16	11	6	5	8	6	2	3	3	7	3
■阳性率(%)	45.45	61.70	59.26	61.11	46.15	55.56	57.14	66.67	66.67	42.86	33.33	63.64	60.00

图 30　2018 年疑似发病样品的检测结果

（一）风险分析

1. *草鱼出血病病原风险分析*　草鱼出血病病原是双链 RNA 病毒，目前已经报道的有 3 个基因型。草鱼出血病参考实验室采用三重 RT－PCR 分型检测技术及试剂盒，对 2011—2018 年期间采自江西、广东、广西、山西、山东、湖南、湖北、重庆、天津等 19 个省份的未发病草鱼样品 2 780 份和疑似草鱼出血病样品 799 份样品进行 GCRV 分型检测，并对各毒株的 S2 和 S10 基因进行序列和遗传进化分析，系统比较 GCRV 各分离株的分子流行病学特征、地域和时间分布差异及遗传进化关系，建立我国草鱼出血病分子流行病学数据库。结果显示，未发病草鱼样品共检测到 117 份阳性，总阳性率为 4.2%，其中，I 型和 I、II 型混合感染各 2 份；II 型 111 份，占整个阳性样品的 94.9%，未检测到 III 型 GCRV。疑似草鱼出血病样品检测到 399 份阳性，总阳性率为 49.9%，其中，I 型 8 份，占总阳性样品的 2.0%；II 型 384 份，占总阳性样品的 96.2%；I、II 型混合感染 5 份。2018 年检测的阳性样品均为基因 II 型，可见 GCRV II 型是我国当前主要流行基因型，应加大对基因 II 型 GCRV 的监测和防控技术研究。

2. *易感染宿主风险分析*　目前研究结果表明 GCRV 的主要危害对象是草鱼和青鱼，也可以感染麦穗鱼和稀有鮈鲫，在鲢等混养鱼类中增殖，但不引起发病死亡。2017 年草鱼产量 534.56 万吨，青鱼产量 68.45 万吨，草鱼产量将近为青鱼产量的 8 倍。2018 年采样品种基本为草鱼，在全部监测样品中，草鱼样品有 441 份，占全部样品的 97.78%；青鱼样品 10 份，占全部样品 2.21%。草鱼样品数量远高于青鱼，2018 年全部阳性样品来自于草鱼样品，并不代表草鱼出血病只对草鱼有威胁。由于池塘养殖草鱼常与青鱼、鲢等进行混养，而青鱼作为GCRV的主要敏感宿主，采样量较少，虽然连续4年监测结果均为阴性，应该继续对该养殖品种进行监测。

3. *养殖区域风险分析* 从2015—2018年监测数据来看，累计有10个省份监测到草鱼出血病阳性，分别是北京、广西、江苏、江西、天津、上海、湖北、安徽、广东、重庆。其中，广西连续4年检出阳性，江西连续3年检出阳性。国家监测计划中，样品绝大部分来自于无临床症状的鱼样，这4年样品阳性率为2.05%～6.65%。草鱼出血病参考实验室8年的监测数据来看，无临床症状样品阳性检出率为4.2%，与国家监测结果相近，但是临床发病样品的阳性率较高。2018年，参考实验室从全国13个省份收集到疑似样品，检测到阳性56.83%，除了国家监测计划中检测到阳性的省份外，还有湖南、山东以及没有进入监测计划的辽宁、海南2省检测到草鱼临床发病案列。2015—2018年，草鱼出血病监测范围在扩大，基本覆盖了草鱼的主要养殖区域。考虑到草鱼是我国最大宗的淡水鱼品种，可进一步扩大监测区域，将上述检测阳性的省份列入下一年监测计划。

4. *养殖类型风险分析* 连续4年（2015—2018年）对国家级原良种场、省级原良种场、重点苗种场、成鱼养殖场进行草鱼出血病疫情监测，监测结果表明，2018年较前3年草鱼出血病阳性率有所升高。2016年和2018年国家级原良种场的监测阳性率均为所有养殖类型中最高的，而在2015年和2017年两年国家级原良种场的检测阳性率为0，检测结果的无规律、变化幅度大与监测点设置和样品数量关系密切。国家原良种场、省级原良种场并没有进行持续监测，每年监测点都有所变化。此外，2015—2018年国家级原良种场采样数量分别为6个、4个、6个和8个，因此，个位数量的变化对阳性率影响比较大。但不容忽视的是国家级原良种场、省级原良种场、重点苗种场一旦有阳性检出，如不及时处理，都具有很大的传播隐患。

5. *苗种来源风险分析* 2018年在全部检测阳性省份中，只有湖北省进行了流行病学追溯调查。调查结果显示，湖北省4个检测阳性养殖场，3个成鱼养殖场、1个苗种场均未有疫病大规模暴发。苗种场有引种记录，并经过检疫，但仍然检出阳性，检疫环节是否严格。1个成鱼养殖场经过检疫，但其位置靠近水生动物集散地，推测由外来病原传入。4个阳性养殖场均没有进行过免疫接种。目前，苗种检疫和疫苗接种是预防草鱼出血病的有限措施，在做好苗种检测的同时及时做好疫苗接种，才能将草鱼出血病的发病风险降至最低。苗种的来源与走向是疾病控制的关键点，但大部分监测点未进行追溯，无法对苗种携带病原的风险进行评估。

（二）建议

1. *合理布局监测范围* 目前，草鱼出血病监测范围覆盖了17个省份，基本涵盖了草鱼主养区域。但草鱼是我国最大宗的淡水鱼品种，基本在全国各省份均有养殖。草鱼出血病参考实验室的数据显示，2018年除了国家监测计划中检测到阳性的省份外，还有湖南、山东以及没有进入监测计划的辽宁、海南2省检测到草鱼临床发病案例，建议草鱼出血病监测进一步扩大监测范围。此外，监测需要有连续性，从历年监测数据来看，多个省份监测点变动较大，无论是阴性还是阳性监测点，至少连续监测 2 年以上。

2. *落实苗种产地检疫* 严格落实水产苗种产地的检疫工作，防止草鱼出血病随苗种跨地区传播，减少由于引入染疫苗种给生产带来的损失，也可以避免不同地区、不同基因型毒株随苗种传播混合感染后突变出新的强毒株。

3. *及时进行疫苗接种* 目前，预防草鱼出血病的唯一有效方法就是进行疫苗接种，通过接种疫苗，可以极大降低养殖草鱼患病风险。

4. *规范阳性场点处置* 虽然国家出台了相关政策进行重大疫病应急处理，但是实际操作难度较大。规范对阳性样品无公害化处置措施，防止疫情进一步扩大，可从源头切断草鱼出血病疫情的传播。

5. *建立无特定疫病苗种场* 以疫情监测结果作为重要参考依据，通过苗种产地检疫、疫苗接种、阳性样品无公害处理等措施，逐渐缩小染疫范围，在有条件的地区逐步开展无规定疫病苗种场的建立，逐步实现病原净化。

六、存在的问题和建议

1. *流行病学追溯* 2018 年，监测到阳性样品 30 个，阳性养殖场 27 个，但是只有湖北省的 4 个阳性样品进行了流行病学追溯。建议检出阳性样品的省份，应严格按照要求进行流行病学调查，尤其是苗种场，调查苗种的来源和去向、可能的传染源，便于后续跟进监测和控制病原扩散。

2. *样品采集温度* 草鱼出血病的流行与暴发与环境温度存在密切关系，这主要和 GCRV 聚合酶最适温度有关。为了分析采样时的环境温度与 GCRV 检测阳性的关系，草鱼出血病参考实验室将不同温度下采集的样品检测结果进行分类统计。结果表明，20～30℃范围内无论是发病样品还是无临床症状样品，检测阳性率都是最高的。因此，要获得较为准确的监测数据，应在病毒最佳发病温度条件下采集样品，过高或者过低都可能存在漏检的现象。2018 年，检测样品的采集温度集中在 20～30℃，基本与草鱼出血病发病温度相吻合；但也有部分样品在 15℃以下采集，这样的样品检测结果不具有代表性，很难正确反映草鱼出血病的监测结果。

3. *草鱼出血病的检测* 草鱼出血病参考实验室根据近 10 年的流行病学调查、病原监测和病原学研究证明，当前草鱼出血病的病原以Ⅱ型草鱼呼肠孤病毒（GCRV-II）为主，其他两种基因型临床检出非常有效，为节省资源、提高工作效率和监测结果的可靠性，草鱼出血病病原建议只检测 GCRV-Ⅱ。目前可用的 GCRV 检测标准，分别是一个行业标准和在这个行业标准上面升级的国家标准，其分子生物学方法均为常规的 PCR 方法，现有的标准方法存在几个问题：一是引物序列不是根据保守区域设计，存在较大漏检的可能；二是 GCRV-Ⅱ在没有临床症状的草鱼体内隐性带毒时其病毒含量较低，而常规 PCR 方法有检测灵敏度限制，很难检测出这些没有临床症状且用带毒样品，监测样品多数都是采集的没有临床症状的鱼，存在较大的漏检可能。因此，检测方法需要重新修订。

4. 疫病区域化管理　短期内，水生动物疫病达到无疫区的级别难度较大，但是可以对小范围或者单独的养殖场进行区域化管理。对于连续监测阴性的养殖场点，通过产地检疫、疫苗接种、生态防控等多项措施，逐步开展无规定疫病苗种场建设，实现病原局部地区净化。

2018年传染性造血器官坏死病状况分析

北京市水产技术推广站

（王静波　徐立蒲　王　姝　吕晓楠　曹　欢　江育林）

一、前言

传染性造血器官坏死病（infectious haematopoietic necrosis，IHN）是一种冷水性鲑鳟鱼类的急性、全身性传染病。世界动物卫生组织（OIE）一直将其列为必须申报的疫病。2008年，农业农村部公告第1125号也将其列为二类动物疫病；并作为水产苗种产地检疫对象；从2011年起对IHN实施专项监测。

该病病原为传染性造血器官坏死病毒（infectious haematopoietic necrosis virus，IHNV），是一种单链RNA病毒；属弹状病毒科（Rhabdoviridae）、粒外弹状病毒属（*Norhabodovirus*）。病毒颗粒呈子弹状，长150～190纳米、直径65～75纳米；具囊膜，囊膜含有病毒糖蛋白突起和宿主脂质，内包含1条非节段的、反义的单链RNA，基因组约11 000个核苷酸，按以下顺序编码6种蛋白质：核蛋白（N）、磷蛋白（P）、基质蛋白（M）、糖蛋白（G）、非结构蛋白（NV）和聚合酶（L）。IHNV对热、酸、醚等不稳定。IHNV在淡水中至少存活1个月，特别是在有机物质存在的情况下存活更久。主要感染鱼肾、脾、脑和消化道，并在毛细血管的内皮细胞、造血组织和肾细胞上增殖。IHNV可通过水平传播，由粪便、尿液、精（卵）液和外黏膜传播；也能够随鱼卵进行垂直传播。

IHNV易感宿主有虹鳟（*Oncorhynchus mykiss*）、大鳞大麻哈鱼（*O. tshawytscha*）、红大麻哈鱼（*O. nerka*）、大麻哈鱼（*O. keta*）、细鳞大麻哈鱼（*O. gorbuscha*）、玫瑰大麻哈鱼（*O. rhodurus*）、马苏大麻哈鱼（*O. masou*）、银大麻哈鱼（*O. kisutch*）、大西洋鲑（*Salmo salar*）、牙鲆（*Paralichthys olivaceus*）等。在我国主要危害虹鳟（包括金鳟）。

20世纪40～50年代，IHN流行地区仅限于北美洲的西海岸，之后，随着活鱼和鱼卵的国际贸易传播到欧洲和亚洲。德国、法国、奥地利、捷克、西班牙、波兰、瑞士、比利时、日本、韩国和朝鲜均有疫情报道。80年代传入我国，IHN会引起很高的死亡率，已经成为严重危害我国虹鳟产业的主要疫病。

IHN在水温8～15℃时流行，可感染各种年龄的虹鳟，尤其对3月龄以内苗种危害更大。IHN暴发时，首先出现稚鱼和幼鱼的死亡率突然升高。受侵害的鱼通常出现昏睡症状，不喜游动并避开水流；但也有一些鱼，表现乱蹿、打转等。患病鱼体色变黑，眼突出，有的腹部有出血，腹部膨大，鳃苍白，鳍条基部甚至全身性点状出血，常见到有的稚鱼肛门处有1条拖尾的排泄物，俗称“拖假粪”。但这并非该病所独有特征。此外，通常在病鱼头部之后的侧线上方显示皮下出血，病后幸存鱼有的脊柱变形。内部症状主要为：通常肝、肾、脾苍白，胃充满奶状液，肠道充满黄色黏液，器官组织点状或斑状出血，肠系膜及内脏脂肪组织遍布血斑。

二、主要内容概述

2018年，对我国12个省（自治区、直辖市）49个县（区）、84个乡（镇）的189个养殖场实施了IHN的监测。根据上报监测数据，形成了2018年传染性造血器官坏死病分析报告。主要内容是：①对2018年收集到全国IHN的流行数据进行分析，了解该年IHN的流行特点，并对未来的发展趋势和疫情风险进行预测，并提出相应的防控建议；②对2018年全国IHN监测工作的执行情况进行评估，并提出监测存在的主要问题和相应的建议。

三、2018年IHNV国家监测实施情况

（一）参加省份及完成情况

2018年的监测省份，包括辽宁、甘肃、河北、山东、北京、青海、吉林、陕西、新疆（及新疆兵团）、云南、黑龙江和贵州12个省（自治区、直辖市），涉及49个县（区）、84个乡（镇）（图1）。监测对象主要为鳟和鲑。黑龙江和贵州首次列入监测计划。监测省（自治区、直辖市）数量较之前增加，监测活动覆盖的县（区）和乡（镇）数量与2017年基本持平（43和77个）。

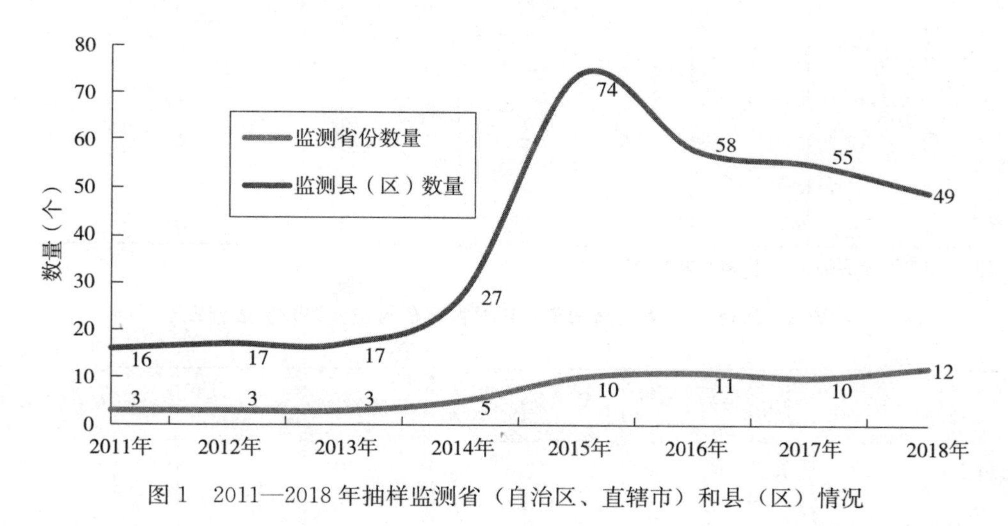

图1　2011—2018年抽样监测省（自治区、直辖市）和县（区）情况

2018年，对全国12个省（自治区、直辖市）189个养殖场实施了IHN的监测。2018年，IHNV国家监测计划任务数量为291份，实际完成297份。12个省（自治区、直辖市）按照采样任务分配表的要求圆满完成了采样，其中，甘肃、青海、河

北和新疆4个省份超额完成采样任务。新疆建设兵团由于各种原因，已经连续2年（2017—2018年）未送样，建议在下一年度取消该单位的监测任务（表1、表2和图1）。

表1　2011—2018年参加IHNV国家监测的省份

省份	2011年	2012年	2013年	2014年	2015年	2016年	2017年	2018年
河北	√	√	√	√	√	√	√	√
甘肃	√	√	√	√	√	√	√	√
辽宁	√	√	√	√	√	√	√	√
山东	—	—	—	√	√	√	√	√
北京	—	—	—	√	√	√	√	√
青海	—	—	—	—	√	√	√	√
四川	—	—	—	—	√	√	—	—
吉林	—	—	—	—	√	√	√	√
湖南	—	—	—	—	√	√	—	—
陕西	—	—	—	—	√	√	√	√
新疆	—	—	—	—	—	√	√	√
云南	—	—	—	—	—	—	√	√
新疆兵团	—	—	—	—	—	—	未送样	未送样
黑龙江	—	—	—	—	—	—	—	√
贵州	—	—	—	—	—	—	—	√

注："√"表示参加；"—"表示未参加。

表2　2018年各省（直辖市）IHN监测任务数量以及完成情况

单位：份

项目	辽宁	甘肃	青海	河北	山东	北京	陕西	吉林	贵州	新疆	新疆兵团	云南	黑龙江	合计
监测任务数量	90	40	40	40	30	15	10	5	5	5	5	5	1	291
完成抽样数量	90	43	43	41	32	15	10	5	5	7	0	5	1	297
监测养殖场数量	42	16	25	41	27	9	10	5	5	4	0	5	1	189

（二）不同养殖场类型、监测点

2018年，全国共设置IHNV监测点189个，较2017年减少20个监测点（表2）。2018年，监测点设置包括国家级原良种场2个（1.1%，2/189）、省级原良种场12个（6.3%，12/189）、重点苗种场46个（24.3%，46/189）、引育种中心1个（0.5%，1/189）、成鱼养殖场128个（67.7%，128/189）（图2、图3）。2018年抽样监测的国家级、省级原良种场、苗种场和引育种中心总数为61个，占全部抽样养殖场的百分率为32.3%，略低于2017年（32.5%），但显著高于2011—2016各年度抽样的原良种场和苗种场数量。

由于原良种场或重点苗种场的病毒传播风险远远高于成鱼养殖场，因此原良种场或重点苗种场抽样数量仍需进一步加大。各省抽样的各类型场情况如图3。

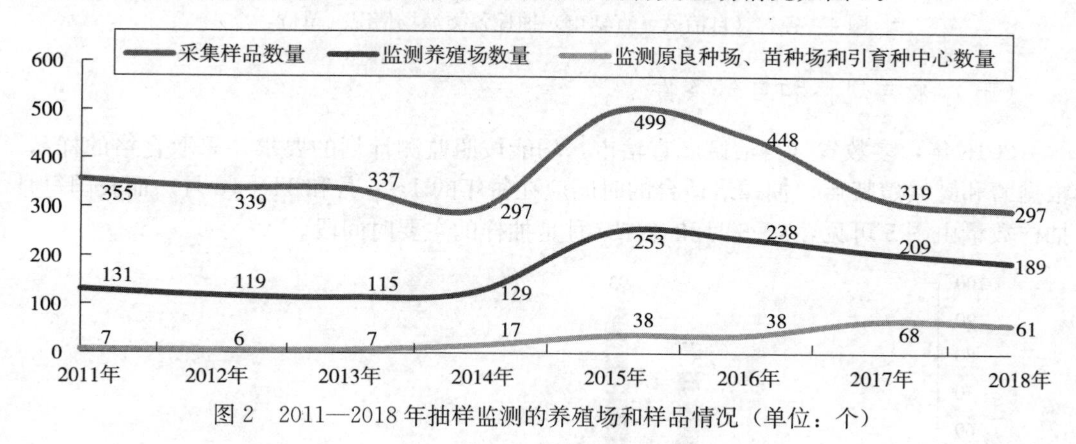

图2　2011—2018年抽样监测的养殖场和样品情况（单位：个）

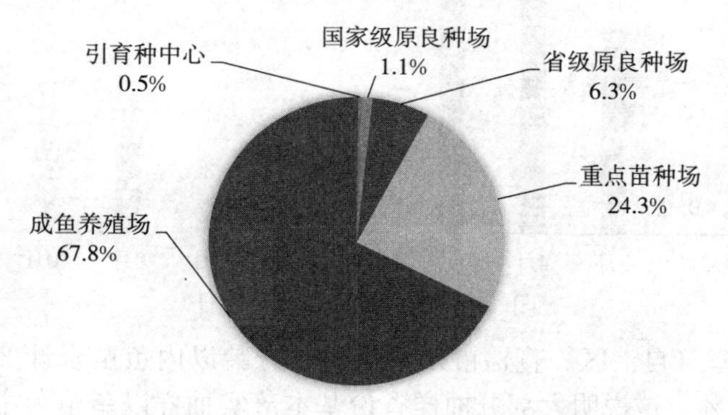

图3　2018年不同类型监测点占比情况

北京、吉林、云南、新疆和黑龙江5个省（自治区、直辖市）抽样的国家级、省级原良种场和苗种场和引育种中心数超过该省抽样总场数量的50%，基本符合抽样要求。其中，吉林、黑龙江（仅抽1个渔场，分别为原良种场和引育种中心）和云南抽检样品全部为良种场和苗种场。另几个省份抽样的原良种场和苗种场总数尚未达到抽样总场数量的50%，需要增大比例（图4）。

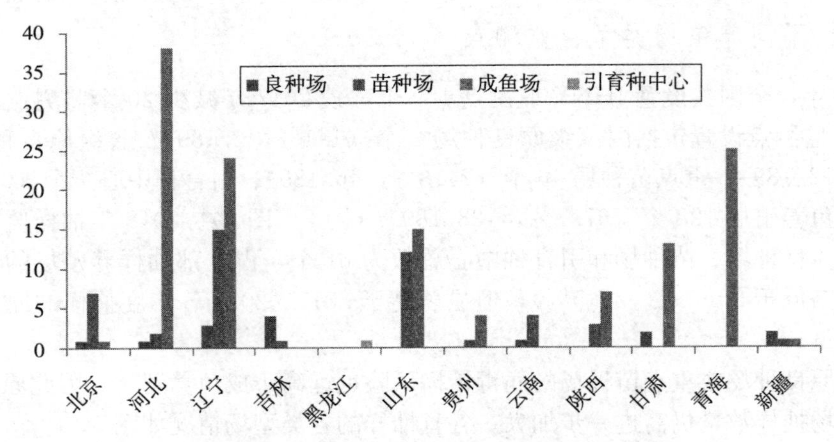

图 4　各省（自治区、直辖市）抽检各类渔场情况（单位：个）

（三）采样规格和自然条件

2018 年，多数省（自治区、直辖市）均能按照监测计划的要求，采取合格的样品。根据鳟和鲑繁殖特点，抽样最适合的时间应在每年的 1～6 月和 11～12 月。而我国每月抽样数量由图 5 可见，3～6 月和 8～10 月是抽样的主要时间段。

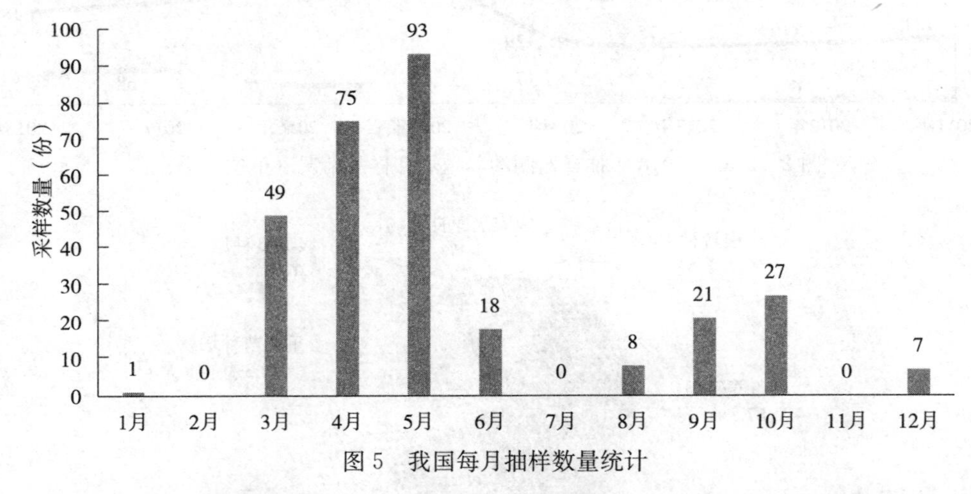

图 5　我国每月抽样数量统计

2018 年，各省（自治区、直辖市）共采集 6 月龄以内鱼苗合计 241 份，占总数量（297 份）的 81.1%，这说明大部分抽样省份基本落实抽样以鱼苗为主的要求。但青海和山东抽样鱼规格偏大问题较为突出，青海采集的 43 份样品中有 41 份在 6 月龄或以上，山东采集的 32 份样品中有 12 份规格在 6 月龄或以上。

2018 年，多数省（自治区、直辖市）均能按照监测计划中水温（低于 15℃）的要求采样品。但部分省份部分样品采样水温在 16～18℃，如甘肃 8 份样品、山东 5 份样品、贵州 5 份样品和陕西 10 份样品；另外，山东有 15 份样品采样水温在 22～23℃，偏离规定的抽样水温要求较多。

采集样品的鱼龄和水温不在要求范围内，使得监测结果的可信度降低。2018 年，6 月龄以下鱼 IHNV 检出率 9.5%，高于 6 月龄以上鱼 IHNV 检出率 5.4%；水温低于 15℃ IHNV 检出率 9.8%，高于水温 16～18℃的 3.6%，22～23℃ IHNV 检出率为 0%（表 3）。

表 3　2018 年各地区抽样鱼规格、水温以及 IHNV 阳性检出情况

省份	1～15 厘米	＞16 厘米	＜15℃	16～18℃	22～23℃
	抽样数/阳性数				
北京	13/2	2*/0	15/2	—	—
辽宁	90/4	—	90/4	—	—
山东	20/0	12/1*	12/1*	5/0	15/0
云南	5/1	—	5/1	—	—
甘肃	45/12	—	37/11	8/1*	—
青海	2/0	41/2	43/2	—	—
吉林	5/0	—	5/0	—	—
河北	41/3	—	41/3	—	—
陕西	10/0	—		10/0	—
新疆	6/1	1/0	7/1	—	—
贵州	5/0	—	—	5/0	—
黑龙江	1/0	—	1/0	—	—
总数	243/23	56/3	256/25	28/1	15/0
阳性率（%）	9.5	5.4	9.8	3.6	0

注：* 为北京市、山东省和甘肃省检出 IHNV 的 1 份样品，均为发病渔场样品。

（四）监测品种和每份样品数量

2018 年采集鳟 279 份，主要监测品种为虹（金）鳟，占总抽样数量（297 份）的 94%；所有检测样品中检出阳性的 24 份样品均为鳟，阳性检出率 8.1%。虹鳟是 IHNV 主要易感品种，也是我国重点的鳟养殖品种。采集的其他鱼类为鲑 18 份，IHNV 均为阴性。

按照国家水生动物疫病监测计划和 OIE 水生动物法典，没有显示临床症状的鱼每份样品数量应达到 150 尾。这是为了使检测可信度达到 95%以上所需要的数量，是有科学依据的。2018 年，多数省（自治区、直辖市）均能按照监测计划每份抽样的样品数量进行送样，占总样品数量的 93%（277/297）；在 20 份低于 150 尾的样品中，其中只有 12 份因发病且有症状可以减少样品数量，且 IHNV 检测阳性。另外，8 份样品的送样量是不合格的。

（五）养殖模式

我国鲑鳟养殖基本为淡水水源，2018 年在河北和山东抽检样品中有海水养殖。养殖与苗种繁育主要采用流水、工厂化和网箱（淡水和海水深水）养殖模式。青海和甘肃主要以淡水网箱养殖模式为主，其中，青海采集 43 样品中 18 份来自网箱养殖，甘肃采集 41 份样品中 8 份来自网箱养殖。另外，2018 年山东日照采集 1 份海水深水网箱样品，其他省（自治区、直辖市）均以流水养殖为主。

2018 年，在青海、甘肃和山东的网箱养殖模式的养殖场中各检出 1 份 IHNV 阳性。经询问，山东海水深水网箱养殖虹鳟 2 000 余尾全部死亡，规格 20 厘米。青海省检测阳性样品来自化隆县，而非无规定疫病（IHNV）示范区（龙羊峡水库养殖区），且养殖鳟未出现病症和死亡（青海站已经做了销毁处理）。上述监测结果提示，我国 IHNV 已经主要由流水养殖模式扩散到网箱养殖模式，而且到海水深水网箱。网箱中带有 IHN 病毒容易往天然水域扩散造成更大的危害，所以应引起高度关注。

（六）实验室检测情况

2018 年，共有 8 个实验室承担了 IHNV 监测样品的检测工作，不同实验室承担监测任务量和委托检测情况见表 4。

表 4　2018 年不同实验室承担检测任务量及检测情况

检测单位名称	样品来源省份、检测数量、检测到的阳性数量	承担检测样品总数、检测到阳性样品数
北京市水产技术推广站	北京，检测 8 份，其中阳性 2 份 河北，检测 20 份，其中阳性 2 份 辽宁，检测 45 份，其中阳性 3 份 甘肃，检测 43 份，其中阳性 10 份 陕西，检测 10 份，其中阳性 0 份 云南，检测 5 份，其中阳性 1 份 新疆，检测 7 份，其中阳性 1 份 贵州，检测 5 份，其中阳性 0 份 黑龙江，检测 1 份，其中阳性 0 份	承担样品总数 144 份，占全国总数量的 48.5%；检出阳性 19 份，占全国检出阳性的 79.2%
中国水产科学研究院黑龙江水产研究所	辽宁，检测 45 份，其中阳性 1 份	承担样品总数 45 份，占全国总数量的 15.2%；检出阳性 1 份
河北省水产养殖病害防治监测总站	河北，检测 21 份，其中阳性 1 份 北京，检测 7 份，其中阳性 0 份	承担样品总数 28 份，占全国总数量的 9.4%；检出阳性 1 份
深圳出入境检验检疫局	青海，检测 23 份，其中阳性 2 份	承担样品总数 23 份，占全国总数量的 7.7%；检出阳性 2 份
青海省渔业环境监测站	青海，检测 20 份，其中阳性 0 份	承担样品总数 20 份，占全国总数量的 6.7%；检出阳性 0 份
山东省海洋生物研究院	山东，检测 17 份，其中阳性 1 份	承担样品总数 17 份，占全国总数量的 5.7%；检出阳性 1 份
山东出入境检验检疫局	山东，检测 15 份，其中阳性 0 份	承担样品总数 15 份，占全国总数量的 5.1%；检出阳性 0 份
吉林出入境检验检疫局检验检疫技术中心	吉林，检测 5 份，其中阳性 0 份	承担样品总数 5 份，占全国总数量的 1.7%；检出阳性 0 份

2018 年，承担检测任务量占前 3 位的实验室，分别为北京市水产技术推广站、中国水产科学研究院黑龙江水产研究所和河北省水产养殖病害防治监测总站。3 个实验室

承担检测任务量分别占总样品量的 48.8%、15%和 9.4%。

按照实验室承担样品来源的多样性进行比较，北京市水产技术推广站承担来源最多，为 9 个省（自治区、直辖市）的样品，分别为北京、河北、辽宁、甘肃、陕西、云南、新疆、贵州、黑龙江；河北省水产养殖病害防治监测总站承担北京和河北 2 个省（直辖市）；其他各实验室均承担 1 个地区检测任务。

按照阳性检出批次由多到少的实验室，北京市水产技术推广站 19 批次，占总阳性检出率的 79.2%；深圳出入境检验检疫局 2 批次；河北省水产养殖病害防治监测总站、黑龙江水产研究所和山东省海洋生物研究院各 1 批次。

四、2018 年 IHNV 监测结果分析

（一）检出率及比较分析

2018 年，12 个省（自治区、直辖市）共设置监测点 189 个（共采集样品 297 批次），检出阳性的监测点 19 个（阳性样品 24 批次），阳性监测点检出率为 10.1%（图 6）。

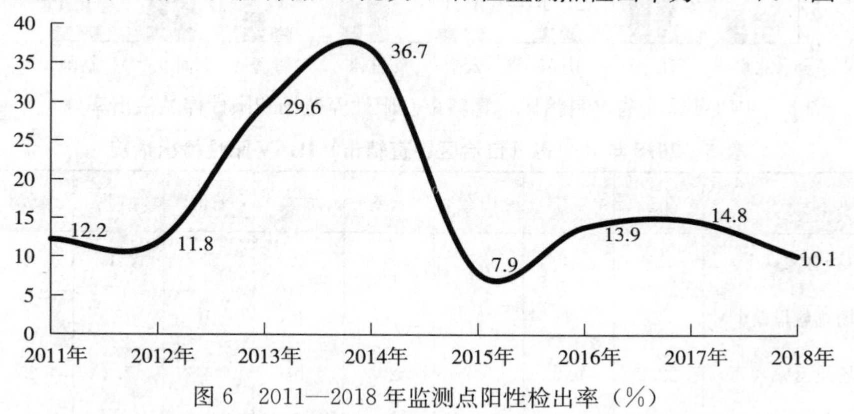

图 6　2011—2018 年监测点阳性检出率（%）

2011—2018 年，2014 年的监测点阳性检出率最高为 36.4%，其次是 2013 年的阳性检出率为 27.8%（图 7），2015 年阳性检出率最低 7.0%。

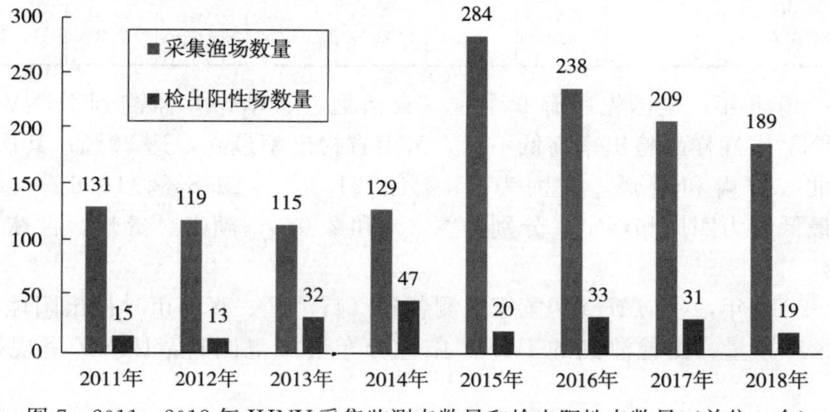

图 7　2011—2018 年 IHNV 采集监测点数量和检出阳性点数量（单位：个）

（二）检出地点及比较分析

2018年，在12个省（自治区、直辖市）中，有4个省未检出阳性；在甘肃、新疆、云南、北京、辽宁、河北、青海、山东8个省（自治区、直辖市）12县（区），涵盖19个养殖场检出阳性。8个省（自治区、直辖市）的平均阳性养殖场检出率为11.3%。其中，甘肃省的阳性养殖场检出率最高，为40%；其次为新疆25%、云南20%、北京22.2%；其余省份低于平均阳性场检出率（图8，表5）。2018年，甘肃和青海省阳性样品总数超出阳性养殖场数，说明对同一渔场进行了重复抽样复测（图8）。

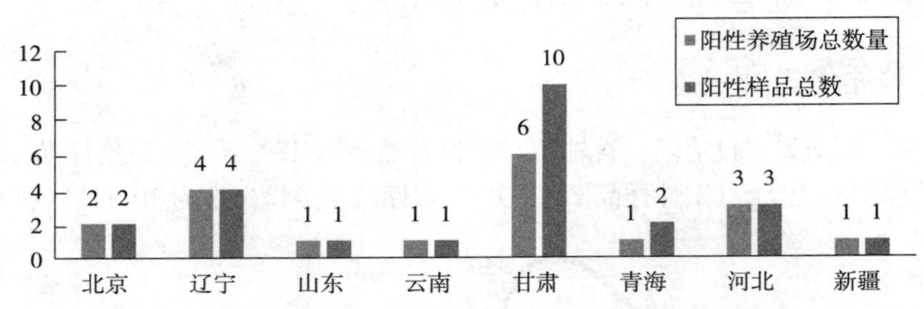

图8　2018年8个省（自治区、直辖市）阳性养殖场和阳性样品检出率（%）

表5　2018年8个省（自治区、直辖市）IHNV阳性检出情况

项目	北京	辽宁	山东	云南	甘肃	青海	河北	新疆	合计
检测养殖场总数（个）	9	42	27	5	15	25	41	4	189
阳性养殖场总数量（个）	2	4	1	1	6	1	3	1	19
阳性养殖场检出率（%）	22.2	9.5	3.7	20	40	4	7.3	25	10.1
检测样品总数（个）	15	90	32	5	43	43	41	7	297
阳性样品总数（个）	2	4	1	1	10	2	3	1	24
阳性样品检出率（%）	13.3	4.4	3.1	20	23.3	4.7	7.3	14.3	8.1

2011—2018年，全国先后有9个省（自治区、直辖市）监测到IHNV（图9）。各地区IHNV阳性样品检出率高低不同，云南省检出率最高，达30%；其次是北京、山东、河北、甘肃和新疆，分别为25.2%、21.4%、19.8%、18.6%、14.6%和14.3%；最低的为四川和辽宁，分别为6.3%和2.0%；湖南、贵州、吉林、黑龙江未检出。

2011—2018年，参与IHNV国家监测各省（自治区、直辖市）检出阳性渔场数及分布县（区）数量，由检测到的IHNV阳性分布县域范围看，IHNV呈现扩散趋势（表6）。

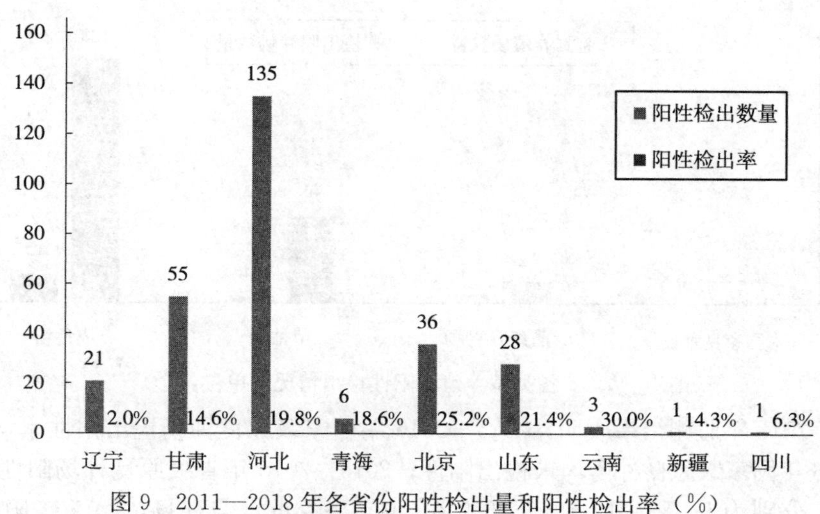

图9　2011—2018年各省份阳性检出量和阳性检出率（%）

表6　2011—2018年各省（自治区、直辖市）IHNV检出情况（阳性渔场数/阳性县数）

省份	2011年	2012年	2013年	2014年	2015年	2016年	2017年	2018年
河北	8/4	11/7	31/9	33/11	4/4	11/5	1/1	3/2
甘肃	8/3	1/1	3/1	0	1/1	9/2	8/2	6/3
辽宁	0	2/1	0	0	3/1	2/1	8/2	4/2
山东	—	—	—	5/2	6/1	0	6/4	1/1
北京	—	—	—	9/2	5/1	8/1	5/1	2/1
青海	—	—	—	—	1/1	2/2	1/1	1/1
四川	—	—	—	—	0	1/1	—	—
吉林	—	—	—	—	0	0	0	0
湖南	—	—	—	—	0	0	—	—
陕西	—	—	—	—	0	0	0	0
新疆	—	—	—	—	—	0	0	1/1
云南	—	—	—	—	—	—	2/2	1/1
黑龙江	—	—	—	—	—	—	—	0
贵州	—	—	—	—	—	—	—	0
新疆兵团	—	—	—	—	—	—	未送样	未送样
合计	16/7	14/9	32/10	47/15	20/9	33/12	31/13	19/12

注："—"为尚未列入监测计划。

（三）阳性养殖场类型及比较分析

2018年，12个省（自治区、直辖市）共设置监测点189个，检出阳性19个，平均阳性监测点检出率为10.1%。在189个监测养殖场点中，国家级原良种场2个，0个阳性；省级原良种场12个，5个阳性，检出率41.7%，涉及北京、辽宁、甘肃和云南；重点苗种场46个，4个阳性，检出率8.7%，涉及北京、河北、山东和新疆；成鱼养殖场128个，15个阳性，检出率11.7%，涉及河北、辽宁、甘肃和青海（图10）。

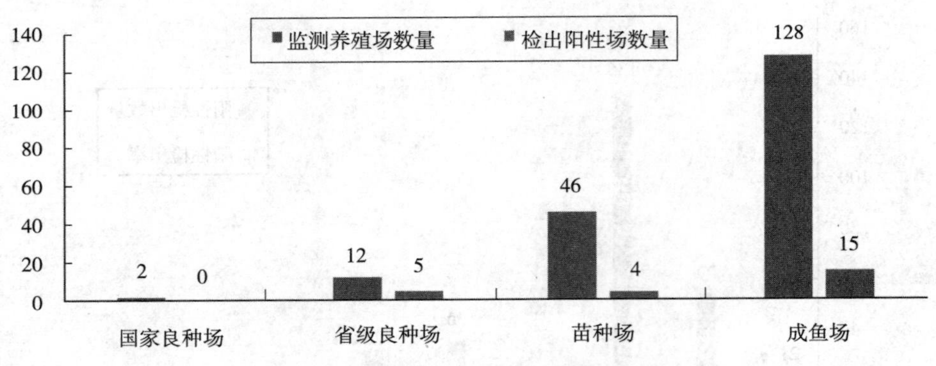

图 10　2018 各类型养殖场阳性检出情况（单位：个）

2015—2018 年监测结果表明，2015—2016 年国家级原良种场检出阳性率均为 50%，2017—2018 年国家级原良种场均未检出阳性；2015—2018 年省级原良种场阳性检出率有升高趋势，分别为 5.3%、12.5%、16.7%、41.7%；重点苗种场，2015 年阳性检出率 17.6%，2016 年阳性检出率 10.7%，2017 年阳性检出率最高 25.5%，2018 年又下降至 8.7%；2015—2018 年成鱼场阳性检出率呈先升高后降低的趋势（图 11 至图 14）。

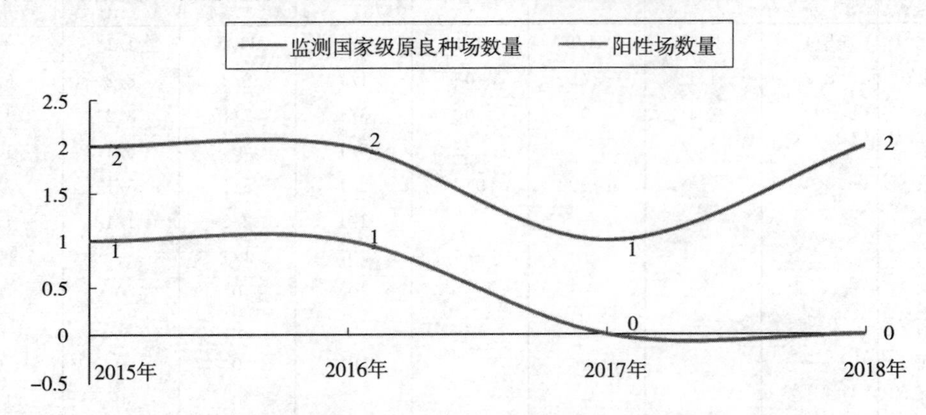

图 11　2015—2018 年监测国家级原良种场数及阳性场数（个）

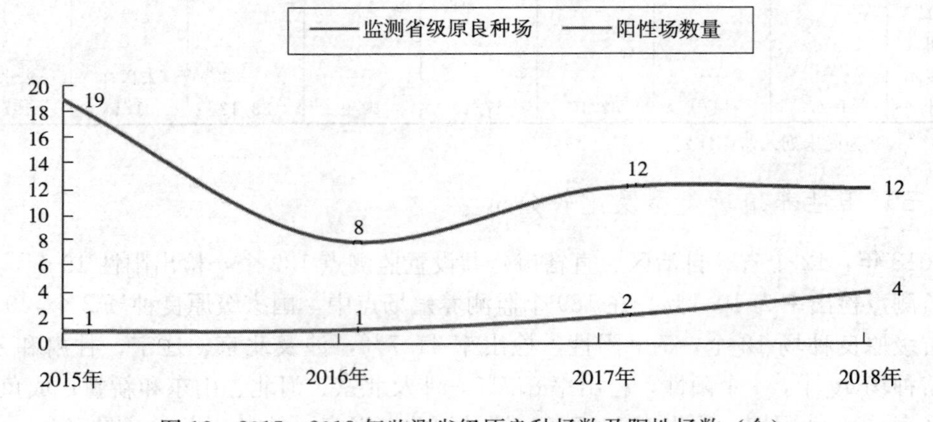

图 12　2015—2018 年监测省级原良种场数及阳性场数（个）

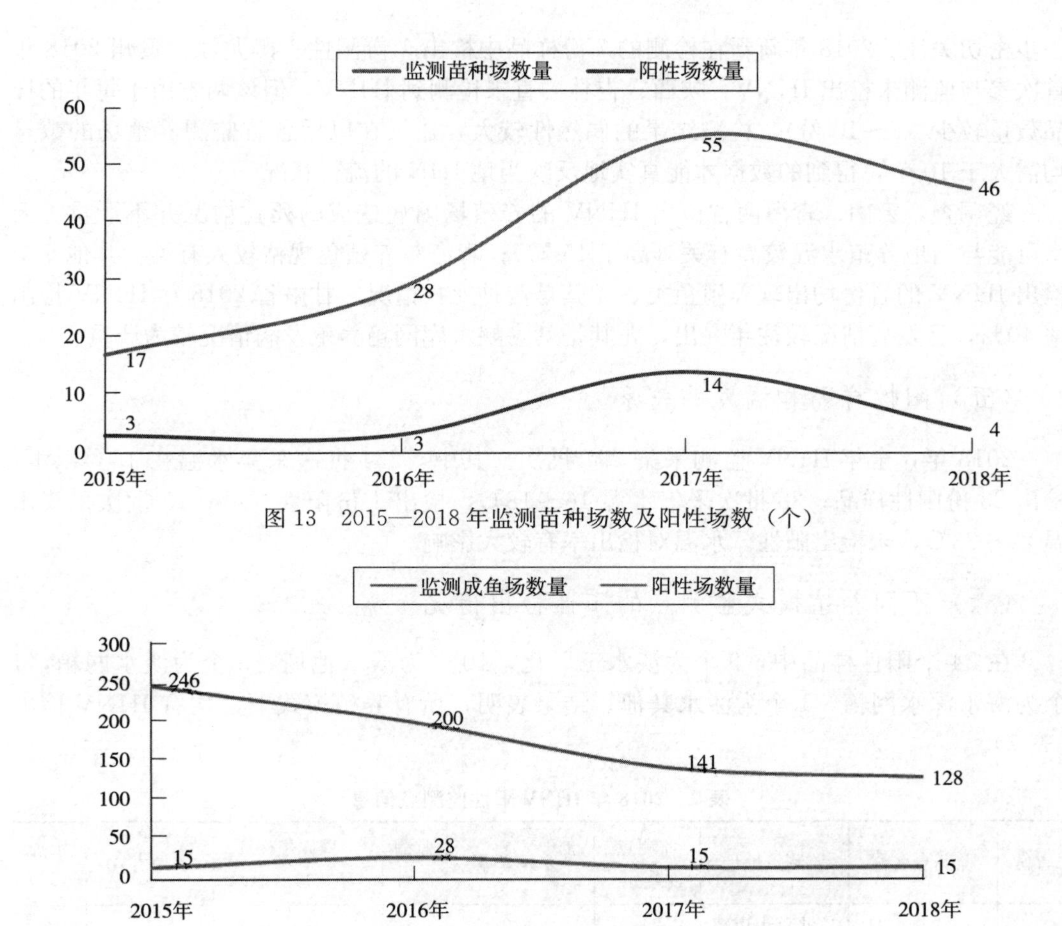

图 13　2015—2018 年监测苗种场数及阳性场数（个）

图 14　2015—2018 年监测成渔场数及阳性场数（个）

（四）检出 IHNV 阳性主要分布区域

从阳性养殖场地域分布看，IHNV 在我国各省份分布并不一致。2018 年参与监测的 12 个省（自治区、直辖市）中，阳性场分布在甘肃、新疆、云南、北京、辽宁、河北、青海、山东 8 个省（直辖市）12 县（区），涵盖 19 个养殖场。各省份养殖场阳性检出率为：甘肃 40%，新疆 25%，云南 20%，北京 22.2%，辽宁 9.5%，河北 7.3%，青海 4%，山东 3.7%（表 6）。这 8 个省（自治区、直辖市）也是我国主要的虹鳟产地。其中，北京、辽宁、山东、甘肃、河北这 5 个省份也是连续多年检出 IHNV 阳性且发病较严重的区域，显示 IHNV 已在当地定殖。甘肃和青海主要是网箱养殖，2018 年甘肃 IHNV 阳性检出率最高，这表明 IHNV 在网箱养殖中传播速率较快；2018 年青海省在化隆县检出 IHNV，据抽样单位调查，该场并未发病，但仍对鱼群进行全部销毁。云南 2017 年首次参与监测即检出 IHNV，2018 年在检测的 5 个样品中检出 1 份阳性，但据了解当地未发生大规模发病情况（可能与当地养殖水温高于 15 ℃有关），需进一步密切关注。2018 年新疆在检测的 7 份样品中检出 1 份阳性。黑龙江、贵州 2018 年首次参与监测未检出 IHNV。陕西、吉林一直未检测到 IHNV，但该两省由于每年的样品数量较少（5～10 份），检测结果的偶然性较大，建议在以后各省监测养殖场的数量均需大于 10 个，得到的数据才能真实地反映当地 IHN 的流行状况。

经调查，云南、青海两省检出 IHNV 的养殖场因病造成的死亡情况并不严重。云南可能与当地养殖水温较高有关（高于 15 ℃）；青海与养殖鱼规格较大有关，其他 6 个检出 IHNV 的省份均出现养殖鱼类、尤其是苗种死亡情况。甘肃省 2018 年 IHNV 检出率 40%，且发病情况较往年突出，尤其是刘家峡水库网箱养殖发病情况较为严重。

（五）阳性样品和温度的关系

2018 年，全年 IHNV 监测采集 297 批次。其中，254 批次采集水温在 15℃以下，检出 23 份阳性样品；28 批次采集水温 16～18℃，检出 1 份阳性样品；15 批次采集水温 22～23℃，未检出阳性。水温对检出率有较大影响。

（六）不同养殖模式监测点的阳性检出情况

在 24 个阳性样品中，9 个为淡水工厂化，10 个为淡水池塘，3 个为淡水网箱，1 个为海水深水网箱，1 个为淡水其他。结果表明，所有养殖模式下，均有 IHNV 检出（表 7）。

表 7　2018 年 IHNV 阳性监测点信息

省份	监测点名称	监测点地址	监测点类型	备案编号	监测品种	采样规格和数量（尾）	养殖方式	水温（℃）
北京	顺通养殖公司	北京市市辖区怀柔区渤海镇	省级原良种场	1101161080001	鳟	规格：18～20 厘米 数量：150	淡水工厂化	9
	邵永冬渔场	北京市市辖区怀柔区渤海镇	苗种场	1101161080003	鳟	规格：2～4 厘米 数量：150	淡水工厂化	10
河北	涿鹿县冷水鱼良种养殖场	河北省张家口市涿鹿县河东镇	苗种场	1307311070001	鳟	规格：1 厘米 数量：150	淡水工厂化	15
	涞源昌源渔场城关分场	河北省保定市涞源县涞源镇	成鱼/虾养殖场	1306301000007	鳟	规格：1 厘米 数量：150	淡水工厂化	15
	涞源昌源渔场灵丘分场	河北省保定市涞源县涞源镇	成鱼/虾养殖场	1306301000006	鳟	规格：1 厘米 数量：150	淡水工厂化	15
辽宁	本溪县草河掌镇王志东养殖场	辽宁省本溪市本溪满族自治县草河掌镇	成鱼/虾养殖场	2105211010010	鳟	规格：10 克 数量：150	淡水工厂化	7.5

（续）

省份	监测点名称	监测点地址	监测点类型	备案编号	监测品种	采样规格和数量（尾）	养殖方式	水温（℃）
辽宁	本溪艾格莫林实业有限公司	辽宁省本溪市南芬区思山岭街道办事处	省级原良种场	2105050040001	鳟	规格：30克 数量：20	淡水工厂化	8
	本溪县草河掌镇陈亮养殖场	辽宁省本溪市本溪满族自治县草河掌镇	成鱼/虾养殖场	2105211010011	鳟	规格：3～5克 数量：160	淡水工厂化	9
	本溪县草河掌镇王志国养殖场	辽宁省本溪市本溪满族自治县草河掌镇	成鱼/虾养殖场	2105211010009	鳟	规格：3～5克 数量：160	淡水工厂化	9
山东	万泽丰渔业有限公司（硬头鳟三倍体）	山东省日照市岚山区后村镇小代疃村	苗种场	3711031040003	鳟	规格：20厘米 数量：50	海水深水网箱	8
云南	丽江秀丽山川生态农业综合开发有限公司	云南省丽江市玉龙纳西族自治县塔城乡	省级原良种场	5307212070001	鳟	规格：10厘米 数量：150	淡水池塘	10
甘肃	刘家峡水库盐沟水域网箱	甘肃省临夏回族自治州永靖县岘塬镇刘家村	成鱼/虾养殖场	6229231050004	鳟	规格：10克 数量：100	淡水网箱	16
	武山县裕龙泉生态种养专业合作社	甘肃省天水市武山县龙台乡	成鱼/虾养殖场	6205242080003	鳟	规格：3克 数量：150	淡水池塘	8
	永昌县金鳟鱼繁育中心	甘肃省金昌市永昌县焦家庄乡	省级原良种场	6203212010001	鳟	规格：5厘米 数量：25	淡水池塘	8
	永昌县王忠福养殖场	甘肃省金昌市永昌县焦家庄乡	成鱼/虾养殖场	6203212010005	鳟	规格：8厘米 数量：25	淡水池塘	8
	何慧云渔场	甘肃省金昌市永昌县焦家庄乡	成鱼/虾养殖场	6203212010007	鳟	规格：8厘米 数量：26	淡水池塘	8
	何衎渔场	甘肃省金昌市永昌县焦家庄乡	成鱼/虾养殖场	6203212010004	鳟	规格：10厘米 数量：25	淡水池塘	8
青海	化隆县建明水产养殖专业合作社	青海省海东市化隆回族自治县雄先藏族乡	成鱼/虾养殖场	6302242000002	鳟	规格：550克 数量：150	淡水网箱	8

（续）

省份	监测点名称	监测点地址	监测点类型	备案编号	监测品种	采样规格和数量（尾）	养殖方式	水温（℃）
新疆	温泉县鲑鳟渔业养殖专业合作社	新疆博尔塔拉蒙古自治州温泉县哈日布呼镇	苗种场	6527231010001	鳟	规格：1.3～1.6厘米 数量：150	淡水其他	10

（七）检出阳性样品的IHNV核酸分析

2018年，对检测到的阳性样品，按照GB/T 15805.2—2017，采用RT-PCR方法扩增IHNV的G蛋白基因693bp的DNA片段，并对北京、河北、云南、辽宁、甘肃、新疆来源的25份阳性样品（编号为ZX开头）的PCR产物进行测序。将2018年（25份）测序结果采用DNAMAN软件进行一致性比对分析，结果显示，上述样品序列一致性达98.78%。

采用Mega 4.0软件，对2018年北京、河北、云南、辽宁、甘肃、新疆的25份阳性样品及国内外的15个IHNV序列进行了G蛋白基因的部分序列进化分析。结果显示，2018年检出的25个IHNV阳性样品与黑龙江水产研究所公布的3株IHNV序列亲缘关系最近，这些毒株均为基因型J。这可能与苗种流通有关，北京的1个IHNV株与河北毒株聚为一枝，另一个北京与辽宁的2个IHNV聚为一枝。说明它们之间的亲缘关系较近，推测这些养殖场之间可能存在相互引种情况。另外，国内的所有毒株与日本、韩国毒株亲缘关系较近，提示我国各地在引种时需要关注病毒跨境传播问题。

五、2018年IHNV监测风险分析

（一）我国IHNV主要流行病学因素分析

1. *易感宿主及规格* 2011—2018年的监测结果表明，IHNV易感品种主要为鳟，占总阳性检出率100%；采样规格6月龄以下，阳性检出率较高。2018年6月龄以下鱼（1～15厘米）IHNV检出率9.5%，高于6月龄以上鱼（>16厘米）IHNV检出率5.4%。

2. *水温与IHNV监测的关系* 2011—2018年，IHNV采样水温在15℃以下，阳性检出率最高。

3. *IHNV在我国的地理分布* 2011—2018年，全国先后有9个省（自治区、直辖市）监测到IHNV。云南省阳性样品检出率最高，达30%；其次是北京、山东、河北、甘肃、新疆、四川和辽宁分别为25.2%、21.4%、19.8%、18.6%、14.6%、14.3%、6.3%和2.0%；湖南、贵州、吉林、黑龙江未检出。

4. *IHNV在不同类型养殖场的分布* 2015—2018年的监测结果表明，2015—2016年国家级原良种场检出阳性率均为50%，2017—2018年国家级原良种场均未检出阳性；

2015—2018年省级原良种场阳性检出率呈上升趋势，2017年阳性检出率16.7%，2018年阳性检出率达41.7%；重点苗种场，2015年阳性检出率17.6%，2016年阳性检出率10.7%，2017年阳性检出率最高25.5%，2018年又下降至8.7%；2017—2018年成鱼场阳性检出率呈先升高后降低趋势。

（二）发病趋势分析

2018年监测结果显示，各类型养殖场共采集苗种样品241份，阳性22份，阳性率9.1%；高于成鱼的阳性率（3.6%，2/56）（表2）。且在12个省级原良种场检出5个阳性、46个苗种场中4个检出阳性，2个国家级原良种场未检出（图4），原良种和苗种监测场IHNV阳性率（14.8%，9/61），高于成鱼监测场阳性率（11.7%，15/128）。可见，原良种场、苗种场以及各类型养殖场的苗种是IHNV感染的主要对象。在目前大多省份对鲑鳟苗种的产地检疫工作还没有完全落实到位，而发病渔场的苗种繁育以及养殖环节也缺少有效控制措施的情况下，如不采取有效防控措施，近几年IHN流行的地域范围和造成的损失将不能得到有效遏制。

以往IHNV阳性检出场，主要就是流水和工厂化流水养殖模式的养殖场。网箱养殖模式下虽检出IHNV，但检出数量较少，并且没有较大规模的发病情况。但在2018年的监测中，在甘肃的淡水网箱和山东日照海水深水网箱中检出阳性。据调查，2018年甘肃和山东省网箱养殖中出现IHN发病情况，发病鱼规格主要为8～20厘米，给当地养殖户造成较大经济损失。这提示，我国IHNV已经主要由流水、工厂化养殖模式扩散到网箱养殖模式，而且到海水深水网箱。网箱中带有IHN病毒容易往天然水域扩散造成更大的危害，所以应引起高度关注，并加强苗种产地检疫以及监测工作力度，以及加快疫苗研制，避免更大范围的扩散和经济损失。

（三）现有IHNV防控措施及成效

IHN的防控重点应当放在预防，在发生疫病后想要清除病毒极其困难，只能采用一些权宜之计以降低死亡的风险，但同时会增加将病毒扩散出去的风险。对尚未发生IHN流行的地区，特别是渔场，采用对进水消毒和对鱼卵强制消毒的办法，可有效预防IHN的发生，但需要对养殖户进行危机意识的教育和预防技术的推广。而对于已经出现过IHN的渔场，通过对进水消毒和适当的隔离管理，也能在一定程度上降低死亡的风险，但对管理水平提出较高的要求。

现阶段，各地对发生IHN或检出IHNV养殖场采取的措施，主要是对鱼池采用化学药物消毒以及投喂各种药物进行治疗，但效果较差。应注意到，在我国现有技术能力下，隔离和检疫应是目前防控IHNV主要的有效方式。控制的主要手段是对苗种场的监管，今后应加强这方面的管理工作。

在预防方面，青海省渔业环境监测站在辖区内的3家虹鳟苗种场继续进行无IHN疫病苗种场建设试点，通过采取一系列管理措施确保苗种的无疫状态，并要求辖区内所有的虹鳟养殖场必须从无疫场购买苗种。通过几年努力，青海省沿黄水域网箱养殖区基本实现无疫状态，有效促进了虹鳟产业绿色健康发展。北京继续试验建立无规定疫病苗种场，取得较好的防控效果，保持场内苗种无疫状态。

全国水产技术推广总站组织开展了自家疫苗试点工作。2018 年，北京在怀柔顺通养殖中心开展 IHNV 细胞灭活疫苗的研究与试验，分别于 5 月、8 月和 10 月进行了 3 次试验。将 5～6 月龄的虹鳟注射 IHNV 细胞灭活疫苗后，在孵化车间内养殖 20～30 天后移至室外池。孵化车间内无 IHNV，而室外池带有 IHNV，进行自然感染。试验结果显示，注射疫苗组成活率显著高于未注射疫苗组。但需要注意的是，疫苗不是控制的根本途径。一方面对小鱼使用困难，同时环境污染病毒后无法全面控制，只能在低水平下养殖，所以重点还应当放在设法控制病鱼流通方面。要做到这点，从行政管理角度讲是加强检疫，从技术服务角度讲，是进行基本知识宣传，缺一不可。辽宁、黑龙江、甘肃等地也已陆续开展 IHNV 疫苗的试验工作。

全国水产技术推广总站组织相关专家到甘肃、黑龙江开展了 IHN 现场调查工作。甘肃、云南等部分省份邀请相关专家开展防控技术培训。

（四）IHNV 风险分析

1. 主要风险点识别

（1）原良种场和苗种场　原良种场和苗种场仍然是 IHNV 传播风险最高点，因为带毒的苗种会随着苗种流通，快速传播。2015—2018 年，从阳性养殖场点类型来看，国家级、省级原良种场和苗种场平均阳性检出率 16.7%，要高于成鱼养殖场 9.3%。这些场的带毒苗种随着苗种流通必然会把 IHNV 带往无病毒区域，存在极大的风险。因此，苗种带毒流通是病原扩散的最大隐患。

（2）养殖模式　我国鲑鳟养殖主要以流水和网箱养殖模式为主，往年 IHNV 阳性主要是在流水和工厂化养殖模式的养殖场里检出。在 2017—2018 年的监测中，分别在甘肃和山东日照网箱养殖中检出阳性。提示我国 IHNV 已经主要由流水、工厂化养殖模式扩散到网箱养殖模式，而且到海水深水网箱。网箱中带有 IHN 病毒容易往天然水域扩散造成更大的危害，所以应引起高度关注。

2. 风险评估　该病病原明确，对虹鳟危害极大，已经对我国虹鳟类的养殖造成了很大的危害，是制约鲑鳟养殖发展的重要因素。我国尚有部分养殖鲑鳟鱼类的地区没有被感染，需要采取严格控制、扑灭等措施，防止扩散。因此，建议继续加强对该病的监测、防控力度。

（五）风险管理建议

1. 积极落实水产苗种产地检疫，各地实施原良种场和重点苗种场登记备案制度

各地水产苗种产地检疫工作尽快落到实处，严格控制带毒苗种和亲鱼的远距离流通。

对原良种场和重点苗种场开展强制性的连续监测。同一养殖场在监测的前 2 年内，在同一年份不同时间段（中间间隔至少 1 个月）发病适温下需抽样 2 次，每次抽样应涵盖所有鱼池的鱼群；如果连续 2 年阴性，在该场不引入外来鱼情况下，从第 3

年开始每年抽样1次即可。2017年，农业农村部已经建成并开始运行水生动物疫病监测系统，连续2年以上检出阴性结果的苗种场、原良种场，可通过该系统自动生成并及时发布。

2. 无规定疫病（IHN）苗种场 把现有的各级苗种场逐步推进建设成为无规定疫病（IHN）苗种场。从水源、用具、亲鱼、卵等环节控制IHN，提供健康无疫病苗种；加大养殖技术人员培训力度，提高养殖技术人员素质。全国水产技术推广总站已经组织北京市水产技术推广站、青海省水产技术推广站摸索形成防控IHNV的技术措施。目前，已在北京和青海试点无特定疫病（IHN）苗种场，并取得显著成效。

3. 加强防控的示范、推广、培训工作 需要对养殖户进行危机意识的教育和预防技术的推广。培训和教育非常重要，不能跟养殖户形成猫和老鼠的关系，那样防不胜防。

4. 继续加强监测工作力度 积累防控经验，加强推广应用；尤其加强对网箱养殖模式发病情况的监控力度。

5. 继续推进IHV疫苗研究及应用工作

6. 建设无规定水生动物疫病区 在有条件的地区，如青海沿黄网箱养殖区探索建设无规定水生动物疫病区。

六、监测工作存在的问题及相关建议

（一）个别地区抽样需进一步规范

1. 个别省份未按规定抽样 2017—2018年，新疆生产建设兵团都未按规定数量完成抽样任务。特别注意，在2018年检测中，新疆地区已经检出1个阳性。因此，应引起新疆有关部门的注意，提早组织实施并按规定完成监测计划。

2. 部分省份抽样规格、水温不规范 部分省份抽样规格较大（青海、山东等）、抽样水温较高（山东）。这些因素是影响检出效果的关键因素，建议有关省份和单位严格按照采样和检测要求开展相关工作。

需要继续加大对国家级、省级原良种场，苗种场的抽样监测力度。尤其对曾出现过阳性的国家级、省级原良种场加强监测，再三核实。

3. 抽样要具代表性 为提高抽样代表性，抽样单位抽样时应调查每个养殖场有多少个鱼池？各鱼池如何排布？鱼苗什么时候从孵化车间或苗种池进入养殖池？取样是在孵化车间或者是在什么类型的鱼池中？各个鱼池间的水是如何流动的？通过上述调查分析，该养殖场IHNV是否存在散在分布的可能性。如果1个监测点中的每个鱼池都是独立的，就要求至少抽取3个池子里的鱼，优先选取鱼龄小的鱼池，必要时（如鱼池很多时）可取300尾，每个池子里不少于50尾；如果不是独立的，有流水串通，则优先取鱼龄最小的鱼，或取最下方鱼池中的鱼。

在往年监测中发现的阳性点，也必须坚持连续多年抽样。转为阴性的渔场也需要连续抽样确认并分析转为阴性的原因，为防控提供科学依据。

（二）在 2018 年的监测中，网箱养殖中检出 IHNV

IHNV 已经由流水、工厂化养殖扩散到个别地区的网箱养殖模式中，应引起高度关注。建议加强对网箱养殖模式的监测以及苗种产地检疫工作，避免疫情扩大，造成更大的损失。

（三）对部分检测结果出现异常的地区，需要分析原因并组织实验室现场开展流行病学调查研究

近 2 年来，辽宁、山东等地监测数据波动较大。建议抽样单位与检测实验室协调，共同分析检测结果出现异常的原因，查找问题来源；必要时，由全国水产技术推广总站组织 1～2 家实验室到现场抽样予以确认。

2018年病毒性神经坏死病状况分析

福建省淡水水产研究所

（樊海平　吴　斌　李苗苗）

一、前言

病毒性神经坏死病（viral nervous necrosis，VNN）又称病毒性脑病和视网膜病（viral encephalopathy and retinopathy，VER），是世界范围内的一种鱼类流行性传染病，为OIE规定疫病。我国将其列为二类疫病，主要危害鳗鲡目、鳕形目、鲈形目、鲽形目和鲀形目等5个目、17个科的40多种鱼类。常见海水养殖经济鱼类如石斑鱼、鲈、牙鲆、大菱鲆、鳕、鲷、鲳鲹、鲻、欧洲鳎、石首鱼、东方鲀等均有感染发病病例；另外，淡水养殖鱼类如欧洲鳗鲡、鲇等也有发病的记录。该病流行广泛，除非洲地区外，全世界其他地区均有感染发病的报道。石斑鱼养殖过程中该病是最常见、危害最大的传染病，对仔鱼和幼鱼危害很大，严重者在1周内死亡率可达100%。此外，该病对成鱼也有很高的致死率。

鱼类病毒性神经坏死病的病原为鱼类神经坏死病毒（nervous necrosis virus，NNV），是一种RNA病毒，病毒粒子呈二十面体，无囊膜，晶格状排列在细胞质中，大小为25～30nm。根据Nishizawa等提出的分类方法，现有的鱼类神经坏死病毒分为4种血清型或基因型，根据25种病毒外壳蛋白基因部分核苷酸序列（427nt）的分析，这些病毒可分为红鳍东方鲀神经坏死病毒（tiger puffer NNV，TPNNV）、黄带拟鲹神经坏死病毒（striped jack NNK，SJNNV）、条斑星鲽神经坏死病毒（barfin flouder NNV，BFNNV）和赤点石斑鱼神经坏死病毒（red-spotted grouper NNV，RGNNV）。不同血清型的鱼类NNV对寄主的选择性并不十分严格，即一种血清型的NNV可以感染多种鱼类，同一种寄主也可能被不同血清型的NNV病毒感染。当前所有从石斑鱼分离到的NNV，均属于RGNNV血清型（表1）。

表1　鱼类神经坏死病毒基因型

基因型	主要目标宿主	优化的生长温度（℃）
SJNNV	黄带拟鲹	20～25
TPNNV	红鳍东方鲀	20
BFNNV	大西洋大比目鱼、大西洋鳕等冷水鱼类	15～20
RGNNV	亚洲海鲈、欧洲海鲈、石斑鱼等温水鱼类	25～30

我国石斑鱼养殖主产区为海南、广东、福建和广西，浙江、山东、天津等省份也有少量养殖。养殖品种主要有斜带石斑鱼、青石斑鱼、鞍带石斑鱼、棕点石斑鱼、赤点石斑鱼，以及杂交品种（品系）珍珠龙胆石斑鱼、云龙石斑鱼等。苗种主要来源为海南、福建，海南主要以池塘育苗为主，福建以室内工厂化育苗为主。成鱼养殖模式呈现出多元化的特点，除了传统网箱养殖、池塘养殖模式外，工厂化养殖模式规模不断扩大，而且，工厂化养殖模式使石斑鱼成功实现了“南鱼北养”。因此，在山东、天津等北方省市石斑鱼养殖也在不断兴起。2017 年，全国海水养殖石斑鱼产量为 131 536 吨，其中，广东省海水养殖石斑鱼产量为 54 873 吨，约占 41.72%；海南省 43 971 吨、福建省29 061吨、广西壮族自治区 2 851 吨，分别占 33.43%、22.09%和 2.17%。

我国 2008 年 12 月发布的《一、二、三类动物疫病病种名录》，将鱼类神经坏死病列为二类水生动物疫病。鉴于该病流行广泛、危害严重，尤其是对我国日益兴起的石斑鱼养殖业造成了巨大的经济损失，且目前尚无良好的控制方法等原因，2016 年，农业农村部将该病列入国家疫病监测范围，明确了采样省份、采样数量、检测单位和数量、样品运输保存方法、检测方法等要求。各承担单位按照监测实施方案的要求，认真组织实施，较好地完成了年度监测任务。

二、2018 年海水鱼病毒性神经坏死病全国监测情况

1. 概况　2018 年，海水鱼病毒性神经坏死病监测省份为天津、河北、福建、山东、广东、广西和海南 7 个，涉及 42 个县、55 个乡（镇），共设 141 个监测点（场），计划采集样品 265 份，实际采集样品 272 份（表 2）。

表 2　2018 年 VNN 专项监测基本情况

省份	内容	2018 年
天津	国家监测计划样品数	20
	实际采集样品数/阳性样品数	22/1
	监测养殖场数/阳性场数	15/1
	阳性场分布县域数	1
	阳性场分布乡镇数	1
河北	国家监测计划样品数	30
	实际采集样品数/阳性样品数	30/4
	监测养殖场数/阳性场数	26/4
	阳性场分布县域数	2
	阳性场分布乡镇数	3

（续）

省份	内容	2018年
福建	国家监测计划样品数	100
	实际采集样品数/阳性样品数	102/49
	监测养殖场数/阳性场数	21/13
	阳性场分布县域数	6
	阳性场分布乡镇数	9
山东	国家监测计划样品数	30
	实际采集样品数/阳性样品数	31/0
	监测养殖场数/阳性场数	22/0
	阳性场分布县域数	0
	阳性场分布乡镇数	0
广东	国家监测计划样品数	40
	实际采集样品数/阳性样品数	40/18
	监测养殖场数/阳性场数	16/9
	阳性场分布县域数	5
	阳性场分布乡镇数	6
广西	国家监测计划样品数	15
	实际采集样品数/阳性样品数	15/0
	监测养殖场数/阳性场数	15/0
	阳性场分布县域数	0
	阳性场分布乡镇数	0
海南	国家监测计划样品数	30
	实际采集样品数/阳性样品数	32/7
	监测养殖场数/阳性场数	26/7
	阳性场分布县域数	3
	阳性场分布乡镇数	3

2. 监测点设置　2018年，VNN监测共设置141个监测点（场）。其中，国家级良种场6个（阳性场0个），省级良种场10个（阳性场3个），苗种场50个（阳性场14个），成鱼养殖场75个（阳性场17个）。按养殖模式划分，包括池塘养殖场40个（阳性场17个），工厂化养殖场78个（阳性场16个），海水普通网箱18个（阳性场1个），海水深水网箱养殖3个（阳性场0个）。其中，广西富群海水种苗繁殖有限公司，既有卵形鲳鲹的海水池塘养殖，又有卵形鲳鲹工厂化养殖（表3，图1、图2）。

表 3　2018 年 VNN 监测各省份不同养殖模式监测点数量及阳性监测点数

省份	不同养殖模式监测点/阳性监测点数	2018 年
天津	池塘/阳性监测点数	0/0
	工厂化/阳性监测点数	14/1
	网箱/阳性监测点数	0/0
	其他/阳性监测点数	0/0
河北	池塘/阳性监测点数	0/0
	工厂化/阳性监测点数	26/4
	网箱/阳性监测点数	0/0
	其他/阳性监测点数	0/0
福建	池塘/阳性监测点数	2/2
	工厂化/阳性监测点数	12/11
	网箱/阳性监测点数	7/0
	其他/阳性监测点数	0/0
山东	池塘/阳性监测点数	0/0
	工厂化/阳性监测点数	21/0
	网箱/阳性监测点数	0/0
	其他/阳性监测点数	0/0
广东	池塘/阳性监测点数	14/8
	工厂化/阳性监测点数	0/0
	网箱/阳性监测点数	2/1
	其他/阳性监测点数	0/0
广西	池塘/阳性监测点数	2/0
	工厂化/阳性监测点数	1/0
	网箱/阳性监测点数	12/0
	其他/阳性监测点数	0/0
海南	池塘/阳性监测点数	22/7
	工厂化/阳性监测点数	4/0
	网箱/阳性监测点数	0/0
	其他/阳性监测点数	0/0

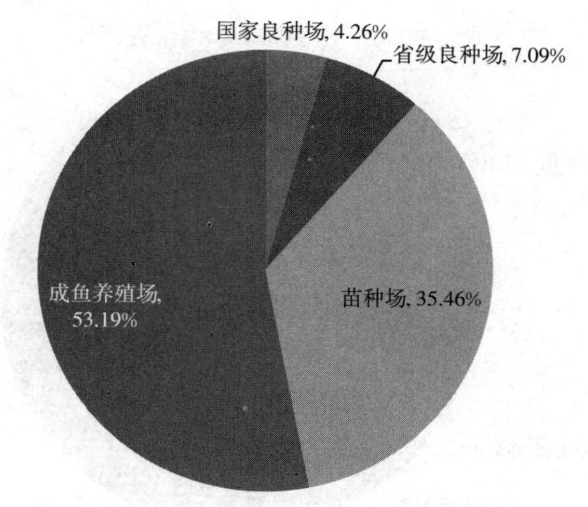

图 1　2018 年 VNN 监测不同类型监测点占比情况

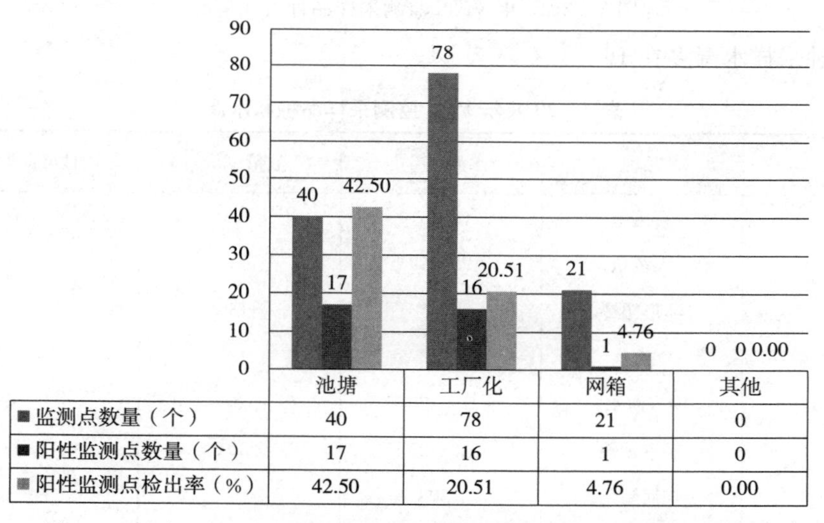

	池塘	工厂化	网箱	其他
■ 监测点数量（个）	40	78	21	0
■ 阳性监测点数量（个）	17	16	1	0
■ 阳性监测点检出率（%）	42.50	20.51	4.76	0.00

图 2　2018 年 VNN 监测不同养殖模式监测点数量及阳性监测点检出率

3. *采样品种和水温*　2018 年，VNN 监测采样品种有 10 种，以石斑鱼为主，还包括鲈（海水）、鲆、大黄鱼、河鲀、石斑鱼、鲽、鲷、鲻、半滑舌鳎、卵形鲳鲹。一共采集样品共计 272 份，其中，石斑鱼样品有 156 份，占全部样品的 57.35%；其他采样品种有大黄鱼 15 份、卵形鲳鲹 13 份、鲆 43 份、鲈（海水）3 份、半滑舌鳎 30 份、河鲀 5 份、鲷 4 份、鲽 1 份和鲻 2 份（图 3）。

检出阳性的品种有 4 种，分别为石斑鱼、鲆、大黄鱼、河鲀。石斑鱼阳性样品数 74 份，阳性率 47.4%，占总样品数的阳性率 93.7%；鲆阳性样品数 3 份，阳性率 7.0%，占总样品数的阳性率 3.8%；河鲀阳性样品数 1 份，阳性率 20.0%，占总样品数的阳性率 1.3%；大黄鱼阳性样品数 1 份，阳性率 6.7%，占总样品数的阳性率 3.8%。

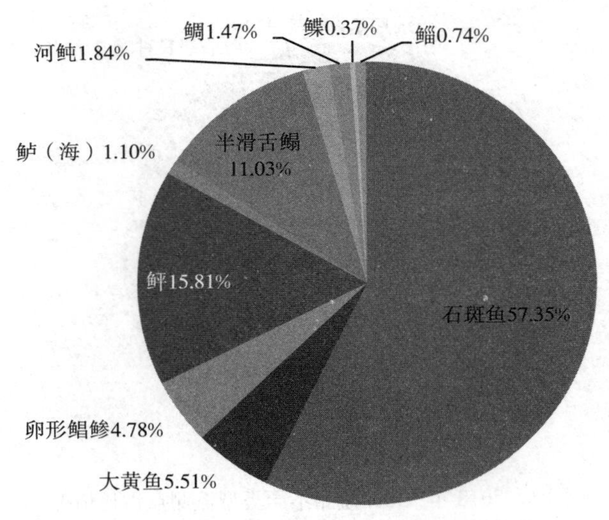

图 3　2018 年 VNN 监测采样品种占比情况

各品种采样水温多在 16～30℃（表 4）。

表 4　2018 年 VNN 监测采样品种和水温

序号	品种	水温（℃）	数量（份）	阳性样品数量（份）
1	石斑鱼	18～31	156	74
2	大黄鱼	25～29	15	1
3	卵形鲳鲹	29～30	13	0
4	鲆	16～29.5	43	3
5	鲈（海水）	16～20	3	0
6	半滑舌鳎	16～25	30	0
7	河鲀	20	5	1
8	鲷	18～22	4	0
9	鲽	18	1	0
10	鲻	18	2	0
合计			272	79

4. 采样规格　2018 年，272 份 VNN 监测样品中，绝大多数以体长作为规格指标，部分样品以体重作为指标，为了便于计算，所有样品均以体长作为指标（将体重为指标的样品进行体长估算）。2018 年，VNN 监测样品规格主要在 5 厘米以下，共计 145 份样品，占样品总数的 53.30%；其次为 5～10 厘米，共计 88 份样品，占样品总数的 32.35%；10～15 厘米样品有 25 份，占 9.19%；15 厘米以上的样品有 14 份，占 5.15%（图 4）。

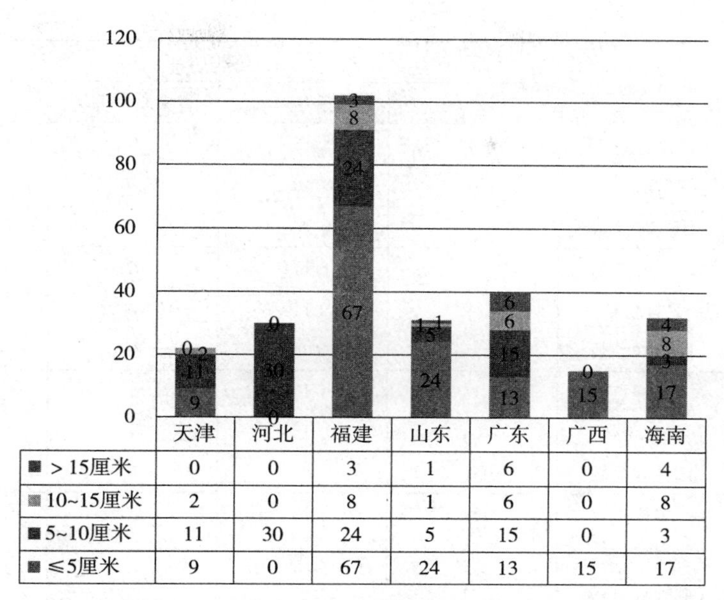

图 4　2018 年各省份 VNN 监测采样规格分布

5. 不同类型监测点的监测情况　2018 年，VNN 监测点包括国家级原良种场监测点 6 个，采集样品 19 个，阳性样品 0 份；省级良种场监测点 10 个，采集样品 50 份，阳性样品 22 份；苗种场监测点 50 个，采集样品 92 份，阳性样品 31 份；成鱼养殖场监测点 75 个，采集样品 111 份，阳性样品 26 份（表 5，图 5）。

表 5　2018 年不同类型监测点 VNN 监测情况

省份	指标	2018 年			
		苗种场	成鱼养殖场	省级原良种场	国家级原良种场
天津	采样点	5	10	0	0
	采样份数	8	14	0	0
	阳性样品数	0	1	0	0
河北	采样点	8	15	3	0
	采样份数	9	16	5	0
	阳性样品数	1	3	0	0
福建	采样点	9	8	3	1
	采样份数	46	9	40	7
	阳性样品数	25	2	22	0
山东	采样点	10	5	3	4
	采样份数	11	6	4	10
	阳性样品数	0	0	0	0

（续）

省份	指标	2018 年			
		苗种场	成鱼养殖场	省级原良种场	国家级原良种场
广东	采样点	0	16	0	0
	采样份数	0	40	0	2
	阳性样品数	0	18	0	2
广西	采样点	4	11	0	0
	采样份数	4	11	0	0
	阳性样品数	0	0	0	0
海南	采样点	14	10	1	1
	采样份数	14	15	1	2
	阳性样品数	5	2	0	0
合计	采样点	50	75	10	6
	采样份数	92	111	50	19
	阳性样品数	31	26	22	0

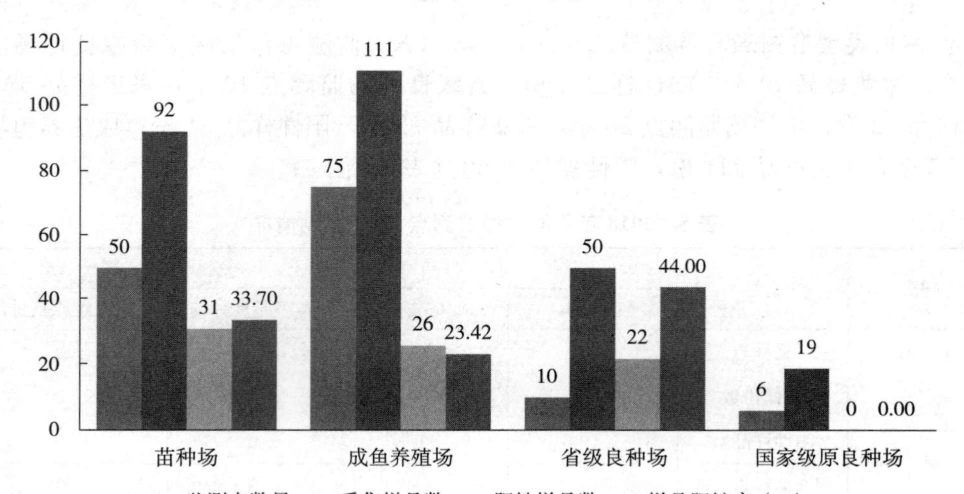

图 5　不同类型监测点 VNN 阳性样品检出情况

6. 阳性样品分析　2018 年，共检测到 VNN 阳性样品 79 份，包括石斑鱼样品 74 份，大黄鱼样品 1 份，鲆样品 3 份，河鲀样品 1 份。阳性样品采集水温在 20～30℃，规格为 1～15 厘米（表 6，图 6）。

表 6　2018 年 VNN 监测阳性样品信息

省份（市）	样品采集数	样品阳性数	阳性样品品种	阳性样品养殖方式	阳性样品采集水温（℃）	阳性样品规格（厘米）
天津	22	1	大黄鱼	海水工厂化	25	3

（续）

省份（市）	样品采集数	样品阳性数	阳性样品品种	阳性样品养殖方式	阳性样品采集水温（℃）	阳性样品规格（厘米）
河北	30	4	鲆、河鲀	海水工厂化	20	10
福建	102	49	石斑鱼	海水池塘、海水工厂化	24～30	1～15
山东	31	0	—	—	—	—
广东	40	18	石斑鱼	海水池塘	25～28	5～10
广西	15	0	—	—	—	—
海南	32	7	石斑鱼	海水池塘	28～30	2～15
合计	272	79	大黄鱼、鲆河鲀、石斑鱼	—	20～30	1～15

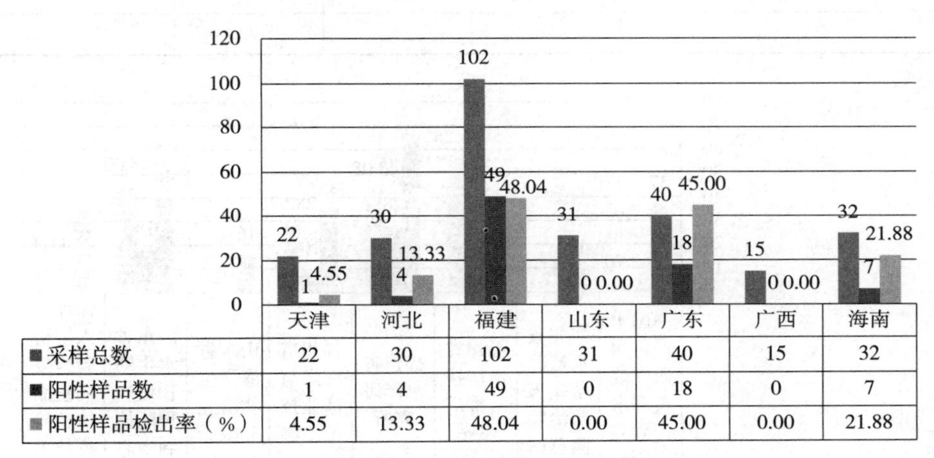

图 6　2018 年 VNN 监测样品检测情况

7. VNN 检测单位　2018 年，VNN 检测单位共 8 家，承担检测样品数量分别为：中国水产科学研究院黄海水产研究所 37 份，检出阳性样品 1 份；河北省水产养殖病害防治监测总站 10 份，无阳性样品检出；福建省水产技术推广总站 32 份，检出阳性样品 18 份；福建省水产研究所 65 份，检出阳性样品 28 份；福州市海洋与渔业技术中心 35 份，检出阳性样品 10 份；山东省海洋生物研究院 16 份，无阳性样品检出；广东省水生动物疫病预防控制中心 40 份，检出阳性样品 18 份；深圳出入境检验检疫局食品检验检疫技术中心 35 份，检出阳性样品 4 份（表 7，图 7）。

表 7　2018 年各检测单位 VNN 检测情况

检测单位名称	样品来源（省份）	承担检测样品数	检测到阳性样品数	采用的检测方法
中国水产科学研究院黄海水产研究所	天津	22	1	SC/T 7216—2012
	山东	15	0	

（续）

检测单位名称	样品来源（省份）	承担检测样品数	检测到阳性样品数	采用的检测方法
河北省水产养殖病害防治监测总站	河北	10	0	SC/T 7216—2012
福建省水产技术推广总站	福建	32	18	SC/T 7216—2012
福建省水产研究所	福建	35	21	SC/T 7216—2012
	海南	32	7	
福州市海洋与渔业技术中心	福建	35	10	SC/T 7216—2012
山东省海洋生物研究院	山东	16	0	SC/T 7216—2012
广东省水生动物疫病预防控制中心	广东	40	18	SC/T 7216—2012
深圳出入境检验检疫局食品检验检疫技术中心	河北	20	4	SC/T 7216—2012
	广西	15	0	
合计	—	272	79	—

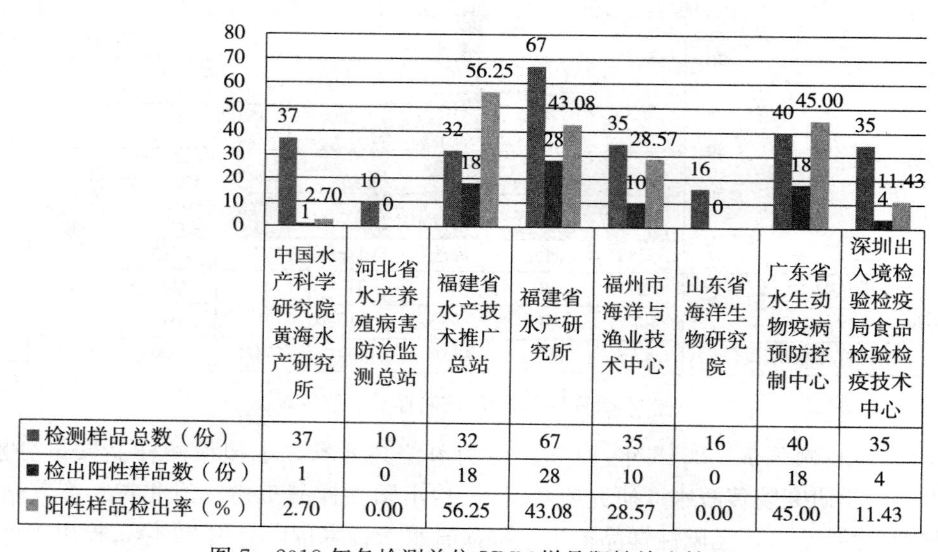

图 7　2018 年各检测单位 VNN 样品阳性检出情况

三、2018 年 VNN 检测结果分析

1. 总体阳性检出情况　2018 年，VNN 监测采集样品 272 份，检出阳性样品 79 份，样品阳性率为 29.00%；共设 141 个监测点（场），有 34 个监测点检出 VNN 阳性，监测点阳性率为 24.11%。与 2016 年、2017 年相比，样品阳性率和监测点阳性率都有所增加（图 8）。

2. 易感宿主品种分析　2018 年，VNN 监测采集样品包括石斑鱼、大黄鱼、卵形鲳鲹、鲆、鲈（海水）、半滑舌鳎、河鲀、鲷、鲽和鲻等 10 种鱼类。检测出的 79 份阳性样品中，有石斑鱼样品 74 份、大黄鱼样品 1 份、鲆 3 份、河鲀 1 份，其他品种样品

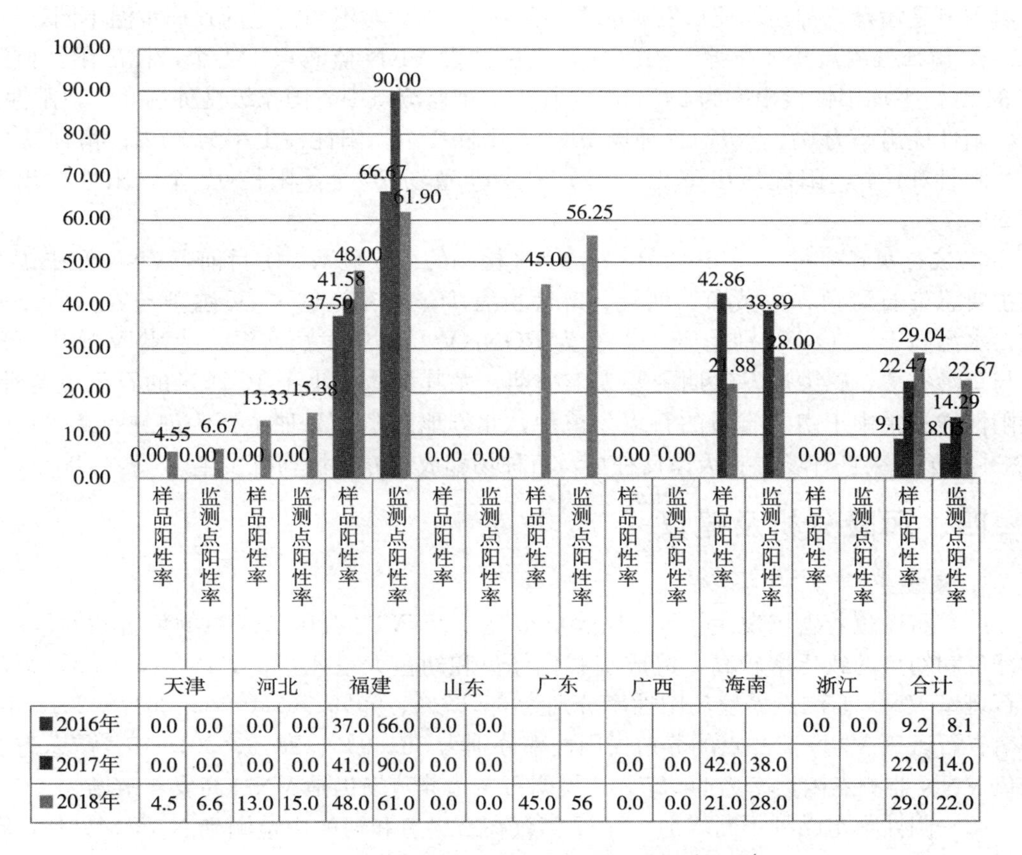

	天津		河北		福建		山东		广东		广西		海南		浙江		合计	
	样品阳性率	监测点阳性率	样品阳性率	监测点阳性率	样品阳性率	监测点阳性率	样品阳性率	监测点阳性率	样品阳性率	监测点阳性率	样品阳性率	监测点阳性率	样品阳性率	监测点阳性率	样品阳性率	监测点阳性率	样品阳性率	监测点阳性率
■2016年	0.0	0.0	0.0	0.0	37.0	66.0	0.0	0.0							0.0	0.0	9.2	8.1
■2017年	0.0	0.0	0.0	0.0	41.0	90.0	0.0	0.0			0.0	0.0	42.0	38.0			22.0	14.0
■2018年	4.5	6.6	13.0	15.0	48.0	61.0	0.0	0.0	45.0	56	0.0	0.0	21.0	28.0			29.0	22.0

图8 2016—2018年VNN监测阳性检出率（%）

未检出NNV，与2016年、2017年相比，NNV阳性品种增加了大黄鱼、鲆等鱼类品种。

3. *易感宿主规格分析* 2018年，天津市VNN阳性样品规格为3厘米左右，河北省VNN阳性样品规格为10厘米左右，福建省VNN阳性样品规格为1～15厘米，广东省VNN阳性样品规格为5～10厘米，海南省VNN阳性样品规格为2～15厘米。检测结果说明，NNV仍主要感染各种海水鱼类苗种，这与2016年、2017年的VNN监测情况相一致。

4. *阳性样品的养殖水温分析* 2018年，VNN监测阳性样品采样水温在25～30℃，不同阳性品种之间采样水温略有不同。天津市大黄鱼阳性样品采集时间为6月5日，水温25℃；河北省河鲀、鲆阳性样品采集时间为5月30日，水温20℃；福建省石斑鱼阳性样品采集时间为5月23日至10月17日，水温25～30℃；广东省石斑鱼阳性样品采集时间为5月21日至7月20日，水温25～28℃；海南省石斑鱼阳性样品采集时间为8月23日至10月24日，水温28～30℃。2016年，检出阳性样品石斑鱼的养殖水温均为29～32℃，低于25℃未检出阳性；检出阳性样品河鲀的养殖水温为24℃。2017年，石斑鱼阳性样品养殖采样水温高于28℃。综合2016—2018年的采样检测结果表明，夏秋高温季节是病毒性神经坏死病发病的重要条件，NNV 对不同宿主的致病水温不同。

5. 阳性监测点情况分析　2018 年，全国共设 VNN 监测点 141 个，检出阳性监测点 34 个，平均阳性检出率为 24.11%。在 141 个监测点中，国家级良种场 6 个，阳性 0 个，阳性检出率为 0；省级原良种场 10 个，阳性 3 个，阳性检出率为 30%；苗种场 50 个，阳性 14 个，阳性检出率为 28%；成鱼养殖场 75 个，阳性 17 个，阳性检出率为 22.67%。

6. 流行规律分析　2016—2018 年 VNN 检测的结果显示：①目前，VNN 在中国大陆主要感染石斑鱼，大黄鱼、河鲀、鲆等也有少量感染；②NNV 感染与养殖水温有关，水温高于 20℃，特别是 28～30℃为 RGNNV 易感染发病水温；③NNV 感染石斑鱼与鱼龄有关，感染病发时期主要为苗种期，尤其是体长小于 10 厘米的石斑鱼苗种；④阳性样品集中于南方省份的石斑鱼苗种，北方地区阳性品种主要为河鲀、鲆等；⑤VNN 在国家级良种场、省级原良种场、苗种场和成鱼养殖场均有发生。

四、风险分析及建议

1. 风险分析

(1) 石斑鱼养殖场发生 VNN 风险仍很高　NNV 对石斑鱼成鱼的危害相对较小，对仔鱼和幼鱼的致死率较高，造成刚孵化仔鱼和幼鱼大量死亡。2016—2018 年，福建省石斑鱼 VNN 监测点养殖场阳性率分别为 66.67%、90%、61.90%；2017—2018 年，海南省石斑鱼 VNN 监测点的养殖场阳性率分别为 38.89%、28%；2018 年，广东省石斑鱼 VNN 监测点阳性率为 56.25%，说明石斑鱼养殖场仍是 VNN 高发养殖场。

(2) 阳性宿主品种不断增加　2017 年仅在石斑鱼和河鲀中检测到 NNV，另外，在桡足类等饵料生物中也检测到 NNV；而 2018 年在石斑鱼、大黄鱼、鲆和河鲀均检测到 NNV，另外部分检测报道，海水鲈检测 NNV 阳性率较高，说明 NNV 在我国感染宿主不断增加，大大增加了该病原在我国的流行风险。

(3) VNN 仍不能有效管控　目前，各石斑鱼养殖场均意识到苗种期 VNN 的危害严重性，采取卵消毒（可用碘制剂或苯扎溴氨等消毒剂）、养殖用水消毒（可用强氯精等）、抗病毒中草药、微生态制剂调水、免疫增强剂和复合维生素增强苗种免疫力等措施，来提高石斑鱼在 VNN 病发后的成活率。现场调查发现，这些措施具有一定的效果，但是，仍不能完全阻断 VNN 的传播，几乎所有石斑鱼苗种场在易发季节均将暴发神经坏死病。

2. 风险管控建议

(1) 加强 VNN 免疫制剂的研发与应用　免疫防控是 NNV 防控的必然途径。2017 年国内部分单位已开展免疫制剂研制和实践，福建省水产研究所合成了神经坏死病毒（NNV）病毒样颗粒（VLP），筛选和制备了 CpG 寡核苷酸基序佐剂，以口服和浸泡 NNV VLP 疫苗，苗种培育成活率能达到 48.72%，所培育的苗种未检出 NNV，推进了 VNN 免疫防控进程。

(2) 综合治理 VNN 的传播　VNN 存在水平传播和垂直传播两种途径，特别是养殖苗种和繁育用受精卵贸易是NNV跨区域扩散的最重要原因，必须采取综合措施，避免NNV的传播。一是要开展亲本NNV检测，利用无病原携带亲本进行繁殖，阻隔垂直传播；二是建立种苗检疫体系，加强阳性苗种的流动，管控病原扩撒区域；三是深入开展VNN的日常监测，把握NNV的流行趋势；四是对生物饵料、粪病、养殖水体、生产工具采取有效的安保措施，避免病原引进和水平传播；五是规范VNN阳性养殖场的病原消灭、水体消毒、增强鱼体体质、病死鱼无害化处理等综合管控方法，避免VNN暴发，降低发病损失。

五、监测工作存在的问题及相关建议

1. *监测范围* NNV主要危害石斑鱼苗种阶段，石斑鱼为温水性鱼类，苗种培育和养成主要为南方地区，北方主要为工厂化成鱼养殖，因此，苗种阶段监测应为重点。2018年，VNN阳性样品除石斑鱼外，还增加了大黄鱼、河鲀和鲆等鱼类，因此，对石斑鱼外的其他品种VNN易感宿主进行监测，对于全面了解该病毒的分布区域、流行和危害状况具有重要意义。

2. *监测点设置* 2016—2018年的监测结果显示，苗种场NNV检测阳性率高，有必要针对亲鱼和卵开展VNN监测，了解垂直传播的情况。目前设置的监测点中未设置亲鱼养殖场，也未针对亲鱼进行采样和检测VNN携带情况。因此，有必要将具有亲鱼培养的苗种繁育场作为监测点，跟踪亲鱼带毒和苗种带毒情况。另外，对实施卵消毒、水体调控、免疫等实践的苗种场进行跟踪监测，了解防控措施的效果，将为防控技术的总结推广提供基础。

3. *样品采集* 从各省份提供的监测数据来看，部分省份未能严格按照要求填报各项监测数据或数据填报不完整，如采样水温、pH和样品规格等。建议在以后的VNN监测工作中，各填报单位能及时、完整地填报数据，以免造成数据漏报或数据不完整，从而影响风险分析与评估。

4. *病原分离及分析* 鉴于目前的检测条件，2016—2018年仅采用RT-PCR方法检测病原，监测结果仅能分析病原的流行状况和分布情况。在现有RT-PCR方法的基础上，积极开展NNV毒株分离和鉴定，分析毒株的基因、毒力等特性，将对NNV病原深入研究以及防控产品的研发具有极其重要的意义。

2018年鲤浮肿病状况分析

北京市水产技术推广站

（徐立蒲　王小亮　张　文）

一、概况

鲤浮肿病（carp edema virus disease，CEVD），或称锦鲤昏睡病（koi sleepy disease，KSD），是由一种痘病毒感染鲤、锦鲤引起的高度传染性流行病。患病鱼出现烂鳃、凹眼、昏睡等症状并急性死亡，可造成严重的经济损失。我国在2016年首次报道发生CEVD，现已经扩散到我国约一半的省份，该病属于新发疫病。该病病原为鲤浮肿病毒（carp edema virus，CEV），隶属于痘病毒科（Poxviridae），其基因是一种线性双链DNA（dsDNA）。

1974年，日本新潟县首次在锦鲤中发现CEV，之后在广岛市、琦玉县等地区均有发病报道。由于该病很长一段时间以来只在日本流行，因此各国对CEVD重视不够，疫情的报道很少。但近年来报道的病例迅速增加，已经有美国、捷克、澳大利亚、英国、法国、德国、意大利、波兰、瑞士、印度、巴西、韩国先后报道。荷兰从已经归档2004年的样品中检出CEV，推测CEVD在上述地区早有发生，但当时由于各种原因而未得到有效确认。

该病对我国主要养殖鱼类（鲤、锦鲤）已经造成极大威胁。同时，病原一旦传入新的地区或水域，很容易在水域内的野生和养殖鱼类中传播扩散，对当地生态环境造成严重危害。鲤是全球养殖最广泛的鱼类，也是水产养殖中最具经济价值的品种之一。2017年，我国鲤养殖产量300万吨，占淡水鱼类养殖总产量的10.3%。锦鲤是鲤的变种，在欧洲、日本以及我国同样具有重要的市场价值。因此，必须为保护相关产业采取有效的管理措施。鉴于CEVD的严重危害性，2018年，由农业农村部下文（农业农村部办公厅关于增加2018年国家水生动物疫病监测任务的通知（农办渔［2018］75号），正式将CEVD列为疫病监测对象。2018年，各项目承担单位基本能够按照农业农村部要求，认真组织实施CEVD的监测工作。

二、监测抽样及检测情况

1. 监测计划完成情况　2018年，国家计划CEV监测任务样品数815份，实际完成数902份（表1）。各省份计划抽样数量以及实际完成抽样情况见表1。其中，天津、广东、宁夏、浙江、安徽等省份超额完成抽样任务，其他各省均按规定完成抽样任务数量。

表 1　各省份 CEV 监测任务及完成情况

省份	任务数量	检测样品总数	检测养殖场总数	阳性养殖场总数量	阳性养殖场点检出率（%）
北京	45	48	31	6	19.4
天津	40	71	30	4	13.3
河北	60	60	54	2	3.7
内蒙古	30	30	29	7	24.1
辽宁	50	53	53	35	66
黑龙江	20	20	20	8	40
上海	10	10	5	1	20
江苏	70	70	41	2	4.9
山东	55	55	50	14	28
河南	65	65	58	15	25.9
湖南	70	70	70	4	5.7
广东	55	70	12	4	33.3
陕西	15	15	15	2	13.3
宁夏	10	20	10	2	20
浙江	20	32	29	0	0
安徽	60	71	48	0	0
江西	15	15	12	0	0
广西	40	40	36	0	0
重庆	25	25	8	0	0
四川	30	32	22	0	0
甘肃	20	20	17	0	0
新疆	5	5	4	0	0
新疆兵团	5	5	5	0	0
合计	815	902	659	106	16.1

2. 抽样代表性情况

（1）抽样地区　2018 年，CEV 监测的范围覆盖全国 23 个省（自治区、直辖市、新疆兵团）、221 个县（区）、378 个乡（镇）的 659 个养殖场，监测的范围包括了鲤、锦鲤的主要产地。不同省份的监测点和抽样情况见表 2。

（2）不同类型养殖场抽样情况　CEV 抽样监测的养殖场类型包括国家级、省级原良种场和苗种场，也包括成鱼养殖场和观赏鱼养殖场。其中，国家级、省级原良种场和苗种场的抽样总数依次为 7、42、127 个，占全部抽样养殖场的百分率为 26.7%；观赏鱼养殖场抽样监测 142 个，占全部抽样养殖场的百分率为 21.5%；成鱼场抽样监测 341 个，占全部抽样养殖场的百分率为 51.7%（图 1）。

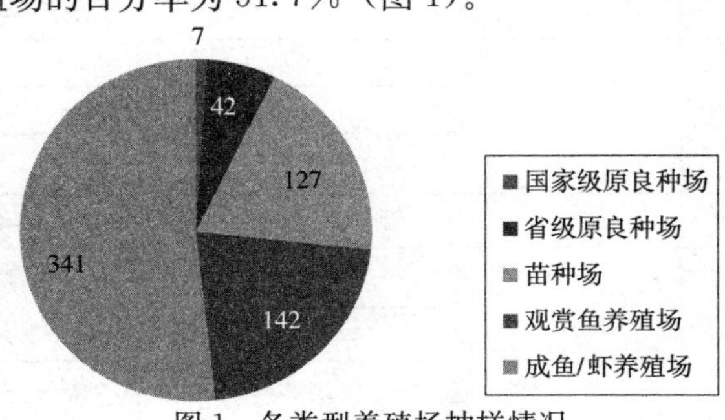

图 1　各类型养殖场抽样情况

表 2　CEV 监测情况汇总

省份	监测养殖场点（个）																		病原学检测																
	区（县）数	阳性区（县）数	乡（镇）数	阳性乡（镇）数	国家级原良种场		省级原良种场		苗种场		观赏鱼养殖场		成鱼/虾养殖场		引育种中心		监测养殖场点合计	阳性监测养殖场点合计	其中（批次）												检测结果			
																			国家级原良种场		省级原良种场		苗种场		观赏鱼养殖场		成鱼/虾养殖场		引育种中心		抽样总数（批次）	阳性样品总数	样品阳性率（%）	阳性品种
					总数	阳性数	总数	阳性数	总数	阳性数	总数	阳性数	总数	阳性数	总数	阳性数			抽样数量	阳性样品数	抽样数量	阳性样品数	抽样数量	阳性样品数	抽样数量	阳性样品数	抽样数量	阳性样品数	抽样数量	阳性样品数				
北京	5	3	13	5							30	6	1				31	6							47	6	1				48	6	12.5	
天津	9	2	21	2	1		1				2	1	26	3			30	4	1		1				16	1	53	7			71	8	11.3	
河北	9	2	20	2							3		51	2			54	2							3		57	2			60	2	3.3	
内蒙古	5	2	7	2					1				28	7			29	7					1				29	7			30	7	23.3	
辽宁	8	8	22	18			7	1	5	1	25	25	16	8			53	35			7	1	5	1	25	25	16	8			53	35	66	
黑龙江	4	3	9	6			1	1	5	1			14	6			20	8			1	1	5	1			14	6			20	8	40	
上海	5	1	5	1					1		4	1					5	1					2		8	1					10	1	10	
江苏	23	2	36	2	1	1	1		8		11	1	20				41	2	1	1	1		13		20	1	35				70	2	2.9	
浙江	6		9						8		3		18				29						11		3		18				32		0	
安徽	8		29		1		3				12		32				48		2		4				23		42				71		0	
江西	6		10		2		1		1		4		4				12		4		1		1		4		5				15		0	
山东	17	7	26	8			4	3	3	1	1		42	10			50	14			5	3	4	1	1		45	10			55	14	25.5	
河南	24	9	35	10			4		22	8	18	5	14	2			58	15			4		25	8	21	5	15	2			65	15	23.1	
湖南	28	4	44	4	1		6		28	4	13		22				70	4	1		6		28	4	13		22				70	4	5.7	
广东	4	2	6	2							12	4					12	4							70	8					70	8	11.4	
广西	15		21				2		28				6				36				2		32				6				40		0	

（续）

省份	监测养殖场点（个）																		病原学检测															
																			其中（批次）												检测结果			
	区（县）数	阳性区（县）数	乡（镇）数	阳性乡（镇）数	国家级原良种场		省级原良种场		苗种场		观赏鱼养殖场		成鱼/虾养殖场		引育种中心		监测养殖场点合计	阳性监测养殖场点合计	国家级原良种场		省级原良种场		苗种场		观赏鱼养殖场		成鱼/虾养殖场		引育种中心		抽样总数（批次）	阳性样品总数	样品阳性率（%）	阳性品种
					总数	阳性数	总数	阳性数	总数	阳性数	总数	阳性数	总数	阳性数	总数	阳性数			抽样数量	阳性样品数	抽样数量	阳性样品数	抽样数量	阳性样品数	抽样数量	阳性样品数	抽样数量	阳性样品数	抽样数量	阳性样品数				
重庆	3		6				1		2				5				8				5		10				10				25		0	
四川	15		18				3		10		1		8				22				5		15		2		10				32		0	
陕西	10	1	15	2	1		2		2		3	1	7	1			15	2	1		2		2		3	1	7	1			15	2	13.3	
甘肃	6		9				1						16				17				1						19				20		0	
宁夏	5	1	9	2			2		2				6	2			10	2			4		4				12	4			20	4	20	
新疆	2		3				2						2				4				3						2				5		0	
新疆兵团	4		5				1		1				3				5				1		1				3				5		0	
合计	221	47	378	66	7	1	42	5	127	15	142	44	341	41			659	106	10	1	53	5	159	15	259	48	421	47			902	116	12.9	

分析不同省份 CEV 抽取样品的来源养殖场类型，结果除广西、四川、湖南、新疆抽样主要以国家级、省级原良种场和苗种场为主外（这 3 个类型抽样场总数量占全部抽样场总数量百分比超过 50%，分别为 83%、59%、50%），其余省份抽样中存在成鱼养殖场和观赏鱼养殖场抽样比例较高问题，应在 2019 年将抽样重点向鲤、锦鲤的国家级、省级原良种场和苗种场集中。

(3) 每个养殖场抽样份数　2018 年，全国共对 659 个养殖场抽样 902 份。多数省份每个场抽样 1～2 份，基本能够满足疫病监测的技术需求。但个别省份，如广东省对 12 个养殖场抽样 70 份，平均每个场抽样 5.8 份；重庆市对 8 个养殖场抽样 25 份，平均每个场抽样 3.1 份。这两个地区存在一个养殖场抽样数量过多的问题，应在 2019 年抽样时予以关注并解决这一问题。

(4) 每个样品的抽样尾数　按照国家水生动物疫病监测计划和 OIE 水生动物法典，每份样品应达到 150 尾鱼。这是为了使检测可信度达到 95%以上所需要的数量，各省份基本按照每份样品 150 尾鱼的规定要求进行抽样。

(5) 不同养殖模式的抽样情况　各养殖模式下抽样情况如下：淡水池塘 787 份，淡水工厂化 100 份，淡水其他 10 份，淡水网箱 4 份，海水池塘 1 份。主要以淡水池塘养殖模式为主，占总抽样数量的 87%，淡水池塘也是我国鲤、锦鲤养殖的主要模式。

(6) 抽样品种　2018 年，共抽取 CEV 监测样品 902 份，样品的来源品种有鲤、锦鲤、青鱼、草鱼、鳙、鲫、鲈、金鱼、其他共 9 个种类。其中，鲤 629 份、锦鲤 234 份，分别占总抽样数量 69.7%和 25.9%，两者合计占总抽样数量的 95.7%。

此外，还抽样金鱼 18 份、鲫 2 份、草鱼 1 份、青鱼 2 份、鳙 4 份、鲈 1 份、其他种类 11 份。

目前已知鲤、锦鲤是 CEV 的主要感染对象，因此抽样应以鲤、锦鲤为主。各地可少量抽取其他品种，以进一步研究其他品种能否感染 CEV。其他品种抽样数量不宜超过总样品数量的 5%。

(7) 抽样水温　将 2018 年抽取的 CEV 监测样品按抽样温度进行列表（表 3）。按温度范围统计，其中，抽样温度 19℃以下样品 203 份，占比 22.5%；抽样温度 20～30℃样品 647 份，占比 71.7%；抽样温度 31℃以上样品 52 份，占比 5.8%。抽样温度主要集中在 15～30℃，共 813 份样品，占比 90.1%。

CEV 检测结果为阳性的样品，其抽样温度分布在 15℃、17～18℃、20～31℃和 33℃，约 80%的阳性样品抽样温度分布在 20～30℃。

3. 检测实验室和检测方法

(1) 检测单位　有 17 个单位承担了 CEV 的检测工作（图 2），9 个来自水生动物疫病预防控制中心或水产技术推广系统（北京市水产技术推广站、广东省水生动物疫病预防控制中心、广西渔业病害防治环境监测和质量检验中心、河北省水产品质量检验检测站、江苏省水生动物疫病预防控制中心、上海市水产技术推广站、天津市水生动物疫病预防控制中心、浙江省水生动物防疫检疫中心、重庆市水产品质量监督检验测试中心）。这 9 个实验室共承担了 593 份样品，占抽样总数量的 66%；检出阳性 95 份，占总检出阳性数量的82%。其中，北京市水产技术推广站承担任务最多，共检测216份样品，检出阳性75份，分别占总数量的23.9%和64.7%。

表3　不同水温下抽样数及阳性检出情况（全国）

抽样水温（℃）	抽样份数	阳性数量	阳性检出率（%）	抽样水温（℃）	抽样份数	阳性数量	阳性检出率（%）
4	32	0	0	23	51	15	29.4
10	2	0	0	24	36	24	66.7
12	2	0	0	25	93	17	18.3
14	1	0	0	26	62	9	14.5
15	56	3	5.4	27	36	11	30.6
16	10	0	0.0	28	69	7	10.1
17	49	1	2.0	29	78	4	5.1
18	38	5	13.2	30	74	1	1.4
19	13	0	0.0	31	26	6	23.1
20	91	5	5.5	32	13	0	0.0
21	37	2	5.4	33	7	2	28.6
22	20	4	20.0	34	6	0	0.0

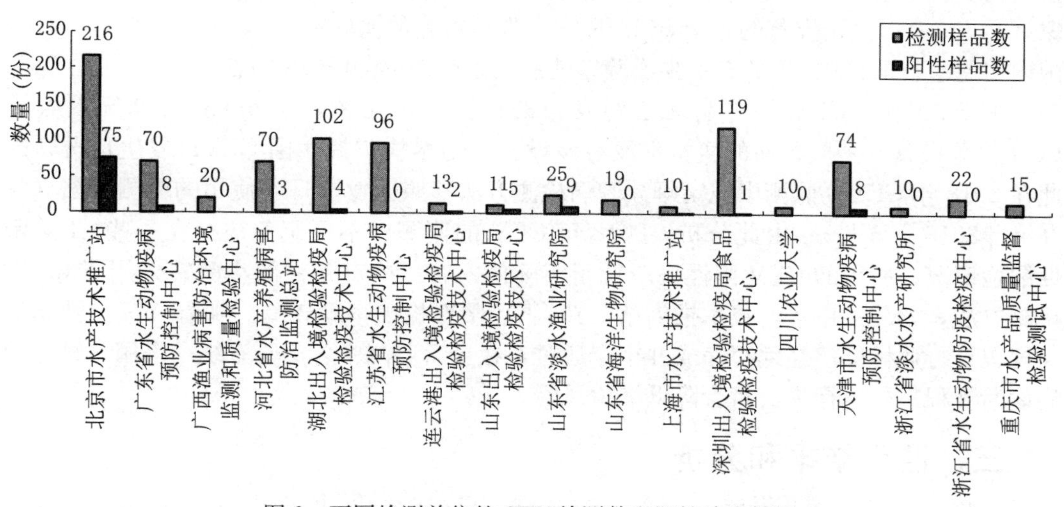

图2　不同检测单位的CEV检测数和阳性检出情况

4个出入境检疫系统实验室承担245份样品的检测工作，占抽样总数量的27.2%；检出阳性12份，占总检出阳性数量的10.3%。其中，深圳出入境检验检疫局检测119份，检出阳性1份；湖北出入境检验检疫局检验检疫技术中心检测102份，检出阳性4份；连云港出入境检验检疫局检验检疫技术中心检测13份，检出阳性2份；山东出入境检验检疫局，检测11份，检出阳性5份。

3个科研院所共承担54份样品的检测工作，占抽样总数量的6%；检出阳性9份，占总检出阳性数量的7.8%。浙江省淡水水产研究所和山东省海洋生物研究院分别检测10份和19份，未检出阳性；山东省淡水渔业研究院检测25份，检出阳性9份；四川农业大学检测10份样品，占抽样总数量的1.1%，未检出阳性。

在17个检测单位中，有10个实验室检出了CEV阳性。其中，水生动物疫病控制或水产技术推广系统的9家实验室中有5家检出CEV阳性，分别是北京市水产技术推广站、天津市水生动物疫病预防控制中心、河北省水产品质量检验检测站、广东省水生动物疫病预防控制中心、上海市水产技术推广站；出入境系统的4家均检出CEV阳性（深圳出入境检验检疫局、湖北出入境检验检疫局检验检疫技术中心、连云港出入境检验检疫局检验检疫技术中心、山东出入境检验检疫局）；3个科研院所实验室中的山东省淡水渔业研究院检出CEV阳性。

（2）检测方法　检测CEV的方法目前主要有PCR和qPCR方法。日本学者Oyamatsu建立了PCR方法，能够从具有CEVD症状的锦鲤样品中检出CEV，但后续发现此方法存在漏检情况。CEFAS设计了另一种套式PCR和qPCR的引物。其中，套式PCR依然存在漏检情况；经多次反复试验比对，qPCR是目前较适合开展CEV检测的技术方法。

全国水产技术推广总站在2018年组织了鲤浮肿病病原检测能力测试活动，全国共有28家实验室参加。同时，采用作业指导书中推荐的两种方法（PCR和qPCR）进行检测的实验室有5家（占18%）；仅用推荐的real-time PCR方法进行检测的实验室有3家（占11%）；仅用推荐的Nested PCR方法进行检测的实验室20家（占71%）。可见，国内实验室目前检测CEV有不少实验室使用的还是Nested PCR方法。

由于2018年CEV检测尚无已经发布的检测标准可依，且qPCR方法需要荧光PCR仪等设备，一般普通的实验室没有该设备，为尽快掌握我国CEVD发生情况，因此在2018年CEVD监测中规定鲤浮肿病检测方法参照原发国日本使用的检测方法（农办渔［2018］75号）。由此分析，2018年CEV的监测中不可避免地存在一些CEV阳性漏检情况，所得的CEV阳性率应低于实际值。有一些有条件的实验室采用了qPCR检测方法，如北京市水产技术推广站，其CEV阳性检出率就较高。随着《鲤浮肿病诊断规程》行业标准已经编写完成并审定通过，在今后监测中各实验室统一采用《鲤浮肿病诊断规程》行业标准，将会降低漏检风险。

三、监测结果和分析

1. CEV阳性感染情况　2018年，在全国659个养殖场抽样902份，检出阳性的样品116份，阳性样品来源于106个养殖场，养殖场呈阳性的比率为16.1%，可见养殖场阳性率较高。

2017年共监测764个养殖场，其中，出现临床症状并采样检测的养殖场，即被动监测养殖场290家，阳性52家，阳性率17.9%；没有临床症状采样检测的养殖场，即主动监测养殖场474家，阳性70家，阳性率14.8%。

对比2017年和2018年的监测结果，可见CEV阳性率在2年内基本持平。

2. CEV 阳性的地区分布　2017 年，在 23 个省份中有 15 个省份检出了 CEV 阳性；2018 年，在 23 个参与 CEV 监测的省份中有 14 个省份检出了 CEV 阳性。

对比 2 年的监测情况（表 4），北京、天津、河北、内蒙古、辽宁、黑龙江、河南、广东、陕西、宁夏 10 个省份连续 2 年检出 CEV 阳性。

表 4　2017 年和 2018 年阳性养殖场检出率（%）

省份	2017 年	2018 年	省份	2017 年	2018 年
北京	72.7	19.4	广西	0	0
天津	39.5	13.3	重庆	0	0
河北	5.9	3.7	四川	0	0
内蒙古	100	24.1	甘肃	0	0
辽宁	34.8	66	新疆	50	0
黑龙江	47.8	40	吉林	9.1	
江苏	0	4.9	山西	20	
山东	0	28	湖北	0	
河南	22.4	25.9	云南	100	
广东	22.1	33.3	湖南		5.7
陕西	40	13.3	浙江		0
宁夏	22.2	20	新疆兵团		0
安徽	33.3	0	上海		20
江西	0	0			

江苏、山东 2 个省份在 2017 年未检出阳性，但 2018 年检出阳性。

安徽、新疆 2 个省份在 2017 年曾检出阳性，但 2018 年未检出阳性。

江西、广西、重庆、四川、甘肃 5 个省份连续 2 年未检出阳性。

此外，还有吉林、山西、湖北、云南仅在 2017 年有监测而 2018 年未开展监测，其中，吉林、山西和云南检出阳性；湖南、浙江、上海、新疆兵团仅在 2018 年开展监测，其中，湖南和上海检出阳性。

总体来看，CEV 是一种分布范围较广的水生动物病毒，我国鲤主要产区（如辽宁、河南、山东等地）和锦鲤主要产地（北京、天津、河南、广东等地）均有 CEV 分布。且原良种场、苗种场检出率较高，病毒扩散风险很大，如不采取必要措施，CEV 扩散将处于失控状态。

由于 CEV 监测调查工作仅启动 2 年，且存在部分实验室采用检测方法漏检的风险，检测结果的偶然性较大，未检出阳性区域也并不能排除感染风险。建议以后各省份要统一检测方法，规范采样活动，以进一步确认上述那些没有检测到 CEV 的省份是否真的不存在 CEV。

3. 不同类型养殖场的 CEV 检出情况与比较　2018 年，在抽样的国家级良种场、省级良种场、苗种场、观赏鱼养殖场和鲤成鱼养殖场等 5 种类型的养殖场中，都存在 CEV 呈阳性的养殖场。其中，7 个国家级原良种场中有 1 个呈 CEV 阳性，阳性率为 14.3%；42 个省级原良种场有 5 个呈阳性，阳性率为 11.6%；127 个苗种场有 15 个呈阳性，阳性率为 11.8%；142 个观赏鱼养殖场有 44 个呈阳性，阳性率为 31%；341 个鲤成鱼养殖场有 41 个呈阳性，阳性率为 12%；观赏鱼养殖场类型的 CEV 阳性率最高（图 3）。

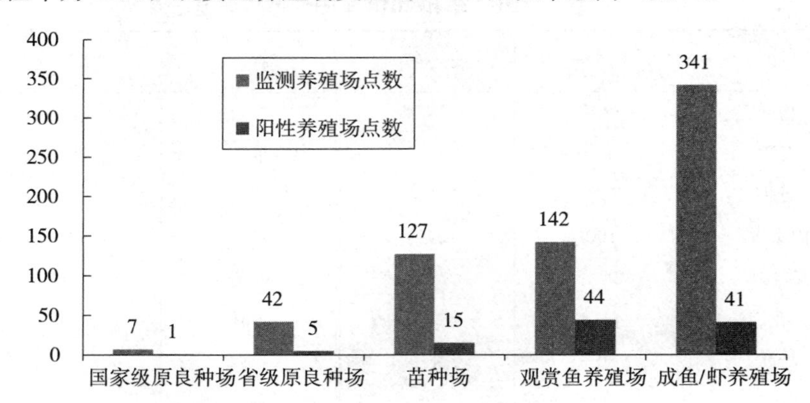

监测养殖场点数	7	42	127	142	341
阳性养殖场点数	1	5	15	44	41
阳性养殖场点检出率（%）	14.3	11.9	11.8	31	12

图 3　不同类型养殖场的 CEV 抽样数和阳性检出情况

将不同类型养殖场的 CEV 阳性率进行方差分析，结果观赏鱼养殖场的 CEV 阳性率显著高于其他类型养殖场（$P<0.05$）；而其他类型养殖场之间的 CEV 阳性率无显著差异（$P>0.05$）。

CEVD 最早从锦鲤上发现，同时，锦鲤的贸易和交流相比普通鲤更加的频繁，这可能是导致观赏鱼养殖场 CEV 阳性率比较高的主要原因。

国家级原良种场、省级原良种场、苗种场和鲤成鱼养殖场之间的 CEV 阳性率无显著差异，但不论差异是否显著，可以确定的是 CEV 传播主要是从原良种场和苗种场的带毒鱼传播至鲤成鱼养殖场，尤其是大范围跨区域传播。因此，急需控制原良种场和苗种场的带毒苗种向外大范围销售、运输，尽快落实落实苗种产地检疫制度，防止病毒扩散；同时，加强对上述场的管理。

4. 不同品种的 CEV 检出情况与比较　2018 年，从鲤、锦鲤和其他品种的样品中检出 CEV。监测的 902 份样品中，鲤样品 630 份，呈阳性的样品 68 份，阳性率 10.8%；锦鲤样品 234 份，呈阳性的样品 47 份，阳性率 20.1%。目前，国际上认为 CEV 主要危害的品种为鲤和锦鲤。2018 年，在其他品种上检出 1 份 CEV 阳性样品，是否证实其他品种可成为 CEV 病毒的携带者，尚须进一步的检测结果验证和相关数据积累。

对不同品种的 CEV 检出率进行方差分析，结果锦鲤样品的 CEV 检出率显著高于鲤样品的检出率（$P<0.05$），可能锦鲤比鲤更易感染 CEV，尚须进一步实验验证；也

可能与锦鲤的贸易和交流更加的频繁有关。

5. 不同养殖模式的CEV检出情况与比较　2018年，将CEV监测样品按照来源养殖场的养殖模式分类，共监测淡水池塘样品787份，呈阳性的样品105份，阳性率为13.3%；淡水工厂化样品100份，呈阳性的样品11份，阳性率11.0%；在淡水其他、淡水网箱、海水池塘等养殖模式的样品中未检出CEV阳性。方差分析淡水池塘与淡水工厂化样品的CEV阳性率，结果两者之间无显著差异（$P>0.05$），表明养殖方式对CEV的检出率影响较小。

6. 不同抽样温度的CEV检出情况与比较　2018年，CEV监测的抽样温度范围为4～34℃。其中，抽样温度为15～33℃的几乎每个温度下都检测到CEV阳性，在水温24℃的检出率最高，为66.7%；之后，分别是27℃、23℃和33℃，检出率分别为30.6%、29.4%和28.6%（表3，图4）。国内外有关资料显示，CEV在水温6～27℃均有检出。结合2018年的监测情况，意味着CEV在6～33℃均可检出，表明CEV的存活温度范围较广。

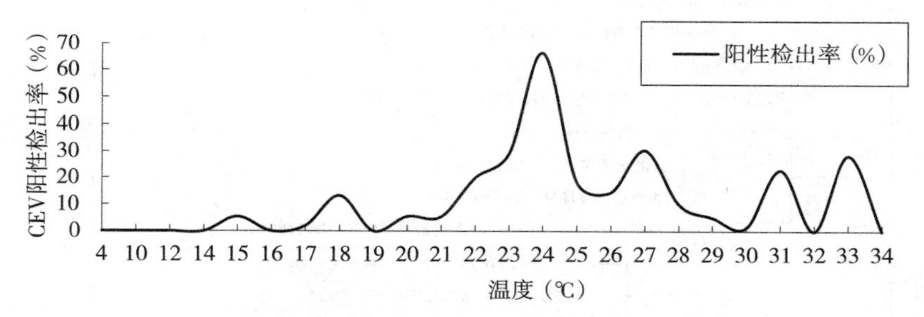

图4　监测样品的CEV阳性检出率随抽样水温的变化情况

将监测样品按抽样水温4～19℃、20～28℃和29～34℃进行统计，分析不同温度段样品的CEV阳性率，结果相应温度的样品阳性率分别为4.4%、19.0%和6.4%。方差分析表明，抽样温度20～28℃的样品阳性率均显著高于4～19℃和29～34℃（$P<0.05$）；而4～19℃和29～34℃的样品阳性率无显著差异（$P>0.05$）。实际调查中也发现，鲤或锦鲤的发病水温主要集中在20～28℃，可能这一温度范围是CEVD的最适发病水温，待进一步调查证实。

7. 检出阳性样品的CEV核酸分析　2017年4～9月，抽取了黑龙江、辽宁、内蒙古、北京、山西、陕西、宁夏、新疆和河南共9个省的97家鲤和锦鲤养殖场样品。将CEV检测呈阳性的8个样品，按CEFAS建立的nest PCR方法进行528bp和478 bp基因片段扩增，扩增产物送至生工生物工程（上海）股份有限公司进行测序。测序结果通过NCBI的BLAST检索系统进行同源性分析，从中选取与所测序列同源性较高毒株序列，使用MEGA 4.0软件的邻位相连法（Neighbor-joining）构建进化树，通过自举分析进行置信度检测，自举数集1 000次。将获得的北京、辽宁、河南等地的8个CEV毒株*p4a*基因部分序列，构建无根进化树（图5）。分析表明，8个序列均属于Genogroup Ⅱa型。其中，河南毒株20170518-2、20170913-1和辽宁毒株20170706-1、20170706-2、20170706-3与英国毒株R083、P054 1.3和日本毒株CyPP-3关系较近；

北京毒株 20170505-1 与英国毒株 Q098、M141、R082 1.4、R004 1.2 及波兰毒株 687-2014、274-2014、518-2014 关系较近。

2013 年，英国 Way 和 Stone 等根据 CEV 病毒的 *p4a* 基因部分序列，将 CEV 基因型划分为 Genogroup Ⅰ型和 GenogroupⅡ型。其中，Ⅰ型毒株仅感染鲤，Ⅱ型毒株感染鲤和锦鲤。2016 年，Matras 等按此基因，发现Ⅱ型又可分为Ⅱa 型和Ⅱb 型。其中，Ⅱa 型毒株感染鲤和锦鲤，Ⅱb 型毒株感染鲤。本次调查检出的 8 株 CEV 属于Ⅱa 型，据报道，我国浙江、云南检出的 CEV 也属于Ⅱa 型，提示目前我国 CEV 流行的主要基因型为 GenogroupⅡa 型。应加强出入境和产地检疫，严防其他基因型 CEV 进入我国并扩散。

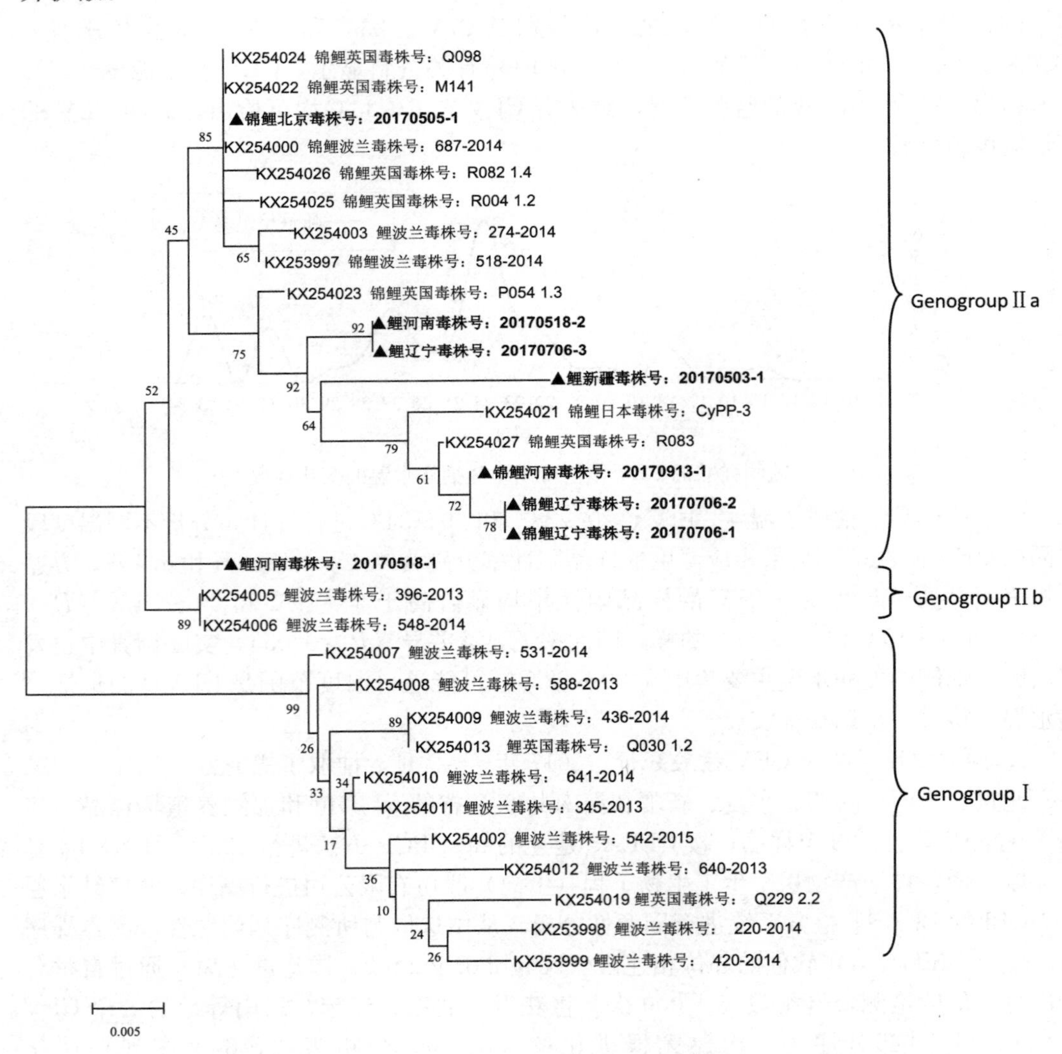

图 5　基于 CEV *p4a* 基因部分序列构建的无根进化树

8. *混合感染* 北京市水产技术推广站在2018年承担了216份样品，检出CEV阳性75份。在检测CEV的同时，还采用SC/T7212.1—2011，同时检测KHV。结果共检出6份KHV，其中，有3份样品同时检出KHV和CEV，存在混合感染情况。

四、CEVD风险分析及管理建议

1. *现有的防控措施* 对于CEVD没有有效的治疗措施。日本学者建议对已出现CEVD临床症状的鲤或锦鲤进行浓度为0.5%的盐浴，但并不能根除CEV。

经调查，CEVD发病前普遍存在换水、倒池、水质突变、天气突变、渔药使用等情况。有的养殖场在发病后滥用各种渔药，导致鱼进一步的大规模死亡；在发病后不用或少用药养殖场的鱼死亡率反而较低。因此，养殖场提高养殖管理水平，在发病前后避免滥用药，减少鱼体应激，是防控鲤浮肿病和降低损失的有效措施。

2. *对产业影响情况分析* 我国在2016年首次报道确认发生CEVD，2017年即已在15个省份检出CEV；2018年在14个省份检出了CEV阳性，全国范围内的CEV阳性场检出率16.1%。我国鲤和锦鲤主产区均有CEV检出。

CEVD已经连续多年在我国局部地区暴发流行，河南沿黄河的郑州、荥阳、中牟、洛阳、开封等地养殖鲤，连续多年发生鲤急性烂鳃病，后证实为CEVD。在发病高峰的2012年，发病率达50%以上，发病鲤的死亡率高达60%～100%，直接经济损失5 000万元以上。辽宁辽中地区鲤养殖面积6万亩，2011年开始流行CEVD，35%养殖池发病，死亡率80%。河北陡河流域（丰润、曹妃甸等）2012年开始，发病面积约10%，发病后死亡率约50%。2018年，北京市水产技术推广站联合原辽宁省水产技术推广总站、河南省水产技术推广站、河北省水产技术推广站、唐山市水产技术推广站、内蒙古水产技术推广站，对河南、河北、辽宁等CEVD发生情况较为突出的辽宁、河北、河南开展了调查，3个省因CEVD造成的鲤死亡每年损失估算达1万吨以上，约1亿元。综合考虑各地养殖发病情况以及锦鲤发病情况，推测2018年全国因CEVD造成的直接经济损失在3亿元以上。CEVD已经给我国鲤和锦鲤养殖业造成严重经济损失，并且还有扩大趋势。CEVD防控形势严峻，如原一直未报道鲤有重要发病情况的内蒙古，从2017年开始有零星鲤发病情况，在2018年7月，内蒙古某地鲤养殖1 800亩、80户，发病率50%，死亡率30%～90%。CEVD防控工作不容乐观。

鲤是全球养殖最广泛的鱼类，也是水产养殖中最具经济价值的品种之一。2017年，我国鲤养殖产量300万吨，占淡水鱼类养殖总产量的10.3%。锦鲤是鲤的变种，在我国同样具有重要的市场价值。鲤浮肿病对鲤、锦鲤危害极大，已经对我国鲤、锦鲤养殖造成了很大的危害。我国尚有部分养殖鲤、锦鲤的地区没有被感染，病原一旦传入新的地区或水域，很容易在水域内的野生和养殖鱼类中传播扩散，对当地生态造成严重危害。鉴于目前原良种场、苗种中CEV带毒率较高，需要采取严格控制措施，防止CEV进一步扩散。

3. *风险管理建议* 目前采取预防措施是最可能实施的措施，即依靠通过实施严格的控制政策和健全的卫生习惯来避免接触病毒。苗种带毒扩散是许多地区CEV流行蔓延的一个主要因素，因此在引入苗种时需进行严格的隔离检疫，在 15～28℃至少进行 30 天。锦鲤的展会也会增加疫病传播的风险，参展锦鲤需要隔离养殖，避免混养造成 CEVD 的广泛传播，运回的参展锦鲤也需要隔离。对养殖场，尤其是苗种场定期开展 CEV 的监测，一旦发现阳性需及时处置。对于已经确认发生 CEVD 的成鱼养殖场，不要采取滥用药物、换水或加药调水、倒池等引起应激反应的措施，以避免损失进一步的扩大。

五、监测工作存在的问题及相关建议

1. *各实验室检测方法需要统一采用新审定的行业标准《鲤浮肿病诊断规程》* 2018 年，各实验室检测 CEV 的方法有 PCR 和 qPCR 方法。其中，PCR 方法存在一定的漏检情况。全国水产技术推广总站、北京市水产技术推广站已经制定完成《鲤浮肿病诊断规程》，并通过审定。各实验室在 2019 年的监测活动中尽量采用标准中规定的 qPCR 法检测；缺少荧光 PCR 仪的实验室，采用 PCR 方法存在漏检风险，应谨慎对待监测结果。

在挑选承担检测任务的实验室时，除了现有组织开展的实验室能力测试考核活动外，建议增加对实验室能力审查的环节，包括检查接样、样品处理、采用标准、检测过程以及结果报告等。

2. *优化整合 CEVD 和 SVC、KHVD 的监测计划* 我国养殖鲤和锦鲤中，目前存在几种较严重的病毒病，包括 SVC、KHVD 和 CEVD。前 2 种病已经列入国家水生动物疫病监测计划，而 CEVD 是 2018 年后半年才新增加的疫病。其中，SVC 适合的抽样水温 10～22℃，KHVD 是 20～30℃，已知 CEVD 在 6～33℃均有检出；且这 3 种疫病均仅感染鲤和锦鲤。因此，可研究优化调整现有的 CEVD 和 SVC、KHVD 的监测计划，最大限度地利用抽样样品开展检测工作。

3. *加强抽样规范性* 一些省份抽样的成鱼养殖场数量或观赏鱼养殖场数量较多，应在 2019 年将抽样重点向鲤或锦鲤的国家级、省级原良种场和苗种场集中。

广东省、重庆市等地存在一个养殖场抽样鱼份数较多问题，应在 2019 年抽样时予以关注并解决这一问题。

前期开展的 CEV 人工感染试验的结果显示，感染后到鱼发病，体内各组织内的病毒量达到最大值，然后逐渐下降，12 天后几乎为零。在流行病学调查中也发现，不久前刚发病恢复不久的渔场，即便在发病时显示有典型的 CEVD 临床症状，但在恢复期也很难检测到病毒。因此，在采样时需要注意这个问题。

2018年白斑综合征状况分析

中国水产科学研究院黄海水产研究所
（董　宣　王一婷　万晓媛　谢国驷
邱　亮　张庆利　黄　倢）

一、前言

白斑综合征（white spot disease，WSD）是由白斑综合征病毒（white spot syndrome virus，WSSV）所引起的虾类疫病，被我国《一、二、三类动物疫病病种名录》列为一类动物疫病，《中华人民共和国进境动物检疫疫病名录》列为二类进境动物疫病，世界动物卫生组织（OIE）收录为必须申报的水生动物疫病。

农业农村部组织全国水产技术推广和疫控体系，从2007年开始在广西（2007）、广东（2008）、河北（2009）、天津（2009）、山东（2009）、江苏（2011）、福建（2013）、浙江（2014）、辽宁（2014）、湖北（2015）、上海（2016）、安徽（2016）、江西（2017）、海南（2017）、新疆（2017）和新疆生产建设兵团（2017）等我国主要甲壳类养殖省（自治区、直辖市）开展了WSD的专项监测工作，获得了大量流行病学信息，系统深入地掌握WSD在我国的流行情况和对我国虾类养殖产业的危害，提高了对WSD的流行病学认识，为我国甲壳类疫病防控工作和水产养殖业的绿色发展提供了流行病学数据支持。

二、全国各省（自治区、直辖市）开展WSD的专项监测情况

（一）概况

农业农村部组织全国水产病害防治体系，从2007年开始逐步在部分省（自治区、直辖市）开展了WSD的专项监测工作；最早在广西壮族自治区开展监测工作；2008年监测范围扩大到广西和广东；2009年监测范围进一步扩大，包括广西、山东、河北和天津4个省（自治区、直辖市）；2010年包括广西、广东、山东、河北和天津5个省（自治区、直辖市）；2011—2013年包括广西、广东、江苏、山东、天津和河北6个省（自治区、直辖市）；2014年包括广西、广东、福建、浙江、江苏、山东、天津、河北和辽宁9个省（自治区、直辖市）；2015年包括广西、广东、福建、浙江、江苏、山东、天津、河北、辽宁和湖北10个省（自治区、直辖市）；2016年包括广西、广东、福建、浙江、江苏、山东、河北、天津、辽宁、湖北、上海和安徽12个省（自治区、

直辖市）；2017 年包括广西、广东、福建、浙江、江苏、山东、河北、天津、辽宁、湖北、上海、安徽、江西、海南、新疆共 15 个省（自治区、直辖市）和新疆生产建设兵团。监测工作的取样范围覆盖了我国甲壳类主要养殖区，每年涉及 20～167 个区（县）、51～282 乡（镇）、335～701 个监测点、645～1425 批次样本。

2018 年，WSD 专项监测范围包括广西、广东、福建、浙江、江苏、山东、河北、天津、辽宁、湖北、上海、安徽、江西、海南、新疆和新疆生产建设兵团，共涉及 167 个区（县）、329 个乡（镇）、751 个监测点。其中，国家级原良种场 7 个，省级原良种场 35 个，重点苗种场 332 个，对虾养殖场 377 个。2018 年，国家监测计划样品数为 940 批次，实际采集和检测样品 1 002 批次，各监测省（自治区、直辖市）和新疆生产建设兵团均全部完成国家监测采集任务（表 1）。2007—2018 年，各省（自治区、直辖市）累计监测样品数 11 069 批次。其中，广西累计监测样品 2 624 批次、天津累计监测样品 2 098 批次、广东累计监测样品 1 749 批次，累计监测样品的数量分列前三位（图 1）。

表 1 2007—2018 年 WSD 专项监测省（自治区、直辖市）采样情况

监测省份	广西	广东	福建	浙江	江苏	山东	河北	天津	辽宁	湖北	上海	安徽	江西	海南	新疆	新疆兵团
监测样品数	2 624	1 749	289	383	1 028	1 326	652	2 098	240	212	90	174	30	151	15	8

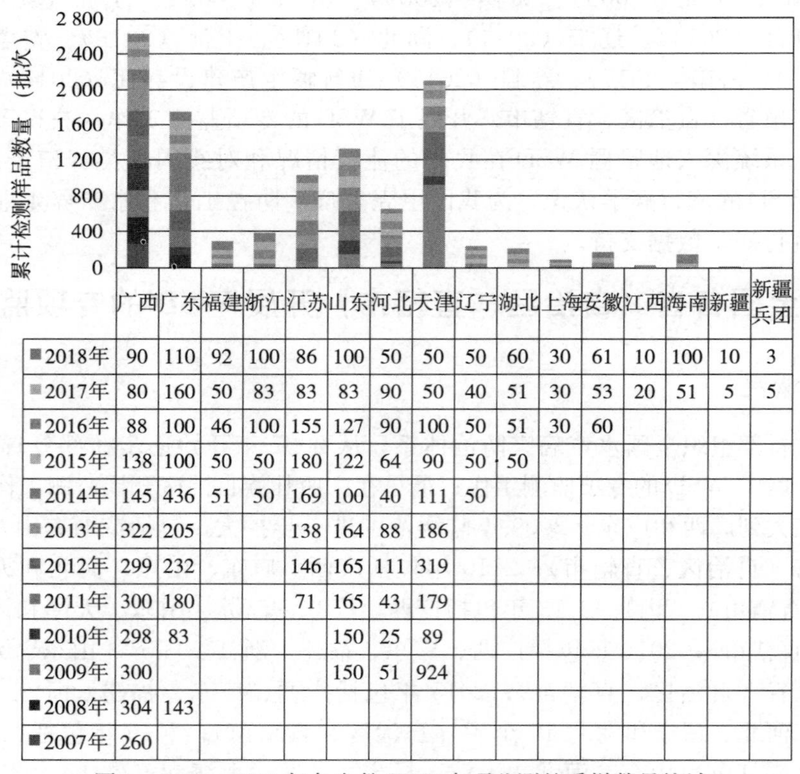

	广西	广东	福建	浙江	江苏	山东	河北	天津	辽宁	湖北	上海	安徽	江西	海南	新疆	新疆兵团
2018年	90	110	92	100	86	100	50	50	50	60	30	61	10	100	10	3
2017年	80	160	50	83	83	83	90	50	40	51	30	53	20	51	5	5
2016年	88	100	46	100	155	127	90	100	50	51	30	60				
2015年	138	100	50	50	180	122	64	90	50	50						
2014年	145	436	51	50	169	100	40	111	50							
2013年	322	205			138	164	88	186								
2012年	299	232			146	165	111	319								
2011年	300	180			71	165	43	179								
2010年	298	83				150	25	89								
2009年	300					150	51	924								
2008年	304	143														
2007年	260															

图 1 2007—2018 年各省份 WSD 专项监测的采样数量统计

（二）不同养殖模式监测点情况

2007—2018年，各省（自治区、直辖市）和新疆生产建设兵团的专项监测数据统计表明，15个省（自治区、直辖市）和新疆兵团记录监测模式的监测点共6 400个。其中，池塘养殖的监测点3 841个，占全部监测点的60.0%；工厂化养殖的监测点2 372个，占全部监测点的37.1%；其他养殖模式的监测点187个，占全部监测点的2.9%（图2）。

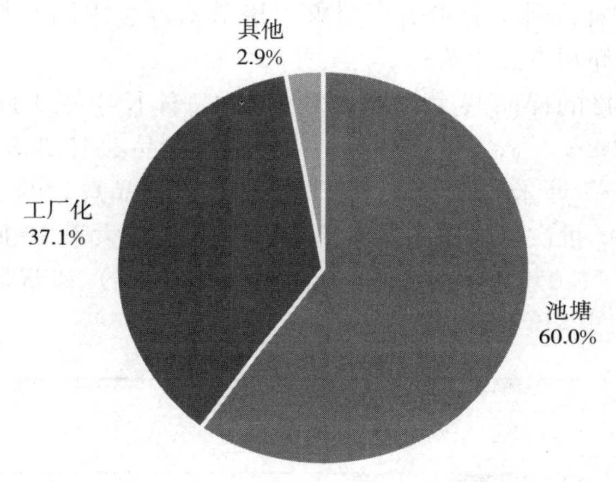

图2　2007—2018年专项监测对象的养殖模式比例

（注：其他养殖模式主要包括稻田养殖、网箱养殖等）

（三）连续设置为监测点的情况

对2007—2018年各省（自治区、直辖市）和新疆生产建设兵团的专项监测数据提供的监测点信息进行规整后，对连续设置为监测点的情况进行了分析。结果表明，广西壮族自治区有1 569个WSD监测点，373个进行了多年监测，其中，283个进行了2年及以上连续监测；广东省有430个WSD监测点，82个进行了多年监测，其中44个进行了2年及以上连续监测；福建省有64个WSD监测点，12个进行了多年监测，且均进行了2年及以上连续监测；浙江省有183个WSD监测点，37个进行了多年监测，且均进行了2年及以上连续监测；江苏省有602个WSD监测点，91个进行了多年监测，其中80个进行了2年及以上连续监测；山东省有488个WSD监测点，83个进行了多年监测，其中76个进行了2年及以上连续监测；天津省有268个WSD监测点，23个进行了多年监测，其中17个进行了2年及以上连续监测；河北省有329个WSD监测点，81个进行了多年监测，其中72个进行了2年及以上连续监测；辽宁省有163个WSD监测点，36个进行了多年监测，其中35个进行了2年及以上连续监测；湖北省有152个WSD监测点，36个进行了多年监测，其中34个进行了2年及以上连续监测；上海市有38个WSD监测点，6个进行了多年监测，且均进行了2年及以上连续监测；安徽省有144个

WSD 监测点，20 个进行了多年监测，且均进行了 2 年及以上连续监测；江西省有 25 个 WSD 监测点，5 个进行了 2 年的连续监测；海南省有 76 个 WSD 监测点，11 个进行了 2 年的连续监测；新疆维吾尔自治区有 12 个 WSD 监测点，3 个进行了 2 年的连续监测；新疆生产建设兵团有 7 个 WSD 监测点，1 个进行了 2 年的连续监测。

（四）2018 年采样的品种、规格

2018 年，监测样品种类有南美白对虾、斑节对虾、中国对虾、日本对虾、脊尾白虾、罗氏沼虾、青虾和克氏原螯虾。

记录了采样规格的样品共 1 002 批次。其中，体长小于 1 厘米的样品共计 265 批次，占样品总量的 26.4%；体长为 1～4 厘米的样品共计 368 批次，占样品总量的 36.7%；体长为 4～7 厘米的样品共计 122 批次，占样品总量的 12.2%；体长为 7～10 厘米的样品共计 107 批次，占样品总量的 10.7%；体长大于 10 厘米的样品共计 140 批次，占样品总量的 14.0%。具体各省（自治区、直辖市）和新疆生产建设兵团监测样品规格分布情况见图 3。

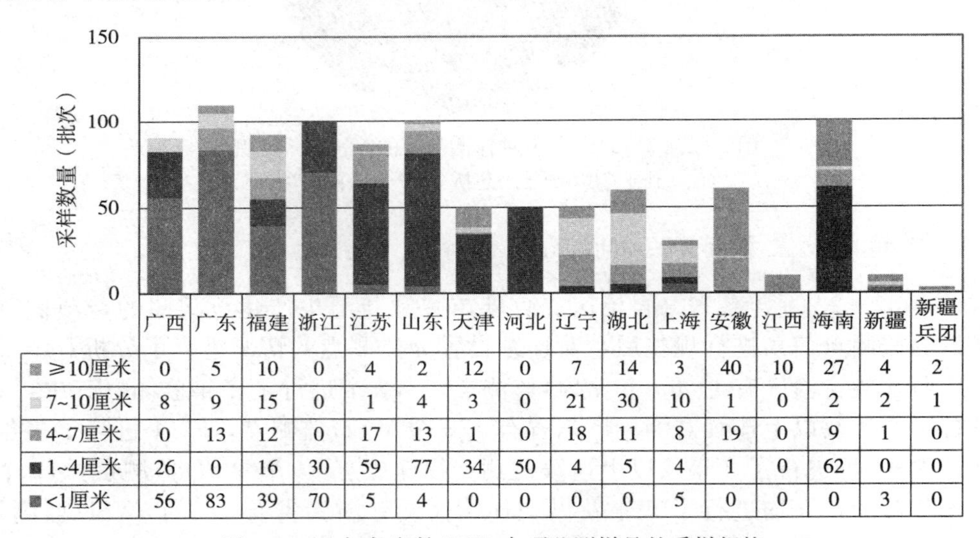

	广西	广东	福建	浙江	江苏	山东	天津	河北	辽宁	湖北	上海	安徽	江西	海南	新疆	新疆兵团
≥10厘米	0	5	10	0	4	2	12	0	7	14	3	40	10	27	4	2
7~10厘米	8	9	15	0	1	4	3	0	21	30	10	1	0	2	2	1
4~7厘米	0	13	12	0	17	13	1	0	18	11	8	19	0	9	1	0
1~4厘米	26	0	16	30	59	77	34	50	4	5	4	1	0	62	0	0
<1厘米	56	83	39	70	5	4	0	0	0	0	5	0	0	0	3	0

图 3 2018 年各省份 WSD 专项监测样品的采样规格

（五）抽样的自然条件（如时间、气候、水温等）

2018 年，记录了采样时间的样品共 1 002 批次。其中，2 月采集样品 1 批次，占总样品的 0.1%；3 月采集样品 75 批次，占总样品的 7.5%；4 月采集样品 100 批次，占总样品的 10.0%；5 月采集样品 343 批次，占总样品的 34.2%；6 月采集样品 122 批次，占总样品的 12.2%；7 月采集样品 168 批次，占总样品的 16.8%；8 月采集样品 74 批次，占总样品的 7.4%；9 月采集样品 21 批次，占总样品的 2.1%；10 月采集样品 75 批次，占总样品的 7.5%；11 月采集样品 23 批次，占总样品的 2.3%；1 月和 12

月无样品采集。样品采集主要集中在 4～8 月，其中，5 月采集样品数量最多，7 月次之。

2007—2018 年，各专项监测省（自治区、直辖市）的专项监测数据表中有采样时间记录的样品共 9 201 批次。其中，1 月采集样品 53 批次，占总样品的 0.6%；2 月采集样品 66 批次，占总样品的 0.7%；3 月采集样品 203 批次，占总样品的 2.2%；4 月采集样品 563 批次，占总样品的 6.1%；5 月采集样品 2 345 批次，占总样品的 25.5%；6 月采集样品 1 485 批次，占总样品的 16.1%；7 月采集样品 1 516 批次，占总样品的 16.5%；8 月采集样品 1 180 批次，占总样品的 12.8%；9 月采集样品 1 123 批次，占总样品的 12.2%；10 月采集样品 474 批次，占总样品的 5.2%；11 月采集样品 174 批次，占总样品的 1.9%；12 月采集样品 19 批次，占总样品的 0.2%。样品采集工作主要集中在 5～9 月，这期间采集的样品量占样品总量的 83.1%，广东和江苏全年各月份均有采样（图 4）。

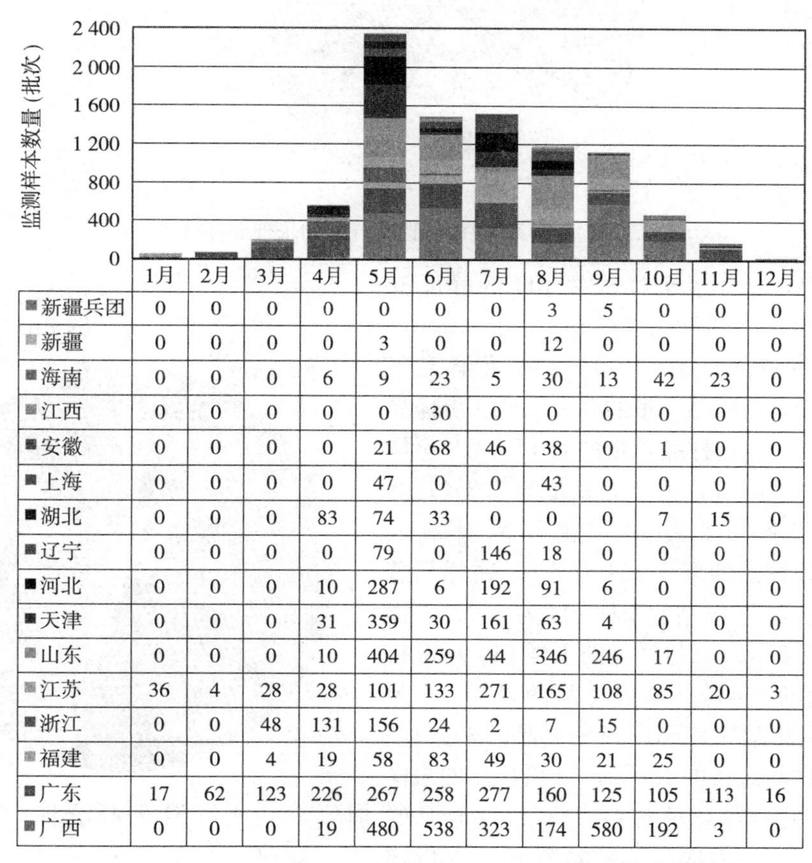

	1月	2月	3月	4月	5月	6月	7月	8月	9月	10月	11月	12月
新疆兵团	0	0	0	0	0	0	0	3	5	0	0	0
新疆	0	0	0	0	3	0	0	12	0	0	0	0
海南	0	0	0	6	9	23	5	30	13	42	23	0
江西	0	0	0	0	0	30	0	0	0	0	0	0
安徽	0	0	0	0	21	68	46	38	0	1	0	0
上海	0	0	0	0	47	0	0	43	0	0	0	0
湖北	0	0	0	83	74	33	0	0	0	7	15	0
辽宁	0	0	0	0	79	0	146	18	0	0	0	0
河北	0	0	0	10	287	6	192	91	6	0	0	0
天津	0	0	0	31	359	30	161	63	4	0	0	0
山东	0	0	0	10	404	259	44	346	246	17	0	0
江苏	36	4	28	28	101	133	271	165	108	85	20	3
浙江	0	0	48	131	156	24	2	7	15	0	0	0
福建	0	0	4	19	58	83	49	30	21	25	0	0
广东	17	62	123	226	267	258	277	160	125	105	113	16
广西	0	0	0	19	480	538	323	174	580	192	3	0

图 4　2007—2018 年各省（自治区、直辖市）和新疆生产建设兵团每月采样数量分布

2018 年，记录了采样温度的样品共 1 002 批次。其中，179 批次样品的采样温度低于 24℃，占总样品的 18%；23 批次样品的采样温度在 24～25℃，占总样品的 2%；45

批次样品的采样温度在 25～26℃，占总样品的 4%；96 批次样品的采样温度在 26～27℃，占总样品的 10%；84 批次样品的采样温度在 27～28℃，占总样品的 8%；229 批次样品的采样温度在 28～29℃，占总样品的 23%；82 批次样品的采样温度在 29～30℃，占总样品的 8%；172 批次样品的采样温度在 30～31℃，占总样品的 17%；57 批次样品的采样温度在 31～32℃，占总样品的 6%；35 批次样品的采样温度不低于 32℃，占总样品的 3%（图 5）。

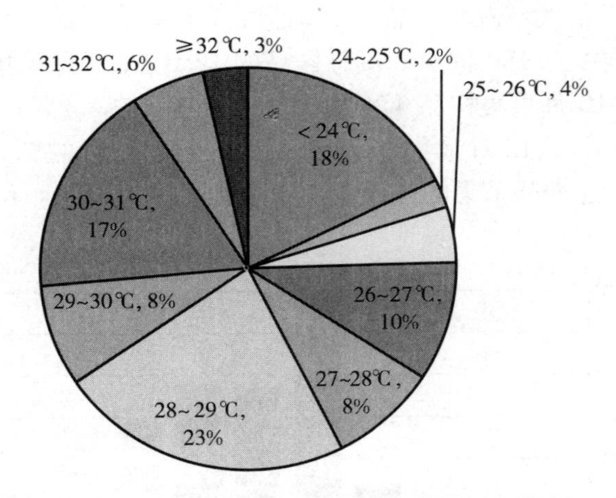

图 5　2018 年 WSD 专项监测样品的采样温度分布

2018 年，记录了采样水体 pH 的样品共 311 份。其中，22 份样品采样 pH 低于 7.4，占记录采样 pH 样品总量的 7.1%；18 份样品采样 pH 为 7.5，占样品总量的 5.8%；19 份样品采样 pH 为 7.6，占样品总量的 6.1%；18 份样品的采样 pH 为 7.7，占样品总量的 5.8%；59 份样品的采样 pH 为 7.8，占样品总量的 19.0%；5 份样品的采样 pH 为 7.9，占样品总量的 1.6%；73 份样品的采样 pH 为 8.0，占样品总量的 23.5%；30 份样品的采样 pH 为 8.1，占样品总量的 9.6%；30 份样品的采样 pH 为 8.2，占样品总量的 9.6%；5 份样品的采样 pH 为 8.3，占样品总量的 1.6%；14 份样品的采样 pH 为 8.4，占样品总量的 4.5%；11 份样品的采样 pH 为 8.5，占样品总量的 3.5%；4 份样品的采样 pH 为 8.6，占样品总量的 1.3%；1 份样品的采样 pH 为 8.7，占样品总量的 0.3%；2 份样品的采样 pH 高于 8.8，占样品总量的 0.6%（图 6）。

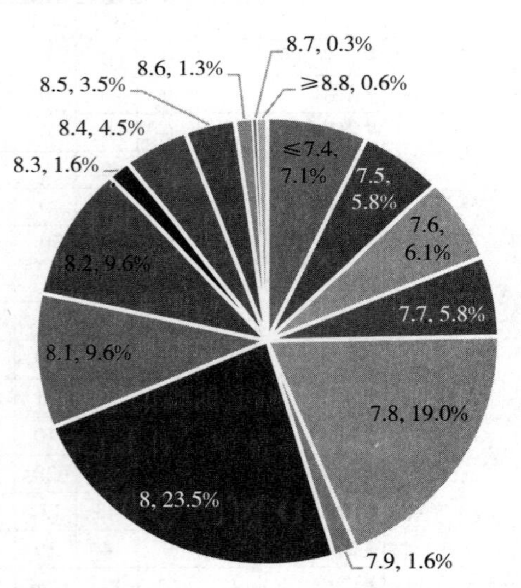

图 6　2018 年 WSD 专项监测样品的采样 pH 分布

2018 年，记录养殖环境的样品数为 1 002 份。在记录养殖环境的样品中，海水养殖的样品数为 503 份，占记录养殖环境样本总量的 50.2%；淡水养殖的样品数为 422 份，占记录养殖环境样本总量的 42.1%；半咸水养殖的样品数为 77 份，占记录养殖环境样本总量的 7.7%（图 7）。

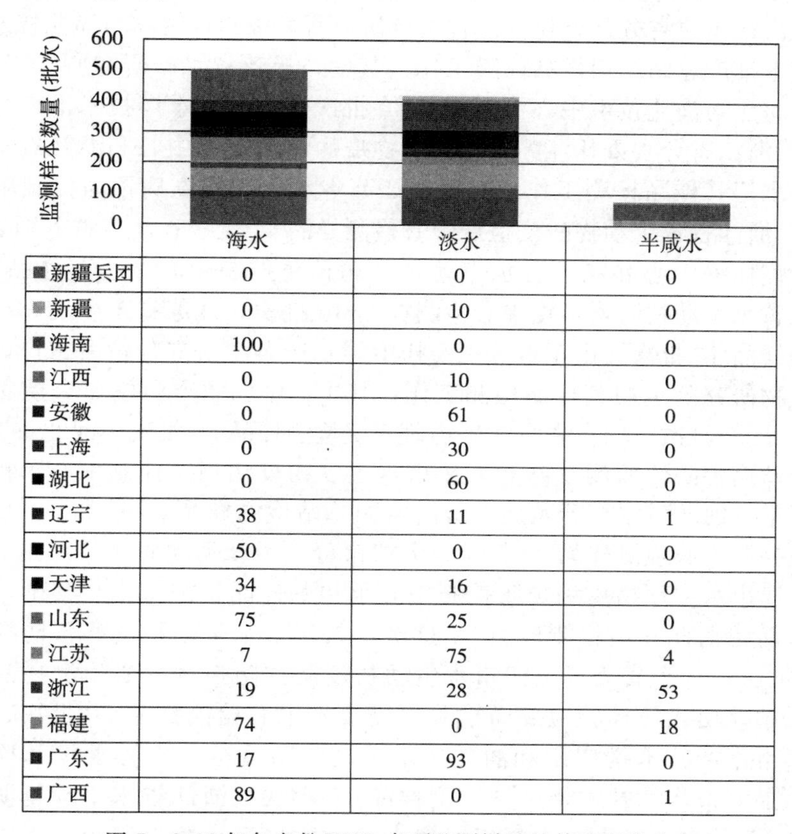

	海水	淡水	半咸水
新疆兵团	0	0	0
新疆	0	10	0
海南	100	0	0
江西	0	10	0
安徽	0	61	0
上海	0	30	0
湖北	0	60	0
辽宁	38	11	1
河北	50	0	0
天津	34	16	0
山东	75	25	0
江苏	7	75	4
浙江	19	28	53
福建	74	0	18
广东	17	93	0
广西	89	0	1

图 7　2018 年各省份 WSD 专项监测样品的养殖环境分布

（六）2018 年样品检测单位和检测方法

2018 年，各省（自治区、直辖市）和新疆生产建设兵团监测样品分别委托河北省水产养殖病害防治监测总站、天津市水生动物疫病预防控制中心、浙江省水生动物防疫检疫中心、上海市水产技术推广站、江苏省水生动物疫病预防控制中心、福州市海洋与渔业技术中心、福建省水产研究所、福建省水产技术推广总站、江西省水产技术推广站、深圳出入境检验检疫局食品检验检疫技术中心、中国水产科学研究院黄海水产研究所、山东省海洋生物研究院、湖北出入境检验检疫局检验检疫技术中心、广东省水生动物疫病预防控制中心、广东出入境检验检疫局检验检疫技术中心、广西渔业病害防治环境监测和质量检验中心共 16 家单位，按照《白斑综合征（WSD）诊断规程第 2 部分：套式 PCR 检测法》（GB/T 28630.2—2012）进行实验室检测。

广西壮族自治区分别委托深圳出入境检验检疫局动植物检验检疫技术中心和广西

渔业病害防治环境监测和质量检验中心承担其样品检测工作，其中，深圳出入境检验检疫局动植物检验检疫技术中心检测样品 45 批次，广西渔业病害防治环境监测和质量检验中心检测样品 45 批次；广东省委托广东省水生动物疫病预防控制中心检测样品 110 批次；福建省分别委托福建省水产研究所、福州市海洋与渔业技术中心、福建省水产技术推广总站承担样品检测工作，其中，福建省水产研究所检测样品 30 批次，福州市海洋与渔业技术中心检测样品 30 批次，福建省水产技术推广总站检测样品 32 批次；浙江省分别委托江苏省水生动物疫病预防控制中心和浙江省水生动物防疫检疫中心承担其样品检测工作，其中，江苏省水生动物疫病预防控制中心检测样品 53 批次，浙江省水生动物防疫检疫中心检测样品 47 批次；江苏省分别委托浙江省水生动物防疫检疫中心和江苏省水生动物疫病预防控制中心承担其样品检测工作，其中，浙江省水生动物防疫检疫中心检测样品 40 批次，江苏省水生动物疫病预防控制中心检测样品 46 批次；山东省分别委托中国水产科学研究院黄海水产研究所和山东省海洋生物研究院承担其样品检测工作，其中，中国水产科学研究院黄海水产研究所检测样品 50 批次，山东省海洋生物研究院检测样品 50 批次；河北省分别委托河北省水产养殖病害防治监测总站和天津市水生动物疫病预防控制中心承担其样品检测工作，其中，河北省水产养殖病害防治监测总站检测样品 25 批次，天津市水生动物疫病预防控制中心检测样品 25 批次；天津市分别委托河北省水产养殖病害防治监测总站和天津市水生动物疫病预防控制中心承担其样品检测工作，其中，河北省水产养殖病害防治监测总站检测样品 25 批次，天津市水生动物疫病预防控制中心检测样品 25 批次；辽宁省委托天津市水生动物疫病预防控制中心检测样品 50 批次；湖北省委托湖北出入境检验检疫局检验检疫技术中心检测样品 60 批次；上海市分别委托上海市水产技术推广站和浙江省水生动物防疫检疫中心承担其样品检测工作，其中，上海市水产技术推广站检测样品 15 批次，浙江省水生动物防疫检疫中心检测样品 15 批次；安徽省委托江苏省水生动物疫病预防控制中心承担其样品检测工作，共委托检测样品 61 批次；江西省分别委托深圳出入境检验检疫局食品检验检疫技术中心和江西省水产技术推广站承担其样品检测工作，其中，深圳出入境检验检疫局食品检验检疫技术中心检测样品 5 批次，江西省水产技术推广站检测样品 5 批次；海南省分别委托中国水产科学研究院黄海水产研究所和广东出入境检验检疫局检验检疫技术中心承担其样品检测工作，其中，中国水产科学研究院黄海水产研究所检测样品 90 批次，广东出入境检验检疫局检验检疫技术中心检测样品 10 批次；新疆维吾尔自治区委托中国水产科学研究院黄海水产研究所检测样品 10 批次；新疆生产建设兵团委托中国水产科学研究院黄海水产研究所检测样品 3 批次（图 8）。

2018 年，各检测单位共承担 1 002 批次样品的检测任务。其中江苏省水生动物疫病预防控制中心承担的样品检测任务量最多，为 160 批次；其次为中国水产科学研究院黄海水产研究所，为 153 批次；再次为广东省水生动物疫病预防控制中心，为 110 批次。3 家检测单位的检测样品量占总样品量的 42.2%。

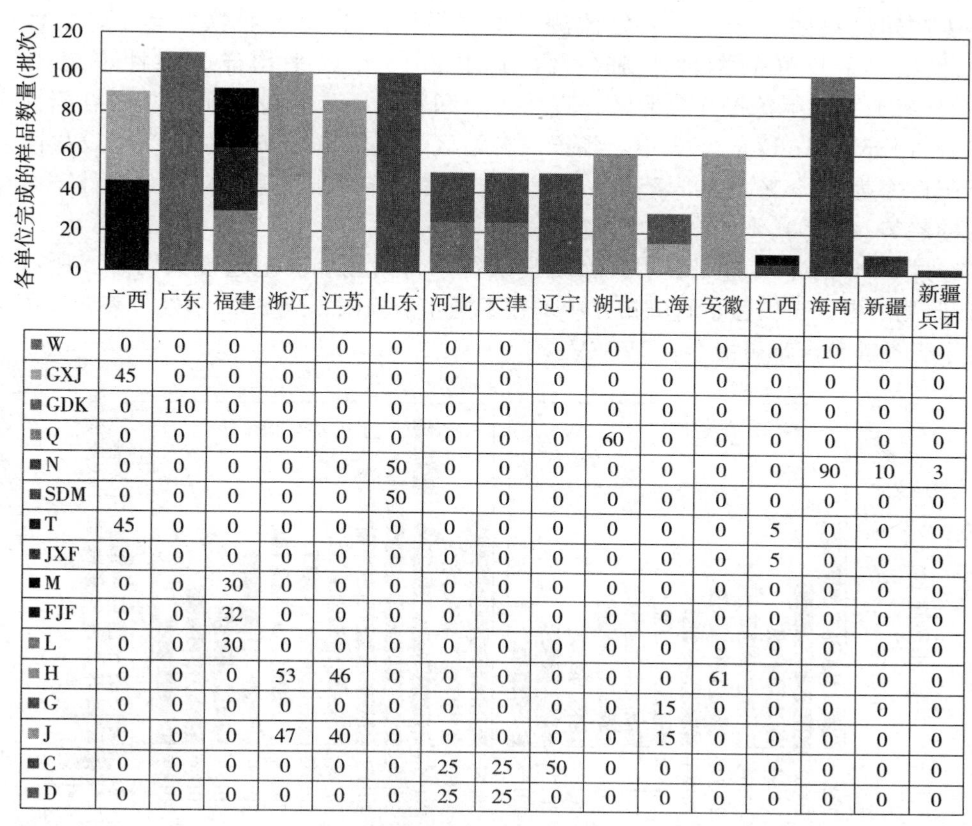

	广西	广东	福建	浙江	江苏	山东	河北	天津	辽宁	湖北	上海	安徽	江西	海南	新疆	新疆兵团
W	0	0	0	0	0	0	0	0	0	0	0	0	0	10	0	0
GXJ	45	0	0	0	0	0	0	0	0	0	0	0	0	0	0	0
GDK	0	110	0	0	0	0	0	0	0	0	0	0	0	0	0	0
Q	0	0	0	0	0	0	0	0	0	60	0	0	0	0	0	0
N	0	0	0	0	0	50	0	0	0	0	0	0	0	90	10	3
SDM	0	0	0	0	0	50	0	0	0	0	0	0	0	0	0	0
T	45	0	0	0	0	0	0	0	0	0	0	0	5	0	0	0
JXF	0	0	0	0	0	0	0	0	0	0	0	0	5	0	0	0
M	0	0	30	0	0	0	0	0	0	0	0	0	0	0	0	0
FJF	0	0	32	0	0	0	0	0	0	0	0	0	0	0	0	0
L	0	0	30	0	0	0	0	0	0	0	0	0	0	0	0	0
H	0	0	0	53	46	0	0	0	0	0	0	61	0	0	0	0
G	0	0	0	0	0	0	0	0	0	0	15	0	0	0	0	0
J	0	0	0	47	40	0	0	0	0	0	15	0	0	0	0	0
C	0	0	0	0	0	0	25	25	50	0	0	0	0	0	0	0
D	0	0	0	0	0	0	25	25	0	0	0	0	0	0	0	0

图 8　2018 年各省份 WSD 专项监测样品送检单位和样品数量

（注：检测单位代码与农渔发［2018］10 号文件一致，农渔发［2018］10 号文件中未涉及的检测单位代码按照《2016 年我国水生动物重要疫情病情分析》一书中 2016 年白斑综合征（WSD）分析章节中的编写规则进行编写。D. 河北省水产养殖病害防治监测总站；C. 天津市水生动物疫病预防控制中心；J. 浙江省水生动物防疫检疫中心；G. 上海市水产技术推广站；H. 江苏省水生动物疫病预防控制中心；M. 福州市海洋与渔业技术中心；L. 福建省水产研究所；T. 深圳出入境检验检疫局食品检验检疫技术中心；N. 中国水产科学研究院黄海水产研究所；SDM. 山东省海洋生物研究院；Q. 湖北出入境检验检疫局检验检疫技术中心；GDK. 广东省水生动物疫病预防控制中心；GXJ. 广西渔业病害防治环境监测和质量检验中心；W. 广东出入境检验检疫局检验检疫技术中心；FJF. 福建省水产技术推广总站；JXF. 江西省水产技术推广站。各单位排名不分先后）

三、检测结果分析

（一）总体阳性检出情况及其区域分布

WSD 专项监测自 2007 年开始在沿海不同省（自治区、直辖市）开始实施，2007 年广西壮族自治区最早开始监测，随后广东（2008）、河北（2009）、天津（2009）、山东（2009）、江苏（2011）、浙江（2014）、辽宁（2014）、湖北（2015）、上海（2016）、安徽（2016）、江西（2017）、海南（2017）、新疆维吾尔自治区（2017）和新疆生产建设兵团（2017）开始监测。总监测样品 11 069 批次，其中，阳性样品 1 763批次，平均样品阳性率 15.9%，其中 2018 年的平均样品阳性率为 11.7%（117/1002）。12 年各省（自治区、直辖市）和新疆生产建设兵团的监测点阳性率为 22.1%（1361/6156）。2018 年，各省（自治区、直辖市）和新疆生产建设兵团的监测点阳性率为 14.6%（110/751）。在 2010 年后，样品阳性率和监测点阳性率有逐年降低的趋势（图 9）。

经过 12 年的专项监测表明，除新疆维吾尔自治区和新疆建设兵团外，所有参加 WSD 监测的省（自治区、直辖市）中均在不同年份检出了 WSSV 阳性，表明我国沿海主要甲壳类养殖区都可能存在 WSSV。

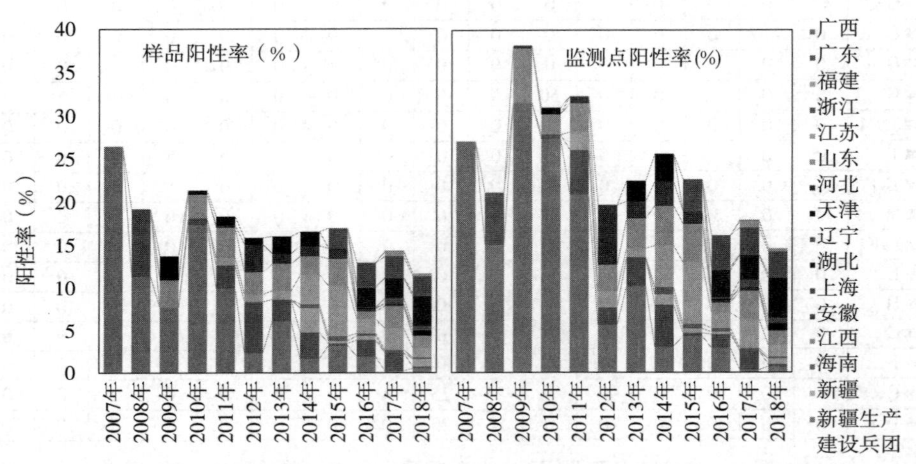

图 9　2007—2018 年各省份专项监测 WSSV 的平均样品阳性率和监测点阳性率

（注：阳性率是以各年批次的样品/监测点次总数为基数计算）

（二）易感宿主

2018 年，监测样品种类有南美白对虾、斑节对虾、中国对虾、日本对虾、罗氏沼虾、脊尾白虾、青虾和克氏原螯虾，除罗氏沼虾和斑节对虾以外的所有品种均有阳性检出。其中，克氏原螯虾品阳性率高达 46.3%（63/136），日本对虾为 30.8%（4/13），中国对虾为 20.8%（10/48），脊尾白虾为 16.7%（1/6），青虾为 6.7%（2/30），淡水养殖的南美白对虾和海水养殖的南美白对虾的样品阳性率分别为 6.2%（17/275）和 4.5%（20/449）。

（三）不同养殖规格的阳性检出情况

2018 年 WSD 专项监测中，记录了采样规格的样品 1 002 批次，其中阳性样品共 117 批次。体长为 7～10 厘米的阳性样品在该体长样品中的阳性率最高，为 30.8%；其次为不小于 10 厘米的样品，阳性率为 25.7%；4～7 厘米样品阳性率为 13.1%；1～4 厘米样品的阳性率为 6.8%；小于 1 厘米样品的阳性率为 2.6%（图 10）。

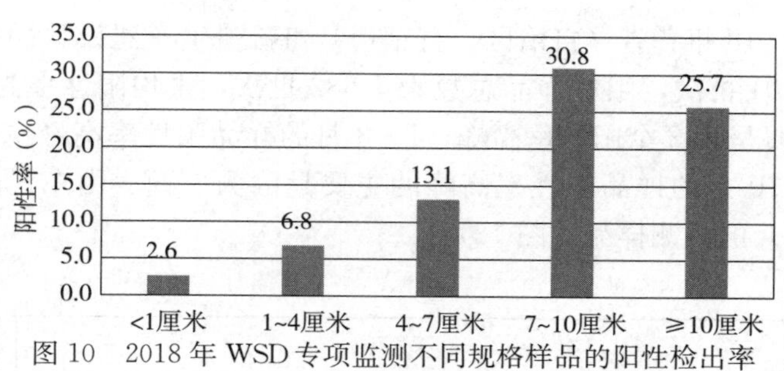

图10　2018年WSD专项监测不同规格样品的阳性检出率

（四）阳性样品的月份分布

2018年WSD的专项监测中，记录采样月份的样品共1 002次，阳性样品共117批次。其中，3月采样样品中有2批次阳性样品，样品阳性率为2.7%（2/75）；4月采样样品中有14批次阳性样品，样品阳性率为14.0%（14/100）；5月采样样品中有45批次阳性样品，样品阳性率为13.1%（45/343）；6月采样样品中有20批次阳性样品，样品阳性率为16.4%（20/122）；7月采样样品中有28批次阳性样品，样品阳性率为16.7%（28/168）；8月采样样品中有8批次阳性样品，样品阳性率为10.8%（8/74）；2月、9月、10月和11月采样样品中无阳性样品（0/120）检出（图11）。

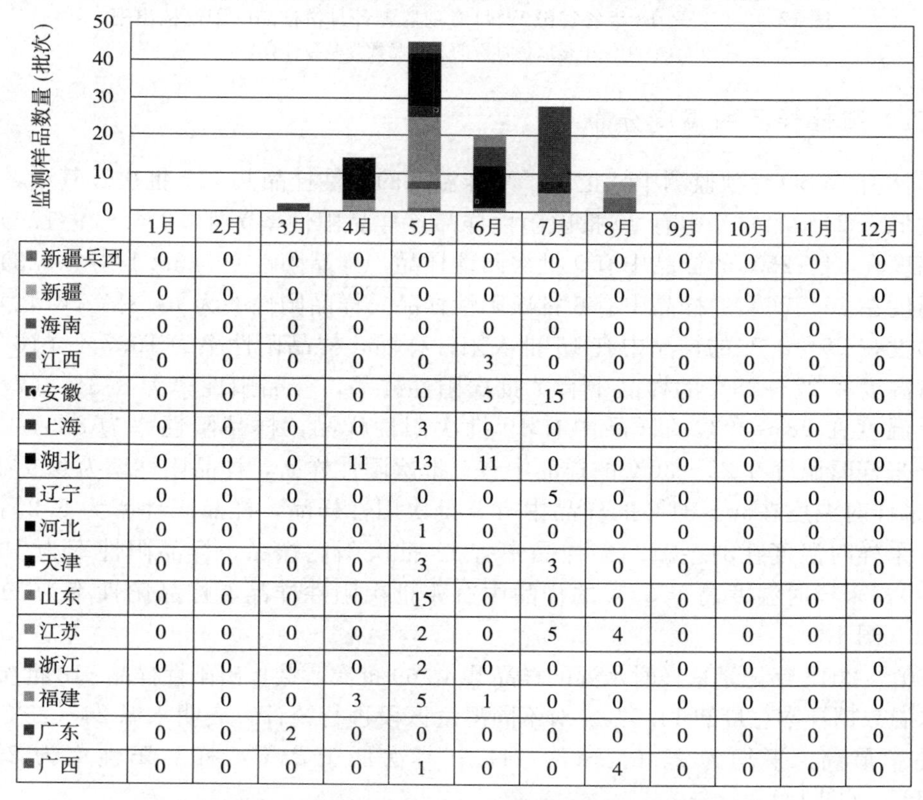

	1月	2月	3月	4月	5月	6月	7月	8月	9月	10月	11月	12月
新疆兵团	0	0	0	0	0	0	0	0	0	0	0	0
新疆	0	0	0	0	0	0	0	0	0	0	0	0
海南	0	0	0	0	0	0	0	0	0	0	0	0
江西	0	0	0	0	0	3	0	0	0	0	0	0
安徽	0	0	0	0	0	5	15	0	0	0	0	0
上海	0	0	0	0	3	0	0	0	0	0	0	0
湖北	0	0	0	11	13	11	0	0	0	0	0	0
辽宁	0	0	0	0	0	0	5	0	0	0	0	0
河北	0	0	0	0	1	0	0	0	0	0	0	0
天津	0	0	0	0	3	0	3	0	0	0	0	0
山东	0	0	0	0	15	0	0	0	0	0	0	0
江苏	0	0	0	0	2	0	5	4	0	0	0	0
浙江	0	0	0	0	2	0	0	0	0	0	0	0
福建	0	0	0	3	5	1	0	0	0	0	0	0
广东	0	0	2	0	0	0	0	0	0	0	0	0
广西	0	0	0	0	1	0	0	4	0	0	0	0

图11　2018年各省份WSD专项监测各月份的阳性样本数量分布

统计 2007—2018 年各省（自治区、直辖市）和新疆生产建设兵团记录有采样月份的样品总数为 9 201 批次，阳性样品总数为 1 582 批次，平均阳性率为 17.2%。其中，1～3 月和 8～10 月呈现 2 个阳性率高峰，1～3 月的样品阳性率高峰主要是因为广东省的监测样品，8～10 月的样品阳性率高峰的主要是因为广西、山东、广东和福建等省（自治区、直辖市）的监测样品（图 12）。

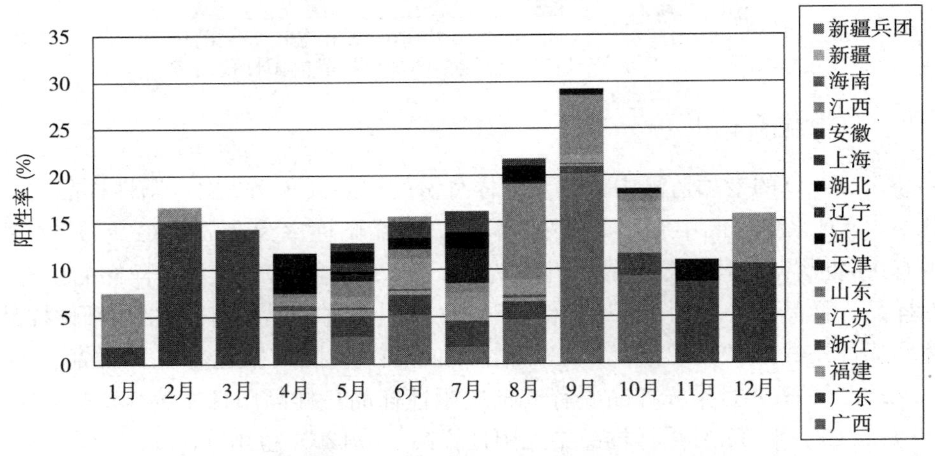

图 12　2007—2018 年各省份 WSD 专项监测各月份样品的阳性检出率

（注：阳性率是以各月份的总样品数为基数计算）

（五）阳性样品的温度分布

2018 年 WSD 专项监测中，记录了采样温度的阳性样品共 117 批次。其中，采样时温度低于 24℃的样品中有 29 批次阳性样品，样品阳性率为 16.2%（29/179）；采样时温度在 24～25℃的样品中有 9 批次阳性样品，样品阳性率为 39.1%（9/23）；采样时温度在 25～26℃的样品中有 6 批次阳性样品，样品阳性率为 13.3%（6/45）；采样时温度在 26～27℃的样品中有 16 批次阳性样品，样品阳性率为 16.7%（16/96）；采样时温度在 27～28℃的样品中有 7 批次阳性样品，样品阳性率为 8.3%（7/84）；采样时温度在 28～29℃的样品中有 19 批次阳性样品，样品阳性率为 8.3%（19/229）；采样时温度在 29～30℃的样品中有 7 批次阳性样品，样品阳性率为 8.5%（7/82）；采样时温度在30～31℃的样品中有 9 批次阳性样品，样品阳性率为 5.2%（9/172）；采样时温度在31～32℃的样品中有 11 批次阳性样品，样品阳性率为 19.3%（11/57）；采样时温度高于 32℃的样品中有 4 批次阳性样品，样品阳性率为 11.4%（4/35）（图 13）。

2007—2018 年记录采样时水温的样品共 4 269 批次，共检出阳性样品 618 批次，占记录水温数据样本总量的 14.5%。对不同温度区段进行统计，表明水温 24～25℃的样品阳性率最高，平均为 25.6%（30/117）；其次低于 24℃，样品阳性率为 23.1%（147/637）（图 14）。

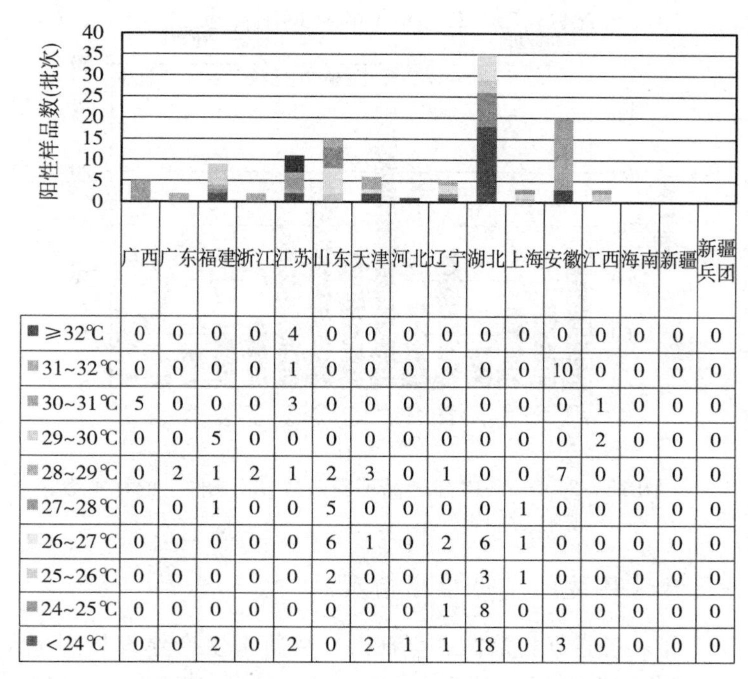

	广西	广东	福建	浙江	江苏	山东	天津	河北	辽宁	湖北	上海	安徽	江西	海南	新疆	新疆兵团
≥32℃	0	0	0	0	4	0	0	0	0	0	0	0	0	0	0	0
31~32℃	0	0	0	0	1	0	0	0	0	0	0	10	0	0	0	0
30~31℃	5	0	0	0	3	0	0	0	0	0	0	0	1	0	0	0
29~30℃	0	0	5	0	0	0	0	0	0	0	0	0	2	0	0	0
28~29℃	0	2	1	2	1	2	3	0	1	0	0	7	0	0	0	0
27~28℃	0	0	1	0	0	5	0	0	0	0	1	0	0	0	0	0
26~27℃	0	0	0	0	0	6	1	0	2	6	1	0	0	0	0	0
25~26℃	0	0	0	0	0	2	0	0	0	3	1	0	0	0	0	0
24~25℃	0	0	0	0	0	0	0	0	1	8	0	0	0	0	0	0
< 24℃	0	0	2	0	2	0	2	1	1	18	0	3	0	0	0	0

图 13　2018 年各省份 WSD 专项监测样品不同温度的阳性样品分布

（注：阳性率是以各温度区间的总样品数为基数计算）

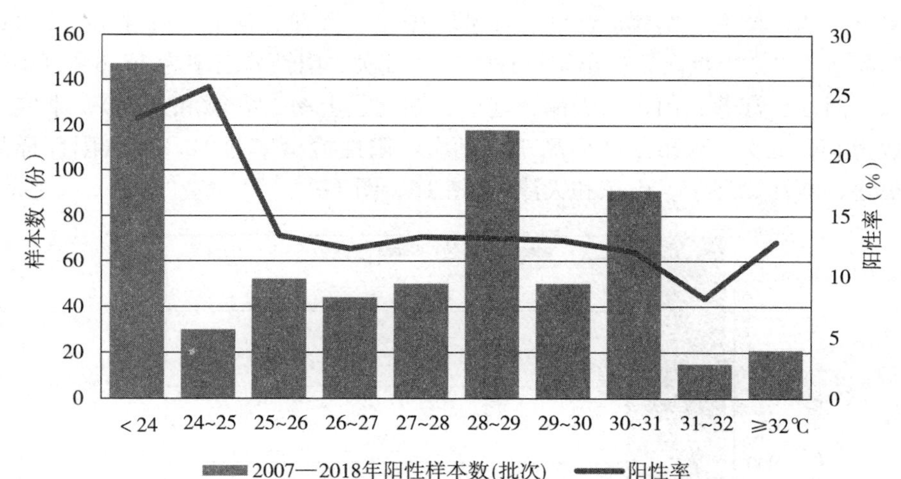

图 14　2007—2018 年专项监测有水温数据的 WSSV 阳性样本数和阳性率

（六）阳性样品的 pH 分布

2007—2018 年记录采样时水体 pH 的样品共 2 876 批次，共检出阳性样品 395 批次，占记录水体 pH 数据的样本总量的 13.7%。对不同水体 pH 区段进行统计（图 15），阳性率表现出较明显的波动，总体趋势是 pH8.0 以下阳性率 16.7%（260/1557），明显高于 pH8.0 以上 10.2%（135/1319）；养殖最适 pH7.8～8.3 范围的阳性率 12.1%（227/1877），pH≤7.7 和≥8.4 的平均阳性率 16.8%（168/999）。

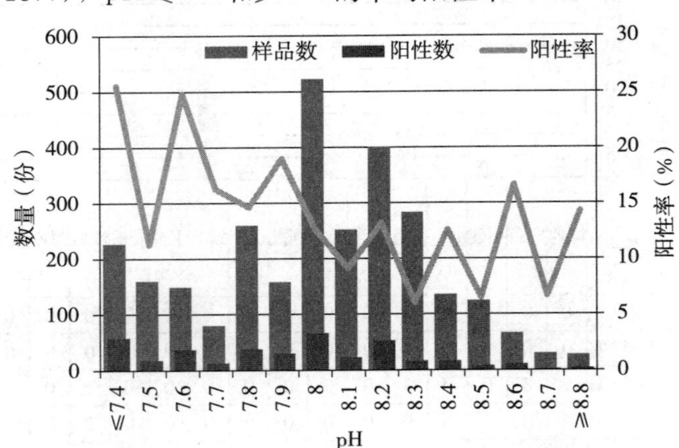

图 15　2007—2018 年样品不同采样 pH 条件下的样本数、阳性数和阳性率

（七）不同养殖环境的阳性检出情况

2007—2018 年，各省（自治区、直辖市）和新疆生产建设兵团记录有养殖环境的样品数为 9 493 批次，阳性样品数为 1 678 批次，占有记录样本总量的 17.7%。其中，海水养殖的样品数为 6 010 批次，检出阳性样品 1 111 批次，阳性检出率为 18.5%（阳性样品来自广西、广东、福建、浙江、江苏、山东、天津、河北、辽宁和海南）；淡水养殖的样品数为 2 611 批次，检出阳性样品 460 批次，阳性检出率为 17.6%（阳性样品来自广东、浙江、江苏、山东、天津、辽宁、湖北、上海、安徽和江西）；半咸水养殖的样品数为 872 批次，检出阳性样品 107 批次，阳性检出率为 12.3%（阳性样品来自广西、福建、浙江、辽宁、山东和天津）（图 16、图 17）。

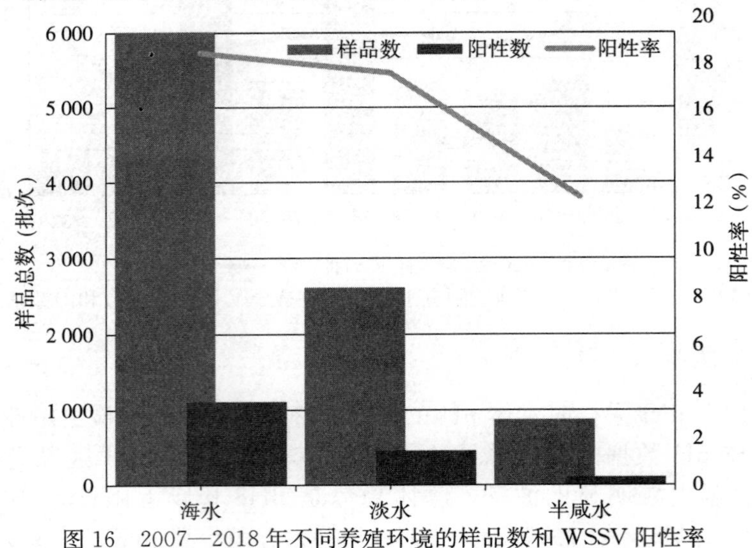

图 16　2007—2018 年不同养殖环境的样品数和 WSSV 阳性率

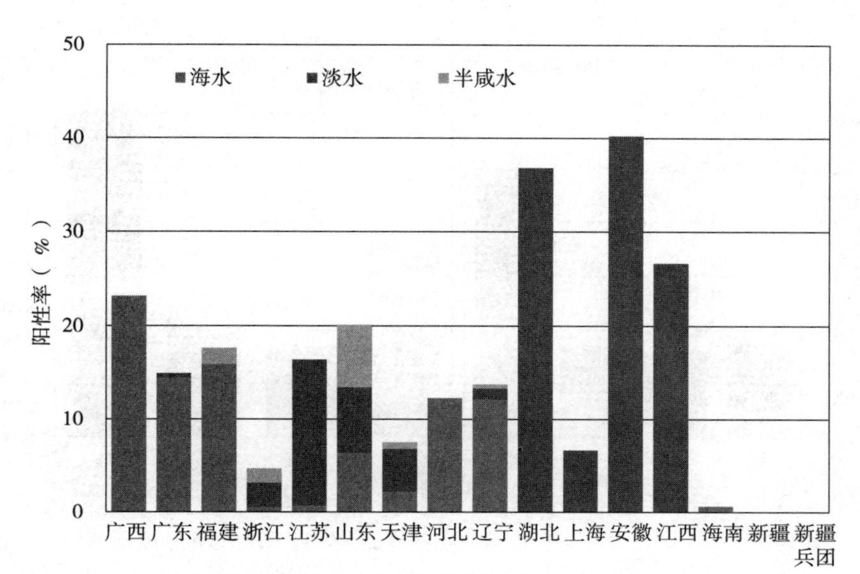

图17　2007—2018年各监测省份和新疆生产建设兵团不同养殖环境WSSV阳性率

（注：阳性率是以各省批次样品总数为基数计算）

（八）不同类型监测点的阳性检出情况

2018年15个省（自治区、直辖市）和新疆生产建设兵团的专项监测设置的751个监测点中，国家级原良种场7个，无阳性检出WSD；省级原良种场35个，1个阳性，检出率2.9%；重点苗种场332个，21个阳性，检出率6.3%；虾类养殖场377个，88个阳性，检出率23.3%。

2007—2018年，15个省（自治区、直辖市）和新疆生产建设兵团国家级原良种场的样品阳性率为8.7%（11/126），监测点阳性率为18.4%（7/38）；省级原良种场的样品阳性率为8.0%（31/387），监测点阳性率为8.4%（13/155）；重点苗种场的样品阳性率为8.7%（330/3 806），监测点阳性率为10.3%（241/2 346）；对虾养殖场的样品阳性率为25.0%（1 324/5 293），监测点阳性率30.4%（1 100/3 617）（图18）。

（九）不同养殖模式监测点的阳性检出情况

2007—2018年，15个省（自治区、直辖市）和新疆生产建设兵团的6 400个记录养殖模式的监测点中，共1 395个阳性监测点，平均阳性检出率为21.8%。其中，池塘养殖模式的阳性检出率为26.3%；工厂化养殖模式的阳性检出率为13.5%；其他养殖模式的阳性检出率为33.7%（图19）。

（十）连续抽样监测点的阳性检出情况

2007—2018年WSD的专项监测中，详细记录监测信息的监测点共有4 550个，900个进行了多年监测，736个进行了2年及以上连续监测。其中，271个监测点出现多次阳性，117个监测点连续2年及以上出现阳性，各省（自治区、直辖市）阳性监测点在后续

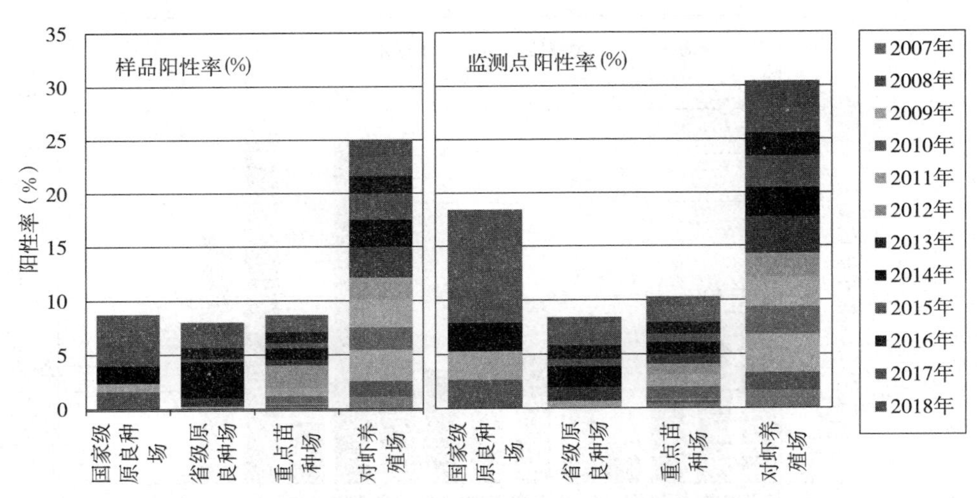

图 18　2007—2018 年不同类型监测点的样品 WSSV 阳性率和监测点 WSSV 阳性率

监测中再出现阳性的比率平均为 43.2%，下一年再出现阳性的比率平均为 28.4%。

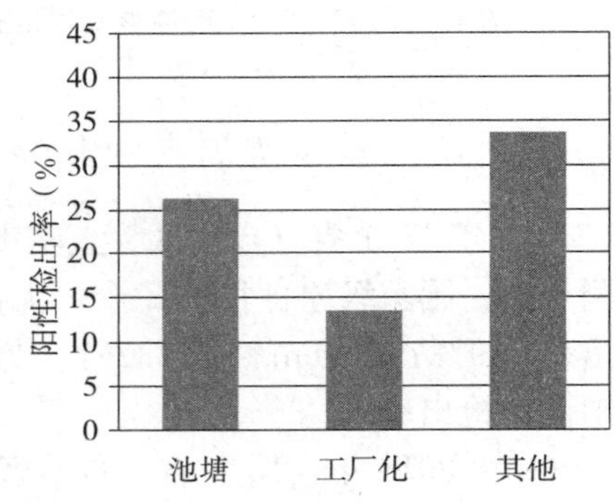

图 19　2007—2018 年不同养殖模式监测点的 WSSV 阳性检出率

从各省份的情况来看，不计最后一年，广西壮族自治区有 111 个监测点多次抽样并检测出阳性，其中 45 个监测点出现多次阳性，32 个监测点是连续 2 年及以上出现阳性，其阳性监测点在后续监测中再出现阳性的比率为 40.5%，下一年再出现阳性的比率为 28.8%；相应地，广东省有 35 个监测点多次抽样并检测出阳性，其中 15 个监测点出现多次阳性，4 个监测点是连续 2 年及以上出现阳性，该省阳性监测点在后续监测中再出现阳性的比率为 42.9%，下一年再出现阳性的比率为 11.4%；福建省有 6 个监测点多次抽样并检测出阳性，其中 1 个监测点出现多次阳性，未出现连续 2 年阳性的监测点，该省阳性监测点在后续监测中再出现阳性的比率为 16.7%；江苏省有 23 个监测点多次抽样并检测出阳性，其中 7 个监测点出现多次阳性，4 个监测点是连续 2 年及以上出现阳性，该省阳性监测点在后续监测中再出现阳性的比率为 30.4%，下一年再出现阳性的比率为 17.4%；山东省有 33 个监测点多次抽样并检测出阳性，其中 20 个监测点出现多次阳性，12 个监测点是连续 2 年及以上出现阳性，该省阳性监测点在后续监测中再出现阳性的比率为 60.6%，下一年再出现阳性的比率为 36.4%；经数据规整后，天津市仅有 1 个监测点多次抽样并在非抽样最后一年检出阳性，且该监测点连续 2 年出现阳性；河北省有 22 个监测点多次抽样并检测出阳性，其中 10 个监测点出现多次阳性，7 个监测点是连续 2 年及以上出现阳性，该省阳性监测点在后续检测中再出现阳性的比率为 45.5%，下一年再出现阳性的比率为 31.8%；湖北省有 16 个监测点多次抽样并检测出阳性，其中 12 个监测点出现多次阳性，11 个监测点是连续 2 年及以上出现阳性，该省阳性监测点在后续检测中再出现阳性的比率为75.0%，下一年再出现阳性的比率为68.8%；上海市有2个监测点多次抽样并检测出阳性，其中1个监测点出现多次阳性，且均是连续2年及以上出现阳性，该省阳性监测点在后续检测中再出现阳性的比率为50%，下一年再出现阳性的比率为50%；安徽省有10个监测点多次抽样并检测出阳性，其中5个监测点出现多次阳性，且均是连续2年及以上出现阳性，该省阳性监测点在后续检测中再出现阳性的比率为50%，下一年再出现阳性的比率为50%；江西省、海南省、新疆维吾尔自治区和新疆生产建设兵团均有多年设置的监测点，尚未在这些监测点中多次检出过阳性（图20）。

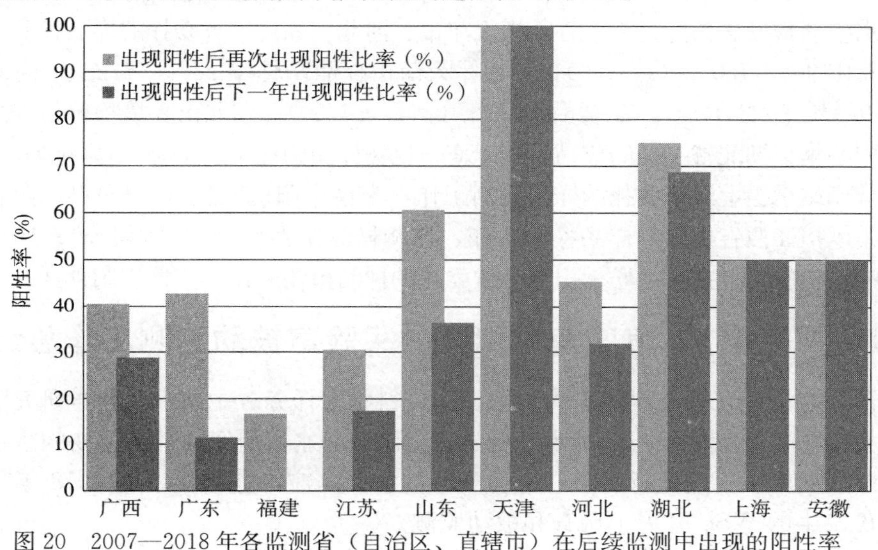

图20　2007—2018年各监测省（自治区、直辖市）在后续监测中出现的阳性率

（十一）不同检测单位的检测结果情况

深圳出入境检验检疫局食品检验检疫技术中心承担广西壮族自治区和江西省委托的样品检测工作，检测样品总阳性率6%（3/50），其中，广西壮族自治区样品阳性率2.2%（1/45），江西省样品阳性率40.0%（2/5）；广西渔业病害防治环境监测和质量检验中心承担广西壮族自治区委托的样品检测工作，检测样品阳性率8.9%（4/45）；广东省水生动物疫病预防控制中心承担广东省委托的样品检测工作，检测样品阳性率18.2%（2/110）；福建省水产研究所承担福建省委托的样品检测工作，检测样品阳性率20.0%（6/30）；福州市海洋与渔业技术中心承担福建省委托的样品检测工作，检测样品阳性率10.0%（3/30）；福建省水产技术推广总站承担福建省委托的样品检测，未检出阳性样品（0/32）；浙江省水生动物防疫检疫中心承担浙江省、上海市和江苏省委托的样品检测工作，检测样品总阳性率9.8%（10/102），其中，浙江省样品阳性率2.1%（1/47），上海市样品阳性率20.0%（3/15），江苏省样品阳性率15.0%（6/40）；江苏省水生动物疫病预防控制中心承担江苏省、浙江省和安徽省委托的样品检测工作，检测样品总阳性率16.3%（26/160），其中，江苏省样品阳性率10.9%（5/46），浙江省样品阳性率1.9%（1/53），安徽省样品阳性率32.8%（20/61）；中国水产科学研究院黄

海水产研究所承担山东省、海南省、新疆维吾尔自治区和新疆生产建设兵团委托的样品检测工作，检测样品总阳性率 7.8%（12/153），其中，山东省样品阳性率 24%（12/50），海南省送检的样品未检出阳性（0/90），新疆维吾尔自治区送检的样品未检出阳性（0/10），新疆生产建设兵团送检的样品未检出阳性（0/3）；山东省海洋生物研究院承担山东省委托的样品检测工作，检测样品阳性率 6.0%（3/50）；河北省水产养殖病害防治监测总站承担河北省和天津市委托的样品检测工作，检测样品总阳性率 2.0%（1/50），其中，河北省样品阳性率 4.0%（1/25），天津市送检的样品未检出阳性（0/25）；天津市水生动物疫病预防控制中心承担天津市、河北省和辽宁省委托的样品检测工作，检测样品总阳性率 11.0%（11/100），其中，天津市样品阳性率 24%（6/25），河北省样品阳性率 0.0%（0/25），辽宁省样品阳性率 10.0%（5/50）；湖北出入境检验检疫局检验检疫技术中心承担湖北省委托的样品检测工作，检测样品阳性率 58.3%（35/60）；上海市水产技术推广站承担上海市委托的样品检测工作，未检出阳性样品（0/15）；江西省水产技术推广站承担江西省委托的样品检测工作，检测样品阳性率 20.0%（1/5）；广东出入境检验检疫局检验检疫技术中心承担海南省委托的样品检测工作，未检出阳性样品（0/10）。

四、国家 WSD 首席专家团队的实验室被动监测工作总结

在国家虾蟹类产业技术体系病害防控岗位科学家任务、中国水产科学研究院基本科研业务费等项目的支持下，中国水产科学研究院黄海水产研究所养殖生物病害控制与分子病理学研究室甲壳类流行病学与生物安保技术团队应产业需求，对 2018 年我国沿海主要省份发生的 WSD 开展了调查和被动监测。

2018 年针对 WSD 的被动监测范围，包括广东、广西、海南、河北、江苏、山东、天津和浙江共 8 个省（自治区、直辖市），共监测 719 批次样品，包括南美白对虾、中国对虾、日本对虾、罗氏沼虾、饵料生物（沙蚕、卤虫）等。WSD 的被动监测结果表明，山东的阳性检出率为 19.9%（48/241），海南的阳性检出率为 0.4%（1/260），广东、广西、河北、江苏、天津和浙江的被动监测样品中未检出阳性（图 21）。

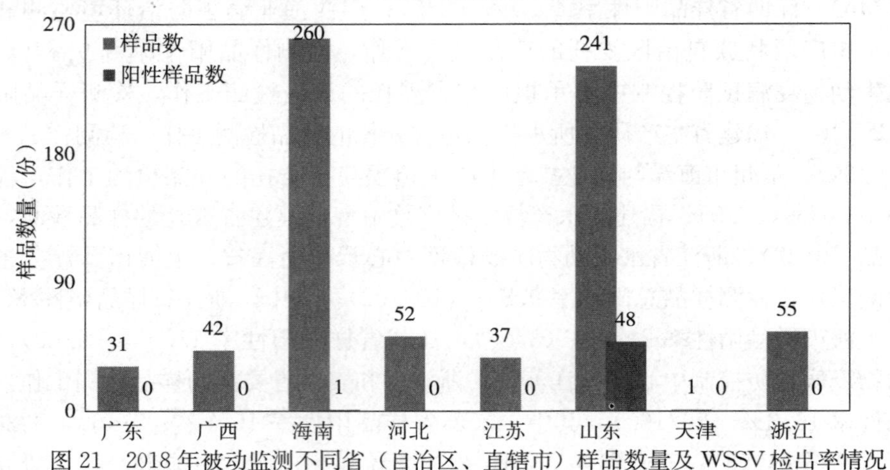

图 21　2018 年被动监测不同省（自治区、直辖市）样品数量及 WSSV 检出率情况

五、WSD 风险分析及防控建议

（一）WSD 在我国的流行现状及趋势

WSD 的专项监测自 2007 年以来，先后在 15 个省（自治区、直辖市）和新疆生产建设兵团开始实施，涉及了 6 156 个养殖场点，监测样品 11 069 批次。其中，阳性样品 1 763 批次，阳性监测点 1 361 点次，平均样品阳性率 15.9%，平均监测点阳性率 22.1%。除新疆维吾尔自治区和新疆生产建设兵团外，其他参加 WSD 监测的 13 个省（自治区、直辖市）均在不同年份检出了 WSSV 阳性，说明 WSD 是威胁我国甲壳类养殖业的重要疫病。经过持续 12 年的 WSD 监测，从 15 个省（自治区、直辖市）和新疆生产建设兵团的样品阳性率和监测点阳性率进行分析发现，WSD 在我国的流行率在 2010 年后有逐年降低的趋势。

（二）易感宿主

2007—2018 年的专项监测结果显示，我国南美白对虾、中国对虾、日本对虾、克氏原螯虾、青虾、罗氏沼虾、斑节对虾、脊尾白虾和蟹类中均有 WSSV 在核酸阳性检出。其中，2018 年的专项监测结果显示，阳性样品种类有南美白对虾、斑节对虾、中国对虾、日本对虾、罗氏沼虾、脊尾白虾、青虾和克氏原螯虾。从阳性样品种类来看，监测的所有 8 种虾类中，除罗氏沼虾和斑节对虾以外的所有品种均有阳性检出，说明 WSSV 可能对我国多种海、淡水养殖虾类造成威胁。OIE 水生动物疾病诊断手册（2018 版）第 2.2.8 章提到在所有检测的物种中，暂未发现对 WSSV 具有抗性的十足目甲壳类动物。然而，在不同地区推荐的甲壳类动物混养模式为 WSSV 在不同宿主之间的传播和进化提供了可能，需在产业中评估近缘物种混养对疫病传播和病原演化的风险。另一方面，OIE 水生动物疾病诊断手册（2018 版）第 2.2.8 章提到桡足类（copepods）和轮虫类（rotifers）是 WSSV 的野生携带者，而桡足类和轮虫类也是对虾育种过程中必不可少的鲜活饵料，WSSV 通过这些鲜活饵料进入养殖系统的风险亟须评估。

（三）WSSV 传播途径及传播方式

根据 2007—2018 年不同类型监测点的监测结果来看，国家级原良种场、省级原良种场和重点苗种场的平均样品阳性率达为 8.6%（372/4319），监测点阳性率为 10.3%（261/2539）。其中，国家级原良种场的阳性率 18.4%（7/38）＞省级原良种场阳性率 8.4%（13/155）≈重点苗种场阳性率 10.3%（241/2346），这可能是因为国家级原良种场在累代选育过程中忽视了生物安保工作，未进行 WSSV 的监测和净化，导致 WSSV 在原良种场的垂直传播；另一方面该结果也可能是由于国家级原良种场的监测点和监测样本数量少，即抽样偏差所导致的。

对监测数据中多次抽样监测点进行分析，监测点多次出现阳性或连续出现阳性的情况值得注意。2007—2018 年的平均监测点阳性率为 22.1%，而 43.2%的阳性监测点在后续的监测中再出现阳性，28.4%的阳性监测点下一年会再出现阳性，如此高比例的多次或连续阳性监测点提示，存在 WSSV 在阳性监测点留存和跨年度横向传播的风险，应注意养殖生产中对于 WSD 阳性监测点的阳性处理措施。

（四）WSSV 流行与环境条件的关系

通过 2007—2018 年 15 个省（自治区、直辖市）和新疆生产建设兵团提供的监测数据来看，WSSV 的阳性检出率与某些环境因素存在一定的相互关系。

12 年的专项水温监测数据分析发现，WSSV 阳性率在水温 25℃以下较高，随着温度的升高阳性率逐渐降低，在水温为 28～30℃时阳性率趋于平稳，高于 30℃后又逐渐降低。这与实际养殖过程中在放苗后 1～2 个月出现 WSD 发病高峰，以及在秋季再次出现发病高峰的一般规律是吻合的。

将阳性样品与采样时水体 pH 进行分析，2007—2018 年监测数据中，pH 在 8.0～8.5 时，WSSV 阳性率最低，平均阳性率为 10.7%（184/1718）；pH≤7.7 和 pH≥8.4 时，阳性率显著提高，平均阳性率为 16.8%。这与实际养殖过程中观察到的气候突变或水质条件引起对虾 WSD 急性发病的流行规律基本相符。

将阳性样品与采样时水体盐度进行分析，2007—2018 年监测数据中，半咸水养殖的样品阳性率最低为 12.3%（107/872）；其次为淡水养殖，样品阳性率为 17.6%（460/2611）；海水养殖的样品阳性率最高，为 18.5%（1111/6010）。然而，各省份提供的数据只是对盐度进行了简单的海水、淡水和半咸水的区分，并未提供准确的盐度值，加之采样人员进行盐度区分时可能存在主观性，因此该部分结论还需要进一步在今后的监测过程中进行确认。

由于目前的监测数据中未体现各监测点采样时的发病情况，加之数据分析过程中各因素间的混杂（confounding）与交互（interaction）作用，所以目前的分析结果尚不能准确反映 WSD 的发生和流行与环境因子的关系，还有待于在将来的专项监测中对这些不足加以改进。

六、监测中存在的主要问题

我国 2007 年首次开展了甲壳类 WSD 的专项监测，经过 12 年的监测工作，逐渐形成了稳定的监测方案和监测体系，得以揭示 WSD 在我国主要虾类养殖区的流行情况，为制订我国病害防控方案提供了重要依据。2018 年，各省（自治区、直辖市）和新疆生产建设兵团提供的数据通过国家水生动物疫病监测信息管理系统进行提交，数据的规范性有了很大提高，但 2018 年的监测过程中依然暴露了一些问题。

（一）监测数据信息不完整

监测数据的完整性和准确性，对于明确疾病和环境因子的关系至关重要。2018 年的监测数据中仍存在数据遗漏的情况，如采样及检测结果汇总表中有些省（自治区、直辖市）未填报pH信息。

（二）监测数据填写的规范性需继续提高

同一家监测点，存在监测点名称或备案编号不一致的情况，如在原始数据中分别使用了“××养殖场”和“××养殖厂”。这种填写的不规范，在分析同一监测点的共感染情况和连续监测点时会造成困难。

（三）抽样设计欠合理

从2018年各省（自治区、直辖市）和新疆生产建设兵团监测的情况来看，仍然存在抽样设计不合理的情况，部分监测省（自治区、直辖市）存在监测样品数量较少，未结合预定流行率、群体大小和把握度（一般设为95%）等因素设计合理的流行率和估计精度，来确定最合理的样本量。

七、对甲壳类疫病监测和防控工作的建议

（一）拓展甲壳类动物重要疫病监测范围

根据《2017年中国水生动物卫生状况报告》，2017年我国水产养殖由病害导致的经济损失约361亿元，其中，甲壳类占40.7%，约147亿元。同时，除目前已纳入监测范围的WSD、IHHN、SHID和EHPD外，尚存在多种如急性肝胰腺坏死病（AHPND）和偷死野田村病毒病（CMND）等严重危害甲壳类养殖业的新发疫病。考虑到AHPND已被列入OIE水生动物疫病名录，AHPND和CMND已纳入NACA/FAO亚太水生动物疾病季度报告，并在国内造成了严重的经济损失，建议将AHPND和CMND尽快纳入到我国水生动物重要疫病的监测计划。

（二）继续完善监测数据的规范性和完整性

自2017年首次使用国家水生动物疫病监测信息管理系统进行数据填报，数据的完整性和规范性有了很大提高，应充分利用国家水生动物疫病监测信息管理系统对监测数据进行规范，对监测数据填报过程中容易出现问题的内容通过信息管理系统进行约束，如对监测点实行统一编号，避免出现同一监测点但备案编号或监测点名称不一致的情况。继续对国家水生动物疫病监测信息管理系统中数据填写、上传和使用进行培训。

（三）优化监测方案，重视病原共感染问题

各省（自治区、直辖市）应结合往年监测数据，在充分考虑群体大小、预定流行率、把握度、工作经费和工作时间的基础上，结合上年度疫病的流行率和估计精度，来确定本省（自治区、直辖市）的监测方案，优化监测范围和监测样本量。另一方面，建议各省（自治区、直辖市）在安排监测任务时重视甲壳动物病原共感染的情况，可将同一批次样品进行多病原检测，以掌握我国养殖甲壳动物中多病原共感染的情况。

（四）逐步建立水生动物重要疫情监测技术规范

监测结果的可靠性和准确性与监测各个环节的操作规范性密切相关，建议逐步建立我国水生动物重要疫情监测技术规范，对监测点设置、采样、运输、检测、数据分析和阳性场处置等各个环节的操作进行规范，使其可实施、可追溯、可复核，保证监测数据的可靠性和准确性。

2018 年传染性皮下和造血器官坏死病状况分析

中国水产科学研究院黄海水产研究所

（董　宣　李富俊　万晓媛　杨　冰　张庆利　黄　倢）

一、前言

传染性皮下和造血器官坏死病（infection with infectious hypodermal and haematopoietic necrosis virus，IHHN）是由传染性皮下和造血器官坏死病毒（infectious hypodermal and haematopoietic necrosis virus，IHHNV）所引起的虾类疫病，被我国《一、二、三类动物疫病病种名录》列为二类动物疫病，《中华人民共和国进境动物检疫疫病名录》列为二类进境动物疫病，世界动物卫生组织（OIE）收录为必须申报的水生动物疫病。

农业农村部从 2015 年开始在广西（2015）、广东（2015）、福建（2015）、浙江（2015）、江苏（2015）、山东（2015）、天津（2015）、河北（2015）、辽宁（2015）、上海（2016）、安徽（2017）、海南（2017）、新疆维吾尔自治区（2017）和新疆生产建设兵团（2017）等我国主要虾类养殖省（自治区、直辖市）组织开展了 IHHN 的专项监测工作，获取了大量流行病学信息，逐步掌握了 IHHN 在我国的流行情况和对虾类养殖产业的危害，提高了对 IHHN 的流行病学认识，为制订有效防控措施及调整决策提供了数据支撑，为我国水产养殖业的绿色发展提供了保障。

二、全国各省开展 IHHN 的专项监测情况

（一）概况

农业农村部从 2015 年开始逐步在部分省（自治区、直辖市）组织开展 IHHN 专项监测。监测范围从南到北包括广西、广东、福建、浙江、江苏、山东、天津、河北和辽宁 9 个省（自治区、直辖市）的 62 个区（县）、119 个乡（镇）、412 个监测点，采集的 709 份样本来自 7 个国家级原良种场、13 个省级原良种场、137 个重点苗种场和 255 个对虾养殖场。2016 年，IHHN 专项监测涉及广西、广东、福建、浙江、上海、江苏、山东、天津、河北和辽宁 9 个省（自治区、直辖市）的 79 个区（县）、172 个乡（镇）、503 个监测点、761 份样本，其中，国家级原良种场 3 个、省级原良种场 24 个、重点苗种场 264 个、对虾养殖场 212 个；2017 年，IHHN 专项监测包括海南、广西、广东、福建、浙江、上海、安徽、江苏、山东、河北、天津、辽宁、新疆在内的 13 个省（自

治区、直辖市）和新疆生产建设兵团，共涉及 108 个区（县）、207 个乡（镇）、597 个监测点，其中，国家级原良种场 5 个、省级原良种场 39 个、重点苗种场 357 个、对虾养殖场 196 个。

2018 年，IHHN 专项监测范围包括广西、广东、福建、浙江、江苏、山东、河北、天津、辽宁、上海、海南、新疆维吾尔自治区和新疆生产建设兵团，共涉及 115 个区（县）、240 个乡（镇）、623 个监测点，其中，国家级原良种场 6 个、省级原良种场 33 个、重点苗种场 349 个、对虾养殖场 235 个。2018 年，国家监测计划样品数为 810 批次，实际采集和检测样品 871 批次，各监测省（自治区、直辖市）和新疆生产建设兵团均全部完成国家监测采集任务。2015—2018 年，各省（自治区、直辖市）累计监测样品数 3 165 批次（表 1），其中，广东累计监测样品 470 批次、山东累计监测样品 432 批次、广西累计监测样品 396 批次，累计监测样品的数量分列前三位(图 1)。

表 1　2015—2018 年 IHHN 专项监测省（自治区、直辖市）采样累计情况

监测省份	广西	广东	福建	浙江	江苏	山东	河北	天津	辽宁	上海	安徽	海南	新疆	新疆兵团
监测样品数	396	470	239	330	235	432	299	290	190	90	20	151	15	8

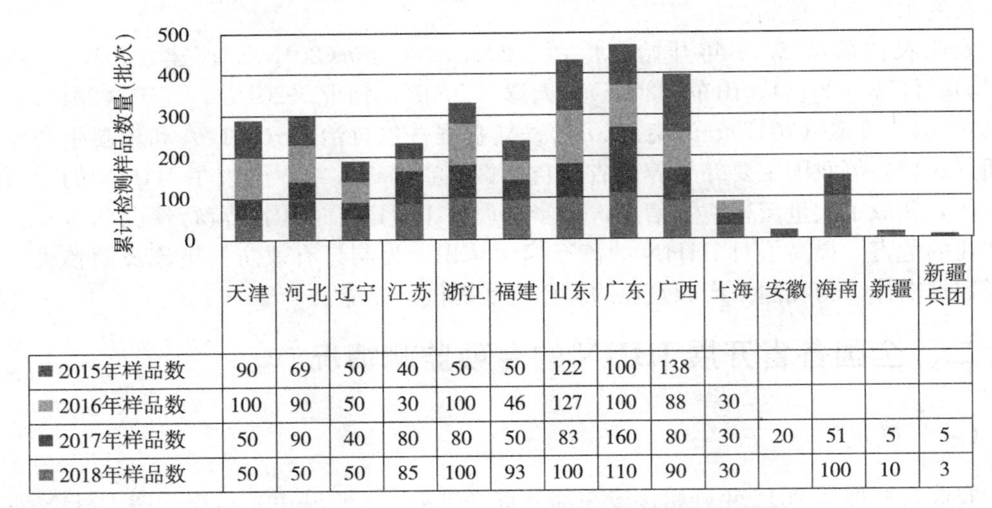

图 1　2015—2018 年各省份专项监测的采样数量统计

（二）不同养殖模式监测点情况

2018 年，各省（自治区、直辖市）和新疆生产建设兵团的专项监测数据表中记录养殖模式的监测点共 620 个。其中，池塘养殖监测点 332 个，占 53.5%；工厂化养殖监测点 266 个，占 42.9%；其他养殖模式（主要包括稻田养殖、网箱养殖等）监测点 22 个，占 3.6%。

2015—2018 年，各省（自治区、直辖市）和新疆生产建设兵团的专项监测数据表中记录养殖模式的监测点共 2 106 个。其中，池塘养殖监测点 1 058 个，占 50.2%；工厂化养殖监测点 1 005 个，占 47.7%；其他养殖模式监测点 43 个，占 2.0%（图 2）。

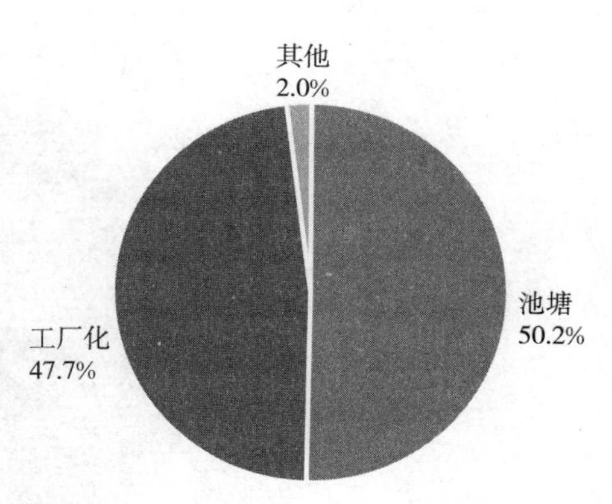

图 2　2015—2018 年 IHHN 专项监测对象的养殖模式比例

（注：其他养殖模式主要包括稻田养殖等）

（三）2018 年采样的品种、规格

2018 年，IHHN 专项监测样品的种类有南美白对虾、斑节对虾、中国对虾、日本对虾、罗氏沼虾、青虾、克氏原螯虾、脊尾白虾。

记录了采样规格的样品共 867 份。其中，体长小于 1 厘米的样品 285 份，占样品总量的 32.9%；体长为 1～4 厘米的样品 381 份，占样品总量的 43.9%；体长为 4～7 厘米的样品 74 份，占样品总量的 8.5%；体长为 7～10 厘米的样品 54 份，占样品总量的 6.2%；体长大于 10 厘米的样品 73 份，占样品总量的 8.4%。具体各省（自治区、直辖市）和新疆生产建设兵团监测样品规格分布情况见图 3。

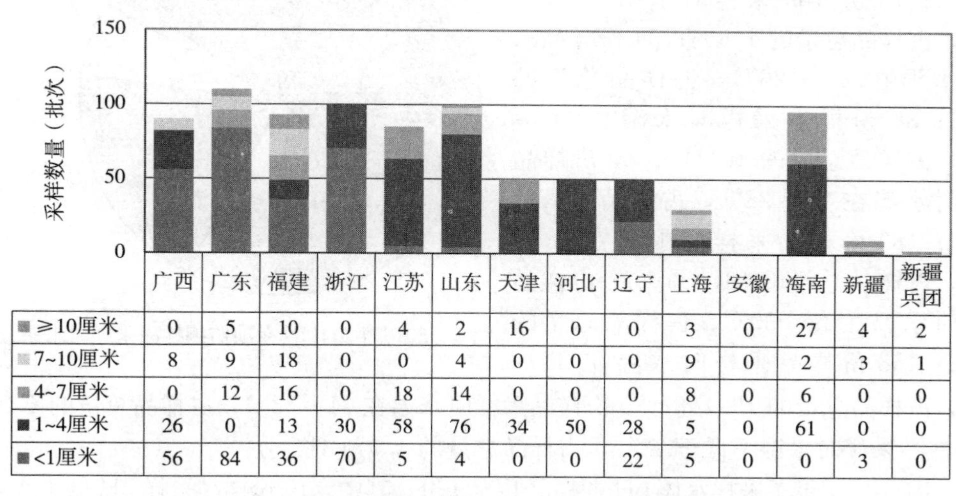

	广西	广东	福建	浙江	江苏	山东	天津	河北	辽宁	上海	安徽	海南	新疆	新疆兵团
≥10厘米	0	5	10	0	4	2	16	0	0	3	0	27	4	2
7~10厘米	8	9	18	0	0	4	0	0	0	9	0	2	3	1
4~7厘米	0	12	16	0	18	14	0	0	0	8	0	6	0	0
1~4厘米	26	0	13	30	58	76	34	50	28	5	0	61	0	0
<1厘米	56	84	36	70	5	4	0	0	22	5	0	0	3	0

图 3　2018 年各省份 IHHN 专项监测样品的采样规格

（四）抽样的自然条件（如时间、水温、pH 等）

2018 年，记录了采样时间的样品共 867 份。其中，3 月采集样品 75 份，占记录采样时间样品总量的 8.7%；4 月采集样品 79 份，占 9.1%；5 月采集样品 368 份，占 42.4%；6 月采集样品 71 份，占 8.2%；7 月采集样品 86 份，占 9.9%；8 月采集样品 71 份，占 8.2%；9 月采集样品 19 份，占 2.2%；10 月采集样品 75 份，占 8.7%；11 月采集样品 23 份，占 2.7%（图 4）。

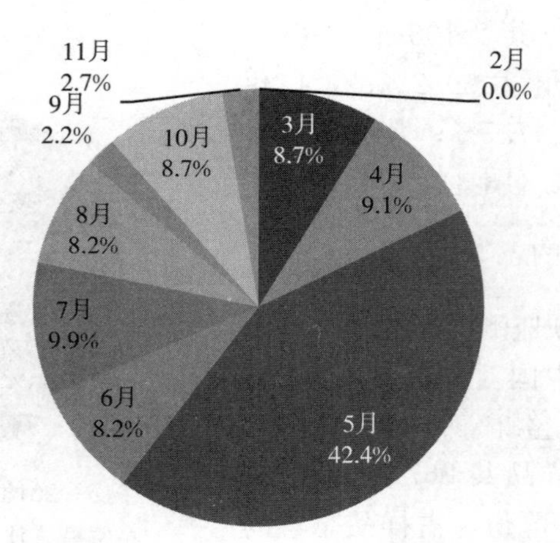

图 4　2018 年 IHHN 专项监测样品的采样时间分布

2018 年，记录了采样时水温的样品共 867 份。其中，132 份样品采样时水温低于 24℃，占记录采样水温样品总量的 15.2%；13 份样品采样时水温在 24～25℃，占样品总量的 1.5%；54 份样品采样时水温在 25～26℃，占样品总量的 6.2%；88 份样品采样时水温在 26～27℃，占样品总量的 10.1%；80 份样品采样时水温在 27～28℃，占样品总量的 9.2%；189 份样品采样时水温在 28～29℃，占样品总量的 21.8%；73 份样品采样时水温在29～30℃，占样品总量的 8.4%；168 份样品采样时水温在 30～31℃，占样品总量的 19.4%；35 份样品采样时水温在 31～32℃，占样品总量的 4.0%；35 份样品采样时水温不低于 32℃，占样品总量的 4.0%（图 5）。

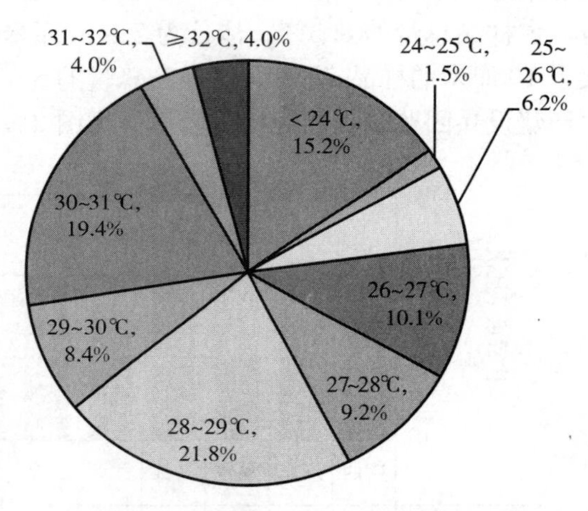

图 5　2018 年 IHHN 专项监测样品采样时水温分布

2018 年，记录了采样水体 pH 的样品共 309 份。其中，10 份样品采样 pH 低于或等于 7.4，占记录采样 pH 样品总量的 3.2%；14 份样品采样 pH 为 7.5，占样品总量的 4.5%；20 份样品采样 pH 为 7.6，占样品总量的 6.5%；18 份样品的采样 pH 为 7.7，占样品总量的 5.8%；60 份样品的采样 pH 为 7.8，占样品总量的 19.4%；6 份样品的采样 pH 为 7.9，占样品总量的 1.9%；82 份样品的采样 pH 为 8.0，占样品总量的 26.5%；31 份样品的采样 pH 为 8.1，占样品总量的 10.0%；30 份样品的采样 pH 为 8.2，占样品总量的 9.7%；5 份样品的采样 pH 为 8.3，占样品总量的 1.6%；14 份样品的采样 pH 为 8.4，占样品总量的 4.5%；12 份样品的采样 pH 为 8.5，占样品总量的 3.9%；4 份样品的采样 pH 为 8.6，占样品总量的 1.3%；1 份样品的采样 pH 为 8.7，占样品总量的 0.3%；2 份样品的采样 pH 高于或等于 8.7，占样品总量的 0.6%（图 6）。

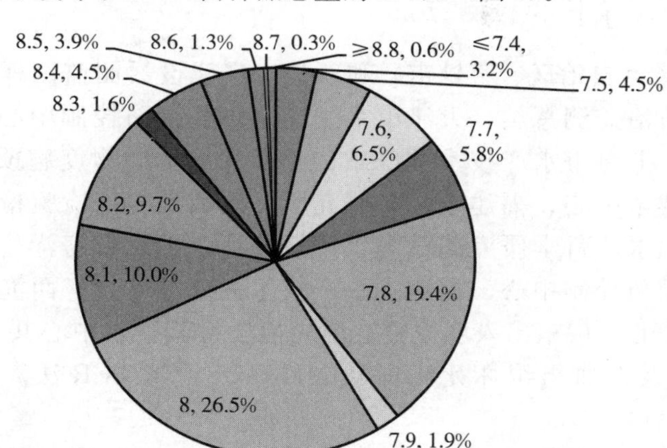

图 6　2018 年 IHHN 专项监测样品的采样 pH 分布

2018 年，记录养殖环境的样品数为 855 份。其中，广西、广东、福建、浙江、山东、河北、上海、新疆等省份和新疆兵团提供了全部监测样品的养殖环境信息。在记录养殖环境的样品中，海水养殖的样品数为493份，占样本总量的57.7%；淡水养殖的样品数为 285 份，占样本总量的 33.3%；半咸水养殖的样品数为 77 份，占样本总量的 9.0%（图 7）。

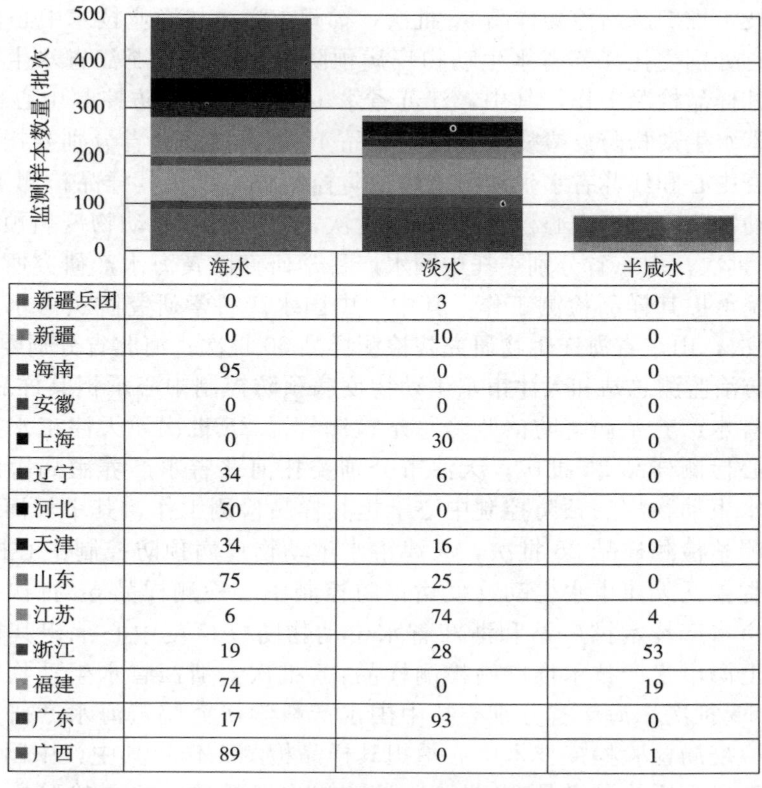

	海水	淡水	半咸水
新疆兵团	0	3	0
新疆	0	10	0
海南	95	0	0
安徽	0	0	0
上海	0	30	0
辽宁	34	6	0
河北	50	0	0
天津	34	16	0
山东	75	25	0
江苏	6	74	4
浙江	19	28	53
福建	74	0	19
广东	17	93	0
广西	89	0	1

图 7　2018 年各省份 IHHN 专项监测样品的养殖环境分布

（五）样品检测单位和检测方法

2018 年，各省（自治区、直辖市）和新疆生产建设兵团监测样品分别委托河北省水产养殖病害防治监测总站、天津市水生动物疫病预防控制中心、浙江省水生动物防疫检疫中心、上海市水产技术推广站、江苏省水生动物疫病预防控制中心、福州市海洋与渔业技术中心、福建省水产研究所、深圳出入境检验检疫局食品检验检疫技术中心、中国水产科学研究院黄海水产研究所、山东省海洋生物研究院、广东省水生动物疫病预防控制中心、福建省水产技术推广总站、广西渔业病害防治环境监测和质量检验中心、广东出入境检验检疫局检疫检验技术中心共 14 家单位，按照《对虾传染性皮下及造血组织坏死病毒（IHHNV）检测 PCR 法》（GB/T 25878—2010）进行实验室检测。

广西壮族自治区分别委托深圳出入境检验检疫局食品检验检疫技术中心和广西渔业病害防治环境监测和质量检验中心承担其样品检测工作，其中，深圳出入境检验检疫局食品检验检疫技术中心检测样品 45 批次，广西渔业病害防治环境监测和质量检验中心检测样品 45 批次；广东省委托广东省水生动物疫病预防控制中心检测样品 110 批次；福建省分别委托福建省水产研究所、福建省水产技术推广总站和福州市海洋与渔业技术中心承担样品检测工作，其中，福建省水产研究所检测样品 30 批次，福建省水产技术推广总站检测样品 32 批次，福州市海洋与渔业技术中心检测样品 31 批次；浙江省分别委托江苏省水生动物疫病预防控制中心和浙江省水生动物防疫检疫中心承担其样品检测工作，其中，江苏省水生动物疫病预防控制中心检测样品 53 批次，浙江省水生动物防疫检疫中心检测样品 47 批次；江苏省分别委托浙江省水生动物防疫检疫中心和江苏省水生动物疫病预防控制中心承担其样品检测工作，其中，浙江省水生动物防疫检疫中心检测样品 40 批次，江苏省水生动物疫病预防控制中心检测样品 45 批次；山东省分别委托中国水产科学研究院黄海水产研究所和山东省海洋生物研究院承担其样品检测工作，其中，中国水产科学研究院黄海水产研究所检测样品 50 批次，山东省海洋生物研究院检测样品 50 批次；河北省分别委托河北省水产养殖病害防治监测总站和天津市水生动物疫病预防控制中心承担其样品检测工作，其中，河北省水产养殖病害防治监测总站检测样品 25 批次，天津市水生动物疫病预防控制中心检测样品 25 批次；天津市分别委托河北省水产养殖病害防治监测总站和天津市水生动物疫病预防控制中心承担其样品检测工作，其中，河北省水产品质量检验检测站检测样品 25 批次，天津市水生动物疫病预防控制中心检测样品 25 批次；辽宁省委托天津市水生动物疫病预防控制中心检测样品 50 批次；上海市分别委托上海市水产技术推广站和浙江省水生动物防疫检疫中心承担其样品检测工作，其中，上海市水产技术推广站检测样品 15 批次，浙江省水生动物防疫检疫中心检测样品 15 批次；海南省分别委托中国水产科学研究院黄海水产研究所和广东出入境检验检疫局检验检疫技术中心承担其样品检测工作，其中，中国水产科学研究院黄海水产研究所检测样品 90 批次，广东出入境检验检疫局检验检疫技术中心检测样品 10 批次；新疆维吾尔自治区委托中国水产科学研究院黄海水产研究所检测样品 10 批次；新疆生产建设兵团委托中国水产科学研究院黄海水产研究所检测样品 3 批次（图 8）。

2018 年，各检测单位共承担 871 批次的检测任务，其中中国水产科学研究院黄海水产研究所承担的检测任务量最多，为 153 批次；其次是广东省水生动物疫病预防控制中心，为 110 批次；再次是浙江省水生动物防疫检疫中心，为 102 批次。3 家检测单位的检测样品量占总样品量的 41.9%。

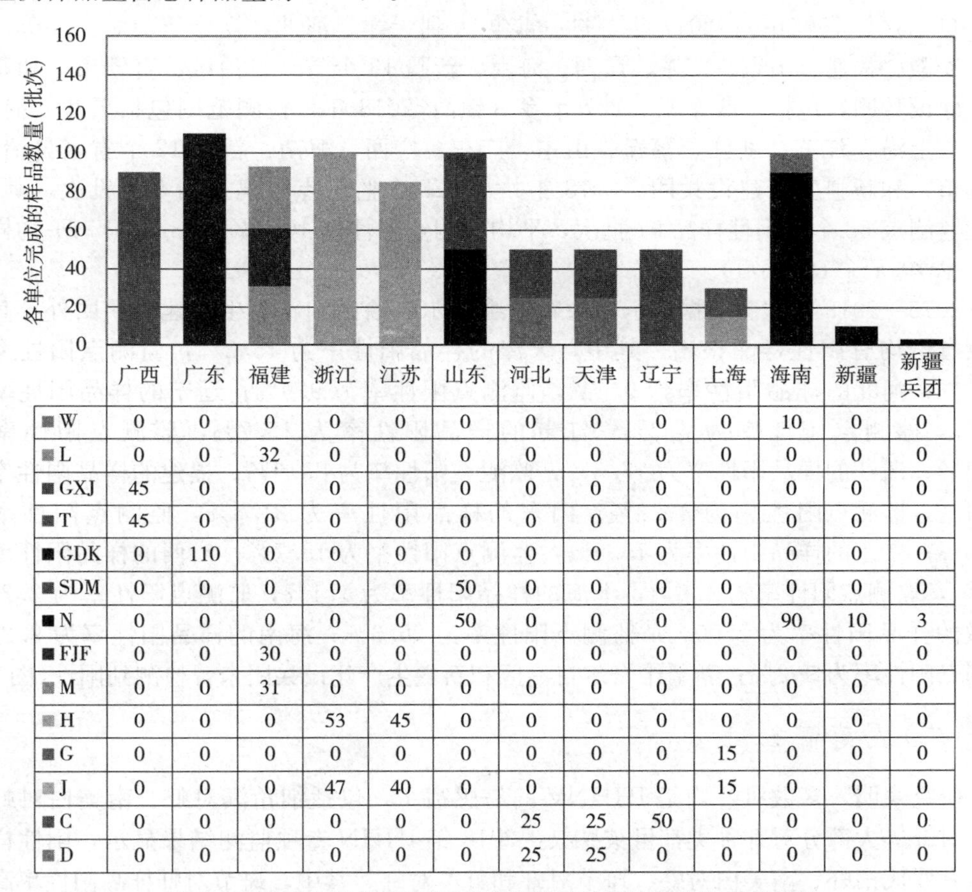

	广西	广东	福建	浙江	江苏	山东	河北	天津	辽宁	上海	海南	新疆	新疆兵团
■W	0	0	0	0	0	0	0	0	0	0	10	0	0
■L	0	0	32	0	0	0	0	0	0	0	0	0	0
■GXJ	45	0	0	0	0	0	0	0	0	0	0	0	0
■T	45	0	0	0	0	0	0	0	0	0	0	0	0
■GDK	0	110	0	0	0	0	0	0	0	0	0	0	0
■SDM	0	0	0	0	0	50	0	0	0	0	0	0	0
■N	0	0	0	0	0	50	0	0	0	0	90	10	3
■FJF	0	0	30	0	0	0	0	0	0	0	0	0	0
■M	0	0	31	0	0	0	0	0	0	0	0	0	0
■H	0	0	0	53	45	0	0	0	0	0	0	0	0
■G	0	0	0	0	0	0	0	0	0	15	0	0	0
■J	0	0	0	47	40	0	0	0	0	15	0	0	0
■C	0	0	0	0	0	0	25	25	50	0	0	0	0
■D	0	0	0	0	0	0	25	25	0	0	0	0	0

图 8　2018 年各省份 IHHN 专项监测样品送检单位和样品数量

（注：检测单位代码与农渔发［2018］10 号文件一致，农渔发［2018］10 号文件中未涉及的检测单位代码，按照《2016 年我国水生动物重要疫情病情分析》一书中 2016 年白斑综合征（WSD）分析章节中的编写规则进行编写。D. 河北省水产养殖病害防治监测总站；C. 天津市水生动物疫病预防控制中心；J. 浙江省水生动物防疫检疫中心；G. 上海市水产技术推广站；H. 江苏省水生动物疫病预防控制中心；M. 福州市海洋与渔业技术中心；FJF. 福建省水产技术推广总站；N. 中国水产科学研究院黄海水产研究所；SDM. 山东省海洋生物研究院；GDK. 广东省水生动物疫病预防控制中心；T. 深圳出入境检验检疫局食品检验检疫技术中心；GXJ. 广西渔业病害防治环境监测和质量检验中心；L. 福建省水产研究所；W. 广东省出入境检验检疫局检验检疫技术中心。各单位排名不分先后）

三、检测结果分析

（一）总体阳性检出情况及其区域分布

2015 年，农业部首次对 IHHN 组织实施了专项监测，监测范围是广西、广东、福建、浙江、江苏、山东、天津、河北和辽宁等 9 个省（自治区、直辖市）；2016 年，监测范围扩大到广西、广东、福建、浙江、江苏、山东、天津、河北、辽宁和上海 10 个省（自治区、直辖市）；2017 年，进一步扩大到天津、河北、辽宁、上海、江苏、浙江、安徽、福建、山东、广东、广西、海南、新疆 13 个省（自治区、直辖市）和新疆生产建设兵团，包括 108 个县、207 个乡（镇）；2018 年，检测范围包括天津、河北、辽宁、上海、江苏、浙江、福建、山东、广东、广西、海南、新疆 12 个省（自治区、直辖市）和新疆生产建设兵团。2018 年共从 623 个监测点采集样品 871 批次，其中，阳性监测点 68 个，阳性样品 91 批次，平均监测点阳性率 10.9%（68/623），平均样品阳性率 10.4%（91/871）。

2015—2018 年监测数据显示，除新疆维吾尔自治区和新疆生产建设兵团外，其他监测省份均有阳性样品检出。其中，天津的样品阳性率为 15.2%，监测点阳性率为 11.2%；河北的样品阳性率为 9.4%，监测点阳性率为 9.9%；辽宁的样品阳性率为 4.2%，监测点阳性率为 4.2%；江苏的样品阳性率为 15.7%，监测点阳性率为 17.5%；浙江的样品阳性率为 17.3%，监测点阳性率为 23.0%；福建的样品阳性率为 36.4%，监测点阳性率为 47.6%；山东的样品阳性率为 21.8%，监测点阳性率为 21.6%；广东的样品阳性率为 15.5%，监测点阳性率为 18.7%；广西的样品阳性率为 1.0%，监测点阳性率为 1.6%；上海的样品阳性率为 1.1%，监测点阳性率为 2.2%；安徽的样品阳性率为 25.0%，监测点阳性率为 26.3%；海南的样品阳性率为 9.2%，监测点阳性率为 9.2%；新疆维吾尔自治区和新疆生产建设兵团未曾检测到阳性(图 9)。

（二）易感宿主

研究表明，多数对虾均是 IHHNV 的易感宿主，包括细角滨对虾、南美白对虾和斑节对虾等大部分对虾种类都可被感染。2018 年 IHHN 专项监测结果显示，阳性样品种类有罗氏沼虾、南美白对虾、斑节对虾和日本对虾。其中，斑节对虾样品阳性率高达 78.9%（15/19）、罗氏沼虾 15.4%（4/26）、日本对虾 5.3%（1/19）、淡水养殖的南美白对虾和海水养殖的南美白对虾的样品阳性率分别为 9.5%（26/275）和 10.0%（45/451）。

（三）不同规格的阳性样品检出情况

2015—2018 年 IHHN 专项监测中，记录了采样规格的阳性样品共 446 份。其中，体长 4～7 厘米样品阳性率最高，为 22.5%（50/222）；其次为≥10 厘米的样品，阳性率为 22.3%（67/301）；7～10 厘米样品的阳性率为 18.9%（60/318）；1～4 厘米样品的阳性率为 12.4%（159/1278）；小于 1 厘米的采样样品的阳性率为 11.8%（110/931）（图 10）。

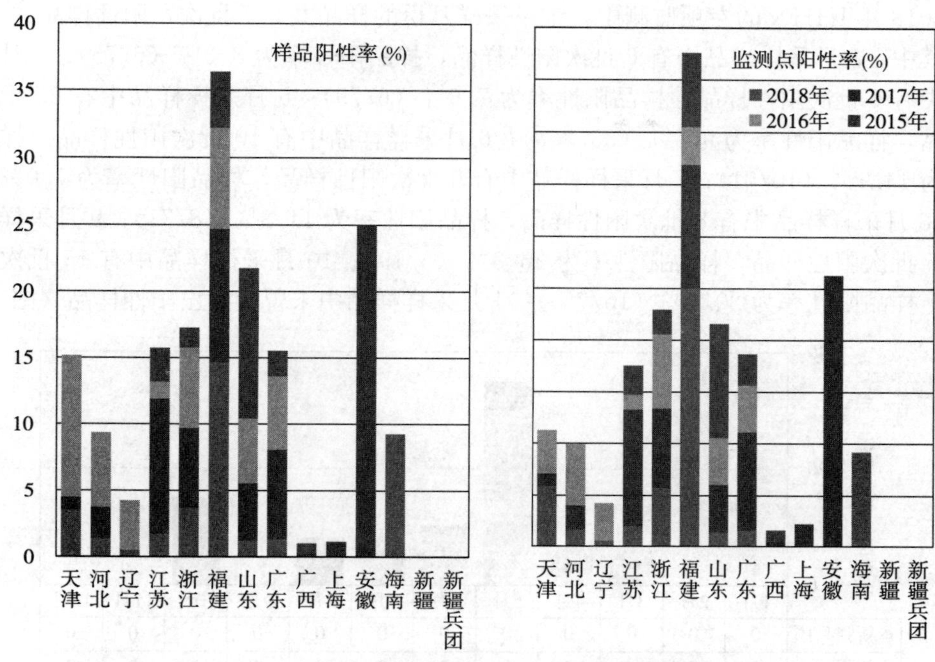

图 9　2018 年 IHHN 专项监测样品阳性率和监测点阳性率

（注：各阳性率是以 2015—2018 年的样品总数或监测点总数为基数计算）

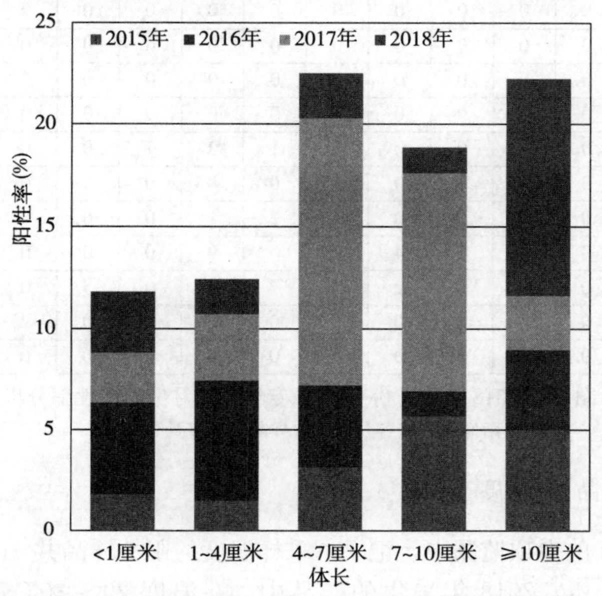

图 10　2015—2018 年 IHHN 专项监测不同规格样品的阳性率

（四）不同月份的 IHHN 阳性检出情况

2018 年 IHHN 的专项监测中，记录采样月份的样品共 867 批次，阳性样品共 91 批次。其中，3 月采样样品中有 6 批次阳性样品，样品阳性率为 8.0%（6/75）；4 月采样样品中有 6 批次阳性样品，样品阳性率为 7.6%（6/79）；5 月采样样品中有 35 批次阳性样品，样品阳性率为 9.5%（35/368）；6 月采样样品中有 10 批次阳性样品，样品阳性率为 14.1%（10/71）；7 月采样样品中有 6 批次阳性样品，样品阳性率为 7.0%（6/86）；8 月采样样品中有 8 批次阳性样品，样品阳性率为 11.3%（8/71）；9 月采样样品中有 5 批次阳性样品，样品阳性率为 26.3%（5/19）；10 月采样样品中有 15 批次阳性样品，样品阳性率为 20.0%（15/75）；11 月采样样品中未曾检测出阳性样品（图 11）。

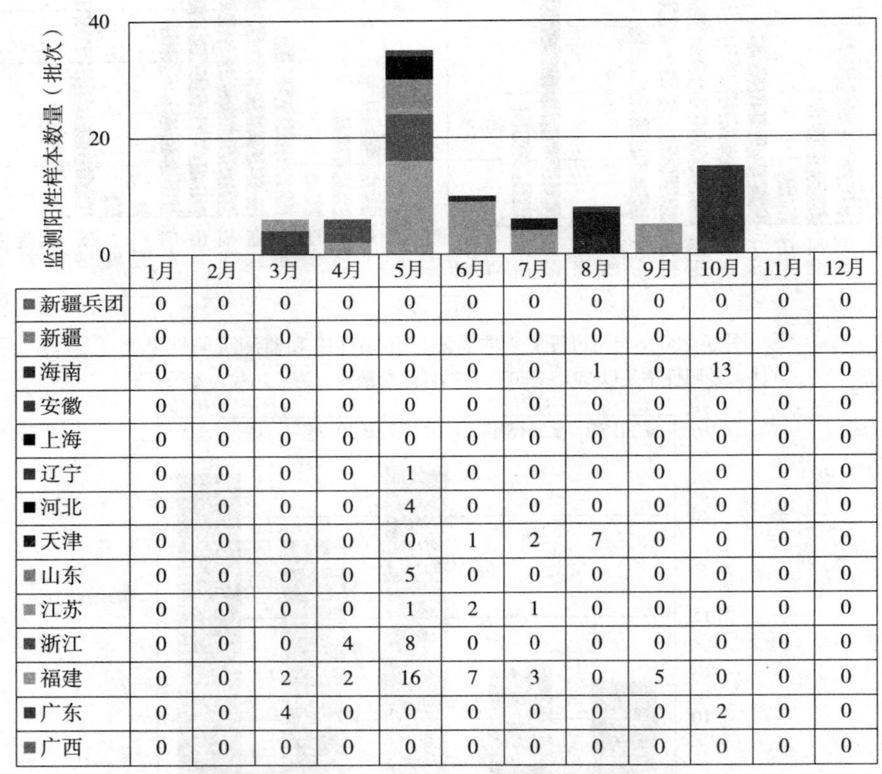

	1月	2月	3月	4月	5月	6月	7月	8月	9月	10月	11月	12月
■新疆兵团	0	0	0	0	0	0	0	0	0	0	0	0
■新疆	0	0	0	0	0	0	0	0	0	0	0	0
■海南	0	0	0	0	0	0	0	1	0	13	0	0
■安徽	0	0	0	0	0	0	0	0	0	0	0	0
■上海	0	0	0	0	0	0	0	0	0	0	0	0
■辽宁	0	0	0	0	1	0	0	0	0	0	0	0
■河北	0	0	0	0	4	0	0	0	0	0	0	0
■天津	0	0	0	0	0	1	2	7	0	0	0	0
■山东	0	0	0	0	5	0	0	0	0	0	0	0
■江苏	0	0	0	0	1	2	1	0	0	0	0	0
■浙江	0	0	0	4	8	0	0	0	0	0	0	0
■福建	0	0	2	2	16	7	3	0	5	0	0	0
■广东	0	0	4	0	0	0	0	0	0	2	0	0
■广西	0	0	0	0	0	0	0	0	0	0	0	0

图 11 2018 年各省份 IHHN 专项监测月份的阳性率分析

（注：阳性率是以各月份的总样品数为基数计算）

（五）阳性样品的温度分布

2018 年 IHHN 的专项监测中，记录了采样温度的阳性样品共 91 份。从不同温度的样品阳性率角度分析，2018 年采集的样品中，在温度 29～30℃的阳性率最高，为 19.2%（14/73）；其次为 28～29℃，为 15.3%（29/189）；水温在<24℃的阳性率为 15.2%（20/132）；水温在 25～26℃的阳性率为 9.3%（5/54）；水温在 27～28℃的阳

性率为 8.8%（7/80）；水温 30～31℃的阳性率为 6.5%（11/168）；水温在 26～27℃的阳性率为 5.7%（5/88）（图 12）。

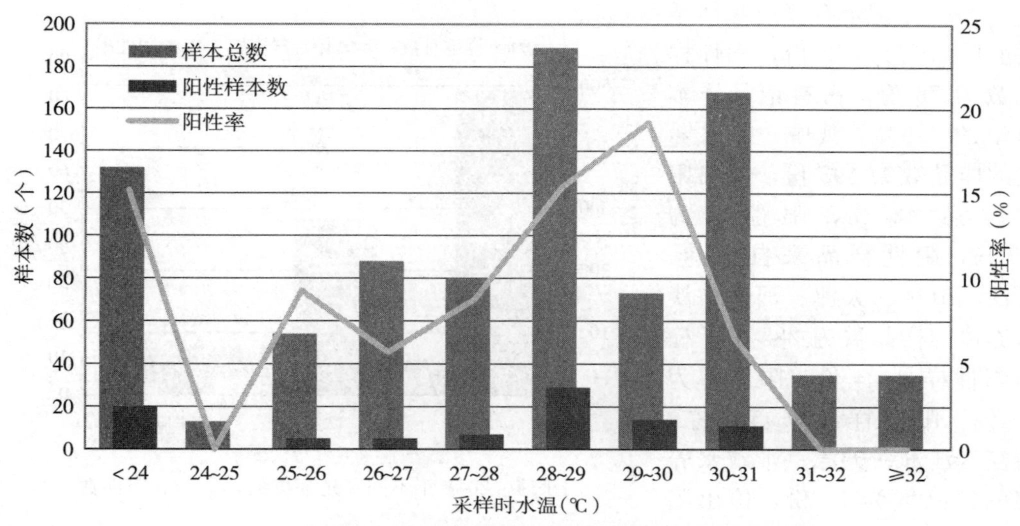

图 12　2018 年 IHHN 专项监测样品不同温度的阳性率

（六）阳性样品的 pH 分布

2018 年记录采样时水体 pH 的样品共 309 份，共检出记录 pH 数据的阳性样品 16 份，占有 pH 数据样本量的 5.2%。对不同 pH 的阳性样品进行统计，表明 pH 小于等于 7.4 时，阳性率为 40%（4/10）；pH 为 7.7 时，阳性率为 11.1%（2/18）；pH 为 8.2 时，阳性率为 6.7%（2/30）；pH 为 8.0 时，阳性率为 6.1%（5/82）；pH7.8 时，阳性率为 5.0%（3/60）（图 13）。

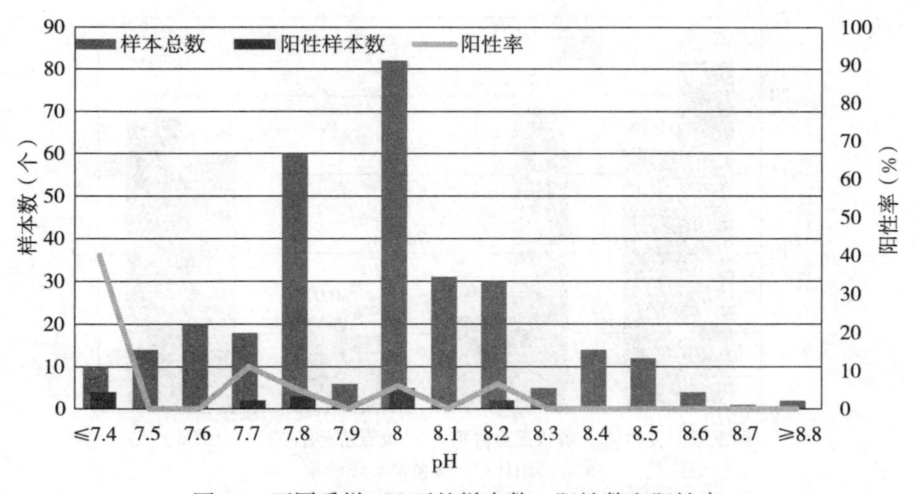

图 13　不同采样 pH 下的样本数、阳性数和阳性率

（七）不同养殖环境的阳性检出情况

2018 年记录有养殖水体条件的样品数为 855 份，阳性样品数为 76 份，占有记录样本总量的 8.9%。其中，海水养殖的样品数为 493 份，检出阳性样品 42 份，阳性率为 8.5%，阳性样品来自福建、浙江、山东、天津、河北；淡水养殖的样品数为 285 份，检出阳性样品 24 份，阳性率为 8.4%，阳性样品来自广东、浙江、江苏、天津；半咸水养殖的样品数为 77 份，检出阳性样品 10 份，阳性率为 13.0%，阳性样品来自福建、浙江（图 14）。

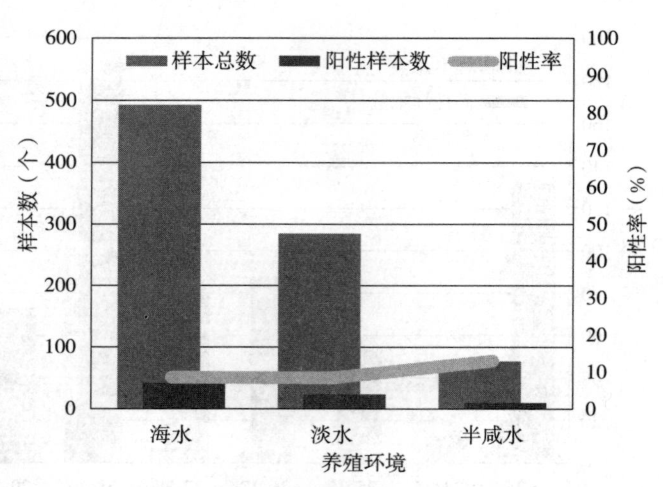

图 14　2018 年不同养殖环境的样本数和阳性数

（八）不同类型监测点的阳性检出情况

2018 年监测数据显示，国家级原良种场样品阳性率为 22.2%（2/9），监测点阳性率为 16.7%（1/6）；省级原良种场的样品阳性率为 19.5%（15/77），监测点阳性率为 6.1%（2/33）；重点苗种场的样品阳性率为 4.9%（23/471），监测点阳性率为 6.0%（21/349）；对虾养殖场的样品阳性率为 16.2%（51/314），监测点阳性率为 18.7%（44/235）（图 15）。

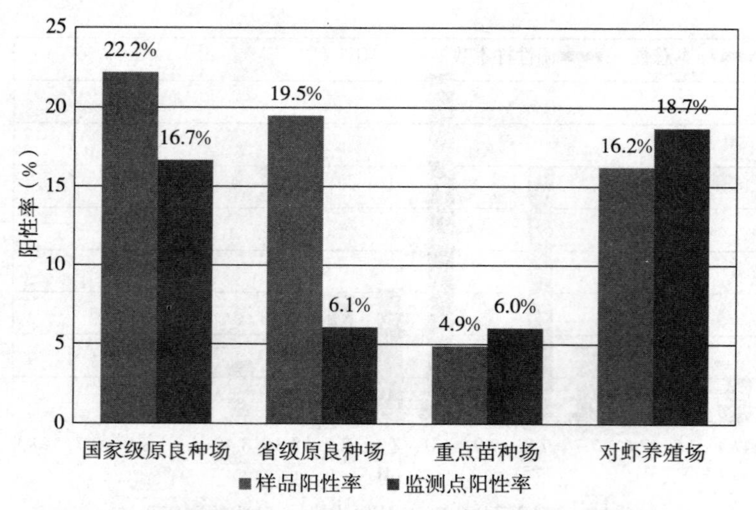

图 15　2018 年不同类型监测点的样品阳性率和监测点阳性率

（九）不同养殖模式监测点的阳性检出情况

2015—2018年，13个省（自治区、直辖市）和新疆生产建设兵团共2 106个记录养殖模式的监测点中，共检出333个阳性监测点，平均阳性率为15.8%。其中，池塘养殖模式的阳性率为16.9%（179/1058）；工厂化养殖模式的阳性率为14.7%（148/1005）；其他养殖模式的阳性率为14.0%（6/43）（图16）。

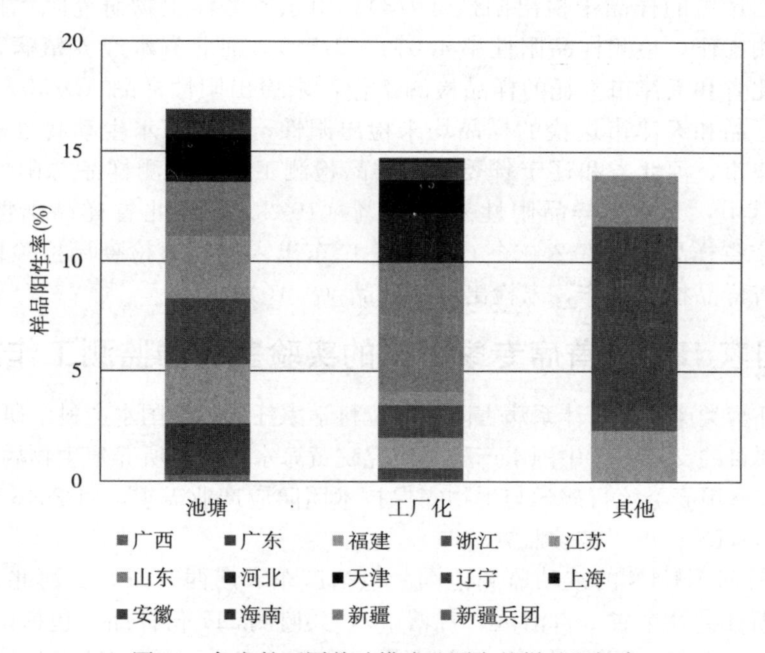

图16 各省份不同养殖模式监测点的样品阳性率

（十）不同检测单位的检测结果情况

深圳出入境检验检疫局食品检验检疫技术中心承担广西壮族自治区样品检测工作，未检出阳性样品（0/45）；广西渔业病害防治环境监测和质量检验中心承担广西壮族自治区委托的样品检测工作，未检出阳性样品（0/45）；广东省水生动物疫病预防控制中心承担广东省委托的样品检测工作，样品阳性检出率5.5%（6/110）；福建省水产技术推广总站承担福建省委托的样品检测工作，检测样品阳性率6.3%（2/32）；福建省水产研究所承担福建省委托的样品检测工作，检测样品阳性率53.3%（16/30）；福州市海洋与渔业技术中心承担福建省委托的样品检测工作，检测样品阳性率54.8%（17/31）；浙江省水生动物防疫检疫中心承担浙江省、江苏省和上海市委托的样品检测工作，检测样品总阳性率4.9%（5/102），其中，浙江省样品阳性率8.5%（4/47），江苏省样品阳性率2.5%（1/40），上海市送检的样品未检出阳性（0/15）；上海市水产技术推广站承担上海市委托的样品检测工作，未检出阳性样品

(0/15);江苏省水生动物疫病预防控制中心承担江苏省和浙江省委托的样品检测工作，检测样品总阳性率 11.2%(11/98)，其中，江苏省样品阳性率 6.7%(3/45)，浙江省样品阳性率 15.1%(8/53);中国水产科学研究院黄海水产研究所承担山东省、海南省、新疆维吾尔自治区和新疆生产建设兵团委托的样品检测工作，检测样品总阳性率 11.3%(17/151)，其中，山东省样品阳性率 6.0%(3/50)，海南省样品阳性率 15.6%(14/90)，新疆维吾尔自治区送检的样品未检出阳性(0/10)，新疆生产建设兵团送检的样品未检出阳性(0/3);山东省海洋生物研究院承担山东省委托的样品检测工作，检测样品阳性率 4.0%(2/50);河北省水产养殖病害防治监测总站承担河北省和天津市委托的样品检测工作，未检出阳性样品(0/50)，其中，河北省送检的样品和天津市送检的样品均未检出阳性;天津市水生动物疫病预防控制中心承担天津市、河北省和辽宁省委托的样品检测工作，检测样品总阳性率 15.0%(15/100)，其中，天津市样品阳性率 40.0%(10/25)，河北省样品阳性率 16.0%(4/25)，辽宁省样品阳性率 2.0%(1/50);广东出入境检验检疫局检验检疫技术中心承担海南省样品检测工作，未检出阳性样品(0/10)。

四、国家 IHHN 首席专家团队的实验室被动监测工作总结

在国家虾蟹类产业技术体系病害防控岗位科学家任务、中国水产科学研究院基本科研业务费等项目的支持下，中国水产科学研究院黄海水产研究所养殖生物病害控制与分子病理学研究室甲壳类流行病学与生物安保技术团队应产业需求，对 2018 年我国沿海主要省份的 IHHN 开展了被动监测。

2018 年针对 IHHN 的被动监测范围，包括广东、广西、海南、河北、江苏、山东、天津和浙江共 8 个省(自治区、直辖市)，共监测 517 份样品，包括南美白对虾、中国对虾、日本对虾、罗氏沼虾、饵料生物(沙蚕、卤虫)等。IHHN 的被动监测结果表明，河北的阳性检出率为 46.2%(24/52)，海南的阳性检出率为 7.8%(21/268)，广东、广西、江苏、山东、天津和浙江的被动监测样品中未检出阳性(图 17)。

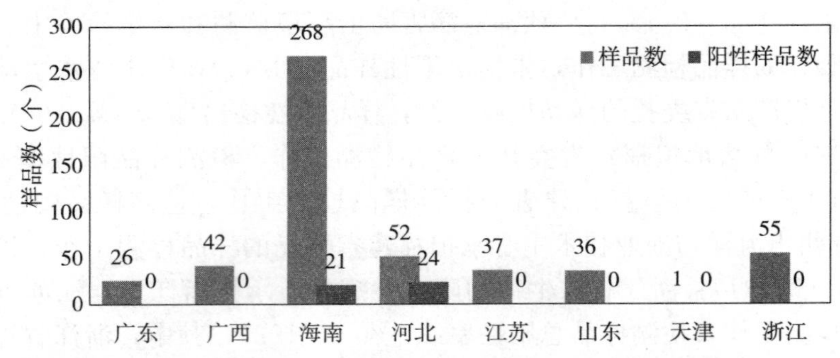

图 17　2018 年被动监测不同省(自治区、直辖市)样品数量及 IHHNV 检出率情况

五、IHHN风险分析及防控建议

（一）易感宿主

《OIE水生动物疾病诊断手册》（2018版）第2.2.4章提到IHHNV的易感宿主，包括加州对虾、斑节对虾、白对虾、细角滨对虾和南美白对虾。2018年IHHN的专项监测品种，有罗氏沼虾、青虾、克氏原螯虾、南美白对虾、斑节对虾、中国对虾、日本对虾和脊尾白虾。其中，斑节对虾样品阳性率最高，为78.9%（15/19）；其次为罗氏沼虾，阳性率为15.4%（4/26）；南美白对虾的样品阳性率为9.8%（71/726）。值得注意的是，近年来我国斑节对虾中IHHNV的高阳性率检出，可能存在IHHNV的基因插入的非感染形式存在，建议使用《OIE水生动物诊断实验手册》第2.2.4章中309F/R对斑节对虾进行检测或使用其他检测方法（如组织学方法、生物指示法、原位杂交等）进行确认。

（二）IHHNV传播途径及传播方式

根据2018年不同类型监测点的监测结果来看，国家级原良种场和省级原良种场的平均样品阳性率为19.8%（17/86），监测点阳性率为7.7%（3/39）。IHHNV可以通过原良种场的亲虾传播该病，发病后幸存个体仍然带毒，可通过卵到子代的垂直传播，而非严格检疫的成虾作为亲虾进行育苗可能是亲体引入病原的重要途径，给IHHN的疫病防控工作带来了极大的挑战。因此，建议在产业整体防控中尽快实施国家级和省级原良种场的生物安保工作，逐步落实并加强甲壳类种苗产地检疫工作，逐步实现IHHNV的种源净化工作。

（三）IHHN在我国的流行现状及趋势

2018年IHHN的专项监测涉及了天津、河北、辽宁、上海、江苏、浙江、福建、山东、广东、广西、海南、新疆12个省（自治区、直辖市）和新疆生产建设兵团在内的623个监测点，检测样品871批次。其中，阳性样品91批次，样品阳性率为10.4%；检出阳性监测点68个，监测点阳性率为10.9%。除了上海市、广西壮族自治区、新疆维吾尔自治区和新疆生产建设兵团未检出阳性外，其他9个省（自治区、直辖市）均检出了IHHNV阳性，说明该病在我国仍有一定范围的流行。

（四）防控对策建议

加强养殖甲壳类的生物安保体系建设是甲壳类疫病防控的核心，建议逐步推行和落实国家水平和企业水平的生物安保管理体系；同时，继续推行国家层面的水生动物疫病病原的监测工作，通过生物安保的递进式管理，支撑我国水产养殖业的绿色发展。

对于IHHN的防控，建议采取种源净化的方式，持续开展国家级原良种场、省级原良种场和重点苗种场的持续监测和净化工作。同时，建议积极推进无规定疫病苗种场的建设和认可规范，逐步提高对遗传育种中心、原良种场和现代渔业种业示范场的监测覆盖度，有序开展亲体培育中心和苗种场的生物安保资质认证，以达到逐步净化的效果。

六、监测中存在的主要问题

我国 2015 年首次开展甲壳类 IHHN 系统性的专项监测，经过 2 年的监测工作，已逐渐形成了稳定的监测方案和监测体系，并对 IHHN 在我国主要对虾养殖区的流行情况有了整体的认识，为制订我国 IHHN 防控方案提供了重要依据。2018 年各省（自治区、直辖市）和新疆生产建设兵团提供的数据通过国家水生动物疫病监测信息管理系统进行提交，数据的规范性有了很大提高，但监测过程中依然暴露了一些问题，主要包括：

（一）监测的疫病种类

2017 年开始，甲壳类动物疫病监测疫病种类在 IHHN 和白斑综合征（WSD）的基础上增加了虾肝肠胞虫病（HPM）和虾血细胞虹彩病毒病（SHID），对于目前在国际上流行但尚未引入我国的重要疫病如传染性肌坏死病等尚未开展监测，使得我国行政主管部门暂不能及时掌握这些疫病的情况，无法为这些疫病的有效防控提供全面的流行病学数据。

（二）缺少监测点流行病学信息

2018 年各省（自治区、直辖市）和新疆生产建设兵团提供的监测数据仍然缺少必要的监测点流行病学信息，给深入和系统分析当地 IHHN 流行病学特征造成了很大的困难。

（三）监测数据的规范性仍需完善

从 2018 年各省（自治区、直辖市）和新疆生产建设兵团提供的监测数据来看，仍然存在部分省份未按要求填报数据的情况。如 2018 年的 871 批次的样品中，仅有 309 批次的样品提供了 pH 信息，有 558 批次样品未查询到采样时的 pH 信息。

七、对甲壳类疫病监测工作的建议

（一）监测范围应该拓展到尚未引入我国的国外重要疫病

据《2017 年中国水生动物卫生状况报告》，2017 年我国水产养殖由病害导致的经济损失约 361 亿元，其中甲壳类占 40.7%，约 147 亿元。同时，除目前已纳入监测范围的 WSD、IHHN、SHID 和 EHPD 外，建议对尚未引入我国的国外疫病（如传染性肌坏死病等）也应制订监测计划，以便对新发疫病和外来疫病的早期发现以及证明我国的无疫状况，为甲壳类的国际贸易提供重要的数据。

（二）规范专项监测数据的采集和录入

针对国家水生动物疫病监测任务，制订流行病学监测数据的采集和录入规范，优化专项监测统计数据类型和格式，提高监测相关数据字段设置的科学性；充分利用国家水生动物疫病监测信息管理系统对监测数据的输入进行约束，保障监测数据的规范性和完整性。

（三）优化国家水生动物疫病监测信息管理系统并提高数据采集质量

建议继续优化、完善国家水生动物疫病监测信息管理系统，提高系统的易用性；敦促检测任务相关的采样单位和检测单位全面、如实记录和提交流行病学信息。同时，建议定期组织采样人员和数据分析人员开展有针对性的流行病学培训，进一步规范样品采集和数据分析过程，切实提高数据采集的质量，以便为渔业主管部门提供更加科学、准确和有价值的数据信息和决策建议。

2018年虾肝肠胞虫病状况分析

中国水产科学研究院黄海水产研究所

（谢国驷　万晓媛　董　宣　黄　倢）

一、前言

虾肝肠胞虫病（*Enterocytozoon hepatopenaei* disease，EHPD）也称为肝胰腺微孢子虫病（hepatopancreatic microsporidiosis，HPM），是由虾肝肠胞虫（*Enterocytozoon hepatopenaei*，EHP）引起的虾类疫病。该病原自2004年被发现，2009年正式命名并报道以来，已对包括中国在内的全球对虾产业健康发展造成严重威胁。

EHP胞内寄生，主要寄生于对虾肝胰腺小管上皮细胞内，感染对虾后可引起对虾生长停滞。已有研究表明，该生长停滞可能与EHP抢夺宿主的ATP有关。因EHP不致对虾死亡而易被当做其他流行病，如急性肝胰腺坏死病（acute hepatopancreatic necrosis sisease，AHPND）所掩盖而被忽视，因此EHPD具有很大的潜在危害性。传统镜检中因EHP虫体微小而很难被发现。目前，对EHP的检测多依赖于分子生物学的方法，已报道的方法包括有原位杂交、PCR、LAMP和RT-PCR等。

EHP易感宿主有南美白对虾（*Litopenaeus vannamei*）、斑节对虾（*Penaeus monodon*），卤虫、养殖水体絮团及对虾配合饲料等也有EHP阳性检出的情况。2017年专项监测中，克氏原螯虾（*Procambarus clarkii*）、罗氏沼虾（*Macrobrachium rosenbergii*）和青虾（*M. nipponense*）也有不同程度的EHP阳性检出率。

鉴于EHP对虾类产业的严重危害，自2017年农业部连续2年组织开展EHP的专项监测活动，监测范围涉及安徽、福建、广东、广西、海南、河北、湖北、江苏、江西、辽宁、山东、上海、天津、浙江、新疆维吾尔自治区和新疆生产建设兵团，共计15个省（自治区、直辖市），获得了该病原在我国流行现状的翔实数据，也为该疫病的全面防控提供了流行病学的依据。

二、EHP专项监测

（一）概况

2018年，在农业农村部渔业渔政管理局组织下，全国水产病害防治体系开展了养殖甲壳类的EHP专项监测。监测范围包括安徽、福建、广东、广西、海南、河北、湖北、江苏、江西、辽宁、山东、上海、天津、浙江、新疆等省份和新疆生产建设兵团，共涉及184个区(县)、363个乡（镇）、895个监测点，采集1 283份样本。其中，国家级原良种场7个，省级原良种场33个，重点苗种场321个，虾类养殖场534个。监测点以虾类养殖场为主，占监测点59.7%。各监测省份和新疆生产建设兵团均全部完成监测的采集任务，其中，监测样品数量排在前三位是广东、广西和浙江，分别采集样品187、120和115份（图1）。

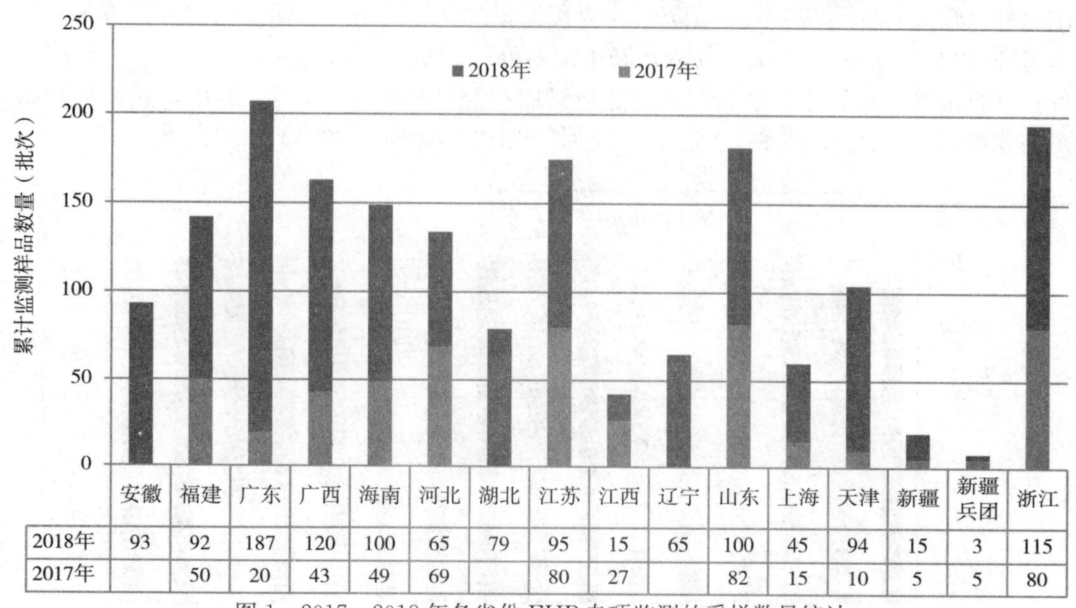

	安徽	福建	广东	广西	海南	河北	湖北	江苏	江西	辽宁	山东	上海	天津	新疆	新疆兵团	浙江
2018年	93	92	187	120	100	65	79	95	15	65	100	45	94	15	3	115
2017年		50	20	43	49	69		80	27		82	15	10	5	5	80

图1　2017—2018年各省份EHP专项监测的采样数量统计

（二）不同养殖模式监测点情况

2018年专项监测数据统计表明，各省（自治区、直辖市）和新疆生产建设兵团记录养殖模式的监测点共895个，养殖模式共计897个（2个养殖点分别各有2种养殖模式）。不同养殖模式监测点中，池塘养殖监测点602个，占67.1%；工厂化养殖测点237个，占26.4%；其他养殖模式的监测点58个，占6.5%（图2）。

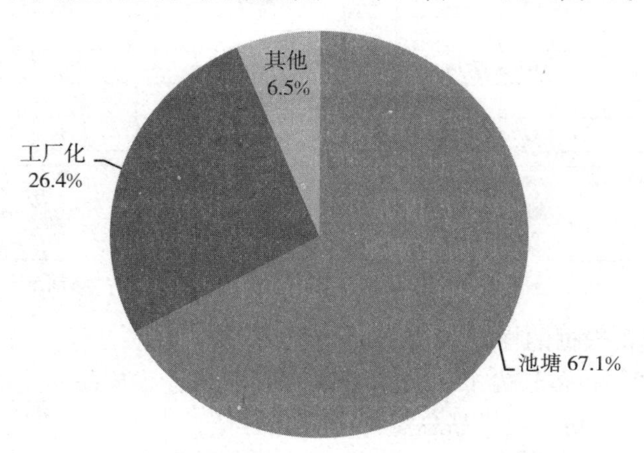

图2　2018年EHP专项监测对象不同养殖模式比例

（注：其他养殖模式主要包括网箱、稻虾连作及其他等）

（三）采样的品种和规格

2018 年，监测样品种类包括澳洲龙虾（*Cherax quadricarinatus*）、斑节对虾、脊尾白虾（*Exopalaemon carinicauda*）、克氏原螯虾、罗氏沼虾、南美白对虾、青虾、日本对虾（*Marsupenaeus japonicus*）和中国对虾（*Fenneropenaeus chinensis*），计 9 种。各省（自治区、直辖市）和新疆生产建设兵团检测虾种有 1～8 种，其中，送检虾种最多的 3 地依次为江苏（8 种）、辽宁（4 种）和山东（4 种）（图 3）。

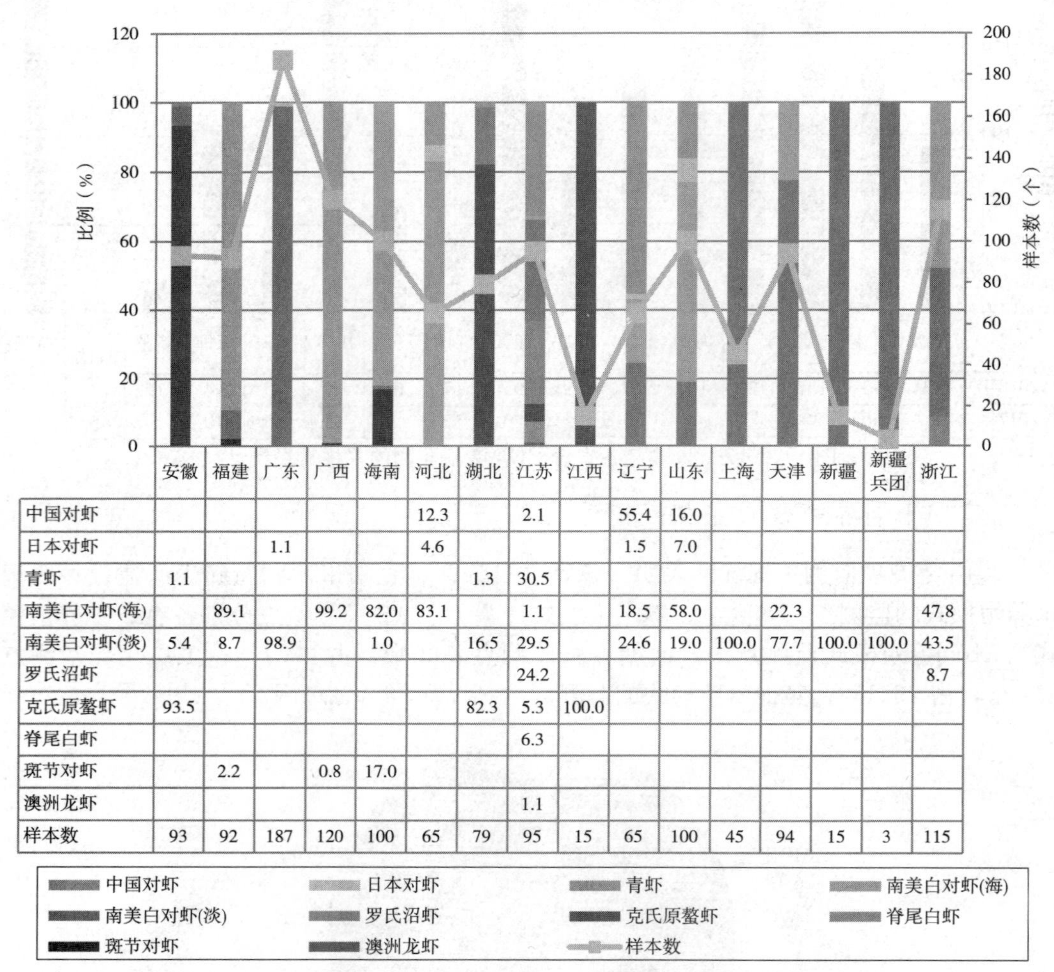

	安徽	福建	广东	广西	海南	河北	湖北	江苏	江西	辽宁	山东	上海	天津	新疆	新疆兵团	浙江
中国对虾						12.3		2.1		55.4	16.0					
日本对虾			1.1			4.6				1.5	7.0					
青虾	1.1						1.3	30.5								
南美白对虾(海)		89.1		99.2	82.0	83.1		1.1		18.5	58.0		22.3			47.8
南美白对虾(淡)	5.4	8.7	98.9		1.0		16.5	29.5		24.6	19.0	100.0	77.7	100.0	100.0	43.5
罗氏沼虾								24.2								8.7
克氏原螯虾	93.5						82.3	5.3	100.0							
脊尾白虾								6.3								
斑节对虾		2.2		0.8	17.0											
澳洲龙虾								1.1								
样本数	93	92	187	120	100	65	79	95	15	65	100	45	94	15	3	115

图 3　2018 年 EHP 专项监测各省（直辖市、自治区）虾种及数量

记录有采样规格数据的样品共计 1 186 份。其中，体长小于 1 厘米的样品 228 份，占样品总量的 19.2%；体长为 1～5 厘米的样品 575 份，占样品总量的 48.5%；体长为 5～10 厘米的样品 241 份，占样品总量的 20.3%；体长为 10～15 厘米的样品 86 份，占样品总量的 7.3%；体长大于 15 厘米的样品 56 份，占样品总量的 4.7%。具体各省（自治区、直辖市）和新疆生产建设兵团监测样品规格分布情况见图 4。

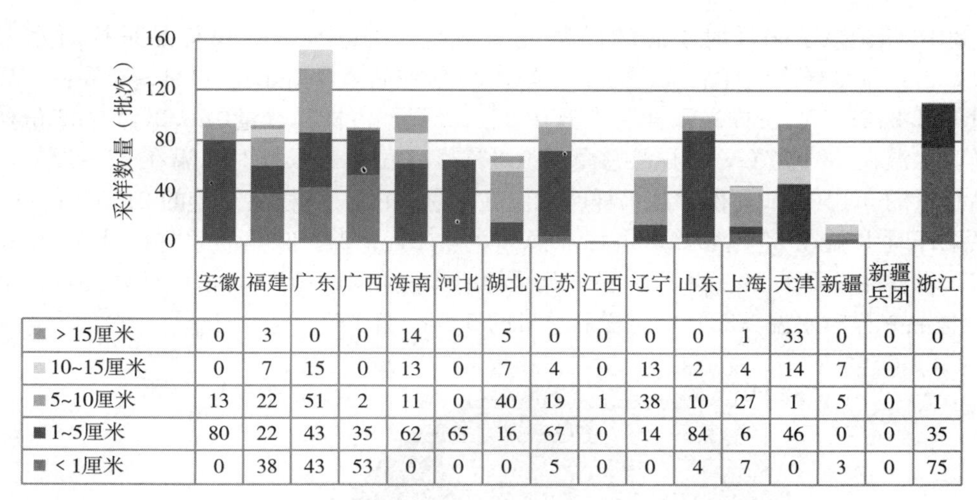

	安徽	福建	广东	广西	海南	河北	湖北	江苏	江西	辽宁	山东	上海	天津	新疆	新疆兵团	浙江
＞15厘米	0	3	0	0	14	0	5	0	0	0	0	1	33	0	0	0
10~15厘米	0	7	15	0	13	0	7	4	0	13	2	4	14	7	0	0
5~10厘米	13	22	51	2	11	0	40	19	1	38	10	27	1	5	0	1
1~5厘米	80	22	43	35	62	65	16	67	0	14	84	6	46	0	0	35
＜1厘米	0	38	43	53	0	0	0	5	0	0	4	7	0	3	0	75

图 4　2018 年各省份 EHP 专项监测样品的采样规格分布

（四）抽样的自然条件（如时间、水温、pH 等）

2018 年记录了采样时间的样品共 1 283 份。其中，3 月采集样品 41 份，占记录采样时间的样品总量的 3.2%；4 月采集样品 80 份，占记录采样时间的样品总量的 6.2%；5 月采集样品 439 份，占 34.2%；6 月采集样品 145 份，占 11.3%；7 月采集样品 298 份，占 23.2%；8 月采集样品 155 份，占 12.1%；9 月采集样品 27 份，占 2.1%；10 月采集样品 75 份，占样品总量的 5.8%；11 月采集样品 23 份，占样品总量的 1.8%（图 5）。

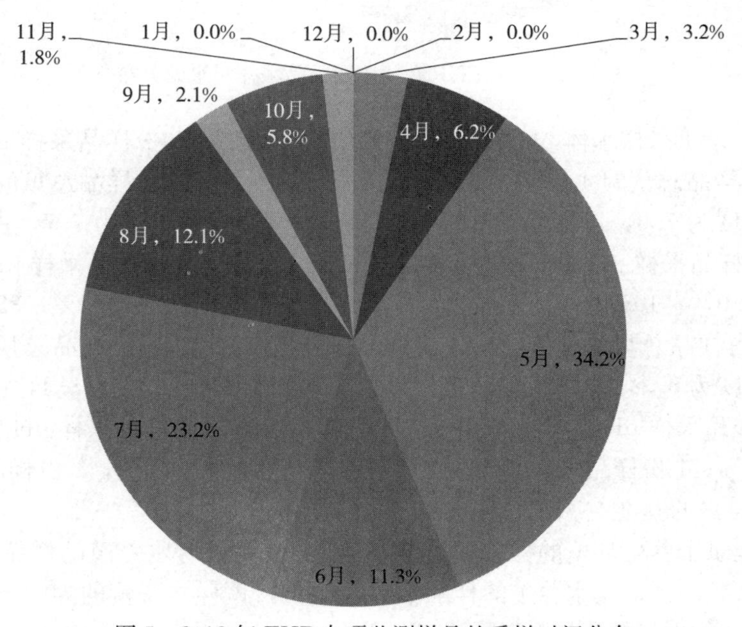

图 5　2018 年 EHP 专项监测样品的采样时间分布

2018 年记录了采样时水温的样品共 1 283 份。其中，179 份样品采样时水温<24℃，占记录采样水温样品总量的 14.0%；28 份样品采样时水温在 24～25℃，占样品总量的 2.2%；105 份样品采样时水温在 25～26℃，占样品总量的 8.2%；126 份样品采样时水温在 26～27℃，占样品总量的 9.8%；75 份样品采样时水温在 27～28℃，占样品总量的 5.8%；269 份样品采样时水温在 28～29℃，占样品总量的 21.0%；118 份样品采样时水温在 29～30℃，占样品总量的 9.2%；244 份样品采样时水温在 30～31℃，占样品总量的 19.0%；71 份样品采样时水温在 31～32℃，占样品总量的 5.5%；68 份样品采样时水温≥32℃，占样品总量的 5.3%（图 6）。

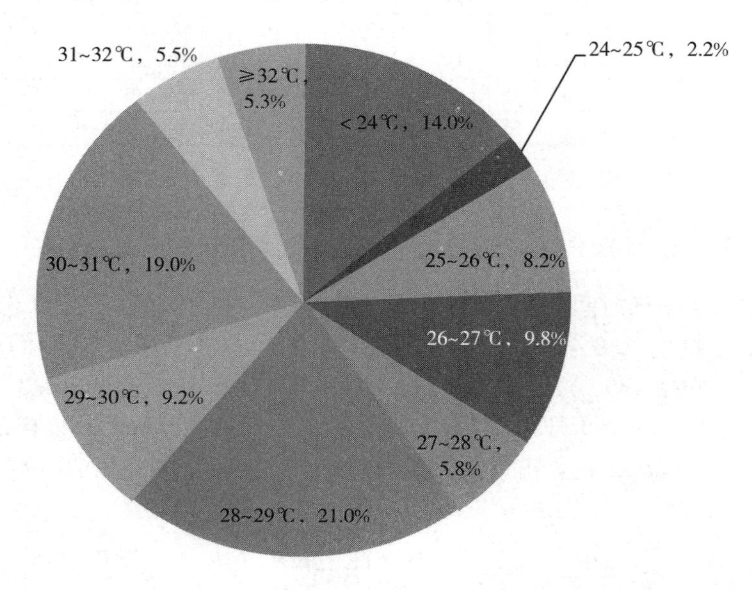

图 6　2018 年 EHP 专项监测样品采样时水温分布

2018 年记录了采样水体 pH 的样品共 401 份。其中，19 份样品采样 pH≤7.4，占记录采样 pH 样品总量的 4.7%；82 份样品采样 pH 为 7.5，占样品总量的 20.4%；32 份样品采样 pH 为 7.6，占样品总量的 8.0%；3 份样品采样 pH 为 7.7，占样品总量的 0.7%；58 份样品采样 pH 为 7.8，占样品总量的 14.5%；4 份样品采样 pH 为 7.9，占样品总量的 1.0%；105 份样品采样 pH 为 8.0，占样品总量的 26.2%；32 份样品采样 pH 为 8.1，占样品总量的 8.0%；34 份样品采样 pH 为 8.2，占样品总量的 8.5%；6 份样品采样 pH 为 8.3，占样品总量的 1.5%；14 份样品采样 pH 为 8.4，占样品总量的 3.5%；7 份样品采样 pH 为 8.5，占样品总量的 1.7%；3 份样品采样 pH 为 8.6，占样品总量的 0.7%；1 份样品采样 pH 为 8.7，占样品总量的 0.2%；1 份样品采样 pH≥8.8，占样品总量的 0.2%（图 7）。

2018 年记录了养殖环境的样品数为 1 265 份。其中，海水养殖的样品数为 541 份，占样本总量的 42.8%；淡水养殖的样品数为 642 份，占样本总量的 50.8%；半咸水养殖的样品数为 82 份，占样本总量的 6.5%（图 8）。

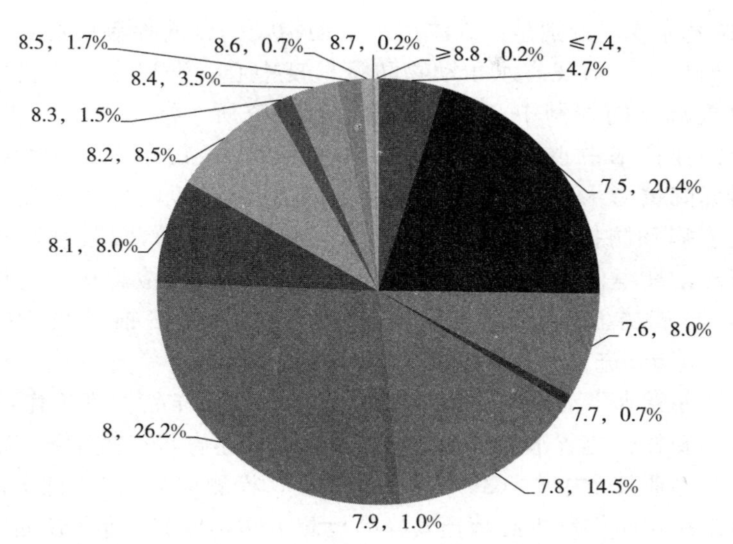

图 7　2018 年 EHP 专项监测样品的采样 pH 分布

（注：阳性率是以记录 pH 的总样品数为基数计算）

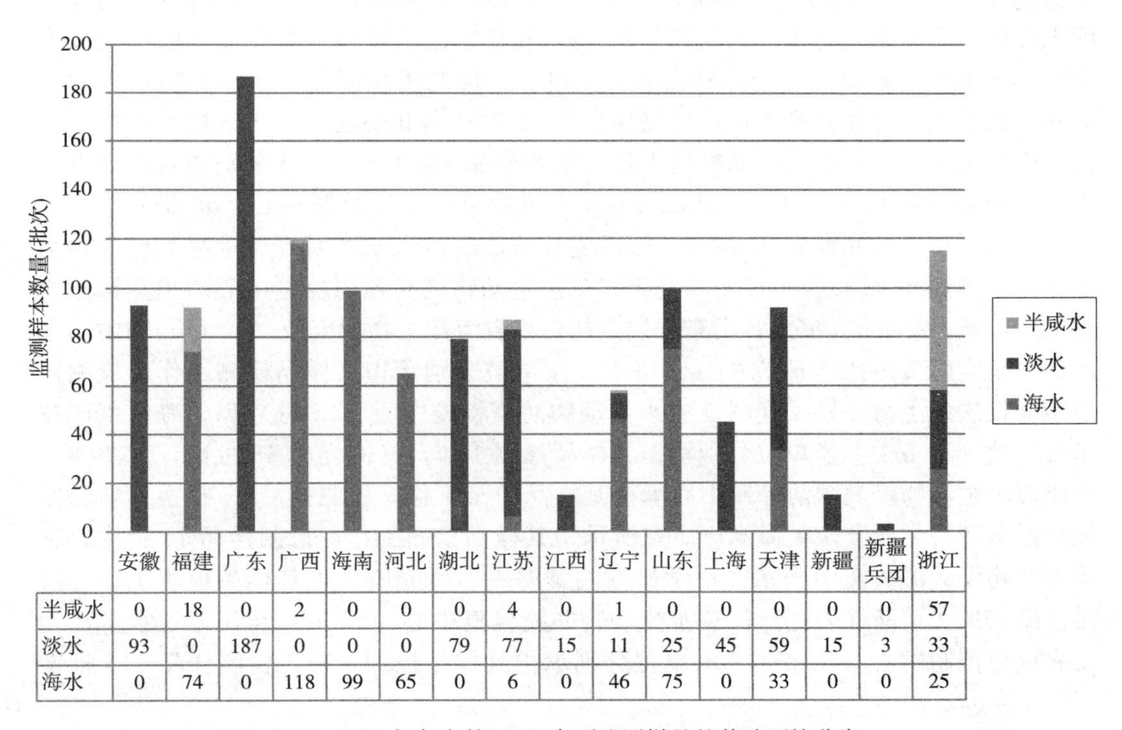

	安徽	福建	广东	广西	海南	河北	湖北	江苏	江西	辽宁	山东	上海	天津	新疆	新疆兵团	浙江
半咸水	0	18	0	2	0	0	0	4	0	1	0	0	0	0	0	57
淡水	93	0	187	0	0	0	79	77	15	11	25	45	59	15	3	33
海水	0	74	0	118	99	65	0	6	0	46	75	0	33	0	0	25

图 8　2018 年各省份 EHP 专项监测样品的养殖环境分布

（五）样品检测单位和检测方法

2018 年，各省（自治区、直辖市）和新疆生产建设兵团的监测样品，分别委托以下 16 家单位来完成，分别是：天津市水生动物疫病预防控制中心、河北省水产养殖病害防治监测总站、浙江省水生动物防疫检疫中心、上海市水产技术推广站、江苏省水生动物疫病预防控制中心、福建省水产研究所、福建省水产技术推广总站、福州市海洋与渔业技术中心、浙江省淡水水产研究所、山东省海洋生物研究院、中国水产科学研究院黄海水产研究所、湖北出入境检验检疫局检验检疫技术中心、广东省水生动物疫病预防控制中心、深圳出入境检验检疫局食品检验检疫技术中心、广西渔业病害防治环境监测和质量检验中心和广东出入境检验检疫局检验检疫技术中心。EHP 的检测方法，按照全国水产技术推广总站推荐的套式 PCR 方法（Jaroenlak 等，2016）进行实验室检测。

安徽委托江苏省水生动物疫病预防控制中心承担其样品检测工作，检测样品 93 批次；福建分别委托福建省水产研究所（30 份）、福建省水产技术推广总站（32 份）和福州市海洋与渔业技术中心（30 份）3 家单位，检测样品共 92 批次；广东委托广东省水生动物疫病预防控制中心承担其样品检测工作，检测样品 187 批次；广西分别委托深圳出入境检验检疫局食品检验检疫技术中心（45 份）和广西渔业病害防治环境监测和质量检验中心（75 份）2 家单位，检测样品共 120 批次；海南分别委托中国水产科学研究院黄海水产研究所（90 份）和广东出入境检验检疫局检验检疫技术中心（10 份）2 家单位，检测样品共 100 批次；河北委托河北省水产养殖病害防治监测总站承担其样品检测工作，检测样品 65 批次；湖北委托湖北出入境检验检疫局检验检疫技术中心承担其样品检测工作，检测样品 79 批次；江苏分别委托浙江省水生动物防疫检疫中心（40 份）和江苏省水生动物疫病预防控制中心（55 份）承担其样品检测工作，检测样品 95 批次；江西委托浙江省淡水水产研究所承担其样品检测工作，检测样品 15 批次；辽宁委托天津市水生动物疫病预防控制中心承担其样品检测工作，检测样品 65 批次；山东分别委托山东省海洋生物研究院（50 份）和中国水产科学研究院黄海水产研究所（50 份）2 家单位分别承担其样品检测工作，检测样品 100 批次；上海分别委托浙江省水生动物防疫检疫中心（15 份）和上海市水产技术推广站（30 份）2 家单位分别承担其样品检测工作，检测样品 45 批次；天津委托天津市水生动物疫病预防控制中心承担其样品检测工作，检测样品 94 批次；新疆委托中国水产科学研究院黄海水产研究所承担其样品检测工作，检测样品 15 批次；新疆生产建设兵团委托中国水产科学研究院黄海水产研究所承担其样品检测工作，检测样品 3 批次；浙江委托浙江省水生动物防疫检疫中心（62 份）和江苏省水生动物疫病预防控制中心（53 份）2 家单位分别承担其样品检测工作，检测样品 115 批次（图 9）。

2018 年，各检测单位共承担 1 283 批次的检测任务。其中，承担任务最多的 3 家依次为江苏省水生动物疫病预防控制中心（201 批次）、广东省水生动物疫病预防控制中心（187 批次）和天津市水生动物疫病预防控制中心（159 批次），3 家检测单位的检测样品量占总样品量的 42.7%。

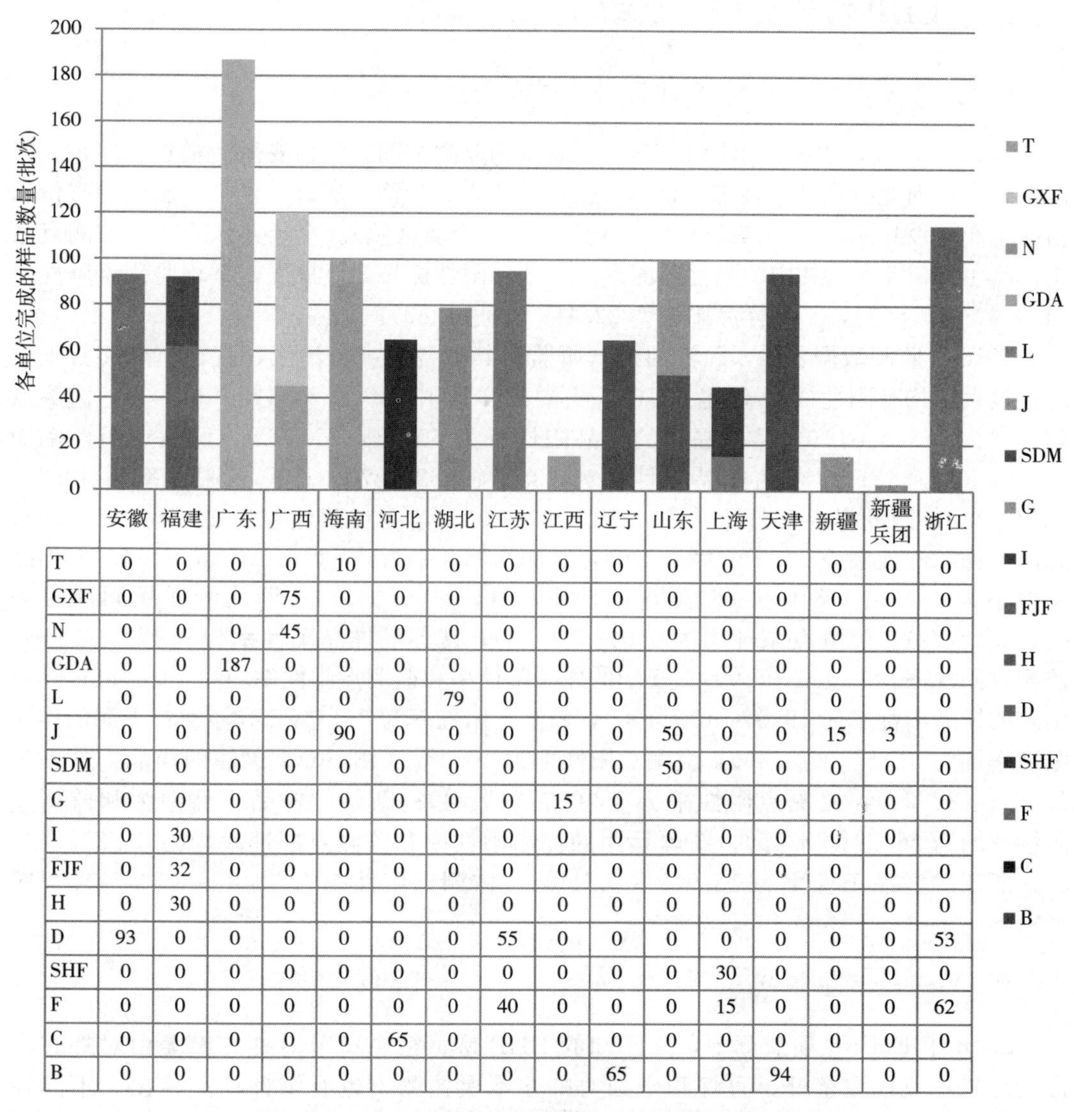

	安徽	福建	广东	广西	海南	河北	湖北	江苏	江西	辽宁	山东	上海	天津	新疆	新疆兵团	浙江
T	0	0	0	0	10	0	0	0	0	0	0	0	0	0	0	0
GXF	0	0	0	75	0	0	0	0	0	0	0	0	0	0	0	0
N	0	0	0	45	0	0	0	0	0	0	0	0	0	0	0	0
GDA	0	0	187	0	0	0	0	0	0	0	0	0	0	0	0	0
L	0	0	0	0	0	0	79	0	0	0	0	0	0	0	0	0
J	0	0	0	0	90	0	0	0	0	0	50	0	0	15	3	0
SDM	0	0	0	0	0	0	0	0	0	0	50	0	0	0	0	0
G	0	0	0	0	0	0	0	0	15	0	0	0	0	0	0	0
I	0	30	0	0	0	0	0	0	0	0	0	0	0	0	0	0
FJF	0	32	0	0	0	0	0	0	0	0	0	0	0	0	0	0
H	0	30	0	0	0	0	0	0	0	0	0	0	0	0	0	0
D	93	0	0	0	0	0	0	55	0	0	0	0	0	0	0	53
SHF	0	0	0	0	0	0	0	0	0	0	0	30	0	0	0	0
F	0	0	0	0	0	0	0	40	0	0	0	15	0	0	0	62
C	0	0	0	0	0	65	0	0	0	0	0	0	0	0	0	0
B	0	0	0	0	0	0	0	0	0	65	0	0	94	0	0	0

图 9　2018 年 EHP 专项监测样品送检单位和样品数量

（注：检测单位代码与农办渔［2018］75 号文件一致，农办渔［2018］75 号文件中未涉及的检测单位代码用检测单位英文名称前三个单词的首字母表示。B. 天津市水生动物疫病预防控制中心；C. 河北省水产养殖病害防治监测总站；D. 江苏省水生动物疫病预防控制中心；F. 浙江省水生动物防疫检疫中心；G. 浙江省淡水水产研究所；H. 福建省水产研究所；I. 福州市海洋与渔业技术中心；J. 中国水产科学研究院黄海水产研究所；L. 湖北出入境检验检疫局检验检疫技术中心；N. 深圳出入境检验检疫局食品检验检疫技术中心；T. 广东出入境检验检疫局检验检疫技术中心；GDA. 广东省水生动物疫病预防控制中心；GXF. 广西渔业病害防治环境监测和质量检验中心；SHF. 上海市水产技术推广站；FJF. 福建省水产技术推广总站；SDM. 山东省海洋生物研究院。各单位排名不分先后）

三、EHP 检测分析

（一）总体阳性检出情况及区域分布

2018 年，农业农村部组织 EHP 专项监测的监测范围，包括安徽、福建、广东、广西、海南、河北、湖北、江苏、江西、辽宁、山东、上海、天津、浙江、新疆等省份和新疆生产建设兵团，共涉及 184 个区（县）、363 个乡（镇）。全年共从 895 个监测点采集样品 1 283 批次，其中，阳性监测点 215 个，阳性样品 288 批次，平均监测点阳性率 24.0%（215/895），平均样品阳性率 22.4%（288/1283）。

2018 年监测数据显示，除江西外，所监测其他各省（自治区、直辖市）和新疆生产建设兵团均有阳性样品检出。其中，安徽的样品阳性率为 20.4%（19/93），监测点阳性率为 25.0%（19/76）；福建的样品阳性率为 60.9%（56/92），监测点阳性率为 66.7%（24/36）；广东的样品阳性率为 33.2%（62/187），监测点阳性率为 48.6%（34/70）；广西的样品阳性率为 19.2%（23/120），监测点阳性率为 24.7%（22/89）；海南的样品阳性率为 24.0%（24/100），监测点阳性率为 35.1%（20/57）；河北的样品阳性率为 12.3%（8/65），监测点阳性率为 14.0%（8/57）；湖北的样品阳性率为 8.9%（7/79），监测点阳性率为 9.0%（7/78）；江苏的样品阳性率为 7.4%（7/95），监测点阳性率为 7.8%（7/90）；辽宁的样品阳性率和监测点阳性率均为 10.8%(7/65)；山东的样品阳性率为 19.0%（19/100），监测点阳性率为 23.1%（18/78）；上海的样品阳性率均为 51.1%（23/45），监测点阳性率为 60.0%（18/30）；天津的样品阳性率为 12.8%（12/94），监测点阳性率为 15.6%（10/64）；新疆的样品阳性率为和监测点阳性率均为 26.7%（4/15）；新疆兵团的样品阳性率和监测点阳性率均为 33.3%（1/3）；浙江的样品阳性率为 13.9%（16/115），监测点阳性率为 22.2%（16/72）（图 10）。

（二）感染宿主情况

2018 年 EHP 专项监测中，除已知的 EHP 易感宿主斑节对虾和南美白对虾有阳性检出外，克氏原螯虾、青虾和中国对虾在本次检测出也有阳性样品检出。不同虾种的总阳性率从高至低依次为南美白对虾 27.7%（262/945）、克氏原螯虾 11.0%（19/172）、中国对虾 8.1%（5/62）、斑节对虾 5.0%（1/20）和青虾 3.2%（1/31）（图 11）。

（三）各地区不同虾种 EHP 的阳性检出情况

2018 年监测中，各地区中国对虾、青虾、南美白对虾（海）、南美白对虾（淡）、克氏原螯虾和斑节对虾的监测样品的阳性率分别为 0～25.0%、0～3.4%、0～68.3%、0～53.8%、0～21.8%和 0～6.3%，日本对虾、罗氏沼虾、脊尾白虾和澳洲龙虾监测样品均无阳性检出。

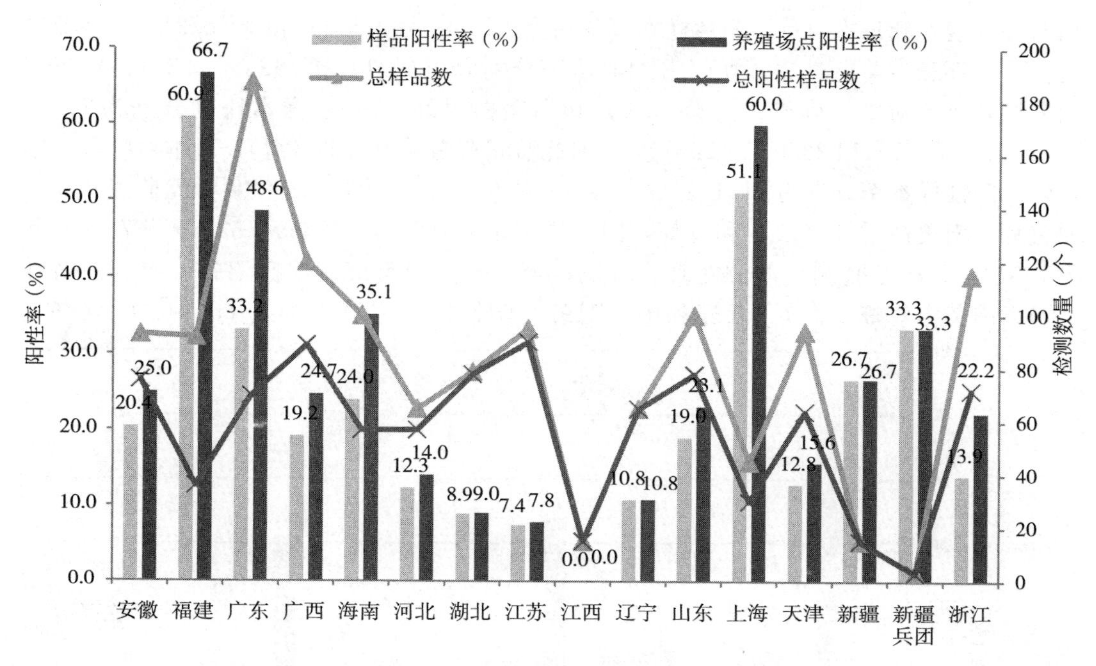

图10　2018年专项监测EHP样品阳性检出率及检测样本数
（注：各阳性率是以2018年的样品总数或监测点总数为基数计算）

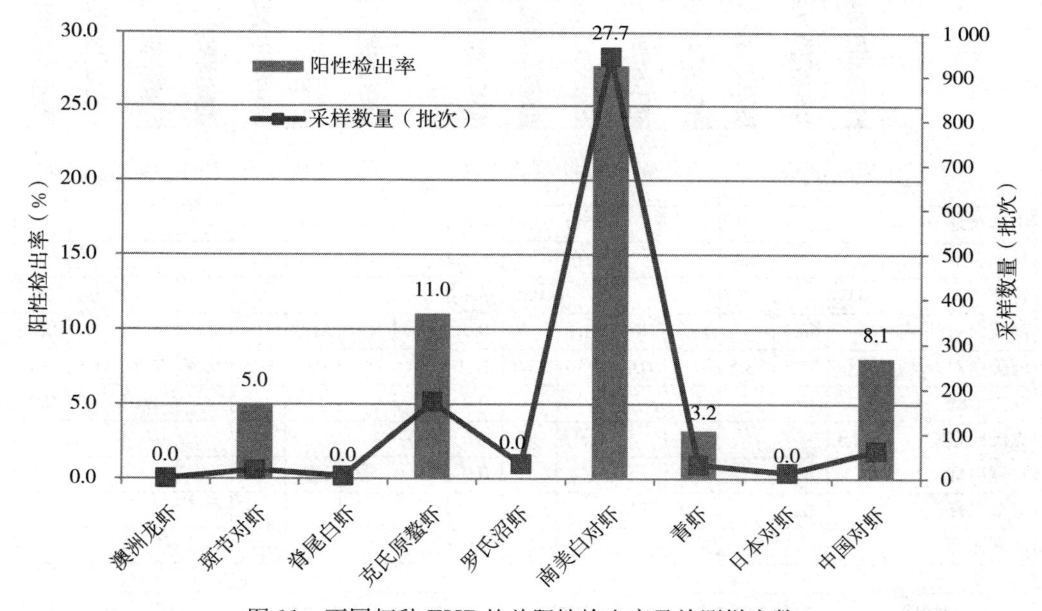

图11　不同虾种EHP的总阳性检出率及检测样本数

安徽监测有克氏原螯虾、南美白对虾（淡）和青虾，阳性样本率分别为21.8%（19/87）、0（0/5）和0（0/1）；福建监测有斑节对虾、南美白对虾（淡）和南美白对虾（海），阳性样本率分别为0（0/2）、0（0/8）和68.3%（56/82）；广东监测有南美白对虾（淡）和日本对虾，阳性样本率分别为 33.5%（62/185）和 0（0/2）；广西监测有斑节对虾和南美白对虾（海），阳性样本率分别为 0（0/1）和 19.3%（23/119）；海南监测有斑节对虾、南美白对虾（淡）和南美白对虾（海），样本比例分别为 5.9%（1/17）、0（0/1）和 28.0%（23/82）；河北监测有南美白对虾（海）、日本对虾和中国对虾，阳性样本率分别为 11.1%（6/54）、0（0/3）和 25.0%（2/8）；湖北监测有克氏原螯虾、南美白对虾（淡）和青虾，阳性样本率分别为 0（0/65）、53.8%（7/13）和 0%（0/1）；江苏监测有澳洲龙虾、脊尾白虾、克氏原螯虾、罗氏沼虾、南美白对虾（淡）、南美白对虾（海）、青虾和中国对虾，阳性样本率分别为 0（0/1）、0（0/6）、

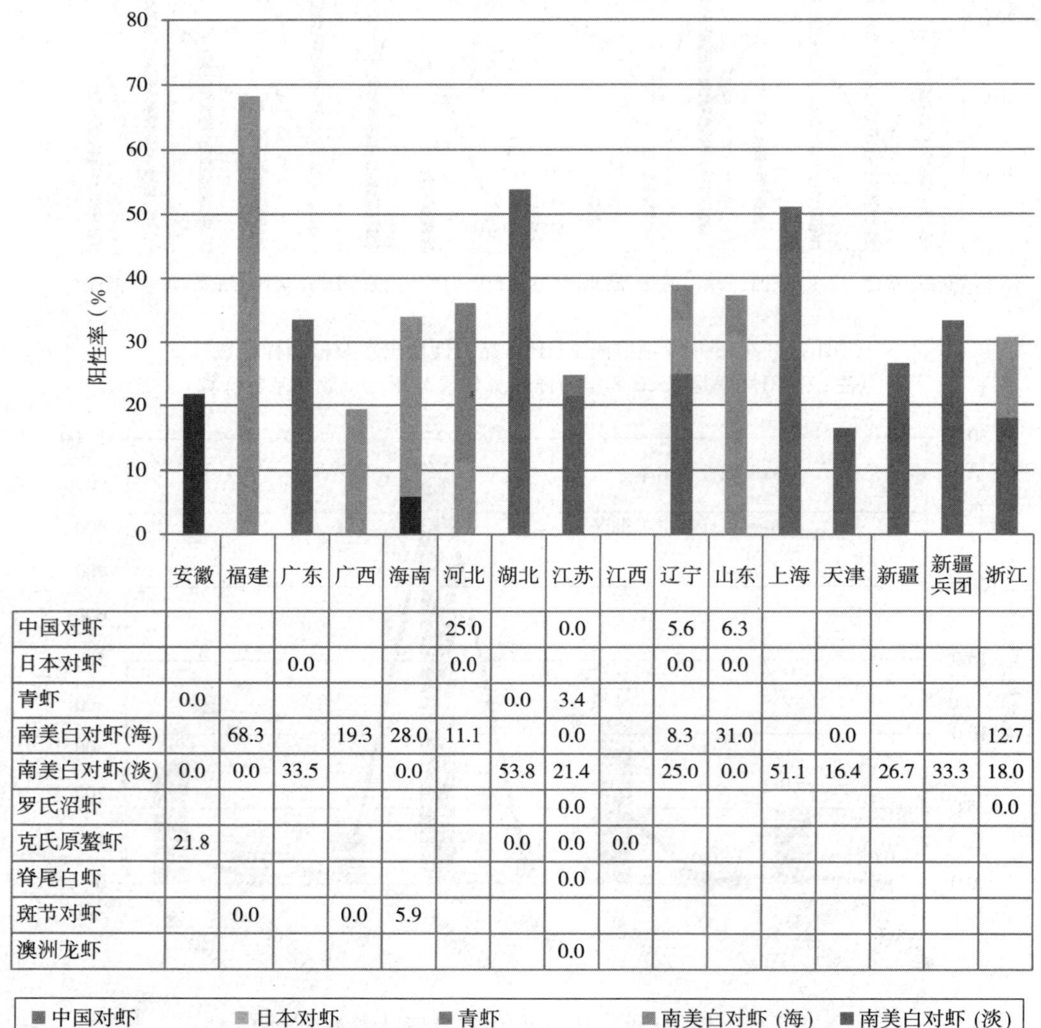

	安徽	福建	广东	广西	海南	河北	湖北	江苏	江西	辽宁	山东	上海	天津	新疆	新疆兵团	浙江
中国对虾						25.0		0.0		5.6	6.3					
日本对虾			0.0			0.0				0.0	0.0					
青虾	0.0						0.0	3.4								
南美白对虾(海)		68.3		19.3	28.0	11.1		0.0		8.3	31.0		0.0			12.7
南美白对虾(淡)	0.0	0.0	33.5		0.0		53.8	21.4		25.0	0.0	51.1	16.4	26.7	33.3	18.0
罗氏沼虾								0.0								0.0
克氏原螯虾	21.8						0.0	0.0	0.0							
脊尾白虾								0.0								
斑节对虾		0.0		0.0	5.9											
澳洲龙虾								0.0								

图 12　各省份不同虾种 EHP 的阳性检出率

（注：空白表示无样品检测）

0（0/5）、0（0/23）、21.4%（6/28）、0（0/1）、3.4%（1/29）和0（0/2）；江西监测有克氏原螯虾，阳性样本率为0（0/15）；辽宁监测有南美白对虾（淡）、南美白对虾（海）、日本对虾和中国对虾，阳性样本率分别为25.0%（4/16）、8.3%（1/12）、0（0/1）和5.6%（2/36）；山东监测有南美白对虾（淡）、南美白对虾（海）、日本对虾和中国对虾，阳性样本率分别为0（0/19）、31.0%（18/58）、0（0/7）和6.3%（1/16）；上海监测有南美白对虾（淡），阳性样本率为51.1（23/45）；天津监测有南美白对虾（淡）和南美白对虾（海），阳性样本率分别为16.4%（12/73）和0（0/21）；新疆和新疆兵团均只监测有南美白对虾（淡），阳性样本率分别为26.7%（4/15）和33.3%（1/3）；浙江监测有罗氏沼虾、南美白对虾（淡）和南美白对虾（海），阳性样本率分别为0（0/10）、18.0%（9/50）和12.7%（7/55）（图12）。

（四）不同养殖规格的阳性检出情况

2018年EHP专项监测中，记录了采样规格的阳性样品共1 186份。不同规格虾的样品阳性率从高到低依次为：体长为5～10厘米的样品阳性率为39.0%（94/241）；体长大于15厘米的样品阳性率为35.7%（20/56）；体长为10～15厘米的样品阳性率为29.1%（25/86）；体长<1厘米的样品阳性率为21.1%（48/228）；体长为1～5厘米的样品阳性率为15.3%（88/575）（图13）。

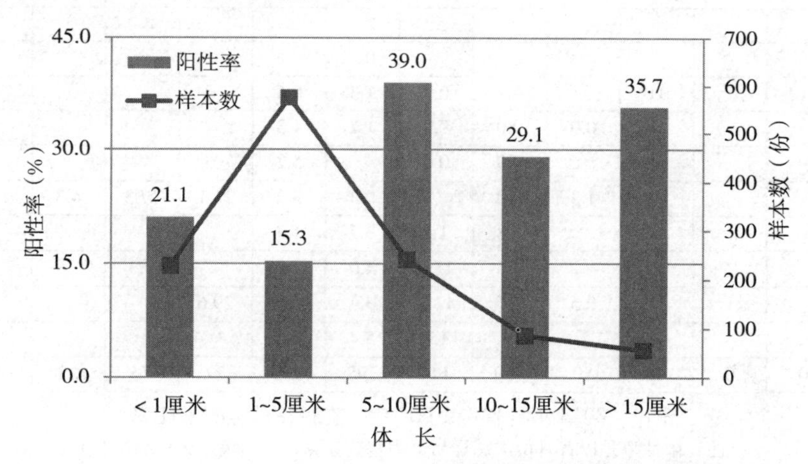

图13　2018年EHP专项监测不同规格样品的阳性率及检测样本数

（五）不同月份的EHP阳性检出情况

2018年EHP的专项监测中，记录采样月份的样品共1 283批次，阳性样品共288批次，其中，1～2月和12月无记录样品。采样月份中，3月样品阳性率为9.8%（4/41）；4月样品阳性率为10.0%（8/80）；5月样品阳性率为20.3%（89/439）；6月样品阳性率为31.7%（46/145）；7月样品阳性率为22.8%（68/298）；8月样品阳性率为25.8%（40/155）；9月样品阳性率为44.4%（12/27）；10月样品阳性率为26.7%（20/75）；11月样品阳性率为4.3%（1/23）（图14）。

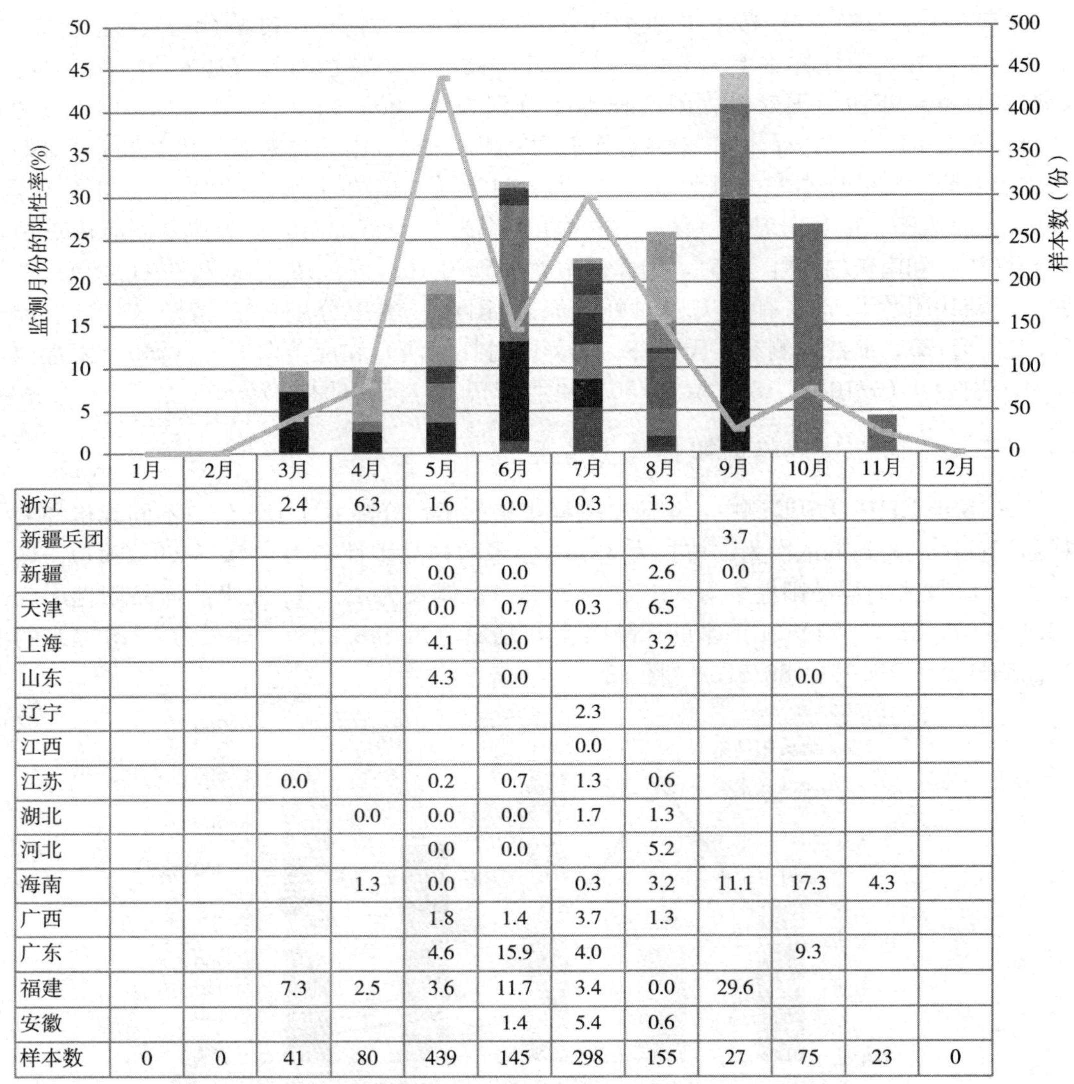

	1月	2月	3月	4月	5月	6月	7月	8月	9月	10月	11月	12月
浙江			2.4	6.3	1.6	0.0	0.3	1.3				
新疆兵团									3.7			
新疆					0.0	0.0		2.6	0.0			
天津					0.0	0.7	0.3	6.5				
上海					4.1	0.0		3.2				
山东					4.3	0.0				0.0		
辽宁							2.3					
江西							0.0					
江苏			0.0		0.2	0.7	1.3	0.6				
湖北				0.0	0.0	0.0	1.7	1.3				
河北					0.0	0.0		5.2				
海南				1.3	0.0		0.3	3.2	11.1	17.3	4.3	
广西					1.8	1.4	3.7	1.3				
广东					4.6	15.9	4.0			9.3		
福建			7.3	2.5	3.6	11.7	3.4	0.0	29.6			
安徽						1.4	5.4	0.6				
样本数	0	0	41	80	439	145	298	155	27	75	23	0

图 14　2018 年各省份 EHP 专项监测各月份的阳性率

（注：阳性率是以各月份的总样品数为基数计算，空白表示无样品检测）

（六）阳性样品的温度分布

2018 年 EHP 的专项监测中，记录了采样温度的阳性样品共 1 283 份。不同水温条件下样品阳性率从高到低依次为：水温在 31～32℃的阳性率为 31.0%（22/71）；水温在 27～28℃的阳性率为 28.0%（21/75）；水温在 29～30℃的阳性率为 27.1%（32/118）；水温在 30～31℃的阳性率为 26.2%（64/244）；水温在 28～29℃的阳性率为 26.4%（71/269）；水温在 24～25℃的阳性率为 21.4%（6/28）；水温在 26～27℃的阳性率为 19.8%（25/126）；水温在 25～26℃为 19.1%（20/105）；水温≥32℃的阳性率为 16.2%（11/68）；水温＜24℃的阳性率为 8.9%（16/179）（图 15）。

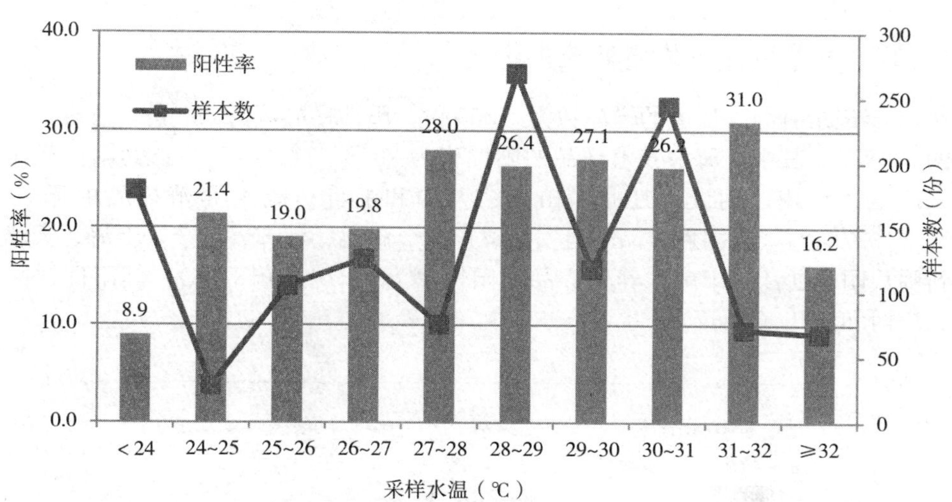

图15　2018年EHP专项监测不同温度条件的阳性样本率及检测样本数

（七）阳性样品的pH分布

2018年记录采样时水体pH的样品共401份，共检出记录pH数据的阳性样品98份，占有pH数据样本量的24.4%。不同pH条件下样品阳性率从高到低依次为：pH≤7.4时，阳性率为42.1%（8/19）；pH为7.5时，阳性率为34.1%（28/82）；pH为8.3时，阳性率为33.3%（2/6）；pH为8.6时，阳性率为33.1%（1/3）；pH为7.8时，阳性率为32.8%（19/58）；pH为7.6时，阳性率为31.3%（10/32）；pH为8.2时，阳性率为29.4%（10/34）；pH为7.9时，阳性率为25.0%（1/4）；pH为8.1时，阳性率为18.8%（6/32）；pH为8.0时，阳性率为12.4%（13/105）；pH为7.7、8.4、8.5、8.7和大于等于8.8时，无阳性样品检出，其检测中的样本总数分别为3、14、7、1和1（图16）。

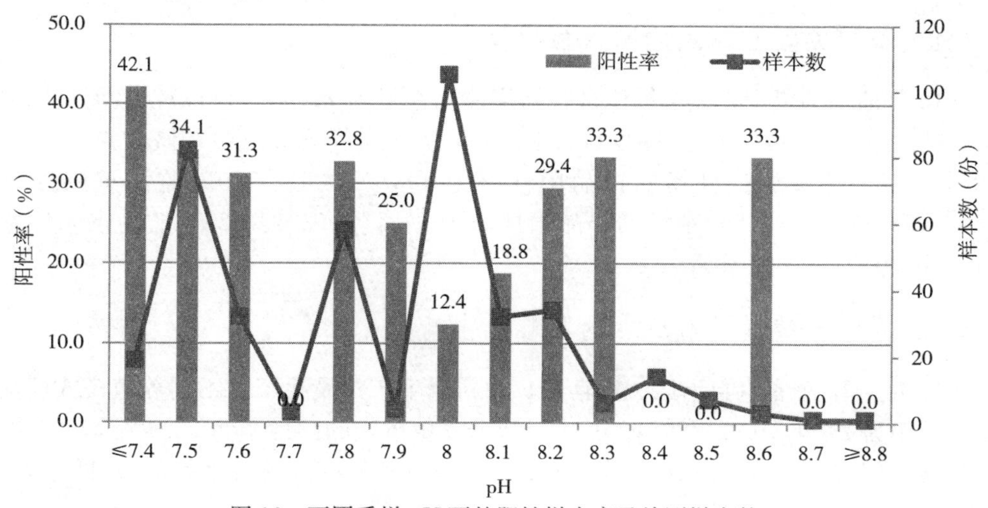

图16　不同采样pH下的阳性样本率及检测样本数

（八）不同养殖环境的阳性检出情况

2018 年记录有养殖环境的样品数为 1 265 份，阳性样品数为 286 份，占有记录样本总量的 22.6%。其中，海水养殖样品的阳性率为 23.8%（129/541），其阳性样品来自福建、广西、海南、河北、辽宁、山东、天津和浙江；淡水养殖样品的阳性率为 21.7%（139/642），其阳性样品来自安徽、广东、湖北、江苏、辽宁、上海、天津、新疆、新疆兵团和浙江；半咸水养殖样品的阳性率为 22.0%（18/82），其阳性样品来自福建、广西和浙江（图 17）。

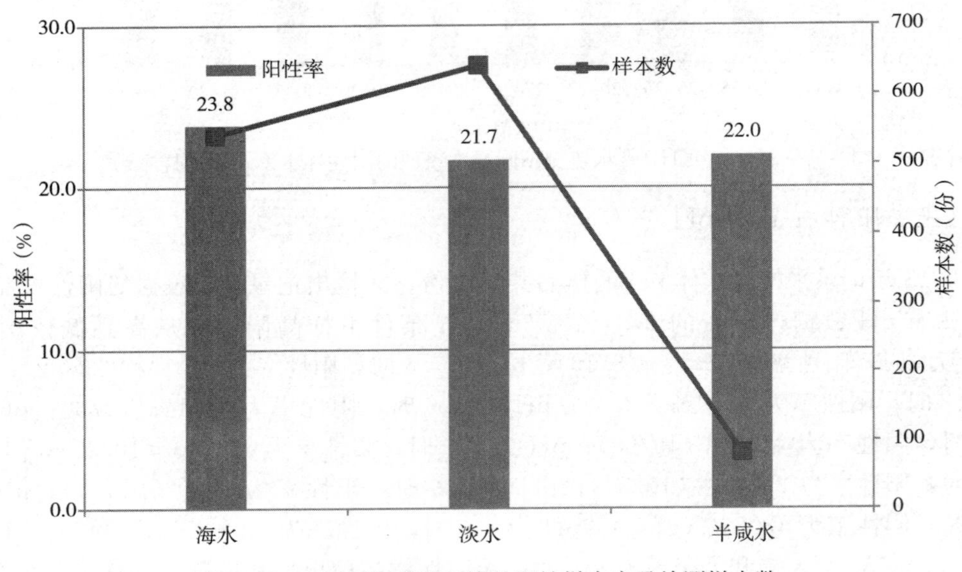

图 17　2018 年不同养殖环境的阳性样本率及检测样本数

（九）不同类型监测点的阳性检出情况

2018 年监测结果中，国家级原良种场样品阳性率为 7.1%（1/14），监测点阳性率为 14.3%（1/7）；省级原良种场样品阳性率为 30.6%（22/72），监测点阳性率为 21.2%（7/33）；重点苗种场的样品阳性率为 14.1%（64/455），监测点阳性率为 17.8%（57/321）；对虾养殖场的样品阳性率为 27.1%（201/742），监测点阳性率为 28.1%（150/534）（图 18）。

（十）不同养殖模式监测点的阳性检出情况

2018 年，15 个省（自治区、直辖市）和新疆生产建设兵团的不同养殖模式监测点平均阳性率为 24.0%（215/897）。其中，池塘养殖模式的阳性率为 26.6%（160/602）；工厂化养殖模式的阳性率为 20.3%（48/237）；其他养殖模式的阳性率为 12.1%（7/58）（图 19）。

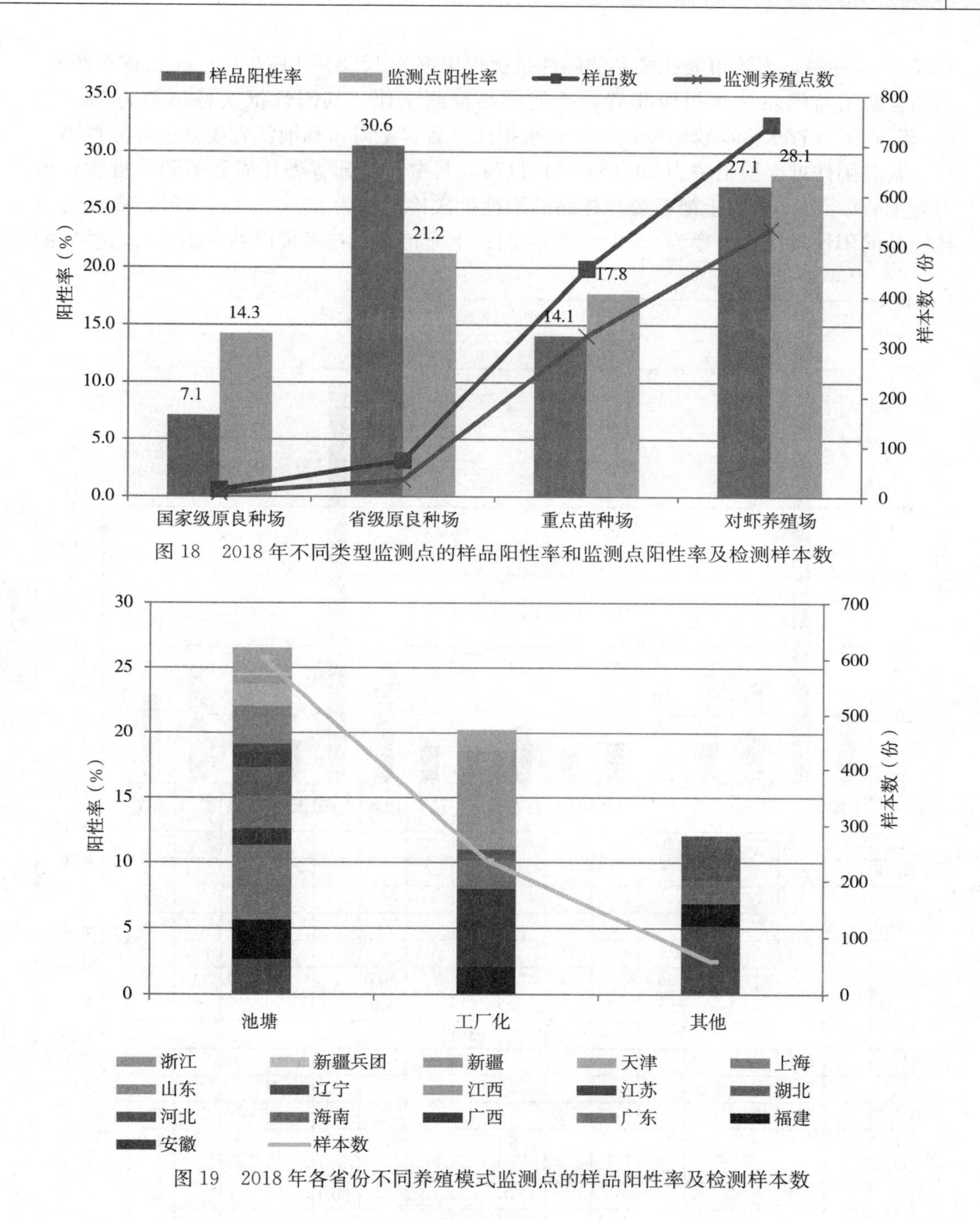

图18　2018年不同类型监测点的样品阳性率和监测点阳性率及检测样本数

图19　2018年各省份不同养殖模式监测点的样品阳性率及检测样本数

（十一）不同检测单位的检测结果情况

天津市水生动物疫病预防控制中心承担辽宁省和天津市委托的样品检测工作，其总阳性批次检出率为11.9%（19/159），其中，辽宁省委托样品的阳性批次检出率为

10.8%（7/65），天津市委托样品的阳性批次检出率为 12.8%（12/94）；河北省水产养殖病害防治监测总站承担河北省委托的样品检测工作，其阳性批次检出率为 12.3%（8/65）；浙江省水生动物防疫检疫中心承担江苏省、上海市和浙江省委托的样品检测工作，其总阳性批次检出率为 29.1%（34/117），其中，江苏省委托样品的阳性批次检出率为 15.0%（6/40），上海市委托样品的阳性批次检出率为 80.0%（12/15），浙江省委托样品的阳性批次检出率为 25.8%（16/62）；上海市水产技术推广站承担上海市委托的

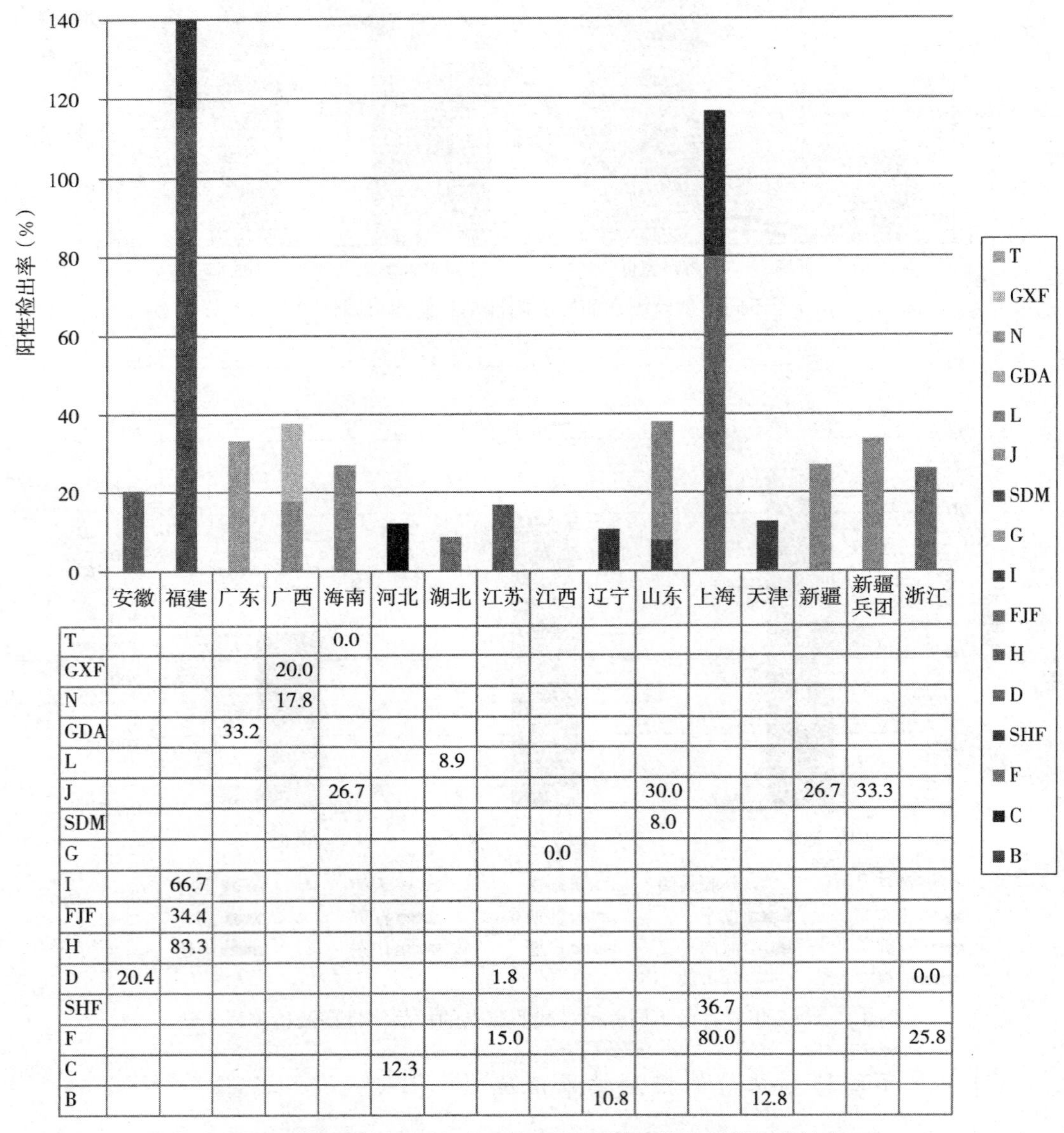

	安徽	福建	广东	广西	海南	河北	湖北	江苏	江西	辽宁	山东	上海	天津	新疆	新疆兵团	浙江
T					0.0											
GXF				20.0												
N				17.8												
GDA			33.2													
L							8.9									
J					26.7						30.0			26.7	33.3	
SDM											8.0					
G									0.0							
I		66.7														
FJF		34.4														
H		83.3														
D	20.4							1.8								0.0
SHF												36.7				
F								15.0				80.0				25.8
C						12.3										
B										10.8			12.8			

图 20　2018 年各省份 EHP 专项监测样品送检单位和阳性率

（注：各字母为检测单位简写，详见图 9 说明；阳性率基数为各省样品总数，空白表示无样品检测）

样品检测工作，其阳性批次检出率为36.7%（11/30）；江苏省水生动物疫病预防控制中心承担安徽省、江苏省和浙江省委托的样品检测工作，其总阳性批次检出率为10.0%（20/201），其中，安徽省委托样品的阳性批次检出率为20.4%（19/93），江苏省委托样品的阳性批次检出率为1.8%（1/55），浙江省委托样品无阳性检出（0/53）；福建省水产研究所承担福建省委托的样品检测工作，其总阳性批次检出率为83.3%（25/30）；福建省水产技术推广总站承担福建省委托的样品检测工作，其总阳性批次检出率为34.4%（11/32）；福州市海洋与渔业技术中心承担福建省委托的样品检测工作，其总阳性批次检出率为66.7%（20/30）；浙江省淡水水产研究所承担江西省委托的样品检测工作，无阳性样品检出（0/30）；山东省海洋生物研究院承担山东省委托的样品检测工作，其总阳性批次检出率为8.0 %（4/50）；中国水产科学研究院黄海水产研究所承担海南、山东、新疆和新疆兵团委托的样品检测工作，其总阳性批次检出率为27.8%（44/158），其中，海南省委托样品的阳性批次检出率为26.7%（24/90），山东省委托样品的阳性批次检出率为30.0%（15/50），新疆维吾尔自治区委托样品的阳性批次检出率为26.7%（4/15），新疆兵团委托样品的阳性批次检出率为33.3%（1/3）；湖北出入境检验检疫局检验检疫技术中心承担湖北省委托的样品检测工作，其总阳性批次检出率为8.9%（7/79）；广东省水生动物疫病预防控制中心承担广东省委托的样品检测工作，其总阳性批次检出率为33.2%（62/187）；深圳出入境检验检疫局食品检验检疫技术中心承担广西壮族自治区委托的样品检测工作，其总阳性批次检出率为17.8%（8/45）；广西壮族自治区渔业病害防治环境监测和质量检验中心承担广西壮族自治区委托的样品检测工作，其总阳性批次检出率为20.0%（15/75）；广东出入境检验检疫局检验检疫技术中心承担海南省委托的样品检测工作，无阳性样品检出（0/10）（图20）。

四、实验室对EHPD的被动监测工作小结

在国家虾蟹类产业技术体系病害防控岗位科学家任务、中国水产科学研究院基本科研业务费等项目的支持下，2018年中国水产科学研究院黄海水产研究所甲壳类流行病学与生物安保技术团队开展了本年度EHPD的被动监测工作。

2018年针对EHP的被动监测范围，包括广东、广西、海南、河北、江苏、山东、天津和浙江共8个省份，样品包括有南美白对虾、中国对虾、日本对虾、罗氏沼虾、饵料生物（沙蚕、卤虫）、饲料等，共615份样品。其中，阳性样品105份，平均阳性样本率为17.1%。EHP被动监测中阳性样性率最高前四位分别为天津100%（1/1）、广西66.7%（28/42）、河北51.9%（27/52）和山东20.8%（10/48）（图21）。

五、EHP风险分析及防控建议

1. *EHP在我国的总体流行现状及趋势*　2018年EHP的专项监测范围较2017年增加了3个省，共涉及有15个省（自治区、直辖市），包括安徽、福建、广东、广西、海南、河北、湖北、江苏、江西、辽宁、山东、上海、天津、浙江、新疆和新疆兵团。2018年监测点及采样样品批次数分别是2017年的2.1倍（895/420）和2.4倍

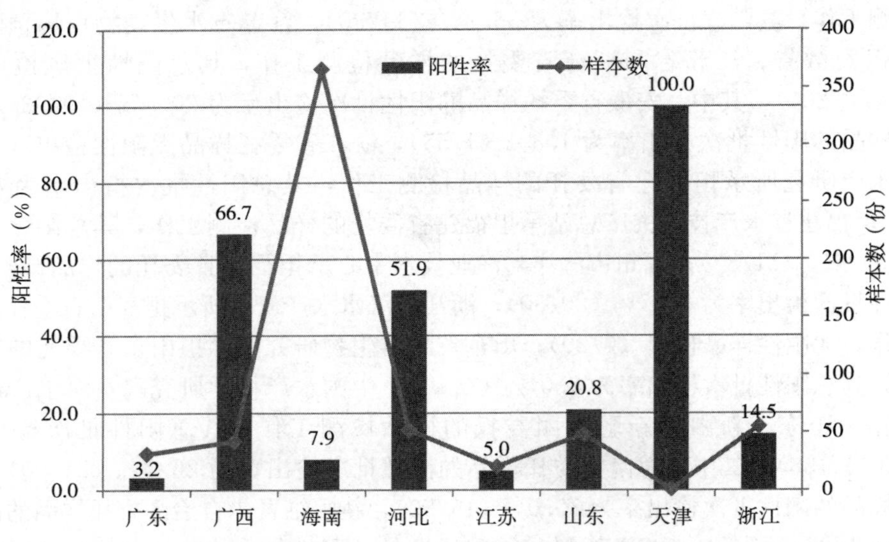

图 21　2018 年被动监测不同省（自治区、直辖市）样品数量及 EHP 检出情况

(1283/535)。检测结果表明，2018 年监测点阳性率及样品阳性率总体水平较 2017 年稍有提高，该结果也说明，EHP 仍为当前危害我国虾类产业健康发展的重要疫病。

2. *EHP 在我国的种苗场及养殖场检出及分布*　2018 年除苗种场和虾类养殖场仍有较高的 EHP 阳性检出外，国家级原良种场（7 个）和省级原良种场（33 个）的监测点阳性率也分别达到 14.3%和 21.2%的较高水平［2017 年国家级原良种场（1 个）和省级原良种场（21 个）无阳性样品检出］。这一结果提示，2018 年各级苗种场的苗种均已存有较大的 EHP 传播风险。

3. *EHP 易感宿主*　2018 年的 EHP 专项监测涉及了 9 个虾种，除已知的 EHP 易感宿主斑节对虾和南美白对虾有阳性检出外，克氏原螯虾、青虾和中国对虾在本次检测中也有阳性样品检出，其中，克氏原螯虾和中国对虾的阳性检出率更是超过了 EHP 易感宿主的斑节对虾。易感宿主作为疫病传播的重要环节，克氏原螯虾、中国对虾和青虾是否是 EHP 的易感宿主还有必要进一步确认，但这 3 种虾在本年度的阳性检出结果应当引起疫病监测部门及产业的高度重视。

4. *EHP 流行与环境条件的关系*　2018 年的专项监测中记录的水温、pH 的环境数据显示，过高或过低的水温，EHP 的阳性检出率较低，表现为水温较低（<24℃）和较高（≥32℃）时，样本阳性检出率分别为 8.9%和 16.2%。该数值低于 24～32℃区间各温度值的 19.1%～31.0%阳性检出率范围；pH 有记录的数据占总样本数的 31.3%（401/1283)，所记录的 pH 区间为 5～8.8，各 pH 对应的检测样本数差异较大（1～105)，过高或过低的 pH，EHP 的阳性检出率也相对较低。

5. *EHP 防控对策建议*　2018 年 EHP 专项监测中，各级苗种场均有 EHP 较高阳性检出的结果。该结果表明，当前我国各级苗种场的 EHP 风险形势严峻。因此，有必要加强全国各级苗种场 EHP 疫情的实时监测，以便及时排除苗种疫情风险，为产业提供可靠的健康苗种保障。

加强EHP病原生活史在内的各项基础研究，查明防控EHP繁殖、感染及传播的关键控制点，为该疫病的防控技术的建立提供理论依据。

开展EHP的易感宿主研究，确定的EHP新易感宿主，进而有针对性地开展EHP新易感宿主的疫情防控工作。中国水产科学研究院黄海水产研究所在2017年和2018年针对EHP的被动监测中，发现卤虫、养殖水体絮团及对虾配合饲料等也有EHP阳性检出的情况。建议在工作量允许范围内，加强对上述虾类饵料、饲料及养殖环境其他生物的EHP监测，为该疫病的综合防控提供全面的疫情信息参考。

开发针对EHP的有效药物，中国水产科学研究院黄海水产研究所初步筛选到2种以上对体内感染的EHP有抑制作用的药物，但完成药物的申报及注册需有较长时间才可实现，考虑EHP对产业的健康发展危害严重，也再次建议对EHP防治药物的应急开发及申报，给予绿色通道的政策倾斜。

逐步建立各级苗种场的生物安保体系，集成包括疫病防控在内的与水产养殖健康相关的各种措施及技术，逐步提高苗种场的无疫化水平，进而保障产业源头的苗种健康。目前，中国水产科学研究院黄海水产研究所已分别在海南与浙江2家对虾育苗场和养殖场开展了生物安保体系应用示范工作，并已取得了较好的效果。其中，实施生物安保示范的浙江对虾养殖场，2018年自育虾苗实现了无EHP阳性检出，养殖产量达到亩产3 000千克以上的该养殖场历史最高水平。

六、监测中存在的主要问题及建议

农业农村部组织的养殖甲壳类EHP专项监测已连续开展2年，涉及的各省（自治区、直辖市）均能较好地完成各项监测任务，达到了对我国EHP疫情有效监测的目标。但本次监测中也存在以下有待完善和改进的地方，主要包括：

1. 南美白对虾外的其他重要经济虾种的监测比例偏低　《2018中国渔业统计年鉴》所统计的7种虾类产量计298.7万吨，其中，占前3位的分别为南美白对虾（54.5%）、克氏原螯虾（27.7%）和青虾（8.0%）。2018年度上述的3种虾类检测样本数，占总样本数的比例分别为73.7%、13.4%和2.4%。为了产业疫情进行全面评估，建议适当增加如克氏原螯虾和青虾等其他重要经济虾类的相应监测比例。

2. 监测方案有待完善

（1）部分少样本量的监测分析结果不具有代表性　2018年各省（自治区、直辖市）不同虾种的检测数量中，存在有采样量仅1批次的情况。如安徽检测的青虾、广西检测的斑节对虾和辽宁检测的日本对虾均仅为1批次，显然依据该结果所获的样本阳性检出率的结果，不能真实反映当地该虾种实际的EHP感染情况；2017年和2018年部分监测结果波动（不一致）的产生原因，也可能与样本量过少相关，如2017年日本对虾的EHP阳性检出率为18.2%（2/11），但2018年该虾种的阳性检出率为0（0/13）。

（2）部分监测数据不完整　全年监测中1月、2月和12月无样品监测，有pH记录数据样本仅占总样本数的31.3%，上述数据的不完整，也影响了时间、温度和pH与

EHP相关性的整体分析。

（3）部分监测数据提供不规范　如采样虾规格中，绝大多数均为体长数据，但也存在有少量体重的数据。该结果也不利于进行虾规格与EHP感染发生的相关性分析。

针对上述监测方案中出现的问题，有必要逐步建立一个完善的监测方案，该方案包括有对采样最低数量、数据的统一规范及完整性等的具体指导要求。

七、对甲壳类疫病监测工作的建议

1. *加强苗种场的疫情监测*　苗种安全是产业健康发展的核心，2018年EHP专项监测中，各级苗种场均有较高的EHP阳性检出率。因此，提示有必要进一步加强苗种场包括EHP在内的各种病原的疫情监测，以及时排除疫情风险，为产业健康发展提供可靠的苗种保障。

2. *开展全国甲壳类疫控资源的收集、鉴定和保藏*　疫控资源是生物资源的重要组成部分，对其收集和保藏工作具有重要意义。建议专项监测结合目前正在建设中的国家级海洋渔业生物种质资源库项目（该项目的首个试点项目大楼已在中国水产科学研究院黄海水产所建设中，项目计划2019年完成工程主体建设，2020年正式投入使用）中的微生物资源库建设，对专项监测所发现包括EHP在内的各种重要疫控资源进行收集、鉴定和保藏，在丰富我国渔业微生物资源库的同时，也为疫病防控基础及应用研究提供材料支撑。

3. *加强检测单位的检测能力测试*　准确诊断是疫病的防控基础，2018年农业农村部渔业渔政管理局和全国水产技术推广总站共同组织和实施了“水生动物防疫系统实验室检测能力测试”活动，首次将EHP纳入了能力验证计划项目。2018年EHP专项监测中，16家检测单位中的绝大多数都参加了上述的能力测试，但也存在有部分检测单位尚未参加该测试的情况。建议今后将参加专项监测的所有检测单位，应全部纳入上述的能力测试活动中，以保障EHP专项监测结果的准确性。

4. *监测操作规范及标准*　除检测操作过程外，取样及处理等非疫病因素也会对监测结果的可靠性及可信度产生影响，为规范疫情监测过程的操作，建议尽早制定当前甲壳类重要疫病监测的操作规范及标准，包括样品信息记录、采样方法、采样数量、样品处理及保存、寄送样方式、检测方法及结果判断等，以此为基础，定期进行监测过程相关人员的培训和考核，确保各地监测结果的可靠准确。

2018年虾虹彩病毒病状况分析

中国水产科学研究院黄海水产研究所
（邱　亮　董　宣　万晓媛　黄　倢）

一、前言

虾虹彩病毒病（shrimp hemocyte iridescent virus disease，SHID）是我国新发现的甲壳类疫病，目前暂未被世界动物卫生组织（OIE）收录。2014年7～11月，Xu等通过电镜技术、部分主要衣壳蛋白基因（MCP）的序列分析、病毒纯化、蛋白分析和人工感染等实验，从福建省的一批红螯螯虾样品中鉴定了1株虹彩病毒，暂将其命名为红螯螯虾虹彩病毒（*Cherax quadricarinatus* iridovirus，CQIV）。2014年12月，Qiu等在浙江省的养殖场中采集了一批发病的南美白对虾样品，采用病毒宏基因组测序、组织病理、电镜技术、病毒纯化、人工感染和原位杂交等方法鉴定到1株虹彩病毒，基于该病毒的侵染组织和宿主种类，将其命名为虾血细胞虹彩病毒（shrimp hemocyte iridescent virus，SHIV）。基于SHIV的MCP基因和部分ATP酶基因的进化分析结果，判断此虹彩病毒可能属于1个新的病毒属，建议命名为虾虹彩病毒属（*Xiairidovirus*）。2017年，Li等和Qiu等分别公布了CQIV和SHIV的全基因组序列，其中，CQIV基因组长度为165 695bp，预测有178个开放阅读框（ORF）；SHIV基因组全长165 809bp，预测有170个ORF。多基因进化分析结果证实，CQIV和SHIV处于虹彩病毒科（Iridoviridae）中1个新的病毒属，其中，Li等建议将新属命名为（*Cheraxvirus*）。Qiu等通过序列比对发现，SHIV和CQIV的基因组序列相似度为99%，应为同一种物种的不同分离株。2019年，国际病毒分类委员会（ICTV）虹彩病毒研究组认可这一新病毒的发现和新属的推断，并根据CQIV和SHIV的相关研究结果，经与两个研究团队负责人杨丰和黄倢及相关国际同行的研讨，提议将该病毒属命名为十足目虹彩病毒属（*Decapodiridovirus*），SHIV 20141215和CQIV CN01确认为同一种病毒的两个分离株，并提议将该病毒种命名为十足目虹彩病毒1（decapod iridescent virus 1，DIV1），2019年3月ICTV执行委员会接受了该提议。

DIV1已经确认的易感宿主有南美白对虾（*Penaeus vannamei*）、罗氏沼虾（*Macrobrachium rosenbergii*）、青虾（*M. nipponense*）、脊尾白虾（*Exopalaemon carinicauda*）、克氏原螯虾（*Procambarus clarkii*）和红螯螯虾（*Cherax quadricarinatus*）。其中，自然感染DIV1的养殖南美白对虾和罗氏沼虾可以达到80%以上的死亡率；而通过投喂和反向灌肠等模拟自然的感染方式，可以造成南美白对虾100%的死亡；通过肌内注射的感染方式、也会造成南美白对虾、克氏原螯虾和红螯螯虾100%的死亡。实验室通过肌内注射和投喂两种方式人工感染健康的脊尾白虾，15天内分别造成了两个感染组70.8%和42.5%的死亡率。感染DIV1的南美白对虾、罗氏沼虾、青虾和脊尾白虾均表现为空肠空胃，肝胰腺萎缩、颜色变浅，停止摄食、活力下降等症状。其中，感染DIV1的罗氏沼虾因额剑基部甲壳下的造血组织被病毒侵染而呈现明显的白色三角区域病变，即产业上所说的罗氏沼虾"白头病"。部分患病的南美白对虾会出现明显的体色发红症状。

DIV1可侵染虾类的造血组织、血细胞以及部分上皮细胞，在细胞质内形成混合有嗜碱性微粒的深色嗜酸性包涵体，并伴随有细胞核的固缩。地高辛标记的原位环介导等温扩增（ISDL）检测结果表明，阳性信号存在于造血组织、血窦、血细胞以及肝胰腺、触角腺和卵巢的上皮细胞中。通过透射电子显微镜能观察到被感染罗氏沼虾的造血组织内外存在大量的二十面体病毒，细胞质边缘有许多正在出芽的病毒，在出芽过程中病毒会从细胞膜获得一层囊膜。造血细胞的细胞质内，可以观察到低电子密度的病毒发生基质及其内部的核衣壳形成过程。

目前，针对DIV1的检测有PCR方法、套式PCR方法、TaqMan探针荧光定量PCR方法、环介导等温扩增方法、原位杂交方法和ISDL方法。2017年，农业部组织全国水产病害防控体系使用中国水产科学研究院黄海水产研究所建立的DIV1套式PCR检测方法，首次在我国开展了SHID的专项监测工作。监测结果表明，13个省（自治区、直辖市）和新疆生产建设兵团的平均样品阳性率为12.3%（68/554），平均监测点阳性率为14.7%（66/450），涉及的阳性样品种类有青虾、克氏原螯虾、南美白对虾、中国对虾和日本对虾，检出阳性的省份有河北、湖北、江苏、浙江、山东和上海。值得注意的是，在2017年的450个监测点中，省级原良种场和重点苗种场的平均样品阳性率为10.1%（38/378），平均监测点阳性率为12.6%（36/286）。2017年的监测结果表明，DIV1已在国内虾类主要养殖区广泛传播，而省级良种场和苗种场中较高的阳性率，给SHID的疫病传播和流行带来了极大的风险。因此，确立和实施该病的紧急应对措施，建立原良种场和重点苗种场的生物安保措施迫在眉睫。

二、全国各省开展SHID的专项监测情况

（一）概况

农业农村部从2017年开始首次组织在13个省（自治区、直辖市）和新疆生产建设兵团开展了SHID的专项监测工作，监测工作的取样范围覆盖了我国甲壳类的主要经济养殖区，涉及113个区（县）、182个乡（镇）、450个监测点、554份样本。其中，国家级原良种场2个，省级原良种场24个，重点苗种场260个，虾类养殖场164个。

2018年，SHID专项监测进一步增加了监测范围，包括天津、河北、辽宁、湖北、江苏、浙江、福建、山东、上海、江西、安徽、广东、广西、海南、新疆15个省（自治区、直辖市）和新疆生产建设兵团，共涉及185个区（县）、358个乡（镇）、871个监测点。其中，国家级原良种场7个，省级原良种场33个，重点苗种场321个，成虾

养殖场 510 个。2018 年，国家监测计划样品数为 1 100 批次，实际采集和检测样品 1 255批次。2017—2018 年，各省（自治区、直辖市）累计监测样品数 1 809 批次（表 1）。其中，广东累计监测样品 206 批次、浙江累计监测样品 195 批次、山东累计监测样品 187 批次，累计监测样品的数量分列前三位（图 1）。

表 1　2017—2018 年 SHID 专项监测省（自治区、直辖市）采样情况

监测省份	天津	河北	辽宁	湖北	江苏	浙江	福建	山东	上海	江西	安徽	广东	广西	海南	新疆	新疆兵团
监测样品数（批次）	100	136	65	111	170	195	144	187	60	23	88	206	148	148	20	8

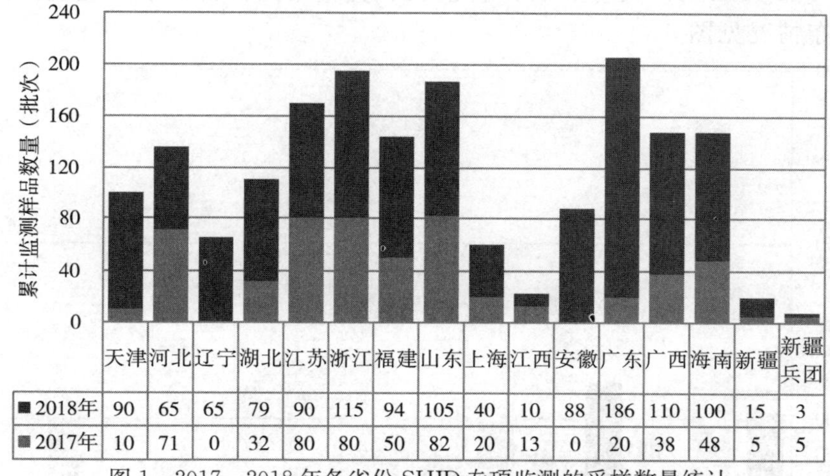

图 1　2017—2018 年各省份 SHID 专项监测的采样数量统计

（二）不同养殖模式监测点情况

2018 年，各省（自治区、直辖市）和新疆生产建设兵团的专项监测数据表中记录养殖模式的监测点共 871 个。其中，池塘养殖的监测点 578 个，占 66.4%；工厂化养殖的监测点 237 个，占 27.2%；网箱养殖的监测点 10 个，占 1.1%；其他养殖模式的监测点 46 个，占 5.3%。

2017—2018 年，各省（自治区、直辖市）和新疆生产建设兵团的专项监测数据表中记录养殖模式的监测点共 1 321 个。其中，池塘养殖的监测点 835 个，占 63.2%；工厂化养殖的监测点 414 个，占 31.4%；网箱养殖模式的监测点 12 个，占 0.9%；其他养殖模式的监测点 60 个，占 4.5%（图 2）。

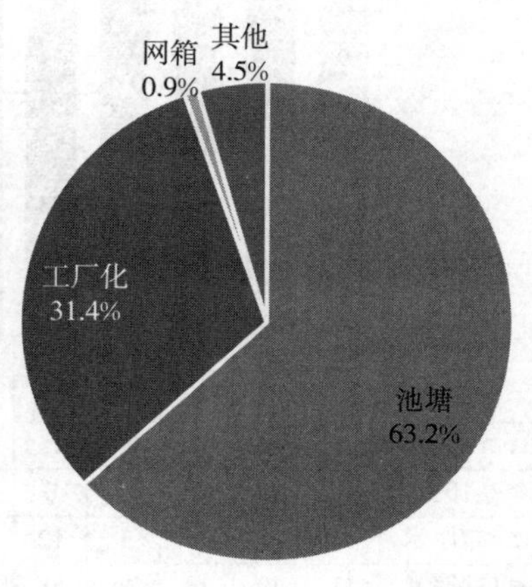

图 2　2017—2018 年 SHID 专项监测对象的养殖模式比例

（注：其他养殖模式主要包括稻田养殖等）

（三）2018 年采样的品种、规格

2018 年监测样品种类有南美白对虾、斑节对虾（*P. monodon*）、日本对虾（*P. japonicus*）、中国对虾（*P. chinensis*）、克氏原螯虾、罗氏沼虾、青虾和脊尾白虾。

记录了采样规格的样品共 1 255 批次。其中，体长小于 1 厘米的样品 250 批次，占样品总量的 19.9%；体长为 1～4 厘米的样品 438 批次，占样品总量的 34.9%；体长为 4～7 厘米的样品 221 批次，占样品总量的 17.6%；体长为 7～10 厘米的样品 175 批次，占样品总量的 14.0%；体长大于 10 厘米的样品 171 批次，占样品总量的 13.6%。具体各省（自治区、直辖市）和新疆生产建设兵团监测样品规格分布情况见图 3。

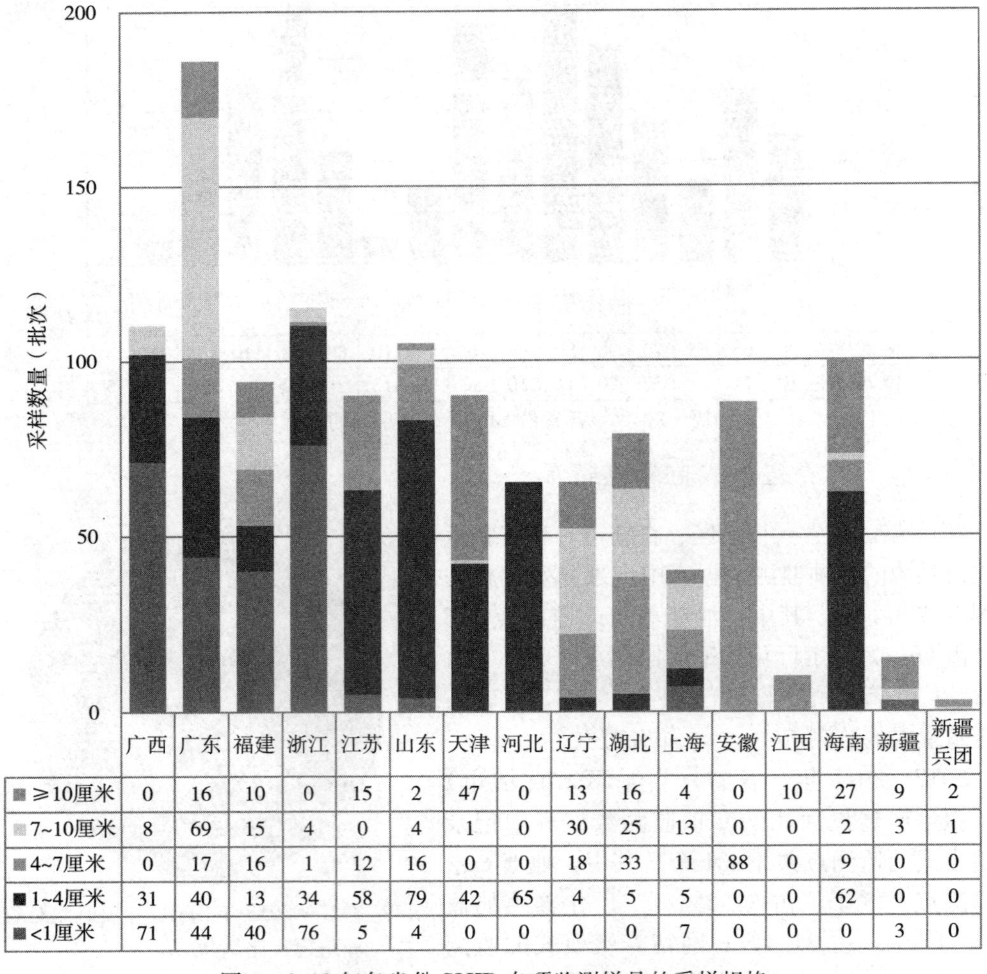

	广西	广东	福建	浙江	江苏	山东	天津	河北	辽宁	湖北	上海	安徽	江西	海南	新疆	新疆兵团
≥10厘米	0	16	10	0	15	2	47	0	13	16	4	0	10	27	9	2
7~10厘米	8	69	15	4	0	4	1	0	30	25	13	0	0	2	3	1
4~7厘米	0	17	16	1	12	16	0	0	18	33	11	88	0	9	0	0
1~4厘米	31	40	13	34	58	79	42	65	4	5	5	0	0	62	0	0
<1厘米	71	44	40	76	5	4	0	0	0	0	7	0	0	0	3	0

图 3　2018 年各省份 SHID 专项监测样品的采样规格

（四）抽样的自然条件（如时间、水温、pH等）

2018年，记录了采样时间的样品共1 255批次。其中，1月和2月无样品采集；3月采集样品33批次，占总样品的2.6%；4月采集样品80批次，占总样品的6.4%；5月采集样品436批次，占总样品的34.8%；6月采集样品131批次，占总样品的10.4%；7月采集样品249批次，占总样品的19.9%；8月份采集样品201批次，占总样品的16.0%；9月采集样品27批次，占总样品的2.2%；10月采集样品75批次，占总样品的6.0%；11月采集样品23批次，占总样品的1.8%（图4）；12月无样品采集。如图4所示，样品采集主要集中在5～8月，其中，5月采集样品数量最多，7月次之。

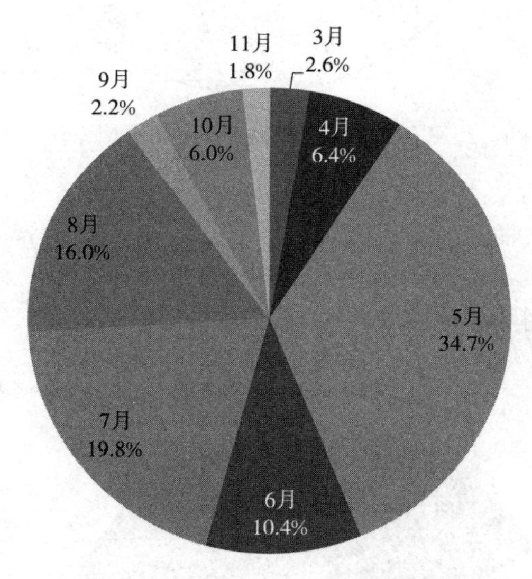

图4　2018年SHID专项监测样品的采样时间分布

2018年，记录了采样时水温的样品共1 255批次。其中，165批次样品采样时水温低于24℃，占样品总量的13.2%；28批次样品采样时水温在24～25℃，占2.2%；104批次样品采样时水温在25～26℃，占8.3%；136批次样品采样时水温在26～27℃，占10.8%；77批次样品采样时水温在27～28℃，占6.1%；234批次样品采样时水温在28～29℃，占18.7%；89批次样品采样时水温在29～30℃，占7.1%；264批次样品采样时水温在30～31℃，占21.1%；71批次样品采样时水温在31～32℃，占5.7%；87批次样品采样时水温不低于32℃，占6.9%（图5）。

2018年，记录了采样水体pH的样品共392批次。其中，16批次样品pH低于7.4，占记录采样pH样品总量的4.1%；80批次样品pH为7.5，占20.4%；33批次样品pH为7.6，占8.4%；3批次样品pH为7.7，占0.8%；59批次样品pH为7.8，占15.1%；4批次样品pH为7.9，占1.0%；103批次样品pH为8.0，占26.3%；28

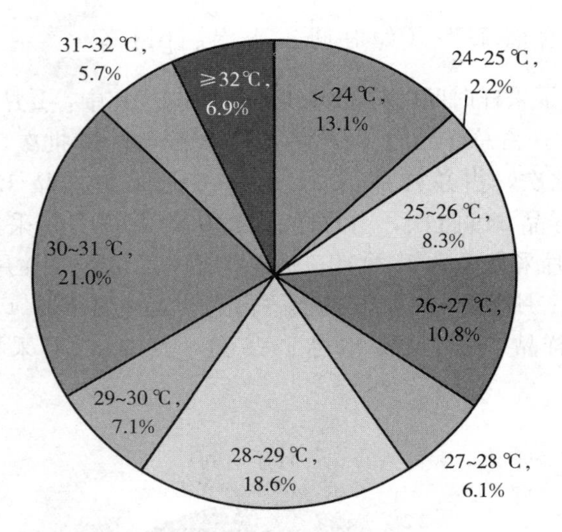

图 5　2018 年 SHID 专项监测样品采样时水温分布

批次样品 pH 为 8.1，占 7.1%；34 批次样品 pH 为 8.2，占 8.7%；6 批次样品 pH 为 8.3，占 1.5%；14 批次样品 pH 为 8.4，占 3.6%；7 批次样品 pH 为 8.5，占 1.8%；3 批次样品 pH 为 8.6，占 0.8%；1 批次样品 pH 为 8.7，占 0.3%；1 批次样品 pH 不低于 8.8，占 0.3%（图 6）。

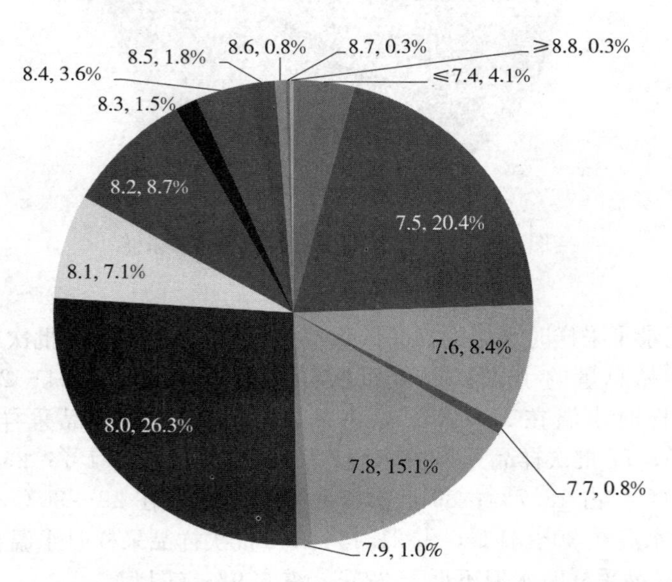

图 6　2018 年 SHID 专项监测样品的采样 pH 分布

2018 年，记录有养殖环境的样品数为 1 235 份。其中，海水养殖的样品数为 537 份，占样本总量的 43.5%；淡水养殖的样品数为 615 份，占样本总量的 49.8%；半咸水养殖的样品数为 83 份，占样本总量的 6.7%（图 7）。

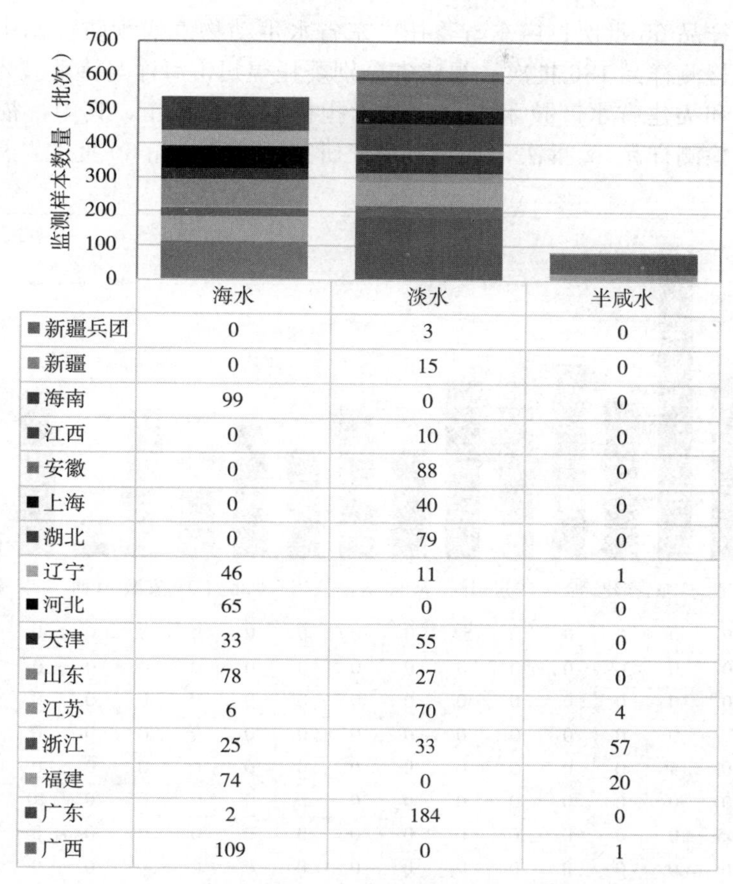

	海水	淡水	半咸水
新疆兵团	0	3	0
新疆	0	15	0
海南	99	0	0
江西	0	10	0
安徽	0	88	0
上海	0	40	0
湖北	0	79	0
辽宁	46	11	1
河北	65	0	0
天津	33	55	0
山东	78	27	0
江苏	6	70	4
浙江	25	33	57
福建	74	0	20
广东	2	184	0
广西	109	0	1

图 7　2018 年各省份 SHID 专项监测样品的养殖环境分布

（五）样品检测单位

2018 年，各省（自治区、直辖市）和新疆生产建设兵团监测任务分别委托天津市水生动物疫病预防控制中心、河北省水产养殖病害防治监测总站、江苏省水生动物疫病预防控制中心、浙江省水生动物防疫检疫中心、浙江省淡水水产研究所、福建省水产研究所、福州市海洋与渔业技术中心、中国水产科学研究院黄海水产研究所、湖北出入境检验检疫局检验检疫技术中心、深圳出入境检验检疫局食品检验检疫技术中心、广东出入境检验检疫局检验检疫技术中心、广东省水生动物疫病预防控制中心、广西渔业病害防治环境监测和质量检验中心、上海市水产技术推广站、福建省水产技术推广总站、山东省海洋生物研究院共 16 家单位，按照中国水产科学研究院黄海水产研究所建立的 DIV1 套式 PCR 方法进行实验室检测。

广西壮族自治区分别委托深圳出入境检验检疫局食品检验检疫技术中心和广西渔业病害防治环境监测和质量检验中心承担其样品检测工作，其中，深圳出入境检验检疫局食品检验检疫技术中心检测样品 45 批次，广西渔业病害防治环境监测和质量检验中心检测样品 65 批次；广东省委托广东省水生动物疫病预防控制中心承担其样品检测工作，检测样品 186 批次；福建省分别委托福州市海洋与渔业技术中心、福建省水产研究所和福建省水产技术推广总站承担样品检测工作，其中，福州市海洋与渔业技术中心检测样品 32 批次，福建省水产研究所检测样品 30 批次，福建省水产技

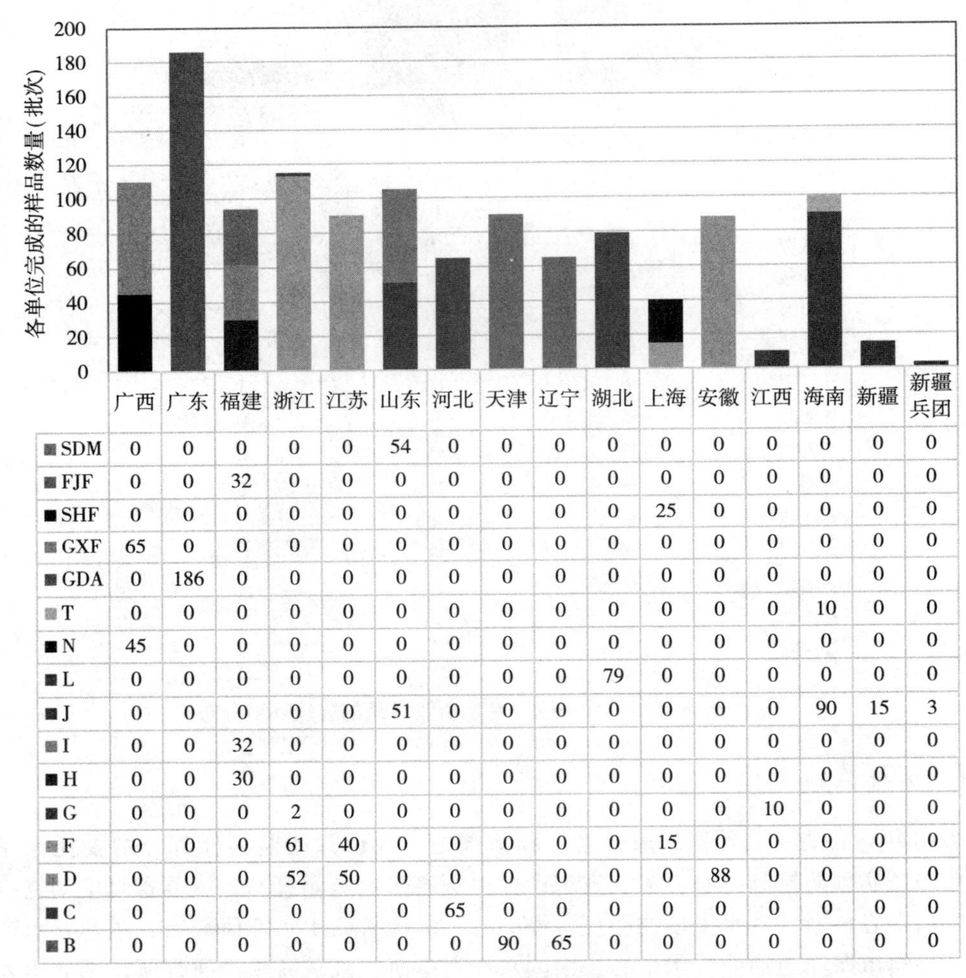

	广西	广东	福建	浙江	江苏	山东	河北	天津	辽宁	湖北	上海	安徽	江西	海南	新疆	新疆兵团
SDM	0	0	0	0	0	54	0	0	0	0	0	0	0	0	0	0
FJF	0	0	32	0	0	0	0	0	0	0	0	0	0	0	0	0
SHF	0	0	0	0	0	0	0	0	0	0	25	0	0	0	0	0
GXF	65	0	0	0	0	0	0	0	0	0	0	0	0	0	0	0
GDA	0	186	0	0	0	0	0	0	0	0	0	0	0	0	0	0
T	0	0	0	0	0	0	0	0	0	0	0	0	0	10	0	0
N	45	0	0	0	0	0	0	0	0	0	0	0	0	0	0	0
L	0	0	0	0	0	0	0	0	0	79	0	0	0	0	0	0
J	0	0	0	0	0	51	0	0	0	0	0	0	0	90	15	3
I	0	0	32	0	0	0	0	0	0	0	0	0	0	0	0	0
H	0	0	30	0	0	0	0	0	0	0	0	0	0	0	0	0
G	0	0	0	2	0	0	0	0	0	0	0	0	10	0	0	0
F	0	0	0	61	40	0	0	0	0	0	15	0	0	0	0	0
D	0	0	0	52	50	0	0	0	0	0	0	88	0	0	0	0
C	0	0	0	0	0	0	65	0	0	0	0	0	0	0	0	0
B	0	0	0	0	0	0	0	90	65	0	0	0	0	0	0	0

图 8　2018 年各省份 SHID 专项监测样品送检单位和样品数量

（注：检测单位代码与农办渔［2018］75 号文件一致，农办渔［2018］75 号文件中未涉及的检测单位代码用检测单位英文名称前三个单词的首字母表示。B. 天津市水生动物疫病预防控制中心；C. 河北省水产养殖病害防治监测总站；D. 江苏省水生动物疫病预防控制中心；F. 浙江省水生动物防疫检疫中心；G. 浙江省淡水水产研究所；H. 福建省水产研究所；I. 福州市海洋与渔业技术中心；J. 中国水产科学研究院黄海水产研究所；L. 湖北出入境检验检疫局检验检疫技术中心；N. 深圳出入境检验检疫局食品检验检疫技术中心；T. 广东出入境检验检疫局检验检疫技术中心；GDA. 广东省水生动物疫病预防控制中心；GXF. 广西渔业病害防治环境监测和质量检验中心；SHF. 上海市水产技术推广站；FJF. 福建省水产技术推广总站；SDM. 山东省海洋生物研究院。各单位排名不分先后）

术推广总站检测样品32批次；浙江省分别委托浙江省水生动物防疫检疫中心、浙江省淡水水产研究所和江苏省水生动物疫病预防控制中心承担其样品检测工作，其中，浙江省水生动物防疫检疫中心检测样品61批次，浙江省淡水水产研究所检测样品2批次，江苏省水生动物疫病预防控制中心检测样品52批次；江苏省分别委托浙江省水生动物防疫检疫中心和江苏省水生动物疫病预防控制中心承担其样品检测工作，其中，浙江省水生动物防疫检疫中心检测样品40批次，江苏省水生动物疫病预防控制中心检测样品50批次；山东省分别委托中国水产科学研究院黄海水产研究所和山东省海洋生物研究院承担其样品检测工作，其中，中国水产科学研究院黄海水产研究所检测样品51批次，山东省海洋生物研究院检测样品54批次；河北省委托河北省水产养殖病害防治监测总站承担其样品检测工作，检测样品65批次；天津市委托天津市水生动物疫病预防控制中心检测样品90批次；辽宁省委托天津市水生动物疫病预防控制中心检测样品65批次；湖北省委托湖北出入境检验检疫局检验检疫技术中心检测样品79批次；上海市分别委托浙江省水生动物防疫检疫中心和上海市水产技术推广站承担其样品检测工作，其中，浙江省水生动物防疫检疫中心检测样品15批次，上海市水产技术推广站检测样品25批次；安徽省委托江苏省水生动物疫病预防控制中心检测样品88批次；江西省委托浙江省淡水水产研究所检测样品10批次；海南省分别委托中国水产科学研究院黄海水产研究所和广东出入境检验检疫局检验检疫技术中心承担其样品检测工作，其中，中国水产科学研究院黄海水产研究所检测样品90批次，广东出入境检验检疫局检验检疫技术中心检测样品10批次；新疆维吾尔自治区委托中国水产科学研究院黄海水产研究所检测样品15批次；新疆生产建设兵团委托中国水产科学研究院黄海水产研究所检测样品3批次（图8）。

2018年，各检测单位共承担1 254批次的检测任务。江苏省水生动物疫病预防控制中心承担的检测任务量最多，为190批次；其次是广东省水生动物疫病预防控制中心，为186批次；再次是中国水产科学研究院黄海水产研究所，为159批次。3家检测单位的检测样品量占总样品量的42.6%。

三、检测结果分析

（一）总体阳性检出情况及其区域分布

2017年，农业部组织全国水产病害防治体系首次对SHID实施了专项监测，监测范围是天津、河北、上海、江苏、浙江、福建、江西、山东、湖北、广东、广西、海南、新疆13个省（自治区、直辖市）和新疆生产建设兵团。2018年，进一步扩大到天津、河北、辽宁、湖北、江苏、浙江、福建、山东、上海、江西、安徽、广东、广西、海南、新疆15个省（自治区、直辖市）和新疆生产建设兵团，包括185个区（县）、358个乡（镇）。全年共从871个监测点采集样品1 255批次，其中，阳性监测点123个，阳性样品153批次，平均监测点阳性率14.1%（123/871），平均样品阳性率12.2%（153/1255）。

2017—2018年监测数据显示，天津、河北、湖北、江苏、浙江、福建、山东、上海、安徽、广东和广西均有阳性样品检出。其中，天津的样品阳性率为1.0%，监测点阳性率为1.5%；河北的样品阳性率为1.5%，监测点阳性率为1.7%；湖北的样品阳性率为9.0%，监测点阳性率均为9.1%；江苏的样品阳性率为17.6%，监测点阳性率为18.6%；浙江的样品阳性率为21.0%，监测点阳性率为30.2%；福建的样品阳性率为0.7%，监测点阳性率为1.5%；山东的样品阳性率为13.4%，监测点阳性率为16.3%；上海的样品阳性率为16.7%，监测点阳性率为24.4%；安徽的样品阳性率为37.5%，监测点阳性率为40.3%；广东的样品阳性率为25.2%，监测点阳性率为33.8%；广西的样品阳性率为10.8%，监测点阳性率为12.8%（图9）。

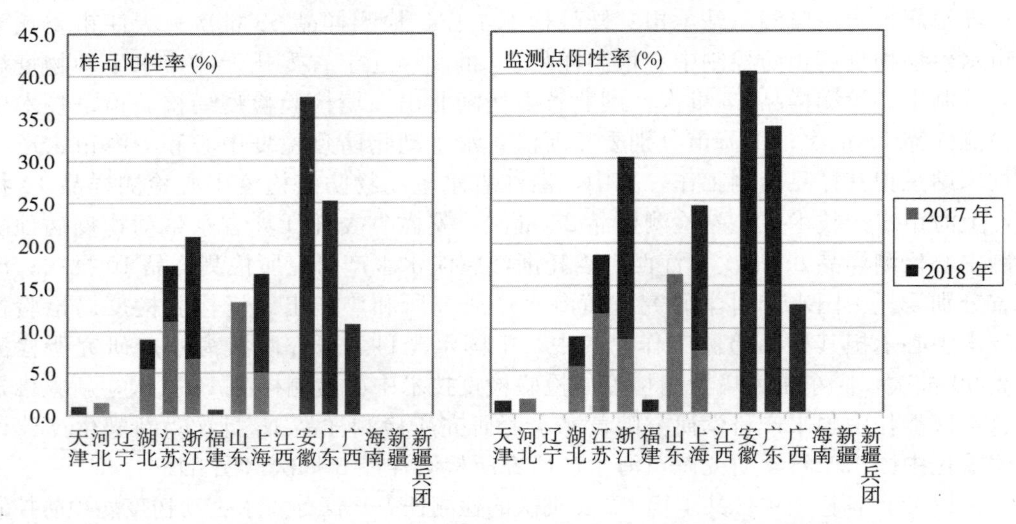

图9 2017—2018年各省份SHID专项监测样品阳性率和监测点阳性率
（注：各阳性率是以2017—2018年的样品总数或监测点总数为基数计算）

（二）易感宿主

研究表明，南美白对虾、罗氏沼虾、青虾、脊尾白虾、克氏原螯虾和红螯螯虾都是DIV1的易感宿主。2018年SHID专项监测结果显示，阳性样品种类有罗氏沼虾、青虾、克氏原螯虾、南美白对虾、日本对虾和脊尾白虾。其中，克氏原螯虾的样品阳性率达23.2%（39/168）、脊尾白虾16.7%（1/6）、罗氏沼虾16%（4/25）。

（三）不同养殖规格的阳性检出情况

2017—2018年SHID专项监测中，记录了采样规格的阳性样品共221批次。其中，体长4～7厘米样品的阳性率最高，为20.1%（52/259）；其次为小于1厘米的样品，阳性率为15.1%（52/345）；7～10厘米样品的阳性率为10.9%（28/257）；1～4厘米样品的阳性率为10.0%（71/713）；不小于10厘米样品的阳性率为7.7%（18/235）（图10）。

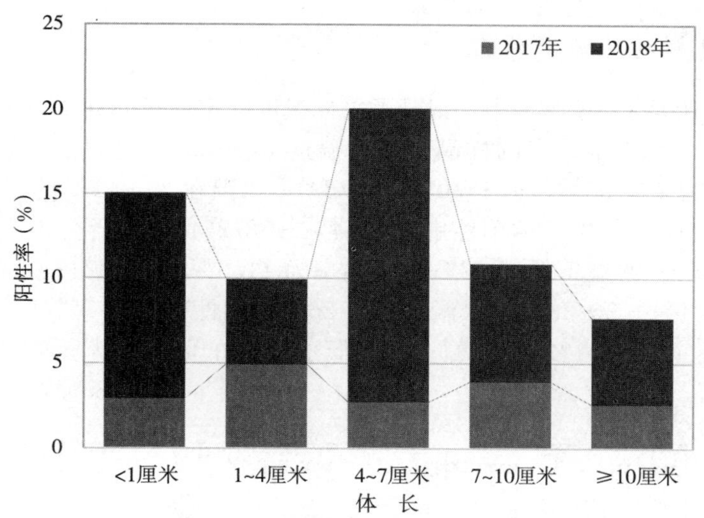

图10　2017—2018年SHID专项监测不同规格样品的阳性率

（四）不同月份的SHID阳性检出情况

2018年SHID的专项监测中，记录采样月份的样品共1 255批次，阳性样品共153批次。其中，4月采样样品中有9批次阳性样品，样品阳性率为11.3%（9/80）；5月采样样品中有62批次阳性样品，样品阳性率为14.2%（62/436）；6月采样样品中有23批次阳性样品，样品阳性率为17.6%（23/131）；7月采样样品中有34批次阳性样品，样品阳性率为13.7%（34/249）；8月采样样品中有21批次阳性样品，样品阳性率为10.4%（21/201）；10月采样样品中有4批次阳性样品，样品阳性率为5.3%（4/75）（图11）。

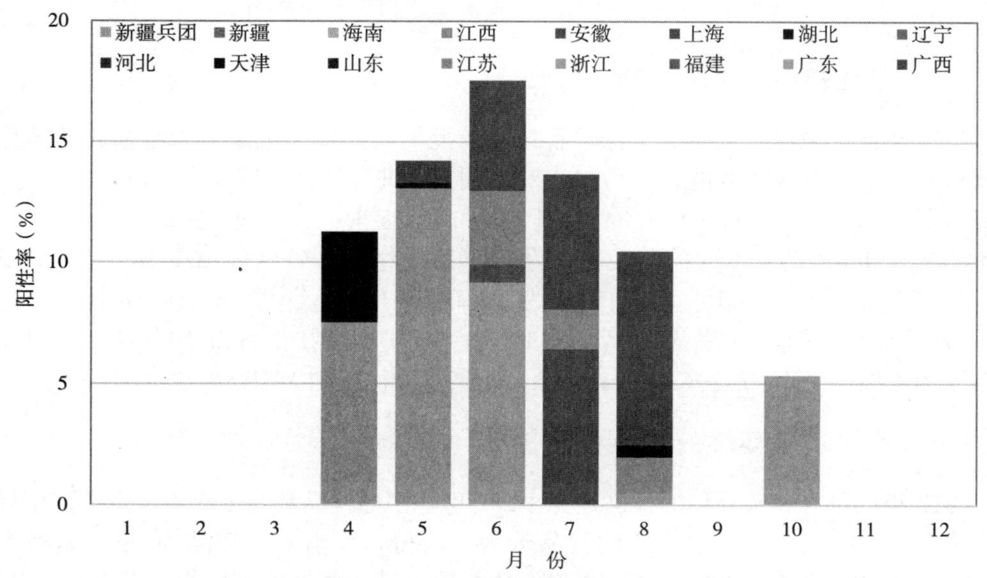

图11　2018年SHID专项监测月份的阳性率分析

（注：阳性率是以各月份的总样品数为基数计算）

（五）阳性样品的温度分布

2018 年 SHID 的专项监测中，记录了采样温度的阳性样品共 153 批次。从样品阳性率角度分析，2018 年采集的样品中，在温度 31～32℃的阳性率最高，为 22.5%（16/71）；其次为 29～30℃，为 18.0%（16/89）；水温在 26～27℃的阳性率为 16.2%（22/136）；水温在 30～31℃的阳性率为 14.4%（38/264）；水温在 27～28℃的阳性率为 11.7%（9/77）；水温不低于 32℃的阳性率为 11.5%（10/87）；水温在 28～29℃的阳性率为 11.1%（26/234）；水温在 25～26℃的阳性率为 7.7%（8/104）；水温在 24～25℃的阳性率为 7.1%（2/28）；水温低于 24℃的阳性率为 3.6%（6/165）（图 12）。

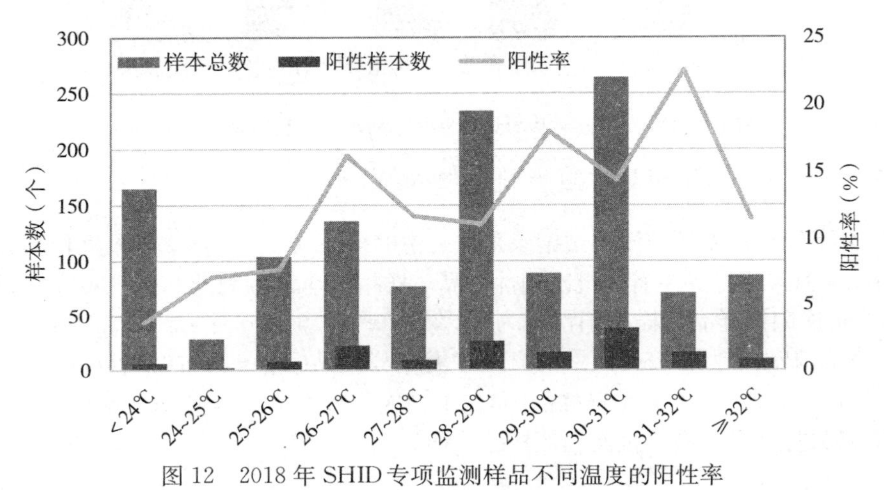

图 12　2018 年 SHID 专项监测样品不同温度的阳性率

（六）阳性样品的 pH 分布

2018 年记录采样时水体 pH 的样品共 392 批次，共检出记录 pH 数据的阳性样品 85 批次，占 pH 数据样本量的 21.7%。对不同 pH 进行统计（图 13），表明 pH 为 7.6 时阳性率最高，为 42.4%（14/33）；其次为 pH7.5 时，阳性率为 30.0%（24/80）；pH≤7.4 时和 pH 为 7.9 时的阳性率均为 25.0%（4/16）（1/4）；pH 为 8.2 时的阳性率为 23.5%（8/34）；pH8.4 的阳性率为 21.4%（3/14）；pH7.8 的阳性率为 16.9%（10/59）；pH8.3 的阳性率为 16.7%（1/6）；pH8.0 的阳性率为 16.5%（17/103）；pH8.1 的阳性率为 10.7%（3/28）；其余 pH 采集的样品均无阳性检出（图 13）。

（七）不同养殖环境的阳性检出情况

2018 年记录有养殖环境的样品数为 1 235 份，阳性样品数为 153 份，占有记录样本总量的 12.4%。其中，海水养殖的样品数为 537 份，检出阳性样品 30 份，阳性率为 5.6%，阳性样品来自广西、广东、福建、浙江和江苏，涉及的阳性物种有南美白对虾、日本对虾和脊尾白虾；淡水养殖的样品数为 615 份，检出阳性样品 114 份，阳性率为

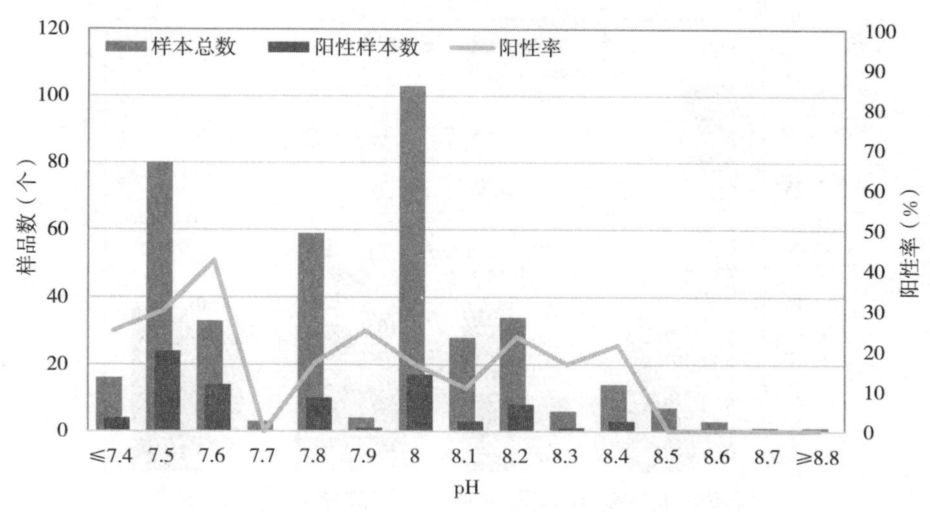

图13　不同采样pH下的样本数、阳性数和阳性率

18.5%，阳性样品来自广东、浙江、江苏、天津、湖北、上海和安徽，涉及的阳性物种有克氏原螯虾、罗氏沼虾、南美白对虾和青虾；半咸水养殖的样品数为83份，检出阳性样品9份，阳性率为10.8%，阳性样品来自浙江，阳性物种是南美白对虾（图14）。

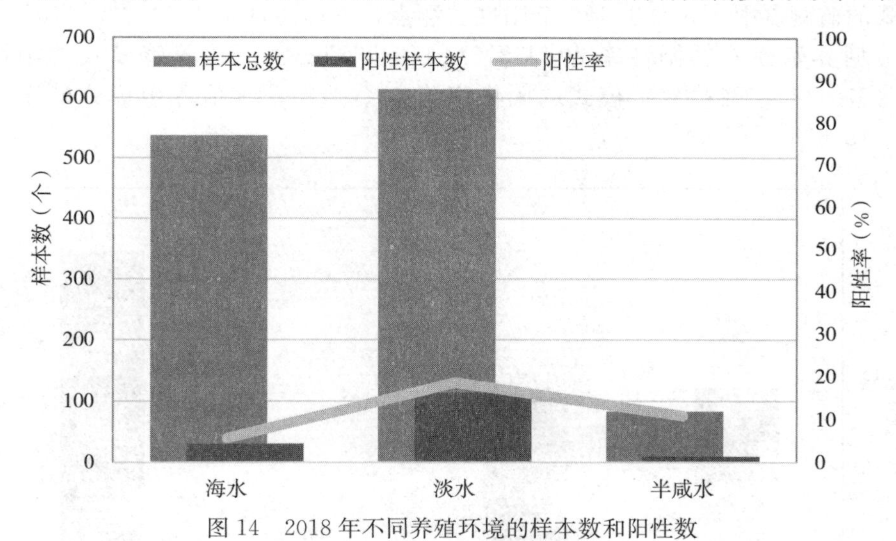

图14　2018年不同养殖环境的样本数和阳性数

（八）不同类型监测点的阳性检出情况

2018年，监测数据显示：国家级原良种场的样品阳性率为35.7%（5/14），监测点阳性率为14.3%（1/7）；省级原良种场的样品阳性率为6.9%（5/72），监测点阳性率为15.2%（5/33）；重点苗种场的样品阳性率为10.9%（49/448），监测点阳性率为13.1%（42/321）；对虾养殖场的样品阳性率为13.0%（94/721），监测点阳性率为14.7%（75/510）（图15）。

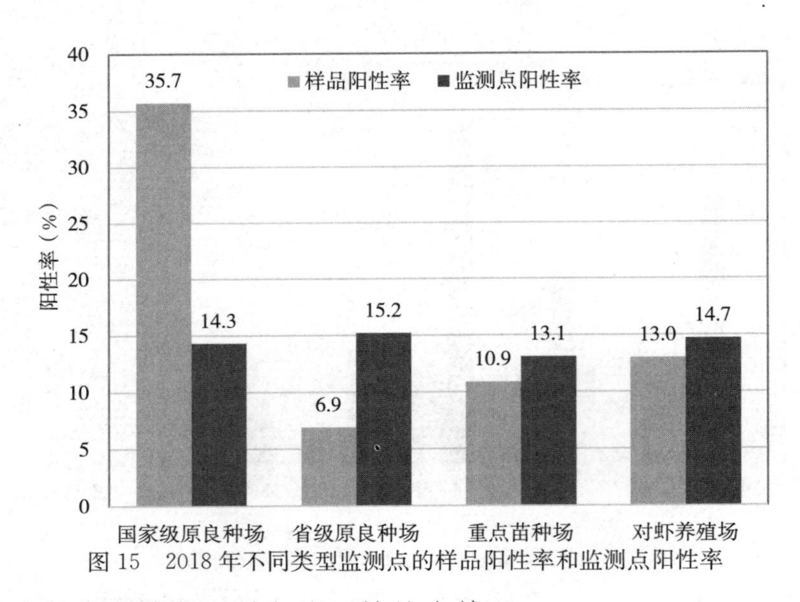

图 15　2018 年不同类型监测点的样品阳性率和监测点阳性率

（九）不同养殖模式监测点的阳性检出情况

2017—2018 年，15 个省（自治区、直辖市）和新疆生产建设兵团的共 1321 个记录养殖模式的监测点中，共检出 189 个阳性监测点，平均阳性率为 14.3%（189/1321）。其中，池塘养殖模式的阳性率为 14.3%（119/835）；工厂化养殖模式的阳性率为 13.8%（57/414）；网箱养殖模式的阳性率为 0（0/12）；其他养殖模式的阳性率为 21.7%（13/60）（图 16）。

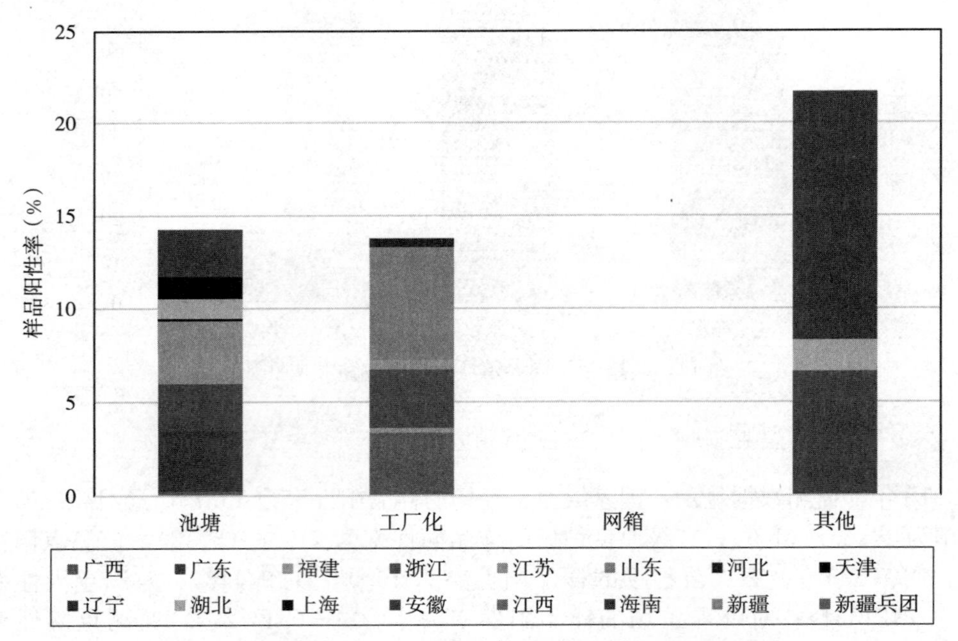

图 16　2017—2018 年各省份不同养殖模式监测点的样品阳性率

（十）不同检测单位的检测结果情况

天津市水生动物疫病预防控制中心承担天津市和辽宁省委托的样品检测工作，总阳性率为0.6%（1/155），其中，天津市样品阳性率1.1%（1/90），辽宁省样品无阳性检出（0/65）；河北省水产养殖病害防治监测总站承担河北省委托的样品检测工作，检测的样品无阳性检出（0/65）；江苏省水生动物疫病预防控制中心承担浙江省、江苏省和安徽省委托的样品检测工作，总阳性率为26.5%（50/189），其中，浙江省样品阳性率23.1%（12/52），江苏省样品阳性率12.0%（6/50），安徽省样品阳性率37.5%（33/88）；浙江省水生动物防疫检疫中心承担浙江省、江苏省和上海市委托的样品监测工作，总阳性率为20.7%（24/116），其中，浙江省样品阳性率26.2%（16/61），江苏省样品阳性率12.5%（5/40），上海市样品阳性率20.0%（3/15）；浙江省淡水水产研究所承担浙江省和江西省委托的样品检测工作，无阳性样品检出（0/12）；福建省水产研究所承担福建省委托的样

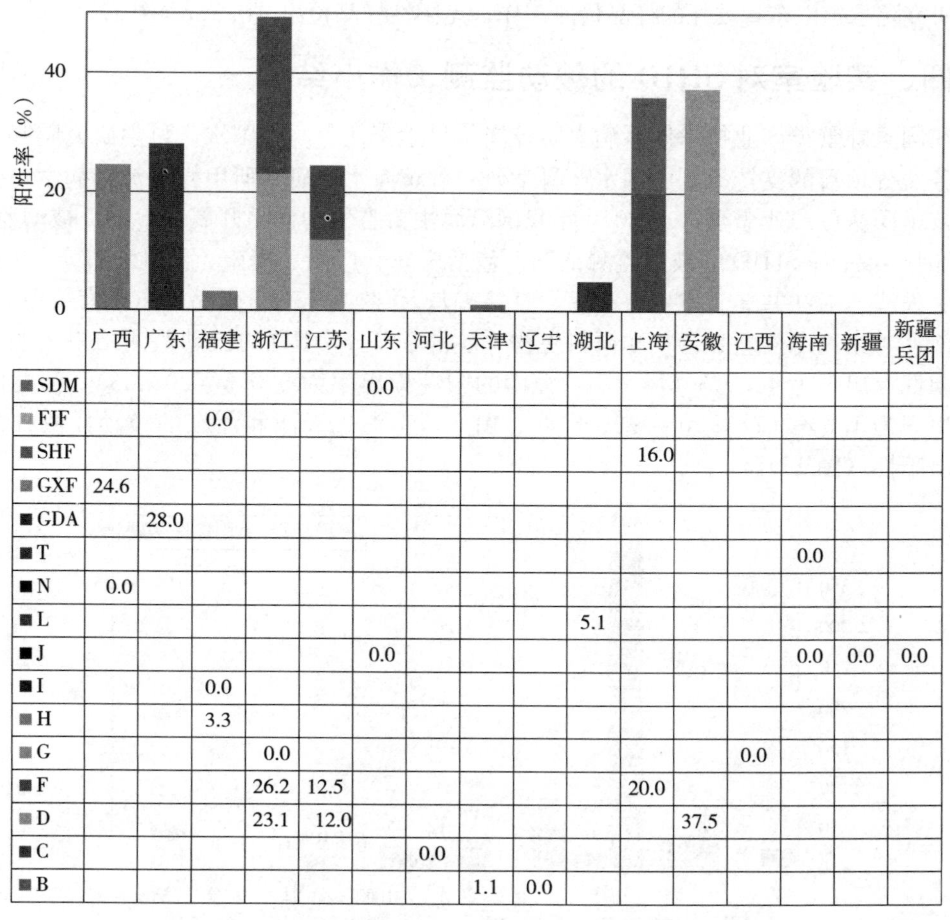

	广西	广东	福建	浙江	江苏	山东	河北	天津	辽宁	湖北	上海	安徽	江西	海南	新疆	新疆兵团
■SDM						0.0										
■FJF			0.0													
■SHF											16.0					
■GXF	24.6															
■GDA		28.0														
■T														0.0		
■N	0.0															
■L										5.1						
■J						0.0								0.0	0.0	0.0
■I			0.0													
■H			3.3													
■G				0.0									0.0			
■F				26.2	12.5						20.0					
■D				23.1	12.0							37.5				
■C							0.0									
■B								1.1	0.0							

图17　2018年各省份SHID专项监测样品送检单位和阳性率

（注：各字母为检测单位代码，详见图8说明；阳性率基数为各省样品总数，空白表示无样品检测）

品检测工作，检测的样品阳性率为 3.3%（1/30）；福州市海洋与渔业技术中心承担福建省委托的样品检测工作，检测的样品无阳性检出（0/32）；中国水产科学研究院黄海水产研究所承担山东省、海南省、新疆维吾尔自治区和新疆生产建设兵团委托的样品检测工作，无阳性样品检出（0/159）；湖北出入境检验检疫局检验检疫技术中心承担湖北省委托的样品检测工作，样品检测的阳性率 5.1%（4/79）；深圳出入境检验检疫局食品检验检疫技术中心承担广西壮族自治区委托的样品检测工作，检测的样品无阳性检出（0/45）；广东出入境检验检疫局检验检疫技术中心承担海南省委托的样品检测工作，检测的样品无阳性检出（0/10）；广东省水生动物疫病预防控制中心承担广东省委托的样品检测工作，检测的样品阳性率为 28%（52/186）；广西渔业病害防治环境监测和质量检验中心承担广西壮族自治区委托的样品检测工作，检测的样品阳性率为 24.6%（16/65）；上海市水产技术推广站承担上海市委托的样品检测工作，检测的样品阳性率为 16.0%（4/25）；福建省水产技术推广站承担福建省委托的样品检测工作，无阳性样品检出（0/32）；山东省海洋生物研究院承担山东省委托的样品检测工作，无阳性样品检出（0/54）（图 17）。

四、实验室对 SHID 的被动监测工作小结

在国家虾蟹类产业技术体系病害防控岗位科学家任务、中国水产科学研究院基本科研业务费等项目的支持下，中国水产科学研究院黄海水产研究所甲壳类流行病学与生物安保技术团队应产业需求，对 2018 年我国沿海主要省份的样品开展了 SHID 被动监测。

2018 年针对 SHID 的被动监测范围，包括广东、广西、海南、河北、江苏、山东、上海、天津和浙江共 9 个省（自治区、直辖市）。共监测 654 份样品，包括南美白对虾、罗氏沼虾、克氏原螯虾、青虾和饵料生物（沙蚕）等。SHID 的被动监测结果表明，江苏的阳性检出率为 43.2%（16/37），海南的阳性检出率为 5.0%（20/403），河北的阳性检出率为 1.9%（1/52），广东、广西、山东、上海、天津和浙江的被动监测样品中未检出阳性（图 18）。

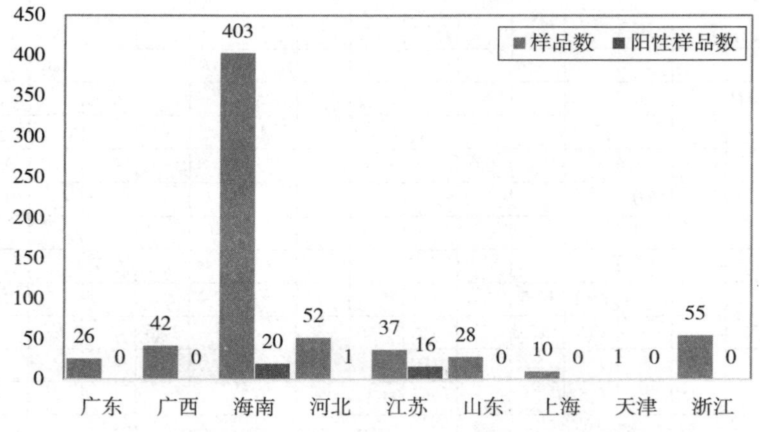

图 18 2018 年被动监测不同省（自治区、直辖市）样品数量及 SHID 检出率情况

五、SHID 风险分析及防控建议

1. *易感宿主* 研究表明，南美白对虾、罗氏沼虾、脊尾白虾、青虾、克氏原螯虾和红螯螯虾是 DIV1 的易感宿主。而 2017—2018 年的专项监测显示，除斑节对虾样品未检出阳性外，在罗氏沼虾、青虾、克氏原螯虾、南美白对虾、中国对虾、日本对虾和脊尾白虾中均检出阳性。其中，克氏原螯虾的样品阳性率最高，为 22.0%（48/218）；其次为青虾 20.0%（9/45）；再次为脊尾白虾 16.7%（1/6）。其中，中国对虾和日本对虾两个品种是否为 DIV1 的易感宿主还有待进一步的研究确认。

2. *DIV1 传播途径及传播方式* DIV1 可以通过水平传播的方式，感染同类及近缘的甲壳类物种。2019 年，Qiu 等报道了江苏省一患罗氏沼虾“白头病”养殖场的病例研究，表明不仅养殖罗氏沼虾感染 DIV1，其混养物种南美白对虾、克氏原螯虾以及池塘野生的青虾也遭受不同程度的感染，池塘中的野生细螯沼虾及枝角类动物均检测为 DIV1 阳性。根据 2018 年不同类型监测点的监测结果来看，国家级原良种场、省级原良种场、重点苗种场和虾类养殖场均有阳性样品检出。其中，国家级原良种场的平均样品阳性率高达 35.7%（5/14），监测点阳性率达到 14.3%（1/7）；省级原良种场和重点苗种场的样品阳性率也分别达到了 6.9%（5/72）和 10.9%（49/448），监测点阳性率达到 15.2%（5/33）和 13.1%（42/321）。目前，DIV1 能否通过亲虾垂直传播给子代的情况依然没有明确，但 2017—2018 连续两年的监测结果表明，国家级原良种场、省级原良种场和重点苗种场中较高的阳性率，给 SHID 的疫病传播和流行带来了极大的风险。而产业中 DIV1 的广泛传播和流行，很可能与虾苗的病原携带有密不可分的联系。因此，产业迫切需要在整体防控中尽快实施原良种场和重点苗种场的生物安保工作，同时，将甲壳类种苗产地检疫和无规定疫病场标准覆盖到 SHID，以期从源头上做到苗种的净化，阻止该病的传播。

3. *SHID 在我国的流行现状及趋势* 2018 年，SHID 的专项监测涉及了天津市、河北省、辽宁省、湖北省、江苏省、浙江省、福建省、山东省、上海市、江西省、安徽省、广东省、广西壮族自治区、海南省、新疆维吾尔自治区和新疆生产建设兵团在内的 871 个监测点，监测样品 1 255 批次。其中，阳性样品 153 批次，涉及阳性监测点 123 个，样品阳性率为 12.2%（153/1255），监测点阳性率为 14.1%（123/871）。2018 年的样品阳性率和监测点阳性率相比 2017 年均略微有所降低。2018 年检出阳性的省份，增添了天津、福建、安徽、广东和广西 5 个省（自治区、直辖市），其中，安徽、广东、浙江、江苏和上海等省份具有较高的样品阳性率和监测点阳性率，进一步说明 DIV1 在我国虾类养殖区的广泛流行和传播，提示有必要进一步确立和实施该病的应对措施，阻止该病的扩散和传播。

4. *SHID 流行与环境条件的关系* 2018 年的专项监测数据统计显示，温度为 31～32℃的阳性率最高，为 22.5%（16/71）；当温度低于 24℃时阳性率最低，仅为 3.6%（6/165）。pH 为 7.4～7.6 时阳性率最高，平均 32.8%（42/128）；pH 为 7.8～8.4 时平均阳性率为 17.3%（43/248）；pH 低于 7.4 及高于 8.4 时未检出阳性样品。但由于监测的 1 255 批次样品中，仅 392 批次记录了 pH，因此这些关系还不一定准确反映实际情况，有待于在将来的专项监测中加以改进。

5. 防控对策建议　SHID 是近年来在我国新发现的甲壳类疫病，两年的专项监测结果表明，SHID 已经在我国的主要虾类养殖地区广泛传播。因此，应尽快支持对该病开展流行病学、传播机制和防控措施等的深入研究。因不具备特异性免疫及免疫记忆能力，加强产业中生物安保体系建设是甲壳类病害防控的核心。推行甲壳类健康的生物安保体系理念，开展该病的风险评估，查找关键控制点，建立育苗和养殖中针对该病的关键防控措施，并在全国重点省（自治区、直辖市）、重点养殖区和育苗养殖企业实施生物安保计划，通过生物安保的实施来逐步实现病原净化。2017—2018 年，国家级原良种场、省级原良种场和重点苗种场中较高的病原检出，充分说明对虾苗种场中生物安保体系建设和管理的不足。研究表明，对虾苗种场中用来饲喂亲虾的活沙蚕能够检出 DIV1 阳性，具有引入病原的风险。因此，建议对虾苗种场在购入鲜活饵料时采取暂养和病原净化处理，同时应严格对购入和处理后的饵料生物进行病原检测，杜绝饵料环节的病原引入。DIV1 具有广泛的宿主，且可以在养殖和野生甲壳类之间传播，导致疫病的暴发。因此，目前某些养殖地区采用的近缘甲壳类混养模式，如南美白对虾、罗氏沼虾、青虾和克氏原螯虾等物种的混养，存在严重的病原传播风险，不建议在产业中应用。目前向养殖者提供检测服务的机构在检测质量管理方面缺乏要求，所使用的检测手段多样，应尽快加强检测机构的质量管理。否则检测结果的失准，将导致养殖企业排斥病原检测，直接影响苗种检疫和产地检疫的推广。此外，应加强国家、省市和企业间水生动物健康生物风险交流机制，建立广泛全面的交流网络，逐步实现种苗生产交易、产地检疫、疫病发生与诊断、用药与防控等信息及档案的上报与反馈。

六、监测中存在的主要问题

农业农村部从 2017 年开始，连续两年组织开展了 SHID 的专项监测，各省（自治区、直辖市）均能够按照监测实施方案较好地完成年度目标和任务，为我国 SHID 的防控提供了重要的监测数据。在监测实施过程中还存在一些问题。主要包括：

1. 监测信息的准确性和完整性有待提高　从 2018 年各省（自治区、直辖市）和新疆生产建设兵团提供的监测数据来看，部分样品信息存在填报错误：①监测点类型填报错误，如不属于国家级原良种场的监测点，填写为国家级原良种场；②检测结果一项漏填，未选择检测为阳性还是阴性；③养殖环境与养殖方式信息冲突，如养殖环境为淡水，而养殖方式记录为海水筏式。监测数据的完整性还有待提高，如部分监测样品未提供 pH、养殖环境等相关指标。

2. 检测结果数据单一　目前的检测结果仅填报阴性和阳性，而未有阳性强弱的区分，无法得知每批样品的感染情况。因此，对于监测的疫病仅能得出表面的样品和监测点阳性率，不能判断疫病实际的携带和感染发病情况，不足以反应 SHID 在产业中的实际危害。

3. 监测样品种类不足　2018 年监测的样品种类包括了国内主要的养殖虾类品种，

但未涵盖几种重要的饵料生物，如沙蚕、牡蛎、枝角类等。研究表明，多种饵料生物可以携带虾类病原，具有很高的病原引入风险。如不及时对其进行病原的监测，不利于掌握产业的疫病来源。

4. *监测点设置不具连续性* 2017年，检测出阳性的监测点有66个；2018年仅对其中的23个进行了连续监测，43个未进行监测。两年的监测点设置缺乏连续性，无法追踪疫病在同一监测点的连续感染情况。

七、对甲壳类疫病监测工作的建议

1. *疫病名称建议* 2019年，ICTV执行委员会接受了虹彩病毒研究组的提议，确认SHIV 20141215和CQIV CN01为同一病毒物种，正式将该病毒命名为十足目虹彩病毒1（DIV1）。按照OIE新的疫病命名规则，此病的英文名称应为Infection with Decapod iridescent virus 1（IDIV1），规范的中文名是“十足目虹彩病毒1感染”。建议国家水生动物疫病监测计划采纳此病的OIE命名，并在今后的文件中统一使用，以便达成学术界的共识和交流。

2. *监测种类应该拓展到主要的饵料生物* 近年来，水生动物疫病的发生严重影响了我国水产养殖业的健康发展，而饵料生物的不规范使用，给产业带来了极高的疫病传入风险。因此，对产业中常用的饵料生物，如沙蚕、牡蛎、枝角类等的疫病监测十分必要。掌握养殖业中饵料生物的病原携带情况，有利于把握病原引入的重要风险点，并及时针对风险点作出防控和应对措施。

3. *完善专项监测的填报信息* 建议在国家水生动物疫病监测信息管理系统中丰富填报信息内容：①对于阳性监测结果，应注明在套式PCR第几轮反应中出现目的条带，如使用实时荧光定量PCR方法检测，应注明病原载量（单位：拷贝/纳克-总DNA）；②应注意在采样记录中描述样品的症状信息，便于对症状和病原检测结果进行分析；③对检测出阳性的监测点应追踪后续的养殖情况并如实填报，以便准确掌握疫病在产业中的实际危害情况。

4. *优化监测方案* 加强对遗传育种中心、国家级原良种场、省级原良种场和重点苗种场的监测力度，尤其是国家级和省级原良种场应尽量做到全部纳入监测范围，推进种苗场的病原净化，从源头阻断疫病传播。

监测计划中，对于上一年为阳性的监测点应进行连续监测，适当减少多年连续监测为阴性的监测点。以便掌握疫病在监测点感染的连续性，了解产业中疫病传播和流行的规律。

5. *专项监测与疫情应急调研结合* 在实际监测工作中，对于有价值的典型感染案例，应联系病害防控体系专家团队进行流行病学调查和样品的采集，以便对具体案例进行详细的研究分析，掌握实际生产中更多的疫病感染信息，为养殖业的疫病防控提供更多有价值的理论和技术支持。

地方篇

2018年北京市水生动物病情分析

北京市水产技术推广站

（徐立蒲　王静波　王　姝　曹　欢

王小亮　张　文　吕晓楠）

一、主要工作方式

（一）常规鱼病监测工作方式

北京市水产技术推广站负责制定《北京市水产养殖病害监测工作方案》，为各区提供技术支撑。2018年，北京市水产技术推广站继续采用"全国水产养殖动植物病情测报信息系统"（以下简称"病情测报系统"）逐级进行监测数据的填报与上报。

2018年年初，北京市水产技术推广站召开了工作部署会议。在会上向各区布置了2018年的监测工作，各区根据本辖区内养殖情况，在年初进一步明确监测点数量、监测品种和监测面积，以及各监测点的基本情况。

为了使监测数据更加全面，北京市水产技术推广站还要求各区在每月报送监测点的鱼病发生情况的同时，对辖区内非监测点发生的鱼病也要及时上报。

（二）重大水生动物疫病监测工作方式

为全面掌握北京地区重大水生动物疫病的病原分布、流行趋势和疫情动态，以便科学制订防控策略，减少因水生动物疫病所造成的经济损失。2018年，北京市水产技术推广站依据农业农村部印发《2018年国家水生动物疫病监测计划》（农渔发［2018］10号）的要求，制订了北京市重大水生动物疫病监测工作计划。全年计划监测5种重大水生动物疫病，数量112个。

2018年年初，制订了全市的水生动物重大疫病精准监测方案，明确监测对象、监测品种、抽样时间，抽样数量等，并负责组织实施。2018年1月，组织各区推广站召开监测工作部署会，给各区布置了全年的抽样计划，包括监测疾病的种类、抽样品种和抽样数量。

重大水生动物疫病监测样品，由各区派专人负责抽样，并按时送至北京市水产技术推广站水生动物疾病检测技术中心实施检测。送样要求：每个样品（即每个被抽检渔场）包含鱼的数量不低于150尾，尽量选择有症状的鱼送检，活体运输。各区县抽样送检人员认真填写抽样单并签字。部分监测样品，由本站技术人员直接到渔场抽样。

（三）科学用药监测工作方式

1. 非定点监测　主要工作内容包括主要致病菌的分离、鉴定与药物敏感性监测。工作方式主要是每月技术人员到渔场直接抽样检测，并填写《水生动物疾病检测记录表》，详细记录了样品的基本信息、寄生虫检测和细菌检测、药敏结果、建议措施、农户反馈等。汇总药敏试验结果后，技术人员及时告知养殖户，指导用药，并定期回访，跟踪调查用药效果。1～12 月，根据养殖户的需求，技术人员亲自到渔场进行现场鱼病诊断、病原菌分离，然后将样品带回实验室，进行病原菌敏感药物筛选以及鉴定。2～3 天筛选出敏感药物及时告知养殖户，防止药物滥用，提高治疗有效率。

2. 定点监测　为了掌握病原菌耐药性变化规律，2018 年在通州区设置观赏鱼（金鱼）采样点。取池塘中患病鱼（不少于 6 尾），进行病原菌的分离、鉴定以及耐药性分析，同时记录渔场的发病情况、发病水温、用药情况、鱼类死亡情况等信息。

二、监测结果与分析

（一）常规鱼病监测（数据来源于各区上报）

1. 基本情况

监测点设置：共设置常规鱼病监测点 81 个，监测总面积 5 221 亩（表 1）。

主要监测品种：草鱼、鲤、鲫、观赏鱼（金鱼、锦鲤）、虹鳟（金鳟）、鲟等。

监测项目：病毒性疾病、细菌性疾病、寄生虫性疾病、真菌病以及非生物原性疾病（表 2）。

监测时间：1～12 月。

表 1　各区监测点情况

区县	监测点	面积（亩）
密云	6	282
延庆	5	360
顺义	10	980
朝阳	5	798
平谷	10	1 174
昌平	5	110
通州	9	596
怀柔	10	82
丰台	1	24
大兴	8	178
海淀	3	147

（续）

区县	监测点	面积（亩）
门头沟	1	10
房山	8	480
合计	81	5 221

表2　监测的主要疾病种类

疾病性质	疾病名称	
病毒性疾病	鲤春病毒血症 草鱼出血病 锦鲤疱疹病毒病	传染性造血器官坏死病 鲤疱疹病毒Ⅱ型
细菌性疾病	淡水鱼细菌性败血症 链球菌病 烂鳃病 赤皮病 细菌性肠炎病	打印病 竖鳞病 烂尾病 鱼屈桡杆菌病 疖疮病
真菌性疾病	水霉病	鳃霉病
寄生虫性疾病	三代虫病 小瓜虫病 黏孢子虫病 斜管虫病	指环虫病 车轮虫病 锚头鳋病
非生物源性疾病	气泡病 缺氧症 畸形	脂肪肝 维生素C缺乏病 不明原因

2. 监测结果与分析　监测结果显示，全年监测共发生9种疾病（表3）。其中，细菌性疾病4种，寄生虫疾病3种，真菌性疾1种，不明原因疾病1种。各监测品种中易染病的主要品种是草鱼、鲢、鲤、鲫、鳊、鳟、罗非鱼、鲟和观赏鱼（锦鲤、金鱼）。全年监测点发病面积最大的月份为7月，发病面积分别为51.16%（图1）。发病种类最多的为细菌性疾病，占54.55%；其次是真菌性疾病和寄生虫性疾病，分别占21.21%；其他疾病占3.03%（图2）。

北京市鱼病发生总体上呈现以下特点：①细菌性疾病依然是引起养殖鱼类发病死亡的主要病因；发生普遍，死亡率较高；同时滥用药物现象比较普遍。②寄生虫性疾病由于滥用药物导致耐药性普遍；用药剂量大幅提高但效果不佳，甚至因施药过量鱼类受到应急刺激导致死亡或者继发感染细菌性疾病。③其他（主要是病毒性）疾病危害也在逐渐增大，感染发病病例增多（图3）。

表 3 监测疾病种类

类别		病名	数量
鱼类	细菌性疾病	烂鳃病，赤皮病，细菌性肠炎病，腹水病	4
	真菌性疾病	水霉病	1
	寄生虫性疾病	车轮虫病，指环虫病	2
	其他	不明病因疾病	1
观赏鱼	细菌性疾病	烂鳃病，细菌性肠炎病	2
	寄生虫性疾病	黏孢子虫病	1
	真菌性疾病	水霉病	1

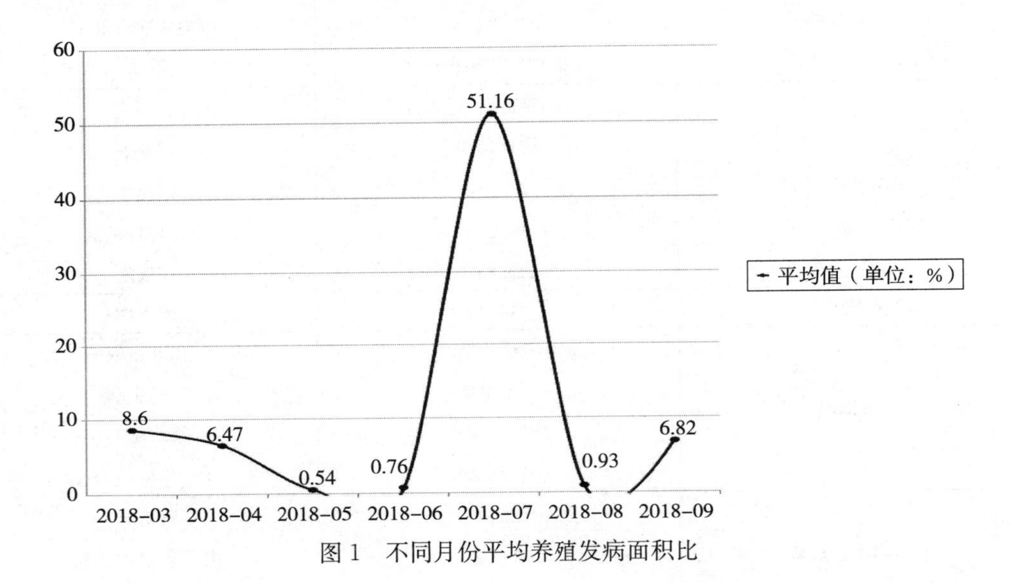

图 1 不同月份平均养殖发病面积比

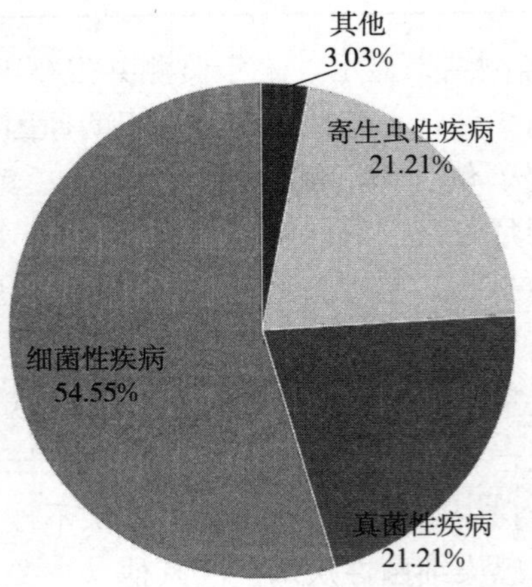

其他
3.03%
寄生虫性疾病
21.21%
细菌性疾病
54.55%
真菌性疾病
21.21%

图 2 不同种类疾病所占比例

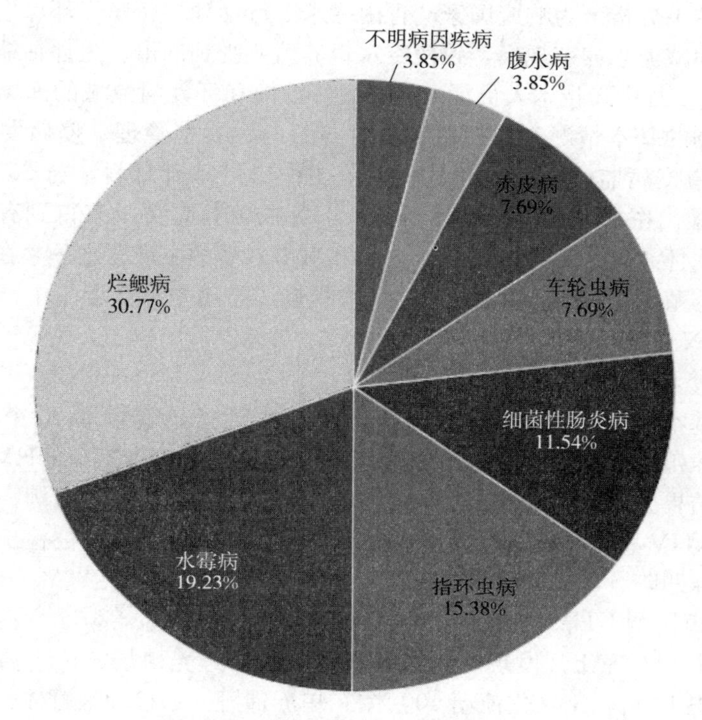

图3　不同疾病种类所占比例

（二）重大水生动物疫病监测

2018年，全年抽样监测SVC样品30个，IHNV样品15个，KHV样品20个，GFHNV样品20个，共计85个。发现SVC阳性样品1个，IHNV阳性样品2个，KHV阳性样品1个，GFHNV阳性样品8个，涉及阳性渔场11个。

1. 鲤春病毒血症（SVC）监测结果及分析

（1）监测结果　2018年4～5月和9月，北京的养殖水温达到了SVC的适合发病温度。在北京通州区5个乡镇21个渔场、平谷区2个镇的2个渔场、顺义区1个镇的1个渔场进行鲤春病毒血症专项监测，共检测样品30个。监测抽样水温12～15℃。抽取的品种为金鱼、草金鱼和锦鲤。12份样品委托河北省水产养殖病害防治监测总站检测，18份样品自行检测，发现1个SVCV阳性。

（2）监测结果分析　2016—2017年，连续两年在SVC的常规监测中均未发现SVC阳性。与2016年前的监测数据比较，揭示北京地区的SVC发病率趋缓。阳性渔场位于通州区于家务，为私营渔场。采样品种为蝴蝶鲤，是近期引种繁育的新品种，而该渔场同期养殖的普通锦鲤为SVCV阴性，由此可见新品种应是监测重点。

2. 传染性造血器官坏死病（IHN）监测结果及分析

（1）监测基本情况　2018年1～3月在怀柔区4个乡镇的7个渔场抽样8个，检出2个阳性样品，来自2个渔场，阳性检出率为25%。

（2）监测结果分析　为响应国家“青山绿水”行动计划，坚守环保生态第一，2018年北京市计划缩减流水养殖规模，致使冷水鱼养殖业受到冲击。为评估缩减对产业的影响范围和力度，3月中旬技术人员深入主产区怀沙河和怀九河流域的渔场，调查怀柔区现有水产养殖场的基本情况，包括苗种繁育与贸易、养殖管理、疫病发生等方面，为2018年的冷水鱼疫病监测、防治和试验示范工作提供基础材料。与2017年北京市的IHN监测阳性检出率19.35%相比较，可见IHN的流行态势没有得到有效缓解。阳性渔场主要分布在怀柔区的怀沙河流域，这是北京市虹鳟的主产区之一。在抽样检测的同时，我们还对养殖场进行了IHN的流行病学调查，并建立示范场1个，采取各种积极措施，防控IHN的流行。

3. 锦鲤疱疹病毒（KHV）

（1）监测基本情况　2018年，在通州、平谷的19个渔场抽取20个样品，10个送至河北省水产养殖病害防治监测总站检测。20个样品中，检出1个KHV阳性。

（2）监测结果分析　2008年，北京地区首次发现KHV感染病例，在之后几年的例行监测中，KHV感染病例常有检出。大部分是锦鲤，偶见鲤。被检出阳性的鱼出现体表白斑、眼球凹陷、口颌和鳍条充血、出血等外观症状，呈现20%～80%的死亡率。2015年，北京市监测KHV样品21份，发现2个阳性；2016—2017年两年的监测中均没有KHV阳性；2018年又发现1列阳性——雅悦锦鲤养殖场，位于通州区漷县。该养殖场池塘面积10亩，工厂化池塘100米^2，单养锦鲤。送检的锦鲤体长25厘米以上，有烂鳃、皮下出血等外观症状，有少量死亡。问询场长获悉，发病鱼来自广东。

按照《农业农村部关于印发＜2018年国家水生动物疫病监测计划＞的通知》（农渔发［2018］10号）要求和《中华人民共和国动物防疫法》第三十一条关于发现二类动物疫病时的处理规定，北京市水产技术推广站及时将监测分析结果报告本级渔业主管部门和全国水产技术推广总站，同时通知通州区水产技术推广站以及养殖场，并指导养殖场采取积极防控措施，包括对养殖用水采取紫外线消毒；对养殖锦鲤采取食盐、碘制剂消毒；渔具、水、池塘等严格消毒；按照千分之三在饲料中添加免疫增强剂，提高鱼体免疫力；对病死鱼及时进行无害化处理。组织开展流行病学调查和病原溯源工作，及时将处理结果和调查情况通过“国家水生动物疫病监测管理系统”，上报全国水产技术推广总站。

4. 金鱼造血器官坏死病毒（GFHNV）监测结果及分析

（1）监测基本情况　2018年在通州、海淀的19个渔场抽检20个样品，检测到7个渔场的8个鲫造血器官坏死病毒阳性，阳性占比高达40%。对其中3个阳性渔场GFHNV的G基因的362bp片段进行序列比对，发现相似率100%。说明这3个渔场感染的GFHNV是同一病毒，推断随着苗种交流，病毒逐步扩散流行。

（2）监测结果分析　2014年，北京市开始例行监测GFHNV。2014年监测13个样品，发现7个为GFHNV核酸阳性，涉及7个阳性渔场，样品阳性率为53%，阳性渔场占比58%；2015年GFHNV阳性检出率为16%，阳性渔场占比19%；2016年自检的15个样品来源于12个渔场，发现6个渔场的6个样品为GFHNV阳性，阳性检出率

40%，阳性渔场占50%；2017年GFHNV监测的阳性率为13.6%，阳性渔场占20%；2018年GFHNV监测的阳性率为40%。5年的连续监测数据显示，GFHNV的防疫形势严峻，是北京地区金鱼致死的主要病原之一。

（三）经济损失情况

2018年，监测4种水生动物疫病，共85个样品。检测发现4种重大水生动物疫病，12个阳性样品，涉及11个渔场。检测到SVC阳性1个，IHNV阳性2个，KHV阳性1个，GFHNV阳性8个（图4），总的阳性检出率为8%。疫病感染的品种为虹鳟和金鱼。

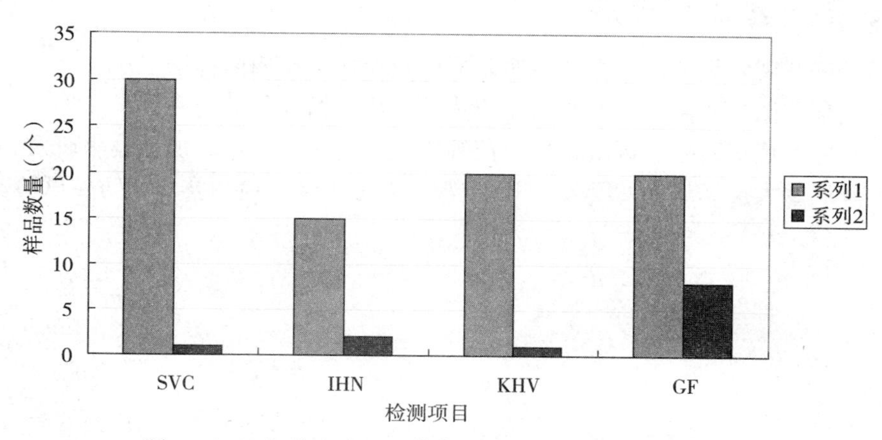

图4　2018年北京地区5种水生动物疫病的阳性检出数量

值得注意的是近几年，在全国多个省市养殖的鲤和锦鲤中流行一种“急性烂鳃病”，发病急，死亡率高。该病一度被认为由锦鲤疱疹病毒（KHV）感染引起，经多次实验室检测，结果均为KHV阴性。徐立蒲等运用已建立的PCR方法，最终在患病鱼体内检测到鲤浮肿病毒（CEV）。2015—2016年，采集北京地区的13个养殖鲤和锦鲤样品，5个样品检测为CEV阳性，阳性率为38.46%；2018年采集45个样品，5个样品检测为CEV阳性。与其他几种重大疫病的阳性检出率相比，CEV的阳性率明显较高，表明CEV已在我国呈现较高的流行率，急需监测、防控该病毒的传播。

从监测数据分析，重大水生动物疫病已经给北京市渔业造成较大的经济损失。如IHNV造成虹鳟鱼苗种产业低迷，大部分虹鳟苗种都因为感染IHNV而死亡；CEV和GF给观赏鱼产业发展带来高风险，一旦管理疏漏或用药不当，就会引发锦鲤和金鱼的大量死亡。根据不完全统计结果，2018年水产因病害造成的经济损失达872万元。

三、存在问题及建议

（1）用现有的技术手段，虽然能及时发现病原，但是防治手段落后单一，又受到水产病害防治困难的限制，很难控制病情发展，因此需要探索更为有效的防治措施。

（2）疾病发生常常与环境密切相关。根据多年的监测数据分析，伴随着水产养殖品种种质退化、环境恶化等原因，水产疾病发生得越来越频繁，而且多半与环境恶化有关，因此需提倡科学、健康、生态养殖。

（3）加强苗种质量管理。建议建立苗种生产管理机制，不断加强对苗种疫病的检验检疫；引导教育养殖户自觉主动对引入苗种检疫并消毒，建立苗种隔离池，加强日常管理。

（4）建议搭建水生动物疫病专家诊断平台和实验室。在以往的监测工作中，技术人员常常会遇到疑难病例。受限于知识和技术水平，虽然这些疾病引起鱼类发病或大量死亡，却不能确诊，对下一步的防治工作极为不利。

四、下一步工作重点

（1）继续开展常规疫病、重大疫病监测以及无规定疫病苗种场工作。

（2）定期监测主要致病菌及其药物敏感性变化，指导科学用药。

（3）在冷水鱼病防控、观赏鱼病防控等领域提高科技含量，加强技术研发和试验。

（4）开展重大疫病（如 CEV、IHNV 等）人工感染、检测技术与防控试验。

2018年天津市水生动物病情分析

天津市水生动物疫病预防控制中心

（叶桂煊　林春友　孙　悦　冯守明）

一、基本情况

根据农业农村部的要求，2018年天津市通过“全国水产养殖动植物病情测报系统”，对全市水产养殖动物病情开展了病情监测工作。将全市养殖区划分为12个监测区，监测到16个水产养殖品种（表1）。监测面积14 737.96公顷，其中，淡水养殖池塘监测面积13 986.67公顷，海水养殖池塘监测面积724.97公顷，海水工厂化养殖监测面积26.32公顷。

表1　2018年开展疾病监测的水产养殖品种

类别	养殖品种	数量
鱼类	鲢、鳙、草鱼、鳊、鲫、鲤、鮰、罗非鱼、白鲳、半滑舌鳎、石斑鱼、鲆、鲽	13
甲壳类	南美白对虾、中国对虾、河蟹	3
合计		16

二、监测结果与分析

（一）水产养殖动物疾病流行情况及特点

2018年监测到水产养殖动物发病品种13种（表2）。监测到疾病27种，其中病毒性疾病1种，细菌性疾病14种，真菌性疾病2种，寄生虫性疾病9种，不明病因疾病1宗（表3）。27种疾病中，病毒性疾病占3.70%，细菌性疾病占51.86%，真菌性疾病占7.41%，寄生虫性疾病占33.33%，不明病因疾病占3.70%（图1）。

表2　2018年监测到的水产养殖发病品种

类别	发病品种	数量
鱼类	鲢、鳙、草鱼、鳊、鲫、鲤、罗非鱼、鮰、半滑舌鳎、石斑鱼、鲆、鲽	12
甲壳类	南美白对虾	1
合计		13

表 3 2018 年监测到的水产养殖动物疾病种类数量

类 别		鱼类疾病（种）	甲壳类疾病（种）	合 计（种）
疾病性质	病毒性疾病	0	1	1
	细菌性疾病	10	4	14
	真菌性疾病	2	0	2
	寄生虫性疾病	8	1	9
	不明病因疾病	0	1	1
合 计		20	7	27

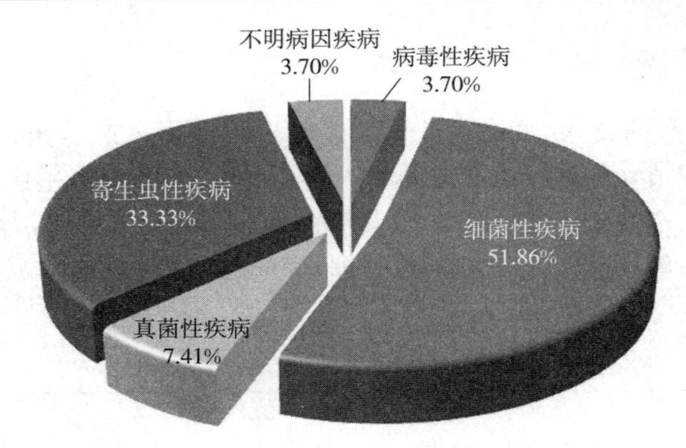

图 1 2018 年天津市水产养殖动物各种疾病比率

从月发病面积率、月死亡率来看，2018 年养殖鱼类发病面积率 7 月最高，为 2.305 4%；6 月次之，为 1.477 2%；12 月最低，为 0.066 4%（图 2）。鱼类死亡率 7 月最高，为 0.065 0%；9 月次之，为 0.028 1%；4 月最低，为 0（图 2）。养殖甲壳类发病面积率 7 月最高，为 1.596 7%；6 月次之，为 1.225 4%；4 月、10 月最低，均为 0（图 3）。甲壳类死亡率 6 月最高，为 0.179 0%；8 月次之，为 0.112 2%；4 月、5 月、10 月最低，均为 0（图 3）。养殖鱼类、甲壳类发病面积率及死亡率的变化趋势与水温变化呈正相关，且受养殖水体富营养化程度、病原侵袭力强弱及养殖动物免疫力等因素的影响。

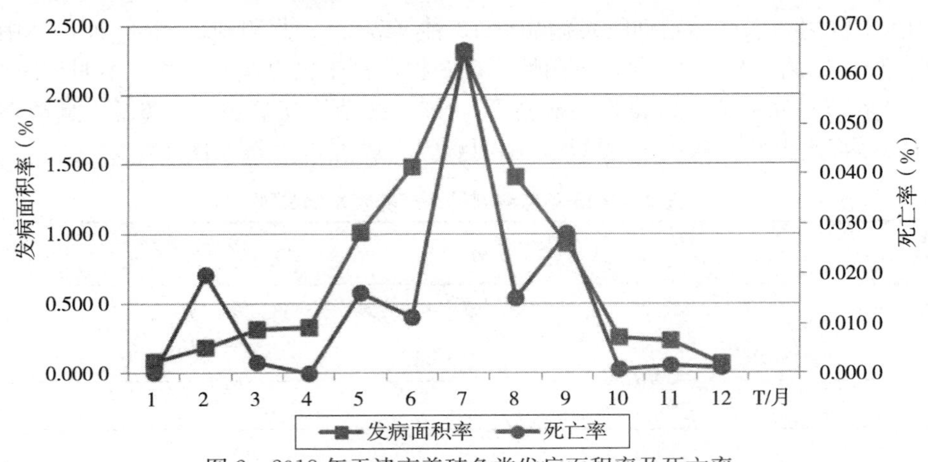

图 2 2018 年天津市养殖鱼类发病面积率及死亡率

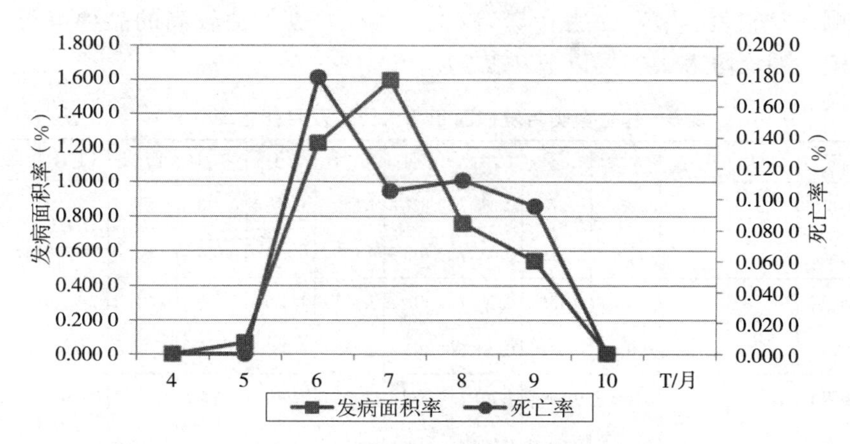

图3　2018年天津市养殖甲壳类发病面积率及死亡率

2018年天津市水产养殖动物表现出以下发病特点：

1. 池塘养殖鱼类　池塘养殖鱼类疾病流行于3～11月，5～9月危害较重。各种疾病中，细菌病侵害养殖品种的范围较广，其中，烂鳃病、肠炎病、细菌性败血病对鲤科鱼类危害较重。

2. 海水工厂化养殖鱼类　海水工厂化养殖鱼类疾病全年均有发生，冬末、秋末危害较重。各种疾病中，溃疡病、肠炎病、烂鳃病对半滑舌鳎的危害较重，溃疡病对鲽的危害较重。

3. 池塘养殖甲壳类　池塘养殖南美白对虾疾病主要流行于5～9月，6～9月危害较重。各种疾病中，白斑综合征、对虾肠道细菌病、不明病因致病对南美白对虾的危害较重。池塘养殖河蟹、中国对虾未监测到疾病发生。

（二）鱼类疾病总体发生情况

2018年共监测到鱼类疾病20种，其中，细菌性疾病10种，真菌性疾病2种，寄生虫性疾病8种（表4）。

表4　养殖鱼类疾病种类

疾病类别	疾病名称	种 数
细菌性疾病	赤皮病、烂尾病、打印病、溃疡病、疖疮病、竖鳞病、烂鳃病、肠炎病、细菌性败血病、腹水病	10
真菌性疾病	水霉病、鳃霉病	2
寄生虫性疾病	黏孢子虫病、小瓜虫病、刺激隐核虫病、车轮虫病、固着类纤毛虫病、指环虫病、三代虫病、锚头鳋病	8
合 计		20

2018年鱼类各养殖品种中，月发病面积率均值较高的品种有鲢、鳙、草鱼、鳊、

鲫、鲤、鮰、罗非鱼、鲽，均达 0.5%以上；月死亡率均值较高的品种有鲢、鳙、草鱼、鲫、鲤、鮰，均达 0.01%以上（表 5)。

表 5　养殖鱼类月发病面积率（%）及月死亡率（%）

品种	项目	1月	2月	3月	4月	5月	6月	7月	8月	9月	10月	11月	12月	月均值*
鲢	发病面积率			0.264 0	0.379 3	0.295 7	0.837 3	1.530 6	1.477 1	0.713 8	0.218 8	0.167 3		0.647 4
	死亡率			0.009 8	0.011 5	0.001 7	0.015 3	0.027 7	0.040 9	0.016 1	0.001 4	0.001 8		0.015 1
鳙	发病面积率			0.240 8	0.154 9	0.367 7	0.613 2	1.527 1	1.258 6	0.438 8	0.241 4	0.129 0		0.544 9
	死亡率			0.006 1	0.004 5	0.008 6	0.013 9	0.012 8	0.033 1	0.008 0	0.001 2	0.005 3		0.011 1
草鱼	发病面积率			0.406 5	0.699 6	1.701 6	1.836 8	4.804 3	1.983 7	1.607 4	0.371 1	0.561 7		1.536 4
	死亡率			0.001 4	0.004 1	0.038 4	0.009 6	0.193 5	0.020 8	0.045 5	0.002 8	0.004 9		0.041 2
鳊	发病面积率				5	6.65	3.35	3.35	3.35	3.35				3.131 3
	死亡率				0	0	0.033 3	0.016 7	0.003 3	0.016 7				0.008 8
鲫	发病面积率			0.318 0	0.273 9	1.855 8	0.628 7	3.026 9	0.830 0	0.654 8	0.253 3	0.205 4		0.889 2
	死亡率			0.000 9	0.000 6	0.017 1	0.003 8	0.085 6	0.010 9	0.020 7	0.000 3	0		0.017 5
鲤	发病面积率			0.380 8	0.280 0	1.161 5	3.698 8	1.737 8	1.746 2	1.538 6	0.245 9	0.245 9		1.219 1
	死亡率			0.001 8	0.000 4	0.014 2	0.023 3	0.005 7	0.014 0	0.038 6	0.001 1	0.000 5		0.012 0
罗非鱼	发病面积率							50.375 9						10.075
	死亡率							0						0
鮰	发病面积率				3.35	3.35	3.35	3.35	3.35	3.35				2.512 5
	死亡率				0.003 3	0.016 7	0	0.033 3	0.033 3	0.006 7				0.011 7
半滑舌鳎	发病面积率	0.126 2	0.281 2	0.130 7	0.063 7		0.065 4	0.065 4	0.065 4	0.065 4	0.065 4	0.130 7	0.131 5	0.111 2
	死亡率	0.000 2	0.028 2	0	0		0.001 2	0.000 7	0.000 3	0.001 2	0.001 6	0.001 5	0.002 2	0
石斑鱼	发病面积率					0.454 5								0.038 5
	死亡率					0								0
鲆	发病面积率					2.127 7				1.489 4				0.301 4
	死亡率					0				0				0
鲽	发病面积率			0.266 7	0.333 3	16.33 3	0.666 7	0.333 3	0.333 3	0.333 3	0.333 3	0.312 5		2.125 0
	死亡率			0.003 1	0.004 1	0.002 6	0.001 6	0.000 4	0.010 3	0.002 2	0.000 3	0.027 6		0.005 1

*　月发病面积率均值＝监测区各月发病面积总和÷监测区各月监测面积总和×100%；
月死亡率均值＝监测区各月死亡尾数总和÷监测区各月监测尾数总和×100%。

1. 池塘主养鱼类疾病疾病发生情况　2018 年池塘养殖鱼类监测面积为 5 556.14 公顷。月发病面积率 7 月最高，为 2.307 0%；6 月次之，为 1.478 2%；11 月最低，为0.232 9%（图4）。月死亡率7月最高，为0.066 2%；9月次之，为0.029 1%；10月最低，为0.000 7%（图4）。疾病对池塘养殖草鱼、鲫、鲢、鲤的危害较重（图5、图6）。

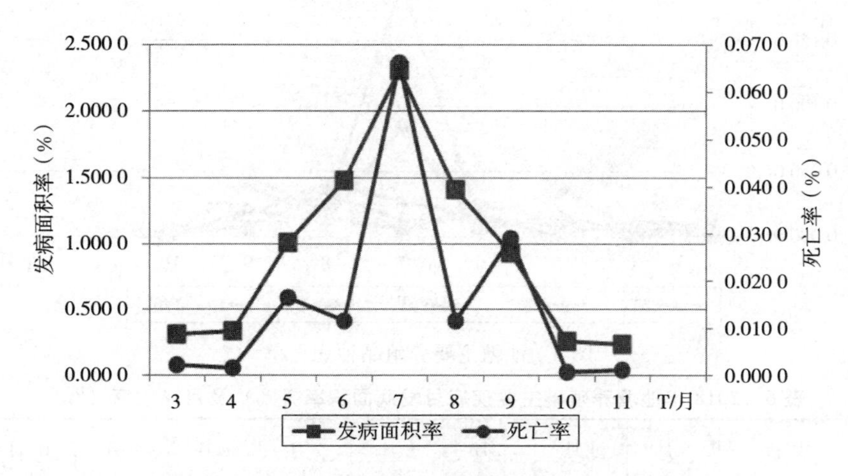

图4　池塘养殖鱼类月发病面积率及死亡率

（1）鲢　监测时间3～11月，监测面积5 556.14公顷。从总体上看，鲢发病面积率7月最高，为1.530 6%；8月次之，为1.477 1%；11月最低，为0.167 3 %（图5）。死亡率8月最高，为0.040 9%；7月次之，为0.027 7%；10月最低，为0.001 4%（图6）。主要疾病中，赤皮病、打印病、烂鳃病、肠炎病、细菌性败血病、水霉病、鳃霉病、车轮虫病、指环虫病、三代虫病是鲢的常见病，其中，细菌性败血病、水霉病、鳃霉病、指环虫病对鲢的危害较大。各种疾病的发病面积率、死亡率如表6所示。

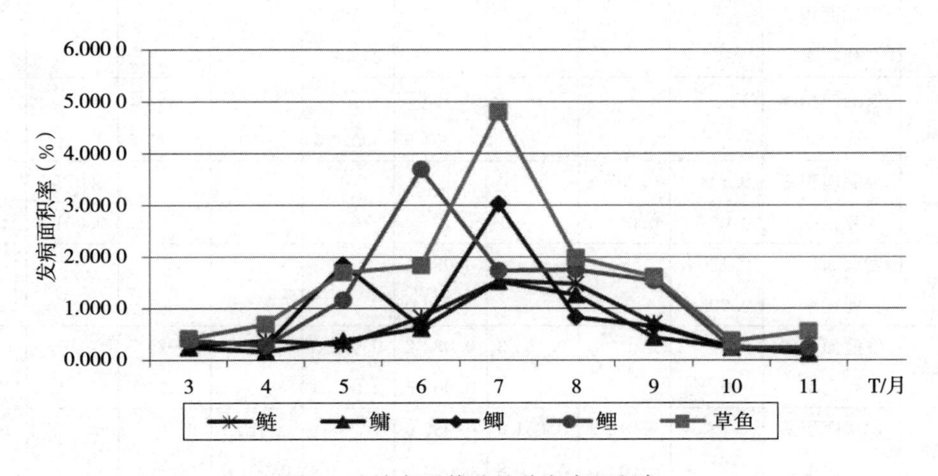

图5　池塘主要养殖品种发病面积率

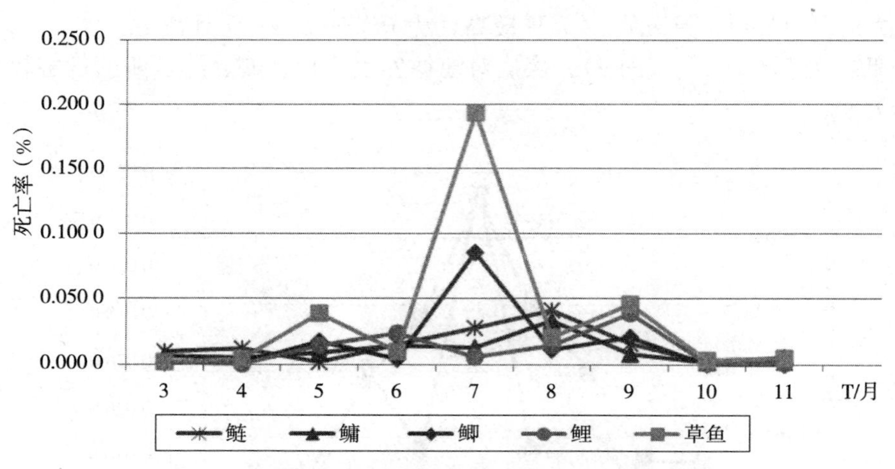

图 6　池塘主要养殖品种死亡率

表 6　2018 年池塘养殖鲢主要疾病月发病面积率（%）及月死亡率（%）

疾病名称	项 目	3月	4月	5月	6月	7月	8月	9月	10月	11月
赤皮病	发病面积率		0.102 8	0.025 7	0.128 7		0.128 7		0.128 7	
	死亡率		0	0.000 3	0		0		0	
打印病	发病面积率			0.025 7				0.064 2		0.128 7
	死亡率			0.000 5				0.000 5		0.001 8
溃疡病	发病面积率							0.128 7		
	死亡率							0		
烂鳃病	发病面积率			0.038 6	0.102 8	0.012 9				
	死亡率			0	0.006 9	0				
肠炎病	发病面积率					0.102 8				
	死亡率					0.002 0				
细菌性败血病	发病面积率				0.488 7	1.402 0	1.305 5	0.495 2		
	死亡率				0.004 9	0.024 6	0.039 9	0.015 6		
水霉病	发病面积率	0.144 0	0.257 2						0.077 2	
	死亡率	0.001 7	0.011 5						0.001 4	
鳃霉病	发病面积率	0.120 0			0.033 4					
	死亡率	0.008 1			0.002 0					
车轮虫病	发病面积率			0.154 3	0.032 2	0.012 9		0.025 7		
	死亡率			0	0.000 3	0.001 0		0		
指环虫病	发病面积率		0.019 3	0.051 5	0.038 6		0.012 9			
	死亡率		0	0.000 8	0.000 2		0.001 0			
三代虫病	发病面积率				0.012 9					
	死亡率				0.001 0					

（续）

疾病名称	项 目	3月	4月	5月	6月	7月	8月	9月	10月	11月
固着类纤毛虫病	发病面积率								0.012 9	0.038 6
	死亡率								0	0

鲢主要疾病的发病情况（图 7、图 8）：

细菌性败血病：流行于 6～9 月，发病面积 191.34 公顷。7 月发病面积率最高，为 1.402 0%；8 月次之，为 1.305 5%；6 月最低，为 0.488 7%。8 月死亡率最高，为 0.039 9%；7 月次之，为 0.024 6%；6 月最低，为 0.004 9%。

水霉病：流行于 3～4 月、10 月，发病面积 25.33 公顷。4 月发病面积率最高，为 0.257 2%；3 月次之，为 0.144 0%；10 月最低，为 0.077 2%。4 月死亡率最高，为 0.011 5%；3 月次之，为 0.001 7%；10 月最低，为 0.001 4%。

鳃霉病：流行于 3 月、6 月，发病面积 8.4 公顷。发病面积率分别为 0.120 0%、0.033 4%；死亡率分别为 0.008 1%、0.002 0%。

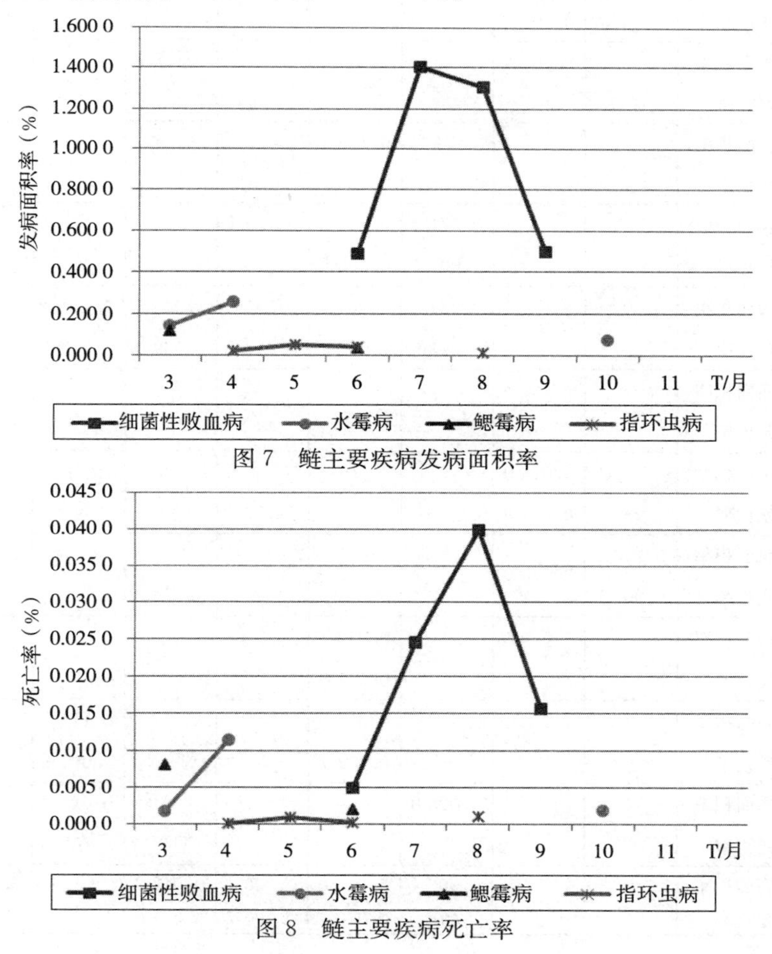

图 7　鲢主要疾病发病面积率

图 8　鲢主要疾病死亡率

指环虫病：流行于4～6月、8月，发病面积6.35公顷。5月发病面积率最高，为0.051 5%；6月次之，为0.038 6%；8月最低，为0.012 9%。8月死亡率最高，为0.001 0%；5月次之，为0.000 8%；4月最低，为0。

（2）鳙　监测时间3～11月，监测面积5 537.34公顷。从总体来看，鳙发病面积率7月最高，为1.527 1%；8月次之，为1.258 6%；11月最低，为0.129 0%（图5）。死亡率8月最高，为0.033 1%；6月次之，为0.013 9%；10月最低，为0.001 2%（图6）。主要疾病中，打印病、烂鳃病、肠炎病、细菌性败血病、腹水病、水霉病、鳃霉病、车轮虫病、指环虫病是鳙的常见病，其中，肠炎病、细菌性败血病、腹水病、鳃霉病、车轮虫病对鳙的危害较大。各种疾病的发病面积率、死亡率如表7所示。

表7　2018年池塘养殖鳙主要疾病月发病面积率（%）及月死亡率（%）

疾病名称	项 目	3月	4月	5月	6月	7月	8月	9月	10月	11月
打印病	发病面积率		0.077 4							
	死亡率		0.000 8							
赤皮病	发病面积率		0.064 5				0.128 7			
	死亡率		0				0			
烂鳃病	发病面积率				0.135 5			0.083 8	0.015 5	
	死亡率				0.000 7			0.003 4	0	
肠炎病	发病面积率			0.271 1	0.103 2	0.129 1			0.129 1	
	死亡率			0.007 1	0.005 5	0			0	
细菌性败血病	发病面积率			0.064 5	0.264 7	1.391 6	1.305 5	0.154 9		
	死亡率			0.001 6	0.002 1	0.012 1	0.039 9	0.003 4		
腹水病	发病面积率								0.090 4	0.025 8
	死亡率								0.001 2	0.003 7
水霉病	发病面积率		0.013 0							
	死亡率		0.003 8							
鳃霉病	发病面积率	0.240 8								0.103 2
	死亡率	0.006 1								0.001 6
小瓜虫病	发病面积率				0.032 3					
	死亡率				0.001 8					
车轮虫病	发病面积率				0.064 5			0.174 3		
	死亡率				0.003 7			0.001 1		
固着类纤毛虫病	发病面积率			0.025 8				0.025 8		
	死亡率			0				0		
指环虫病	发病面积率			0.006 4	0.013 0	0.006 4	0.012 9		0.006 4	
	死亡率			0	0.000 1	0.000 7	0.001 0		0.000 1	

鳙主要疾病的发病情况（图9、图10）：

肠炎病：流行于5～7月、10月，发病面积32.67公顷。5月发病面积率最高，为0.271 1%；7月、10月次之，均为0.129 1%；6月最低，为0.103 2%。5月死亡率最高，为0.007 1%；6月次之，为0.005 5%；7月、10月最低，均为0。

细菌性败血病：流行于5～9月，发病面积154.87公顷。7月发病面积率最高，为1.391 6%；8月次之，为1.305 5%；5月最低，为0.0645%。8月死亡率最高，为0.039 9%；7月次之，为0.012 1%；5月最低，为0.001 6%。

腹水病：流行于10～11月，发病面积6公顷。发病面积率分别为0.090 4%、0.025 8%；死亡率分别为0.001 2%、0.003 7%。

鳃霉病：流行于3月、11月，发病面积18.66公顷。发病面积率分别为0.240 8%、0.103 2%；死亡率分别为0.006 1%、0.001 6%。

车轮虫病：流行于6月、9月，发病面积12.33公顷。发病面积率分别为0.064 5%、0.174 3%；死亡率分别为0.003 7%、0.001 1%。

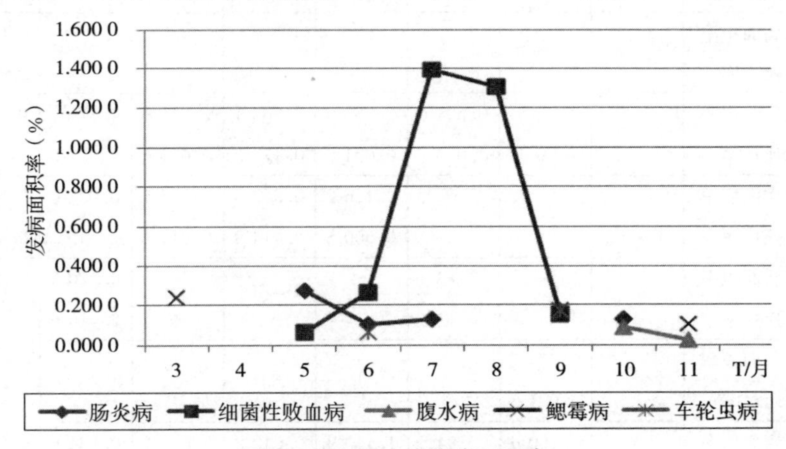

图9　鳙主要疾病发病面积率

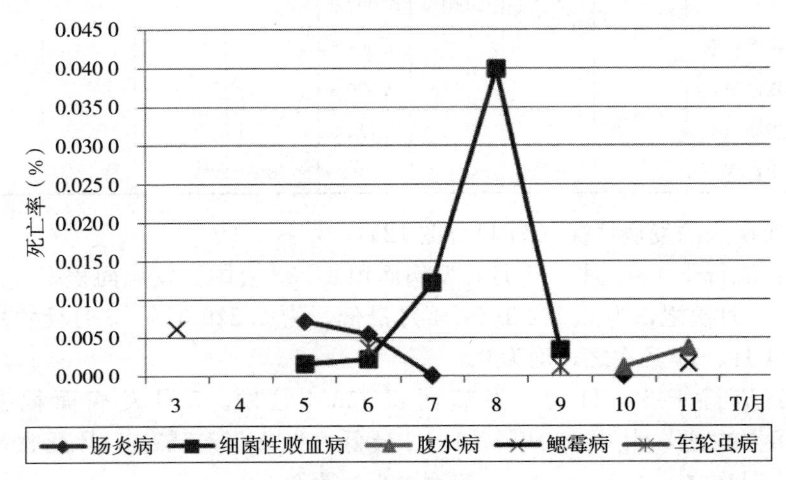

图10　鳙主要疾病死亡率

（3）草鱼　监测时间3～11月，监测面积3 279.87公顷。从总体来看，草鱼发病面积率7月最高，为4.804 3%；8月次之，为1.983 7%；10月最低，为0.371 1%（图5）。死亡率7月最高，为0.193 5%；9月次之，为0.045 5%；3月最低，为0.001 4%（图6）。主要疾病中，赤皮病、烂鳃病、肠炎病、车轮虫病、锚头鳋病为草鱼的常见病，其中，烂鳃病、肠炎病、赤皮病、车轮虫病的危害较大。各种疾病的发病面积率、死亡率如表8所示。

表8　2018年池塘养殖草鱼主要疾病月发病面积率（%）及月死亡率（%）

疾病名称	项 目	3月	4月	5月	6月	7月	8月	9月	10月	11月
赤皮病	发病面积率		0.229 4	0.802 5						0.252 1
	死亡率		0	0.024 0						0
烂尾病	发病面积率	0.406 5	0.229 4							
	死亡率	0.001 4	0							
溃疡病	发病面积率								0.045 7	
	死亡率								0	
烂鳃病	发病面积率			0.504 6	0.385 3	2.935 1	0.687 9	0.678 7	0.027 5	0.057 4
	死亡率			0.009 3	0.001 6	0.173 3	0.004 6	0.027 3	0	0.000 6
肠炎病	发病面积率				0.126 2	0.997 5	0.745 4	0.023 0	0.045 7	
	死亡率				0.000 5	0.014 9	0.016 1	0	0.000 6	
细菌性败血病	发病面积率							0.320 9		
	死亡率							0.016 6		
鳃霉病	发病面积率		0.080 1							
	死亡率		0.001 2							
车轮虫病	发病面积率		0.160 6	0.394 5	1.118 9	0.642 2	0.550 4	0.584 8	0.252 1	0.252 1
	死亡率		0.002 9	0.001 4	0.007 3	0	0	0.001 5	0.002 3	0.004 3
指环虫病	发病面积率				0.091 8					
	死亡率				0.000 3					
锚头鳋病	发病面积率				0.114 5	0.229 4				
	死亡率				0	0				

草鱼主要疾病的发病情况（图11、图12）：

赤皮病：流行于4～5月、11月，发病面积37.33公顷。发病面积率5月最高，为0.802 5%；11月次之，为0.252 1%；4月最低，为0.229 4%。5月死亡率最高，为0.024 0%；4月、11月次之，均为0。

烂鳃病：流行于5～11月，发病面积153.4公顷。7月发病面积率最高，为2.935 1%；8月次之，为0.687 9%；10月最低，为0.027 5%。7月死亡率最高，为0.173 3%；9月次之，为0.027 3%；10月最低，为0。

肠炎病：流行于6～10月，发病面积56.34公顷。7月发病面积率最高，为0.997 5%；8月次之，为0.745 4%；9月最低，为0.023 0%。8月死亡率最高，为0.016 1%；7月次之，为0.014 9%；9月最低，为0。

车轮虫病：流行于4～11月，发病面积115公顷。6月发病面积率最高，为1.118 9%；7月次之，为0.642 2%；4月最低，为0.160 6%。6月死亡率最高，为0.007 3%；11月次之，为0.004 3%；7月、8月最低，均为0。

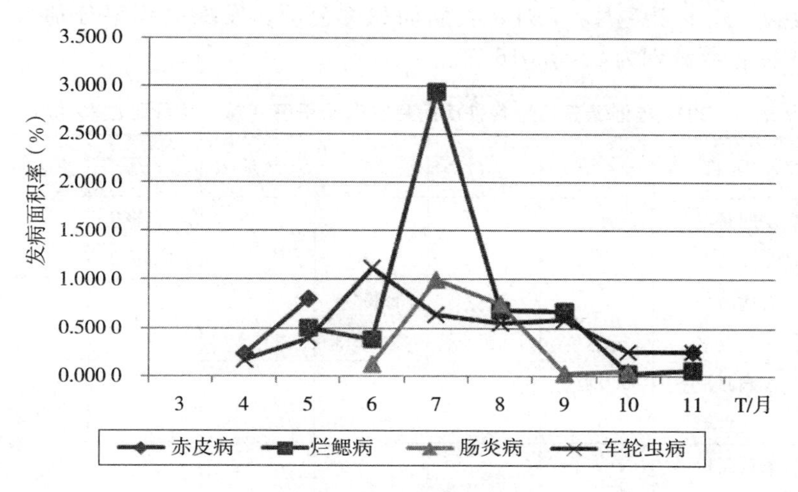

图11　草鱼主要疾病发病面积率

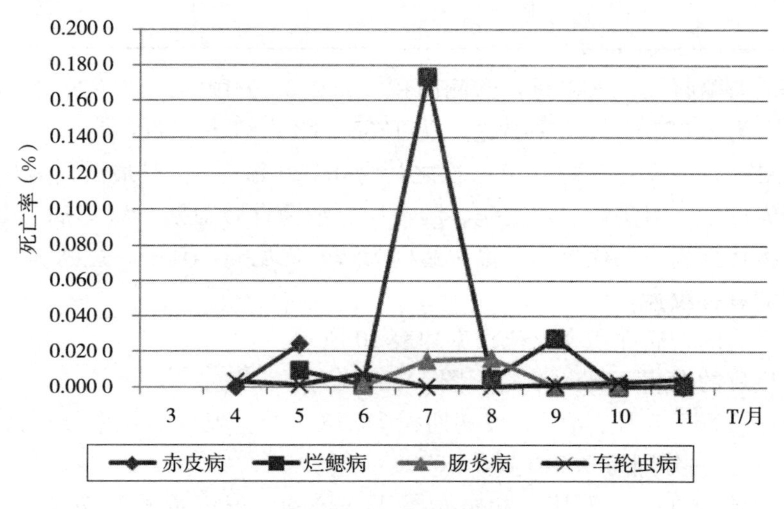

图12　草鱼主要疾病死亡率

（4）鳊　监测时间4～10月，监测面积20公顷。监测到烂鳃病、肠炎病、车轮虫病、指环虫病、三代虫病（表9）。

烂鳃病：发生于8月，发病面积0.67公顷。发病面积率为3.350 0%，死亡率为

0.003 3%。

肠炎病：发生于 6 月，发病面积 0.67 公顷。发病面积率为 3.350 0%，死亡率为 0.033 3%。

车轮虫病：发生于 4 月，发病面积 1 公顷。发病面积率为 5%，死亡率为 0。

指环虫病：发生于 9 月，发病面积 0.67 公顷。发病面积率为 3.35%，死亡率为 0.0167%。

三代虫病：发生于 5 月、7 月，发病面积 2 公顷。发病面积率分别为 6.650 0%、3.350 0%，死亡率分别为 0、0.016 7%。

表 9　2018 年池塘养殖鳊各种疾病月发病面积率（%）及月死亡率（%）

疾病名称	项 目	4月	5月	6月	7月	8月	9月	10月
烂鳃病	发病面积率					3.350 0		
	死亡率					0.003 3		
肠炎病	发病面积率			3.350 0				
	死亡率			0.033 3				
车轮虫病	发病面积率	5.000 0						
	死亡率	0						
指环虫病	发病面积率						3.350 0	
	死亡率						0.016 7	
三代虫病	发病面积率		6.650 0		3.350 0			
	死亡率		0		0.016 7			

（5）鲫　监测时间 3～11 月，监测面积 5 240.07 公顷。从总体来看，鲫发病面积率 7 月最高，为 3.026 9%；5 月次之，为 1.855 8%；11 月最低，为 0.205 4%（图 5）。死亡率 7 月最高，为 0.085 6%；9 月次之，为 0.020 7%；11 月最低，为 0（图 6）。主要疾病中，赤皮病、溃疡病、烂鳃病、肠炎病、细菌性败血病、鳃霉病、黏孢子虫病、车轮虫病、指环虫病、三代虫病、锚头鳋病为鲫的常见病，其中，烂鳃病、肠炎病、细菌性败血病的危害较大。

鲫各种疾病的发病面积率、死亡率如表 10 所示。

鲫主要疾病的发病情况（图 13、图 14）：

烂鳃病：流行于 5 月、8 月，发病面积 78.73 公顷。发病面积率分别为 1.356 0%、0.261 5%；死亡率分别为 0.015 2%、0.005 2%。

肠炎病：流行于 6～7 月，发病面积 110 公顷。发病面积率分别为 0.205 4%、2.054 5%；死亡率分别为 0.002 3%、0.077 2%。

细菌性败血病：流行于 6～9 月，发病面积 65.53 公顷。7 月发病面积率最高，为 0.595 8%；8 月次之，为 0.328 7%；6 月最低，为 0.113 6%。9 月死亡率最高，为 0.018 6%；7 月次之，为 0.008 4%；6 月最低，为 0.000 7%。

表10　2018年池塘养殖鲫主要疾病月发病面积率（%）及月死亡率（%）

疾病名称	项 目	3月	4月	5月	6月	7月	8月	9月	10月	11月
赤皮病	发病面积率		0.150 6	0.130 0						
	死亡率		0	0.001 1						
溃疡病	发病面积率				0.137 0					
	死亡率				0					
疖疮病	发病面积率							0.137 0	0.137 0	
	死亡率							0	0	
烂鳃病	发病面积率			1.356 0			0.261 5			
	死亡率			0.015 2			0.005 2			
肠炎病	发病面积率				0.205 4	2.054 5				
	死亡率				0.002 3	0.077 2				
细菌性败血病	发病面积率				0.113 6	0.595 8	0.328 7	0.308 2		
	死亡率				0.000 7	0.008 4	0.005 7	0.018 6		
腹水病	发病面积率						0.137 0			
	死亡率						0			
鳃霉病	发病面积率	0.063 6	0.123 3	0.0411		0.068 4				
	死亡率	0.000 5	0.000 6	0.000 1		0				
黏孢子虫病	发病面积率							0.095 9		
	死亡率							0.002 1		
车轮虫病	发病面积率	0.254 4		0.027 3	0.112 4	0.252 1	0.095 9	0.106 8	0.109 5	0.205 4
	死亡率	0.000 3		0	0.000 7	0	0	0	0.000 3	0
指环虫病	发病面积率			0.137 0	0.027 3	0.006 8				
	死亡率			0	0.000 1	0				
三代虫病	发病面积率			0.164 4		0.049 3			0.006 8	
	死亡率			0.000 7		0			0	
锚头鳋病	发病面积率				0.032 9		0.006 8	0.006 8		
	死亡率				0		0	0		

（6）鲤　监测时间3～11月，监测面积5 251.8公顷。从总体来看，鲤发病面积率6月最高，为3.698 8%；8月次之，为1.746 2%；10月、11月最低，均为0.245 9%（图5）。死亡率9月最高，为0.038 6%；6月次之，为0.023 3%；4月最低，为0.000 4%（图6）。主要疾病中，赤皮病、竖鳞病、烂鳃病、肠炎病、细菌性败血病、车轮虫病、指环虫病、三代虫病为鲤的常见病，其中，烂鳃病、肠炎病、细菌性败血病、三代虫病的危害较重。

鲤各种疾病的发病面积率、死亡率如表11所示。

鲤主要疾病的发病情况（图15、图16）：

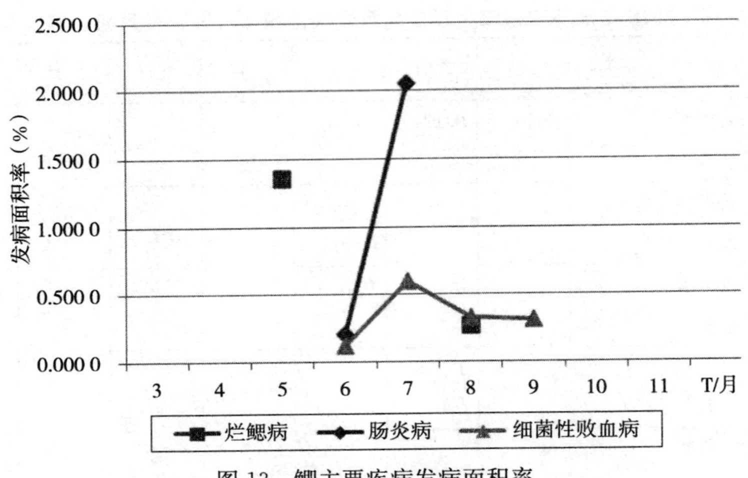

图 13　鲫主要疾病发病面积率

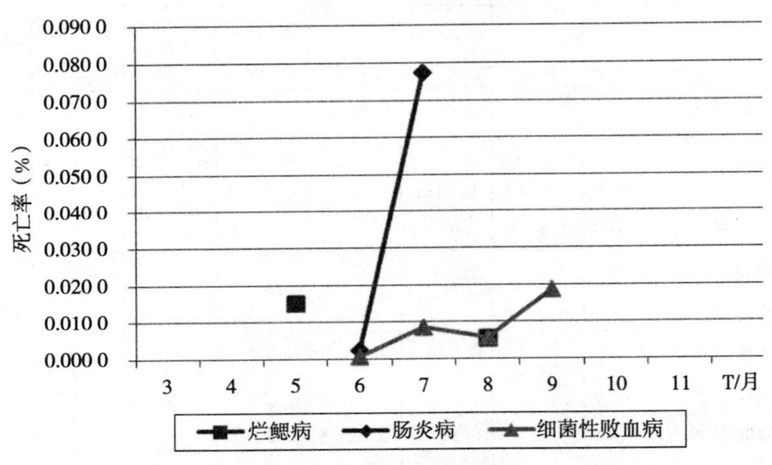

图 14　鲫主要疾病死亡率

烂鳃病：流行于 5～11 月，发病面积 282.08 公顷。6 月发病面积率最高，为 1.866 5%；8 月次之，为 1.268 1%；11 月最低，为 0.177 7%。6 月死亡率最高，为 0.019 6%；9 月次之，为 0.017 1%；11 月最低，为 0.000 5%。

肠炎病：流行于 5～7 月、9 月，发病面积 30.67 公顷。6 月发病面积率最高，为 0.300 7%；7 月次之，为 0.164 0%；9 月最低，为 0.027 3%。7 月死亡率最高，为 0.002 4%；6 月次之，为 0.001 7%；9 月最低，为 0。

细菌性败血病：流行于 7～9 月，发病面积 17.33 公顷。9 月发病面积率最高，为 0.259 7%；7 月次之，为 0.068 2%；8 月最低，为 0.027 3%。9 月死亡率最高，为 0.021 3%；8 月次之，为 0.001 3%；7 月最低，为 0。

三代虫病：流行于 4～11 月，发病面积 120.73 公顷。7 月发病面积率最高，为 0.650 3%；6 月次之，为 0.587 6%；4 月、10 月最低，均为 0.027 3%。6 月死亡率最高，为 0.001 2%；5 月次之，为 0.001 1%；4 月、7～8 月、10～11 月最低，均为 0。

表 11　2018 年池塘养殖鲤主要疾病月发病面积率（%）及月死亡率（%）

疾病名称	项 目	3 月	4 月	5 月	6 月	7 月	8 月	9 月	10 月	11 月
赤皮病	发病面积率		0.061 5							
	死亡率		0.000 2							
溃疡病	发病面积率		0.109 2				0.068 2			
	死亡率		0				0			
竖鳞病	发病面积率	0.380 8								
	死亡率	0.001 8								
烂鳃病	发病面积率			0.676 3	1.866 5	0.732 3	1.268 1	0.841 7	0.218 7	0.177 7
	死亡率			0.012 5	0.019 6	0.003 1	0.012 7	0.017 1	0.001 1	0.000 5
肠炎病	发病面积率			0.136 7	0.300 7	0.164 0		0.027 3		
	死亡率			0.000 4	0.001 7	0.002 4		0		
细菌性败血病	发病面积率					0.068 2	0.027 3	0.259 7		
	死亡率					0	0.001 3	0.021 3		
黏孢子虫病	发病面积率			0.027 3						
	死亡率			0.000 1						
车轮虫病	发病面积率				0.231 2					
	死亡率				0.000 5					
指环虫病	发病面积率		0.082 0		0.724 1	0.123 0				
	死亡率		0.000 2		0.000 4	0.000 2				
三代虫病	发病面积率		0.027 3	0.321 2	0.587 6	0.650 3	0.382 6	0.409 9	0.027 3	0.068 2
	死亡率		0	0.001 1	0.001 2	0	0	0.000 2	0	0
锚头鳋病	发病面积率				0.006 8					
	死亡率				0					

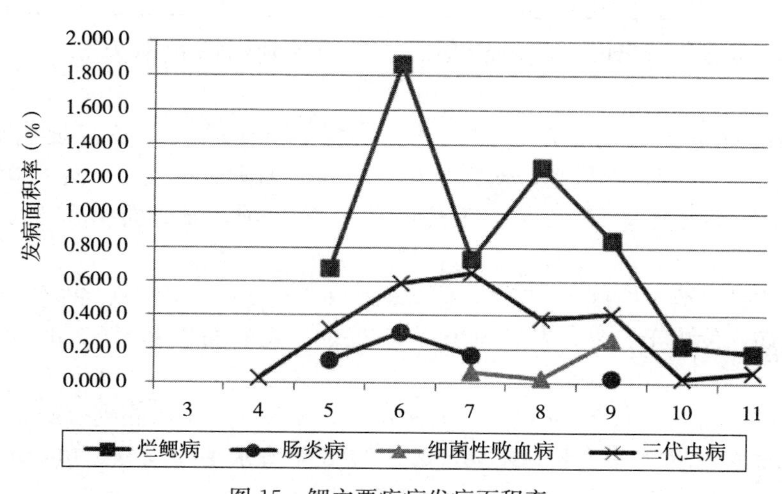

图 15　鲤主要疾病发病面积率

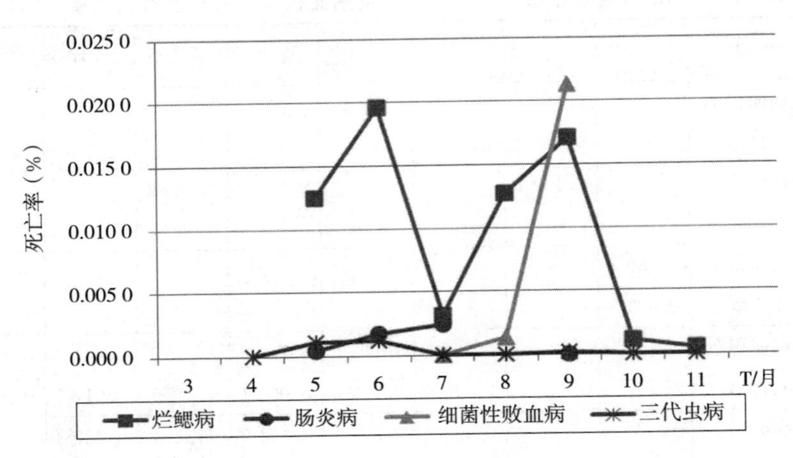

图 16 鲤主要疾病死亡率

（7）鮰 监测时间 4～11 月，监测面积 20 公顷。监测到烂鳃病、肠炎病、车轮虫病如表 12 所示。

表 12 2018 年池塘养殖鮰主要疾病月发病面积率（%）及月死亡率（%）

疾病名称	项 目	4 月	5 月	6 月	7 月	8 月	9 月	10 月	11 月
烂鳃病	发病面积率	3.35							
	死亡率	0.003 3							
肠炎病	发病面积率		3.35		3.35	3.35			
	死亡率		0.016 7		0.033 3	0.033 3			
车轮虫病	发病面积率			3.35			3.35		
	死亡率			0			0.006 7		

烂鳃病：发生于 4 月，发病面积 0.67 公顷。发病面积率为 3.35%，死亡率为 0.003 3%。

肠炎病：发生于 5 月、7～8 月，发病面积 2.01 公顷。各月发病面积率均为 3.35%。7 月、8 月死亡率最高，均为 0.033 3%；5 月死亡率次之，为 0.016 7%。

车轮虫病：发生于 6 月、9 月，发病面积 1.34 公顷。发病面积率均为 3.35%，死亡率分别为 0、0.006 7%。

（8）罗非鱼 监测时间 5～9 月，监测面积 1.33 公顷。仅监测到车轮虫病。

车轮虫病：发生于 7 月，发病面积 0.67 公顷。发病面积率为 50.357 9%，死亡率为 0。

（9）白鲳 监测时间 3～9 月，监测面积 17.73 公顷。未监测到疾病发生。

2. 海水工厂化主养鱼类疾病发病情况 2018 年海水工厂化养殖鱼类最高监测面积为 17.52 公顷。5 月发病面积率最高，为 3.745 3%；9 月次之，为 0.524 3%；12 月最低，为0.066 4%（图17）。2月死亡率最高，为0.019 8%；11月次之，为0.006 4%；4月最低，为0（图17）。监测到海水工厂化养殖鱼类发病品种有半滑舌鳎、石斑鱼、鲆、鲽，其中，疾病对鲽、半滑舌鳎的危害较重。

（1）半滑舌鳎 监测时间1～12月，月最高监测面积为10.67公顷。监测到溃疡病、烂尾病、烂鳃病、肠炎病、腹水病。主要疾病的发病面积率、死亡率如表13所示。

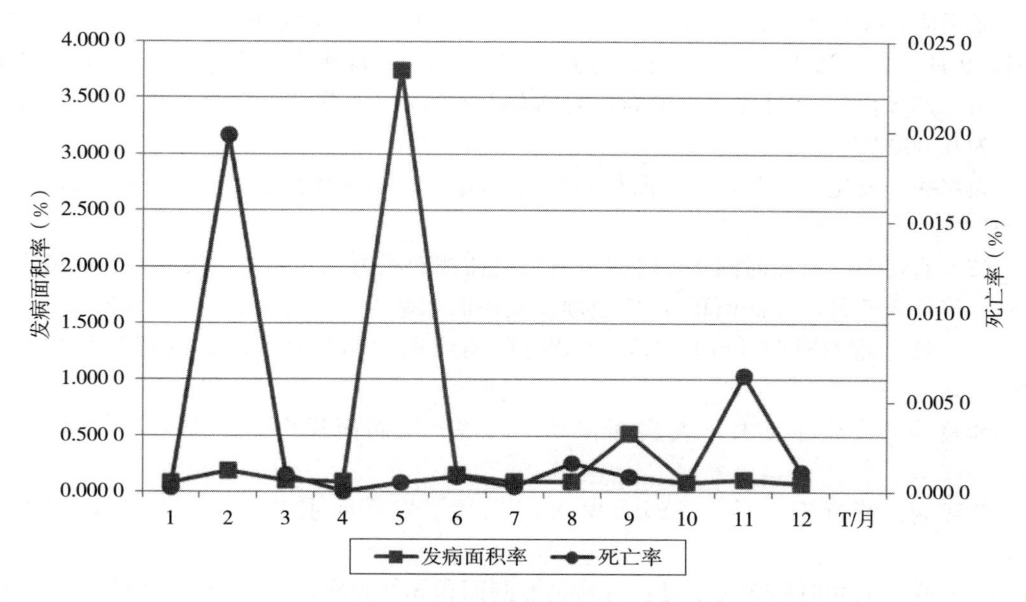

图17 海水工厂化养殖鱼类发病面积率和死亡率

表13 2018年海水工厂化养殖半滑舌鳎主要疾病月发病面积率（%）及月死亡率（%）

疾病名称	项目	1月	2月	3月	4月	5月	6月	7月	8月	9月	10月	11月	12月
溃疡病	发病面积率	0.087 4	0.243 7										0.083 7
	死亡率	0	0.027 9										0.001 2
烂尾病	发病面积率		0.037 5		0.063 7						0.065 4		
	死亡率		0.000 3		0						0.001 6		
烂鳃病	发病面积率			0.065 4					0.065 4			0.065 4	
	死亡率			0.000 3					0.000 3			0.000 7	
肠炎病	发病面积率	0.038 8		0.065 4				0.065 4		0.065 4		0.065 4	0.047 8
	死亡率	0.000 2		0.000 5				0.000 7		0.001 2		0.000 7	0.001 0
腹水病	发病面积率						0.065 4						
	死亡率						0.001 2						

溃疡病：发生在1～2月、12月，发病面积0.042公顷。2月发病面积率最高，为0.243 7%；1月次之，为0.087 4%；12月最低，为0.083 7%。2月死亡率最高，为

0.027 9%；12 月次之，为 0.001 2%；1 月最低，为 0。

烂尾病：流行于 2 月、4 月、10 月，发病面积 0.012 公顷。10 月发病面积率最高，为 0.065 4%；4 月次之，为 0.063 7%；2 月最低，为 0.037 5%。10 月死亡率最高，为 0.001 6%；2 月次之，为 0.000 3%；4 月最低，为 0。

烂鳃病：流行于 3 月、8 月、11 月，发病面积 0.012 公顷。各月发病面积率均为 0.065 4%。11 月死亡率最高，为 0.000 7%；3 月、8 月次之，均为 0.000 3%。

肠炎病：流行于 1 月、3 月、7 月、9 月、11～12 月，发病面积 0.024 公顷。3 月、7 月、9 月、11 月发病面积率最高，为 0.065 4%；12 月次之，为 0.047 8%；1 月最低，为 0.038 8%。9 月死亡率最高，为 0.001 2%；12 月次之，为 0.001 0%；1 月最低，为 0.000 2%。

腹水病：发生于 6 月，发病面积 0.004 公顷。发病面积率为 0.065 4%，死亡率为 0.001 2%。

（2）石斑鱼　监测时间 1～12 月，月最高监测面积为 3.5 公顷。仅监测到刺激隐核虫病，流行于 5 月，发病面积 0.01 公顷。发病面积率为 0.454 5%，死亡率为 0。

（3）鲆　监测时间 1～12 月，月最高监测面积为 4.7 公顷。监测到溃疡病、烂鳃病。

溃疡病：发生于 5 月，发病面积 0.1 公顷。发病面积率为 2.127 7%，死亡率为 0。

烂鳃病：流行于 9 月，发病面积 0.07 公顷。发病面积率为 1.489 4%，死亡率为 0。

（4）鲽　监测时间 3～11 月，月最高监测面积 3.2 公顷。仅监测到溃疡病，发病面积率、死亡率如表 14 所示。

表 14　2018 年海水工厂化养殖鲽主要疾病月发病面积率（%）及月死亡率（%）

疾病名称	项 目	3月	4月	5月	6月	7月	8月	9月	10月	11月
溃疡病	发病面积率	0.266 7	0.333 3	16.333 3	0.666 7	0.333 3	0.333 3	0.333 3	0.333 3	0.312 5
	死亡率	0.003 1	0.004 1	0.002 6	0.001 6	0.000 4	0.010 3	0.002 2	0.000 3	0.027 6

溃疡病：流行于 3～11 月，发病面积 0.578 公顷。5 月发病面积率最高，为 16.333 3%；6 月次之，为 0.666 7%；3 月最低，为 0.266 7%。11 月死亡率最高，为 0.027 6%；8 月次之，为 0.010 3%；10 月死亡率最低，为 0.000 3%。

（三）甲壳类疾病总体流行情况

2018 年养殖甲壳类监测面积 9 444.5 公顷，其中，南美白对虾监测面积为 9 108.5 公顷，中国对虾监测面积为 2.67 公顷，中华绒螯蟹监测面积 333.33 公顷。监测到疾病 7 种，其中，病毒性疾病 1 种，细菌性疾病 4 种，寄生虫性疾病 1 种，不明病因疾病 1 种（表 15）。

表 15　养殖甲壳类疾病种类

疾病类别	疫病名称	种数
病毒性疾病	白斑综合征	1
细菌性疾病	烂鳃病、对虾肠道细菌病、弧菌病、红腿病	4
寄生虫性疾病	固着类纤毛虫病	1
不明病因疾病		1
合计		7

1. **南美白对虾**　监测时间4～10月，2018年全市池塘养殖南美白对虾月最高监测面积为9 108.5公顷，发病面积总计395.66公顷。从月发病面积率来看，7月最高，为1.655 6%；6月次之，为1.270 6%；4月、10月最低，均为0（图18）。从月死亡率来看，6月最高，为0.179 0%；8月次之，为0.112 2%；4月、5月、10月最低，均为0（图18）。

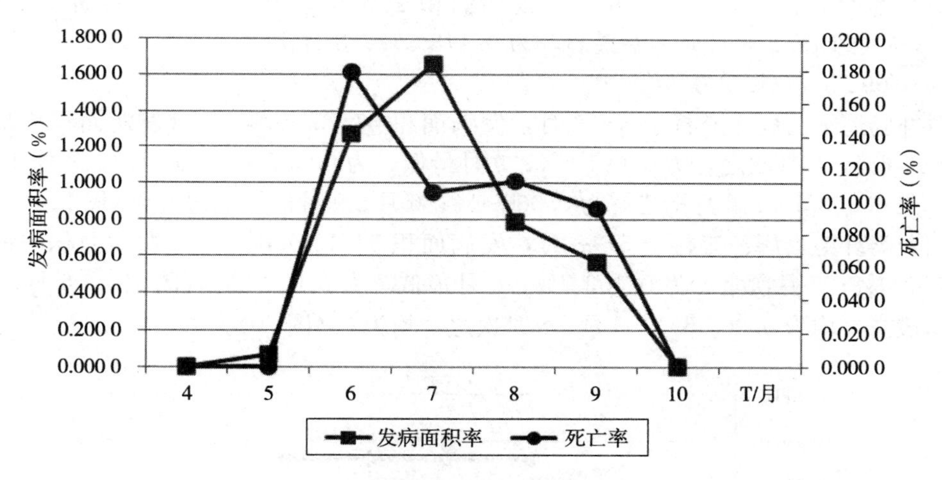

图 18　南美白对虾发病面积率和死亡率

监测到的疾病分别为白斑综合征、烂鳃病、对虾肠道细菌病、弧菌病、红腿病、固着类纤毛虫病、不明病因疾病。各种疾病的危害情况见表16，其中，白斑综合征、对虾肠道细菌病、固着类纤毛虫病、不明病因疾病对南美白对虾的危害较大。

表 16　2018年池塘养殖南美白对虾主要疾病月发病面积率（%）及月死亡率（%）

疾病名称	项目	4月	5月	6月	7月	8月	9月	10月
白斑综合征	发病面积率			0.556 2	0.556 2	0.556 2	0.556 2	
	死亡率			0.178 5	0.092 3	0.111 5	0.095 2	
烂鳃病	发病面积率		0.042 5	0.263 5	0.300 2	0.036 6		
	死亡率		0	0	0	0		

（续）

疾病名称	项 目	4月	5月	6月	7月	8月	9月	10月
对虾肠道细菌病	发病面积率			0.029 3	0.593 6	0.091 6	0.007 4	
	死亡率			0	0.003 5	0.000 4	0	
弧菌病	发病面积率		0.005 2	0.015 4	0.015 4	0.014 6		
	死亡率		0	0	0	0.000 4		
红腿病	发病面积率			0.073 2				
	死亡率			0				
固着类纤毛虫病	发病面积率		0.022 0	0.333 0	0.153 7	0.085 6		
	死亡率		0	0.000 6	0.000 6	0		
不明病因疾病	发病面积率				0.036 6			
	死亡率				0.009 2			

白斑综合征：流行于 6～9 月，发病面积 202.64 公顷。各月发病面积率均为 0.556 2%（图 19）。6 月死亡率最高，为 0.178 5%；8 月次之，为 0.111 5%；7 月最低，为 0.092 3%（图 20）。

对虾肠道细菌病：流行于 6～9 月，发病面积 67.75 公顷。7 月发病面积率最高，为 0.593 6%；8 月次之，为 0.091 6%；9 月最低，为 0.007 4%（图 19）。7 月死亡率最高，为 0.003 5%；8 月次之，为 0.000 4%；6 月、9 月最低，均为 0（图 20）。

固着类纤毛虫病：流行于 5～8 月，发病面积 54.13 公顷。6 月发病面积率最高，为 0.333 0%；7 月次之，为 0.153 7%；5 月最低，为 0.022 0%（图 19）。6 月、7 月死亡率最高，均为 0.000 6%；5 月、8 月次之，均为 0（图 20）。

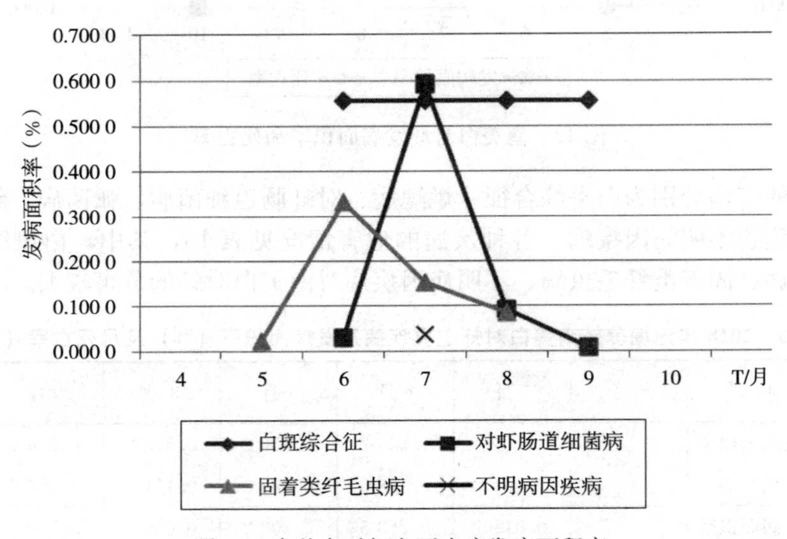

图 19 南美白对虾主要疾病发病面积率

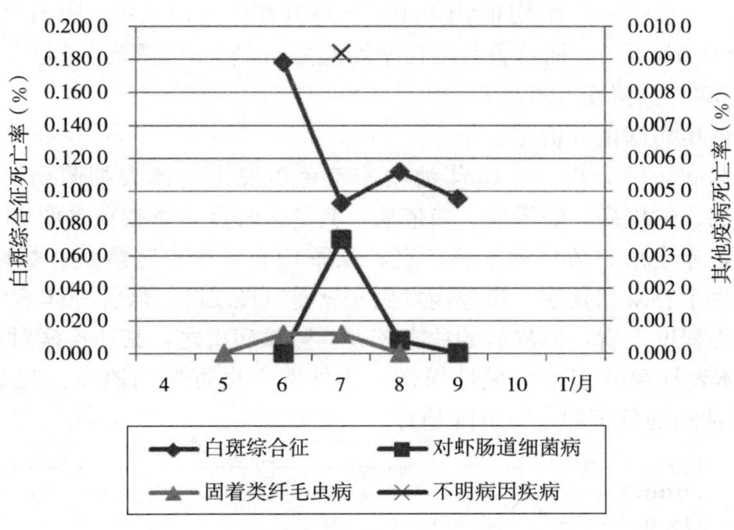

图 20　南美白对虾主要疾病死亡率

不明病因疾病：发生于7月，发病面积3.33公顷。发病面积率为0.036 6%，死亡率为0.009 2%。

2. 中国对虾　2018年全市池塘养殖中国对虾监测时间5～7月，监测面积为2.67公顷。未监测到疾病发生。

3. 河蟹　2018年全市池塘养殖河蟹监测时间4～11月，监测面积为333.33公顷。未监测到疾病发生。

（四）病情分析

1. 池塘养殖鱼类病情分析　2018年池塘养殖鱼类危害较严重的细菌性疾病为烂鳃病、肠炎病、细菌性败血病；危害较严重的真菌性疾病为鳃霉病；危害较严重的寄生虫性疾病为车轮虫病。

从疾病的流行分布来看，池塘养殖鱼类烂鳃病分布于宁河、宝坻、武清、西青、蓟州、静海、汉沽；肠炎病分布于武清、宁河、宝坻、静海、蓟州、汉沽；细菌性败血病分布于武清、蓟州、宁河、宝坻；鳃霉病分布于武清；车轮虫病分布于武清、宁河、蓟州、宝坻、汉沽。

从总体情况看，2018年池塘养殖鱼类发病面积率由2017年的0.966 8%降至0.913 4%，死亡率由2017年的0.017 7%下降到0.016 8%，表明2018年疾病对池塘养殖鱼类的危害程度较2017年有所减弱。2018年池塘养殖鱼类发病较严重的月份集中在5～9月，其中，7月死亡率最高，达0.066 2%。

从疾病对池塘养殖鱼类的危害程度看，由重到轻依次为草鱼、鲫、鲢、鲤、鮰、鳙、鳊、罗非鱼。与2017年相比，2018年疾病对鳙、鲢、鲫、鲤、鮰的危害程度有所上升；疾病对草鱼、鳊的危害程度有所下降。其中，鲢月死亡率均值由0.009 5%升至0.015 1%，鳙月死亡率均值由0.010 8%升至0.011 1%，鲫月死亡率均值由0.011 4%

升至0.017 5%，鲤月死亡率均值由0.007 5%升至0.012 0%，鮰月死亡率均值由0.000 7%升至0.011 7%；而草鱼月死亡率均值由0.183 5%降至0.041 2%，鳊的月死亡率均值由0.009 4%降至0.008 8%。

（1）细菌性疾病病情分析

①体表细菌病病情分析：2018 年池塘养殖鱼类发生的体表细菌病，包括赤皮病、溃疡病、打印病、烂尾病、竖鳞病、疖疮病，其危害程度春季较重（图 21、图 22）。从发病时间上看，赤皮病、溃疡病于春、夏、秋季均有发生；竖鳞病、烂尾病发生于春季；打印病发生于春季和秋季；疖疮病发生于秋季（图 21）。从各种体表细菌病对池塘养殖鱼类的危害程度上看，赤皮病的危害较大，竖鳞病次之，其他疾病对鱼类的危害较小（图 22）。体表细菌病多由机械性损伤、体外寄生虫寄生而诱发。与 2017 年相比，2018 年体表细菌病的危害程度有下降趋势。

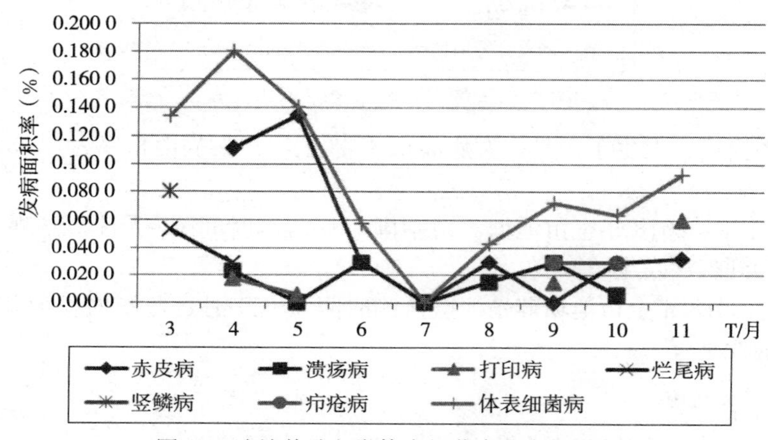

图 21　池塘养殖鱼类体表细菌病发病面积率

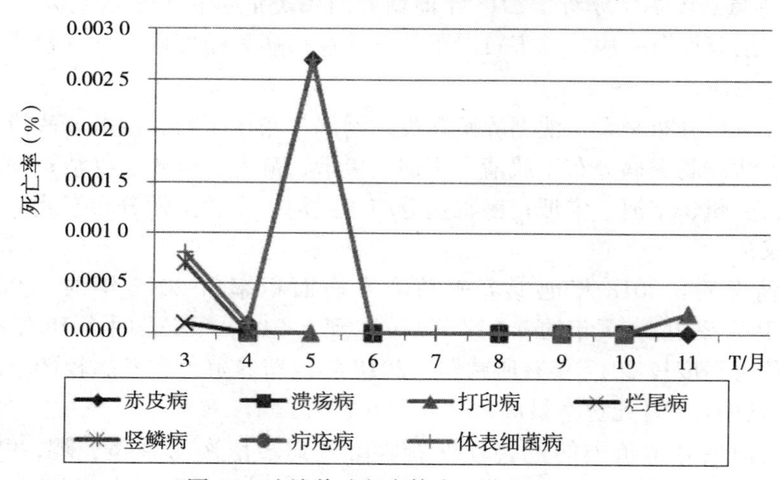

图 22　池塘养殖鱼类体表细菌病死亡率

②烂鳃病、肠炎病、细菌性败血病病情分析：池塘养殖鱼类烂鳃病、肠炎病、细菌性败血病的发病面积率与水温呈正相关（图 23）。从 3 种疾病的危害程度来看，烂鳃病

的危害最大，肠炎病次之，细菌性败血病的危害较小（图24）。

从疾病流行季节来看，鱼类烂鳃病流行于春、夏、秋季，春末、夏季、初秋危害较重；肠炎病流行于春末、夏、秋季，夏季危害较重；细菌性败血病流行于春末、夏季、初秋，夏季危害较重（图24）。

烂鳃病常发生于池水较瘦、浊度较大的寡营养型池塘；养殖水体较长时间低氧易诱发烂鳃病。肠炎病的发生与养殖鱼类摄饵过量有关。细菌性败血病的发生与养殖水体致病菌密度过高、养殖水质恶化（氨氮、亚硝酸盐偏高）且长时间得不到改善有关。其他细菌病（如赤皮病、溃疡病、肠炎病等）病程较长时，也可引发细菌性败血病。

从发病面积率、死亡率来看，2018年烂鳃病的月死亡率均值为0.054 2%，较2017年上升了0.030 6%；肠炎病的月死亡率均值为0.045 6%，较2017年上升了0.023 4%；细菌性败血病月死亡率均值为0.032 0%，较2017年上升了0.012 0%。

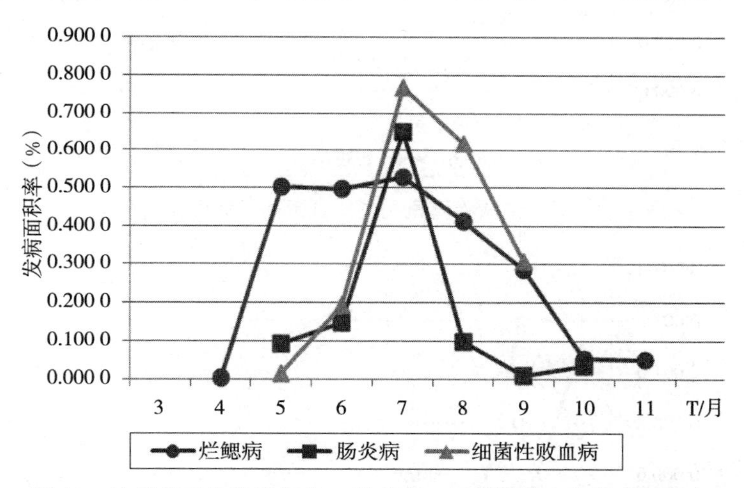

图23 池塘养殖鱼类烂鳃病、肠炎病、细菌性败血病发病面积率

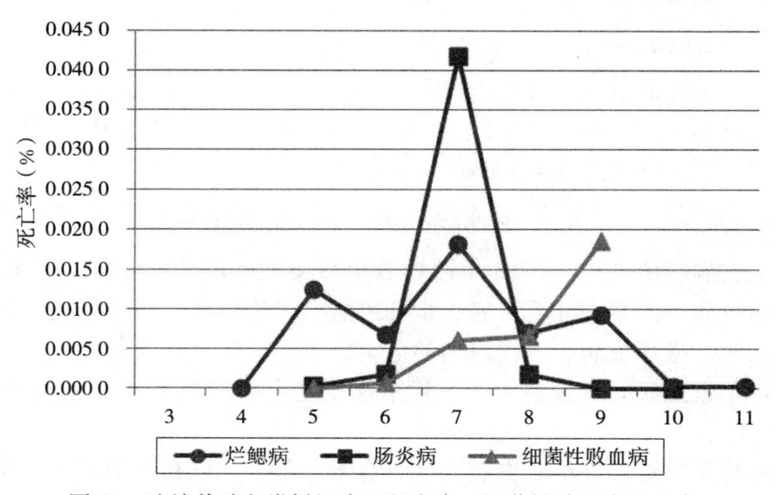

图24 池塘养殖鱼类烂鳃病、肠炎病、细菌性败血病死亡率

(2) 真菌性疾病疫情分析 2018 年池塘养殖鱼类发生的真菌病为水霉病、鳃霉病。从发病季节看，水霉病发生于春季和秋季。鳃霉病发生于春季、夏季和秋季。两种病的危害春季最重（图 25、图 26）。2018 年真菌病对池塘养殖鱼类的危害程度较 2017 年有所加重。

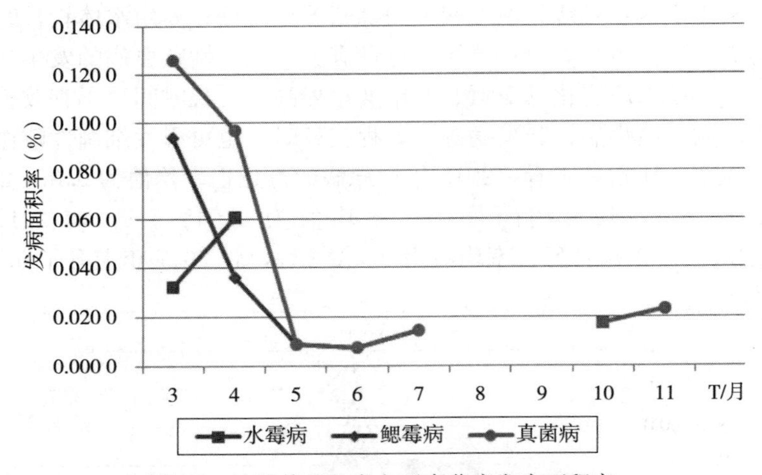

图 25 池塘养殖鱼类主要真菌病发病面积率

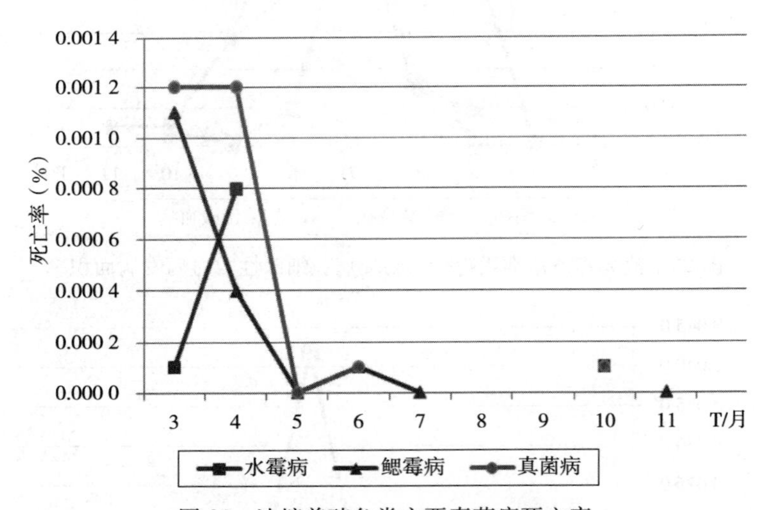

图 26 池塘养殖鱼类主要真菌病死亡率

(3) 寄生虫病病情分析 2018 年池塘养殖鱼类发生的寄生虫病为黏孢子虫病、小瓜虫病、车轮虫病、固着类纤毛虫病、指环虫病、三代虫病、锚头鳋病，其中，黏孢子虫病、车轮虫病、指环虫病、三代虫病的危害较重。比较上述 4 种寄生虫病对养殖鱼类的危害程度，车轮虫病的危害最大，三代虫病次之，指环虫病的危害最小（图 27、图 28）。

从疾病流行季节看，黏孢子虫病流行于春末、秋初，秋初病情较重；车轮虫病流行于春、夏、秋季，春末、夏初危害较重；指环虫病、三代虫病流行于春、夏、秋季。

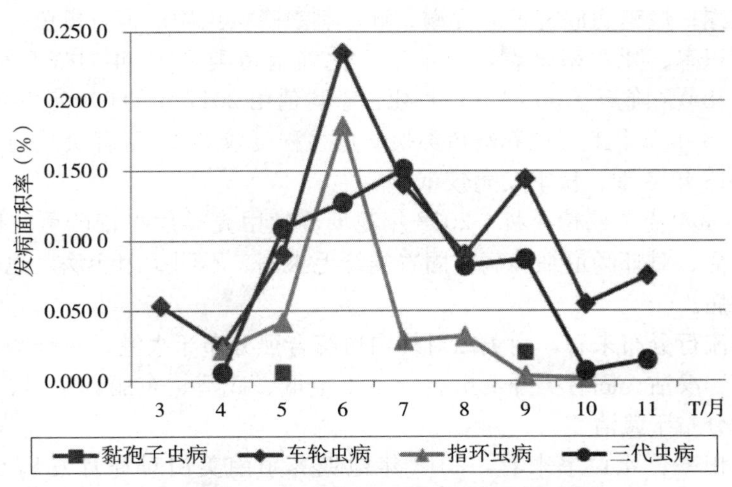

图27　池塘养殖鱼类主要寄生虫病发病面积率

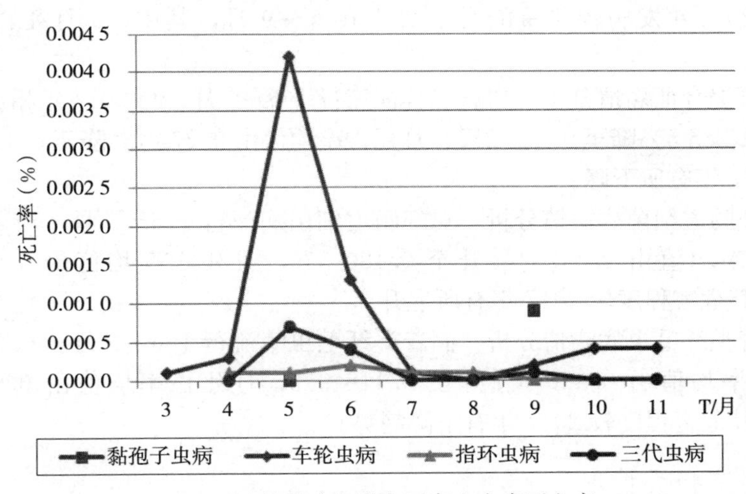

图28　池塘养殖鱼类主要寄生虫病死亡率

从整体看，2018年本市池塘养殖鱼类细菌性疾病的危害最重，寄生虫性疾病次之，真菌性疾病最轻。近年来，我国池塘养殖鱼类锦鲤疱疹病毒病、鲫造血器官坏死病、鲤浮肿病等病毒病有时发生，发病池塘损失较重。目前，对鱼类病毒病还缺乏有效的治疗措施，因此广大疾病防治人员应加强对亲鱼和苗种的检疫，加强对检测出的阳性样本、发病鱼及发病池塘的隔离管控，以阻断病毒性疾病传播。

2. 海水工厂化养殖鱼类病情分析　2018年海水工厂化养殖鱼类发生的细菌性疾病有溃疡病、肠炎病、烂尾病、烂鳃病、腹水病；发生的寄生虫性疾病有刺激隐核虫病。其中，细菌性疾病的危害较重。

从疾病的流行分布来看，溃疡病分布于塘沽、汉沽；肠炎病、烂尾病分布于大港；烂鳃病分布于大港、汉沽；腹水病分布于大港；刺激隐核虫病分布于塘沽。

从主要疾病的危害对象看，溃疡病危害半滑舌鳎、鲽、鲆；肠炎病、烂尾病、腹水病危害半滑舌鳎；烂鳃病危害半滑舌鳎、鲆；刺激隐核虫病危害石斑鱼。

从发病面积率、死亡率来看，海水工厂化养殖鱼类 2018 年月发病面积率均值由 2017 年的 9.148 0%降至 0.500 1%；月死亡率均值由 2017 年的 0.005 5%降至 0。以上数据表明，2018 年海水工厂化养殖鱼类疾病危害程度较 2017 年有所减弱。从疾病流行季节来看，2018 年冬季、秋季发病较重。

3. *池塘养殖甲壳类病情分析*　2018 年池塘养殖甲壳类危害较严重的疾病有南美白对虾白斑综合征、对虾肠道细菌病、固着类纤毛虫病、不明病因疾病。池塘养殖中国对虾、河蟹未发病。

从疾病的流行分布来看，南美白对虾白斑综合征分布于大港；对虾肠道细菌病分布于宝坻、西青、汉沽；固着类纤毛虫病分布于宝坻、武清、东丽、宁河、大港、汉沽；不明病因疾病分布于武清。

从发病面积率、死亡率来看，2018 年池塘养殖南美白对虾月发病面积率均值由 2017 年的 1.313 3%降至 0.665 0%，月死亡率均值由 2017 年的 0.172 8%降至 0.099 5%。2018 年发病较严重的月份集中在 6～9 月，其中，6 月死亡率最高，达 0.179 0%。

（1）白斑综合征病情分析　白斑综合征流行于 6～9 月。与 2017 年相比，月发病面积率均值由 1.288 5%降至 0.556 2%，月死亡率均值由 0.272 1%降至 0.119 1%。其危害程度较 2017 年有所下降。

（2）对虾肠道细菌病病情分析　对虾肠道细菌病流行于 6～9 月。与 2017 年相比，月发病面积率均值由 0.142 3%升至 0.180 5%，月死亡率均值由 0.000 6%升至 0.001 0%。其危害程度较 2017 年有所上升。

（3）固着类纤毛虫病病情分析　固着类纤毛虫病流行于 6～9 月。与 2017 年相比，月发病面积率均值由 0.410 6%降至 0.118 9%，月死亡率均值由 0.012 2%降至 0.000 3%。其危害程度较 2017 年有下降趋势。

（五）经济损失情况

2018 年，通过测报系统上报的天津市测报区因疾病造成的经济损失合计 168.17 万元。从测报数据中显示，淡水鱼和对虾的损失分别占整体损失的 51.88%和 44.24%。其中，淡水鱼烂鳃病、细菌性肠炎、细菌性败血症和对虾白斑综合征等病害是造成经济损失的主要原因。

三、存在的问题及建议

1. *抓实疾病监测网络建设工作*　进一步调整、优化疾病监测网络，尤其要做实疫情监测点的调整和建设工作，以便及时、准确地掌握疫情信息，预测疫情动态，指导本市水生动物疾病的防治工作。

2. *加大检疫执法工作力度*　建立严格的检疫证查验制度。执法部门对由航空和陆路进入本市的水生动物苗种和亲本，要做好产地检疫证的查验工作；同时，做好对苗种和亲本的抽检工作，对检测的阳性样本采取强制措施，并做好产地溯源工作。

3. 做好引种前疾病风险评估工作　在引种前不仅要关注即将引入品种的生产性能，更要关注该品种在产地的发病史。品种引入后，要建立1～2年的隔离观察期。

4. 严格选择优质杂交品种进行养殖　普通养殖品种经过长期的自然选择，自身已形成较好的免疫和抗病能力；不排除一些杂交品种可能存在抗病缺陷，有易被病毒、细菌等病原攻击而暴发疫情的风险。

5. 加大对高风险疾病的监测力度　加大对锦鲤疱疹病毒病、鲫造血器官坏死病、鲤浮肿病等危害较大疾病的风险管控，发现有疫情发生要迅速采取隔离、扑杀措施，并做好养殖池塘、养殖用水、养殖工具的消毒工作。尤其要加强对苗种场疾病的风险管控。

6. 加强养殖环节管理减少疾病发生

（1）放养健康的养殖品种　①选育抗病力强的养殖品种；②培育和放养健壮苗种。

（2）投喂优质饵料　投喂优质饵料不仅能保证养殖品种营养均衡，而且能增强养殖动物的抗病力；投喂优质饲料还可提高饲料效率，减少因粪便排放对养殖环境造成的污染，从而减少因环境恶化诱发的各种疾病。

（3）加强养殖生产的日常管理

①定时巡塘：每天早晚各1次。观察养殖水体的水色、养殖动物摄食及活动等情况是否正常；发现异常及时查找原因，以便采取应对措施。

②对发病动物尸体的处理：发病后应及时清除塘内的动物尸体，进行集中深埋或焚烧。

③定期进行养殖环境消毒：每半个月全池泼洒1次环境消毒药物，以减少单位养殖水体的致病菌数量。

④避免对养殖动物的惊扰：在疾病流行季节，水污染、暴雨、高温等常引起养殖动物的应激反应。持续时间较长的强烈应激，会导致机体抵抗力下降，引发甚至暴发疾病。因此，养殖期间要保持养殖环境的相对稳定。

⑤定期对养殖动物进行健康检查：对养殖动物定时进行病原检测，发现疾病及时防治。

⑥加强水质监测，发现问题及时补水或更换新水。

四、2019年天津市水产养殖病害发病趋势预测

1. 春季应警惕的疾病

（1）池塘养殖鱼类　赤皮病、竖鳞病、水霉病、鳃霉病、车轮虫病；

（2）海水工厂化养殖鱼类　溃疡病、烂尾病、肠炎病、车轮虫病、刺激隐核虫病。

2. 夏季应警惕的疾病

（1）池塘养殖鱼类　鲫造血器官坏死病、锦鲤疱疹病毒病、鲤浮肿病、淡水鱼类细菌性败血病、烂鳃病、肠炎病、车轮虫病、指环虫病、三代虫病。

（2）海水工厂化养殖鱼类　烂尾病、溃疡病、腹水病、肠炎病、车轮虫病。

（3）池塘养殖南美白对虾　白斑综合征、偷死野田村病毒病、急性肝胰腺坏死病、弧菌病、对虾肠道细菌病、固着类纤毛虫病。

（4）池塘养殖河蟹　弧菌病、固着类纤毛虫病。

3. 秋季应警惕的疾病

（1）池塘养殖鱼类　鲫造血器官坏死病、锦鲤疱疹病毒病、鲤浮肿病、烂鳃病、肠炎病、车轮虫病、三代虫病。

（2）海水工厂化养殖鱼类　溃疡病、烂尾病、肠炎病、车轮虫病。

（3）池塘养殖南美白对虾　白斑综合征、对虾肠道细菌病、弧菌病、固着类纤毛虫病。

（4）池塘养殖河蟹　固着类纤毛虫病。

4. 冬季应警惕的疾病

（1）池塘养殖鱼类　赤皮病、水霉病、鲢鳙肠炎病。

（2）海水工厂化养殖鱼类　溃疡病、烂尾病、车轮虫病、刺激隐核虫病。

2018年河北省水生动物病情分析

河北省水产技术推广站

（田　洋　石洁卿　李全振　申红旗）

一、基本情况

（一）病情测报

2018年，河北省共备案水产养殖病情测报员110名，确定测报点197个，测报面积9 037.96公顷，测报养殖品种五大类23个品种，涉及11市、56县（区）。测报期1～12月。监测品种见表1。

表1　2018年病情监测主要养殖品种

类别		养殖品种	数量
鱼类		鲤、草鱼、鲢、鳙、鲫、鳟、鲟、罗非鱼、观赏鱼、鮰、青鱼、泥鳅、鲆、鲽（舌鳎）、河鲀	15
甲壳类	虾类	中国对虾、日本对虾、南美白对虾	3
	蟹类	河蟹、三疣梭子蟹	2
爬行类		中华鳖	1
贝类		海湾扇贝	1
棘皮动物类		刺参	1
合计			23

（二）疫病监测

河北省承担了农业农村部下达的2018年河北省水生动物疫病监测计划。包括鲤春病毒血症40个样品，白斑综合征50个样品，传染性造血器官坏死病40个样品，锦鲤疱疹病毒病30个样品，鲫造血器官坏死病30个样品，草鱼出血病15个样品，传染性皮下和造血器官坏死病50个样品，病毒性神经坏死病30个样品，鲤浮肿病60个样品，虾肝肠胞虫病65个样品，对虾虹彩病毒病60个样品，合计11种疫病、470个样品的监测任务。同时，按照全国水产技术推广总站要求，部分样品送其他省份检测（表2）。

表 2　2018 年水生动物疫病监测任务

监测疫病	样品数量	检测单位
IHN	40	A20 D20
SVC	40	C20 D20
WSD	50	C25 D25
IHHN	50	C25 D25
KHVD	30	C15 D15
CyHV-2	30	C15 D15
VNN	30	D10 T20
GCH	15	C5 D10
CEV	60	B20 D40
EHP	65	B40 D25
LVLV	60	B40 D25
合　计	470	

注：A. 北京市水产技术推广站；B. 唐山市水产技术推广站；C. 天津市水生动物疫病预防控制中心；D. 河北省水产养殖病害防治监测总站；T. 深圳出入境检验检疫局。

二、监测结果与分析

（一）病情测报监测结果

2018 年，测报区共监测到 19 个养殖品种发生病害，监测到病害 29 种。其中，病毒性疾病 5 种，细菌性疾病 13 种，真菌性疾病 2 种，寄生虫病 5 种，非病原性损害 4 种；另有不明病因 16 种。在发病原因中，病毒病占 17.24%，细菌性疾病占 44.83%，真菌性疾病占 6.90%，寄生虫病占 17.24%，非病原性损害占 13.79%（表 3）。

表 3　2018 年水产养殖病情测报病害种类

类 别	病 名	数 量
病毒性疾病	锦鲤疱疹病毒病、鲤浮肿病、对虾白斑综合征、传染性皮下和造血器官坏死病、鳖红底板病	5
细菌性疾病	细菌性肠炎病、烂鳃病、淡水鱼细菌性败血症、腹水病、对虾黑鳃综合征、虾弧菌病、急性肝胰腺坏死病、鳖红脖子病、鳖穿孔病、鳖溃烂病、鳖肠型出血病（白底板病）、鳖白眼病、海参腐皮综合征	13
寄生虫性疾病	指环虫病、锚头鳋病、黏孢子虫病、艾美虫病、淀粉卵涡鞭虫病	5
真菌性疾病	水霉病、鳖白斑病	2
非病原性损害	高温伤害、风暴伤害、缺氧症、肝胆综合征	4
合计		29
不明病因		16

（二）主要病害情况分析

1. *鲤病害情况* 鲤病害主要有鲤浮肿病（CEV）、锦鲤疱疹病毒病（KHVD）、细菌性肠炎病、烂鳃病及寄生虫病等，以5～9月发病较多。其中，鲤浮肿病造成的死亡和经济损失较大，天气突变、大换水、使用杀虫剂等养殖水环境剧变，使鱼产生应激是其发病诱因之一。主要发病症状为昏睡、烂鳃、眼凹陷，部分病鱼体表挂脏、头骨凹陷、尾柄浮肿，发病急，发病率和死亡率较高。因其主要发病症状与锦鲤疱疹病毒病非常相似，且前些年本省暴发过锦鲤疱疹病毒病，2012—2015年河北省锦鲤疱疹病毒专项监测平均阳性检出率5.56%，2016—2017年河北省KHV专项监测未检出阳性，但2017年现场调查中检出KHV阳性1例、CEV阳性6例。因此普遍认为，CEV可能由KHV引起。目前，对于鲤浮肿病尚未有有效的治疗措施，引种检疫和避免应激是预防鲤浮肿病的重要技术措施。其他如细菌性肠炎病、烂鳃病及一些寄生虫病等未有明显变化，平均发病率、死亡率均较低及造成的经济损失均较低。

2. *草鱼病害情况* 草鱼病害主要有细菌性肠炎病、烂鳃病、淡水鱼细菌性败血症、肝胆综合征、锚头鳋病等。以5～8月发病较多，但死亡率较低。发病原因主要是水质恶化，病原微生物对养殖生物构成危害。

3. *鲫病害情况* 鲫病害主要是细菌性肠炎病、烂鳃病、水霉病及寄生虫病等，病害平均发病率和死亡率均较低。未发生鲫造血器官坏死病（CyHV－2），2016年未检出阳性；2015年、2017年虽有阳性检出，但未发生规模性疫病，发病呈现逐渐减少的趋势。

4. *虹鳟病害情况* 虹鳟病害主要是细菌性肠炎病、水霉病等，病害平均发病率和死亡率均较低。未发生往年发病严重的传染性造血器官坏死病（IHN），从2016年开始，IHN发病率和死亡率大幅下降；2018年未监测到IHN发病，IHN呈现逐步减少趋势。

5. *鲟病害情况* 鲟病害主要是细菌性肠炎病、水霉病等，病害平均发病率和死亡率均较低。但一些不明病因病害发病严重，且呈逐步增多趋势，目前分离的病原菌主要有嗜水气单胞菌、志贺邻单胞菌、不动杆菌等，有待于进一步研究。另外，鲟链球菌病有增多趋势。

6. *南美白对虾病害情况* 南美白对虾主要病害是对虾弧菌病、传染性皮下和造血器官坏死病、急性肝胰腺坏死病等，6～8月为主要发病期，平均发病率和死亡率较低，造成经济损失5.80万元，比2017年同期减少244.20万元。

7. *中国对虾病害情况* 中国对虾病害主要为对虾弧菌病，造成经济损失289.20万元，较2017年增加239.20万元。种质退化和水质恶化是发病的主要原因。

8. *日本对虾病害情况* 日本对虾病害主要有白斑综合征、对虾黑鳃综合征、急性肝胰腺坏死病等，其平均发病率、死亡率均有所下降，测报区造成经济损失90.88万元，比2017年同期减少10.04万元。

9. *海参病害情况* 海参的主要病害为腐皮综合征和高温伤害，其平均发病率、死亡率均有所上升，测报区造成经济损失 3 685.13 万元，是本年度经济损失最大的养殖品种，比 2017 年年同期增加 3 459.20 万元。

10. *中华鳖病害情况* 中华鳖病害主要有鳖红底板病、鳖红脖子病、鳖穿孔病、鳖溃烂病、鳖肠型出血病（白底板病）、鳖白眼病、鳖白斑病等，发病率、死亡率及造成的经济损失均较低。鳖红底板病、鳖腮腺炎病属病毒性疾病，鳖白斑病属真菌性疾病，其他属细菌性疾病，发病原因主要是水质恶化、外伤感染等所致。

11. *扇贝病害情况* 扇贝的主要病害为风暴伤害，其平均发病率、死亡率均有所上升，测报区造成经济损失 208.00 万元，2017 年同期未监测到扇贝病害。

12. *其他品种病害情况* 其他养殖品种如鲢、鳙、鲆、舌鳎、河鲀、观赏鱼、鮰、黄颡鱼等均发生了不同程度的病害，但其发病率和死亡率均较低，造成的经济损失也较低。与 2017 年相比，发病种类、平均发病率、平均死亡率及造成的经济损失有所降低；罗非鱼、青鱼、泥鳅、河蟹、梭子蟹等在测报区未监测到病害。

（三）病害经济损失情况

2018 年，全省测报区因病害造成的经济损失合计 4 902.95 万元，较 2017 年增加 4 117.94万元。根据各品种的总体养殖面积，扣除区域性集中发病因素，加权平均后估算 2018 年全省水产养殖病害经济损失为 71 024.65 万元，比 2017 年增加 56 697.77 万元，主要是海参高温伤害和扇贝风暴伤害损失大幅增加所致。测报区各品种损失情况见表 4。

表 4　2018 年测报区各品种经济损失情况

养殖品种	经济损失（万元）
鲤	47.52
草鱼	6.32
鲫	2.57
鲢、鳙	0.64
虹鳟	13.61
鲟	1.84
中华鳖	15.71
牙鲆大菱鲆	27.51
鲽（半滑舌鳎）	78.72
中国对虾	289.20
日本对虾	90.88
南美白对虾（海水）	4.60
南美白对虾（淡水）	1.20
海参	3 685.13

（续）

养殖品种	经济损失（万元）
扇贝	208.00
河鲀	420.91
观赏鱼	7.15
鮰	1.44
合计	4 902.95

（四）疫病监测结果

1. 2018年11种疫病监测结果　见表5。

表5　2018年11种疫病监测结果

监测疫病	样品数量	阳性数	阳性率（%）
IHN	41	3	7.32
SVC	40	0	0
WSD	50	1	2
IHHN	50	4	8
KHVD	30	0	0
CyHV－2	30	4	13.33
VNN	30	4	13.33
GCH	15	0	0
CEV	64	6	9.38
EHP	65	2	3.08
LVLV	65	0	0
合计/平均	480	24	5

2. 11种疫病历年监测结果

（1）鲤春病毒血症SVC　见表6。

表6　河北省历年SVC监测情况

年份	样品数	阳性数	阳性率（%）
2005	33	1	3.03
2006	30	0	0
2007	30	1	3.33
2008	30	0	0
2009	100	1	1.00

（续）

年份	样品数	阳性数	阳性率（%）
2010	76	0	0
2011	34	1	2.94
2012	75	0	0
2013	78	0	0
2014	40	2	2.50
2015	82	1	1.22
2016	60	0	0
2017	30	0	0
2018	40	0	0
合计/平均	738	7	0.95

（2）锦鲤疱疹病毒病 KHVD　见表7。

表7　河北省历年 KHVD 检测情况

年份	样品数	阳性数	阳性率（%）
2012	5	4	80.00
2013	12	3	25.00
2014	70	0	0
2015	75	2	2.67
2016	60	0	0
2017	60	0	0
2018	30	0	0
合计/平均	312	9	2.88

（3）传染性造血器官坏死病 IHN　见表8。

表8　河北省历年 IHN 检测情况

年份	样品数	阳性数	阳性率（%）
2010	4	3	75.00
2011	119	8	6.72
2012	97	8	8.25
2013	104	40	38.46
2014	127	52	40.95
2015	93	5	5.38
2016	90	11	12.22

（续）

年份	样品数	阳性数	阳性率（%）
2017	40	0	0
2018	41	3	7.32
合计/平均	715	130	18.18

（4）鲫造血器官坏死病 CyHV－2　见表9。

表9　河北省历年 CyHV－2 检测情况

年份	样品数	阳性数	阳性率（%）
2015	72	19	26.39
2016	50	0	0
2017	60	6	10.00
2018	30	4	13.33
合计/平均	212	29	13.68

（5）白斑综合征 WSD　见表10。

表10　河北省历年 WSD 检测情况

年份	样品数	阳性数	阳性率（%）
2009	110	1	0.91
2010	81	0	0
2011	97	16	16.49
2012	90	40	44.44
2013	86	10	11.63
2014	40	13	32.50
2015	95	18	18.95
2016	90	5	5.56
2017	90	3	3.33
2018	50	1	2
合计/平均	829	107	12.91

（6）传染性皮下组织及造血器官坏死病 IHHN　见表11。

表11　河北省历年 IHHN 检测情况

年份	样品数	阳性数	阳性率（%）
2010	4	3	75.00
2011	119	8	6.72

（续）

年份	样品数	阳性数	阳性率（%）
2012	97	8	8.25
2013	104	40	38.46
2014	127	52	40.95
2015	93	5	5.38
2016	90	11	12.22
2017	90	8	8.89
2018	50	4	8
合计/平均	591	132	22.34

（7）病毒性神经坏死病 VNN 见表 12。

表 12 河北省历年 VNN 检测情况

年份	样品数	阳性数	阳性率（%）
2016	60	1	16.67
2017	55	0	0
2018	30	4	13.33
合计/平均	145	5	3.45

（8）草鱼出血病 GCHD 见表 13。

表 13 河北省历年 GCHD 检测情况

年份	抽样数	阳性数	阳性率（%）
2015	72	0	0
2016	60	0	0
2017	40	0	0
2018	15	0	0
合计/平均	187	0	0

（9）鲤浮肿病 CEVD 见表 14。

表 14 河北省历年 CEVD 检测情况

年份	抽样数	阳性数	阳性率（%）
2017	9	6	66.67
2018	60	6	10.00
合计/平均	69	12	17.39

（10）虾肝肠胞虫病 EHP　见表15。

表15　河北省历年 EHP 检测情况

年份	抽样数	阳性数	阳性率（%）
2017	85	7	8.24
2018	65	2	3.08
合计/平均	150	9	6

（11）对虾虹彩病毒病 LVLV　见表16。

表16　河北省历年 LVLV 检测情况

年份	抽样数	阳性数	阳性率（%）
2017	85	2	2.35
2018	65	0	0
合计/平均	150	2	1.33

三、存在的问题及建议

（1）在水产养殖病害测报工作中，部分测报员对使用全国水产养殖动植物病情测报系统尚不熟练，应加强系统使用和规范填报方面的培训。

（2）各地测报点的确定及其数据的代表性仍需进一步改进和规范；测报点存塘量变化上报仍存在不及时、不准确。

（3）测报员的诊断技术参差不齐，差别较大，现场诊断和不明病因较多，实验室诊断较少，应加强培训以提高测报员的诊断水平，对一些不明病因的情况还应加强研究，以提高水产养殖病害预警预报的准确性。

四、2019年河北省水产养殖病害趋势预测

（1）淡水鱼类病害以细菌性疾病和寄生虫病为主，主要是烂鳃病、肠炎病、赤皮病、车轮虫病等，不会有明显变化，但部分地区暴发锦鲤疱疹病毒病、鲤浮肿病的可能性非常大，并可能造成较大经济损失，应加强苗种检疫和运输管理，防止扩大到其他地区。

（2）冷水鱼类虹鳟传染性造血器官坏死病可能出现上升趋势，应加强苗种检疫和运输管理，需要重点防控；鲟细菌性疾病及新的疾病将呈上升趋势，应加强监测、病原调查和药敏试验。

（3）海水鱼类主要是细菌性肠炎病、腹水病等，不会有明显变化。

（4）中华鳖病害主要是鳖溃烂病、鳖红底板病、鳖红脖子病、鳖白底板病等，不会有明显变化。

（5）对虾类病害以病毒性疾病及细菌性疾病为主，主要是白斑综合征、传染性皮下

及造血器官坏死病、急性肝胰腺坏死病等，仍有可能造成较大的经济损失。

（6）扇贝病害主要是海洋污染、赤潮及风暴等因素引起的滞长和死亡，有可能造成较大的经济损失，应加强防范。

（7）海参腐皮综合征将随气温的升高呈上升趋势；高温伤害仍可能造成重大损失，应提前加强遮阳和调高水位等防控措施。

2018 年内蒙古自治区水生动物病情分析

内蒙古自治区水产技术推广站

（苏东涛　李志明　乌兰托亚　菅　腾）

一、水产养殖病害测报情况

2018 年，内蒙古自治区水产技术推广站组织全区 12 盟（市）、30 个旗（县）的 83 个测报点，特别是沿黄集中养殖连片地区，对草鱼、鲢、鳙、鲤、鲫、鳊、鲇、鮰、池沼公鱼、银鱼、乌鳢、罗非鱼 12 个鱼类养殖品种进行了病害监测，监测面积 39 097.5 公顷（586 462.5 亩）。其中，池塘监测面积为 2 189.5 公顷（32 842.5 亩）。

监测出养殖鱼类病害 7 种，其中，细菌性疾病 2 种（烂鳃病、竖鳞病），寄生虫性疾病 2 种（锚头鳋病、车轮虫病），真菌性疾病 2 种（水霉病、鳃霉病），非病源性疾病 1 种（缺氧症）。对测报养殖品种的发病率、死亡率进行统计分析，以客观反映全区池塘养殖的病害发生及危害情况。

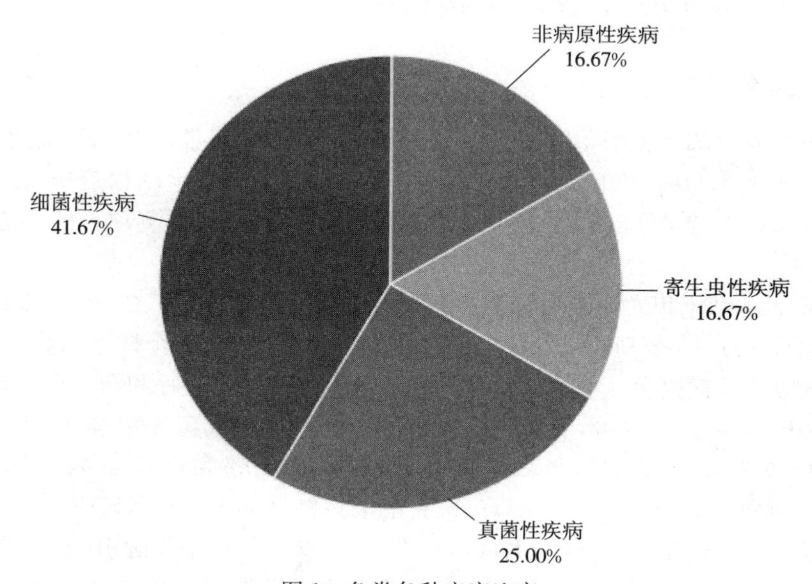

图 1　鱼类各种疾病比率

在全区鱼类养殖中，细菌性鱼病和寄生虫性鱼病是主要病害，6～9 月为发病高峰期。各种病害种类所占比例：细菌性病害占 41.67％，寄生虫性疾病占 16.67％，真菌性疾病占 25.00％，非病原性疾病 16.67％（图 1，表 1）。

表1　各种类疾病发病率和死亡率

疾病名称	烂鳃病	竖鳞病	水霉病	锚头鳋病	缺氧症	鳃霉病	车轮虫病
发病面积比例（%）	1.45	1.52	2.76	0.48	0.72	0.72	0.4
监测区域死亡率（%）	0.01	0.03	0.7	0.0	1.75	0.07	0.0
发病区域死亡率（%）	0.15	10.27	1.94	0.0	66.97	1.24	0.0

表1显示各种类疾病发病率和死亡率。2018年对内蒙古地区鱼类危害较重的疾病是缺氧症，监测区域死亡率平均为1.75%，发病区域死亡率是66.97%；竖鳞病的监测区域死亡率平均为0.03%，发病区域死亡率是10.27%；水霉病监测区域死亡率平均为0.7%，发病区域死亡率是1.94%；烂鳃病的监测区域死亡率平均为0.01%，发病区域死亡率是0.15%；鳃霉病监测区域死亡率平均为0.07%，发病区域死亡率是1.24%；锚头鳋病、车轮虫病均有发病，但没有出现死亡。

产生上述病害的主要原因是由于养殖池塘多年使用，淤泥加厚及饵料肥料的逐年沉积，导致池塘老化现象较严重，致使养殖池塘病害多。部分原因是由于水质恶化、施肥不合理、消毒不规范等所致，也有少量是由于鲺叮咬、鱼苗种质量差所致。

全区水域面积大，但主要是大中水域为主。池塘养殖面积约26万亩，且较集中。预计2019年度渔业病害趋势仍将是以继发性感染为主，也有可能在春夏之交水温变化较大时在一定范围出现疫情。

二、水生动物疫病监测工作情况

（一）基本情况

依据农业农村部“关于印发《2018年国家水生动物疫病监测计划》的通知”（农渔发［2018］10号），按照全国水产技术推广总站对2018年水生动物疫病监测的要求和部署，本站年初制订了“2018年内蒙古自治区水生动物疫病监测项目监测方案”并组织实施。

2018年，本站承担农业农村部下达的鲤春病毒血症（SVC）20个、鲫造血器官坏死病（CyHV－2）10个和锦鲤疱疹病毒（KHVD）20个共50个样品的监测任务。

监测地点为全区沿黄4个盟（市）的主要池塘精养区，即呼和浩特市、包头市、鄂尔多斯市和巴彦淖尔市共43个渔业病害监测点，其中，成鱼养殖场40个，苗种场3个。监测对象为鲫、鲤。完成采集的50个样品中，呼和浩特市采集鲤样品6个（KHVD）、鲫样品6个（CyHV－2）；包头市采集鲤样品8个（KHVD）；鄂尔多斯市采集鲤样品15个（SVC10个）、（KHVD5个）；巴彦淖尔市采集鲤10个（SVC）、鲫样品5个（CyHV－2）。样品以鱼苗、鱼种为主，占总监测样本的90%。每个样品采集150尾活体鱼苗或鱼种。采样过程中，认真填写《监测点备案表》，记录监测点名称、检测面积、养殖条件、方式，确定苗种来源与放养密度，了解近两年的发病情况。同时，填写《现场采样记录表》，测定并记录水温、pH等数据。

根据全区2018年采样任务分配情况，4～9月，进行了鲤春病毒血症（SVC）、鲫造血器官坏死病（CyHV－2）和锦鲤疱疹病毒（KHVD）采样送样工作。截至9月底，完成样品采集鲤春病毒血症（SVC）20个样品、锦鲤疱疹病毒（KHVD）5个样品、鲫造血器官坏死病（CyHV－2）5个样品，并送往北京水产技术推广站进行检测；完成锦鲤疱疹病毒（KHVD）14个样品、鲫造血器官坏死病（CyHV－2）6个样品，送往天津市水生动物疫病预防控制中心进行检测。2018年共计完成采集检测50个样品。

（二）监测结果与分析

鲤春病毒血症（SVC）、鲫造血器官坏死病（CyHV－2）和锦鲤疱疹病毒（KHVD）进行送检的50个样品中，检测出鲤春病毒血症（SVC）阳性结果2例，其余均为阴性。本站对阳性监测结果十分重视，依据“关于进一步做好《2018年国家水生动物疫病监测计划》实施工作的函”农渔技疫函［2018］138号，在收到检测报告后，立即将阳性检测结果上报同级渔业主管部门，报告内容包括检测结果、检测单位名称、阳性养殖场信息、发病概况等。同时，通知相关养殖场和县级水生动物疫控机构。虽然样品的检测结果为阳性，但养殖场未出现明显临床症状。本站派相关工作人员下到当地养殖场，指导其对阳性样品同池（或区域）的养殖对象进行隔离并限制流通，对池塘、生产工具等进行消毒净化，并组织开展了流行病学调查和病原溯源工作，填写《流行病学调查表》。在处理结束后，将调查处理情况形成案卷，及时上报渔业主管部门和全国水产技术推广总站。

（三）取得的成效和经验

本项目填补了全区病毒性鱼类疫病检测的空白，增加了测报内容，同时还能有效促进细菌性、寄生虫类和真菌性疾病的检测，提高全区渔业病害测报的质量和准确性，必将有力地带动和促进全区水生动物疫病监控事业的发展，并为全区渔业病害防治工作提供指导，将产生较大的社会和生态效益，在将来也会产生较大的经济效益。

项目组技术人员严格按照有关标准规范操作，正确采集、保存和运输样品，保证所采集的样品具有代表性，能够准确反映样品采集区域内所监测疫病的实际情况。

本项目在实施过程中，得到各级渔业机构的大力协助，也使基层水产技术推广机构和广大农户认识到水生动物疫病检测的重要性，为全区水生动物疫病的检测工作奠定了基础。

（四）存在的问题及改进建议

全区地域广阔，水域分散，沿黄池塘养殖区尽管相对较为集中，但所处位置偏僻，因此，需要与基层单位沟通进行详细的调研工作，做好全年规划。同时，做好充分的准备工作，对采样线路进行详尽规划，是采样成功与否的重要因素，并能够节约采样费用。

采样过程中，需要基层渔业管理部门的配合，并向养殖户做好宣传工作，得到养殖户的配合，才能完成采样工作。因此，应重视宣传工作，使养殖户充分理解监测工作的重要性。

在实际采样、送样工作过程中，与年初计划的实施方案或总站的任务分配情况很难保持完全一致，需要进行事后的微弱调整。

三、2019 年内蒙古自治区水产养殖病害发病趋势预测

根据历年内蒙古自治区水产养殖病害测报和监测数据，2019 年在全区水产养殖过程中仍将发生不同程度的病害，疾病种类主要是细菌、真菌、寄生虫等疾病。也要防范病毒性疾病的来袭，尤其是鲤浮肿病近两年时有发生，造成了一定的损失。要注意苗种的引进检疫把关和池塘日常管理。一旦发病，科学用药治疗，减少损失。

全区 4 月气温升高转暖，水温开始回升，但水温仍较低，水产养殖动物处于经过越冬后的生长期，投饵量和排泄物的增加，鲤易发细菌性疾病和寄生虫疾病，主要是肠炎病和锚头鳋。4 月也是鲤春病毒血症的发病季节，全区近几年虽未出现鲤春病毒血症暴发情况，但有时检出 SVC 阳性，应提高警惕，重点区域在呼市、包头、巴彦淖尔市和鄂尔多斯市。鲢、鳙易发细菌性疾病，主要是打印病，重点区域在呼市、包头。

5 月是水生动物开始生长的阶段，食欲逐渐增强，摄食量大增。气候变化无常，水质易变，因而 5 月应密切关注鱼类的水霉病、肠炎病、打印病和寄生虫病。

6 月，气温回升比较明显，渔业生产进入旺季，全区比较常见的鱼病有水霉病、锚头鳋病、烂鳃病。水霉病在生产过程中，因养殖密度过高、转塘、分池等管理不善，一旦造成鱼体受伤，极易感染水霉病。烂鳃病是一种比较常见的鱼病，传播快，病程长，一经发病便难控制其蔓延。危害品种主要有草鱼、白鲢。

7 月，将迎来小暑和大暑两个节气，气温会陆续创出新高；8 月，将迎来立秋和处暑两个节气，气温仍然偏高。这两个月水产养殖生产需注意防范高温天气的不利影响，随着气温越来越高，水温也相应升高，各类病原生物开始活跃并且繁殖，谨防暴发性鱼病发生。7、8 月密切关注鱼类的烂鳃病。

9～10 月，气温略低，本地区不易发生鱼病，注意捕鱼过程中减少鱼体受伤，预防时注意水体消毒。

2018年辽宁省水生动植物病情分析

辽宁省现代农业生产基地建设工程中心

（王　丽　李小进）

一、监测方式

（一）水产养殖病害监测

2018年，按照全国水产技术推广总站（以下简称全国总站）部署，全省继续使用“全国水产养殖动植物病情测报系统”进行测报。全省测报面积39.3万亩，测报品种29个，设置测报点177个，测报人员85人。截至目前，全省监测到鱼类平均发病面积比例为2.79%，虾类平均发病面积比例为14.34%，海参、海蜇平均发病面积比例为38.93%。总体上看，2018年全省海参遭遇酷暑，发生了大规模死亡现象；其他品种未发生大规模流行性养殖病害。全年完成水产养殖病情报表9期，预报预警7期，上报全国总站的同时，在省海洋与渔业网及辽宁省水产技术推广信息上发布。

（二）重大水生动物疫病监测

2018年农业农村部下达给全省的重大水生动物疫病专项监测任务是5项，分别是鲤春病毒血症（鲤）、传染性造血器官坏死病（鲑、鳟）、传染性皮下和造血器官坏死病（对虾）、锦鲤疱疹病毒病（鲤、锦鲤）、对虾白斑综合征（对虾）。5种疫病共抽样监测260个样品，与2017年相比增加50个监测样品，增加23.8%。送检单位3个，即黑龙江水产研究所、天津市水生动物疫病预防控制中心、北京市水产技术推广站。2018年7月底提前完成全年260个样品的抽样送样任务，经检测，其中17个样品为阳性，阳性率占6.5%，比2017年阳性率降低3.5%。对于检测中出现阳性样品的养殖场，及时向当地水产推广部门反馈，并提出处理意见，要求当地及时采取消毒、隔离、跟踪监测等应对措施，同时汇总备案。

（三）新型疫病监测

2018年，农业农村部针对水产养殖中新出现的疫病，增加了对新型疫病的监测工作，配合相关检测单位在全省抽样监测了3种新型疫病，分别是鲤浮肿病、对虾虹彩病毒病和对虾肝肠胞虫病，3种疫病共监测175个样品。送检单位2个：天津市水生动物疫病预防控制中心和北京市水产技术推广站。经检测，其中33个样品为阳性，阳性率占18.8%，明显高于前面5种疫病的阳性率。

近几年，全省鲤主产区出现病毒性病，发病快，死亡率高，3 天左右死亡 30%～80%，一直以来当成锦鲤疱疹病来进行监测。通过对抽检样品进行锦鲤疱疹病和鲤浮肿病平行检测，发现鲤浮肿病的阳性检出率大大高于锦鲤疱疹病。2018 年鲤浮肿病阳性 26 个，阳性率 52%。

(四) 做好主要水产养殖动物病原菌耐药性普查

按照全国总站要求，我中心在葫芦岛市兴城市设置常年采样点 2 个，采集弧菌 30 株，爱德华氏菌进行药敏实验。4～10 月，采集样品 252 份，分离培养出菌株共 195 株，其中，弧菌 60 株、爱德华氏菌 6 株，其他菌 129 株。从近 3 年药敏实验的结果来看，弧菌种属总体表现为对磺胺类药物和硫酸新霉素的耐药性最强，其次为甲砜霉素、氨苄西林；而对恩诺沙星、盐酸环丙沙星、盐酸多西环素、氟苯尼考、硫氰酸红霉素、盐酸土霉素、交沙霉素敏感。爱德华氏菌仅在个别月份检出，表明在该地区爱德华氏菌并不是引起大菱鲆发病的主要病原菌。通过对大菱鲆某些药物的敏感性检测，达到对症用药，从而减少用药或零增长用药，项目企业用药减药 30%左右，提升了健康养殖水平。

二、总体情况

2018 年，全省 14 个市、41 个县（市）、区开展了水产养殖病害监测工作。共监测水产养殖种类 29 种，监测面积 21 738.98 公顷，比 2017 年减少面积 5 500.33 公顷。监测到各种水生动植物疾病 27 种，比 2017 年减少 19 种（表 1 至表 3）。

表 1　2018 年监测种类

鱼类	虾类	蟹类	贝类	藻类	其他类	观赏鱼	合计
14	4	1	5	2	2	1	29

表 2　2018 年监测面积

序号	养殖方式	养殖面积（公顷）
1	海水池塘	3 646.67
2	海水池塘、海水普通网箱	193.33
3	海水滩涂	4 933.34
4	海水筏式	1 014.00
5	海水筏式、海水底播	2 000.00
6	海水工厂化	5.00
7	海水底播	2 666.67
8	淡水池塘	1 711.57
9	淡水池塘、淡水其他	178.00
10	淡水网箱	18.13

（续）

序号	养殖方式	养殖面积（公顷）
11	淡水网箱、淡水其他	33.33
12	淡水工厂化	1.60
13	淡水其他	5 337.34
合计		21 738.98

表3　2018年监测病害

类别		病名	数量
鱼类	细菌性疾病	淡水鱼细菌性败血症、烂鳃病、赤皮病、细菌性肠炎病、溃疡病、竖鳞病、腹水病	7
	真菌性疾病	水霉病、鳃霉病	2
	寄生虫性疾病	车轮虫病、斜管虫病、舌状绦虫病、黏孢子虫病、三代虫病、指环虫病	6
	非病原性疾病	气泡病、氨中毒症	2
	病毒性疾病	鲫造血器官坏死症、病毒性出血性败血症	2
虾类	病毒性疾病	白斑综合征、桃拉综合征	2
	细菌性疾病	坏死性肝胰腺炎、急性肝胰腺坏死病	2
	其他	不明病因疾病	1
藻类	其他	不明病因疾病	1
其他类	细菌性疾病	海参腐皮综合征、海参烂边病	3
	其他	不明病因疾病	1

（一）主要养殖方式的发病情况

2017年主要养殖方式的监测面积及发病面积情况如下：淡水池塘养殖3 650.64公顷，发病89.06公顷，平均发病面积率2.43%；海水池塘养殖4 024.87公顷，发病1 548.53公顷，平均发病面积率38.47%；工厂化养殖4.8公顷，发病0.136 7公顷，发病面积率2.85%。

（二）监测到发病的水产养殖种类

2018年，辽宁省监测到发病的养殖种类有14种（表4）。

表4　2018年监测到发病养殖种类

类别		种　类	数量
淡水	鱼类	草鱼、鲢、鲤、鲫、鲇、鲑、鳟、鲟	8
	虾类	南美白对虾（淡）	1

（续）

类别		种　　类	数量
海水	鱼类	鲆	1
	虾类	南美白对虾（海）	1
	藻类	裙带菜	1
	其他类	海参、海蜇	2
合计			14

监测到的发病病例中，鱼类 94 例，约占 70.68%；虾类 9 例，约占 6.77%；藻类 2 例，约占 1.5%；其他类 28 例，约占 21.05%（图 1）。

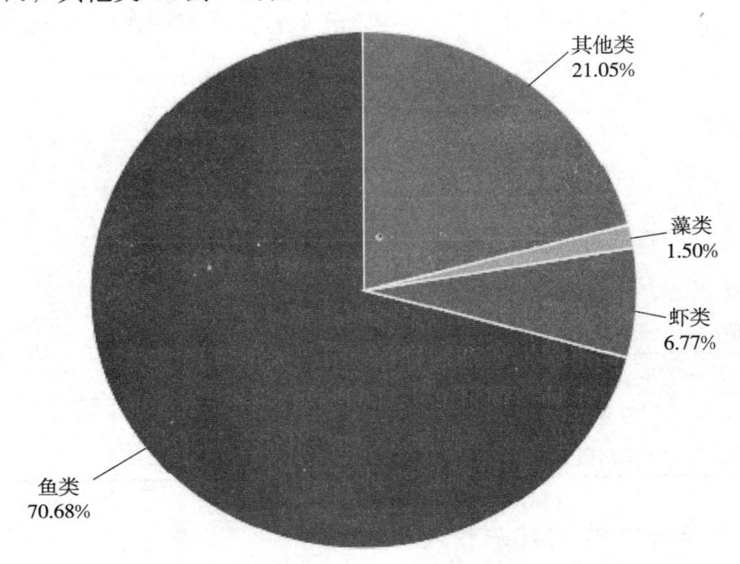

图 1　监测到的发病病例中水产养殖种类比例

（三）监测到的疾病种类

2018 年，辽宁省监测到水生动植物疾病 133 种。其中，病毒性疾病 7 种，占 5.26%；细菌性疾病 64 种，占 48.12%；真菌性疾病 25 种，占 18.8%；寄生虫性疾病 16 种，占 12.03%；非病原性疾病 3 种，占 2.26%；其他疾病 18 种，占 13.53%（图 2）。

鱼类监测到 91 种疾病，以细菌病、真菌病、寄生虫病为主，分别是细菌性疾病 45 种，占 49.45%；真菌性疾病 25 种，占 27.47%；寄生虫性疾病 16 种，占 17.58%。监测到的鱼类主要疾病有鳃霉病、烂鳃病、细菌性肠炎病、淡水鱼细菌性败血症、水霉病等（图 3）。

其他类监测到 4 种疾病，以不明病因为主。

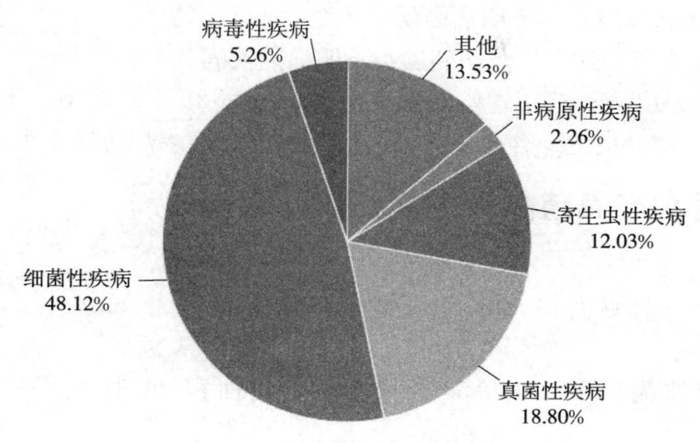

图2　监测到的水生动植物疾病

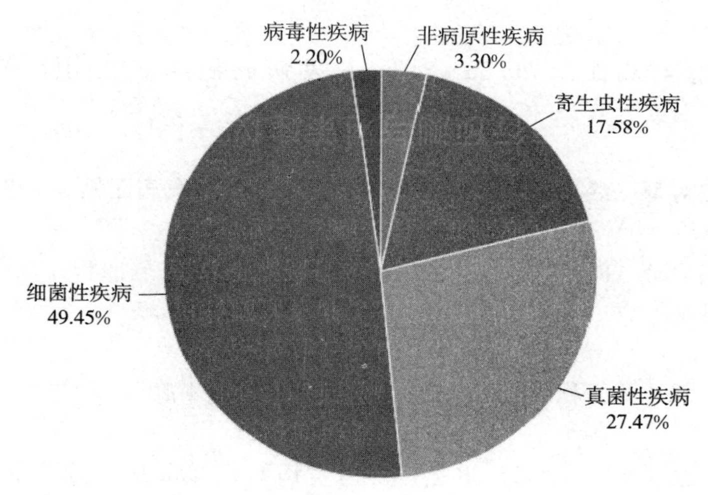

图3　监测到的鱼类疾病

（四）各种类疾病比例

1. **鱼类**　2018年，辽宁省监测到各种类疾病94个。其中，鳃霉病16个，占17.02%；烂鳃病14个，占14.89%；细菌性肠炎病12个，占12.77%；淡水鱼细菌性败血症10个，占10.64%；水霉病9个，占9.57%；车轮虫病5个，占5.32%；指环虫病5个，占5.32%；溃疡病4个，占4.26%；竖鳞病3个，占3.19%；腹水病3个，占3.19%；赤皮病2个，占2.13%；氨中毒症2个，占2.13%；斜管虫病2个，占2.13%；舌状绦虫病2个，占2.13%；三代虫病1个，占1.06%；病毒性出血性败血症1个，占1.06%；鲫造血器官坏死症1个，占1.06%；黏孢子虫病1个，占1.06%；气泡病1个，占1.06%。

2. **虾类**　2018年，辽宁省监测到各种类疾病9个。其中，桃拉综合征3个，占33.33%；白斑综合征2个，占22.22%；坏死性肝胰腺炎2个，占22.22%；急性肝胰腺坏死病 1 个，占 11.11%；不明病因疾病 1 个，占 11.11%。

3. 藻类　2018 年，辽宁省监测到藻类不明病因疾病 2 个。

4. 其他类　2018 年，辽宁省监测到其他种类疾病 28 个。其中，不明病因疾病 15 个，占 53.57%；海参腐皮综合征 12 个，占 42.86%；海参烂边病 1 个，占 3.57%。

三、主要水产养殖品种发病情况

1. 鱼类

（1）草鱼　总监测面积 691.00 公顷，总发病面积 31.63 公顷，平均发病面积率 4.57%。

（2）鲤　总监测面积 1 986.50 公顷，总发病面积 26.34 公顷，平均发病面积率 1.33%。

（3）鲫　总监测面积 63.33 公顷，总发病面积 10.00 公顷，平均发病面积率 15.79%。

（4）鲇　总监测面积 20.66 公顷，总发病面积 4.47 公顷，平均发病面积率 21.63%。

2. 虾类

（1）南美白对虾（淡）　总监测面积 69.80 公顷，总发病面积 10.13 公顷，平均发病面积率 14.51%。

（2）南美白对虾（海）　总监测面积 33.33 公顷，总发病面积 4.66 公顷，平均发病面积率 13.98%。

3. 其他类

（1）海参　总监测面积 3 449.54 公顷，总发病面积 1 125.06 公顷，平均发病面积率 32.61%。

（2）海蜇　总监测面积 455.33 公顷，总发病面积 395.33 公顷，平均发病面积率 86.82%。

2018年吉林省水生动物病情分析

吉林省水产技术推广总站

（袁海延　蔺丽丽　杨质楠）

一、基本情况

2018年，全省总测报面积达13.5万亩，设132个测报点，74名测报员。测报范围涵盖长春、吉林、延边、四平、松原、白城、辽源、白山、通化、梅河口、公主岭等11个市（州）、50个县（市、区），监测点覆盖了全省30多家省级水产良种场和水产养殖重点企业。

2018年，全省对鲤、鲫、鲢、鳙等14个品种进行了监测，共监测到草鱼、鲢、鳙等6个品种的16种病害（表1）。

表1　2018年吉林省水产养殖病害监测汇总

监测品种	发病品种	疾病类别	病名	数量
草鱼、鲢、鳙、鲤、鲫、鳊、青鱼、鲇、鮰、鲑、鳟、鳜、红鲌、洛氏鲅、锦鲤	草鱼、鲢、鳙、鲤、鲫、鳊	寄生虫性疾病	车轮虫病、锚头鳋病、黏孢子虫病、指环虫病、三代虫病、斜管虫、鱼虱病	7
		细菌性疾病	淡水鱼细菌性败血症、烂鳃病、赤皮病、细菌性肠炎病、打印病、溃疡病	6
		非病原性疾病	缺氧症、肝胆综合征	2
		真菌性疾病	水霉病	1

二、病害流行情况分析

由表1可知，全省2018年发病品种多是吉林省主养的草鱼、鲢、鳙、鲤、鲫、鳊等。这些品种在省内的养殖范围广，养殖面积大，因此发病概率也较高。在所发病病害中，寄生虫性疾病的发生率较高，高达7种，占所发疫病的43.75%；其次分别为细菌性疾病37.5%、非病原性疾病12.5%。全年无病毒性疫病发生。

在所有监测到的发病品种中，鲤是各类疫病的高发品种，疫病种类高达13种，包含细菌性、寄生虫类及非病原性疾病；其次为草鱼和鲫。全省养殖区域多发细菌性疾病和寄生虫类疾病（表2）。

表 2　2018 年吉林省各养殖品种的发病种类

品种	疫病	总量
鲤	鱼虱病、淡水鱼细菌性败血症、溃疡病、烂鳃病、赤皮病、打印病、水霉病、斜管虫病、指环虫病、车轮虫病、三代虫病、锚头鳋病、缺氧症	13
草鱼	烂鳃病、细菌性肠炎病、车轮虫病、黏孢子虫病、缺氧症、肝胆综合征	6
鲫	淡水鱼细菌性败血症、烂鳃病、黏孢子虫病、水霉病、车轮虫病、锚头鳋病	6
鲢	烂鳃病、赤皮病、打印病、水霉病、锚头鳋病	5
鳙	指环虫病、打印病、水霉病、锚头鳋病	4
鳊	指环虫病	1

从发病时间来看，2018 年 6 月为全省发病面积比最高月份，达 0.23%。这主要是由于白城市盐铺渔场鳊发生大面积指环虫病导致的，同月其他地区可见打印病、车轮虫病、细菌性肠炎、锚头鳋、烂鳃、指环虫、三代虫等发生。7 月发病面积与 2017 年（0.28%）相比，明显下降。由此可以看出，病害监测分析工作是降低疾病发生率和死亡率，实现水产健康养殖的有效途径之一。8 月高温季节仍为疾病高发期，发病种类包括细菌性肠炎、淡水鱼细菌性败血症、锚头鳋、烂鳃病、车轮虫等，这与当月的水温及养殖环境有关。

三、2019 年病害流行预测与对策建议

根据近几年吉林省水产养殖病害分布、流行情况和发病特点，预测 2019 年全省水生动物病害仍以细菌性疾病和寄生虫类疾病为主，发病品种主要以鲤、鲫、鲢、鳙、草鱼、鳊为主，且高发季节为 6～8 月。发病范围较广的主要为烂鳃病、锚头鳋病、打印病等。在 7～8 月高温季节，应多关注细菌性疾病的发生情况。2019 年，全省将充分利用“省-市-县-点”四级病害监测体系，结合已完成的“水生动物疾病远程诊断服务网建设”项目，做到“一线监测，及时上报，远程诊断，积极防治”，力求降低全省的水生动物发病率和死亡率。

2018年黑龙江省水生动物病情分析

黑龙江省水产技术推广站

（李庆东）

2018年5～10月，全省采取以点测报方式进行了水产养殖病害测报工作。全省共设了12个监测区、199个测报点，测报品种为鲤、鲫、鲢、鳙、草鱼等，测报面积为11.97万亩。全年共监测到水产养殖病害14种，其中，真菌性疾病2种，细菌性疾病5种，寄生虫病6种，缺氧1种。通过6个月的测报统计结果表明，全省的主要养殖鱼类病害为细菌性疾病和寄生虫病。在细菌性疾病中，烂鳃病、肠炎病、赤皮病危害较重；寄生虫病中以指环虫病、车轮虫病和锚头鳋病较为常见（表1）。

表1　2018年黑龙江省水产养殖病害监测汇总

监测品种	发病品种	疾病类别	病名	数量	比率（%）
鲤、鲫、草鱼、鲢、鳙、青鱼、泥鳅、红鲌、河蟹、锦鲤	鲤、鲫、草鱼、鲢、鳙	真菌性疾病	鳃霉病、水霉病	2	14
		细菌性疾病	赤皮病、烂鳃病、打印病、肠炎、细菌性败血症	5	36
		寄生虫性疾病	车轮虫病、斜管虫、黏孢子虫病、指环虫病、中华鳋、锚头鳋	6	43
		非病原性疾病	缺氧症	1	7

一、2018年度主要病害发生与流行情况

1. *病原情况分析*　全年共监测到水产养殖病害14种。其中，真菌性疾病2种，占总数的14%；细菌性疾病5种，占总数的36%；寄生虫病6种，占总数的43%；缺氧1种，占总数的7%（图1）。

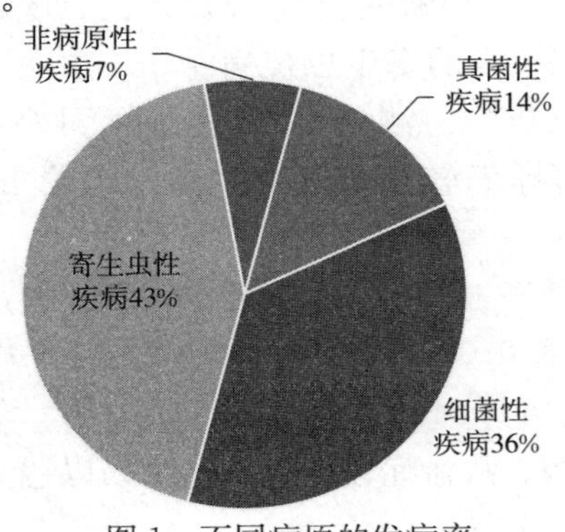

图1　不同病原的发病率

2. *各月份病害数及流行情况分析* 图2清晰地反映出不同月份的发病情况，5月、6月、7月和8月为发病高峰。

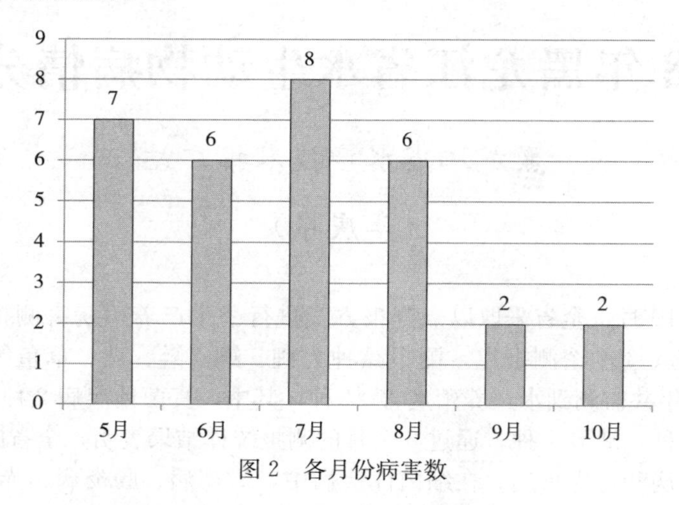

图2 各月份病害数

二、各月份病害测报数据及分析

1. *5月* 全月共发7种病害。其中，真菌性疾病2种，为鳃霉病和水霉病（平均发病面积比例分别为0.12%、0.09%）；细菌性疾病2种，为打印病和烂鳃病（平均发病面积比例分别为0.09%、0.03%）；寄生虫病3种，为车轮虫病、指环虫病和锚头鳋（平均发病面积比例为0.26%、0.14%、0.09%）。测报结果表明，5月全省由于水温较低，引发的病害真菌性鳃霉病较多。

2. *6月* 全月共发生6种病害，细菌性疾病2种，寄生虫病4种。平均发病率较高的细菌病有烂鳃病0.03%、肠炎病0.02%。平均发病率较高的寄生虫病有锚头鳋病0.27%、车轮虫病0.03%、指环虫病0.03%、斜管虫病0.03%。6月全省由于水温升高，引发细菌性疾病烂鳃病和肠炎病较多；寄生虫病以锚头鳋、车轮虫、指环虫病和斜管虫病为主。发现病害后及时治疗，改善水体环境，有效地控制病情，降低了死亡率。

3. *7月* 全月共发生8种病害。其中，细菌性疾病4种，寄生虫病3种，缺氧1种。平均发病率较高的细菌性疾病有肠炎病0.13%、赤皮病0.12%、烂鳃病0.08%、打印病0.06%。平均发病率较高的寄生虫疾病有车轮虫病0.24%、指环虫病0.12%、锚头鳋病0.11%、缺氧病0.04%。测报结果表明，7月全省水温较高，引发肠炎病、赤皮病、细菌性烂鳃病、打印病较多；寄生虫病以车轮虫病、指环虫病、锚头鳋病较多。

4. *8月* 全月共发生6种病害。其中，细菌性疾病2种，寄生虫病4种。平均发病率较高的细菌性疾病有烂鳃病0.06%、败血症0.02%。平均发病率较高的寄生虫疾病有锚头鳋病0.05%、指环虫病0.04%、孢子虫病0.04%、车轮虫病0.03%。测报结果表明，8月全省细菌性肠炎病、败血症较多；寄生虫病以锚头鳋病、指环虫病、孢子虫病、车轮虫病较多。

5.9月　全月共发生2种病害。其中，细菌性疾病1种，寄生虫病1种。测报结果表明，9月全省发病率较高的细菌性疾病为打印病0.01%；平均发病率较高的寄生虫疾病为孢子虫病0.01%。9月全省水温开始降低，本期内打印病和孢子虫病有发生。

6.10月　全月共发生2种病害，寄生虫病2种。平均发病率较高的寄生虫疾病有锚头鳋病0.03%、中华鳋病0.01%。测报结果表明，10月全省水温较低，已经陆续出池转入越冬池，本期内鱼病较少。

三、分析讨论

通过对全省使用全国水产技术推广总站水产养殖病害测报系统软件各月上报数据的分析，认为全省各地测报员上报的数据大体上反映出了当地的病害流行情况，但还存在个别测报员错报的情况，还需要在今后工作中加强培训，使测报工作日趋科学化、专业化和规范化。

2018 年上海市水生动物病情分析

上海市水产技术推广站

（肖　雨　高晓华　何正侃）

一、上海市池塘水产养殖总体情况

2018 年，上海市池塘养殖总面积为 165 573 亩。比 2017 年的 199 688 亩减少了 17.1%；比 2016 年的 202 844 亩减少了 18.4%。本市水产养殖业正呈现池塘养殖面积逐步缩减的趋势。

本市的池塘养殖基本是淡水养殖，仅有极少部分地区有低盐度海水养殖。南美白对虾、河蟹和常规鱼是上海市的三大主要养殖对象。其中，南美白对虾养殖面积 43 684 亩，占养殖总面积的 26.4%，比 2017 年的 32%有明显减少；河蟹养殖面为 57 889 亩，占 35%；常规鱼养殖面积 45 084 亩，占 27.2%；剩下 11.4%的面积养殖了罗氏沼虾、日本沼虾、黄颡鱼等 20 余种其他特种水产品。

二、2018 年度上海市水产养殖病害及病情分析

（一）总体病害情况

2018 年，根据总站要求，纳入《全国水产养殖动植物病情测报信息系统》的监测对象为本市 11 个主要养殖品种。共设 75 个病害监测点，测报面积为 1 968.02 公顷（29 520 亩）。池塘养殖全年累计发病率为 27.97%，比 2017 年的 22.47%提高了 5.5%。发病率最高的前三位是：南美白对虾 51.91%、常规鱼 49.87%、黄颡鱼 26.41%。

全市水产养殖因病害造成的经济损失全年为 3 685 万元，比 2017 年的 3 074 万元增加了 19.9%，与 2016 年基本持平。其中，南美白对虾病害损失为 3 341.4 万元，占全部经济损失的 90.68%；常规鱼病害损失为 116.21 万元，占全部经济损失的 3.15%；其余 20 多个养殖品种的病害损失合计不到 6.17%。

（二）病害监测及水生动物病情分析

2018 年，本市水产养殖病害测报区域覆盖了全市 9 个郊区，共对 11 种主要水产养殖品种进行了病害监测与报告，监测对象包括 6 种鱼类、4 种甲壳类、1 种爬行类(表 1)。

表1　2018年上海市水产养殖病害测报监测品种

类　别	养殖品种	数量（种）
鱼　类	草鱼、鲫鱼、鳙、鲢、团头鲂、翘嘴红鲌	6
甲壳类	罗氏沼虾、青虾、南美白对虾、河蟹	4
爬行类	中华鳖	1
合　计		11

11种主要水产养殖品种中，监测到病害发生的有7种，其余4种（翘嘴红鲌、罗氏沼虾、青虾、鳖）在设定的监测点内未监测到病害发生。发病的7个养殖品种全年共监测到各类病害24种，分别为：草鱼细菌性败血症、烂鳃病、中华鳋病、锚头鳋病；鲫细菌性败血症、黏孢子虫病；鲢细菌性败血症、细菌性肠炎、溃疡病、水霉病；鳙细菌性败血症、烂鳃病、车轮虫病、锚头鳋病；鳊细菌性败血症、溃疡病、烂鳃病、水霉病、指环虫病；南美白对虾白斑综合征、桃拉综合征、不明病因疾病以及中华绒螯蟹的固着类纤毛虫病、肠炎病。

按病原分：病毒性疾病2种，占8.333%；细菌性疾病12种，占50.00%；真菌性疾病2种，占8.333%；寄生虫性疾病8种，占29.167%；不明原因1种，占4.167%（表2）。

表2　2018年上海市水产养殖动物疾病监测结果统计

疾病种类	鱼　类	甲壳类	爬行类	合　计	疾病种类占比（%）
病毒性	0	2	0	2	8.333
细菌性	11	1	0	12	50.000
真菌性	2	0	0	2	8.333
寄生虫	6	1	0	7	29.167
不明原因	0	1	0	1	4.167
合　计	19	5	0	24	100

（三）主要养殖鱼类病害发病情况

2018年，本市6种主要养殖鱼类（草鱼、鲫、鳙、鲢、鳊、翘嘴红鲌）共监测到疾病19种。其中，细菌性疾病11种，包括草鱼细菌性败血症、烂鳃病；鲫细菌性败血症；鲢细菌性败血症、细菌性肠炎、溃疡病；鳙细菌性败血症、烂鳃病；鳊细菌性败血血症、溃疡病、烂鳃病。真菌性疾病2种，鲢和鳊的水霉病。寄生虫性疾病6种，为草鱼中华鳋病、锚头鳋病；鲫黏孢子虫病；鳙车轮虫病、锚头鳋病；鳊指环虫病。

1. 草鱼　监测时间为1～12月，监测面积343.83公顷。草鱼共监测到4种病害，分别为草鱼细菌性败血症、烂鳃病、中华鳋病、锚头鳋病。从总体来看，草鱼的病害主要发生在5～10月。1～3月、11～12月在监测点内未监测到病害。全年各月累计发病率（与该品种的总测报面积相比，以下相同）以7月最高，达到18.850%；6月次之，为13.090%。全年各月累计死亡率以6月累计死亡率最高，为0.750%；7月次之，为0.720%；5月死亡率为0.000 1%（图1）。

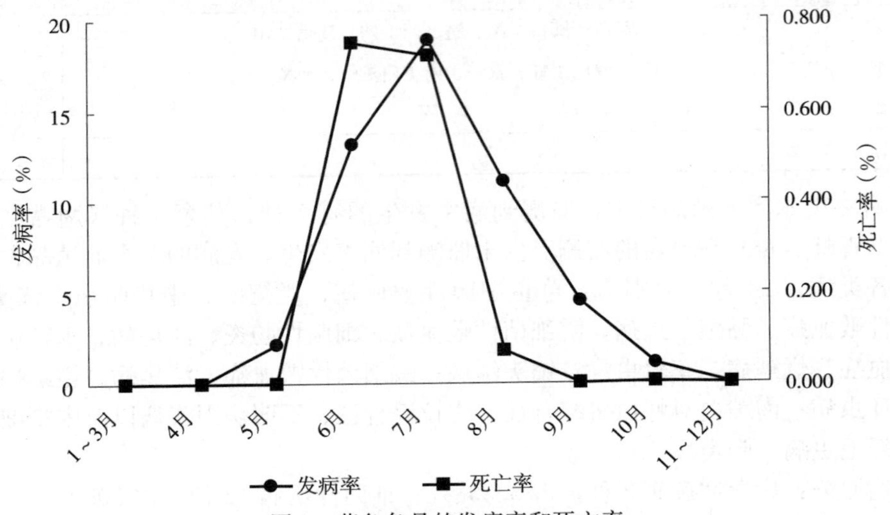

图1　草鱼各月的发病率和死亡率

草鱼细菌性疾病从5月至10月陆续均有发生。烂鳃病、细菌性败血症的全年累计发病率分别为1.650%、46.997%，细菌性败血症的发病情况最为严重，经过科学用药治疗后得到控制，其全年累计死亡率分别为0.001%、1.550%，处于较低水平。中华鳋病、锚头鳋病的全年累计发病率分别为0.095%、1.939%，主要发生在5月。中华鳋病、锚头鳋病的发生，均未造成草鱼的死亡，但是能够造成草鱼的体表损伤，体表免疫系统受到破坏，进而对草鱼感染细菌性疾病提供了有利条件。在6～9月草鱼细菌性败血症发病情况较为严重，与前期有寄生虫病的发生可能有着直接的联系。在以后的草鱼养殖过程中仍需做好清塘的工作，减少寄生虫病发生，进而降低草鱼细菌性疾病的发病率。

2. 鲢　监测时间为1～12月，监测面积106.74公顷。共监测到4种病害，分别为鲢细菌性败血症、细菌性肠炎、溃疡病、水霉病。从总体来看，鲢发生病害主要集中在1～5月、7月、9月。全年各月累计发病率9月最高，为3.060%；7月次之，为2.310%。死亡率4月最高，为0.020%；5、7、9月次之，为0.010%；1～3月为0.005%（图2）；其余月份未监测到病害发生。

鲢细菌性败血症、细菌性肠炎、溃疡病、水霉病的全年累计发病率，分别为4.370%、1.870%、1.020%、0.890%；全年累计死亡率，分别为0.030%、0.001%、0.005%、0.020%。

3. 鳙　监测时间为1～12月，监测面积362.20公顷。共监测到4种病害，分别为鳙细菌性败血症、烂鳃病、车轮虫病、锚头鳋病。从总体来看，病害主要集中在6～7月，6月和7月的发病率分别为0.640%、0.170%；死亡率分别为0.010%、0.003%（图3）。

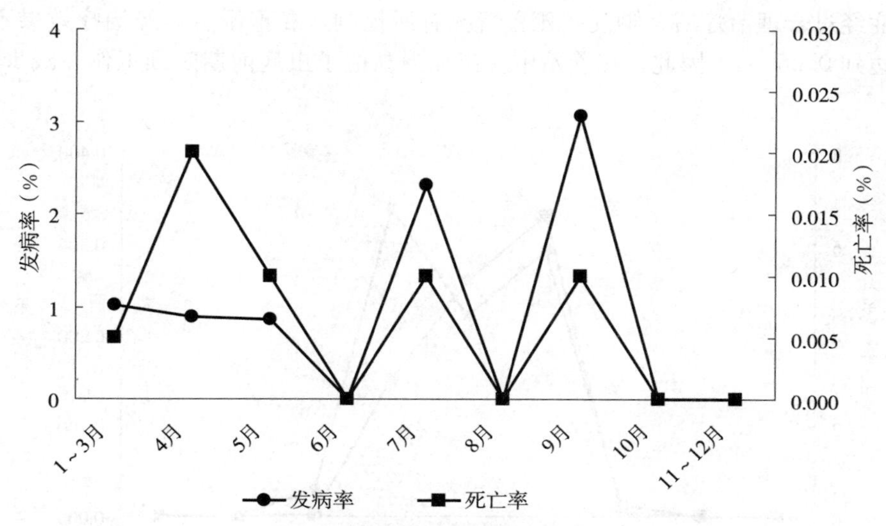

图2　鲢各月的发病率和死亡率

鳙细菌性败血症、烂鳃病的全年累计发病率，分别为0.550%、0.110%；由于其余月份在监测点内未监测到病害发生，故全年累计死亡率也分别为0.010%、0.003%。车轮虫病、锚头鳋病的全年累计发病率分别为0.090%、0.060%；车轮虫病、锚头鳋病均未造成鳙的死亡。

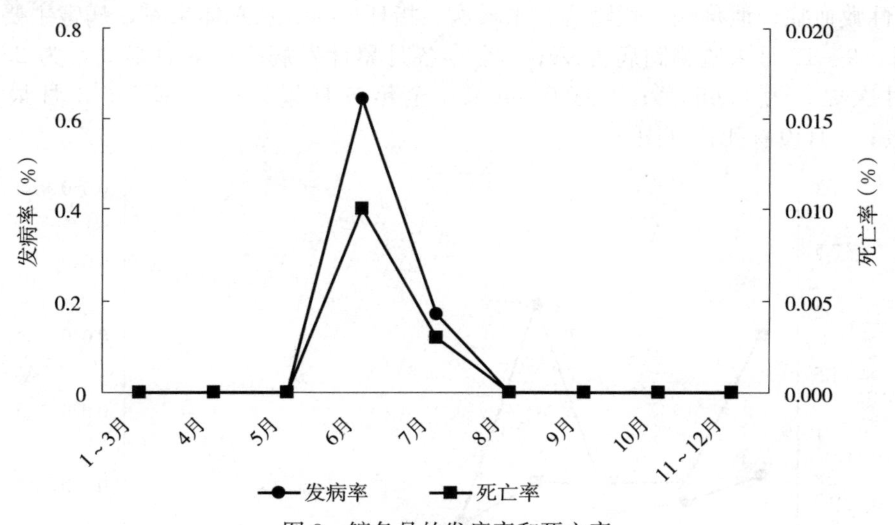

图3　鳙各月的发病率和死亡率

4. 鲫　监测时间为1～12月，监测面积346.43公顷。共监测到2种病害，分别为鲫细菌性败血症、黏孢子虫病。从总体来看，病害主要集中在5～9月，其余的月份未监测到病害发生。全年各月累计发病率以8月最高，为6.740%；6月次之，为5.850%。死亡率分别为0.149%、0.331%（图4）。其监测点内鲫细菌性败血症、黏孢子虫病全年累计发病率和死亡率分别为16.029%、1.807%；0.490%、0.250%。细菌性败血症经过合理治疗后，鲫发病死亡情况有所控制，黏孢子虫病经治疗效果不明显，死亡率达到 0.250%。因此，在养殖中应当加强黏孢子虫病前期防预工作，减少疾病的发生。

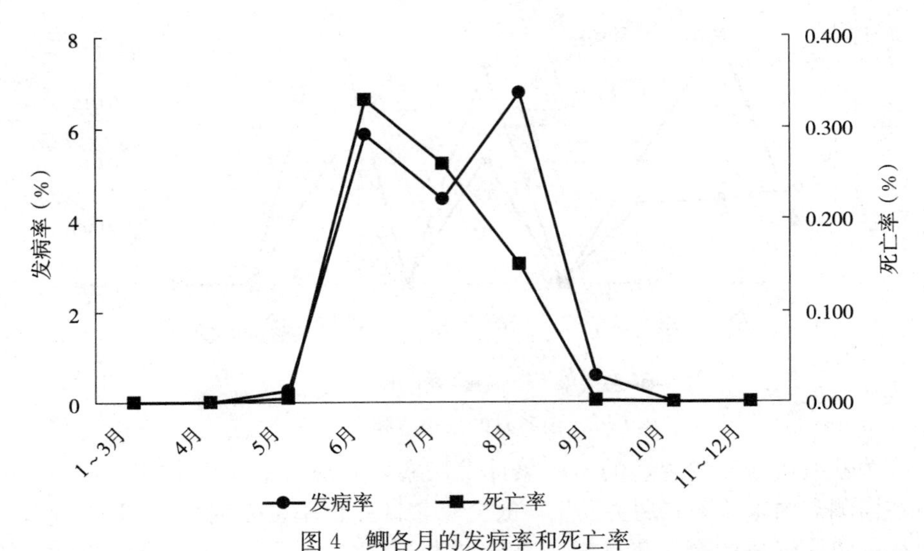

图 4　鲫各月的发病率和死亡率

5. 鳊　监测时间为 1～12 月，监测面积 333.13 公顷。共监测到 5 种病害，分别为鳊细菌性败血症、溃疡病、烂鳃病、水霉病、指环虫病。从总体来看，病害主要集中在 1～8 月，9～12 月未监测到病害发生。全年各月累计发病率以 6 月最高，为 2.040%；1～3 月次之，为 0.650%；4 月 0.440%。全年各月累计死亡率 1～3 月最高，为 0.030%；8 月没有死亡（图 5）。

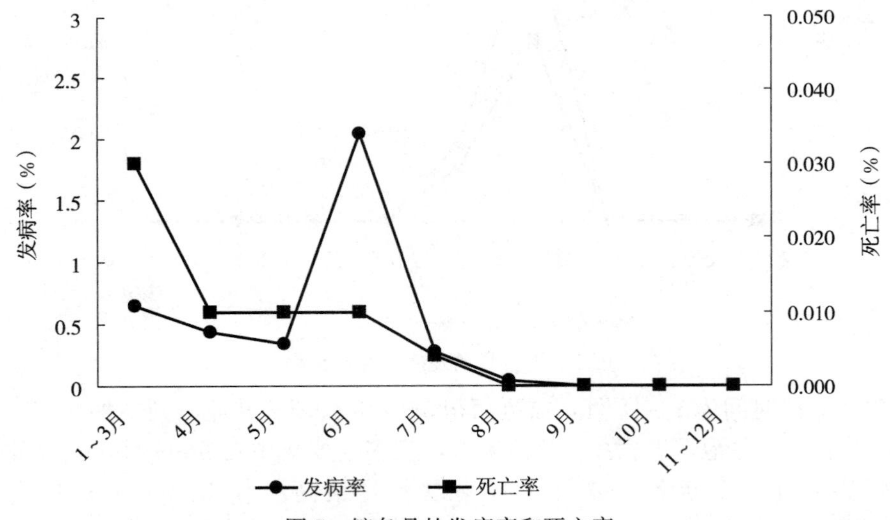

图 5　鳊各月的发病率和死亡率

鳊溃疡病、水霉病发生在 1～4 月，全年累计发病率和死亡率分别为 0.321%、

0.772%、0.010%、0.030%。5、6 月均监测到鳊细菌性败血症，全累年计发病率和死亡率分别为 1.880%、0.100%。6、7 月监测到烂鳃病，全累年计发病率和死亡率分别为 0.720%、0.100%；指环虫病在 5 月和 8 月均监测到，全年累计发病率为 0.100%，但经过综合防控措施的合理实施，并未造成鳊的死亡。

6. 翘嘴红鲌　监测时间为 1～12 月，监测面积 12.2 公顷。在监测点内全年未监测到病害发生。

（四）甲壳类病害

2018 年，上海市监测的 4 种主要养殖甲壳类（罗氏沼虾、青虾、南美白对虾、河蟹）共监测到病害 5 种，分别为南美白对虾白斑综合征、桃拉综合征、不明病因疾病以及中华绒螯蟹的固着类纤毛虫病、肠炎病。监测品种罗氏沼虾、青虾在设定的监测点内，全年未监测到疾病发生。

1. 南美白对虾　监测时间为 1～12 月，监测面积 182.44 公顷。共监测到 3 种病害，分别为南美白对虾白斑综合征、桃拉综合征、不明病因疾病。3 种病害主要集中在 6～9 月，其中，病毒性疾病 2 种，另外监测到的为“不明病因疾病”（但根据 2018 年疫病专项监测结果，可以推测为是虾肝肠胞虫和虾虹彩病毒病）。

全年累计发病率最高的是 7 月，为 18.270%；8 月次之，为 14.620%；9 月为 3.650%；6 月为 1.830%。死亡率最高的为 8 月，为 4.390%；7 月次之，为 3.450%；6 月为 0.940%；9 月为 0.360%（图 6）。南美白对虾白斑综合征的全年累计发病率和死亡率分别为 10.960%、3.920%；桃拉综合征的全年累计发病率和死亡率分别为 12.790%、3.370%。此外 7、8 月监测到的“不明原因疾病”，也造成发病率和死亡率分别达到 14.620%、1.850%。3 种病害对本市养殖南美白对虾造成了较为严重的经济损失。

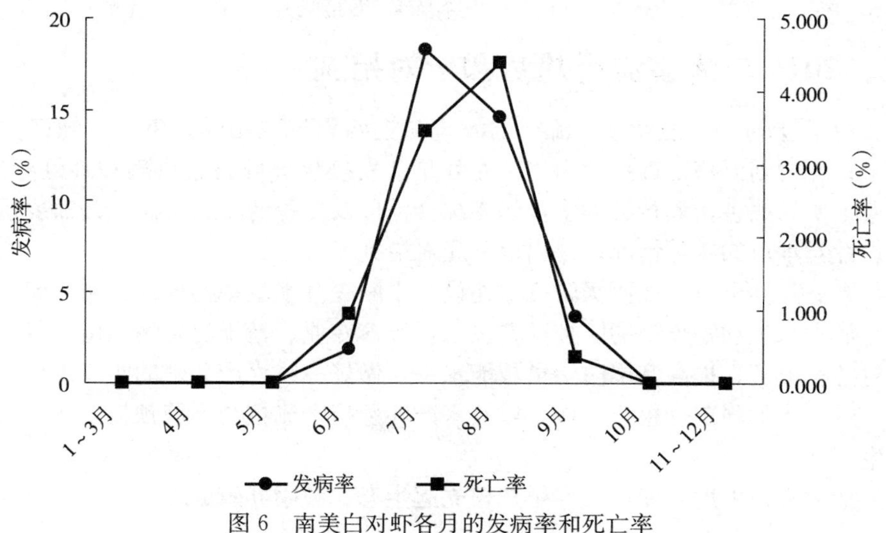

图 6　南美白对虾各月的发病率和死亡率

2. 中华绒螯蟹　监测时间为 1～12 月，监测面积 121.67 公顷。共监测到 2 种病害，分别为固着类纤毛虫病、肠炎病。病害主要发生在 5、7、9 月，全年累计发病率最高的为 7 月，为 5.480%；9 月次之为 2.740%；5 月为 0.550%。全年累计死亡率最高的为 9 月，为 0.070%；5 月和 7 月均为 0.010%（图 7）。本年度的监测中，中华绒螯蟹肠炎病全年累计发病率为 8.220%，死亡率为 0.080%；固着类纤毛虫病全年累计发病率为 0.550%，死亡率为 0.010%。

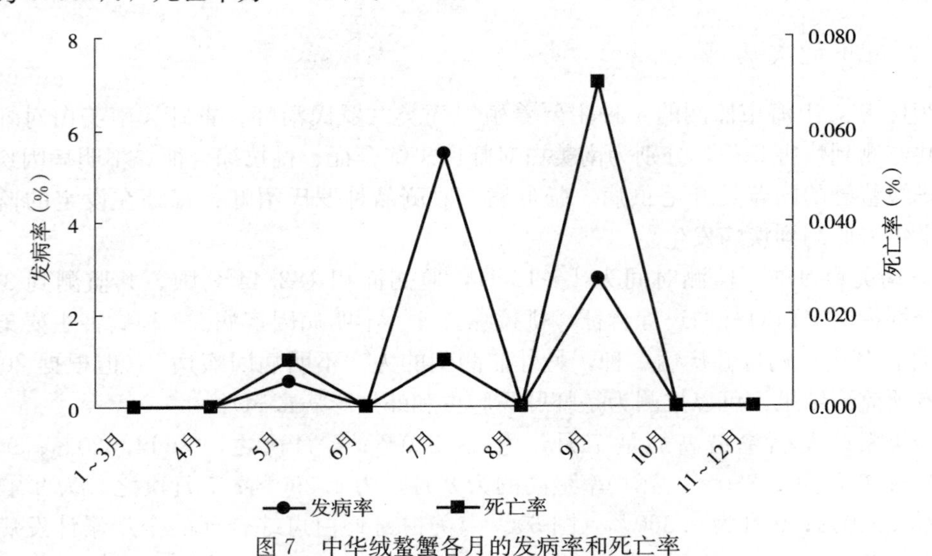

图 7　中华绒螯蟹各月的发病率和死亡率

3. 罗氏沼虾、青虾　这两个品种在监测点内全年未监测到病害。

（五）爬行类病害

2018 年，上海市主要养殖爬行类为中华鳖，在监测点内全年未监测到病害。

三、2019 年病害流行趋势和应对措施

2019 年，上海市可能发生、流行的病害与近两年大致相同，鱼类以细菌性和寄生虫病为主；虾类则以病毒性疾病为主，尤其是新发疫病虾肝肠胞虫病和虾虹彩病毒病，将成为最主要的病害；爬行类中华鳖越冬综合征以及夏季的腮腺炎病，是需要重点预防的病害。针对本市的实际情况，提出以下应对措施：

（1）进一步健全市、区两级防疫站建设，不断提升水生动物疫病的防控能力。

（2）加大水生动物疫病的防控经费投入，培养专业、精干的防病队伍，指导养殖户有效应对各种疫病，提高基层防治员技能水平，做好一线水产养殖的防疫工作。

（3）进一步加强苗种检疫工作，以及水产养殖病害测报与预警预报工作，有效减少病害发生。

（4）加大宣传力度，使广大养殖户树立起生态、健康养殖的理念。

2018 年江苏省水生动植物病情分析

江苏省水生动物疫病预防控制中心

（王晶晶　倪金俤　方　苹　陈　静　刘训猛
袁　锐　吴亚锋　陈　辉）

2018 年，全省 13 个市 76 个县（市、区）共设立测报点 434 个，测报员 407 名，监测养殖品种 38 种。其中，鱼类 23 个、虾类 8 个、蟹类 2 个、贝类 1 个、藻类 1 个、其他类 1 个、观赏鱼 2 个。

一、水产养殖病害总体状况

2018 年，江苏省水生动植物病情测报监测面积 60 945.76 公顷。其中，监测淡水养殖面积 59 269.42 公顷，海水养殖面积 1 676.33 公顷。监测面积鱼类 38 059 公顷，蟹类 13 116.7 公顷，虾类 10 784.2 公顷，观赏鱼 33.7 公顷，贝类 3 467.3 公顷，藻类 94.3 公顷，其他 238.3 公顷。发病种类 29 种，未发病种类 5 种（表 1）。

表 1　不同养殖品种监测面积、发病面积

养殖种类			总监测面积（公顷）	总发病面积（公顷）	平均发病面积率（%）
淡水	鱼类	鲫	11 654.49	4 504.24	38.65
		草鱼	7 988.76	3 185.12	39.87
		鲢	6 116.27	762.90	12.47
		鳙	5 802.80	546.99	9.43
		鳊	2 396.59	667.14	27.84
		鮰	1 621.35	47.20	2.91
		青鱼	899.93	103.27	11.47
		鳜	871.20	128.27	14.72
		鲤	599.73	381.33	63.58
		梭鱼	166.67	16.00	9.6
		鲈（淡）	107.81	26.02	24.14
		泥鳅	98.47	54.99	55.84
		白鲳	80.00	2.00	2.5
		黄颡鱼	54.00	5.00	9.26
		乌鳢	49.33	6.73	13.65
		河鲀	45.67	25.00	54.74
		罗非鱼	36.67	0.67	1.82

（续）

养殖种类			总监测面积（公顷）	总发病面积（公顷）	平均发病面积率（%）
淡水	虾类	克氏原螯虾	3 557.07	277.33	7.8
		南美白对虾（淡）	2 672.13	128.76	4.82
		青虾	1 773.00	114.31	6.45
		罗氏沼虾	628.20	326.62	51.99
	蟹类	中华绒螯蟹（河蟹）	11 732.93	5 928.24	50.53
	其他类	鳖	261.95	24.60	9.39
	观赏鱼	金鱼	30.20	13.00	43.05
		锦鲤	24.20	0.67	2.75
海水	鱼类	鲆	10.00	4.13	41.33
		大黄鱼	6.67	6.67	100
	虾类	脊尾白虾	246.67	83.33	33.78
		中国对虾	106.67	39.73	37.25
		南美白对虾（海）	105.33	21.53	20.44
	蟹类	梭子蟹	53.33	4.20	7.87
	贝类	蛤	800.00	6.67	0.83
	藻类	紫菜	347.67	0.00	0
合计			60 945.76	17 442.67	29.78

全年监测到的疾病种类以细菌性疾病、寄生虫疾病为主（表 2），危害严重的主要有淡水鱼类细菌性败血症、鲫造血器官坏死症、鳜传染性脾肾坏死病、甲壳类白斑病等，对水产养殖业造成了重大的影响和损失。各主要养殖种类均有不同程度病害发生，其中，鱼类以草鱼、鲫、鲢、鳊、鮰、鳜等发病率较高；甲壳类中克氏原螯虾、河蟹、罗氏沼虾、南美白对虾等品种发病率较高。监测到不同品种平均发病面积比例，分别为鱼类 4.27%、虾类 6.30%、蟹类 2.89%、观赏鱼 6.27%、鳖 3.91%、贝类 0.83%；发病区域死亡率鱼类 3.99%、虾类 10.13%、蟹类 4.12%、观赏鱼 0.41%、鳖 4.53%、贝类 5.00%。

总体来看，全年发病范围广，时间长，春季鱼类易发体表性疾病，包括赤皮病、竖鳞病、水霉病等。3～4 月水霉病、鳃霉病等真菌病大面积暴发，危害严重，早春或晚冬天气容易诱发此病，病因是长途运输的鱼种放养前后人为操作不当，引起擦伤或冻伤，鱼类体表掉鳞或免疫力低下、养殖密度过高，发生挤压碰伤等。4～6 月水温持续升高，鱼类病毒病开始流行。6～8 月是全省主要养殖生产期和鱼类生长高峰期，也是细菌性疾病和寄生虫类疾病的高发期。8 月中下旬水温开始回落，发病面积比例逐渐下降，引起死亡率高的病害常呈现并发现象，如草鱼烂鳃、肠炎、赤皮并发，南美白对虾白斑、红体并发等，病情控制难度大。

表2　2018年监测到的水产养殖病害汇总

类别		病　名	数量
鱼类	细菌性疾病	淡水鱼细菌性败血症、赤皮病、细菌性肠炎病、烂鳃病、疖疮病、打印病、烂尾病、溃疡病、链球菌病、竖鳞病、鮰类肠败血症、迟缓爱德华氏菌病、斑点叉尾鮰传染性套肠症、诺卡菌病、腹水病	15
	寄生虫性疾病	锚头鳋病、中华鳋病、小瓜虫病、指环虫病、车轮虫病、斜管虫病、固着类纤毛虫病、黏孢子虫病、舌状绦虫病、三代虫病、拟嗜子宫线虫病	11
	其他	不明病因疾病	1
	病毒性疾病	草鱼出血病、鲫造血器官坏死症、传染性脾肾坏死病	3
	真菌性疾病	水霉病、鳃霉病、流行性溃疡综合征	3
	非病原性疾病	缺氧、肝胆综合征、冻死、气泡病、畸形	5
虾类	细菌性疾病	烂鳃病、弧菌病、肠炎病、对虾黑鳃综合征、坏死性肝胰腺炎、对虾红腿病	6
	寄生虫性疾病	固着类纤毛虫病、对虾微孢子虫病	2
	非病原性疾病	蜕壳不遂症、缺氧、冻死	3
	其他	不明病因疾病	1
	真菌性疾病	水霉病	1
	病毒性疾病	白斑综合征、传染性肌肉坏死病、肝胰腺细小病毒病	3
蟹类	其他	不明病因疾病	1
	细菌性疾病	烂鳃病、腹水病、弧菌病、肠炎病	4
	真菌性疾病	水霉病	1
	寄生虫性疾病	固着类纤毛虫病	1
	病原不明	河蟹颤抖病、河蟹水瘪子病	2
	非病原性疾病	蓝藻中毒、蜕壳不遂症、畸形、冻死、缺氧	5
其他类	细菌性疾病	鳖溃烂病	1
观赏鱼	细菌性疾病	淡水鱼细菌性败血症、赤皮病、烂鳃病、竖鳞病	4
	真菌性疾病	水霉病	1
	寄生虫性疾病	小瓜虫病、三代虫病、车轮虫病、指环虫病、黏孢子虫病	5
	非病原性疾病	气泡病、冻死	2
贝类	其他	不明病因疾病	1
藻类	其他	不明病因疾病	1

二、不同品种养殖病害情况分析

1. 鱼类病害　2018年共监测海、淡水养殖鱼类20种，平均发病面积比例4.03%，发病区死亡率3.83%。主要有细菌性败血症、赤皮病、肠炎病、烂鳃病等。细菌性败血症流行范围广，多呈急性流行，发病面积比6.4%，发病区死亡率3.92%。低温时期鱼类真菌性疾病也比较普遍，发病面积比为3.55%，发病区死亡率6.37%。鱼类病毒性疾病主要为草鱼出血病、鲫造血器官坏死症、鳜传染性脾肾坏死病，发病面积比分别为3.92%、1.73%、3.97%。

（1）异育银鲫　以淡水池塘养殖为主，病原种类较多，平均发病面积比例 2.46%，发病区死亡率 4.58%。测报区累计发病面积 6.27 万亩。监测到病害有鲫造血器官坏死症、淡水鱼细菌性败血症、烂鳃病、赤皮病、细菌性肠炎病、疖疮病、竖鳞病、烂尾病、小瓜虫病、黏孢子虫病、指环虫病、车轮虫病、三代虫病、锚头鳋病、中华鳋病、水霉病、鳃霉病（图 1）。

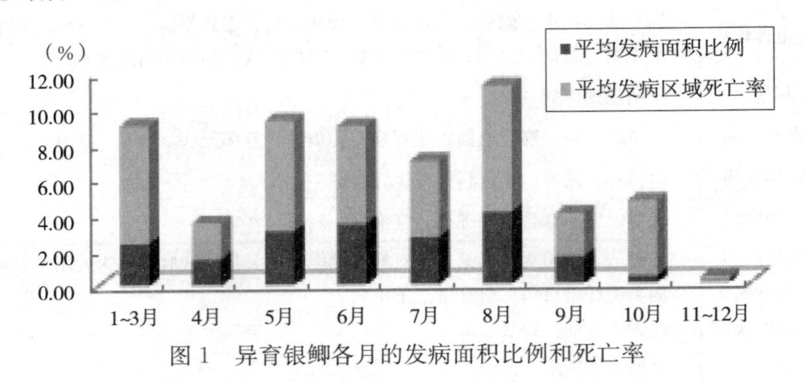

图 1　异育银鲫各月的发病面积比例和死亡率

（2）草鱼、青鱼　监测月份均有病害发生。测报区平均发病面积比例 3.32%，平均发病区死亡率 4.15 %。从整体看，1～4 月真菌病发病率 34%，死亡率 9.39%；6～8 月细菌性败血病、赤皮病、烂鳃病、肠炎病、肝胆综合征常见、多发（图 2）。

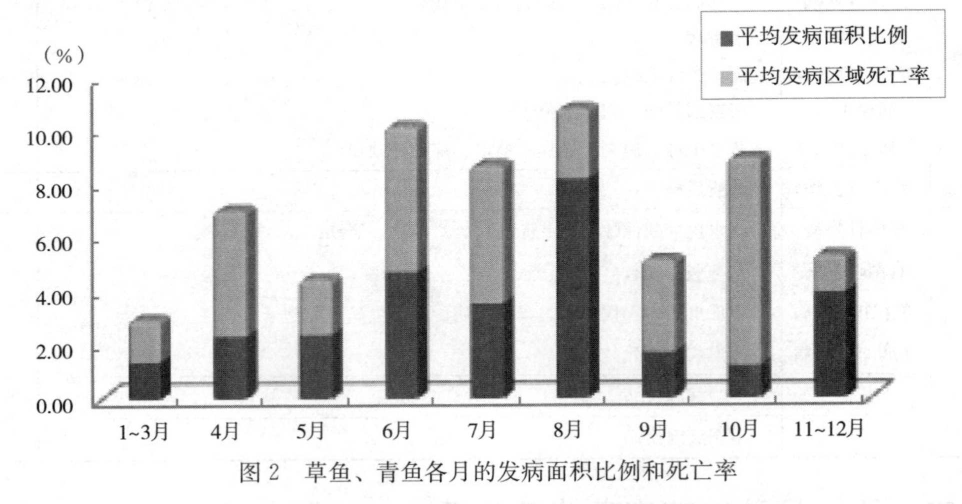

图 2　草鱼、青鱼各月的发病面积比例和死亡率

（3）鲢、鳙　测报区平均发病面积比例 2.73%，平均发病区死亡率 4.2%。监测到病害主要有淡水鱼细菌性败血症、细菌性肠炎、烂鳃病、烂尾病、赤皮病、打印病、水霉病、鳃霉病、指环虫病、车轮虫病、锚头鳋病、中华鳋病等（图 3）。

（4）鳊　测报区平均发病面积比例 14.92%，平均发病区死亡率 2.89%。监测到病害主要有细菌性败血症、肠炎病、烂鳃病、赤皮病、指环虫病、舌状绦虫病、中华鳋病。以细菌性败血症发病范围最广，平均发病面积比例 29.36%，平均发病区死亡率 3%（图 4）。

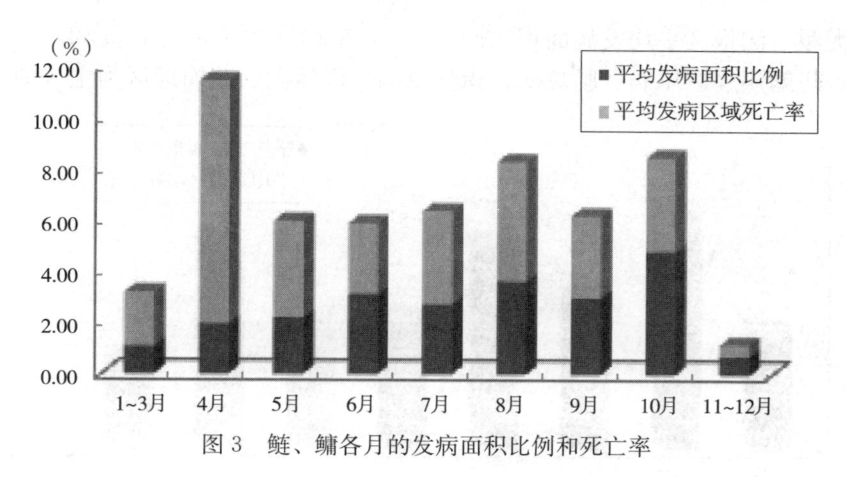

图3　鲢、鳙各月的发病面积比例和死亡率

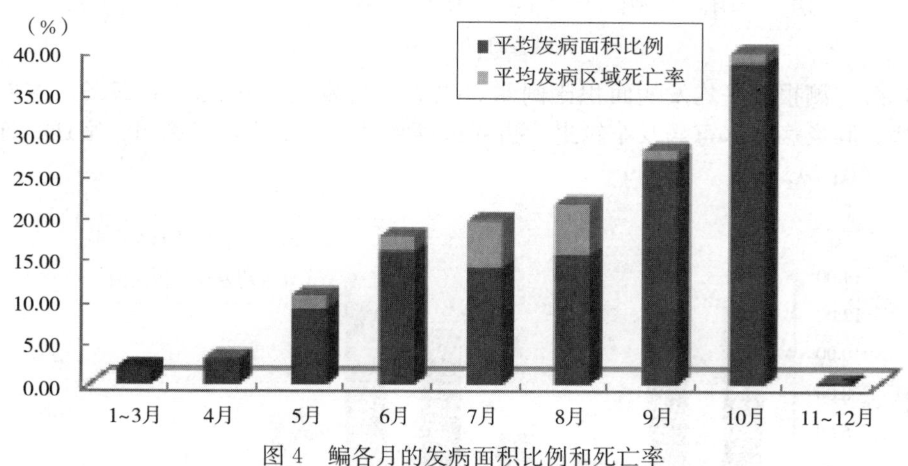

图4　鳊各月的发病面积比例和死亡率

（5）鳜　测报区平均发病面积比例2.01%，平均发病区死亡率10.78%。监测到病害主要是传染性脾肾坏死病、细菌性败血病、烂鳃病、车轮虫病、黏孢子虫、水霉病等，病害范围分布在扬州地区。传染性脾肾坏死病主要流行7～8月，平均发病面积比例1.65%，平均发病区死亡率22.48%（图5）。

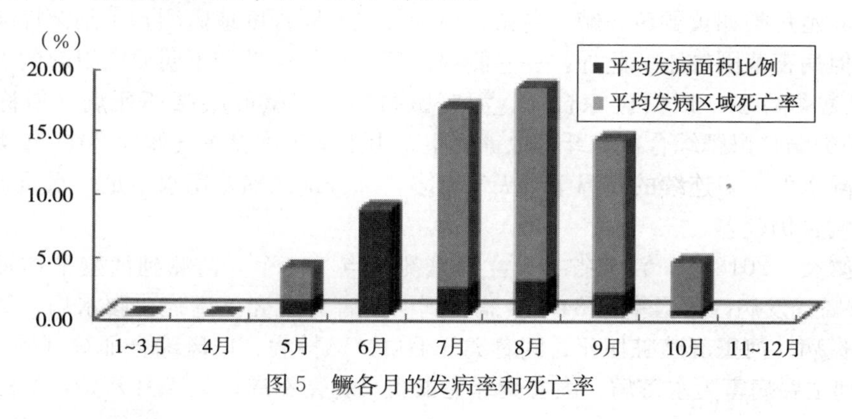

图5　鳜各月的发病率和死亡率

（6）泥鳅　测报区平均发病面积比例 5.9%，平均发病区死亡率 0.52%。主要病害有溃疡病、烂鳃病、烂尾病、肠炎病、指环虫病，以沭阳、赣榆地区为主（图 6）。

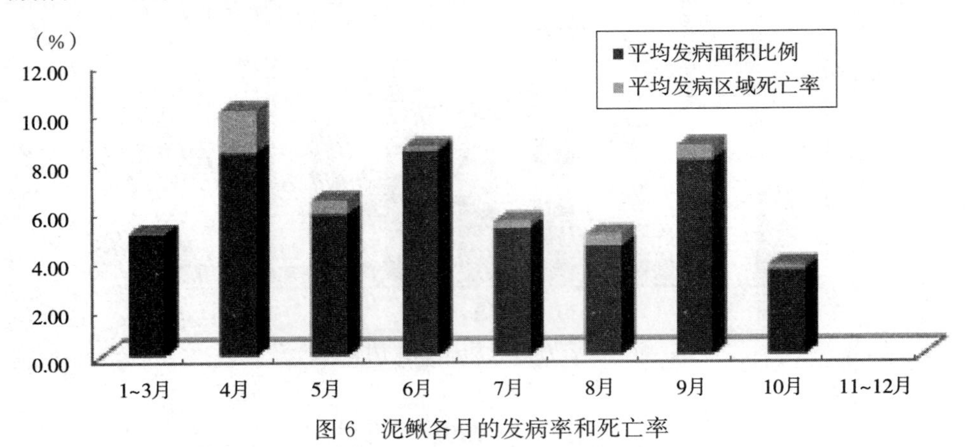

图 6　泥鳅各月的发病率和死亡率

（7）鲤　测报区平均发病面积比例 6.58%，平均发病区死亡率 1.27%。主要疾病有烂鳃病、肠炎病、水霉病及车轮虫、指环虫等常见寄生虫病，以徐州、宿迁、连云港地区为主（图 7）。

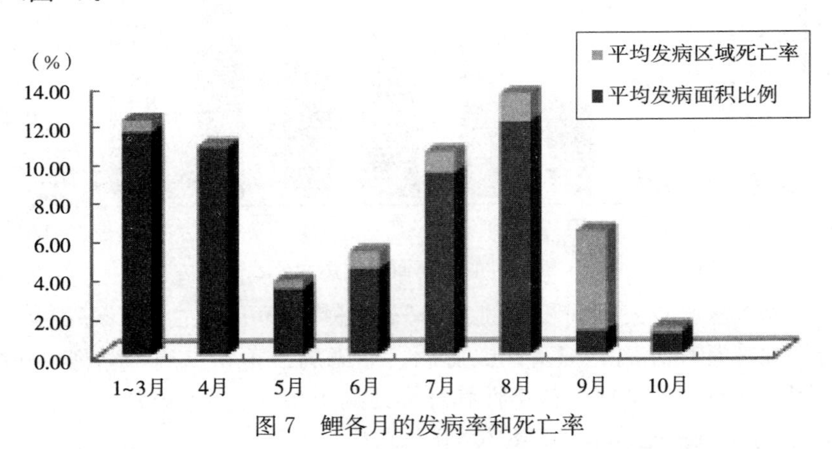

图 7　鲤各月的发病率和死亡率

其他养殖鱼类如黄颡鱼、鲈、乌鳢、白鲳等也不同程度地监测到了细菌性疾病和寄生虫病，但病害范围较小。此外，一些测报区还出现了泛塘和不明原因引起的疾病。

2. 甲壳类病害　以白斑综合征、河蟹颤抖病、河蟹肝胰腺坏死病（俗称“水瘪子”）、肠炎病、黑鳃综合征、纤毛虫等为主。由于本年度夏季气候同 2017 年类似，持续高温，降水偏少，连续的高温干旱天气较多，部分地区渔业用水不足，水质下降，甲壳类全年病害仍较多。

（1）蟹类　2018 年，江苏省共设立河蟹测报点 160 个，监测到河蟹平均发病面积比例 2.72%，发病区死亡率 3.84%。监测到的病害有蜕壳不遂症、腹水病、黑鳃、弧菌病、肠炎病、河蟹肝胰脏坏死、固着类纤毛虫、颤抖病、白斑综合征等（图 8）。1～3 月监测到主要病害为水霉病、固着类纤毛虫病及蜕壳不遂；从 4 月开始，烂鳃病和腹水病发病面积比例上升，其中，烂鳃病发病区域死亡率高达8.26%；5～6月，弧菌病、肠炎病发病面积比例升高，发病面积比例分别为1.73%和1.77%，死亡率较低，河蟹颤抖病发病率2.32%，死亡率5.58%，此外，测报区监测到河蟹水瘪子病，发病率0.21%，死亡率1.43%；7～8月，河蟹肝胰腺坏死发病达到高峰，发病面积比例6.24%，同时河蟹病死率较高，死亡率高达19.35%，主要与此季节气温、水温高，池塘底部有机质、有害物质大量存在与滋生，塘内水质恶化，滋生弧菌及其他有害病菌等因素有关；8～9月，为河蟹颤抖病高发期，发病率6.71%，死亡率4.97%，河蟹颤抖病是苏南区域河蟹养殖中死亡量很大的病害，发病快，病程短，典型的症状为步足颤抖、环爪、爪尖着地、腹部离开地面，甚至蟹体倒立，并伴随肝胰腺病变、步足肌肉萎缩水肿等。目前，加强疫病监测与检疫，掌握流行病学情况，做好健康蟹种的选育，建立良好的河蟹养殖生态环境，定期消毒水体，加强发病高峰前的消毒是预防疾病的主要措施；10月进入河蟹养殖后期，测报区监测到的病害发生率下降，总体发病面积比例2.24%，发病区死亡率1.76%，主要为烂鳃病、固着类纤毛虫病以及缺氧引起的死亡等。此外，测报区全年监测到不明病因疾病发病面积比例2.68%，死亡率13.54%（图9）。

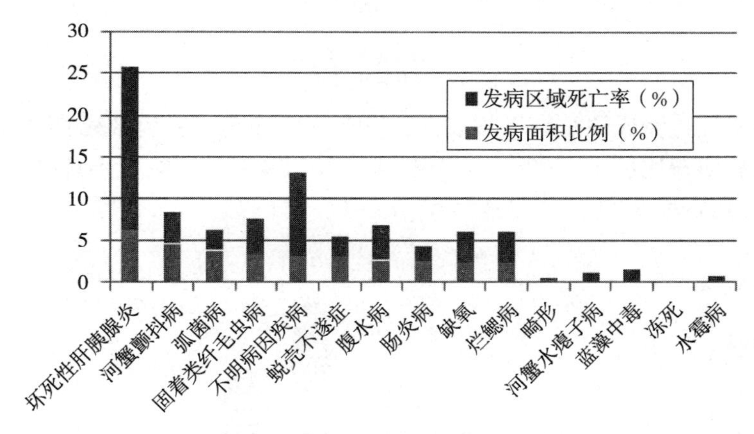

图8　蟹类主要病害

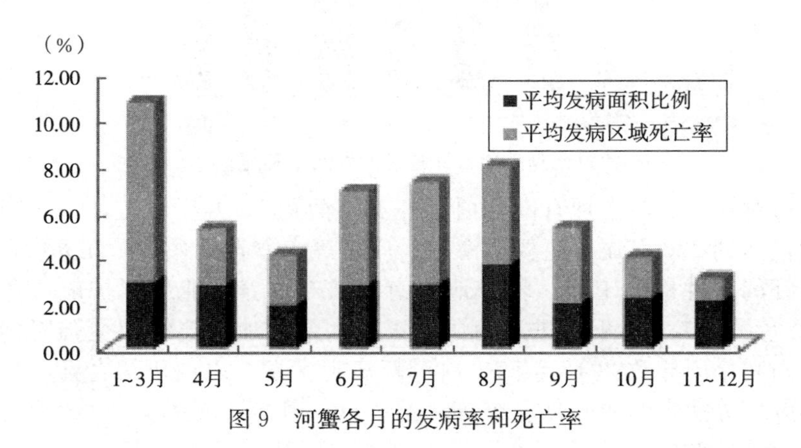

图9　河蟹各月的发病率和死亡率

（2）虾类　虾类平均发病面积比例6.3%，发病区死亡率10.13%，发生的病害主要有克氏原螯虾、肠炎病、烂鳃病、甲壳溃疡病、弧菌病、蜕壳不遂、纤毛虫病和不明原因疾病等。发生的细菌性疾病主要为弧菌病、肠炎、黑鳃、甲壳溃疡；病毒性疾病为白斑综合征、桃拉综合征、偷死野田村病毒病，以蜕壳不遂症发病较多，平均发病面积比20.33%，发病区死亡率11.02%（图10）。

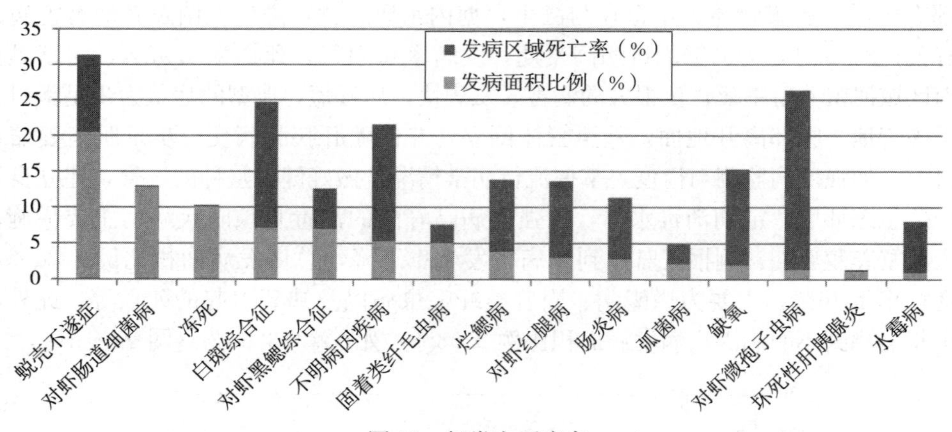

图10　虾类主要病害

①克氏原螯虾：克氏原螯虾平均发病面积比例7.9%，发病区死亡率9.1%，其中白斑综合征发病面积比例11.08%，发病区死亡率23.66%。蜕壳不遂病发病面积比例31.68%发病区死亡率20.64%，为较为严重疾病（图11）。

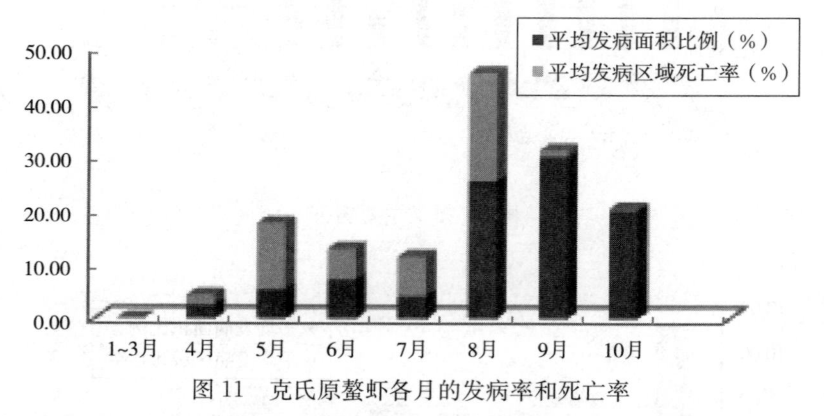

图11　克氏原螯虾各月的发病率和死亡率

②南美白对虾：江苏省现有南美白对虾养殖面积55万亩以上，每年南美白对虾苗种的需求量达到220亿尾，主要从海南、广东等南方省份采购。江苏省通过积极推进南美白对虾的苗种检疫工作，较好地为南美白对虾养殖业保驾护航，养殖苗种质量有所提高。2018年6月下旬进入梅雨期以来，部分地区连续遭受强降雨，天气多变、连续阴雨和暴雨导致2018年南美白对虾病害多发，以白斑综合征、急性肝胰腺坏死症、弧菌病等病害为主。部分虾塘一旦发病，死亡率很高，2～3天后开始出现大量死亡。南美白对虾发病后，使用消毒剂、内服药等效果一般，较难控制疾病的

发生（图 12）。

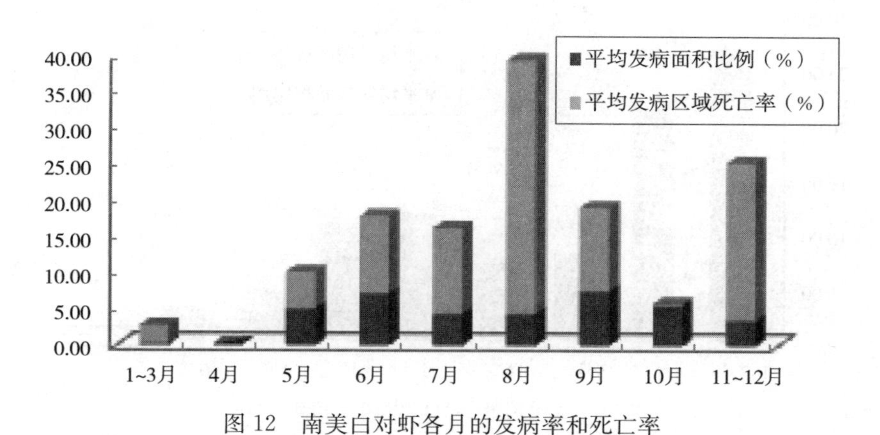

图 12　南美白对虾各月的发病率和死亡率

③青虾 ：平均发病面积比例 6.55%，发病区死亡率 11.12%。其中，5～7 月对虾黑鳃综合征发病面积比例 2.39%，发病区死亡率 31.53%；烂鳃病发病面积比例 0.26%，发病区死亡率 27.78%，为青虾死亡的主要疾病（图 13）。

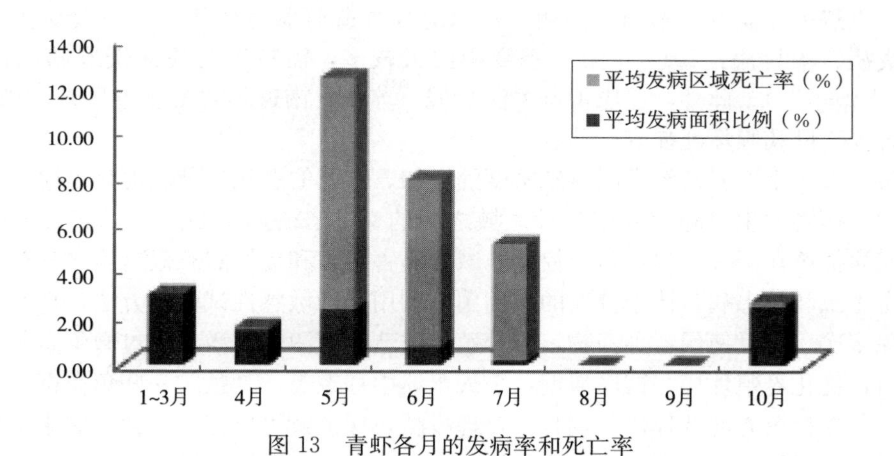

图 13　青虾各月的发病率和死亡率

④罗氏沼虾：平均发病面积比例 7.08%，发病区死亡率 3.74%。其中，蜕壳不遂发病范围相对较广，发病面积比例 15.91%，发病区死亡率 6.43%；其次烂鳃病，此外存在缺氧引起的死亡（图 14）。

3. **观赏鱼**　观赏鱼平均发病面积比例 6.27%，死亡率 0.41%。监测到的病害主要有细菌性败血症、溃疡病、烂尾病、气泡病。

4. **贝类**　监测品种为文蛤，为 9 月南通启东监测到的弧菌病。监测区平均发病面积比例 3.13%，死亡率 6.25%。

5. **其他**　主要监测到鳖类病害，监测区平均发病面积比例 0.83%，死亡率 5%。发生的病害为溃烂病。

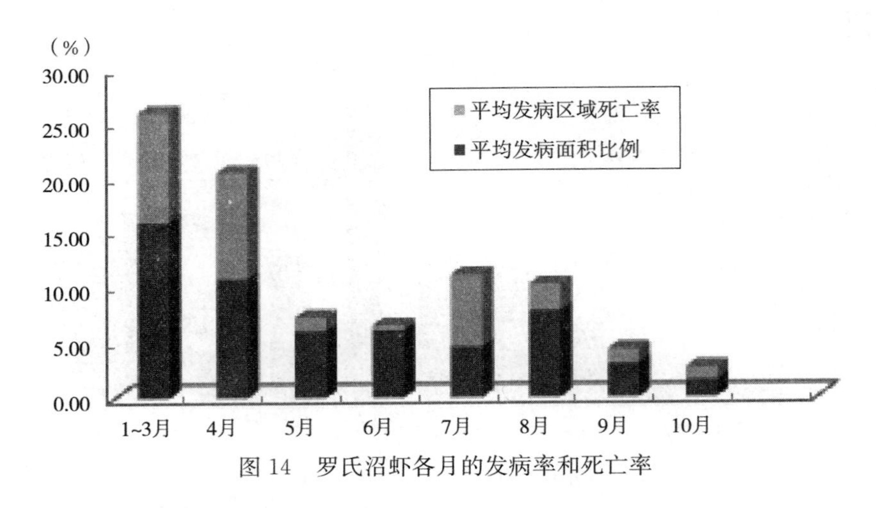

图 14　罗氏沼虾各月的发病率和死亡率

三、2019 年病害流行预测与对策建议

预测 2019 年病害流行趋势与往年大致相同，各淡水鱼主要养殖区仍将发生鱼类细菌性败血症、肠炎病、烂鳃病、肝胆综合征以及鱼类锚头鳋病、指环虫、鲫孢子虫等寄生虫病。重点关注盐城、泰州、扬州、常州地区鲫造血器官坏死病。河蟹易多发烂鳃病、肠炎病、颤抖病，2019 年第一季度阴雨天较多，需特别关注河蟹肝胰腺坏死病（俗称“水瘪子”）。此外，还应重点关注盐城、苏州、南通等对虾主养区虾类弧菌病、白斑综合征、肝胰腺坏死症等。

对策建议：水产养殖经常因养殖密度的增加、水质的恶化、种质退化等原因，导致不同程度的病害发生。随着养殖品种区域之间的交易、流通不断增加，病害也随之扩散。把疾病扼杀在源头，是预防、控制、减少病害发生和传播的有效措施。针对鱼体上的常见寄生虫和从患病鱼体中分离的致病菌，利用药物敏感性试验的方法，精选高效药物。避免多次、大量使用各种药物，对养殖鱼类造成应激性刺激。通过微生态制剂调节池塘水质，优化养殖环境。彻底清塘，杀灭水体中寡毛类，是预防一些鱼类寄生虫病的措施之一。在投饵方面选择优质饲料，合理投喂，保证鲫可以充分摄食，健康生长。应注重饲料的合理投喂、粗细搭配，添加维生素 C、免疫多糖等增强免疫能力，避免饵料过量投喂，营养不均衡。做好水质调控，投喂新鲜的饵料；精粗饲料合理搭配；适量拌入多维、免疫多糖等增强抗应激能力和抗病力等有效防病。

对疑难病害、重大疫病、流行病进行认真研究，密切注意主要病害、不明病因的疾病发展动态，充分利用产学研结合的研究平台，进一步加强对水生动物病害的基础研究，努力掌握水生动物病害的发生动态及流行规律，引导养殖者采取有效可行的预防措施，控制水产动物病害的发生；及时发布预测预警信息，为渔业管理和渔业生产提供科学参考，有效降低病害损失。

2018年浙江省水生动物病情分析

浙江省水产技术推广总站
（朱凝瑜　曹飞飞　薛辉利　郑晓叶　梁倩蓉）

2018年组织全省11个市、71个县（市、区）开展水产养殖病害监测工作，共设立监测点414个，对21个水产养殖品种进行了病害监测，监测面积6.52万亩。现将全年水产养殖病害情况分析如下：

一、病害发生特点

（一）基本情况

1. 病害总数有所减少　2018年，全省水产养殖21个监测品种除鲢、鳙、青虾、三角帆蚌、缢蛏、泥蚶等6个品种未监测到病害发生外，其余品种均有病害发生。共监测到各类病害41种，包括病毒性疾病4种、细菌性疾病18种、真菌性疾病3种、寄生虫疾病10种、非生物源性病害6种（表1）。与2017年相比，发病品种减少1种，病害种类减少7种，生物源性疾病、非生物源性疾病种类均比2017年减少，除真菌性疾病较2017年略有增加外，病毒性、细菌性、寄生虫性疾病数均有所减少。此外，还监测到9种病因不明病例，较2017年减少1种。

从监测类别上看，鱼类、甲壳类、爬行类发病总数均有所减少，贝类则未监测到病害发生。

表1　2018年水产养殖发病种类、病害属性综合分析

单位：种

类别		鱼类	甲壳类	爬行类	贝类	合计	2017年
监测品种数		11	6	1	3	21	21
监测品种发病数		9	5	1	0	15	16
疾病性质	病毒性	2	2	0	0	4	5
	细菌性	12	4	2	0	18	19
	真菌性	2	1	0	0	3	2
	寄生虫	8	2	0	0	10	11
	非生物源性	3	3	0	0	6	11
合计		27	12	2	0	41	48

注：2018年还监测到9种病因不明病例，较2017年减少1种。

各月病害发生数见图1。与2017年比较，除5月、6月、11～12月发病病害数增加外，其他月份病害数均有所减少。

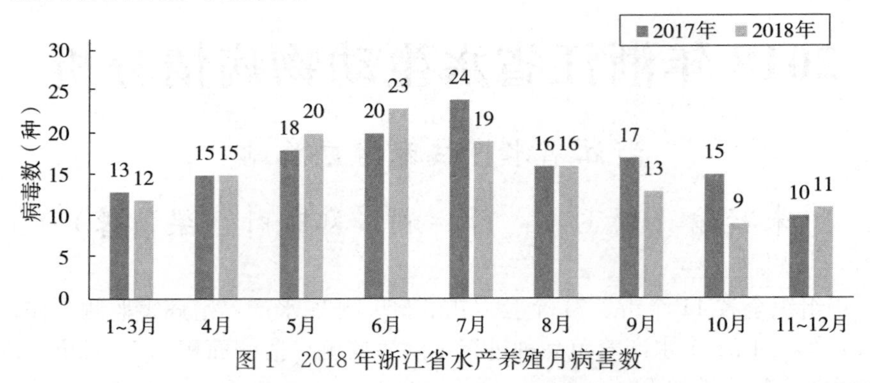

图1　2018年浙江省水产养殖月病害数

2. *月平均发病率减少，但死亡率有所增加，经济损失增加*　2018年水产养殖发病品种及发病数量均比2017年减少，但发病程度较2017年有所增加：月平均发病率1.93%，比2017年的3.16%减少了1.23个百分点；月平均死亡率0.24%，比2017年的0.16 %有所增加。除1～3月外，其他各月平均死亡率均高于2017年同期，特别是7月某监测点大黄鱼白鳃病，死亡率高达9.03%；10月南美白对虾苗种标粗池肠胞虫阳性，全部排塘（图2、图3）。

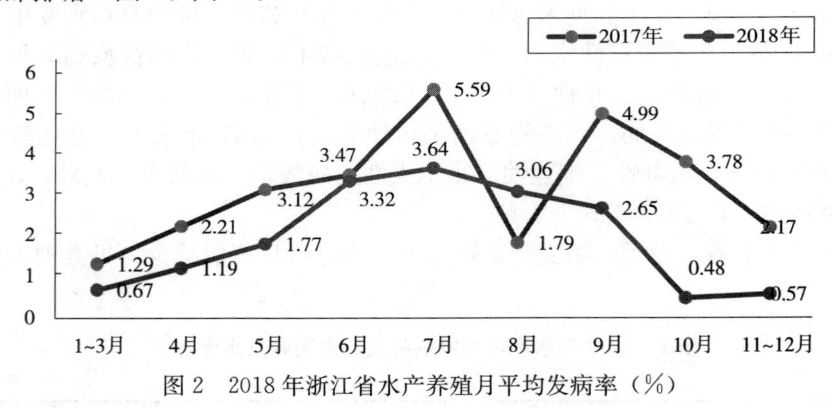

图2　2018年浙江省水产养殖月平均发病率（%）

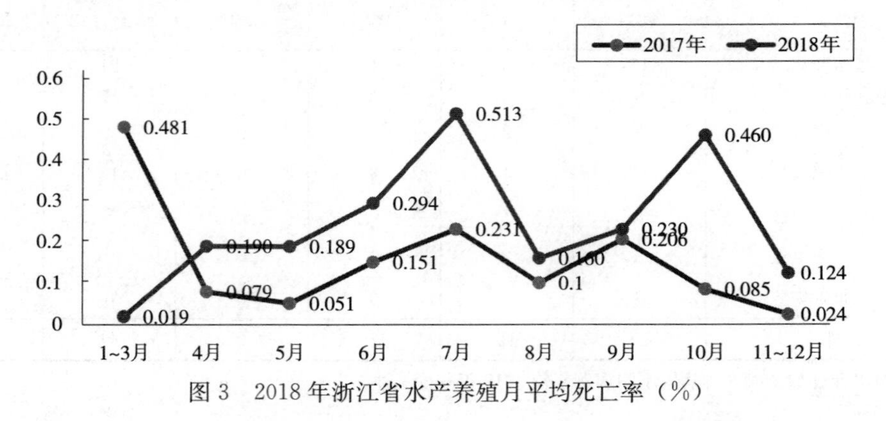

图3　2018年浙江省水产养殖月平均死亡率（%）

2018 年，浙江省水产养殖监测点上经济总损失 1 391.45 万元，为 2017 年的 1.27 倍。其中，虾类损失 816.8 万元，鱼类损失 395.91 万元，蟹类损失 158.22 万元，鳖损失 20.52 万元。

各养殖大类单位面积的经济损失（表 2），除贝类 2018 年未监测到病害发生外，海水鱼类单位面积经济损失较 2017 年略有下降，其他养殖大类单位面积损失均比 2017 年有所增加。

表 2　不同品种养殖单位经济损失对比

损失	年份	淡水鱼类	海水鱼类	虾类	蟹类	爬行类	贝类
经济损失（万元）	2018 年	114.38↑	281.53↓	816.8↑	158.22↑	20.52↑	0↓
	2017 年	55.02	498.27	674.19	42.76	8.7	8
单位面积经济损失（元/亩）	2018 年	101.77↑	540.85↓	469.21↑	166.23↑	36.33↑	0↓
	2017 年	51.73	579.15	395.21	80.28	16.03	8.99

（二）主要品种发病情况

21 个监测品种鲢、鳙、青虾、三角帆蚌、缢蛏、泥蚶等 6 个品种未监测到病害（青虾、三角帆蚌、缢蛏 2017 年也未监测到病害），其余 15 个品种均不同程度监测到病害发生。总体来说，各品种发病率比 2017 年有所降低，死亡率则有所增加。其中，加州鲈、南美白对虾、青蟹、河蟹、梭子蟹发病率较 2017 年有所增加；死亡率除鲤、七星鲈、大黄鱼外，其他发病品种均有所增加（表 3）。

从发病率和死亡率来看，月平均发病率较高的有青鱼（9.02%）、河蟹（4.34%）、草鱼（3.61%）、鲤（3.57%）、南美白对虾（3.55%）；月平均死亡率较高的有南美白对虾（2.30%）、大黄鱼（0.92%）。

表 3　各监测品种月平均发病率、月平均死亡率及其与 2017 年增减情况

监测品种	平均发病率（%）			平均死亡率（%）			监测品种	平均发病率（%）			平均死亡率（%）		
	2018 年	2017 年	增减	2018 年	2017 年	增减		2018 年	2017 年	增减	2018 年	2017 年	增减
青鱼	9.02	6.86	+	0.14	0.04	+	南美白对虾	3.55	2.71	+	2.30	1.59	+
草鱼	3.61	4.69	—	0.05	0.04	+	青虾	/	/	/	/	/	/
鲢	/	0.90	—	/	0.02	—	罗氏沼虾	0.4	1.35	—	0.06	0.02	+
鳙	/	0.90	—	/	0.02	—	梭子蟹	0.02	/	+	0.002	/	+
鲤	3.57	4.90	—	0.09	0.12	—	拟穴青蟹	2.31	1.24	+	0.09	0.03	+
鲫	2.41	4.38	—	0.03	0.02	+	河蟹	4.34	0.14	+	0.16	0.01	+
翘嘴红鲌	1.29	1.99	—	0.08	0.01	+	中华鳖	0.21	0.33	—	0.02	0.01	+
加州鲈	0.84	/	+	0.01	/	+	泥蚶	/	1.86	—	/	0.08	—
黄颡鱼	1.72	2.31	—	0.38	0.06	+	缢蛏	/	/	/	/	/	/

（续）

监测品种	平均发病率（%）			平均死亡率（%）			监测品种	平均发病率（%）			平均死亡率（%）		
	2018年	2017年	增减	2018年	2017年	增减		2018年	2017年	增减	2018年	2017年	增减
七星鲈	0.11	1.88	—	0.04	0.05	—	三角帆蚌	/	/	/	/	/	/
大黄鱼	1.06	21.05	—	0.92	0.92								

注：“＋”表示发病率和死亡率比2017年同期增加；“—”表示发病率和死亡率比2017年同期减少；“/”表示未发病。

（三）部分品种发病较严重

1. 南美白对虾　全年发病率为16.17%。共监测到10种病害，白斑综合征、弧菌病、急性肝胰腺坏死病、链壶菌病、微孢子虫病、蓝藻中毒、蜕壳不遂、肠炎病、缺氧、病因不明等。此外，各地反映空肠空胃、白便、肝胰脏萎缩较为多发，一般发病期在15～35天；对虾生长缓慢、偷死病仍较为突出，特别是往年肠胞虫发病的土池由于底质消毒不彻底，2018年发病比例较高。同时在养殖中后期，浙北杭州地区强对流天气较多，加上10、12、18号台风带来连日暴雨，池塘养殖环境发生突变，对虾产生应激反应，引起死亡。单位面积经济损失517元/亩，比2017年增加30.8%。

根据157批次虾苗病原检测，肠胞虫（EHP）、虹彩病毒（SHIV）检出率较高，分别达到47.1%（74/157）、41.4%（65/157），白斑病毒（WSSV）检出率8.9%（14/157），三者检出率均比2017年增加。另外，传染性皮下及组织坏死病病毒（IHHNV）、高致病性弧菌（AHPND）检出率分别为12.7%（20/157）、1.9%（3/157）。

2. 大黄鱼　全年发病率为8.9%。主要监测到刺激隐核虫病、大黄鱼白鳃病、内脏白点病、本尼登虫病、烂尾病、不明病因等病害。大黄鱼1～4月、11～12月主要为内脏白点病；5～9月则白鳃病高发，并伴有刺激隐核虫病或贝尼登虫病，其中较严重的有7月白鳃病，死亡率为9.03%。

流行病学调查工作发现，海水鱼类虹彩病毒检出率较高。该病毒病危害较大，感染幼鱼时，最高可达100%死亡率，需引起重视。

3. 加州鲈　加州鲈年发病率为10.11%，较2017年有所增加。主要是7月监测到赤皮病、细菌性败血症、病因不明。此外，加州鲈在苗种期和养鱼期病毒病发病均较严重，主要集中在湖州部分地区，特别是苗种期，因弹状病毒病暴发导致苗种大量死亡，死亡率高达50%。

4. 黄颡鱼　黄颡鱼年发病率14.8%，发病程度较2017年23.5%有所减少。病害流行时间为1～8月，共监测到溃疡病、赤皮病、细菌性败血症、打印病等4种病害。其中，4月溃疡病发病较厉害，死亡率为3.14%，损失45万元。此外，黄颡鱼苗种期红头病高发，鱼种期溃疡病发病严重，呈现两种不同的特征。3～5月上旬，溃疡病灶为边界不清晰的小点，严重的甚至肠道及内脏裸露，多为气单胞菌和霉菌的混合感染；

5 月下旬至 9 月，溃疡病灶多呈方形，界限分明，发病面积较大，病原菌为拟态弧菌。监测点上单位面积的经济损失 674.85 元/亩，较 2017 年大幅增加，约为 2017 年的 5.26 倍。

5. *拟穴青蟹* 拟穴青蟹年发病率 8.69%，与上两年基本持平，幅度不大。病害流行时间为 5～10 月，全年共监测到清水病、弧菌病、纤毛虫病、烂鳃病、病因不明等 5 种病害（较 2017 年增加 2 种），发病较厉害的有弧菌病以及因水质 pH 较高环境不适引起的发病。单位面积的经济损失 231.18 元/亩，约为 2017 年的 3.45 倍。

疫病监测与流行病学调查中，青蟹病害情况与 2017 年基本类似，呼肠孤病毒（MCRV）、白斑病毒检出携带率较高，存在病毒病暴发的可能性。血卵涡鞭虫（黄水病）未出现规模性流行。此外，首次在虾蟹混养的青蟹体内检出肠胞虫，其感染后生长特点也表现为生长速度减缓，表明虾蟹混养也存在一定的风险。

二、2019 年病害流行预测

根据历年浙江省水产养殖病害测报结果，2019 年全省水产品在养殖过程中仍将发生不同程度的病害，疾病种类主要是细菌、病毒和寄生虫等生物源性疾病。

1～3 月天气寒冷，气温、水温偏低，病害相对发生较少，但要做好防冻工作，如及时加深水位等，防止水温剧变引起的应激反应和冻伤现象等。大黄鱼内脏白点病易发，需引起注意。

4～6 月气温逐渐回升，病原体活跃，极易诱发病害，尤其是人工繁殖过程中要做好鱼卵、鱼苗水霉病的防范工作；投放鱼种前要进行消毒。海水鱼类以内脏白点病、弧菌病等疾病为主；淡水鱼类真菌性疾病、细菌性疾病以及寄生虫性疾病将陆续发生，鲈、鳜等虹彩病毒病也会发生；大棚和池塘养殖的南美白对虾要预防早期死亡综合征；鳖经过冬眠期消耗后，体质较差，开春后易感染疾病，要重点预防白底板病、粗脖子病。

7～9 月水产养殖动物进入生长旺盛期，投饲量大大增加，导致残饵和排泄物增多；期间又逢梅雨季节和台风天气，气温变化幅度大，水质易恶化，水产养殖病害处于高发期。大黄鱼以弧菌病、本尼登虫病和白鳃病等为主；南美白对虾在天气骤变时，易暴发白斑综合征、红体病、急性肝胰腺坏死病等；海水蟹类以清水病、固着类纤毛虫病为主；养殖鳖要注意细菌性疾病和腮腺炎病的防治工作；海水贝类要预防台风过后由于缺氧或盐度突变引起的死亡。

9 月下旬至 10 月正值夏秋交替，气候多变，昼夜温差较大，可能出现鱼类寄生虫和细菌性疾病发生的小高峰。预计草鱼等常规鱼类仍将以出血病、细菌性肠炎、烂鳃病等为主；海水网箱养殖鱼类要特别注意细菌性疾病和刺激隐核虫病；南美白对虾要注意急性肝胰腺坏死症、肠胞虫病等；海水蟹类要注意清水病、黄水病、固着类纤毛虫类病等。

11～12 月随着气温、水温的进一步下降，养殖动物病害将进一步减少，但仍然不能放松生产管理，要注意天气变化，提早做好应对恶劣天气的防范工作。

三、养殖注意要点

在养殖过程中要采取健康养殖技术，提高科学防病意识，认真做好养殖过程的管理工作，尤其要注意天气变化，特别是在特殊、恶劣天气期间，建议注意调控水质，使用优质饲料、免疫多糖及中草药进行疾病预防，要提前做好防范措施，做好病害的预防工作。对发病生物，有必要对病原进行分离并做药敏试验，筛选敏感药物进行疾病防治。

1. 淡水鱼类　定期做好水体、食台和工具等的消毒工作，抑制病原滋生；日常管理中要掌握好投饲量，避免投喂过量污染水质。细菌性疾病发生后，养殖水体可用生石灰或国标渔用含氯、含碘消毒剂消毒，结合氟苯尼考、强力霉素等国标渔用抗生素药物内服治疗。

2. 海水鱼类　做好池塘/网箱的消毒工作，饲料中适当添加多维，增加免疫力。密切注意台风，预防台风造成鱼体擦伤、破网逃逸等。出现内脏白点病可拌料服用强力霉素等抗菌药物治疗；细菌性疾病可用氟苯尼考等国标渔用抗生素拌饲料投喂；发现病、死鱼要及时清除。

3. 虾类　养殖期间保持良好水质，使用无污染和不带病毒的水源。2018 年 WSSV 检出率增加，需引起防范，可在对虾饲料中定期添加免疫增强剂和维生素 C，增强虾苗免疫力和抗病毒力。加强巡塘，多观察，发现池水变色要及时调控，特别是暴雨天气要防止水质突变。对于一些达到商品规格的对虾，应及时捕捞上市，保持养殖池内合理的密度，促进对虾生长。

4. 海水蟹类　及时排除上层低盐水更换新鲜海水，保持海水盐度在适宜范围和相对稳定。定期用生石灰或漂白粉消毒，投喂优质饲料，可在饲料中添加蟹用多维、三黄粉等增强抗病能力。尽量减少环境突变、污染以及人为的各种操作等原因可能对养殖蟹造成的应激反应。

5. 鳖　做好日常消毒和水质调节工作；注意投喂新鲜饲料，控制投饲量，避免污染水质。发生细菌性疾病，水体用二氧化氯消毒，同时，在饲料中投放药物氟苯尼考和维生素 C。

2018年安徽省水生动物病情分析

安徽省水产技术推广总站

（魏泽能）

一、水生动物病情测报基本情况

全省15个市46个县、区建立135个监测测报点，测报面积38.9万亩。测报养殖品种12个，为草鱼、白鲢、鲫、鲤、团头鲂、斑点叉尾鮰、黄颡鱼、鳜、黄鳝、河蟹、日本沼虾、中华鳖。测报病种24种，其中，细菌性疾病占62.1%，寄生虫病占22.3%，真菌性和病毒性疾病分别占6.2%和9.4%。病毒性疾病发病率上升1.5个百分点，细菌性疾病上升1.4个百分点，寄生虫和真菌性疾病发病率下降1.6个百分点，真菌性疾病下降1.3个百分点。

细菌性疾病造成养殖水生动物的死亡占总死亡率68.4%，依次是病毒性、寄生虫和真菌性疾病，死亡率分别占16.2%、10.6%、4.8%。

养殖水生动物年度平均死亡率，分别为草鱼19.8%、鲫11.7%、鲢10.3%、团头鲂9.2%、克氏原螯虾13.7%、中华绒螯蟹2.3%、中华鳖9.6%。

二、主要养殖品种的发病情况

1. 草鱼疾病　草鱼是全省养殖的主要品种，养殖量最大，2018年产量35.2万吨，占养殖鱼类产量的22%。全年发生草鱼疾病8种，其中，草鱼病毒性疾病1种、细菌性疾病3种、真菌性疾病1种、寄生虫病3种，图1可以直观看出草鱼疾病发生率、死亡率的月度变化趋势。5月，草鱼各种疾病发病率之和达26.1%；6月，草鱼各种疾病发病率之和达38.7%；7月，草鱼各种疾病发病率之和达39.3%；8月的发病率最高，各种疾病发病率之和达73.4%。8月草鱼死亡率也最高，达8.9%（图1）。

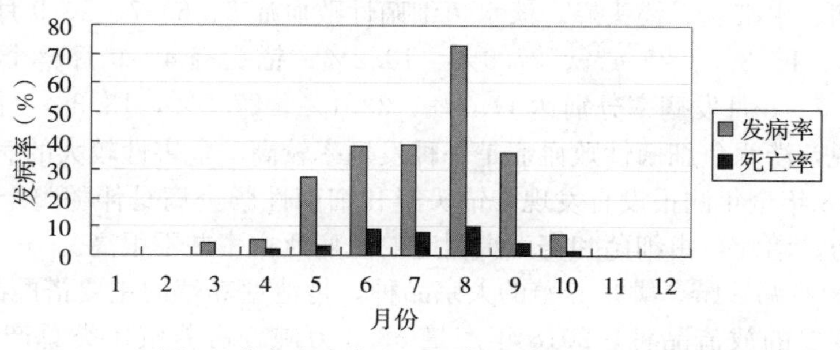

图1　草鱼发病率和死亡率（%）月度走势

在草鱼发生所有的疫病当中，以草鱼出血病和淡水鱼细菌性败血症的发病率和死亡率为最高，危害性最大；细菌性烂鳃病、肠炎病、赤皮病次之；寄生虫病再次之。但在发病高峰期，常见到的是并发症，即1条病死鱼体上能见到多种症状，既有淡水鱼细菌性败血症症状，又有烂鳃病、赤皮病或（和）寄生虫病等症状，实验室内也能分离出多种病原体。

草鱼的淡水鱼细菌性败血症和草鱼“三病”仍然是草鱼的主要流行病，几乎贯穿整个养殖过程。其中，5～8月发病率分别达到9.6%、12.4%、17.3%和30.9%；“三病”的发病率分别达11.5%、13.1%、12.8%、24.8%（图2、图3）。

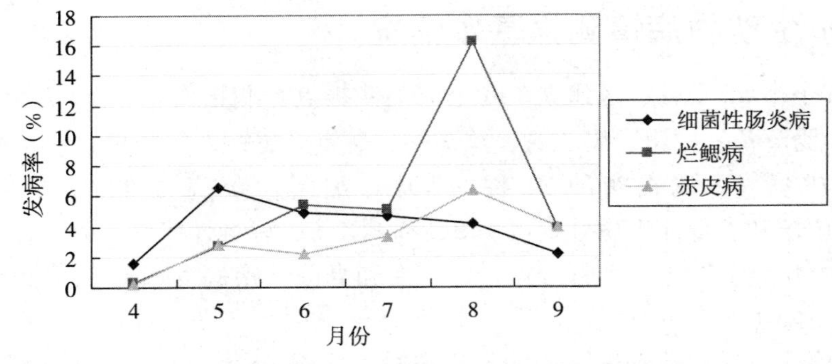

图2 草鱼“三病”月度发病率折线

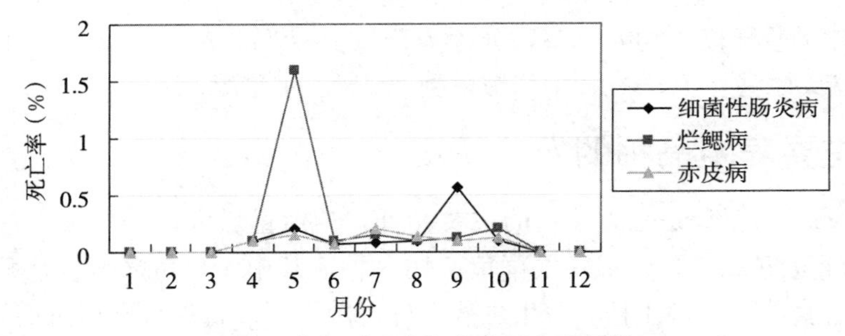

图3 草鱼“三病”月度死亡率折线

2. 鲫疾病 鲫是全省广泛养殖的品种，2018年产量18.7万吨，占养殖鱼类总产量11.7%。测报统计，4～9月均有疫病发生，主要疫病4种，为淡水鱼细菌性败血症、细菌性肠炎病、水霉病、锚头鳋。淡水鱼细菌性败血症5、6、7、8、9月均有发生，发病率为5.1%、15.3%、25.4%、27.9%、13.2%；锚头鳋4～9月整个生长季节均有发病，5、6、7、8月发病率分别达17.7%、23.1%、27.2%，13.3%（图4）。

对鲫来说，淡水鱼细菌性败血症是一种发病率较高、危害性较大的病种，鲫造血器官坏死症2018年全年测报没有发现。锚头鳋和细菌性肠炎病是伴随整个养殖季节的疫病，积极预防、治疗，由细菌和寄生虫引起的鱼病死亡率并不很高。

3. 鲢、鳙疾病 鲢、鳙是养殖的大宗品种，是池塘养殖的主要搭配品种，是河流、湖泊、水库主要的放流品种，2018年产量58.3万吨，占养殖鱼类总产量36.4%。其中，鳙占鲢、鳙总产量的71.5%。鲢、鳙发生疫病6种，主要危害鲢的为淡水鱼细菌

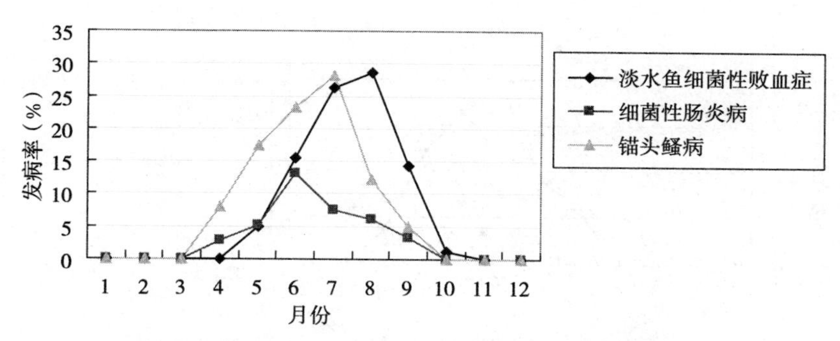

图 4　鲫寄生虫、细菌性疾病月度平均发病率折线

性败血症、锚头鳋病、中华鳋病、水霉病、打印病，危害较大的淡水鱼细菌性败血症，6、7、8、9 月发病率最高（图 5、图 6）。

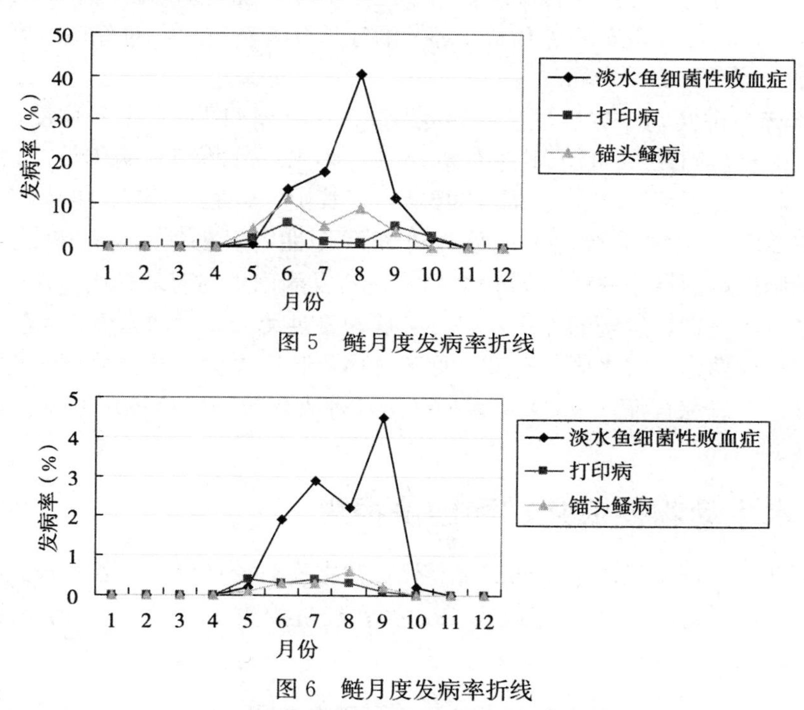

图 5　鲢月度发病率折线

图 6　鲢月度发病率折线

4. *斑点叉尾鮰疾病*　斑点叉尾鮰是全省池塘养殖加工的重要品种，引进国内养殖已 25 年以上，2018 年全省养殖产量 2.13 万吨。测报疫病 6 种，为淡水鱼细菌性败血症、鮰类肠败血症、腐皮病、烂尾病、套肠病、打印病。最为严重的疾病为淡水鱼细菌性败血症、鮰类肠败血症、烂尾病、打印病，3 月开始一直到 10 月底均有发病（图 7）。

5. *中华绒螯蟹疾病*　中华绒螯蟹是全省最为重视也最值得骄傲的养殖品种，池塘养殖中华绒螯蟹最为集中的地区是当涂县、无为县和宣州区，2018 年产量 15.12 万吨。测报病种 6 种，黑鳃综合征、烂肢病、肠炎病、腹水病、纤毛虫病、蜕壳不遂症，其中，细菌性病 4 种，寄生虫病 1 种。黑鳃综合征等细菌性疾病年发病率平均达 12.1%，

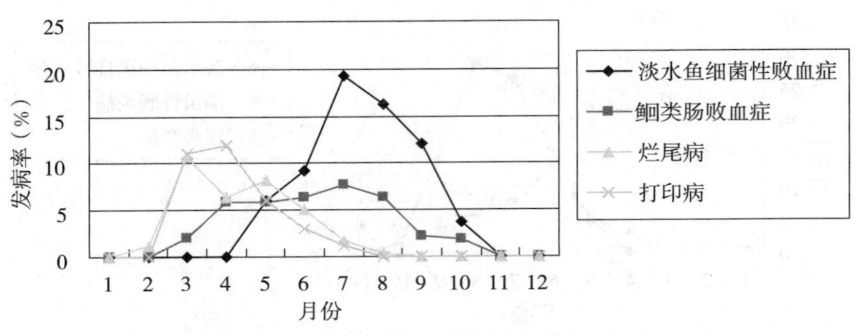

图 7 斑点叉尾鮰月度发病率折线

池塘养蟹 8 月发病率最高，平均发病率达 9.7%。

近年来，全省池塘养殖河蟹疾病发病率逐年下降，说明采用大池塘、种水草、移螺蛳、稀密度，保持良好生态环境和水体环境的池塘养蟹新技术，对降低河蟹发病率起到积极的作用。

6. 克氏原螯虾疫病　克氏原螯虾产量 15.7 万吨。《国家水生动物疫病监测计划》监测出白斑综合征阳性 28 例，阳性率 36.4%；小龙虾肝肠胞虫病阳性 20 例，阳性率 26%；虾虹彩病毒阳性 36 例，阳性率 46.8%。其中，合肥市 20 个样品检测到 4 例阳性，阳性率 20%；宣城市 20 个样品检测到 16 例阳性，阳性率 80%；来安县 20 个样品检测到 6 例阳性，阳性率 30%；淮南养殖户送检发病南美白对虾检出 2 例阳性。

据现场调查发现，发病的克氏原螯虾表现为螯足无力，行动迟缓，反应迟钝，静卧于水草表面或池塘边的浅水区。解剖可见肠壁薄，肠道无食，肝胰脏颜色变深、黑鳃并有污物，疑似白斑综合征（WSD）。采样送至江苏省水生动物疫控中心检测，均呈白斑综合征阳性。

三、水生动物疾病危害和经济损失

对全年测报的疫病发病率、死亡率、死亡数据进行统计分析，各测报点统计死亡水产品 1 126.3 万千克，较 2017 年减少 19.1%；经济损失 11 367.1 万元，较 2017 年下降 22.7%（表 1）。

表 1　全省监测点疫病损失情况统计

种类（测报）	年度平均死亡率（%）	死亡重量（万千克）	经济损失（万元）
草鱼	19.8	463.7	4 423.4
鲫	11.7	173.3	2 085.4
鲢、鳙	10.3	422.3	2 409.6
团头鲂	9.2	37.7	470.9
斑点叉尾鮰		0.5	6.5
中华绒螯蟹	2.3	7.1	840.7

（续）

种类（测报）	年度平均死亡率（%）	死亡重量（万千克）	经济损失（万元）
克氏原螯虾	3.1	13.7	296.6
黄鳝		0.4	26.7
中华鳖	9.6	7.6	807.3
总计		1 126.3	11 367.1

其中，草鱼病害损失最大，损失量占损失总量的 41.8%，损失额占损失总额的 37.2%；鲫损失量占 16.8%，损失额占 23.9%；鲢、鳙占 31.2%、20.6%；中华绒螯蟹占 0.8%、10.3%。据此测算，全省养殖水生动物年因病害死亡量为 2.55 万吨，经济损失额 2.5 亿元左右。加上龟鳖、黑鱼、黄鳝、泥鳅、日本沼虾等养殖品种发生疫病的死亡量，全省养殖水生动物因疫病死亡，全年经济损失额应在 3.0 亿元左右。

四、采取的主要防控措施

1. 做好预警预报及诊疗服务　4～10 月县级站发布预警预报 378 份，市级站发布预警预报 120 份，省级发布预警预报 7 份，提醒水生动物病害关注区域和品种，提出预防措施。

2. 强化技术培训和规范用药管理　利用新型农民职业培训，共举办各类病害防治技术培训班 53 次，提高技术人员、养殖企业的病害诊断和防治水平。推进水生动物病防工作和规范用药宣传，推动测菌用药工作的开展，推广应用水生动物免疫技术，如草鱼病毒性疾病四联疫苗、口服疫苗、常规鱼类暴发性疾病、斑点叉尾鮰重大疾病、中华鳖重大疾病疫苗及接种技术应用。

3. 进行标准化养殖、用药减量行动试验示范　持续推动池塘生态改造（稻田），推广绿色养殖技术，放养注射疫苗免疫良种，使用生物-生态组合模式净化水质，应用微生物制剂调节水质，控制疾病发生，降低疾病发生风险，采用药敏试验结果指导科学和精准用药。

4. 推动养殖过程标精细化管理　推动从苗种检疫、养殖水质监测、养殖容量控制、病害综合防治、投入品质量和产品质量检测、尾水净化等清洁生产精细管理，建立水产养殖、用药、销售三项纪录，从源头预防疾病放生。

五、发病趋势分析或研判

草鱼疾病包括草鱼出血病、淡水鱼出血败血症、草鱼“三病”依然严重；鲫的淡水鱼细菌性败血症会继续严重发生，鲫造血器官坏死症影响危害范围在缩小，2018 年全年没有出现该病；克氏原螯虾白斑综合征阳性出现率显上升趋势，发病率和死亡率却在下降，值得关注；中华绒螯蟹的疾病逐年下降。随着人工颗粒饲料喂养大口黑鲈、黄颡鱼技术的突破，养殖量和养殖密度逐年加大，较为严重的细菌、寄生虫性烂鳃等也会随之而来，有时会造成鱼种和成鱼的重大损失；斑点叉尾鮰国内市场平稳，养殖量逐渐稳定，病毒性疾病以及鮰类肠败血症有所下降；鳖病毒病，早春、晚秋季节的细菌性疾病，也将继续危害鳖的养殖生产。

六、水产养殖病防服务工作建议

1. 持续推动县级试验室能力建设　按照《全省水生动物防疫站建设规划》，强化省、县级实验室硬件、软件建设和检测能力监督考核，以县级病害防治站为基础，建设好县级病害检测实验室，发挥其在疫病防控体系中的核心作用。

2. 做好病防测信息服务　利用病害远程诊断服务网、微信等手段，收集发布的渔业环境、养殖生产、投入品质量、病害监测诊断结果等信息，利用病情测报历史数据进行病害预警预报，提出防治措施，使养殖户积极预防。

2018年福建省水生动植物病情分析

福建省水产技术推广总站

（廖碧钗　王　凡　孙敏秋　林国清）

一、水产养殖动植物病害发生总体情况

2018年，福建省重点围绕渔业“十大特色品种超百亿全产业链”，对全省水产养殖动植物测报点和测报品种进行全面调整，全省9个地市53个县（区、市）共设立176个测报点，测报品种为十大福建省特色品种及大宗养殖品种草鱼、罗非鱼等（表1），测报面积约3万亩（表2）。

2018年，共监测到发病品种12种（表3），监测到水产养殖动物病害39种，其中，病毒性疾病7种，细菌性疾病14种，寄生虫性疾病9种，真菌性疾病1种，非病原性疾病4种，其他类病害4种（表4）。39种病害中，病毒性疾病占17.95%，细菌性疾病占35.90%，寄生虫性疾病占23.07%，真菌性疾病占2.56%，非病原性疾病占10.26%，其他类病害占10.26%（图1）。据不完全统计，测报区域养殖种类因病害造成的直接经济损失为1 590.58万元（表5）。

表1　2018年福建省测报的养殖品种

类　别	养殖品种	数量
鱼　类	草鱼、鳗鲡、罗非鱼、倒刺鲃、大黄鱼、石斑鱼、河鲀	7
虾　类	南美白对虾	1
贝　类	鲍、牡蛎	2
藻　类	紫菜、海带	2
棘皮类	海参	1
合　计		13

表2　2018年福建省测报点总体情况

测报站	测报品种	测报面积（亩）	测报点（个）
福州市	鳗鲡、南美白对虾、鲍、海带	7 078	26
厦门市	南美白对虾、石斑鱼	111	6
宁德市	大黄鱼、紫菜、海带、海参	1 950	24
莆田市	南美白对虾、鲍、牡蛎	686	11

（续）

测报站	测 报 品 种	测报面积（亩）	测报点（个）
漳州市	罗非鱼、石斑鱼、河鲀、南美白对虾、鲍、牡蛎	6 517	25
泉州市	鲍、牡蛎、紫菜	4 728	15
南平市	草鱼、鳗鲡	2 218	20
三明市	草鱼、鳗鲡	3 543	19
龙岩市	草鱼、鳗鲡、倒刺鲃	2 454	30
合　计		29 285	176

表 3　2018 年福建省监测到的水产养殖发病品种

类　别	养 殖 品 种	数 量
鱼　类	草鱼、鳗鲡、罗非鱼、倒刺鲃、大黄鱼、石斑鱼、河鲀	7
虾　类	南美白对虾	1
贝　类	鲍、牡蛎	2
藻　类	海带	1
棘皮类	海参	1
合　计		12

表 4　2018 年福建省监测到的各养殖种类病害分类汇总

类　别		鱼　类	虾　类	贝　类	藻　类	棘皮类	合　计
疾病性质	病毒性疾病	4	3	0	0	0	7
	细菌性疾病	8	4	2	0	0	14
	寄生虫性疾病	8	1	0	0	0	9
	真菌性疾病	1	0	0	0	0	1
	非病原性疾病	3	0	0	1	0	4
	其　他	1	1	1	0	1	4
合　计		25	9	3	1	1	39

表 5　2018 年福建省各测报品种养殖病害损失情况

类　别	鱼　类	虾　类	贝　类	藻　类	棘皮类	合 计
损失额（万元）	402.05	706.60	480.93	0.50	0.50	1 590.58
损失率（%）	25.28	44.42	30.24	0.03	0.03	100

注：损失率是养殖品种全年的经济损失额占总经济损失额的比例。

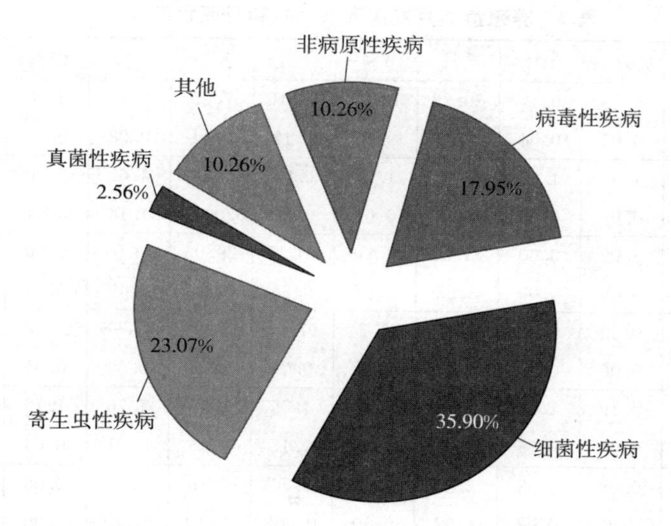

图1 福建省水产养殖动植物各种病害比率

二、养殖鱼类病害

（一）总体情况

2018年，养殖鱼类总监测面积11 175亩。监测到鱼类病害25种，其中，病毒性疾病4种，细菌性疾病8种，寄生虫性疾病8种，真菌性疾病1种，非病原性疾病3种，其他类病害1种（表6）。

各养殖品种中，月发病率均值较高的有倒刺鲃、河鲀、罗非鱼、草鱼，均达到10%以上，其中，倒刺鲃高达47.65%；月死亡率均值达1%以上的品种只有罗非鱼（表7）。

表6 养殖鱼类病害汇总

类 别	病 名	数量
病毒性疾病	草鱼出血病、脱黏败血综合征、大黄鱼白鳃症、病毒性神经坏死病	4
细菌性疾病	淡水鱼细菌性败血症、溃疡病、烂鳃病、赤皮病、细菌性肠炎病、链球菌病、烂尾病、大黄鱼内脏白点病	8
真菌性疾病	水霉病	1
寄生虫性疾病	小瓜虫病、指环虫病、车轮虫病、锚头鳋病、斜管虫病、鲺病、刺激隐核虫病、三代虫病	8
非病原性疾病	缺氧症、氨中毒症、肝胆综合征	3
其 他	不明病因疾病	1
合 计		25

表 7 养殖鱼类月发病率（%）和月死亡率（%）

品种	类别	1～3月	4月	5月	6月	7月	8月	9月	10月	11～12月	月均值
草鱼	发病率	9.33	9.44	30.78	18.38	13.16	7.25	5.84	3.90	0.32	10.93
	死亡率	0.04	0.04	0.06	0.10	0.12	0.11	0.08	0.01	0.001	0.06
鳗鲡	发病率	1.59	1.59	1.68	1.74	0.99	0.70	4.60	2.20	0.50	1.73
	死亡率	0.07	0.06	0.02	0.01	0.00	0.000 4	1.14	0.04	0.000 3	0.15
罗非鱼	发病率	0.00	0.00	11.56	15.38	30.15	29.05	14.97	0.00	0.00	11.23
	死亡率	0.00	0.00	3.53	3.57	9.36	4.36	1.49	0.00	0.00	2.48
倒刺鲃	发病率	0.00	0.18	0.00	36.74	97.98	97.98	97.98	97.98	0.00	47.65
	死亡率	0.00	0.24	0.00	0.05	0.00	0.00	0.00	0.00	0.00	0.03
大黄鱼	发病率	3.19	1.24	2.03	3.67	4.55	1.45	1.76	1.75	0.48	2.24
	死亡率	0.04	0.16	0.34	0.29	0.16	0.06	0.01	0.04	0.01	0.12
石斑鱼	发病率	0.08	2.53	2.21	0.08	3.70	2.86	3.01	0.00	0.00	1.61
	死亡率	0.000 2	0.02	1.07	0.00	0.002	0.001	0.001	0.00	0.00	0.12
河鲀	发病率	—	—	100	53.33	0.00	0.00	0.00	39.05	0.00	27.48
	死亡率	—	—	2.00	0.95	0.00	0.00	0.00	2.00	0.00	0.71

注：月发病率均值＝监测期月发病面积总和÷监测期月监测面积总和×100%；月死亡率均值＝监测期月死亡尾数总和÷监测期月监测尾数总和×100%；“—”表示当月无监测。

（二）主要养殖鱼类病害发病情况

1. 草鱼　监测时间为1～12月，监测面积7 592亩。监测到疾病17种，其中，病毒性疾病1种、细菌性疾病5种、寄生虫性疾病6种、真菌性疾病1种，另有非病原性疾病和其他类病害4种。平均月发病率和死亡率分别为10.93%和0.06%，与2017年相比，平均月发病率上升了7.29%，平均月死亡率相当。

从总体来看，草鱼月发病率5月最高，为30.78%；6月次之，为18.38%；11～12月最低，为0.32%。月死亡率7月最高，为0.12%；8月次之，为0.11%；11～12月最低，为0.001%（图2）。监测到的疾病主要有草鱼出血病、细菌性败血症、烂鳃病、赤皮病、肠炎病、小瓜虫病、指环虫病、车轮虫病和水霉病等。

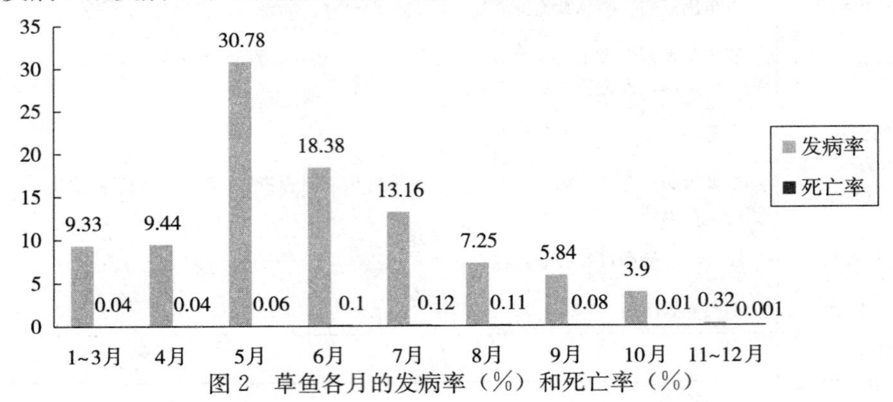

图2 草鱼各月的发病率（%）和死亡率（%）

2. 鳗鲡　监测时间为1～12月，监测面积880亩。监测到疾病8种，其中，病毒性疾病1种、细菌性疾病4种、寄生虫性疾病3种。平均月发病率和死亡率分别为1.73%和0.15%，与2017年相比，平均月发病率下降了14.65%，平均月死亡率相当。

从总体来看，鳗鲡月发病率9月最高，为4.60%；10月次之，为2.20%；11～12月最低，为0.50%。月死亡率9月最高，为1.14%；1～3月次之，为0.07%；7月最低，未引起死亡（图3）。监测到的疾病主要有脱黏败血综合征、溃疡病、烂鳃病、肠炎病、烂尾病、小瓜虫病、指环虫病和车轮虫病等。

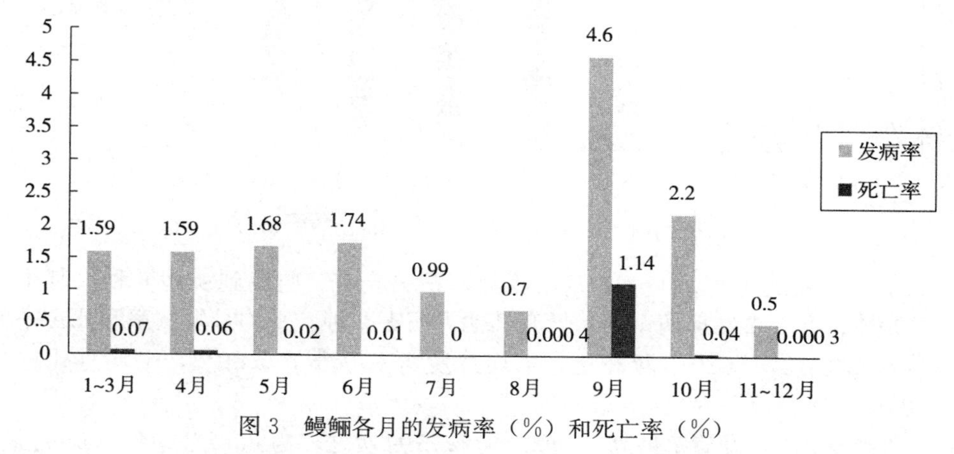

图3　鳗鲡各月的发病率（%）和死亡率（%）

3. 罗非鱼　监测时间为1～12月，监测面积995亩。监测到链球菌病和烂鳃病。平均月发病率和死亡率分别为11.23%和2.48%，与2017年相比，平均月发病率和死亡率分别上升了2.14%和0.54%。

5～9月都有监测到链球菌病。月发病率最高的是7月，为30.15%；8月次之，为29.05%。月死亡率最高的也是7月，为9.36%；8月次之，为4.36%（图4）。

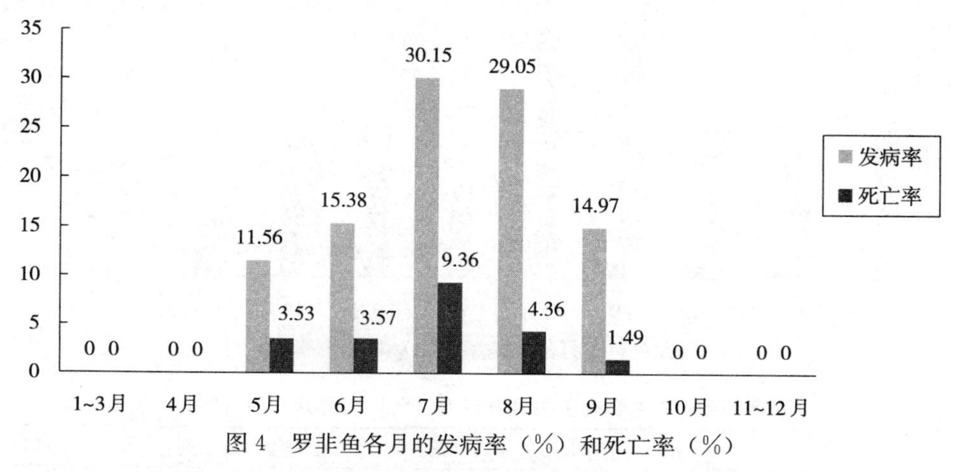

图4　罗非鱼各月的发病率（%）和死亡率（%）

4. 倒刺鲃　监测时间为1～12月，监测面积82亩。监测到赤皮病、烂鳃病和锚头鳋病。平均月发病率和死亡率分别为47.64%和0.03%，与2017年相比，平均月发病率大幅上升，这是由于 7～10 月监测到赤皮病和锚头鳋病高发，月发病率均为 97.98%，但未引起死亡（图 5）。

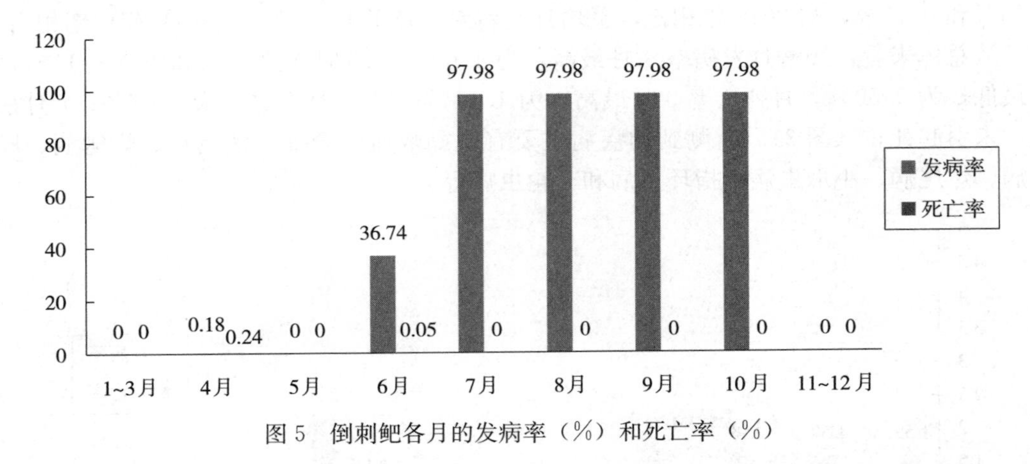

图 5　倒刺鲃各月的发病率（%）和死亡率（%）

5. **大黄鱼**　监测时间为 1～12 月，监测面积 735 亩。监测到疾病 6 种，其中，细菌性疾病 3 种、寄生虫性疾病 1 种，另有其他类病害 2 种。平均月发病率和死亡率分别为 2.21%和 0.12%，与 2017 年相比，平均月发病率上升了 0.20%，平均月死亡率下降了 0.02%。

从总体来看，7 月发病率最高，为 4.56%；6 月次之，为 3.67%；11～12 月最低，为 0.48%。5 月死亡率最高，为 0.34%；6 月次之，为 0.29%；11～12 月最低，为 0.01%（图 6）。监测到的疾病主要有溃疡病、白鳃症、内脏白点病和刺激隐核虫病等。主要病害的发病率、死亡率如表 8 所示。

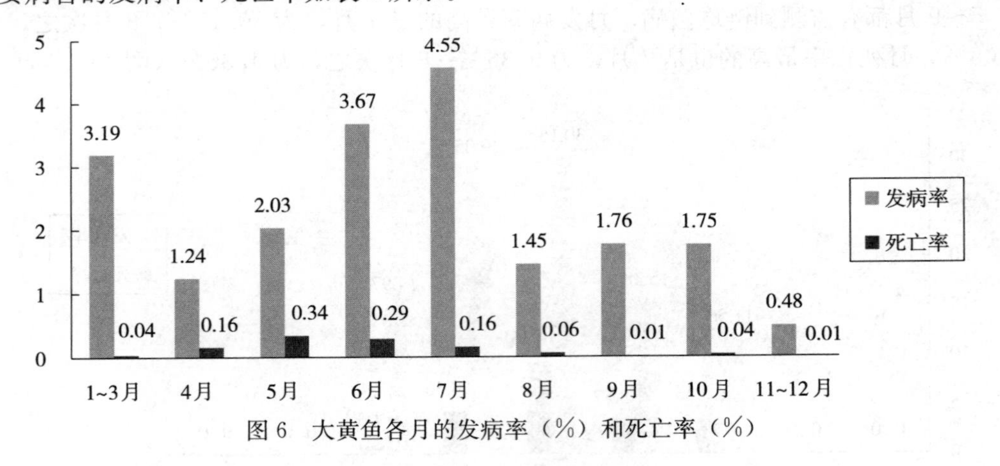

图 6　大黄鱼各月的发病率（%）和死亡率（%）

表 8　大黄鱼主要病害的月发病率（%）和月死亡率（%）

病 名	类 别	1～3 月	4 月	5 月	6 月	7 月	8 月	9 月	10 月	11～12 月
白鳃症	发病率				1.22	0.75	0.68	1.41		
	死亡率				0.23	0.1	0.03	0.01		

（续）

病 名	类 别	1～3 月	4 月	5 月	6 月	7 月	8 月	9 月	10 月	11～12 月
内脏白点病	发病率	2.29	0.95	1.01						
	死亡率	0.02	0.12	0.02						
刺激隐核虫病	发病率				2.45	2.31				
	死亡率				0.06	0.03				
溃疡病	发病率	0.64	0.29	1.02			0.54	0.05	1.61	0.48
	死亡率	0.01	0.04	0.32			0.02	0.001	0.03	0.01

大黄鱼主要病害的发病情况（图 7、图 8）：

白鳃症：流行于 6～9 月。9 月发病率最高，为 1.41%；6 月次之，为 1.22%。6 月死亡率最高，为 0.23%；7 月次之，为 0.10%。

内脏白点病：流行于 1～5 月，在流行季节各养殖区均有少量发生，但总体病情较 2017 年有所缓轻。1～3 月发病率最高，为 2.29%；5 月次之，为 1.01%。4 月死亡率最高，为 0.12%；1～3 月和 5 月均为 0.02%。

刺激隐核虫病：流行于 6～7 月。6 月发病率最高，为 2.45%；7 月为 2.31%。6 月死亡率最高，为 0.06%；7 月为 0.03%。

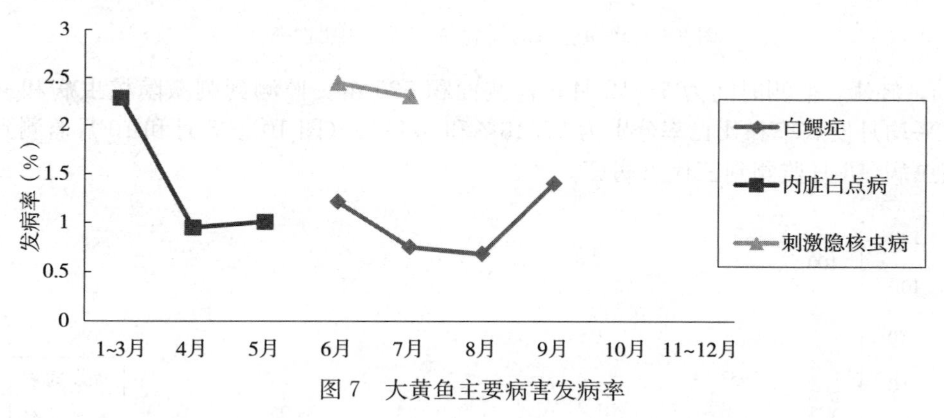

图 7 大黄鱼主要病害发病率

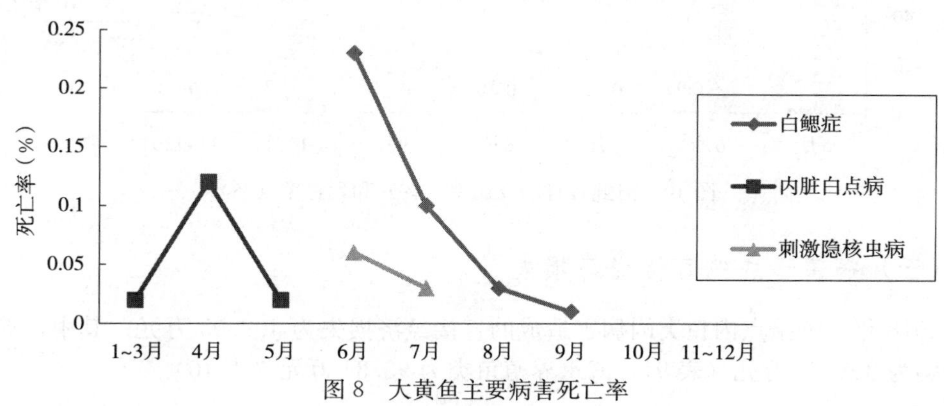

图 8 大黄鱼主要病害死亡率

6. 石斑鱼　监测时间为1～12月，监测面积366亩。监测到疾病6种，其中，病毒性疾病1种、细菌性疾病2种、寄生虫性疾病1种，另有非病原性疾病和其他类病害2种。平均月发病率和死亡率分别为1.61%和0.12%，与2017年相比，平均月发病率上升了0.26%，平均月死亡率下降了0.11%。

从总体来看，石斑鱼发病率7月最高，为3.70%；9月次之，为3.01%；10～12月未监测到病害。5月死亡率最高，为1.07%；4月次之，为0.02%（图9）。监测到的疾病主要有病毒性神经坏死病、肠炎病和车轮虫病等。

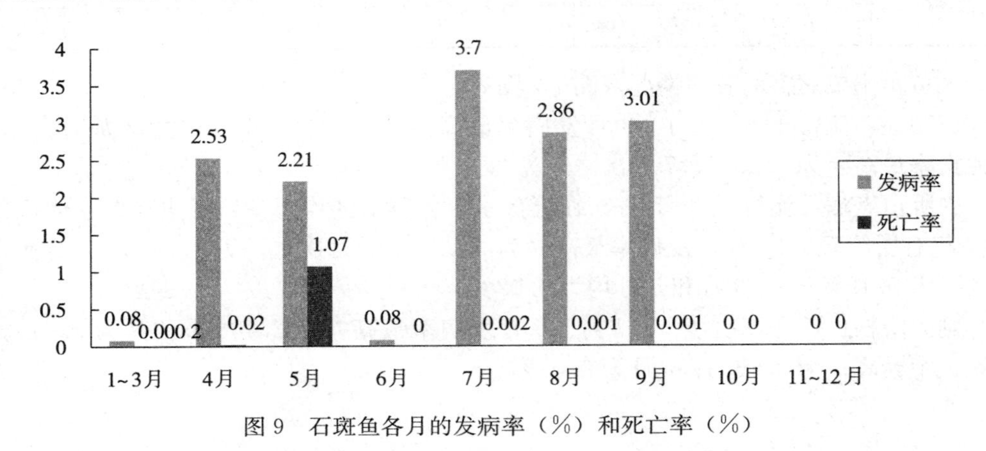

图9　石斑鱼各月的发病率（%）和死亡率（%）

7. 河鲀　监测时间为5～12月，监测面积525亩。监测到刺激隐核虫病和三代虫病。平均月发病率和死亡率分别为27.48%和0.71%（图10）。5月和10月监测到刺激隐核虫病，6月监测到三代虫病。

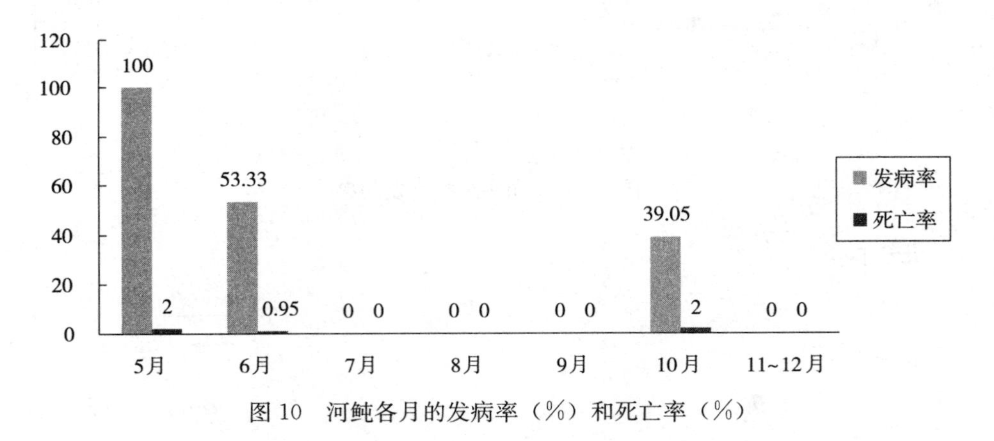

图10　河鲀各月的发病率（%）和死亡率（%）

（三）病害造成的直接经济损失

2018年，测报点内鱼类因病害造成的直接经济损失为402.05万元。其中，淡水养殖鱼类为308.71万元（表9），海水养殖鱼类为93.34万元（表10）。

表9　2018年福建省水产养殖淡水鱼类病害经济损失情况

品　种	草鱼	鳗鲡	罗非鱼	倒刺鲃	合计
损失额（万元）	61.99	188.36	58.21	0.15	308.71

表10　2018年福建省水产养殖海水鱼类病害经济损失情况

品　种	大黄鱼	石斑鱼	河鲀	合计
损失额（万元）	64.13	18.01	11.20	93.34

三、养殖虾类病害

（一）发病情况

2018年养殖虾类为南美白对虾，监测时间为1～12月，监测面积4 417亩。监测到病害9种，其中，病毒性疾病3种、细菌性疾病4种、寄生虫性疾病1种、不明病因疾病1种。平均月发病率和死亡率分别为8.05%和1.17%，与2017年相比，平均月发病率上升了2.56%，平均月死亡率下降了0.16%（表11）。

总体来看，南美白对虾发病率9月最高，为16.22%；7月次之，为10.82%；1～3月最低，为2.05%。5月死亡率最高，为4.39%；6月次之，为2.93%；1～3月最低，为0.25%（图11）。监测到的疾病主要有白斑综合征、传染性皮下和造血器官坏死病、偷死野田村病毒病、急性肝胰腺坏死病、肠道细菌病、弧菌病、肝肠胞虫病等。

表11　养殖虾类月发病率（%）和月死亡率（%）

品　种	类别	1～3月	4月	5月	6月	7月	8月	9月	10月	11～12月	月均值
南美白对虾	发病率	2.05	3.37	9.57	9.82	10.82	7.58	16.22	9.51	3.49	8.05
	死亡率	0.25	0.28	4.39	2.93	0.59	0.37	0.65	0.69	0.36	1.17

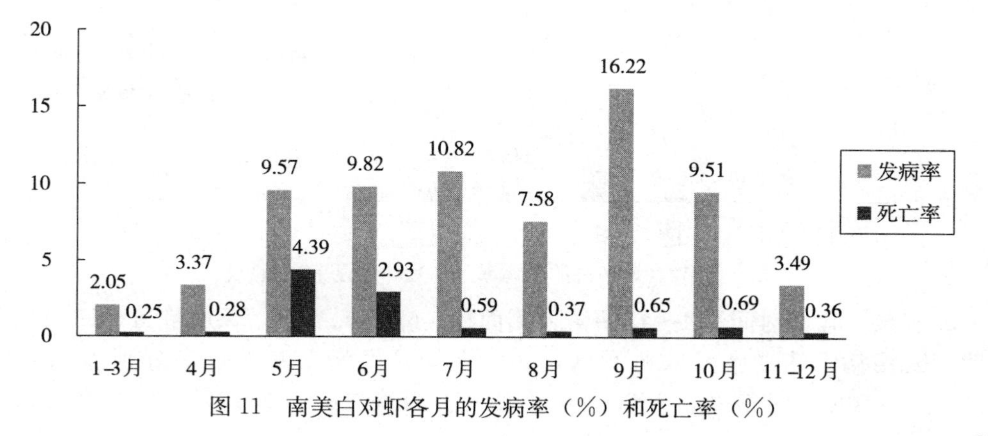

图11　南美白对虾各月的发病率（%）和死亡率（%）

（二）病害造成的直接经济损失

2018 年，测报点南美白对虾因病害造成的直接经济损失为 706.60 万元。

四、养殖贝类病害

（一）总体情况

2018 年，养殖贝类总监测面积 6 960 亩。监测到鲍脓疱病、鲍弧菌病和不明病因疾病。月发病率和死亡率见表 12。

表 12　养殖贝类月发病率（%）和月死亡率（%）

品　种	类　别	1～3 月	4 月	5 月	6 月	7 月	8 月	9 月	10 月	11～12 月	月均值
鲍	发病率	0.00	18.13	24.96	43.17	42.56	21.08	44.6	20.85	3.07	24.27
	死亡率	0.00	0.14	0.86	7.06	4.02	2.37	3.66	2.27	0.12	2.28
牡　蛎	发病率	0.00	1.26	0.00	0.00	0.00	7.09	0.00	0.00	2.13	1.16
	死亡率	0.00	0.00	0.00	0.00	0.00	0.05	0.00	0.00	1.15	0.13

（二）主要养殖贝类病害发病情况

1. 鲍　监测时间为 1～12 月，监测面积 1 322 亩。监测到鲍脓疱病、鲍弧菌病和不明病因疾病。平均月发病率和死亡率分别为 24.27%和 2.28%，与 2017 年相比，平均月发病率和死亡率分别上升了 14.77%和 1.18%

从总体来看，鲍发病率 9 月最高，为 44.60%；6 月次之，为 43.17%；1～3 月未发病。死亡率最高的是 6 月，为 7.06%；7 月次之，为 4.02%；1～3 月未引起死亡（图 12）。

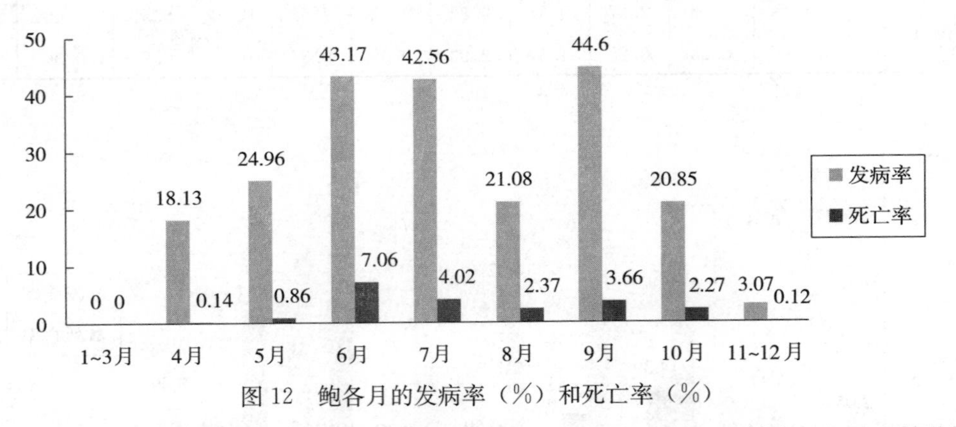

图 12　鲍各月的发病率（%）和死亡率（%）

2. 牡蛎　监测时间为 1～12 月，监测面积 5 638 亩。4 月、8 月和 11～12 月监测到不明病因疾病，其余各月未监测到病害。平均月发病率和死亡率分别为 1.16%和 0.13%。发病率 8 月最高，为 7.09%；11～12 月次之，为 2.13%。死亡率最高的是

11～12月，为1.15%；8月次之，为0.05%（图13）。

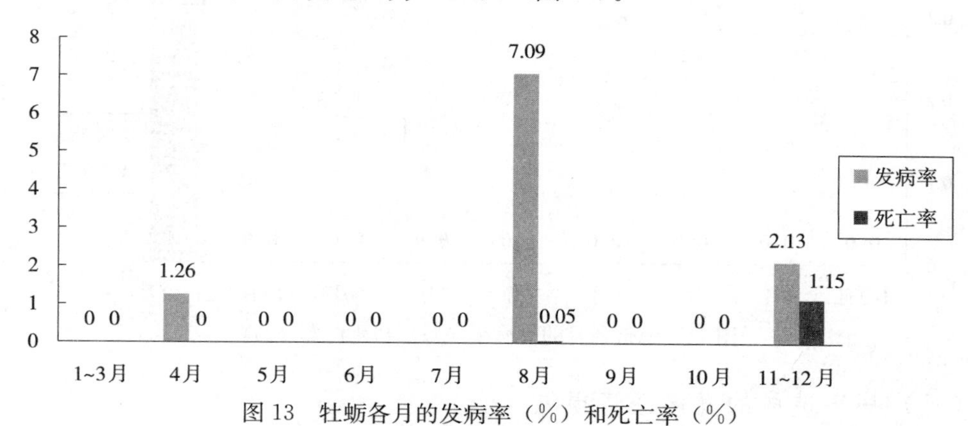

图13　牡蛎各月的发病率（%）和死亡率（%）

（三）病害造成的直接经济损失

2018年，测报点养殖贝类因病害造成的直接经济损失为480.93万元。其中，鲍471.83万元，牡蛎9.10万元。

五、养殖藻类病害

（一）总体情况

2018年，养殖藻类总监测面积6 643亩。只监测到海带“脱苗、烂苗”病。月发病率和死亡率见表13。

表13　养殖藻类月发病率（%）和月死亡率（%）

品　种	类　别	1～3月	4月	5月	6月	7月	8月	9月	10月	11～12月	月均值
紫　菜	发病率	0.00	0.00	0.00	0.00	0.00	0.00	0.00	0.00	0.00	0.00
	死亡率	0.00	0.00	0.00	0.00	0.00	0.00	0.00	0.00	0.00	0.00
海　带	发病率	0.00	0.00	0.00	—	—	—	—	—	0.29	0.07
	死亡率	0.00	0.00	0.00	—	—	—	—	—	0.25	0.06

注：“—”表示当月无监测。

（二）主要养殖藻类病害发病情况

1. 紫菜　监测时间为1～12月，监测面积1 450亩。2018年测报点未发现较明显的病害情况。

2. 海带　监测时间为1～5月和11～12月，监测面积5 193亩。在11～12月监测到“脱苗、烂苗”病，平均月发病率和死亡率分别为0.07%和0.06%（图14）。

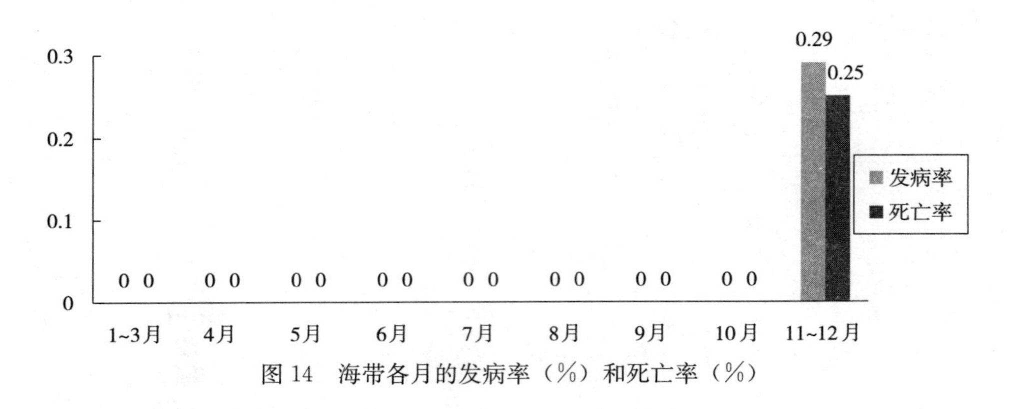

图 14　海带各月的发病率（%）和死亡率（%）

（三）病害造成的直接经济损失

2018 年，测报点养殖藻类因病害造成的直接经济损失为 0.50 万元。其中，紫菜未引起损失。

六、养殖棘皮类病害

（一）发病情况

2018 年，养殖棘皮类监测的品种是海参，监测时间为 11～12 月，监测面积 90 亩。在 11～12 月监测到不明病因疾病，发病率和死亡率分别为 1.67%和 0.02%（图 15）。

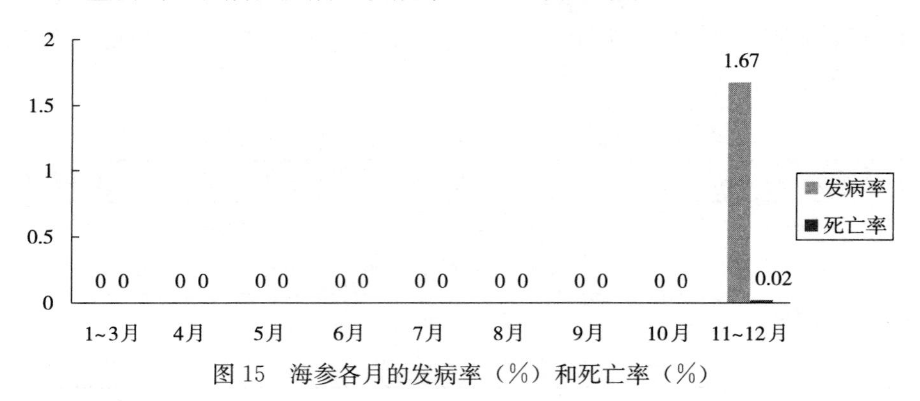

图 15　海参各月的发病率（%）和死亡率（%）

（二）病害造成的直接经济损失

2018 年，测报点养殖海参因病害造成的直接经济损失为 0.50 万元。

七、主要措施

1. 结合实际，对测报进行全面调整　2018 年，福建省重点围绕渔业“十大特色品种超百亿全产业链”，对全省病害测报点和测报品种进行全面调整，制定并下发《2018 年福建省水产养殖病情测报工作方案》。要求辖区内所有国家级或省级原良种场、苗种场，十大品种产业示范基地及农业农村部健康养殖示范场原则上需设为测报点；优先选择养殖规模较大的养殖场，农业农村部渔情信息采集点、现代渔业规模化养殖场等作为测报点；各市、县站依实际情况，可借助渔药店或鱼病诊所的信息优势，增建疾病测报联络点，并与测报点形成互补，达到跟踪重点养殖区的疾病动态目的，同时，为了提高测报点人员工作积极性，根据测报规模为每个测报点发放测报劳务费，并根据《水产养殖病害测报规范》要求的测报点标示牌格式，给176个测报点统一制作标示牌。

2. *举办培训班，提高测报队伍业务素质* 举办1期水产养殖病情测报及防控技术培训班，邀请全国水产技术推广总站和省内相关水产病害防控专家授课，对来自全省9个地级市和53个县的测报人员进行为期3天的技术培训。不仅让测报人员间加强了交流学习，也提高了水产养殖病情测报能力和病害防控技术水平。

3. *召开季度分析会，加强纵横联合* 为进一步做好全省水产养殖病害防控工作，分别于4月和8月组织重点养殖市、县的相关水技人员及各科研院所、教学单位的相关专家，召开2期水产养殖病害季度分析会。全面掌握全省阶段性的水产养殖病情，在促进水产养殖病害防控从业人员间的互助交流的同时，也便于病害预测报工作的顺利推进。

4. *加强疫病监测，开展科技推广服务* 2018年，全省继续开展农业农村部水生动物疫病监测，共设置疫病监测点100个，针对6个重点养殖品种的13种重大水生动物疫病开展监测，全年共抽样、检测样品590份。疫病高发期，加大现场指导力度，组织专家和技术人员到养殖一线进行对虾、石斑鱼、大黄鱼、鲍鱼等养殖品种的病情调查和现场指导50场次以上，面对面地指导养殖户进行病害预防控制。

5. *及时发布预测报信息，预警服务能力进一步提升* 每月测报报表通过信件发送至全国总站、各市、县水技站及科研院所，每月病情通报和预报都会及时在省局信息网上公布。同时通过微信群和手机短信平台等形式，第一时间向养殖户发布病害、高温、低温、台风、赤潮及灾后恢复生产技术措施，全年共发布预警信息32万条次。方便广大养殖单位和个人了解当前水产养殖病害发生和流行情况，提早预防和控制水生动物疾病，使测报工作真正服务于养殖生产者，服务于渔业生产。

八、2019年福建省水产养殖病害流行预测

1. *养殖鱼类* 淡水养殖鱼类仍可能以常规病害为主，其中，细菌性败血病、细菌性肠炎、烂鳃病、指环虫病、车轮虫病、小瓜虫病等的危害可能较大；海水养殖鱼类主要以大黄鱼刺激隐核虫病、内脏白点病和白鳃症为主。

2. *养殖虾类* 南美白对虾的白斑综合征、偷死野田村病毒病和肝肠胞虫病等，仍可能是该品种最大的危害。

3. *养殖贝类* 仍可能是以弧菌病、高温以及赤潮等环境因素引起的应激反应造成的死亡为主。

4. *养殖藻类* 主要以水质、温度和赤潮等环境因素引起的烂苗病为主。

5. *养殖棘皮类* 暴发性批量死亡病害发生的可能性较小。

2018年江西省水生动物病情分析

江西省水产技术推广站
江西省水生动物疫病监控中心
（田飞焱　刘文珍　欧阳敏）

一、基本情况

（一）重大、新发水生动物疫病专项监测

为及时掌握全省重大、新发水生动物疫病情况，提高疫病风险防控能力，避免发生区域性重大疫情，减少因水生动物疫病所造成的经济损失，按照《2018年国家水生动物疫病监测计划》要求，依据全省水产区域规划和渔业生产实际，省水产技术推广站制订了《2018年江西省水生动物疫病专项监测工作实施方案》。组织开展鲤春病毒血症、白斑综合征、草鱼出血病、锦鲤疱疹病毒病、鲫造血器官坏死病、鲤浮肿病、虾虹彩病毒病、虾肝肠胞虫病等8种重大、新发水生动物疫病的专项监测，共计140批样品。

（二）常规水生动物疾病病情测报

按照全国水产技术推广总站2018年水产养殖病情测报工作的总体要求，由江西省水产技术推广站牵头，制订《2018年江西省水产养殖病害测报工作实施方案》。利用全省30个县级防疫站建设项目，每个县设3～4个测报点，涵盖了全省国家级良种场和省级良种场等先进企业团队，共93个测报点。组成水生动物病情测报队伍，采用全国水产技术推广总站研发的“病情测报系统”软件进行实时上报，对草鱼、鲢、鳙、鲫、鮰、鲤、白鲳、鳊、鳗鲡、黄颡鱼、倒刺鲃、罗非鱼、鳜、泥鳅、黄鳝、中华鳖、河蚌、河蟹等18个品种开展了水产养殖病情测报工作。

二、监测结果与分析

2018年，全省开展了8种重大、新发水生动物疫病的专项监测和30个县、93个监测点的5 386.890 6公顷养殖水面的病情测报工作。根据病害监测的发病死亡率情况，以及全省的水产养殖产量和2018年江西省水产品零售价格行情的不完全统计、测算（防治病害所用的药物费用不计算在内），2018年全省水产养殖因疾病造成的直接经济损失为5.56亿元，与2017年（5.43亿元）相比大致相当。

（一）重大水生动物疫病疫情风险分析

按照《2018年国家水生动物疫病监测计划》要求，2018年全省开展了农业农村部《一、二、三类动物疫病病种名录》中的一类疫病鲤春病毒血症、白斑综合征；二类疫病草鱼出血病、锦鲤疱疹病毒病等4种重大水生动物疫病的专项疫病病原监测。

1. 鲤春病毒血症（SVC）　2018年共监测10个批次SVC样品，经检测结果均为阴性。2018年SVC监测点共计10个，来自全省5个县（市、区）的8个乡镇，涵盖国家级原良种场2个，省级原良种场1个，苗种场3个，成鱼养殖场4个；品种包括锦鲤、鲤、鲫。监测月份为10月，水温范围为17～20℃，养殖模式主要为池塘。

2005—2018年，从江西省69个县（区、市）的鲤科鱼类养殖场共采集586份样品（表1），用《鱼类检疫方法　第5部分：鲤春病毒血症病毒（SVCV）》（GB/T 15805.5—2008）监测鲤春病毒血症病毒（SVCV），以了解鲤春病毒血症的流行病学状况。持续14年的SVCV感染流行病学研究，共发现了23个鲤春病毒血症病毒（SVCV）分离株，阳性检出率为3.93%，阳性渔场分布区域较广，表明SVCV在江西省散在性分布；在锦鲤、鲤、草鱼、鲫中均检出SVCV，鲤科鱼类带毒较为广泛，χ^2检验表明，鲫的SVCV携带率显著高于鲤、草鱼，与锦鲤相当。说明在本地区除锦鲤外，鲫也是SVCV的高度易感种，发生该疫病的风险也较高。在江西省春、秋两季均能检测到阳性样品，春、秋季节与阳性检出率间无相关性，11～20℃的水温范围内有阳性样品检出。SVCV G基因部分序列的进化树分析显示，江西地区SVCV分离株与其他SVCV中国分离株、美国分离株同源性较高，均属于SVCV Ⅰa基因亚型。

2009年以前，江西省仅在南昌县发现SVCV；2010年起，陆续在全省其他渔区发现。SVCV存在省内近距离传播，分布点近些年也有所扩散，表明感染区域范围有逐渐扩大的趋势。SVCV主要是水平传播（带毒鱼、被污染的水、网具等）。江西省主要有赣江、抚河、信江、饶河、修河等五大水系，水流均最终汇入鄱阳湖及周边湖泊。我们主要监测江西省内水产养殖（苗种）场的养殖鲤科鱼类情况，尚未监测野生鱼类。从江西水系分布来看，全省主要水系通过鄱阳湖密切相连，一旦SVCV传染到河流内的野生鱼类，通过带毒鱼和病毒污染的水体传播，可能会加剧该病疫情在江西更大范围传播的风险。因此，为了降低SVC病原的传播和扩散风险，需要加强生物安保意识的宣传，提高渔民在养殖环节中对染疫对象的生物无害化处理意识，筑牢生物安全屏障。

表1　2005—2018年江西省水产养殖（苗种）场SVCV监测情况

年份	监测样品批次	阳性样品批次	阳性率（%）
2005	30	0	0
2006	30	0	0
2007	50	2	4

（续）

年份	监测样品批次	阳性样品批次	阳性率（%）
2008	44	0	0
2009	60	0	0
2010	52	4	7.69
2011	50	0	0
2012	50	4	8
2013	50	5	10
2014	40	3	7.5
2015	50	3	6
2016	50	2	4
2017	20	0	0
2018	10	0	0
合计	586	23	3.93

2. 白斑综合征（WSD）　2018 年监测 10 个批次，来自全省鄱阳湖周边 5 个县（市、区）的 8 个乡镇，品种均为克氏原螯虾，规格在 15～50 克，采样水温范围为29～30℃，采样 pH 为 6.5～7.2，检出阳性 3 例；监测点养殖模式主要为池塘养殖和稻虾共作。已有资料表明，克氏原螯虾白斑病发病高峰期在 5～6 月，2018 年抽检 WSD 的时间集中在 6 月中旬，共检出阳性 3 例，阳性率为 30%。

2017—2018 年，从全省 10 个县（区、市）的克氏原螯虾养殖场共采集 30 份样品（表 2），用《白斑综合征（WSD）诊断规程　第 2 部分：套式 PCR 检测法》（GB/T 28630.2—2012）监测白斑综合征病毒（WSSV），以了解江西省白斑综合征的流行病学状况。连续 2 年的监测均有阳性样品检出，阳性样品 8 批次，平均样品阳性率 26.67%。表明全省主要甲壳类养殖区（克氏原螯虾）有不同程度的 WSSV 感染，WSD 是威胁甲壳类养殖业的重要疫病。WSSV 的传播方式包括水平传播和垂直传播，小龙虾有残食同类的习性，这为 WSSV 的水平传播提供了重要的途径。非严格检疫的成虾作为亲虾进行育苗，是垂直传播的重要途径。不同育苗场来源的苗种交叉使用现象常见，一个地区、一个养殖场甚至是一个养殖池，常常会同时放养多个不同地区来源的苗种，这给全省该疫病的发生带来了很大的风险。

表 2　2017—2018 年江西省虾场 WSSV 监测情况

年份	监测样品批次	阳性样品批次	阳性率（%）
2017	20	5	25
2018	10	3	30
合计	30	8	26.67

3. 草鱼出血病（GCHD） 2018年共监测40个批次草鱼出血病草鱼样品，来自全省20个县（市、区）的35个乡镇，涵盖国家级原良种场1个，省级原良种场12个，苗种场7个，成鱼养殖场20个；经检测共检出阳性样本4例，均属于Ⅱ型，其他批次均为阴性，带毒率高达7.5%。表明该病毒在全省草鱼苗种和成鱼养殖中带毒率仍然较高，Ⅱ型草鱼呼肠孤病毒（GCRV）是目前全省草鱼出血病的主要流行型，Ⅱ型GCRV对草鱼养殖仍然存在巨大威胁。

2015—2018年，从全省主要草鱼、青鱼等的养殖场共采集160份样品（表3），用《草鱼出血病检疫技术规范》（SN/T 3584—2013）监测草鱼呼肠孤病毒（GCRV），以了解草鱼出血病的流行病学状况。连续4年的监测，每年均有阳性样品检出，阳性样品16批次，平均样品阳性率10%，阳性养殖场类型有省级原良种场、苗种场、成鱼养殖场。表明全省养殖的部分草鱼包括一些苗种场提供的草鱼苗种携带有草鱼呼肠孤病毒（GCRV），基因Ⅱ型的GCRV对全省大宗淡水养殖品种草鱼仍然存在巨大威胁。在草鱼养殖苗种阶段应做好检疫工作，避免引进带有GCRV阳性的鱼苗给生产带来疫病暴发的隐患。此外，全省养殖户对该病的防疫意识较强，如泰和、南昌、贵溪、金溪、上饶等地一些养殖户在放苗前应用草鱼出血病疫苗进行免疫，在一定程度上降低了该病疫情的发生。

表3 2015—2018年江西省水产养殖（苗种）场GCRV监测情况

年份	监测样品批次	阳性样品批次	阳性率（%）
2015	50	3	6
2016	50	5	10
2017	20	4	20
2018	40	4	10
合计	160	16	10

4. 锦鲤疱疹病毒病（KHVD） 2018年监测10个批次KHVD样品，来自全省5个县（市、区）的9个乡镇，涵盖国家级原良种场2个，省级原良种场1个，苗种场3个，成鱼养殖场4个；经检测结果均为阴性。监测的品种包括鲤、锦鲤等，KHV感染在全省的感染率较低。

2014—2018年，从全省主要鲤、锦鲤等的养殖场共采集105份样品（表4），用《鲤疱疹病毒检测方法 第1部分：锦鲤疱疹病毒》（SC/T 7212.1—2011）监测锦鲤疱疹病毒（KHV），以了解锦鲤疱疹病毒病的流行病学状况。连续5年的监测，在全省均未发现锦鲤疱疹病毒病的病原。从监测情况来看，全省辖区内处于KHVD无疫状态，近期内出现该病疫情的可能性不大，但鉴于我国一些省份出现过该病疫情，且其感染死亡率极高、传播速度快，各地应加强引进苗种的检疫，避免病原的传入。

表4 2014—2018年江西省水产养殖（苗种）场KHV监测情况

年份	监测样品批次	阳性样品批次	阳性率（%）
2014	25	0	0

（续）

年份	监测样品批次	阳性样品批次	阳性率（%）
2015	30	0	0
2016	30	0	0
2017	10	0	0
2018	10	0	0
合计	105	0	0

（二）新发水生动物疫病传入风险分析

按照《2018 年国家水生动物疫病监测计划》要求，2018 年全省开展了新发水生动物疫病（鲫造血器官坏死病、鲤浮肿病、虾虹彩病毒病、虾肝肠胞虫病等 4 种）的专项疫病病原监测。

1. 鲫造血器官坏死病（CCHND） 2018 年共监测 30 个批次 CCHND 样品，涉及 15 个市（县、区），25 个乡（镇）的 30 家养殖单位，涵盖省内国家级原良种场 21 家、省级水产原良种场 5 家、重点苗种场 6 家和成鱼养殖场 18 家。监测对象主要是鲫。样品规格为 0.5～15 厘米，监测月份选择 5 月、9 月，采样水温范围为 20～30℃，采样 pH 为 6.5～7.5，养殖模式为池塘。经检测，30 批次结果均为阴性。

2015—2018 年，从全省主要鲫、观赏金鱼等的养殖场共采集 110 份样品（表 5），用国家疫病监测计划指定的《鲫造血器官坏死病检测方法》监测鲤疱疹病毒 2 型（CyHV-2），以了解鲫造血器官坏死病的流行病学状况。连续 4 年的监测，前 2 年有阳性样品检出，共计 6 批次。6 批阳性样品分别来自 3 家省级原良种场和 3 家成鱼养殖场，省级原良种场阳性样本占总阳性样本的 50%，平均样品阳性率 5.45%。根据疫病专项监测，已确认 2015 年、2016 年有该病病原传入全省渔业养殖区域，一些鱼病门诊也接诊过该病疑似病例；2017 年、2018 年监测情况有所好转。由于鲫造血器官坏死病对全省金鱼流通和鲫苗种供给安全造成了一定的危险，是鲫、金鱼养殖的一大隐患。全国范围内苗种和观赏鱼的流通，加大该病原扩散传播的风险。鉴于当前鲫造血器官坏死病病原阳性检出率和分布尚未成扩散的趋势，采取切实有效的监测和防控措施，控制该病病原 CyHV-2 的进一步扩散十分必要。

表 5 2015—2018 年江西省水产养殖（苗种）场 CyHV-2 监测情况

年份	监测样品批次	阳性样品批次	阳性率（%）
2015	30	1	3.33
2016	30	5	16.67
2017	20	0	0
2018	30	0	0
合计	110	6	5.45

2. 鲤浮肿病（KSD） 2018年共监测15个批次CEV样品，经检测，15批次结果均为阴性。涵盖国家级、省级水产原良种场、重点苗种场、观赏鱼养殖场和成鱼养殖场，检测结果均为阴性。

自2017年按照《国家水生动物疫病监测计划》并组织实施以来，已经对CEV开展了2年的监测（表6）。就近两年监测结果来看，目前全省未有该疫病病原检出，该新发外来疫病病原尚未传入主要渔业区域，建议加强检疫、监测，严格控制苗种来源，确保辖区内无CEV的状态。

表6 2017—2018年江西省水产养殖场CEV监测情况

年份	监测样品批次	阳性样品批次	阳性率（%）
2017	15	0	0
2018	15	0	0
合计	30	0	0

3. 虾虹彩病毒病（SHIVD） 2018年共监测10个批次SHIV样品，经检测，10批次结果均为阴性。样品均来自全省鄱阳湖地区成虾养殖场的克氏原螯虾，检测结果均为阴性。

2018年全省共检验虾虹彩病毒病样品10个批次，来自全省3个县（市、区）的10个养殖点，样品检验结果均为阴性。自2017年全省按照原农业部《国家水生动物疫病监测计划》并组织实施以来，已经对SHIV开展了2年的监测（表7）。就近两年监测结果来看，目前全省未有该疫病病原检出，该新发外来疫病病原尚未传入主要渔业区域。建议加强检疫、监测，严格控制虾类苗种来源，确保全省辖区内无SHIV的状态。

表7 2017—2018年江西省虾场SHIV监测情况

年份	监测样品批次	阳性样品批次	阳性率（%）
2017	13	0	0
2018	10	0	0
合计	23	0	0

4. 虾肝肠胞虫病（EHP） 2018年共监测15个批次EHP样品，经检测，15批次结果均为阴性。样品均来自全省鄱阳湖地区成虾养殖场的克氏原螯虾，检测结果均为阴性。表明该病原尚未发现传入全省主要的克氏原螯虾养殖场。

2018年全省共检验虾虾肝肠胞虫病样品15个批次，来自全省6个县（市、区）的15个养殖点，样品检验结果均为阴性。自2017年全省按照原农业部《国家水生动物疫病监测计划》并组织实施以来，已经对EHP开展了2年的监测。就近两年监测情况来看，目前全省未有该疫病病原检出，该新发外来疫病病原尚未传入主要渔业区域。建议加强检疫、监测，严格控制虾类苗种来源，确保全省辖区内无EHP的状态。

表 8　2017—2018 年江西省虾场 EHP 监测情况

年份	监测样品批次	阳性样品批次	阳性率（%）
2017	27	0	0
2018	15	0	0
合计	42	0	0

（三）常规水生动物疾病发生情况分析

1. 常规疾病发生基本情况　2018 年，在南昌、九江、景德镇、萍乡、新余、赣州、宜春、上饶、吉安、抚州等 10 个地市，对全省 5 386.890 6 公顷养殖水面进行监测。其中，1～3 月为一个监测月度，4～10 月期间，每个月为一个监测月度。监测种类和面积如表 9。监测结果表明，被监测品种中细菌性疾病是主要病害（表 10，图 1）。表 10 可见，江西省共测报到病害种类 53 种，其中，鱼类病毒性 2 种、细菌性 12 种、真菌性 3 种、寄生虫 13 种、非病原性及其他 8 种；蟹类寄生虫病 1 种、病原不明 1 种、不明病因 1 种、非病原性疾病各 2 种；贝类细菌性疾病 2 种、不明病因 1 种；其他类病毒性疾病 1 种、细菌性疾病 5 种、真菌性疾病 1 种。从图 1 中可以看出，细菌性疾病占主要地位，占 64.24%；其次是寄生虫类疾病，占 20.64%。由于全省养殖品种以鱼类为主，其中，鱼类细菌性疾病种又以烂鳃病、淡水鱼细菌性败血病、细菌性肠炎病为主，分别占鱼类疾病的 23.34%、16.4%、12.93%（图 2）。

表 9　全省水产养殖病害监测种类、面积分类汇总

省份	监测种类数量				监测面积（公顷）			
	鱼类	蟹类	贝类	其他类	淡水池塘	淡水网箱、淡水网栏	淡水工厂化	淡水其他
江西省	15	1	1	1	2 698.067 5	6.355 2	38.466 7	2 644.001 2
合计	18				5 386.890 6			

注：监测水产养殖种类合计数不是监测种类的直接合计数，而是剔除相同种类后的数量。

表 10　全省监测到的水产养殖病害汇总

类别		病名	数量
鱼类	病毒性疾病	草鱼出血病、病毒性神经坏死病	2
	细菌性疾病	淡水鱼细菌性败血症、溃疡病、烂鳃病、赤皮病、细菌性肠炎病、烂尾病、肠炎病、打印病、竖鳞病、鮰类肠败血症、迟缓爱德华氏菌病、鱼屈桡杆菌病	12
	真菌性疾病	流行性溃疡综合征、水霉病、鳃霉病	3
	寄生虫性疾病	小瓜虫病、黏孢子虫病、指环虫病、车轮虫病、锚头鳋病、舌状绦虫病、中华鳋病、鱼虱病、头槽绦虫病、复口吸虫病、裂头绦虫病、鳗居线虫病、拟嗜子宫线虫病	13
	非病原性疾病	缺氧症、氨中毒症、脂肪肝、维生素 C 缺乏病、肝胆综合征、气泡病	7
	其他	不明病因疾病	1

（续）

类别		病名	数量
蟹类	寄生虫性疾病	固着类纤毛虫病	1
	病原不明	河蟹颤抖病	1
	非病原性疾病	蜕壳不遂症、缺氧	2
	其他	不明病因疾病	1
贝类	细菌性疾病	牡蛎幼体的细菌性溃疡病、三角帆蚌气单胞菌病	2
	其他	不明病因疾病	1
其他类	病毒性疾病	鳖红底板病	1
	细菌性疾病	鳖红脖子病、鳖肠型出血病（白底板病）、鳖白眼病、鳖穿孔病、鳖溃烂病	5
	真菌性疾病	白斑病	1
合计			53

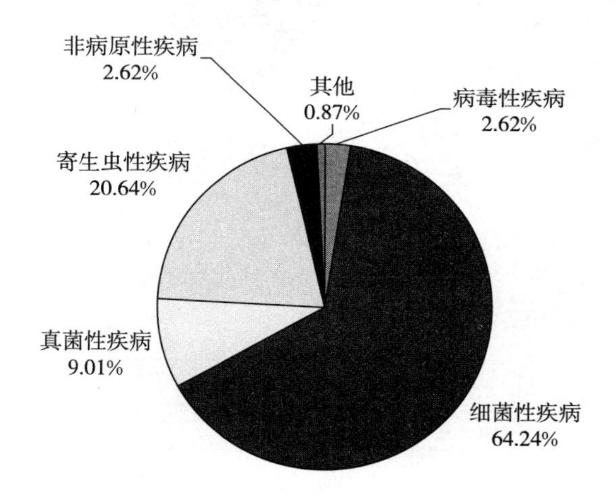

图1　2018年监测到的疾病种类比例

2. 常规水生动物疾病流行情况及发生特点

（1）草鱼　2018年江西省草鱼病害有18种，包括草鱼出血病、淡水鱼细菌性败血症、烂鳃病、赤皮病、细菌性肠炎病、流行性溃疡综合征、水霉病、小瓜虫病、黏孢子虫病、指环虫、车轮虫、锚头鳋、舌状绦虫病、缺氧症、脂肪肝、维生素C缺乏病、肝胆综合征以及不明病因疾病。其中，细菌性败血病、烂鳃病、赤皮病、小瓜虫病、指环虫病和舌状绦虫病发病区死亡率较高（图3）；由图4可以看出，6～9月是草鱼发病高峰期，发病面积比较高，10月以后发病率逐渐下降。

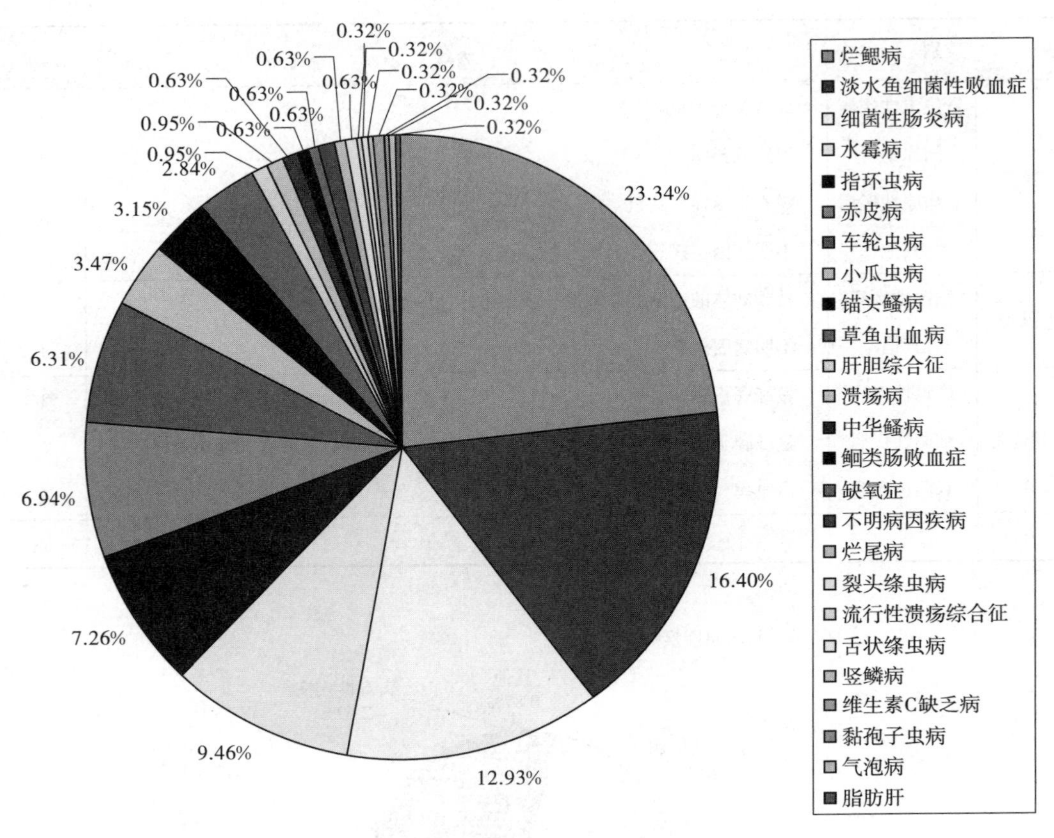

图 2　2018 年鱼类各种疾病比例

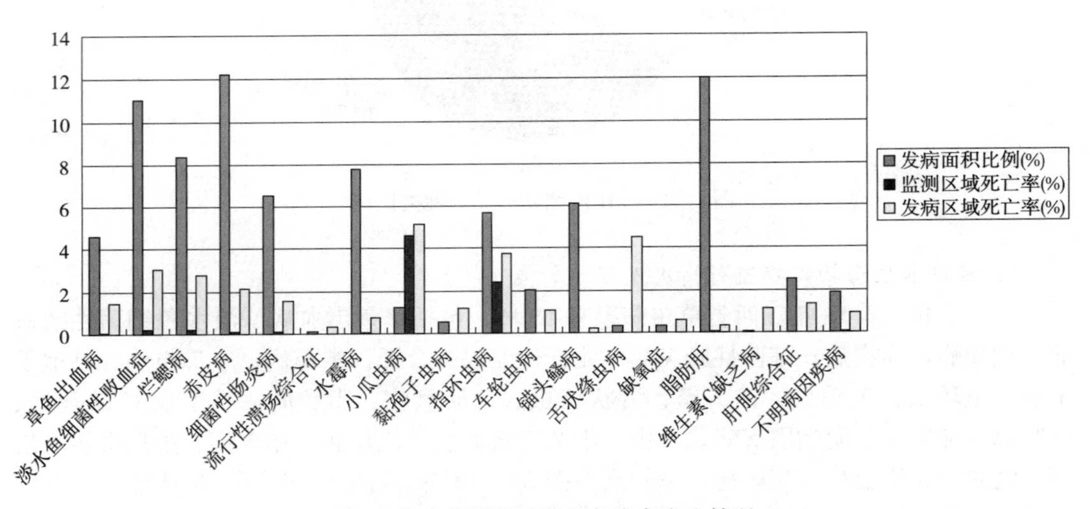

图 3　全省监测到的草鱼各病害发生情况

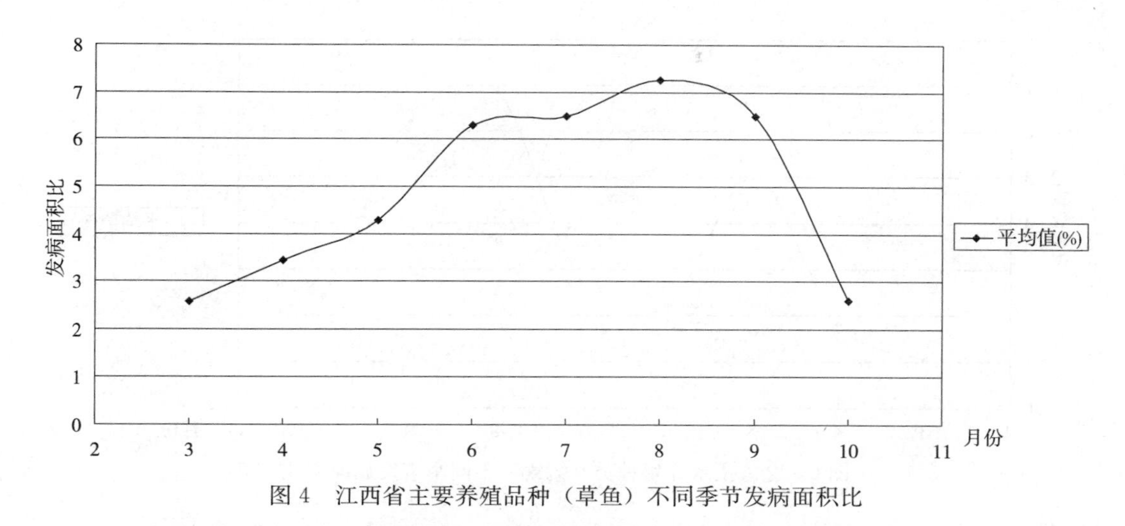

图4　江西省主要养殖品种（草鱼）不同季节发病面积比

（2）鲢、鳙、鲫　鲢、鳙、鲫监测到的病害有淡水鱼细菌性败血症、溃疡病、细菌性肠炎病、竖鳞病、烂尾病、水霉病、车轮虫病、锚头鳋病和中华鳋病9个种类。其中，锚头鳋病感染较为严重，但车轮虫病死亡率最高，在发病区域死亡率高达16.26%（图5）。

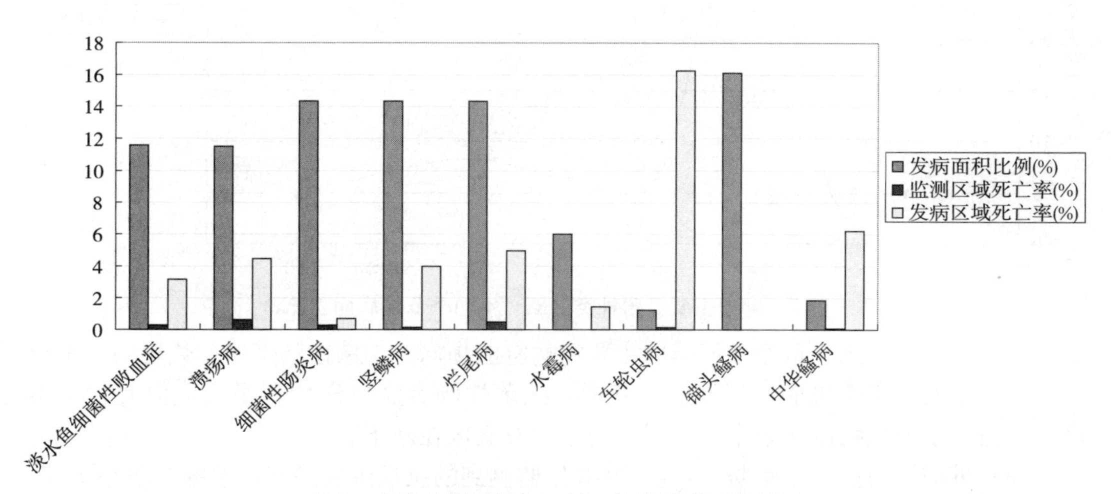

图5　全省监测到的鲢、鳙、鲫各病害发生情况

（3）鳗鲡　鳗鲡的主要疾病是细菌类疾病和寄生虫类疾病。其中，细菌病主要是溃疡病、烂鳃病、赤皮病、肠炎病；寄生虫病主要是指环虫病、小瓜虫病、车轮虫病。发病区主要是资溪县、上高县和石城县的鳗鲡养殖区。由图6可以看到，鳗鲡发病面积比在8月达到最高，随着气温的降低，发病率呈下降趋势。

（4）鳜　危害鳜的主要疾病有烂鳃病、肠炎病、水霉病、指环虫病、车轮虫病。其中4月，在万安县的测报基地大面积暴发了水霉病，导致该月发病面积较大，高达36.51%，但是应对措施得当，故死亡率不高。其他月份发病都不算严重（图7）。

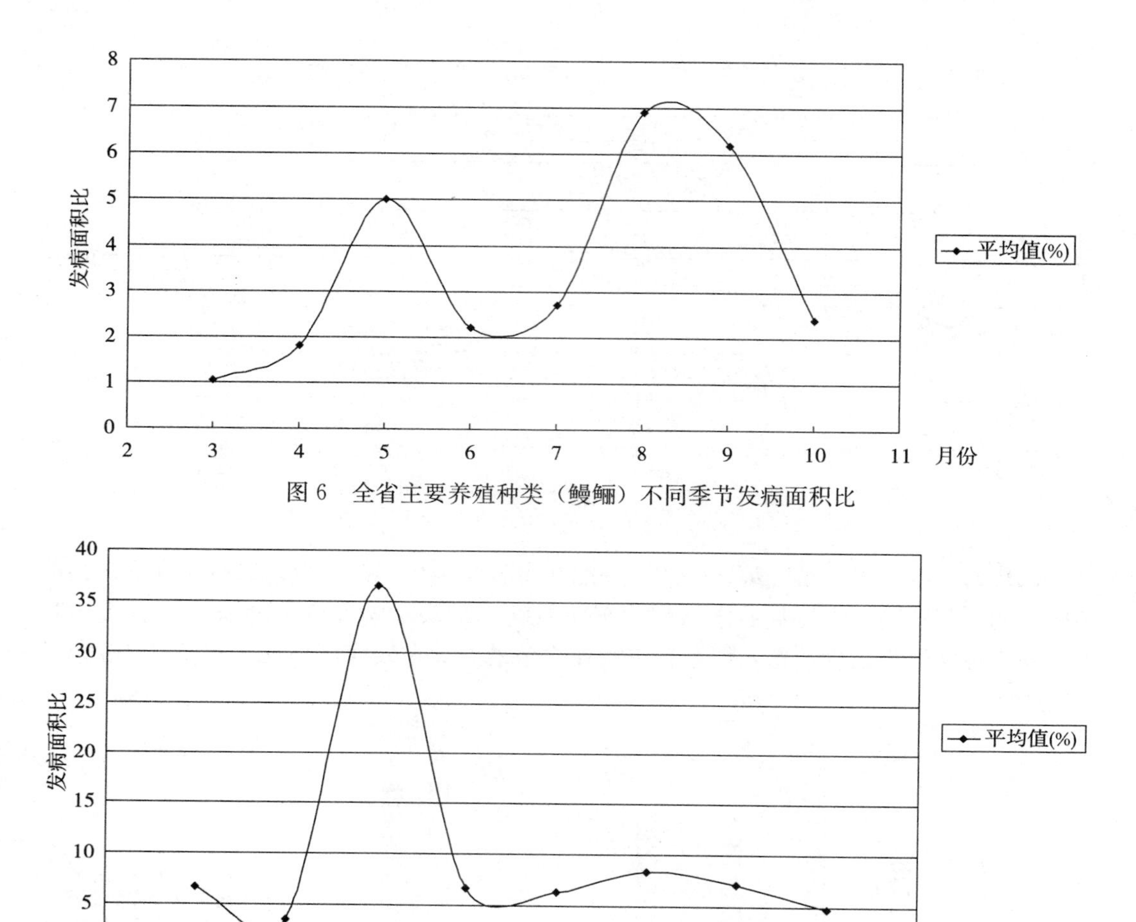

图 6　全省主要养殖种类（鳗鲡）不同季节发病面积比

图 7　全省主要养殖种类（鳜）不同季节发病面积比

（5）黄鳝、泥鳅　黄鳝和泥鳅的主要疾病有溃疡病、细菌性肠炎病、烂尾病、水霉病、指环虫病、车轮虫病、气泡病。其中，细菌性肠炎病发病面积最高，但死亡率不高。黄鳝的主要发病区在余干县，泥鳅的主要发病区在新干县。

（6）贝类、河蟹、中华鳖　贝类 2018 年监测到的疾病主要是三角帆蚌气单胞菌病，且主要发病月份在 5 月，主要发病区在万年县和都昌县；河蟹的主要疾病有固着类纤毛虫病、蜕壳不遂症和不明病因疾病，主要发病区在湖口县和都昌县；中华鳖主要疾病有鳖白眼病、鳖穿孔病和鳖溃烂病，主要发病区在黎川县、万安县、万年县以及泰和县，发病高峰期在 7 月和 8 月。

（四）2018 全省水生动物病害发生特点分析

根据 2018 年全省重大、新发水生动物疫病专项监测、常规水生动物疾病病情测报结果和统计显示，全省水产养殖病害有以下几个特点：

（1）未发生大规模疫情，突发性、暴发性疫病依然存在，总体上全省水生动物疫情状况较为平稳，保障了水产养殖业健康、可持续的发展。2018年全省水产养殖品种发病情况同往年一致，与气温的变化密切相关。2018年江西全年气候特征主要呈现以下几个特点：降水偏少，时空差异大；气温偏高，起伏波动大；极端天气气候事件多，天气变化急剧。全年主要气候事件有春季出现罕见强对流天气，雷雨大风影响范围广；主汛期大范围降水天气少，局地性强降水天气多；高温天气出现时间早，强度大；台风出现时间偏早，中南部致灾重；春季中南部降水持续偏少，部分地区出现旱情；生态质量总体良好。气候对渔业产生影响，阶段性高温、局地性强降水、强对流天气和雷雨大风等天气加大了疾病的发生概率，这与阶段性高温天气病原生物易大量繁殖，局地性强降水、强对流天气、雷雨大风影响水质变化等密切相关。

（2）重大疫病发生风险依然存在，疫病传播流行趋势扩大。根据病害专项监测结果，2018年，克氏原螯虾白斑综合征、草鱼出血病阳性样品检出率分别高达30%、10%。说明在监测的养殖品种中病原携带率都比较高，一些重点苗种场也有不同程度重大疫病病原阳性检出，苗种流通性大，是疫病传播、病原扩散的重要途径，也是疫病传播和发生的重要隐患。

（3）致病因子日趋复杂，涉及水域环境、苗种、饲料、管理、渔药使用等。气温偏高，起伏波动大，导致病虫害发病率增加，不仅有寄生虫病发病，还伴有细菌性疾病和病毒性疾病发生。个别养殖模式病害发生的隐患大，如工厂化养殖，由于发生疫情后养殖场人员不能及时采取隔离措施，一旦有一口水池发病，整个水系就迅速扩散，难以控制。

（4）老病难根除，新病不断增加。如烂鳃病、赤皮病、肠炎病、打印病、竖鳞病、水霉病、纤毛虫病、车轮虫病、锚头鳋病、中华鳋病等，多年来，各县（市、区）的水生动物疫病防治站在生产一线探索出了一些有效的防治方法，近年来这些病未形成疫情，但是年年都能监测到，很难根除。同时，一些新发现的疫病还在不断出现，如鲫造血器官坏死病等，近年来通过病害监测和测报，已基本确认传入全省境内。

三、存在的问题及建议

开展重大、新发、常规水生动物疫病的专项监测、病情测报工作，为全省以及我国渔业主管部门更详尽地了解、掌握水生动物疫情提供了更有利的技术支撑。通过近些年进行的监测和测报工作，弄清了全省一些重大、新发水生动物疫病的感染流行情况和常规疾病发生情况。鉴于开展重大、新发、常规水生动物疫病专项监测、病情测报工作的重要意义，为进一步做好该项工作，建议加大病害监测和测报的力度，争取病情测报专项经费；加大《动物防疫法》《鱼类产地检疫规程（试行）》等相关法律法规规章的宣传力度，提高专项监测、病情测报工作的认知度、知晓率和参与度；健全完善水生动物疫情的扑杀机制及经费补偿机制，便于阳性渔场疫情的处理；形成水生动物疫病监测协作网，提高专项监测信息共享水平，便于各参考实验室、各省级水生动物疫病监控中心能更深入地分别从专项疫病、各省病情情况两个层面进行分析；加大对重大、新发、疑难病例的研究力度，支持各省级水生动物疫病监控中心利用现有实验室条件，针对某一两种疫病开展专题研究，也借此促进建设的各省级平台业务能力的提升。

四、2019 年江西省水产养殖病害发病趋势预测

（1）1～3 月天气寒冷，气温、水温偏低，病害发生率和死亡率相对较低，但要做好防冻工作，及时捞除冻死冻伤水产动物。水温回升后，不可急于投喂饲料，避免塘底鱼群因上浮摄食导致冻伤患病。做好放养前消毒工作：①清塘，以杀灭养殖水体中的寄生虫幼虫、虫卵和病原菌。②选用优质苗种，严格控制苗种质量，对于采购外来苗种，养殖户要采购具有生产许可证且信誉好的单位苗种，优先选用经过验证具备优良性状和无病史的水产苗种，引进苗种前要加强检疫；对于自繁自育的苗种，需做好亲本选育和病害防控等技术措施。投苗季节要规范操作，防止人为伤害。③对工具、车辆及环境进行彻底消毒。

（2）4～6 月气温逐渐回升，此时鱼类经过越冬期，体质较弱，对致病因子抵抗力相对较差，水霉病、淡水鱼类肠炎病、赤皮病、烂鳃病等疾病将陆续发生；甲鱼经过冬眠期消耗后，体质较差，开春后易感染疾病，重点要防范鳃腺炎、腐皮病、红脖子病等；蟹类可能发生的主要疾病是烂鳃病、固着类纤毛虫病等。此时，做好药物预防工作可达到很好的防病效果，使用配合饲料替代幼杂鱼，投饲饲料适当添加免疫增强剂，提高水产动物机体抵抗力；做好水质调控，注意换水、增氧，减少不良水质的影响；推广免疫预防，如草鱼出血病可使用疫苗进行免疫预防。

（3）7～9 月水温大幅度升高，水产养殖动物进入生长旺盛期，投饲量大大增加，导致残饵和排泄物增多；气温变化幅度大，水质易恶化，水产养殖各类病害都处于高发期。日常管理中要掌握好投饲量，注意饲料的贮藏，保持饲料的鲜度，杜绝投喂霉变的饲料；密切注意天气变化，视情况适时开增氧机，如遇到阵雨或闷热天气，应适当延长开机增氧时间，电力供应紧张地区，养殖户须备足化学增氧剂或发电机。

（4）9 月下旬至 10 月正值夏秋季交替，气候多变，昼夜温差逐渐增加，上下水层对流加大，同时池塘养殖生物存池量增大，水中污染物积累，易出现多种疾病同时发生的现象，可能还会出现鱼类寄生虫和细菌性疾病发生的小高峰。本期管理非常重要，尤其要注意养殖水体中的溶解氧变化，防止浮头甚至泛池或氨氮、亚硝酸盐中毒。注意补水，合理使用微生态制剂等水质改良剂调节水质；根据水温、天气以及吃食情况合理投喂优质饲料，可在饲料中添加复合维生素和免疫多糖等，以增强养殖对象的抗病力。需要越冬的苗种，要投喂一些脂肪含量较高的饵料，搞好越冬前培育。

（5）11～12 月随着气温、水温的逐步下降，养殖动物病害将会逐渐减少，病情也将不断减轻，但仍然不能放松生产管理，要特别注意天气的影响，提早做好应对恶劣天气的防范工作，保持水体深度，提高水体保温能力，池塘水位此时应保持水深在 2 米以上。对于育苗场、工厂化养殖场等室内养殖的保温防冻工作，要及时检修设施，加盖薄膜和加固保温棚，有条件的可增加辅助电加热设施以提高水温。

2018年山东省水生动物病情分析

山东省渔业技术推广站

（倪乐海　徐　涛　赵厚钧）

一、2018年水产养殖病害总体情况

1. 测报品种　共六大类37个品种。其中，鱼类21种，甲壳类6种，贝类5种，藻类3种，爬行类1种，棘皮动物1种（表1）。

表1　2018年水产养殖病害监测品种情况

类别	品种	数量
鱼类	青鱼、草鱼、鲢、鳙、鲤、鲫、泥鳅、虹鳟、乌鳢、罗非鱼、鲟、红鲌、大菱鲆、牙鲆、半滑舌鳎、鲽、石斑鱼、白斑狗鱼、鲈、河鲀、鲷	21
甲壳类	南美白对虾、日本对虾、中国对虾、克氏原螯虾、河蟹、梭子蟹	6
贝类	扇贝、牡蛎、鲍、蛤、蛤	5
藻类	海带、裙带菜、江蓠	3
爬行类	中华鳖	1
棘皮动物	刺参	1

2. 测报规模　测报总面积62.5万亩，占全省水产养殖总面积的5.3%。测报区域的养殖模式涉及池塘、工厂化、海上筏式、底播、滩涂等多种模式。

测报数据显示，草鱼、鲢、鳙、鲤、虹鳟、鲟、海水鲈、大菱鲆、南美白对虾、日本对虾、梭子蟹、扇贝、牡蛎、中华鳖、刺参15个测报品种监测到有病害发生，其余22个测报品种未监测到病害。

全年共监测到34种病害。其中，细菌性疾病12种，寄生虫疾病6种，病毒性疾病3种，真菌性疾病1种，不明病因疾病10种，非病源性疾病2种（表2）。

表2　2018年水产养殖病害种类、疾病属性综合分析

类　别		鱼类	甲壳类	棘皮动物	贝类	藻类	爬行类	合计
疾病性质	细菌性疾病	7	1	3		0	1	12
	病毒性疾病	2	1					3
	寄生虫疾病	6						6
	真菌性疾病	1						1
	不明病因疾病	3	4	1	2			10

（续）

类　别		鱼类	甲壳类	棘皮动物	贝类	藻类	爬行类	合计
疾病性质	非病原性疾病	2						2
合计		21	6	4	2	0	1	34

如图 1 所示，细菌性疾病（占比 58.72%）仍是全省 2018 年水产养殖发生最多的病害类型；不明病因疾病发生概率较高（占 22.13%），需要进一步研究确定其致病原因；寄生虫疾病发病比例占比 7.66%；真菌性疾病和病毒性疾病发病相对较少，分别占 4.26%和 3.4%；非病原性病害（占比 3.83%）也偶有发生。

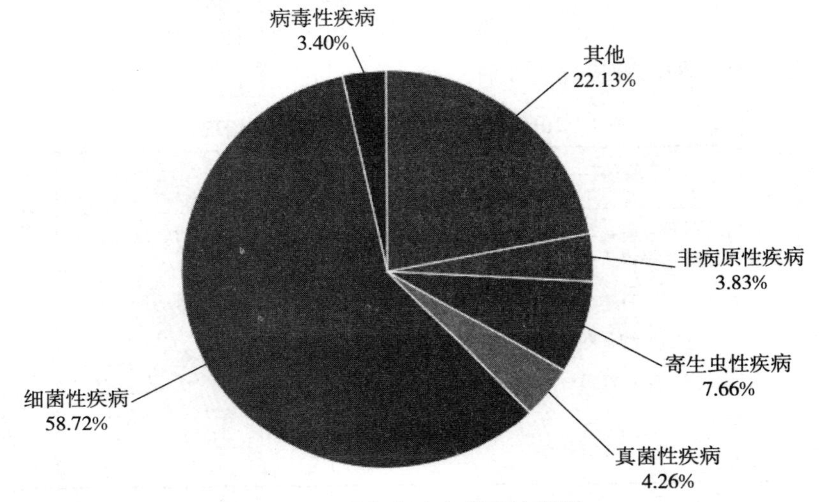

图 1　2018 年各病害类型比例图

4～10 月，病害发生种类的数量呈先升后降的趋势（图 2）。从 4 月开始，随着气温升高，养殖水温也随之升高，月度病害发生种类数量也逐渐增多。6～9 月正值高温季节，月度病害发生种类数也相对较多，是养殖病害的高发期。10 月后，随着气温、水温的下降，病害发生数量相对减少。

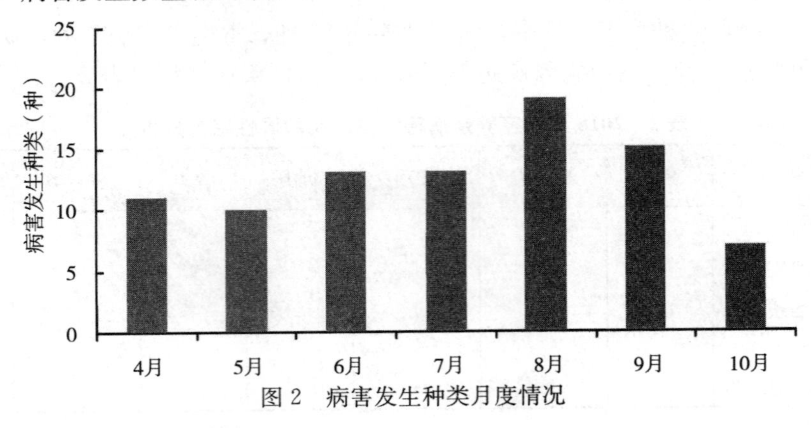

图 2　病害发生种类月度情况

表3 各养殖种类平均发病率与平均发病区死亡率情况（%）

种类	月份	4月	5月	6月	7月	8月	9月	10月	平均
鱼类	发病率	2.315	5.369	5.394	4.532	9.791	7.764	5.003	5.738
	死亡率	3.76	12.216	2.337	3.813	4.718	5.138	12.175	6.308
虾类	发病率	—	0.68	6.67	4.645	24.547	30.566	3.46	11.761
	死亡率	—	25.09	25.035	0.035	26.794	39.316	27.725	23.999
蟹类	发病率	—	—	—	4.55	—	—	—	4.55
	死亡率	—	—	—	2	—	—	—	2
贝类	发病率	—	—	4.07	—	1.72	—	—	2.895
	死亡率	—	—	0.15	—	0.1	—	—	0.125
藻类	发病率	—	—	—	—	—	—	—	0
	死亡率	—	—	—	—	—	—	—	0
棘皮动物	发病率	0.004	—	0.01	0.08	10.753	5.46	—	3.261
	死亡率	2.65	—	0.6	1.36	50.817	19.905	—	15.066
爬行类	发病率	—	—	—	4	—	—	—	4
	死亡率	—	—	—	0.05	—	—	—	0.05

2018年鱼类的月平均发病率为5.738%（表3），较2017年（2.866%）升高；虾类的月平均发病率为11.761%，较2017年（5.091%）升高；蟹类的月平均发病率为4.55%，较2017年（2.273%）升高；贝类的月平均发病率为2.895%，较2017年（2.799%）升高；棘皮动物（刺参）的月平均发病率为3.261%，与2017年持平；爬行类仅在7月发生病害，发病率4%，较2017年（0.334%）升高；藻类在2018年未监测到病害发生。总体来看，2018年各养殖种类的月平均发病率比2017年普遍有所升高，仅棘皮动物的月平均发病率与2017年持平。

2018年对淡水鱼类危害较大的是烂鳃病、肠炎病、细菌性败血症等细菌性疾病，寄生虫病与病毒性疾病也时有发生。夏秋高温季节是淡水鱼类细菌性疾病高发期。对于海水鱼类，细菌性肠炎病、腹水病的危害最大，在5～8月都有发生。

2018年威胁对虾养殖的主要病害是白斑综合征和对虾肠道细菌病。白斑综合征导致很高的死亡率；对虾肠道细菌病发病时间较长，在6～10月都有发生；6月、8～10月，不明原因病害也导致对虾较高死亡率。蟹类发生的病害主要是白斑综合征，仅在7月发生。

刺参2018年病害主要是腐皮综合征，在4月、6～8月均有发生；扇贝和牡蛎分别在6月、8月监测到不明原因病害发生；中华鳖在7月发生鳖红脖子病；藻类2018年未监测到病害发生。

二、各测报品种病情分析

1. 草鱼　草鱼2018年共发生10种病害（表4），病害种类比2017年减少2种。烂鳃病、赤皮病、肠炎病3种细菌性疾病发病持续时间较长，为危害草鱼的主要病害。2018年，烂鳃病在4～10月均有发生，月平均发病率为0.32%；赤皮病在4～9月均有发生，月平均发病率为0.18%；肠炎病在5～9月均有发生，月平均发病率为0.77%。草鱼的寄生虫病主要是车轮虫病，在4～6月都有发生，月平均发病率为0.065%。其他病害月度发病次数较少，仅在1个或2个月度发生。草鱼出血病月平均发病率为0.09%，小瓜虫病和锚头鳋病2种寄生虫病的月平均发病率分别为0.005%和0.07%，水霉病的月平均发病率0.11%。在8～9月监测到不明病因疾病发生，月平均发病率0.39%。

草鱼发生肝胆综合征1种非病原性病害，在8～9月都有发生，月平均发病率为0.07%。

表4 草鱼2018年病害情况统计（发病率%/死亡率%，下同）

病害	4月	5月	6月	7月	8月	9月	10月	月平均
烂鳃病	0.05/0	0.12/0.16	0.2/0.47	0.37/0.1	1.29/0.41	0.12/0.15	0.06/2.93	0.32/0.6
赤皮病	0.025/0	0.29/0	0.41/0.53	0.02/0	0.32/0.19	0.02/0.03		0.18/0.13
肠炎病		0.12/0.21	1.21/0.52	2.01/0.4	0.38/0.24	0.11/0.22		0.77/0.32
草鱼出血病				0.09/0.03				0.09/0.03
车轮虫病	0.075/0	0.07/0.11	0.05/0.44					0.065/0.18
小瓜虫病	0.005/1.248							0.005/1.25
锚头鳋病					0.07/1.33			0.07/1.33
水霉病	0.162/0.028		0.05/0.02					0.11/0.024
不明病因疾病					0.53/0.54	0.25/2.16		0.39/0.35
肝胆综合征					0.07/0.19	0.07/0.17		0.07/0.18

2. 鲤　鲤共监测到9种病害，包括4种细菌性疾病、4种寄生虫病和1种真菌性疾病（表5）。细菌性疾病中发病较多的是烂鳃病和赤皮病，其月平均发病率分别为0.1%和0.038%；肠炎病在9月发生，发病率0.13%；溃疡病在5月发生，发病率0.03%。寄生虫病中，指环虫病、车轮虫病、三代虫病和锚头鳋病的月平均发病率分别为0.01%、0.065%、0.005%和0.02%。水霉病在4、10月发生，发病率为0.009%。

表5 鲤病害情况统计

病害	4月	5月	6月	7月	8月	9月	10月	月平均
烂鳃病	0.053/0	0.06/0	0.08/0.58	0.26/0.43	0.18/0.35	0.03/0	0.03/0.67	0.1/0.29
赤皮病	0.04/0	0.06/0	0.03/0	0.03/0		0.03/0		0.038/0
肠炎病						0.13/0.25		0.13/0.25
溃疡病		0.03/0						0.03/0
指环虫病					0.01/0.08			0.01/0.08

（续）

病害	4月	5月	6月	7月	8月	9月	10月	月平均
车轮虫病	0.08/0	0.05/0.2						0.065/0.1
三代虫病	0.005/0.06							0.005/0.06
锚头鳋病						0.02/0		0.02/0
水霉病	0.008/0.67						0.01/0.36	0.009/0.52

3. 鲢　鲢发生细菌性败血症、锚头鳋病和不明病因疾病3种病害（表6）。细菌性败血症在7～9月发生，月平均发病率和发病区内死亡率分别为0.29%和0.97%；锚头鳋病在6月发生，月平均发病率0.74%；不明病因疾病在9月发生，月平均发病率和发病区内死亡率分别为0.17%和2.45%。

表6　鲢病害情况统计

病害	6月	7月	8月	9月	月平均
细菌性败血症		0.19/1	0.22/1.23	0.47/0.68	0.29/0.97
锚头鳋病	0.74/0				0.74/0
不明病因疾病				0.17/2.45	0.17/2.45

4. 虹鳟　发生烂尾病1种病害，在6～7月都有发生，月平均发病率和发病区内死亡率分别为20.83%和0.12%。

5. 鲟　监测到肠炎病、细菌性败血症、水霉病、车轮虫病和不明病因疾病5种病害（表7）。其中，肠炎病在4～10月均有发生，月平均发病率和发病区内死亡率分别为14.1%和19.6%；不明病因疾病在4～10月都有发生，月平均发病率和发病区内死亡率分别为6.76%和28.7%；车轮虫病在6～7月发生，月平均发病率为10.61%和26.5%；细菌性败血症仅在5月发生，发病率和发病区内死亡率分别为10.71%和10%；水霉病仅在7月发生，发病率和发病区内死亡率分别为3.57%和4%。

表7　鲟病害情况统计

病害	4月	5月	6月	7月	8月	9月	10月	月平均
细菌性肠炎病	6.95/18.2	14.6/13.7	3.57/33.3	0.71/1	9.64/25.0	53.6/32.9	9.64/13.1	14.1/19.6
细菌性败血症		10.71/10						10.71/10
水霉病				3.57/4				3.57/4
车轮虫病			19.3/0.73	1.93/52.3				10.61/26.5
不明病因疾病	8.02/28	6.07/78.1	6.07/2.3	6.79/3.87	6.79/10.7	6.79/26.1	6.79/52	6.76/28.7

6. 鲆　鲆（大菱鲆和牙鲆）发生4种病害，包括2种细菌性疾病、1种寄生虫病和1种不明病因疾病（表8）。细菌性疾病中，肠炎病在7～8月均有发生，月平均发病率和发病区内死亡率分别为0.007%和2.5%；腹水病在5～6月发生，月平均发病率和发

病区内死亡率分别为0.06%和2.4%。固着类纤毛虫病仅在4月发生，月平均发病率为0.19%；不明病因疾病仅在10月发生，月平均发病率为0.01%。

表8 鲆病害情况统计

病害	4月	5月	6月	7月	8月	9月	10月	月平均
细菌性肠炎病				0.01/3	0.004/2			0.007/2.5
腹水病		0.002/4	0.12/0.8					0.06/2.4
固着类纤毛虫病	0.19/4.31							0.19/4.31
不明病因疾病							0.01/4	0.01/4

7. *海鲈* 海鲈在8月监测到不明病因病害1种，由于全省海鲈监测总面积较小，不足1.5公顷，月平均发病率为90.5%。

8. *南美白对虾* 发生白斑综合征、对虾肠道细菌病与不明病因疾病3种病害（表9）。其中，白斑综合征在8～9月发生，月平均发病率和发病区内死亡率分别为0.03%和34.6%；对虾肠道细菌病在6～10月都有发生，月平均发病率为0.32%；不明病因疾病在6月、8～10月均有发生，危害程度较大，月平均发病率和发病区内死亡率分别为0.37%和37.3%。

表9 南美白对虾病害情况统计

病害	6月	7月	8月	9月	10月	月平均
白斑综合征			0.06/6.67	0.002/62.5		0.03/34.6
对虾肠道细菌病	0.18/0.07	0.66/0.037	0.18/0.08	0.28/0.51	0.28/0.51	0.32/0.24
不明病因疾病	0.004/50		0.18/30	0.92/14.29	0.39/54.94	0.37/37.3

9. *日本对虾* 发生白斑综合征和不明病因疾病2种病害（表10）。其中，白斑综合征仅在6月发生，月平均发病率和发病区内死亡率分别为15.82%和31.82%；不明病因疾病在8月发生，月平均发病率和发病区内死亡率分别为52.74%和74.67%。

表10 日本对虾病害情况统计

病害	6月	8月	月平均
白斑综合征	15.82/31.82		15.82/31.82
不明病因疾病		52.74/74.67	52.74/74.67

10. *梭子蟹* 监测到白斑综合征1种病害，仅在7月发生，月平均发病率和发病区内死亡率分别为2.62%和2%。

11. *扇贝* 在6月发生不明病因疾病，月平均发病率和发病区内死亡率分别为2.37%和0.15%。

12. *牡蛎* 在8月监测到不明病因疾病，月平均发病率与发病区内死亡率分别为1.18%和0.1%。

13. 刺参　发生腐皮综合征、烂边病、刺参苗烂胃病和不明病因疾病4种病害（表11）。其中，危害较大的是腐皮综合征，在4月、6～8月均有发生，月平均发病率与发病区内死亡率分别为0.18%和10.1%；烂边病和刺参苗烂胃病的月平均发病率分别为0.002%和0.0003%；不明病因疾病在8～9月均有发生，月平均发病率与发病区内死亡率分别为2.79%和29.6%。

表11　刺参病害情况统计

病害	4月	5月	6月	7月	8月	9月	月平均
腐皮综合征	0.002/4.619		0.001/0.6	0.005/1.36	0.7/33.73		0.18/10.1
烂边病	0.002/0.731						0.002/0.73
刺参苗烂胃病						0.000 3/1	0.000 3/1
不明病因疾病					3.39/20.5	2.18/38.81	2.79/29.6

14. 中华鳖　在7月发生鳖红脖子病，月平均发病率与发病区内死亡率分别为0.03%和0.05%。

三、2019年水产养殖病害发生趋势预测

1. 鱼类　对于淡水鱼类，在整个养殖周期将会以“草鱼三病”（烂鳃病、赤皮病和肠炎病）及细菌性败血症等细菌性疾病为主。高温季节是细菌性疾病的高发期，6～9月随着气温水温的升高，病原菌的数量增多，危害有加大趋势；养殖过程中，还易发生车轮虫病、锚头鳋病等寄生虫病。

对于海水鱼类，腹水病、肠炎病等细菌性疾病为其主要病害，同时，固着类纤毛虫病也是危害鲆鲽类等海水鱼类的一大病害。

2. 甲壳类　对虾养殖中，部分地区养殖户对健康养殖理念认识不足，苗种引进缺乏必要的检验检疫，导致对虾病害时有发生。再加上对虾类的病毒性疾病尚无有效的治疗措施，白斑综合征等病毒性疾病将依然是威胁对虾类健康养殖的主要病害。近年来，对虾早期死亡综合征（EMS）对南美白对虾养殖造成了较大危害，要注意做好预防。梭子蟹养殖要注意蜕壳不遂症的预防，河蟹养殖易发生颤抖病。

3. 贝类　由于贝类养殖多采用筏式养殖、浅海底播等模式，因此，贝类的养殖受苗种质量、海区环境和养殖密度等诸多因素影响。在高温期，扇贝、牡蛎等贝类可能会发生不明病因病害。

4. 刺参　刺参养殖中，易受到腐皮综合征、弧菌病等病害威胁。近年来，夏季高温灾害导致部分地区刺参养殖户损失惨重，因此全省刺参养殖户和企业要特别注意采取有效措施，做好刺参高温度夏工作。

四、病害防控对策与建议

1. 寻求专业技术帮助和支持，科学防治鱼病　建议养殖户或养殖企业发现病害后，及时与当地渔业技术推广部门或病害预防控制机构联系，争取对应领域病害防控专家的

专业技术指导，减少“病急乱投医”等盲目用药现象。增强鱼病防治的科学性，提高病害防治效率，降低养殖病害造成的经济损失。

2. *发展鱼病远程辅助诊断，提升病害防控能力* 建议全省在开展专家现场指导的同时，借助物联网等现代信息化技术，依托省水产养殖病害防治专家委员会融合并合理配置全省丰富的水产病害防治专家资源，运用已建设的鱼病医院与水生动物疫病防治站，开展鱼病远程辅助诊断服务，及时有效解决水产养殖病害难题，提升全省水产病害的防控能力和水平。

3. *加大科普宣传力度，推动水产养殖业绿色发展* 建议各级渔业行政主管部门和渔业技术推广机构加大对水产养殖绿色健康养殖模式的宣传推广，使养殖户或养殖企业逐步树立健康养殖理念与规范用药意识。推广疫苗免疫、生态防控措施，开展水产养殖用兽药减量行动，实施养殖病害综合防控，科学合理地使用中草药等绿色渔药，加快推进养殖节水减排，促进产业转型升级，实现生态和经济效益并举。

2018年河南省水生动物病情分析

河南省水产技术推广站

（李旭东　赵黎明　郭德姝）

一、基本情况

2018年，河南省监测的品种有鱼类、虾类、蟹类和其他4个养殖大类、20个养殖品种（表1）。在18个地市、64个县（区、市）设立了172个测报点，监测面积11 987公顷，其中，淡水池塘9 792公顷。

表1　2018年河南省监测的养殖品种

类　别	养殖品种	数　量
鱼　类	青鱼、草鱼、鲢、鳙、鲤、鲫、鳊、鲫、鮰、鳟、鲟、泥鳅、黄颡、锦鲤、金鱼	14
虾　类	克氏原螯虾、青虾	2
蟹　类	河蟹	1
其　他	龟、鳖、大鲵	3
合　计		20

二、2018年河南省水产养殖病情分析

2018年，大部分养殖品种都发生了不同程度的病害，整体流行趋势与2017年基本一致。全年上报月报汇总数据9期，以6月、7月和8月三个月为发病高峰期，病害种类较多，发病周期长。病原以生物源性疾病为主，在生物源性疾病中又以细菌性疾病和寄生虫疾病较严重。

（一）水产养殖病情监测总体情况

1. 监测面积　全省监测的养殖模式主要有淡水池塘、淡水网箱、淡水工厂化、淡水网栏和淡水其他，各养殖模式监测面积见表2，约占全省养殖面积的4%。

表2　各养殖模式的监测面积

养殖模式	面积（公顷）
淡水池塘	9 792
淡水网箱	0.28

（续）

养殖模式	面积（公顷）
淡水工厂化	1.33
淡水网栏	533
淡水其他	1 660

2. 水产养殖发病种类　全省监测到水产养殖发病种类 12 种。其中，鱼类 9 种，甲壳类 1 种，观赏鱼类 1 种，其他类 1 种（表 3）。

表 3　水产养殖发病种类

种类	品种	数量
鱼类	草鱼、鲤、鲫、鲢、鳙、鳊、鮰、泥鳅、鲈	9
甲壳类	河蟹	1
观赏鱼	锦鲤	1
其他类	鳖	1
合计		12

3. 水产养殖病害种类　全年监测到的水产养殖病害种类有 35 种。其中，病毒性疾病 7 种，细菌性疾病 10 种，真菌性疾病 2 种，寄生虫病 10 种，非病原性疾病 6 种（表 4）。

表 4　水产养殖病害种类

病害种类	名称	数量
病毒病	草鱼出血病、病毒性出血败血症、鲤春病毒病、锦鲤疱疹病毒病、鲤浮肿病、鲫造血器官坏死病、斑点叉尾鮰病毒病	7
细菌病	淡水鱼细菌性败血症、烂鳃病、细菌性肠炎病、赤皮病、竖鳞病、鮰类肠败血症、打印病、烂尾病、疖疮病、腹水病	10
寄生虫病	黏孢子虫病、小瓜虫病、车轮虫病、三代虫病、指环虫病、锚头鳋病、中华鳋病、鱼虱病、舌状绦虫病、固着类纤毛虫病	10
真菌病	水霉病、鳃霉病	2
非病原性疾病	气泡病、脂肪肝、缺氧症、维生素 C 缺乏病、肝胆综合征、蜕壳不遂症	6
合计		35

4. 各养殖种类平均发病面积率　各养殖种类平均发病面积率为 21.7%，最高的为鳙，达到 64.7%；最低的为鲫，为 0.025%（表 5）。与 2017 年相比，鳙和鲢发病面积率上升较大。

表5 各养殖种类平均发病率

养殖种类	草	鲢	鳙	鲤	鲫	鳊	泥鳅	鮰	河蟹	锦鲤
总监测面积（公顷）	1 720	3 202	3 106	2 042	1 044	42	35	463	58	87
总发病面积（公顷）	334	1 317	2 011	238	0.2	13.7	4	42.1	15.2	0.3
平均发病面积率（%）	19.4	41.1	64.7	11.7	0.02	33.0	11.3	9.1	26.2	0.3

（二）主要养殖种类病情流行情况

1. 草鱼 草鱼监测到的病害主要有淡水鱼细菌性败血症等9种。其中，淡水鱼细菌性败血症发病面积比例最高，草鱼出血病死亡率最高，8月的发病面积比例最高为0.61%（图1）。

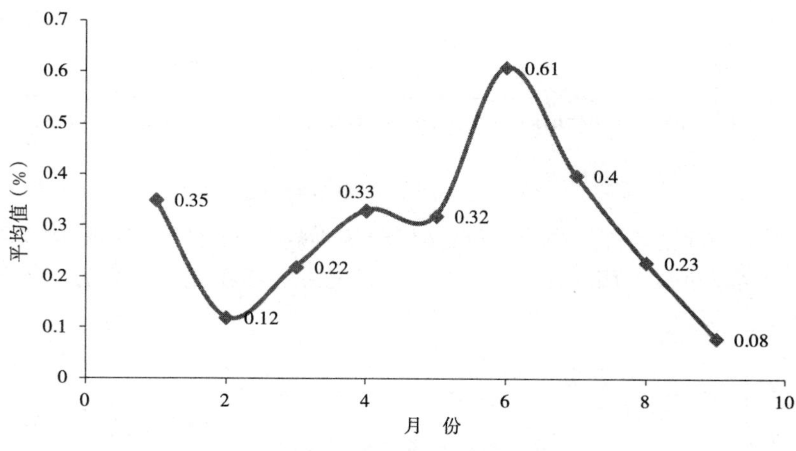

图1 草鱼不同季节发病面积比

2. 鲢、鳙 鲢、鳙监测到的病害主要有淡水鱼细菌性败血症等12种。其中，细菌性肠炎和小瓜虫病发病面积比例较高，赤皮病的死亡率最高，10月的发病面积比例最高为9.77%（图2）。

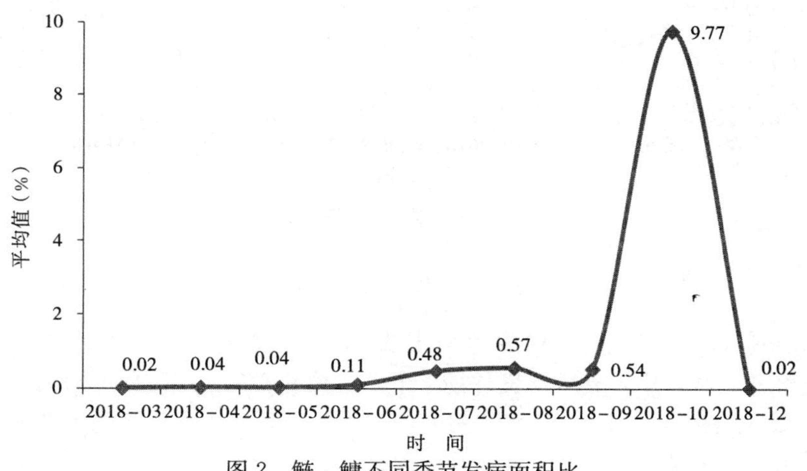

图2 鲢、鳙不同季节发病面积比

3. 鲤　鲤监测到的病害主要有鲤浮肿病等 16 种。其中，烂鳃病发病面积比例较高，鲤浮肿病的死亡率较高，8 月的发病面积比例最高为 0.32%（图 3）。

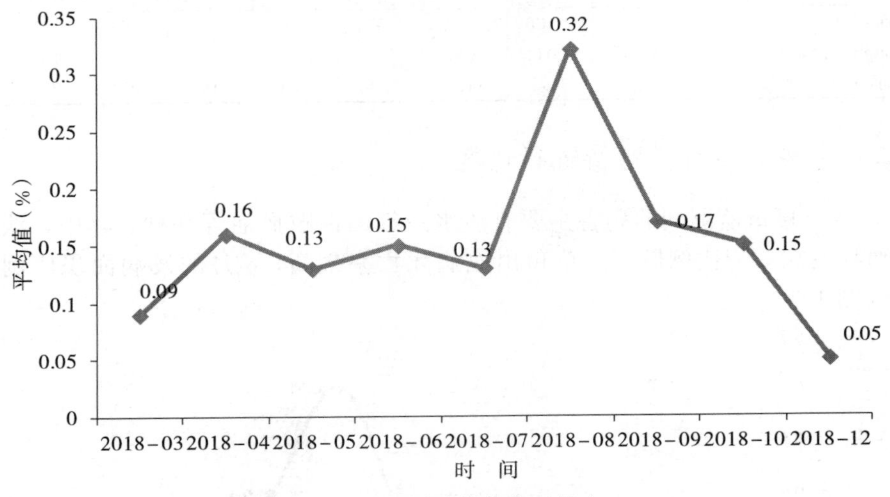

图 3　鲤不同季节发病面积比

4. 鮰　鮰监测到的病害主要有斑点叉尾鮰病毒病等 11 种。其中，鮰类肠败血症发病面积比例较高，小瓜虫病的死亡率最高，6 月的发病面积比例最高为 1.17%（图 4）。

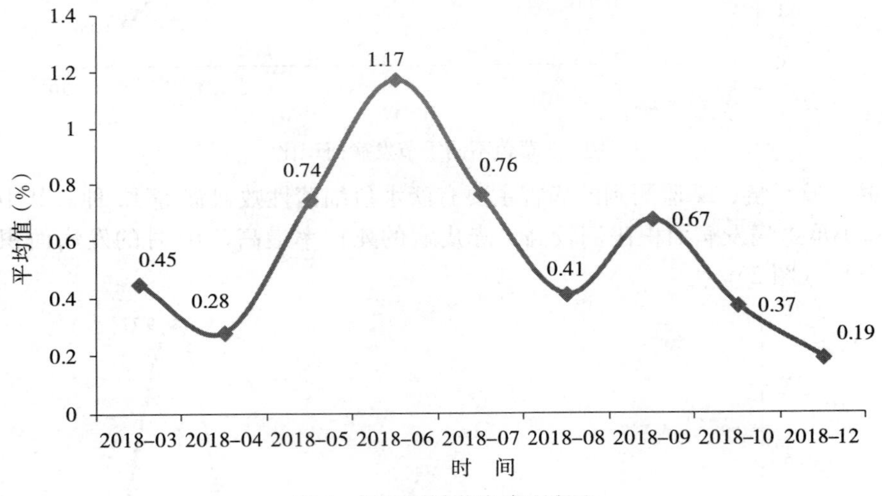

图 4　鮰不同季节发病面积比

（三）重大水生动物疫病专项监测

全年共送检 170 个样品，经检测 15 个样品检出 CEV 阳性，阳性率为 23.1%。在 15 个检出的阳性养殖场点中，省级原良种场 1 个，苗种场 3 个，观赏鱼养殖场 7 个，成鱼养殖场 4 个（图 5、图 6）。以上养殖场点没有出现大规模死鱼现象，接到阳性报告后，立刻快报给主管部门省农业厅，进行了流行病学调查，并协助采取消毒、隔离措施。

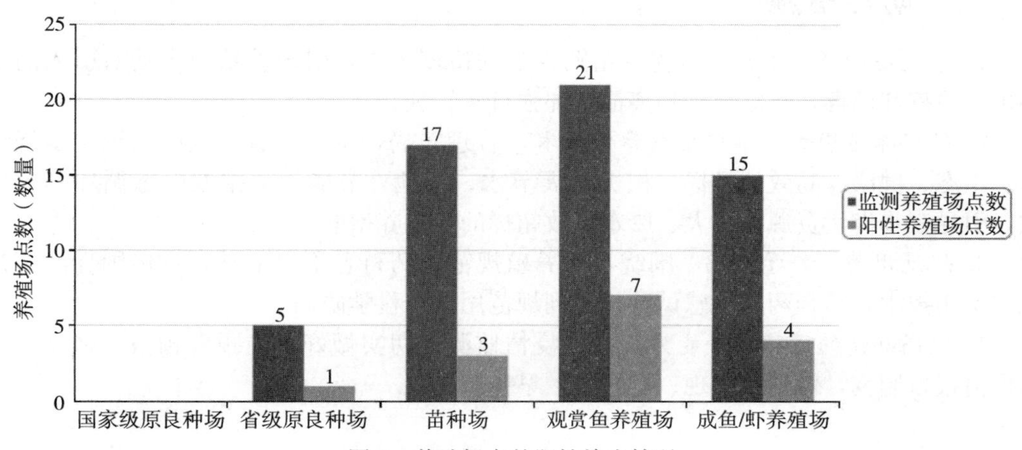

图 5 养殖场点的阳性检出情况

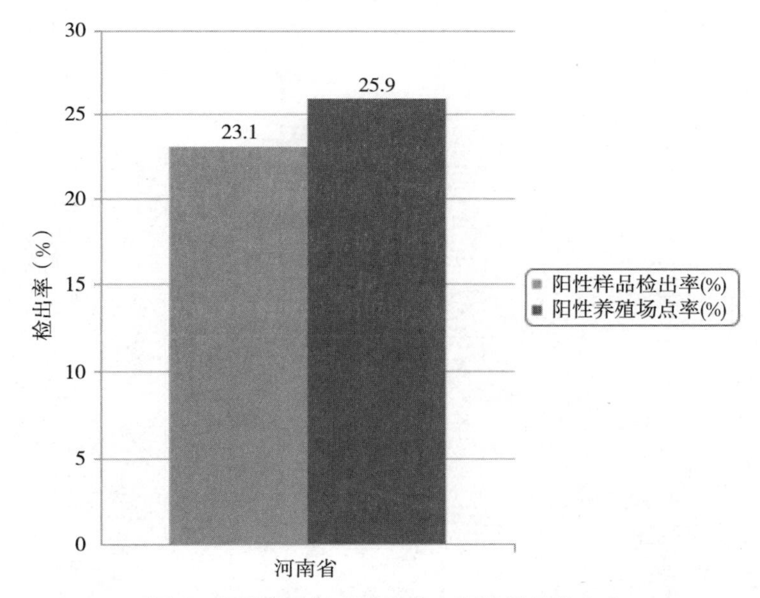

图 6 阳性养殖场点检出率和阳性样品检出率

三、2019 年河南省水产养殖病害流行预测

根据历年的监测结果，结合全省水产养殖的特点，预测 2019 年可能发生、流行的水产养殖病害，主要包括草鱼、鲢、鳙、鲤、鲫、鳊和鮰等主要养殖的大宗淡水鱼类，仍可能以淡水鱼细菌性败血症、烂鳃病、细菌性肠炎病、鮰类肠败血症等细菌性疾病和指环虫病、车轮虫病、孢子虫病等寄生虫疾病为主。2018 年，重大疫病专项监测鲤浮肿病检出率较高，达 23.1%；2019 年，需重点防范鲤浮肿病和鮰类肠败血症。

四、防控措施

1. 推进苗种产地检疫　重视种苗购入前的检疫工作，引导养殖户主动对引入的苗种进行检疫和消毒，建立苗种隔离池，加强日常管理。

2. 转变养殖模式，推广生态养殖技术　合理布局，结合全省的实际情况，围绕绿色、生态、健康、高效的目标，积极发展节水、节地、节能、减排型生态循环养殖模式，引导逐步淘汰资源消耗大、废水排放超标的落后养殖模式。

3. 规范用药，科学防病　围绕水产养殖规范用药科普下乡活动，宣传国标渔药知识和实用技术，结合药物敏感试验，做到规范用药、科学防病。

4. 提高病情的预防预警能力　加强疫情监测，切实做好疫情预警预报。建立严格的疫情报告制度，做到早发现、早报告、早控制。

2018年湖北省水生动物病情分析

湖北省水产科学研究所
湖北省水生动物疫病监控中心
（卢伶俐　陈　霞　杜健鹰　温周瑞）

一、基本情况

（一）病害测报

根据湖北省养殖模式和养殖品种等特点及各养殖区域不同的养殖特色，2018年依托全省46个县（市）级水生动物疫病防治站共设立150个监测点，监测面积28 982.61公顷。监测养殖品种22个，全年共监测到15种养殖品种发病（表1）。

表1　2018年监测到的水产养殖发病动物种类

类别		种类	数量
淡水	鱼类	青鱼、草鱼、鲢、鳙、鲫、鳊、斑点叉尾鮰、黄颡鱼、黄鳝、鳜、乌鳢、鲟	12
	虾类	克氏原螯虾	1
	蟹类	中华绒螯蟹（河蟹）	1
	其他类	鳖	1
合 计			15

（二）重大水生动物疫病专项监测

全省2018年承担草鱼出血病GCRV、鲤春病毒血症SVC、鲫造血器官坏死病CyHV－2、白斑综合征WSD、虾虹彩病毒病SHIV、虾肝肠胞虫病EHP共6种疫病的专项监测工作，要求采集样品325个，实际完成338个样品采集工作。其中，鲫造血器官坏死病CyHV－2 50个样品全部送中国水产科学研究院长江水产研究所检测，草鱼出血病GCRV 30个样品中15个样品送中国水产科学研究院珠江水产研究所检测，其余所有样品均送湖北省出入境检验检疫局检验检疫技术中心检测（表2）。

表2　2018年水生动物疫病监测及完成情况

监测疫病	下达任务数	完成情况	检测单位及样品数量
GCRV	30	30	Q15、S15

（续）

监测疫病	下达任务数	完成情况	检测单位及样品数量
SVC	40	40	Q40
CyHV－2	50	50	P50
WSD	60	60	Q60
SHIV	70	79	Q79
EHP	75	79	Q79
合 计	325	338	P50、Q293、S15

注：P. 中国水产科学研究院长江水产研究所；Q. 湖北省出入境检验检疫局检验检疫技术中心；S. 中国水产科学研究院珠江水产研究所。

二、监测结果与分析

（一）病害测报监测结果

2018 年，湖北全省测报区共监测到鱼类疾病 18 种，虾类疾病 6 种，蟹类疾病 1 种，其他类（鳖）疾病 4 种。在生物源性病害中，病毒病占 6.31%，细菌性疾病占 65.78%，真菌性疾病占 5.3%，寄生虫病占 13.85%，非病原性疾病 8.35%，其他 0.41%（表 3，图 1）。

表 3　2018 年监测到的水产养殖病害汇总

类 别		病 名	数 量
鱼类	寄生虫性疾病	锚头鳋病、指环虫病、车轮虫病、中华鳋病、小瓜虫病、斜管虫病	6
	病毒性疾病	草鱼出血病	1
	细菌性疾病	淡水鱼细菌性败血症、烂鳃病、赤皮病、细菌性肠炎病、竖鳞病、溃疡病	6
	真菌性疾病	水霉病	1
	非病原性疾病	缺氧症、脂肪肝、肝胆综合征	3
	其他	不明病因疾病	1
虾类	病毒性疾病	白斑综合征	1
	细菌性疾病	弧菌病、肠炎病	2
	非病原性疾病	虾蓝藻中毒症、蜕壳不遂症	2
	其他	不明病因疾病	1
蟹类	细菌性疾病	烂鳃病	1
其他类	病毒性疾病	鳖腮腺炎病	1
	细菌性疾病	鳖肠型出血病（白底板病）、鳖溃烂病	2
	寄生虫性疾病	固着类纤毛虫病	1

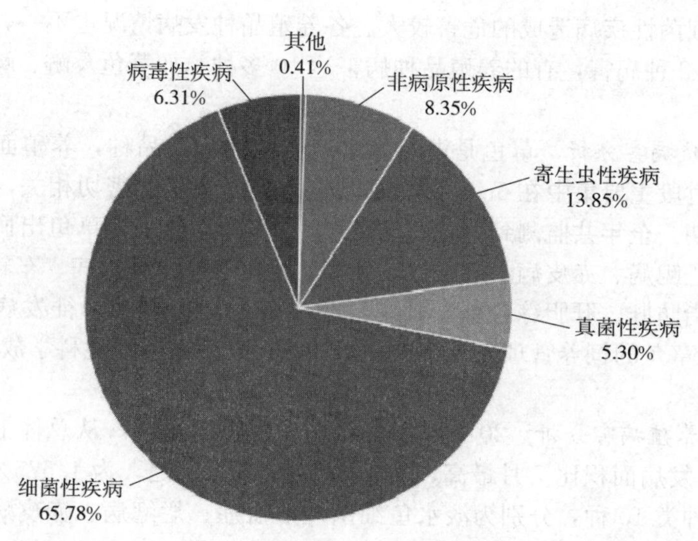

图1　监测到的疾病种类比例

（二）病害测报范围内经济损失情况

2018年，全省测报范围内因病害造成的经济损失合计534.58万元。其中，草鱼、鲢、鳙、鲫、鳊、鳜、鲟因淡水鱼细菌性败血症造成经济损失达187万元（表4）。淡水鱼细菌性败血症一直是制约全省渔业养殖经济的主要病害之一，近年该病虽未大规模暴发，但每年多个养殖品种因该病均造成一定经济损失。克氏原螯虾白斑综合征2018年因预防到位，未造成严重的经济损失。

表4　2018年全省测报区各品种经济损失情况

养殖品种	经济损失（万元）
草鱼	112.41
鲢鳙	65.29
鲫	53.35
鳊	24.77
黄颡鱼	150.99
鳜	4.64
鲟	37.20
克氏原螯虾	4.26
河蟹	70.00
鳖	11.67
合计	534.58

（三）主要养殖品种病情分析

从全年监测主要养殖品种的病害发生情况看，监测到的鱼类疾病相对较多，发病率也相对较高，细菌性疾病造成的危害较大。各养殖品种发病情况也不一，有的养殖品种全年只发生1～2种病害，有的养殖品种病害达10多种，如草鱼及鲢、鳙全年就发生过十几种病害。

1. 草鱼养殖病害分析　草鱼是湖北省水产养殖的主要品种，养殖面积大，产量较高。全年发病时段主要集中在5～9月，这与全省气温及水温密切相关，该时段也是鱼类快速生长时期。全年共监测到草鱼的病害种类12种，分别为草鱼出血病、淡水鱼细菌性败血症、烂鳃病、赤皮病、细菌性肠炎病、水霉病、指环虫病、车轮虫病、锚头鳋病、缺氧症、脂肪肝、肝胆综合征。其中，2018年草鱼肝胆综合征发病面积比例高达19.22%，表明草鱼的饲养管理还有待进一步加强，尤其需要强化科学放养，科学投喂，水质管理。

2. 鲢、鳙养殖病害分析　2018年鲢、鳙监测时段为全年。从总体上来看，发病高峰在5～8月，发病面积比7月最高，为1.845%；8月次之，为1.575%。全年共监测到鲢、鳙病害种类10种，分别为淡水鱼细菌性败血症、烂鳃病、赤皮病、细菌性肠炎病、水霉病、指环虫病、车轮虫病、锚头鳋病、中华鳋病、缺氧症。

淡水鱼细菌性败血症是对全省常规鱼类危害较大的一种细菌性疾病，2018年发病面积比及死亡率较2017年略有上升，但未造成更大的危害。养殖过程中应防止养殖水环境恶化，多种病菌混合感染的情况，平时加强饲养管理，提前预防，早发现、早治疗。

3. 鲫养殖病害分析　2018年全年共监测到鲫疾病12种，分别为淡水鱼细菌性败血症、烂鳃病、赤皮病、细菌性肠炎、竖鳞病、水霉病、小瓜虫病、指环虫病、车轮虫病、锚头鳋病、缺氧症、不明病因疾病。2018年全年鲫监测面积6 478.71公顷，发病面积1 587.20公顷，平均发病面积率24.5%，全年主要发病时段为5～8月。

4. 鳊养殖病害分析　2018年全年鳊发病时间集中在5～9月，7月最高，为7.26%。全年共监测到疾病4种，分别为淡水鱼细菌性败血症、烂鳃病、细菌性肠炎病、缺氧症。全省2018年鳊淡水鱼细菌性败血症发病较高，发病面积比达16.75%，较2017年上升5.00%，造成经济损失24.50万元。

鳊因缺氧症造成发病区域死亡率达7.06%。夏季是池塘养殖鱼类生长旺季，同时也是鱼类最容易缺氧死亡的季节，为预防出现缺氧浮头造成死亡，应确保鱼池增氧设备的正常使用；在天气闷热时，傍晚尽量不投或少投喂饲料，增加鱼类耐缺氧能力；加强夜间巡查，发现缺氧浮头先兆，及时采取各项措施增氧。

5. 黄颡鱼养殖病害分析　2018年黄颡鱼全年共监测到疾病4种，分别为溃疡病、烂鳃病、赤皮病、水霉病。溃疡病发病面积比例为15%，发病区域死亡率41.77%；赤皮病发病面积比例35.98%，发病区域死亡率3.88%。2018年全省测报范围内黄颡鱼养殖面积1 502.8公顷，因病害造成的经济损失150.99万元。

6. 克氏原螯虾养殖病害分析　从全年监测的情况看，克氏原螯虾主要的发病季节集中在4～8月。全年共监测到疾病6种，分别为白斑综合征、弧菌病、肠炎病、虾蓝藻中毒症、蜕壳不遂症、不明病因疾病。

7. 鳖养殖病害分析　2018年鳖全年共监测到4种疾病，分别为鳖腮腺炎病、鳖肠型出血病（白底板病）、鳖溃烂病、固着类纤毛虫病。

2018年监测的情况看，鳖全年均有病害发生。鳖腮腺炎病发病面积比近3年来持续下降。由2016年的发病面积比43%、2017年的发病面积比25%，降至2018年的12%。前些年鳖腮腺炎病在全省呈流行趋势，近年因防控得当，目前该病已得到有效控制。

（四）重大疫病专项监测结果

1. 2018年6种疫病监测结果　全省自2007年开始专项监测工作以来，陆续承担了鲤春病毒血症SVC、鲫造血器官坏死CyHV－2、草鱼出血病GCRV、白斑综合征WSD的专项监测工作；2018年新增虾虹彩病毒病SHIV、虾肝肠胞虫病EHP两种疫病的专项监测工作。

2018年全年共完成6种疫病的监测任务，共采集338个样品，检出59个阳性样（表5）。

表5　2018年6种疫病的监测结果

疫病名称	样品数量	阳性样品数	阳性率（%）
GCRV	30	4	13.33
SVC	40	2	5.00
CyHV－2	50	7	14.00
WSD	60	35	58.33
SHIV	79	4	5.06
EHP	79	7	8.86

2. 重大疫病历年监测结果

（1）鲤春病毒血症（SVC）　全省自2007年开始参加鲤春病毒血症的专项监测工作。2018年全省承担的鲤春病毒血症（SVC）监测任务为40个，其采样点涵盖1个国家级原良种场，4个省级良种场，4个苗种场，3个观赏鱼养殖场，28个成鱼养殖场。检测出2个阳性样品，阳性率为5.0%，阳性样品均来自成鱼养殖场（表6）。

表6　湖北省历年SVC监测情况汇总

年份	样品数	阳性样品数	阳性率（%）
2007	34	3	8.82
2008	30	0	0
2009	85	2	2.35
2010	53	6	11.32
2011	51	1	1.96

（续）

年份	样品数	阳性样品数	阳性率（%）
2012	51	0	0
2013	53	2	3.77
2014	54	2	3.70
2015	50	1	2.00
2016	50	0	0
2017	41	3	7.32
2018	40	2	5.00
合计/平均	592	22	3.72

2018 年的监测结果与往年类似，有零星阳性检出，尚未见鲤春病毒血症病例报道，也未对湖北养殖品种造成危害。

（2）草鱼出血病（GCRV） 2018 年全省承担的草鱼出血病监测计划为 30 个，其中，15 个样品由湖北省出入境检疫局检测，结果均为阴性；15 个样品由中国水产科学研究院珠江水产研究所检测，检出 4 个阳性样品。采样点涵盖 1 个国家级原良种场，3 个省级原良种场，5 个苗种场，21 个成鱼养殖场。其中，1 个苗种场检测出阳性，其余 3 个阳性来自成鱼养殖场（表 7）。

表 7 湖北省历年 GCRV 监测情况汇总

年份	样品数	阳性样品数	阳性率（%）
2015	47	1	2.13
2016	50	0	0
2017	42	0	0
2018	30	4	13.33
合计/平均	169	5	2.96

草鱼是湖北省的重要养殖对象，养殖面积大、产量高，虽然近年湖北省没有暴发大规模的草鱼出血病疫情，但开展草鱼出血病专项监测，对其病理学研究有及其重要的意义。

（3）鲫造血器官坏死病（CyHV－2） 2018 年全省承担的草鱼出血病监测计划为 50 个，采样点涵盖 1 个国家级原良种场，4 个省级良种场，10 个苗种场，1 个观赏鱼养殖场，34 个成鱼养殖场。其中，2 个省级原良种场检测出阳性，5 个成鱼养殖场检测出阳性（表 8）。

表 8 湖北省历年 GCRV 监测情况汇总

年份	样品数	阳性样品数	阳性率（%）
2016	50	1	2.00

（续）

年份	样品数	阳性样品数	阳性率（%）
2017	43	32	74.40
2018	50	7	14.00
合计/平均	143	40	27.97

该病具有来势猛、发病急、传染快、病程短、治疗难、死亡高等特点。对于阳性省级原良种场，我们采取加强监控、持续监测的处理方式，对周边的养殖场也进行密切关注，防止疫情的发生和扩散。

（4）白斑综合征（WSD）　2018年全省监测白斑综合征（WSD）任务为60个，采样点涵盖1个国家级原良种场，3个省级良种场，5个苗种场，51个成虾养殖场。其中，2个苗种场检测出阳性，33个成虾养殖场检测出阳性，阳性率高达58.33%（表9）。

表9　湖北省历年WSD监测情况汇总

年份	样品数	阳性样品数	阳性率（%）
2015	50	0	0
2016	50	22	44.00
2017	51	20	39.22
2018	60	35	58.33
合计/平均	211	77	36.49

从历年监测情况看，全省已经连续3年监测到较多阳性样品，阳性率偏高；从克氏原螯虾的养殖状况看，虽未暴发大规模的疫情，但克氏原螯虾白斑综合征病毒携带率已较高。加强对白斑综合征病毒（WSSV）的监测，深化对白斑综合征防控技术研究，才能保证全省克氏原螯虾养殖业的健康稳步发展。

三、存在的问题及建议

（1）专项监测阳性样的处理面临滞后的困扰。送检一般从采样到出检测结果需要1个月左右的时间，自检稍快些。不采用快检方法，检测结果出来时阳性样水体的鱼虾可能已被销售或放养，达不到预期目的。

（2）克氏原螯虾白斑综合征的阳性率居高不下，主产区潜江、洪湖、监利、仙桃等地均出现阳性，给阳性样处置带来极大的困难。克氏原螯虾白斑综合征的阳性率高，其防治方法的研究需要进一步加强。

四、2019年湖北省水产养殖病害发病趋势预测

1. 鱼类　全省常规养殖鱼类易得烂鳃病、赤皮病、肠炎病、淡水鱼细菌性败血症，草鱼易得草鱼出血病。应预防细菌、寄生虫等多种病原混合感染；应提前预防淡水鱼细

菌性败血症对常规养殖鱼类造成的危害；草鱼出血病可通过注射疫苗，预防疾病发生。

2. 虾类　克氏原螯虾易得白斑综合征，克氏原螯虾是全省养殖面积较大的品种，应加强对病毒性疾病白斑综合征的预防和控制，防止该病大面积暴发和流行。

3. 蟹类　蟹类易得烂鳃病、蜕壳不遂症，严格控制养殖密度，改善水体环境，预防为主。

4. 其他类　其他类中鳖易得腮腺炎、肠型出血病（白底板病）及溃烂病。重点预防腮腺炎病，防止该病大面积暴发及流行。

2018年湖南省水生动物病情分析

湖南省畜牧水产技术推广站

（周　文）

一、水产养殖病害监测总体情况

2018年，全省共有长沙、株洲、湘潭、衡阳、邵阳、岳阳、常德、益阳、永州、郴州、怀化等11个地区，48个县级测报站、苗种场布点168个，开展了水产养殖动植物病情测报工作。监测面积22 323.39公顷，其中，淡水池塘养殖面积14 922.95公顷，淡水网箱养殖56.85公顷。

在对鱼类、虾类、蟹类等23个养殖品种（表1）进行9期（12个月）的连续监测统计，在青鱼、草鱼、鲢、鳙、鲤、鲫、鳊、泥鳅、鮰、黄颡鱼、鳟、黄鳝、鳜、乌鳢、鲟、鳗鲡、红鲌、鲴、克氏原螯虾、南美白对虾、鳖、蛙等23个养殖品种（表2），共监测到36种病害。其中，鱼类细菌病10种、鱼类寄生虫病15种、鱼类病毒病2种、鱼类真菌病1种、另有鱼类非病原性疾病2种（表3）。从监测的疾病种类比例（图1）可以看出，所有疾病中细菌性疾病所占比例最高，占61.65％；寄生虫性疾病、真菌性疾病及病毒性疾病分别占22.77％、7.18％和6.30％。

表1　2018年监测的水产养殖品种（个）

鱼类	虾类	其他类	观赏鱼	合计
18	2	2	1	23

表2　2018年监测到发病的水产养殖种类汇总

类　别		种　类	数量
淡水	鱼类	青鱼、草鱼、鲢、鳙、鲤、鲫、鳊、泥鳅、鮰、黄颡鱼、鳟、黄鳝、鳜、乌鳢、鲟、红鲌、鲈、鲴	18
	虾类	克氏原螯虾、南美白对虾	2
	其他类	鳖、蛙	2
	观赏鱼	锦鲤	1
合计			23

表 3　2018 年监测到的水产养殖病害汇总

类　别		病　名	数量（种）
鱼类	细菌性疾病	烂鳃病、赤皮病、细菌性肠炎病、打印病、淡水鱼细菌性败血症、溃疡病、竖鳞病、烂尾病、疖疮病、腹水病	10
	真菌性疾病	水霉病	1
	寄生虫性疾病	车轮虫病、锚头鳋病、中华鳋病、小瓜虫病、黏孢子虫病、三代虫病、指环虫病、昏眩病、侧殖吸虫病、舌状绦虫病、复口吸虫病、艾美虫病、鳗匹里虫病、鲺病、刺激隐核虫病	15
	病毒性疾病	草鱼出血病、病毒性出血性败血症	2
	非病原性疾病	缺氧症、肝胆综合征	2
	其他	不明病因疾病	1
虾类	寄生虫性疾病	固着类纤毛虫病	1
其他类	病毒性疾病	鳖红底板病	1
	细菌性疾病	鳖穿孔病、鳖溃烂病	2
观赏鱼	细菌性疾病	烂鳃病	1

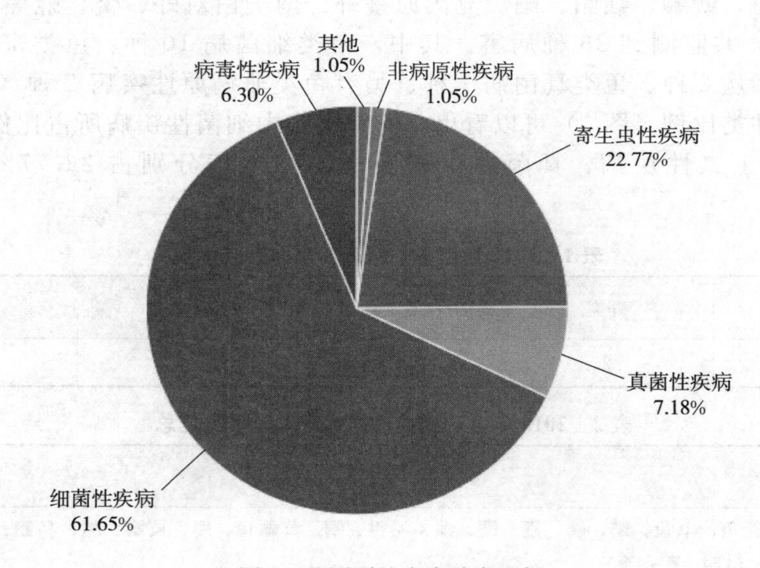

图 1　监测到的疾病种类比例

从月发病面积、发病面积比（图 2）来看，2018 年水产养殖发病高峰在 6～7 月。发病面积比 7 月最高，为 6.07%；6 月次之，为 4.08%；1～3 月则最低，为 0.59%。死亡数量 6 月最高，为 61 290 尾；7 月次之，为 44 127 尾；11～12 月最低，为 1 509 尾（表 4）。

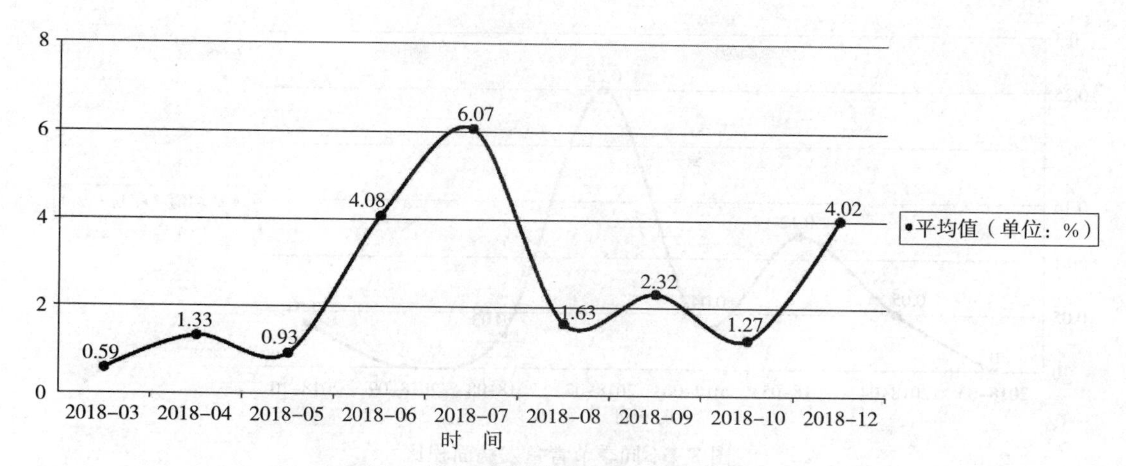

图 2 全省不同季节水产养殖发病面积比

表 4 水产养殖种类各月发病面积、发病率、死亡数量

月份	发病面积（公顷）	发病面积比（%）	死亡数量（尾）
1～3	31.053 3	0.48	1 985
4	572.82	1.22	12 136
5	584.61	0.80	41 435
6	2 271.68	3.78	30 167
7	3 593.32	5.43	143 586
8	1 734.03	1.44	52 210
9	520.67	1.85	55 191
10	760.23	1.61	66 269
11～12	5.98	1.65	814

从监测到的鱼类疾病比例来看，监测到的 36 种病害中发病率最高的是烂鳃病，占总发病面积的 18.41%；其次是细菌性肠炎病和细菌性败血症，分别占总发病面积的 15.40%和 12.21%。

二、主要养殖品种发生的病害情况

1. 青鱼　2018 年在监测的青鱼中，共监测到烂鳃病、赤皮病、细菌性肠炎病、水霉病、车轮虫病、水霉病、中华鳋病、锚头鳋病等 8 种病害。

从不同季节青鱼的发病面积比（图 3）来看，7 月青鱼发病面积比率全年最高，为 0.25%；1～3 月则是全年最低，为 0.00%。

2018 年青鱼的平均发病面积比例为 3.799%，平均监测区域死亡率为 0.308%，平均发病区域死亡率为 1.242%。

青鱼各病害发病面积比例最高的是肠炎病，发病面积比例为 12.08%；从各病害造成的发病区域死亡率来看，肠炎病造成的发病区域死亡率最高，为 3.13%。

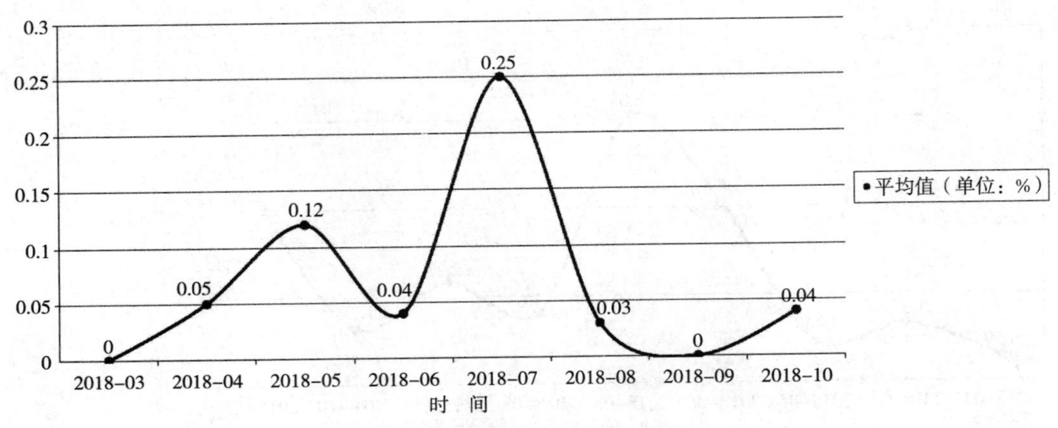

图 3　不同季节青鱼发病面积比

2. 草鱼　2018 年在监测的青鱼中，共监测到草鱼出血病、淡水鱼细菌性败血症、溃疡病、烂鳃病、赤皮病、细菌性肠炎病、打印病、烂尾病、竖鳞病、水霉病、侧殖吸虫病、小瓜虫病、指环虫病、黏孢子虫病、舌状绦虫病、三代虫病、车轮虫病、锚头鳋病、中华鳋病、缺氧症、脂肪肝、昏眩症、肝胆综合征等 23 种病害。

从不同季节草鱼的发病面积比（图 4）来看，7 月草鱼发病面积比率全年最高，为 0.99%；12 月至翌年 3 月则是全年最低，为 0.01%。

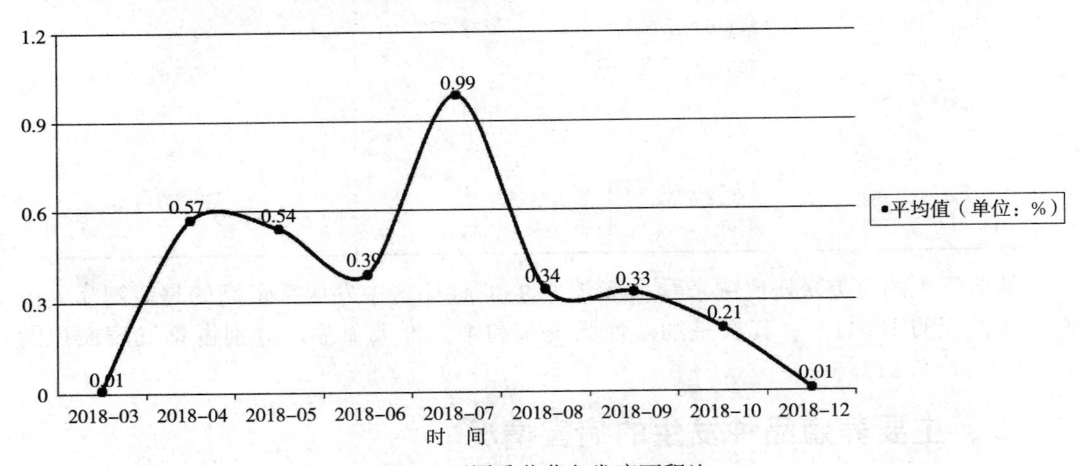

图 4　不同季节草鱼发病面积比

2018 年草鱼的平均发病面积比例为 3.112%，平均监测区域死亡率为 0.081%，平均发病区域死亡率为 2.322%。

草鱼各病害发病面积比例最高的是锚头鳋病，发病面积比例为 16.97%；从各病害造成的发病区域死亡率来看，侧殖吸虫病造成的发病区域死亡率最高，为 7.14%。

3. 鲢　2018 年在监测的鲢中，共监测到淡水鱼细菌性败血症、溃疡病、烂鳃病、赤皮病、细菌性肠炎病、打印病、烂尾病、水霉病、黏孢子虫病、三代虫病、小瓜虫病、指环虫病、车轮虫病、复口吸虫病、锚头鳋病、中华鳋病、昏眩病等 18

种病害。

从不同季节鲢的发病面积比（图5）来看，7月鲢发病面积比率全年最高，为1.08%；1～3月则是全年最低，为0.02%。

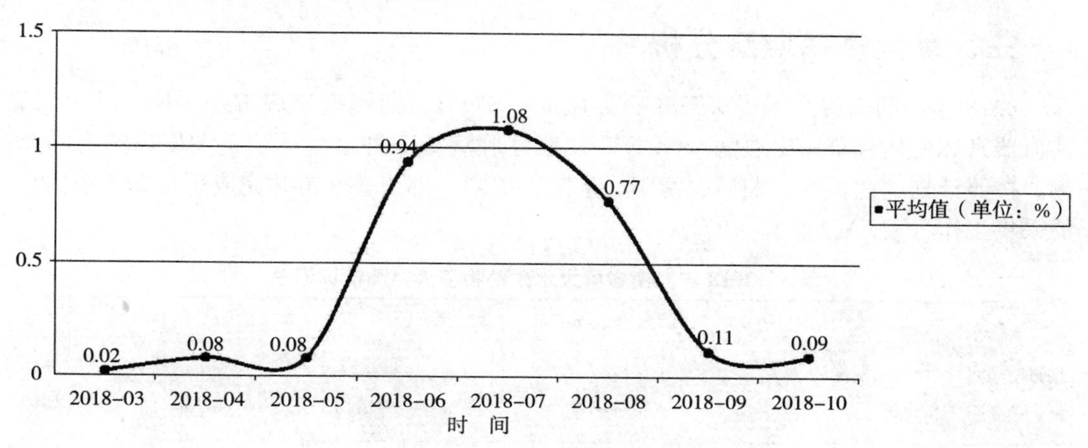

图5 不同季节鲢发病面积比

2018年鲢的平均发病面积比例为5.725%，平均监测区域死亡率为0.202%，平均发病区域死亡率为2.891%。

鲢各病害发病面积比例最高的是不明病因的疾病，发病面积比例为86.31%；从各病害造成的发病区域死亡率来看，烂鳃病造成的发病区域死亡率最高，为7.62%。

4. 鳙　2018年在监测的鳙中，共监测到淡水鱼细菌性败血症、溃疡病、烂鳃病、赤皮病、细菌性肠炎病、疖疮病、打印病、烂尾病、水霉病、指环虫病、斜管虫病、小瓜虫病、车轮虫病、艾美虫病、锚头鳋病、中华鳋病、鲺病等18种病害。

从不同季节鳙的发病面积比（图6）来看，7月鳙发病面积比率全年最高，为0.7%；1～3月则是全年最低，为0.02%。

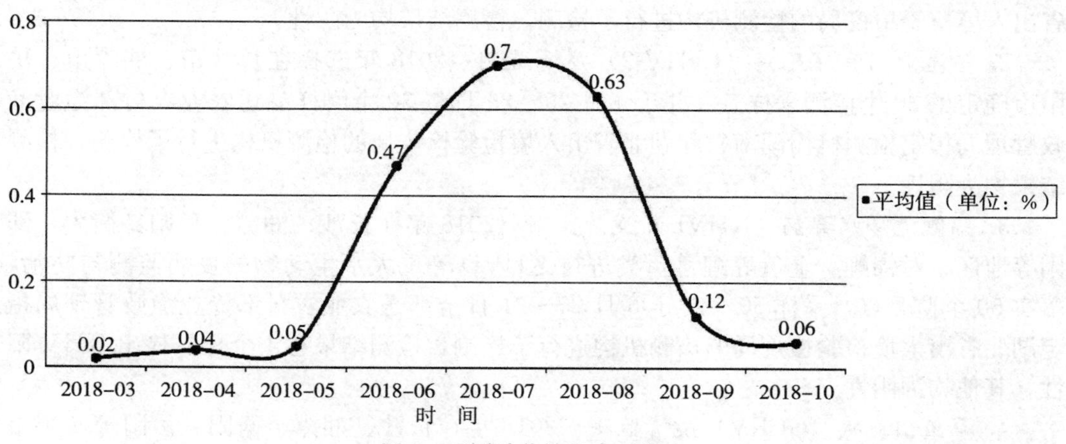

图6 不同季节鳙发病面积比

2018年鳙的平均发病面积比例为4.932%，平均监测区域死亡率为0.096%，平均发病区域死亡率为2.703%。

鳙各病害发病面积比例最高的是不明病因的疾病，发病面积比例为84.43%；从各病害造成的发病区域死亡率来看，艾美虫病造成的发病区域死亡率最高，为7.14%。

三、重大疫病监测分析

2018年，湖南省开展了对鲤春病毒血症（SVC）、锦鲤疱疹病毒病（KHVD）、鲫造血器官坏死病、草鱼出血病（GCRV）、鲤浮肿病等5种水生动物重大疫病的专项监测。按照计划，在长沙、湘潭、衡阳、岳阳、邵阳、郴州等6市共完成采集250个样品的采集工作（表5）。

表5　2018年湖南省重大水生动物疫病监测情况汇总

监测疫病名称	监测养殖场点（个）								检测结果		
	区（县）数	乡（镇）数	国家级原良种场	省级原良种场	苗种场	观赏鱼养殖场	成鱼/虾养殖场	监测养殖场点合计	阳性样品总数	样品阳性率（%）	阳性品种
鲤春病毒血症	20	33	1	2	18	12	7	40	1	2.6	鲤
草鱼出血病	17	36	1	2	30	0	7	40	0	0	
锦鲤疱疹病	27	42	1	2	28	13	6	50	0	0	
鲫造血器官坏死病	10	27	1	2	20	0	7	30	0	0	
鲤浮肿病	28	44	1	6	28	13	22	70	4	5.7	鲤

1. *鲤春病毒血症（SVC）疫情监测*　2018年在长沙、湘潭、岳阳、衡阳等4个地区，对鲤和锦鲤、金鱼、湘云鲫（鲤）等鲤科鱼类进行SVC等重大水生动物的疫病监测与防治，落实40个监测点，包括省级良种场9个，市级良种场26个，一般养殖场5个。于4月25～26日采样40个，分别送农业农村部渔业渔政管理局指定湖南省和湖北省出入境检验检疫局的检测机构进行了检测，检测结果均为阴性。

2. *鲫造血器官坏死病（CyHV-2）疫情监测*　2018年选择在长沙市、湘潭市、岳阳市确定了30个监测采样点，并于4月25～26日将30个鲫样品送农业农村部渔业渔政管理局指定检测机构湖南省和湖北省出入境检验检疫局的检测机构进行了检测，检测结果均为阴性。

3. *锦鲤疱疹病毒病（KHVD）疫情监测*　2018年在长沙、湘潭、岳阳、衡阳、邵阳等地区，对锦鲤、金鱼等鲤科鱼类进行KHVD等重大水生动物的疫病监测与防治，落实50个监测点，采样50个。于6月20～21日全部送农业农村部渔业渔政管理局指定湖北省出入境检验检疫局的检测机构进行了检测，检测结果有1个样品检出KHV阳性，其他均为阴性。

4. *草鱼出血病（GCRV）疫情监测*　2018年在长沙、湘潭、衡阳、岳阳等4个市州设立监测点，共40个养殖场。其中，省级良种场9个，市级良种场26个，一般养殖场5个。分别于6月20～21日采样送农业农村部渔业渔政管理局指定湖北省出入境检验检疫局和湖南省出入境检验检疫局的检测机构进行了检测，检测结果均为阴性。

5. 鲤浮肿病（CEV）疫情监测　2018 年在长沙、湘潭、岳阳、衡阳、邵阳、郴州等地区，对鲤科鱼类进行等重大水生动物的疫病监测与防治，落实监测点采样 70 个。分别于 6 月 21 日和 9 月 4 日全部送农业农村部渔业渔政管理局指定湖北省出入境检验检疫局的检测机构进行了检测，检测结果有 4 个样品检出阳性，其他均为阴性。

从监测情况看，全省的鲤科鱼类已经连续两年监测到 10 例阳性样品，分别为 1 例一类疫病鲤春病毒血症、5 例二类疫病锦鲤疱疹病和 4 例新发疫病鲤浮肿病。通过开展溯源调查，检出阳性结果的样品，主要与从外面市场购买的鱼苗未进行检疫携带病毒有关，属于带毒无症状情况。虽然调查结果表明，在监测区域中不存在大的隐患，但加强对鲤科鱼类疫病的专项监测，深入研究致病机理和防控技术，才能确保鲤科鱼类产业的健康持续发展。

四、2019 年病害流行预测

（1）鱼类作为全省主要养殖品种的草鱼，主要疾病为细菌性疾病和寄生虫疾病。其中，草鱼出血病、肠炎病、赤皮病预计 4～8 月有可能在全省范围，尤其是洞庭湖区普遍流行；鱼类细菌性败血症仍然是养殖鱼类的主要细菌性病害，4～10 月将在全省流行；养殖鱼类细菌性烂鳃病将继续对鳙、草鱼、鲫养殖生产造成较大损失，4～10 月流行。长沙市和湘潭市、衡阳市要注意重点监测鲤春病毒血症，岳阳市和邵阳市、衡阳市要加强锦鲤疱疹病和鲤浮肿病的监测。寄生虫性疾病的锚头鳋病、中华鳋病在全年都会流行，随着水温升高，在 3 月底、4 月初有可能出现第一次流行。另外，4～5 月怀化沅陵县、益阳安化县和湘西的古丈县、保靖县等地区网箱养殖的斑点叉尾鮰可能出现发病高峰，要加强注意鱼种因低温等原因所引起的出血病、腐皮病和套肠病而造成死鱼。

（2）两栖、爬行类中华鳖的病害比较多，在 5～8 月可能暴发疫情，应加强综合预防措施，做到规范用药，科学防控。

五、建议采取的措施

（1）坚持“以防为主，生态健康养殖”。做好生态防控，改善和优化养殖环境，大力推行科学合理用药，使用微生态制剂调节水质，尽可能降低养殖病害造成的经济损失。

（2）加强监测，及时掌握病害发生情况，提高测报数据的准确性。2019 年全省将继续做好鱼病常规的测报工作，进一步完善测报网络。加强对测报人员的技术培训，提高测报人员的理论水平和实际操作能力。

（3）做好 2019 年鲤春病毒血症、鲫造血器官坏死病、草鱼出血病、锦鲤疱疹病毒血症、鲤浮肿病等水生动物重大疫病的专项监测工作。

2018年广东省水生动物病情分析

广东省动物疫病预防控制中心

（林华剑　曾庆雄　张　志）

一、水产养殖病害测报情况

2018年，在全省设立常规监测点294个，分布于全省20个地级以上市、94个县（区），监测养殖面积159 719亩，其中，淡水养殖面积145 369亩，海水养殖面积14 350亩。监测养殖种类32种，其中，鱼类23种，虾类4种，贝类2种，其他类2种，观赏鱼1种（表1）。全省实行周年常规监测，每个监测月度由监测点上报监测数据，县、市、省水生动物疫病防控机构审核和分析水产养殖病害监测数据，上报全国水产技术推广总站。

表1　2018年监测水产养殖种类汇总

类别		种类	数量
淡水	鱼类	青鱼、草鱼、鲢、鳙、鲤、鲫、鳊、鮰、黄颡鱼、长吻鮠、鳜、鲈（淡水）、乌鳢、罗非鱼、鳗鲡、鲮、笋壳鱼、泥鳅、鲇、河鲀	20
	虾类	罗氏沼虾、南美白对虾（淡水）	2
	其他类	龟、鳖	2
	观赏鱼	金鱼、锦鲤	1
海水	鱼类	石斑鱼、鲷、卵形鲳鲹	3
	虾类	南美白对虾（海水）、斑节对虾、日本对虾	3
	贝类	鲍、螺	2

（一）主要监测养殖品种病害的发生情况

1. 监测品种发病情况　全年监测到发病的水产养殖品种26种。其中，鱼类18种，虾类4种，其他类2种，贝类2种（表2）。

表2　2018年监测到发病的水产养殖种类汇总

类别		种类	数量
淡水	鱼类	青鱼，草鱼、鲢、鳙、鲤、鲫、鳊、鮰、黄颡鱼、长吻鮠、鳜、鲈（淡水）、乌鳢、罗非鱼、鳗鲡、鲮、笋壳鱼	17
	虾类	罗氏沼虾、南美白对虾（淡水）	2

（续）

类别		种类	数量
淡水	其他类	龟、鳖	2
海水	鱼类	石斑鱼	1
	虾类	南美白对虾（海水）、斑节对虾、日本对虾	3
	贝类	鲍、螺	2

全年监测到水产疾病82种。按病原分，病毒性疾病11种，细菌性疾病30种，寄生虫性疾病19种，非病原性疾病12种，真菌性疾病6种，不明病因病4种；按养殖种类分，鱼类疾病47种，甲壳类疾病23种，其他类疾病10种，贝类疾病2种（表3，表4，图1）。

表3　2018年监测到病害种类分类统计

类别		病名	数量
鱼类	病毒性疾病	草鱼出血病、病毒性出血性败血症、真鲷虹彩病毒病、病毒性神经坏死病、脱黏败血综合征	5
	细菌性疾病	烂鳃病、淡水鱼细菌性败血症、溃疡病、赤皮病、细菌性肠炎病、鮰类肠败血症、鱼柱状黄杆菌病（鱼屈桡杆菌病）、迟缓爱德华氏菌病、烂尾病、腹水病、疖疮病、打印病、类结节病、诺卡氏菌病、链球菌病	15
	寄生虫性疾病	指环虫病、车轮虫病、锚头鳋病、斜管虫病、舌状绦虫病、裂头绦虫病、中华鳋病、黏孢子虫病、三代虫病、小瓜虫病、固着类纤毛虫病、血居吸虫病、鱼波豆虫病、刺激隐核虫病、湖蛭病	15
	非病原性疾病	肝胆综合征、气泡病、缺氧症、氨中毒症、脂肪肝、维生素C缺乏病、肝胆综合征、冻死	8
	真菌性疾病	流行性溃疡综合征、水霉病、流行性溃疡综合征	3
	其他	不明病因疾病	1
虾类	病毒性疾病	罗氏沼虾白尾病、白斑综合征、传染性皮下和造血器官坏死病、偷死野田村病毒病	4
	细菌性疾病	对虾黑鳃综合征、对虾黑鳃综合征、坏死性肝胰腺炎、青虾甲壳溃疡病、弧菌病、肠炎病、对虾肠道细菌病、急性肝胰腺坏死病、腹水病	9
	真菌性疾病	水霉病、链壶菌病	2
	寄生虫性疾病	对虾微孢子虫病、固着类纤毛虫病、血卵涡鞭虫病	3
	非病原性疾病	蜕壳不遂症、畸形、冻死、缺氧	4
	其他	不明病因疾病	1
其他类	病毒性疾病	鳖腮腺炎病、鳖红底板病	2
	细菌性疾病	鳖白眼病、鳖溃烂病、鳖红脖子病、鳖肠型出血病（白底板病）、鳖穿孔病	5
	其他	不明病因疾病	1
	真菌性疾病	白斑病	1
	寄生虫性疾病	固着类纤毛虫病	1

（续）

类别		病名	数量
贝类	细菌性疾病	鲍弧菌病	1
	其他	不明病因疾病	1

表4　2018年监测品种发病比例

类别	鱼类	虾类	其他类	观赏鱼	总个数
个数	1 007	105	56	5	1 173
占比（%）	85.85	8.95	4.77	0.43	

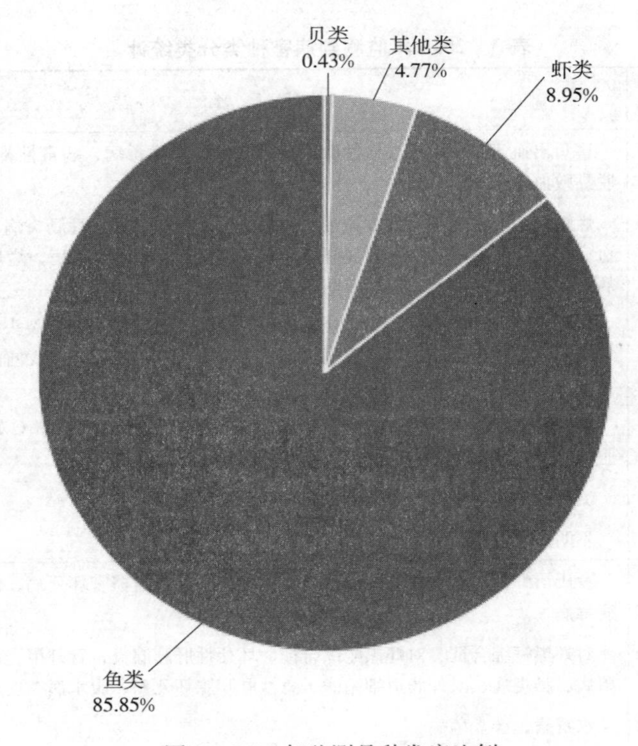

图1　2018年监测品种发病比例

2. 监测到的疾病种类比例　2018年全省水产养殖病害以细菌病和寄生虫病为主，严重的危害养殖品种，受到病害危害的养殖品种越来越多，新的流行性病害种类将不断出现，并有流行加重的趋势，如对虾虹彩病毒病。其中，细菌性疾病占51.41%，寄生虫性疾病占28.13%，病毒性疾病占6.22%，真菌性疾病占3.84%，非病原性疾病占6.05%，其他占4.35%，与历年的监测结果基本一致(图2，表5)。

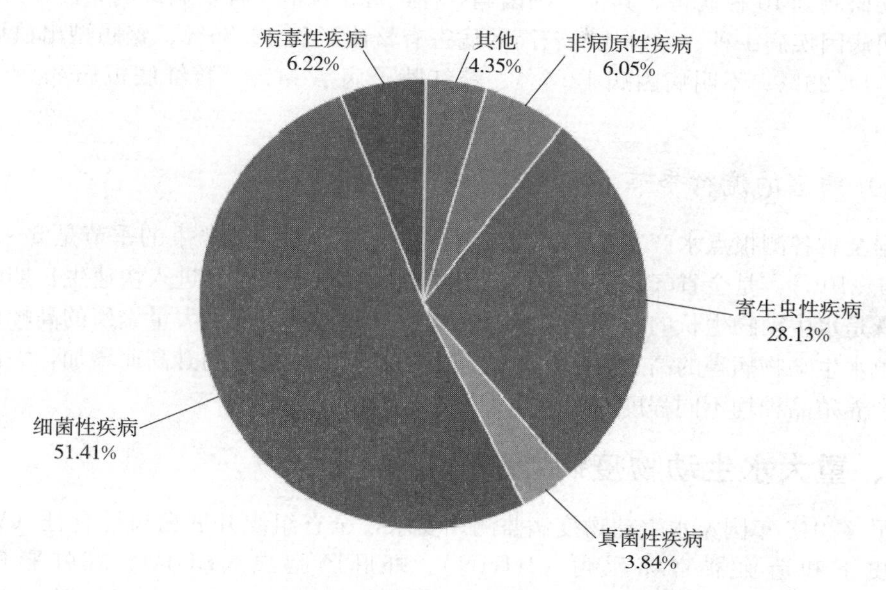

图 2　2018 年监测疾病种类比例

表 5　2018 年监测疾病种类比例

疾病类别	病毒性疾病	细菌性疾病	真菌性疾病	寄生虫性疾病	非病原性疾病	其他
个数	73	603	45	330	71	51
占比（%）	6.22	51.41	3.84	28.13	6.05	4.35

（二）监测品种病害流行情况

1. 鱼类病害流行情况　根据全省各测报点水产养殖病害的监测数据分析，养殖鱼类共监测到 47 种病害。其中，细菌病 15 种，寄生虫病 15 种，病毒病 5 种，真菌病 3 种，非病原性病 8 种，不明病因疾病 1 种。发病比例较高的病害有车轮虫病 12.21%、烂鳃病 12.02%、细菌性肠炎病 10.92%、细菌性败血症 9.63%、斜管虫病 5.06%、指环虫病 4.77%、锚头鳋病 4.07%、溃疡病 3.87%。

2. 虾类病害流行情况　根据全省各测报点水产养殖病害的监测数据分析，养殖虾类共监测到 23 种病害。其中，细菌病 9 种，寄生虫病 4 种，病毒病 4 种，真菌病 3 种，非病原性病 4 种，不明病因疾病 1 种。发病比例较高的病害有弧菌病 30.48%、不明病因病 13.33%、固着类纤毛虫病 9.52%、白斑综合征 6.67%、坏死性肝胰腺炎 5.71%、肠炎病 5.71%。全省养殖虾类发病主要在粤西和珠三角高密度养殖区域，影响最大的病害主要是早期死亡综合征（虾农俗称偷死症）。该病发病范围广，受到感染的养虾池中死亡率极高。

3. 其他类病害流行情况　根据全省各测报点水产养殖病害的监测数据分析，养殖其他类共监测到10种病害。其中，细菌病5种，寄生虫病1种，病毒病2种，真菌病1种，不明病因疾病1种。发病比例较高的病害有鳖溃烂病42.86%、鳖肠型出血病（白底板病）14.29%、不明病因病12.5%、鳖红脖子病7.14%、鳖红底板病8.77%、鳖穿孔病5.36%。

（三）病害的流行季节

根据全省各测报点水产养殖病害的监测数据分析，发病最严重的季节是6～10月。每年的6～10月，是全省气温、水温最高的季节，养殖水生动物进入快速生长期。炎热的天气既是水生动物生长的黄金季节，也是细菌、病毒和寄生虫大量繁殖的高峰期，导致了养殖水生动物病害的高发。水生动物病害随着气温、水温的升高而增加，大部分监测的水产养殖品种均不同程度地发生病害。

二、重大水生动物疫病监测分析

按照《2018年国家水生动物疫病监测》要求，全省组织开展白斑综合征（WSD）、传染性皮下和造血器官坏死病（IHHN）、虾肝肠胞虫（EHP）、虾虹彩病毒病（SHIVD）草鱼出血病（GCRVD）、鲤浮肿病毒病（CEVD）、病毒性神经坏死病（VNN）和锦鲤疱疹病毒病（KHVD）等8种重大水生动物疫病的专项监测任务。由省水生动物疫病预防控制中心、深圳市出入境检验检疫局食品检验检疫技术中心、中国水产科学研究院珠江水产研究所和深圳市渔业服务与水产技术推广总站共同完成相关疫病的检测。每种疫病的监测品种、监测点设置情况、采样数量以及监测结果见表6。从监测结果分析，对虾养殖与石斑鱼养殖暴发重大疫病的风险仍然较大，防控形势依然较严峻。

表6　2018年广东省重大水生动物疫病监测概况

监测品种		监测养殖场点（个）							养殖场点合计（个）	抽样总数（批次）	阳性样品总数（份）	阳性样品率（%）
		区（县）数	乡（镇）数	国家级良种场	省级良种场	苗种场	观赏鱼养殖场	成鱼/虾养殖场				
WSD	日本对虾、南美白对虾	7	21	3	7	22		21	53	110	2	1.8
IHHN	日本对虾、南美白对虾	7	21	3	7	22		21	53	110	6	5.5
EHP	日本对虾、南美白对虾	13	25	3	1	6		60	70	187	62	33.2
SHIVD	日本对虾、南美白对虾	13	25	3	1	6		60	70	186	52	28
GCRVD	草鱼	7	10			2		19	21	40	5	12.5
TiLVD	罗非鱼	16	28	2		1		96	99	242	3	1.2
VNN	石斑鱼	7	10					16	16	40	18	45
CEVD	锦鲤、鲤	4	6				12		12	70	8	11.4
KHVD	锦鲤、鲤	4	8				15		15	50	8	16
合计										1 035	164	17.18

1. 锦鲤疱疹病毒病（KHVD）和鲤浮肿病毒病（CEVD）监测情况　2018年，全省共监测50份KHVD样品。检出KHVD阳性样品8份，其他样品均为阴性，阳性率16%，比2017年阳性率略高（11.6%）。采样场曾发生急性死鱼，所采鱼样也表现出明显的病症。抽样区域为江门和东莞主产区，覆盖4个区（县）、8个乡（镇），15个观赏鱼养殖场。

2018年，监测CEVD样品70份，检出CEVD阳性样品8份，阳性率11.4%，低于2017年（20%）。监测期间采样场未发生鲤浮肿病毒病流行病。抽样区域为江门和东莞主产区，覆盖4个区（县）、6个乡（镇），12个观赏鱼养殖场。

由于广东省锦鲤养殖以观赏鱼为主，未有国家级或省级良种场，因此采样区域以观赏鱼养殖场为主，监测点分配合理。监测品种包括锦鲤、鲤。监测月份为4～8月和10月，监测水温范围为25～32℃，监测点的养殖模式以池塘为主。2018年检出8份KHVD阳性样品、8份CEVD阳性样品，监测出的阳性样品主要来源于江门市的5家观赏鱼养殖场。抽样发现，这5家观赏鱼养殖场的部分锦鲤具有体表少量出血、眼部凹陷、游动较为迟缓等特点，并在养殖池塘边发现死鱼情况。锦鲤作为观赏鱼种类具有全国流通的特点，在防控上建议：一是加强监测，尤其是苗种的监测，从源头上抑制KHVD和CEVD的流通性传播；二是加强检出阳性监测点的监控，对于往年检出阳性的养殖场，进行连续跟踪、监测，对于检出阳性品种，及时进行无害化处理，控制疫情或阳性样品的扩散和流通。

2. 对虾白斑综合征（WSSV）和传染性皮下和造血器官坏死病（IHHN）监测情况　2018年，共监测WSSV样品110份，IHHN样品110份。其中，WSSV检出阳性样品2份，阳性率1.8%；IHHN检出阳性样品6份，阳性率5.5%。

2018年，WSSV和IHHN监测点53个，主要监测区域为对虾主养区茂名、湛江和江门3个城市，共覆盖7个区（县）、21个乡（镇），涵盖国家级良种场3个，省级良种场7个，苗种场22个，成虾养殖场21个，监测点分配合理。WSSV阳性率1.8%，IHHN阳性率5.5%，均明显低于2017年（12.5%和20%），说明对虾养殖中WSSV和IHHN的危害有所降低。监测品种主要为南美白对虾，少量日本对虾。监测时间分为3～5月、8月和10月，监测水温范围为26～33℃，监测点的养殖模式以土塘养殖为主。IHHNV的阳性样品检出主要在3月和10月，该季节广东省降雨较多，水位水温变化较高，较为容易暴发皮下病。对虾作为主要养殖甲壳动物之一，不具备特异性免疫机制和免疫记忆能力，不能通过疫苗进行免疫，因此，在对虾养殖疫病的防控上，一是加强苗种检疫，提高苗种的质量；二是加强养殖过程中生产管理，在疫病高发期，做好病害、水质监控，在饲料中添加多维和免疫增强剂等加强营养，必要时采取适当的消毒措施。

3. 对虾肝肠胞虫病（EHP）和对虾虹彩病毒病（SHIVD）监测情况　2018年，共监测EHP样品187份，SHIVD样品186份。其中，EHP检出阳性样品62份，阳性率33.2%；SHIVD检出阳性样品52份，阳性率28%。

2018年，EHP和SHIVD监测点70个，主要监测区域为对虾主养区茂名、湛江、阳江、汕尾、饶平和江门6个城市，共覆盖13个区（县）、25个乡（镇），涵盖国家级良种场3个，省级良种场1个，苗种场6个，成虾养殖场60个，监测点分配合理。EHP阳性率33.2%，SHIVD阳性率28%，阳性率较高，且在湛江、茂名、阳江饶平等地均检测到。说明对虾养殖中EHP和SHIVD的危害有所增加，且危害范围广。监测品种主要为南美白对虾，少量日本对虾。监测时间分为5～7月和10月，监测水温范围为22～33℃，监测点的养殖模式以土塘养殖为主。虾肝肠胞虫为寄生于中肠、肝胰腺细胞内的微孢子虫，导致对虾生长缓慢或停止，并出现空肠、白色粪便现象；虾虹彩病毒可以引起南美白对虾空肠空胃、肝胰腺变黄、不饱满，摄食差等症状。容易在高温季节暴发，因此在高温季节加强日常监督管理，及时对养殖环境进行监控，提早预防。

4. *草鱼出血病（GCRVD）监测情况* 2018年，共监测GCRVD样品40份。检出阳性样品5份，其余样品阴性，阳性率12.5%。

采集GCRVD样品监测点21个，主要监测区域为草鱼主养区的中山、云浮、清远、梅州和江门5个城市，共覆盖7个区（县）、10个乡（镇），涵盖苗种场2个，成鱼养殖场19个，监测点分配合理。监测期间采样场未发生草鱼出血病流行病。监测月份为4～7月，监测水温范围为22～28℃，监测点的养殖模式以池塘为主。2018年，检出5份GCRVD阳性样品均为草鱼出血病Ⅱ型阳性，监测出的阳性样品主要来源于中山市的2家、清远市的1家成鱼养殖场。抽样发现，这3家养殖场的部分草鱼具有体表、鳃盖、鳍基部少量出血，眼球突出，体色发黑等特点。草鱼出血病在水温高于20℃以上流行，25～28℃为流行高峰。目前没有有效的药物治疗，最好的方法是注射疫苗防控，经免疫后的草鱼，存活率可由20%提高至70%。

5. *病毒性神经坏死病（VNN）监测情况* 2018年，共监测VNN样品40份。检出阳性样品18份，其余样品阴性，阳性率45%。

采集VNN样品的监测点16个，主要监测区域为石斑鱼主养区茂名、湛江、和阳江3个城市，共覆盖7个区（县）、10个乡（镇），16个均为成鱼养殖场，广东省没有石斑鱼省级及国家级良种场，监测点分配合理。监测期间采样场多次发生石斑鱼病毒性神经坏死病流行病。监测月份为5月和7月，监测水温范围为24～28℃，监测点的养殖模式以海水池塘为主。2018年检出18份VNN阳性样品，在3个城市的9家养殖场检出。抽样发现，这9家养殖场的部分石斑鱼具有不正常的螺旋状或旋转式游动，静止时腹部朝上，体色异常等特点。采集石斑鱼样品时，池塘边上有死鱼。病毒性神经坏死病目前没有有效的治疗方法，基本控制方法为改善孵化卫生条件和降低放养密度。其中，确诊并消灭带病毒的鱼是十分必要的，可用PCR技术筛选并清除出鱼苗的隐性带毒者。

2018年广西壮族自治区水生动物病情分析

广西壮族自治区水产技术推广总站

（胡大胜）

一、监测情况

（一）测报情况

1. 测报点设置　2018年，依托县级水生动物防疫站和广西水生动物疾病诊断实验室，结合鱼病诊疗服务，在南宁市（武鸣县）、柳州市（柳北区、柳城县、柳江县、鹿寨县、融水县），桂林市（临桂区、全州县、永福县），梧州市（长洲区、万秀区、苍梧县），北海市（合浦县），防城港市（港口区、东兴市），钦州市（浦北县、钦南区），贵港市（桂平市、平南县），玉林市（福绵区、玉州区、北流市、陆川县、博白县、容县、兴业县），百色市（田东县、西林县），贺州市（八步区、昭平县），河池市（大化县、都安县），来宾市（武宣县、象州县），崇左市（凭祥市）35个县（区）、137个乡镇设置了274个精准测报点。广泛开展水产养殖动物病情精准测报工作，印发《广西水产养殖动物病情测报月报》12期、《水产养殖病情预测预报》8期。

2. 测报面积　2018年测报面积为：淡水池塘养鱼29 082亩、海水池塘养虾1 123.5亩，淡水网箱养鱼16.88万$米^2$、海水网箱养鱼2.62万$米^2$，海水滩涂500亩、海水浮筏养殖80亩，庭院养龟233$米^2$。

3. 监测品种　2018年测报监测的养殖品种有青鱼、草鱼、鲢、鳙、鲤、鲫、泥鳅、鲇、鮰、黄颡鱼、鳟、短盖巨脂鲤、长吻鮠、加州鲈、乌鳢、罗非鱼、鲟、鲮、倒刺鲃、笋壳鱼、光倒刺鲃、罗氏沼虾、龟、鳖、大鲵、石斑鱼、卵形鲳鲹、南美白对虾、牡蛎、蛤30种。

4. 发病品种　在30个监测品种中，有青鱼、草鱼、鲢、鳙、鲤、鲫、泥鳅、鲇、鮰、黄颡鱼、短盖巨脂鲤、长吻鮠、加州鲈、乌鳢、罗非鱼、鲮、倒刺鲃、鳖、卵形鲳鲹、南美白对虾、牡蛎21个品种发病；鳟、鲟、笋壳鱼、光倒刺鲃、罗氏沼虾、龟、大鲵、石斑鱼、文蛤9个品种没监测到病害。

5. 累计发病面积　在21个发病品种中，累计发病面积超过监测面积的有黄颡鱼、倒刺鲃和卵形鲳鲹3个品种；加州鲈和乌鳢的累计发病面积与监测面积比也达93.3%和75%；淡水白鲳、草鱼、鲇、鲤、鲫、鲮和鳖的累计发病面积与监测面积比在10.1%～37.5%；其余品种的累计发病面积与监测面积比均在10%以下。

6. 监测到的病害　2018 年，监测到的养殖病害有 39 种（表 1）。

表 1　2018 年监测到的养殖病害

类别		病名	数量
鱼类	细菌性疾病	烂鳃病、赤皮病、细菌性肠炎病、淡水鱼细菌性败血症、溃疡病、烂尾病、打印病、鮰类肠败血症、迟缓爱德华氏菌病、斑点叉尾鮰传染性套肠症、诺卡菌病、腹水病、链球菌病、传染性套肠症	14
	非病原性疾病	脂肪肝、肝胆综合征、缺氧症、氨中毒症、冻死	5
	其他	不明病因疾病	1
	病毒性疾病	草鱼出血病、病毒性神经坏死病	2
	真菌性疾病	水霉病、鳃霉病	2
	寄生虫性疾病	小瓜虫病、三代虫病、指环虫病、车轮虫病、锚头鳋病、斜管虫病、鱼虱病、鲺病、头槽绦虫病、黏孢子虫病、固着类纤毛虫病、拟嗜子宫线虫病、舌状绦虫病、刺激隐核虫病	14
虾类	其他	不明病因疾病	1
	细菌性疾病	弧菌病	1
其他类	细菌性疾病	鳖红脖子病、鳖肠型出血病（白底板病）、鳖溃烂病	3
贝类	其他	不明病因疾病	1

7. 病害造成的经济损失　根据监测各养殖模式各养殖种类的死亡率估算，2018 年广西水产养殖动物因病死亡重量为1 669.1万千克、经济损失49 712.95万元。其中，淡水池塘养殖鱼类死亡 476.7 万千克、4 766.72万元，淡水池塘养殖鳖类死亡 2.1 万千克、124.93 万元，淡水网箱养殖鱼类死亡 6.3 万千克、75.72 万元，海水池塘养殖对虾死亡 835.3 千克、41 765万元，海水网箱养殖鱼类死亡 11.2 千克、280.58 万元，海水滩涂养殖贝类死亡 337.5 万千克、2 700万元。

（二）实验室检测情况

2018 年，广西大学广西水生动物病害诊断实验室、广西水产技术推广总站实验室和各测报单位实验室均在进行采样或接样、水质检测、病症检查、现场寄生虫检测、病原菌分离、病原菌药敏试验、商品水产用兽药药效检验等检测工作；广西大学广西水生动物病害诊断实验室、广西水产技术推广总站实验室和柳州市站实验室还进行病原菌鉴定；广西大学广西水生动物病害诊断实验室和广西水产技术推广总站实验室还开展了病毒实验室检测工作。全年共进行实验室检测病样1 369批次、水质检测1 741批次、药敏试验 762 株病原菌、鉴定菌株 762 株，指导养殖户防治病害2 523人次。

（三）养殖罗非鱼病原微生物耐药性普查

2018 年，广西壮族自治区水产技术推广总站承担了农业农村部罗非鱼致病菌耐药性普查项目。在南宁市、柳州市和玉州区、合浦县、大化县、都安县、陆川县、武宣县等广西罗非鱼养殖集中区域的28个罗非鱼育苗场或养殖场采集样品28个，共分离到致病菌36株。其中，无乳链球菌26株、嗜水气单胞菌4株、维氏气单胞菌3株、迟钝爱德华氏菌2株、类志贺邻单胞菌1株。对36株致病菌菌株进行了对氨苄青霉素、硫酸新霉素、盐酸多西环素、甲砜霉素、氟苯尼考、磺胺嘧啶、磺胺甲噁唑、磺胺二甲嘧啶、磺胺间甲氧嘧啶、硫氰酸红霉素、盐酸土霉素、盐酸环丙沙星、恩诺沙星、交沙霉素14种抗生素类药物的耐药性普查。

26株无乳链球菌的耐药性普查结果显示，与2017年从19家养殖场的养殖罗非鱼分离到50株链球菌相比，采样的养殖场数量增加了9个，分离到链球菌的菌株数却下降了24株；与2017年50株链球菌菌株相比，2018年26株链球菌菌株对14种药物的敏感率，只有氨苄青霉素保持100%的敏感率，敏感率提高的有恩诺沙星72.6%、盐酸土霉素46.2%、硫氰酸红霉素8.0%、盐酸多西环素2.0%；敏感率下降的有氟苯尼考－84.0%、甲砜霉素－62.0%、磺胺间甲氧嘧啶－44.2%、磺胺甲噁唑－40.0%、磺胺嘧啶－30.0%、交沙霉素－26.6%、硫酸新霉素－20.0%、环丙沙星－18.5%、磺胺二甲嘧啶－16.0%（表2）。

表2　2017—2018年广西罗非鱼链球菌对各种药物的敏感性比较

供试药物	2017			2018			敏感率下降比率（%）
	总菌株数	敏感菌株	敏感率（%）	总菌株数	敏感菌株	敏感率（%）	
氨苄青霉素	50	50	100.0	26	26	100.0	0.0
硫酸新霉素	50	10	20.0	26	0	0.0	－20.0
盐酸多西环素	50	49	98.0	26	26	100.0	2.0
甲砜霉素	50	31	62.0	26	0	0.0	－62.0
氟苯尼考	50	42	84.0	26	0	0.0	－84.0
磺胺嘧啶	50	15	30.0	26	0	0.0	－30.0
磺胺甲噁唑	50	20	40.0	26	0	0.0	－40.0
磺胺二甲嘧啶	50	8	16.0	26	0	0.0	－16.0
磺胺间甲氧嘧啶	50	24	48.0	26	1	3.8	－44.2
硫氰酸红霉素	50	46	92.0	26	26	100.0	8.0
盐酸土霉素	50	25	50.0	26	25	96.2	46.2
环丙沙星	50	40	80.0	26	16	61.5	－18.5
恩诺沙星	50	6	12.0	26	22	84.6	72.6
交沙霉素	50	46	92.0	26	17	65.4	－26.6

（四）面上养殖动物病原微生物耐药性

1. 病原菌总体耐药性　2018年，共对681株淡水养殖动物病原菌进行了恩诺沙星、多西环素、氟苯尼考、复方新诺明、磺胺复合物5种国标水产用兽药敏感性筛选和青霉素、链霉素、庆大霉素、新霉素、氟哌酸、复达欣、先锋V、菌必治、舒普深、先锋必、特治星11种抗生素的耐药性监测。恩诺沙星、多西环素、氟苯尼考、复方新诺明、磺胺复合物的敏感率，分别为多西环素71.22%、恩诺沙星60.06%、氟苯尼考52.13%、复方新诺明0%、磺胺复合物0%；恩诺沙星、多西环素、氟苯尼考、复方新诺明、磺胺复合物5种国标水产用兽药敏感性筛选和青霉素、链霉素、庆大霉素、新霉素、氟哌酸、复达欣、先锋V、菌必治、舒普深、先锋必、特治星的耐药率，分别为磺胺复合物100%、复方新诺明100%、青霉素83.55%、新霉素65.35%、先锋V64.90%、特治星42.29%、链霉素39.50%、庆大霉素35.83%、先锋必33.92%、多西环素32.89%、复达欣29.39%、氟哌酸24.96%、氟苯尼考23.94%、恩诺沙星19.09%、舒普深14.24%、菌必治12.19%。

2. 淡水池塘养殖鱼类　2018年，共对506株淡水池塘养殖鱼类病原菌进行了恩诺沙星、多西环素、氟苯尼考、复方新诺明、磺胺复合物5种国标水产用兽药敏感性筛选和青霉素、链霉素、庆大霉素、新霉素、氟哌酸、复达欣、先锋V、菌必治、舒普深、先锋必、特治星11种抗生素的耐药性监测。恩诺沙星、多西环素、氟苯尼考、复方新诺明、磺胺复合物5种国标水产用兽药的敏感率，分别为恩诺沙星73.72%、多西环素53.16%、氟苯尼考65.61%、复方新诺明0%、磺胺复合物0%；恩诺沙星、多西环素、氟苯尼考、复方新诺明、磺胺复合物5种国标水产用兽药敏感性筛选和青霉素、链霉素、庆大霉素、新霉素、氟哌酸、复达欣、先锋V、菌必治、舒普深、先锋必、特治星的耐药率，分别为青霉素82.81%、链霉素42.49%、庆大霉素38.54%、复方新诺明100%、新霉素66.01%、氟哌酸25.10%、恩诺沙星15.22%、多西环素31.62%、氟苯尼考23.32%、磺胺复合物100%、复达欣28.16%、先锋V65.42%、菌必治12.25%、舒普深15.22%、先锋必35.97%、特治星41.11%。

3. 淡水网箱养殖鱼类　2018年，共对145株淡水网箱养殖鱼类病原菌进行了恩诺沙星、多西环素、氟苯尼考、复方新诺明、磺胺复合物5种国标水产用兽药敏感性筛选和青霉素、链霉素、庆大霉素、新霉素、氟哌酸、复达欣、先锋V、菌必治、舒普深、先锋必、特治星11种抗生素的耐药性监测。恩诺沙星、多西环素、氟苯尼考、复方新诺明、磺胺复合物5种国标水产用兽药的敏感率，分别为恩诺沙星64.83%、多西环素48.97%、氟苯尼考73.79%、复方新诺明0%、磺胺复合物0%；恩诺沙星、多西环素、氟苯尼考、复方新诺明、磺胺复合物5种国标水产用兽药敏感性筛选和青霉素、链霉素、庆大霉素、新霉素、氟哌酸、复达欣、先锋V、菌必治、舒普深、先锋必、特治星的耐药率，分别为青霉素83.83%、链霉素28.97%、庆大霉素24.83%、复方新诺明100%、新霉素60.00%、氟哌酸22.76%、恩诺沙星29.66%、多西环素33.79%、氟苯尼考19.31%、磺胺复合物100%、复达欣20.00%、先锋V57.93%、菌必治3.45%、舒普深7.59%、先锋必20.69%、特治星38.62%。

4. 淡水养殖龟鳖　2018年，共对31株淡水网箱养殖鱼类病原菌进行了恩诺沙星、多西环素、氟苯尼考、复方新诺明、磺胺复合物5种国标水产用兽药敏感性筛选和青霉素、链霉素、庆大霉素、新霉素、氟哌酸、复达欣、先锋V、菌必治、舒普深、先锋必、特治星11种抗生素的耐药性监测。恩诺沙星、多西环素、氟苯尼考、复方新诺明、磺胺复合物5种国标水产用兽药的敏感率，分别为恩诺沙星58.06%、多西环素45.16%、氟苯尼考51.61%、复方新诺明0%、磺胺复合物0%；恩诺沙星、多西环素、氟苯尼考、复方新诺明、磺胺复合物5种国标水产用兽药敏感性筛选和青霉素、链霉素、庆大霉素、新霉素、氟哌酸、复达欣、先锋V、菌必治、舒普深、先锋必、特治星的耐药率，分别为青霉素93.55%、链霉素32.26%、庆大霉素35.48%、复方新诺明100%、新霉素70.97%、氟哌酸29.03%、恩诺沙星35.48%、多西环素45.16%、氟苯尼考48.39%、磺胺复合物100%、复达欣83.87%、先锋V93.55%、菌必治51.61%、舒普深29.03%、先锋必51.61%、特治星80.65%。

5. 淡水养殖有鳞鱼　2018年，共对541株淡水网箱养殖鱼类病原菌进行了恩诺沙星、多西环素、氟苯尼考、复方新诺明、磺胺复合物5种国标水产用兽药敏感性筛选和青霉素、链霉素、庆大霉素、新霉素、氟哌酸、复达欣、先锋V、菌必治、舒普深、先锋必、特治星11种抗生素的耐药性监测。恩诺沙星、多西环素、氟苯尼考、复方新诺明、磺胺复合物5种国标水产用兽药的敏感率，分别为恩诺沙星71.16%、多西环素53.97%、氟苯尼考65.80%、复方新诺明0%、磺胺复合物0%；恩诺沙星、多西环素、氟苯尼考、复方新诺明、磺胺复合物5种国标水产用兽药敏感性筛选和青霉素、链霉素、庆大霉素、新霉素、氟哌酸、复达欣、先锋V、菌必治、舒普深、先锋必、特治星的耐药率，分别为青霉素82.81%、链霉素42.33%、庆大霉素35.49%、复方新诺明100%、新霉素64.33%、氟哌酸24.40%、恩诺沙星18.85%、多西环素29.57%、氟苯尼考23.84%、磺胺复合物100%、复达欣27.54%、先锋V65.80%、菌必治11.65%、舒普深14.42%、先锋必32.72%、特治星38.45%。

6. 淡水养殖无鳞鱼　2018年，共对113株淡水网箱养殖鱼类病原菌进行了恩诺沙星、多西环素、氟苯尼考、复方新诺明、磺胺复合物5种国标水产用兽药敏感性筛选和青霉素、链霉素、庆大霉素、新霉素、氟哌酸、复达欣、先锋V、菌必治、舒普深、先锋必、特治星11种抗生素的耐药性监测。恩诺沙星、多西环素、氟苯尼考、复方新诺明、磺胺复合物5种国标水产用兽药的敏感率，分别为恩诺沙星73.45%、多西环素45.13%、氟苯尼考69.03%、复方新诺明0%、磺胺复合物0%；恩诺沙星、多西环素、氟苯尼考、复方新诺明、磺胺复合物5种国标水产用兽药敏感性筛选和青霉素、链霉素、庆大霉素、新霉素、氟哌酸、复达欣、先锋V、菌必治、舒普深、先锋必、特治星的耐药率，分别为青霉素82.30%、链霉素26.55%、庆大霉素37.17%、复方新诺明100%、新霉素65.49%、氟哌酸29.20%、恩诺沙星16.81%、多西环素46.90%、氟苯尼考21.24%、磺胺复合物100%、复达欣23.01%、先锋V52.21%、菌必治3.54%、舒普深9.73%、先锋必34.51%、特治星50.44%。

（五）水产养殖用药减量行动试点

2018年，根据农业农村部全国水产技术推广总站、中国水产学会组织有关省份水产技术推广机构、科研院所共同开展“水产养殖用药减量行动”试点工作的要求（农渔技学质［2018］15号），为有效减少水产养殖用药使用量，保障水产品质量安全和生态环境安全，推进以绿色发展为导向的水产养殖业健康可持续发展，广西壮族自治区水产技术推广总站联合柳州市渔业技术推广站，在广西柳州市天之润农业发展有限公司、广西柳州市鱼家乐饲料有限公司、广西农垦国有沙塘农场、柳州市杰农水产科技养殖专业合作社和柳州市国大水产养殖专业合作社5家水产养殖单位开展水产养殖用药减量行动试点工作。采取对试点单位周年监控、疾病暴发前期检测、精准诊断、精准用药、综合防控病害，实施绿色生态养殖技术、养殖全程质量监控技术等措施，结合加强养殖生产的规范管理，逐步减少水产养殖化学药物的使用量。

一年来，根据多年实验室监测的数据统计结果以及流行病学调查总结的疾病流行规律特点，采取前通过电话、微信等方式，告知养殖户注意防范可能会出现的疾病并告知应对的方法等疾病早期干预措施，通过“精准诊断、精准用药”，以及结合流行病学调查方法，对疾病进行早期干预，达到用药减量的目的，保障试点单位的疾病早期干预措施取得了明显的效果。5个试点单位2018年水产养殖化学药物的使用量比2017年下降5%以上，形成了可复制可推广的水产养殖用药减量增效技术模式，为指导水产养殖业者科学规范使用渔用抗生素提供依据，降低水产养殖成本，提升养殖水产品质量安全水平，促进养殖水产品质量安全水平进一步提高。

（六）2018年广西水生生物病害防治技能竞赛

2018年10月27日，由广西壮族自治区直属机关工作委员会和广西壮族自治区总工会及广西壮族自治区海洋和渔业厅联合举办、广西壮族自治区水产技术推广总站承办的“第三届区直机关职工岗位技能大赛暨2018年广西水生生物病害防治技能竞赛”在南宁成功举办，来自全自治区14个市代表队的42名从事水产养殖病害防治技术人员参加了竞赛。经过激烈角逐，竞赛决出了团体一等奖1名、二等奖2名、三等奖3名和个人一等奖1名、二等奖2名、三等奖3名。获得竞赛个人奖第一名的按程序向自治区总工会申报“广西五一劳动奖章”，获得竞赛团体奖第一名的按程序向自治区总工会申报“广西工人先锋号”。

（七）重大水产养殖病害危害情况

（1）2018年4～5月，受沿海海域水体盐度偏高的影响，广西钦州市和防城港市沿海养殖牡蛎出现不明病因病情，导致养殖牡蛎大批死亡，浮筏吊养的牡蛎死亡率造30%～70%，损失惨重，经济损失超亿元。

（2）2018年5～7月，受小瓜虫病危害，容县3个乡镇的小水体流水养殖草鱼几乎全军覆没，部分养殖户再次放养的草鱼种也因小瓜虫病危害而全军覆没。

（3）2018年9月，受造纸企业污染物排污泄漏入海污染，钦州市钦州港区三墩海域的养殖大蚝大批死亡，该海域内400多张蚝排的500万串大蚝几乎全部死亡，近200家养殖户受损，经济损失约在5 000万元以上。

（4）2018年12月，江水库网白江江宁镇库区因水体严重缺氧，导致库区网箱养鱼出现大批死鱼，初步统计死亡鱼类超过50万千克，损失惨重。

二、病情分析

（一）病害危害分析

（1）养殖水质恶化依旧是危害养殖动物的主要因素。近海海水水质恶化、污染物污染、网箱养鱼库区水体恶化等导致养殖水体环境恶化，造成养殖动物大批死亡，损失惨重。重大水产养殖病害危害，皆因养殖水质恶化造成。

（2）新发疾病的危害日渐凸显。2018年，广西沿海石斑鱼养殖出现了水蛭寄生危害，导致养殖鱼类生长缓慢。

（3）水产养殖寄生虫、病原菌等病原微生物的耐药性日渐增强，常用药物的正常用量治疗无效例子比比皆是，加重了后边的危害。

（4）无效水产用兽药冲刺市场，导致治疗无效，间接加重了病害的危害。

（二）病因分析

1. 养殖环境日益恶化　水源水的污染日益严重：长期以来，由于管理缺位，各地的工业废水、城乡居民生活污水和养殖废水及病、死动物与染病水体都直接或间接地排入江河湖泊等水产养殖水源中，水源水的富营养化日益严重及普遍受病原微生物污染。

养殖水体的污染也日渐严重：养殖密度的增加，导致养殖水体环境质量日益下降，养殖水体的自身净化能力削弱，使得养殖动物的抗病能力下降，养殖病害频繁发生和迅速流行危害。

2. 养殖投入品监管缺位　饲料市场鱼龙混杂，同一厂家、不同批次的饲料质量不同，部分饲料含有对水产养殖动物有毒的成分，导致养殖动物新陈代谢紊乱而降低了抗应激和抗病能力；假冒伪劣渔药充斥市场，合格的国标渔药也存在药效差且不稳定的问题，导致了乱用、滥用及长期用药现象普遍，养殖动物的肝功能下降严重，导致抗病能力下降而引发病害。

3. 水产苗种生产场所疫病监管缺位　水产苗种产地检疫缺位：水生动物检疫机构和职能不明确，水产苗种产地检疫工作不能常态化，自治区外的染疫（病）苗种不受限制地流入，造成各种输（引）入性病害严重危害养殖生产；水产苗种生产场所疫病监测缺位：水产原良种场认证缺少疫病门槛，水生动物疫病监测工作缺位，为病原微生物的传播大开其门，导致病害广泛流行和局部暴发危害。

4. 从业人员的素质较低　水产养殖业没有准入门槛，从业人员多为学历很低或没有学历的人员，整体素质较低；基层水产技术推广队伍的病害防治观念仍跟不上水产养殖发展的需要，病害综合诊治能力差，不注重实验室确诊和药敏试验，病害防治效果差；基层水产技术推广体系机构不健全，乡村缺乏鱼病诊疗机构，对各区域、各品种病原的耐药性不甚了解，整体病害防治水平不高，无法为养殖生产提供病害防治支撑。

三、存在问题

（1）水产技术推广体系主业不突出，多专注于新品种、新模式、新技术的示范推广，忽略了水生生物病害防治这个基础工作，导致基层水产技术推广队伍缺少水生生物病害防治技能熟练、能力较强的技术人员，病害防治成效有瑕疵。

（2）基层水产技术推广队伍人员少而工作繁杂，日常均忙于应付各种中心工作，忽视了专业性较强的水生生物病害防治工作及其相关技能的训练和自身素质的提高，特别是近年来的精准扶贫工作，耗费了测报员的大部分时间与精力，导致基层技术人员病害防治知识更新慢，病害防治技能不熟练，影响了病害测报工作的深入开展。

（3）测报系统不够科学，表现在：①按照填报系统说明要求，2、3月不用录入，清塘期间没有数据，这个与南方周年生产的实际不符合；②系统月初上报不了信息，月底系统堵车；③同样一种病，这个月录入系统了，下月就录入不进；④录入信息时显示已经录入，但年底系统却查不到；⑤一个测报点，这个月是无病上报，下个月就不能再无病上报。

四、2019 年的工作计划

（1）精简测报单位，选择积极性较高的县区开展精准测报和鱼病诊疗服务工作，确保测报工作质量，促进测报工作向服务型转变。

（2）继续采取带班培训和跟班培训方式培训基层测报员，提高基层测报员的疾病诊疗服务水平，促进测报工作保质保量开展。

（3）结合精准测报工作，扩大罗非鱼湖病毒和草鱼出血病等疫病的监测范围。

（4）扩大鱼病诊疗服务范围和工作内容，把杀虫药物、消毒剂及内服药的药效筛选列入诊疗服务内容，确保病害防治疗效。

2018年海南省水生动物病情分析

海南省海洋与渔业科学院

（崔　婧）

一、2018年海南省水产养殖病害测报预报基本情况

2018年，全省水产养殖病害测报工作涵盖18个市（县），测报员41人，测报点共计43个，测报面积3.5万亩，约占全省养殖面积的3%。涵盖海水池塘、海水工厂化、海水网箱、海水筏式、淡水池塘、淡水网箱等养殖模式。监测品种有三大类9个养殖品种，其中，鱼类3种，甲壳类4种（虾类3种、蟹类1种），贝类2种（表1）。测报时间为2018年1～12月。

表1　2018年海南省水生动植物病害监测养殖品种

类　别	养殖品种	合计
鱼类	罗非鱼、石斑鱼、卵形鲳鲹	3
甲壳类	南美白对虾、斑节对虾、日本对虾、青蟹	4
贝类	扇贝、东风螺	2

二、病情流行情况

1. *测报区监测到的病害概况*　2018年，全省共监测到9个养殖品种发生20种病害，以细菌性疾病、病毒性疾病和寄生虫疾病为主。其中，细菌性疾病7种，寄生虫性疾病3种，病毒性疾病2种，真菌性疾病1种，非病源性疾病4种，不明病因疾病3种（表2）。

表2　2018年不同养殖品种全年发生的病害种类统计表

类　　别		病　　名	数量
鱼类	细菌性疾病	淡水鱼细菌性败血症、迟缓爱德华氏菌病、链球菌病、烂鳃病、烂尾病、细菌性肠炎病	6
	真菌性疾病	水霉病	1
	寄生虫性疾病	指环虫病、车轮虫病、小瓜虫病	3
	非病原性疾病	缺氧症、畸形、氨中毒症	3
	其他	不明病因疾病	1
	病毒性疾病	病毒性神经坏死病	1

（续）

类　别		病　名	数量
虾类	病毒性疾病	桃拉综合征	1
	非病原性疾病	畸形	1
	其他	不明病因疾病	1
贝类	细菌性疾病	鲍弧菌病	1
	其他	不明病因疾病	1

2. *各养殖品种主要病害情况*　淡水鱼类养殖病害以链球菌病、烂尾病、烂鳃病等细菌性疾病为主，还有车轮虫病、指环虫病、不明病因疾病等；海水鱼类养殖病害以刺激隐核虫病和哈维氏弧菌引起的细菌性病害为主，并伴有细菌性肠炎、烂鳃、烂身以及车轮虫等疾病。对虾养殖有桃拉综合征以及不明病因疾病等病害。贝类养殖主要以细菌性疾病为主。蟹类 2018 年监测区域未发现病害。

（1）罗非鱼　养殖过程中主要有链球菌病、烂鳃病、烂尾病等细菌性疾病和车轮虫、指环虫为主的寄生虫病以及非病原性疾病等病害（图 1）。从发病面积来看，以链球菌病和缺氧症发病流行面积最广，且持续时间长，病情复杂（图 2）。从发病区域平均死亡率来看，链球菌病和寄生虫性疾病死亡率最高，车轮虫等寄生虫类疾病在 1～4 月和 11～12 月昼夜温差大时死亡率较高。6 月由于池塘养殖密度较高，水温高致使文昌等地罗非鱼缺氧死亡，发病区域死亡率达 30%。链球菌病在 6～8 月发病死亡率明显升高，其中，8 月发病区域死亡率高达 65.16%（图 3）。

（2）卵形鲳鲹　主要的病害类型以寄生虫性疾病和病毒性神经坏死病为主（图 4）。其中，寄生虫病以刺激隐核虫病为主，特别是每年 8 月底至 11 月底，为刺激隐核虫病高发季节。

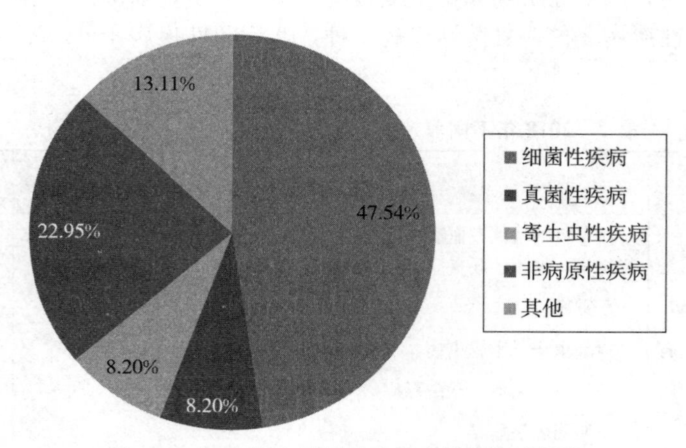

图 1　2018 年海南省罗非鱼病害类型组成情况

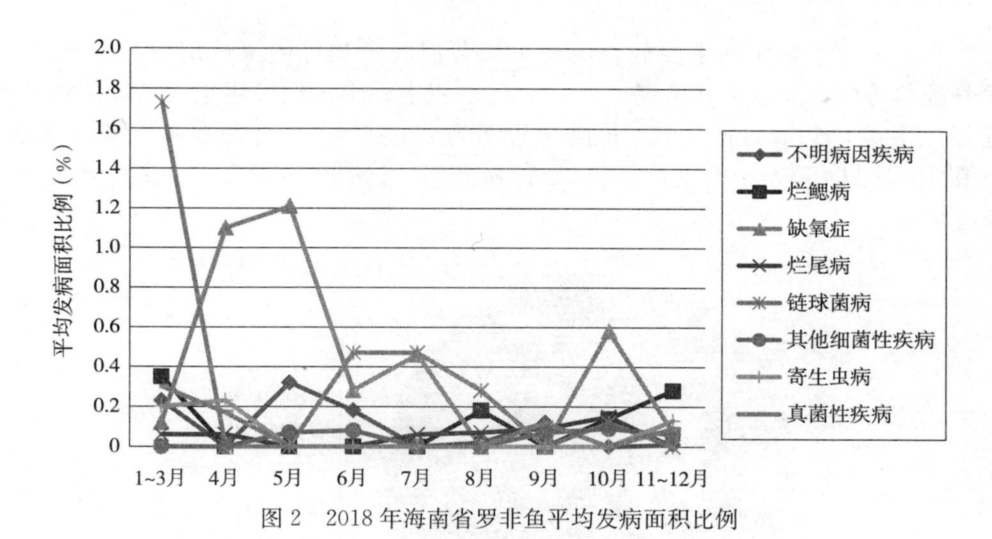

图 2　2018 年海南省罗非鱼平均发病面积比例

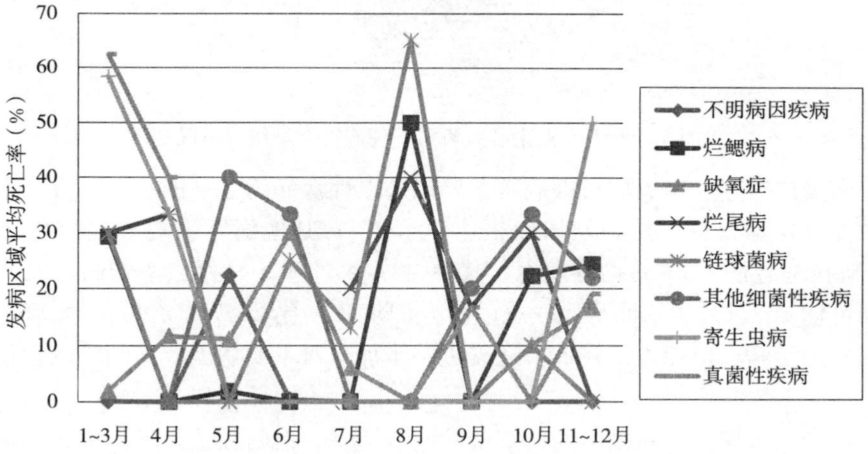

图 3　2018 年海南省罗非鱼发病区域平均死亡率

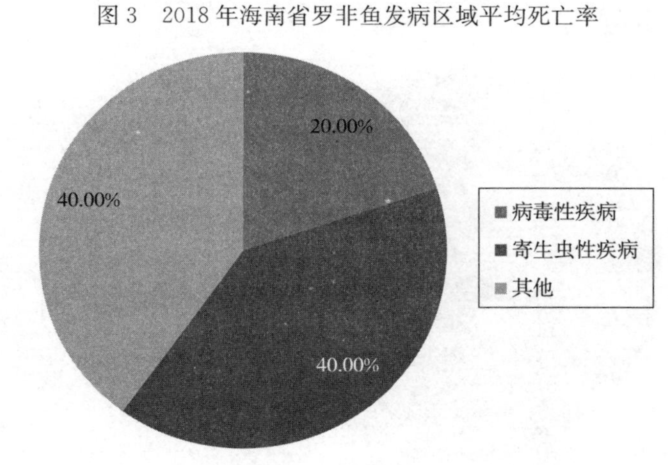

图 4　2018 年海南省卵形鲳鲹疾病类型组成情况

（3）石斑鱼　全年的主要病害类型以细菌性肠炎和寄生虫性疾病为主（图5）。神经坏死病毒病主要发生在苗期，死亡率50%以上；细菌性疾病主要是细菌性肠炎，属于慢性疾病，全年均有发生，最高死亡率为23.33%。寄生虫疾病主要为车轮虫病，在10月发病较为严重，最高发病面积比例达到66.67%，最高死亡率达到31.58%。

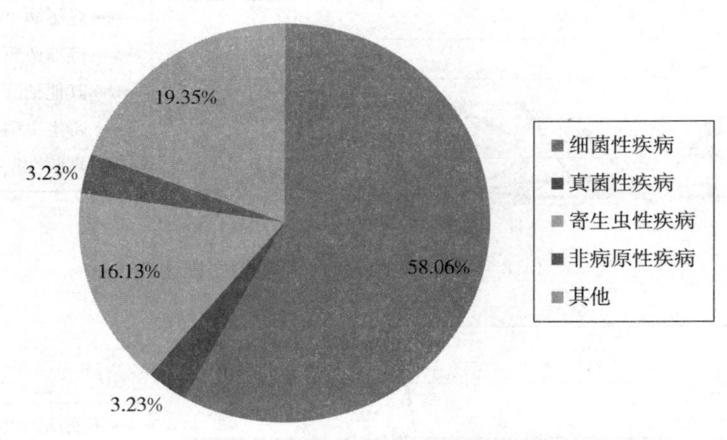

图5　2018年海南省石斑鱼各种病害类型组成情况

（4）南美白对虾　南美白对虾病害主要以病毒性疾病为主（图6）。4月，南美白对虾主要暴发桃拉综合征，最高发病面积达70.59%；其他病害平均发病面积比例较低（图7）。桃拉综合征1～9月均有发生，其中，1～4月和6月死亡率较高，发病区域死亡率最高可达85.71%，依旧是比较难以防控的疾病，比2017年有所加剧。5～6月还发现不明病因疾病，但死亡率较低，还需进一步加强对不明病因疾病的检测和预防工作（图8）。

（5）方斑东风螺　以弧菌引发的细菌性疾病为主，但防控效果不佳，还需进一步加强对疾病的检测和预防工作。

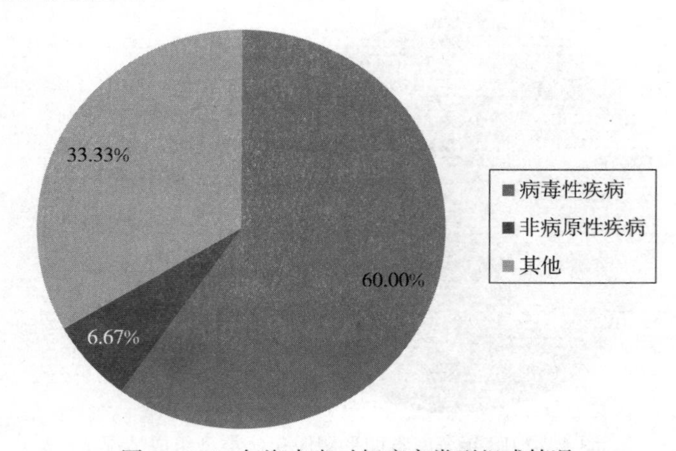

图6　2018年海南省对虾病害类型组成情况

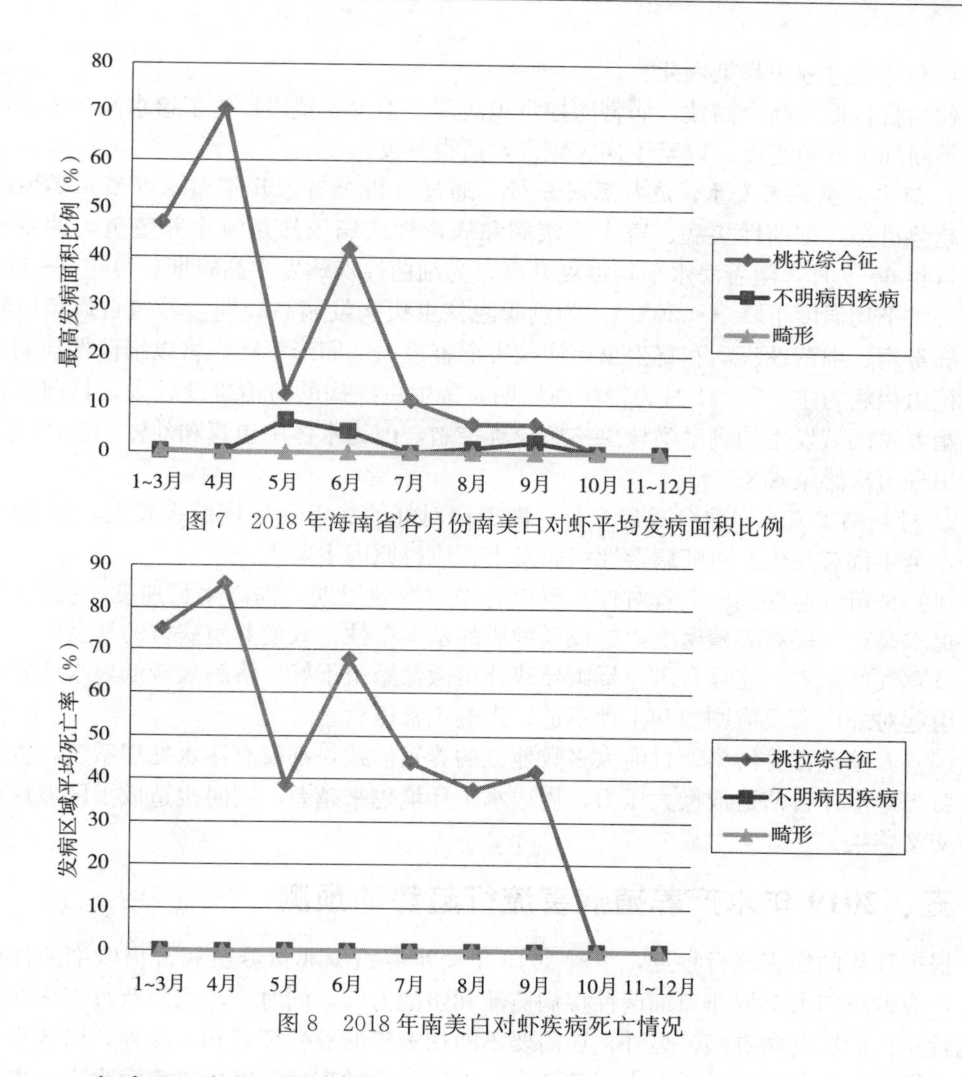

图7　2018年海南省各月份南美白对虾平均发病面积比例

图8　2018年南美白对虾疾病死亡情况

三、病害经济损失情况

2018年，全省因病害造成的损失占养殖总产值的8%，全省水产养殖病害损失超4.6亿元。其中，海水鱼类养殖超2.8亿元，罗非鱼、对虾和东风螺养殖约1.7亿元，其他养殖种类损失0.1亿元，自然灾害损失未计在内。

四、海南省2018年水产养殖病害发生、流行原因分析

1. *罗非鱼细菌性疾病发生、流行原因分析*

（1）链球菌病是养殖罗非鱼的主要病害。链球菌发病和温度密切相关，常于夏、秋两季发生，流行水温为25～37℃，在水温高于30℃时易暴发。

（2）部分养殖品种抗病能力弱。如吉富系列罗非鱼，由于其生长速度特别快，效益高，成为罗非鱼的主要养殖品种。但是该品种鱼类抗病力弱，抗低溶氧能力差，应激能

力差，在养殖过程中易染病死亡。

（3）盲目追求高产高效，病害防控意识淡薄。不少养殖户，为了追求高产值、高效益，不断加大养殖密度，以至于病害频发，适得其反。

2. *海水鱼类病害发生、流行原因分析*　通过分析全省近几年海水养殖鱼类发病的流行趋势可知，细菌性疾病、寄生虫疾病和病毒性疾病依然是海水养殖鱼类的主要病害。每年 6～8 月，随着海水平均温度升高，为细菌性疾病发生高峰期；每年 9～11 月，随着海水平均温度下降（<30℃），为刺激隐核虫疾病发病高峰期。养殖石斑鱼以神经坏死病毒病、细菌性疾病和寄生虫疾病病害危害最大。卵形鲳鲹病害以细菌性疾病和刺激隐核虫疾病为主，5～11 月为发病高峰期。寄生虫疾病的防治难度较大。目前，在深水网箱养殖区域发生的刺激隐核虫疾病较难控制，因为水体中包囊和幼体难以清除，常常会出现再次感染现象。

3. *对虾病害发生、流行原因分析*　南美白对虾的病毒性疾病危害较大，除 10～12 月外，全年都有发生。对虾病毒性疾病发生、流行原因主要为：

（1）种苗抗逆性差。全省对虾养殖户为缩短养殖周期，提高生长速度，提高产量。盲目追求高产，提高养殖密度，忽视了种质的基本条件，致使养殖病害的暴发。

（2）气候恶劣。连续台风、暴雨导致浮游微藻繁殖不好，溶解氧较低，水质容易恶化。引起对虾应激反应剧烈和生理不适，影响正常摄食。

（3）养殖业自身污染。目前大多数地方的养殖模式，都没有污水处理系统，直排大海，对当地水体自洁造成极大压力，周边水土环境越来越差，同时也造成了区域性养殖水体交叉感染。

五、2019 年水产养殖病害流行趋势的预测

根据往年的病害流行特点，全省 2019 年淡水养殖罗非鱼养殖病害仍以细菌性病害为主，应继续加大对罗非鱼细菌性疾病监测和防治力度，同时，注意防范近年来在东南亚比较流行的罗湖病毒病。另外，还需要不断探索新的养殖模式和新品种，以减少养殖病害，提高淡水养殖效益。海水养殖鱼类仍然以细菌性疾病与寄生虫疾病为主，重点关注虹彩病毒病和神经坏死病等病毒性疾病，加强监测与管理，造成的损失可能会有下降的趋势。

（1）深水网箱养殖鱼类病害流行趋势。全省网箱养殖鱼类主要病害类型为寄生虫疾病和细菌性疾病，特别是由刺激隐核虫引起的寄生虫病害流行区域有逐渐扩大趋势，防治难度不断增加。2019 年应重点关注该病害流行情况，及时监控水质和气候变化，尽力做好预防措施。

（2）对虾病害流行趋势。病毒病和弧菌病将是危害对虾类健康养殖的主要病害。近年来，虾肝肠胞虫病、固着类纤毛虫病对全省对虾养殖危害不断加大，2019 年应重点防控。

（3）贝类养殖方面，由于方斑东风螺养殖受到种质退化、海水养殖环境变差和交叉感染等诸多因素的影响，细菌性病害有加重趋势。

六、控制水产养殖病害的措施与建议

（1）既要金山银山，又要绿水青山，加大宣传推广力度，使广大养殖户团结协作，不断树立起生态、健康养殖的理念。

（2）提倡生态养殖模式，如鱼菜共生、稻田综合种养等，保持养殖系统的稳定，有效降低养殖废水、有害物质、残饵等排放量。

（3）加强养殖水体溶解氧、pH、氨氮等水质因子监测，保持水体稳定。不断提高增氧效率，提倡采取底部增氧等措施，保持水体溶氧充足。定期使用微生物制剂和底质改良剂，调理水质，保持水环境稳定。

（4）进一步加强水产养殖用药管理，投喂多维、免疫增强剂或者中草药制剂，增强养殖品种免疫力，预防疾病发生。病害发生后，根据发生情况，科学合理使用渔药，及时清理死亡养殖生物，以减少感染概率，禁止使用国家明文规定的禁用药。

（5）进一步加强水产养殖病害测报与预报管理，以及实施水产苗种的定期检验检疫等工作。

（6）不断加强水生动物疫病的防控体系人才建设，加强（市）县级防疫站建设和管理，加大水生动物疫病的防控经费投入，培育一批能够深入基层、指导养殖户有效应对各种疫情的病害防治员。

（7）探索新型健康、高效、环保养殖模式，积极引导、鼓励、支持养殖户使用安全、高效、生态、健康、环保的先进养殖技术，积极引导养殖户转向深水网箱养殖以及工厂化循环水养殖等养殖模式，维护好全省近岸海洋生态环境，促进渔业经济的健康持续发展。

2018 年重庆市水生动物病情分析

重庆市水产技术推广总站
（陈玉露　卓东渡　朱　涛　李远征　王　波）

一、全市监测工作概况

2018 年，全市病害监测重点区县 15 个，测报点共计 66 个，新增武隆 2 个监测点，区县监测员共 53 个，监测养殖品种 16 种，包括草鱼、鲢、鳙、鲤、鲫、泥鳅、鲇、黄颡鱼、鲟、罗氏沼虾、克氏原螯虾、青鱼、乌鳢、中华绒螯蟹（河蟹）、鳖、大鲵。监测总面积 912 公顷（1.4 万亩），养殖模式大多为池塘养殖。全年共发布“重庆市水产养殖动植物病情月报”9 期，“重庆市水产养殖病害预测预报”7 期，各区县共计发布预报 200 期。

二、发病情况汇总

监测到鱼类病害种类 16 种（表 1）。监测点发病的养殖品种有草鱼、鲢、鳙、鲤、鲫、泥鳅、鲇、黄颡鱼、鲟；未发病的养殖品种有罗氏沼虾、克氏原螯虾、青鱼、乌鳢、中华绒螯蟹（河蟹）、鳖、大鲵，100%为鱼类患病。

表 1　监测的养殖病害汇总

类别		病名	数量
鱼类	病毒性疾病	草鱼出血病	1
	细菌性疾病	溃疡病、烂鳃病、赤皮病、细菌性肠炎病、淡水鱼细菌性败血症、烂尾病	6
	真菌性疾病	水霉病	1
	寄生虫性疾病	指环虫病、舌状绦虫病、中华鳋病、锚头鳋病、车轮虫病	5
	非病原性疾病	氨中毒症、肝胆综合征、缺氧症	3

主要养殖种类发病面积比，6～8 月为 3%～4%；其他月份均小于 0.4%（图 1）。

鱼类疾病比排前六位的分别是淡水鱼细菌性败血症 21.24%、细菌性肠炎病 16.81%、烂鳃病 11.5%、缺氧症 10.62%、水霉病 7.08%、车轮虫病 6.19%（图 2）。

发病面积比前几位分别是车轮虫病 12.85%、溃疡病 8.54%、肠炎病 3.59%、缺氧症 3.09%、其他均小于 3%。监测区域死亡率分别为缺氧症 27.13%、氨中毒症 24.7%、斜管虫病 17.95%、草鱼出血病 8%、其他均低于 2.35%。所有病害监测区死亡率都不高。

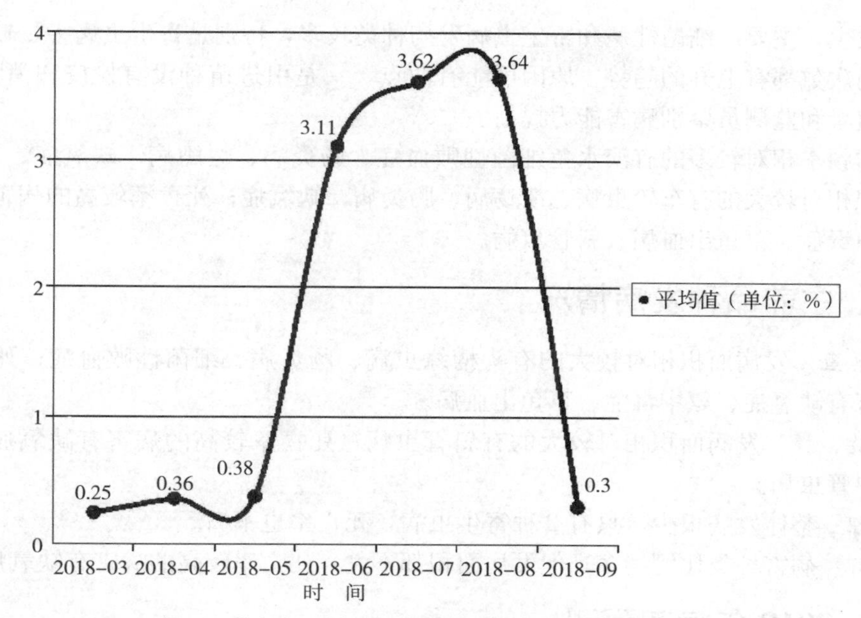

图 1　重庆市不同季节水产养殖全部类别发病面积比

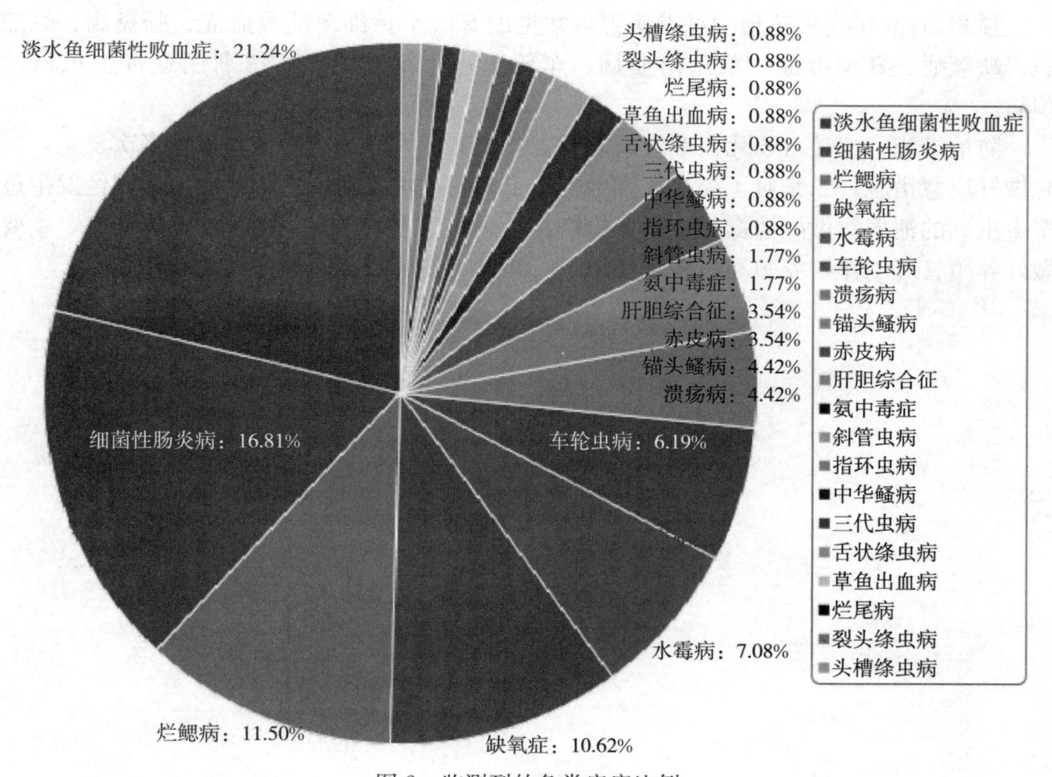

图 2　监测到的鱼类疾病比例

从 2018 年的监测数据来看，发病高峰期为 6～8 月，大多数高档养殖品种监测点没有病害发生，主要以细菌性病和寄生虫病发病种类较多，特别是寄生虫病害，较往年种类和发病次数都有上升的趋势。原因可能有两点，一是引进苗种没有检疫和消毒处理；二是养殖者和监测员鉴别病害能力提高。

发病频率相对较多的有淡水鱼细菌性败血症、肠炎病、烂鳃病、缺氧症、水霉病；发病面积相对较大的有车轮虫病、溃疡病、肠炎病、缺氧症；死亡率较高的病害有缺氧症、氨中毒症、草鱼出血病、斜管虫病。

三、主养品种发病情况

1. 草鱼　发病面积相对较大的有头槽绦虫病、肠炎病、细菌性败血症；死亡率较高的病害有缺氧症、氨中毒症、草鱼出血病。

2. 鲢、鳙　发病面积相对较大的有斜管虫病；死亡率较高的病害有缺氧症、氨中毒症、斜管虫病。

3. 鲤　整体发病很少，只有 2 种寄生虫病，死亡率也不高。

4. 鲫　病害种类比鲤稍多，但发病面积都不大，死亡率较高的病害有缺氧症。

四、2019 年病害预测

预测 2019 年病害防治的重点病害，常见的有淡水鱼细菌性败血症、肠炎病、烂鳃病、缺氧症、氨中毒症、草鱼出血病、车轮虫病、斜管虫病，特别注意寄生虫病的预防。

防治措施：一是对于死亡率较高的病害，要充分做好预防工作，避免多次发生，同时做好应急措施；二是对于第一次发生寄生虫病的池塘要溯源，查找原因，曾经发生过寄生虫病的池塘要做好消毒，鱼苗要检疫；三是对于发病较多、面积较大的病害，主要做好养殖管理工作，养殖和病害用药记录，在发病高峰期提前做好预防工作。

2018年四川省水生动物病情分析

四川省水产技术推广总站

（王　艳　肖　曼）

一、水生动物疫病监测与病情测报实施情况

2018年，全省开展鲤春病毒血症、锦鲤疱疹病毒病、鲤浮肿病、草鱼出血病、鲫造血器官坏死病5种疫病监测任务共110份。样品分别送深圳出入境检验检疫局食品检验检疫技术中心和四川农业大学动物医学院开展检测工作，全年未检出阳性样本。

2018年，全省对成都、资阳、内江、自贡、宜宾、眉山、乐山、雅安、德阳、遂宁、南充、广安、巴中、达州等19个市州、121个测报点开展了水产养殖动物病害测报，主要监测池塘养殖，监测面积2.9万亩，主要监测养殖品种13个。

二、水产养殖动物病害总体情况

（一）重大水生动物疫病监测

2018年，全省重大疫病监测任务共110份，实际监测110份。其中，80份样本送深圳出入境检验检疫局食品检验检疫技术中心检测，30份样本送四川农业大学动物医学院检测，全面按时完成监测任务，无阳性样本，表明所监测的5种疫病在监测区域中暂未存在较大隐患。

（二）常规水生动物病害测报情况

1. 发病品种与疾病类型　2018年，在全省监测到发病水产养殖品种13种（表1），水产养殖动物疫病共26种，以细菌性和寄生虫性疾病为主。其中，细菌性疾病8种，寄生虫性疾病8种，病毒性疾病3种，真菌性疾病2种，非生物性疾病3种，不明病因疾病2种（表2）。细菌性疾病占65.44%，病毒性疾病占2.01%，寄生虫性疾病13.09%，真菌性疾病占8.72%，非病源性疾病占10.07%，其他疾病占0.67%（图1）。

表1　2018年监测到发病的水产养殖种类汇总

类　别	种　类	数量
鱼类	草鱼、鲢、鳙、鲤、鲫、鳊、泥鳅、鲇、鮰、黄颡鱼、长吻鮠、鲈（淡水）	12
虾类	克氏螯虾	1

表 2 监测到的水产养殖病害汇总

类　别		病　名	数量
鱼类	病毒性疾病	草鱼出血病、病毒性出血性败血症、斑点叉尾鮰病毒病	3
	细菌性疾病	淡水鱼细菌性败血症、烂鳃病、赤皮病、细菌性肠炎病、打印病、竖鳞病、溃疡病、斑点叉尾鮰传染性套肠症	8
	真菌性疾病	水霉病、鳃霉病	2
	寄生虫性疾病	小瓜虫病、指环虫病、车轮虫病、锚头鳋病、斜管虫病、黏孢子虫病、中华鳋病、固着类纤毛虫病	8
	非病原性疾病	缺氧症、肝胆综合征、气泡病	3
	其他	不明病因疾病	1
虾类	其他	不明病因疾病	1

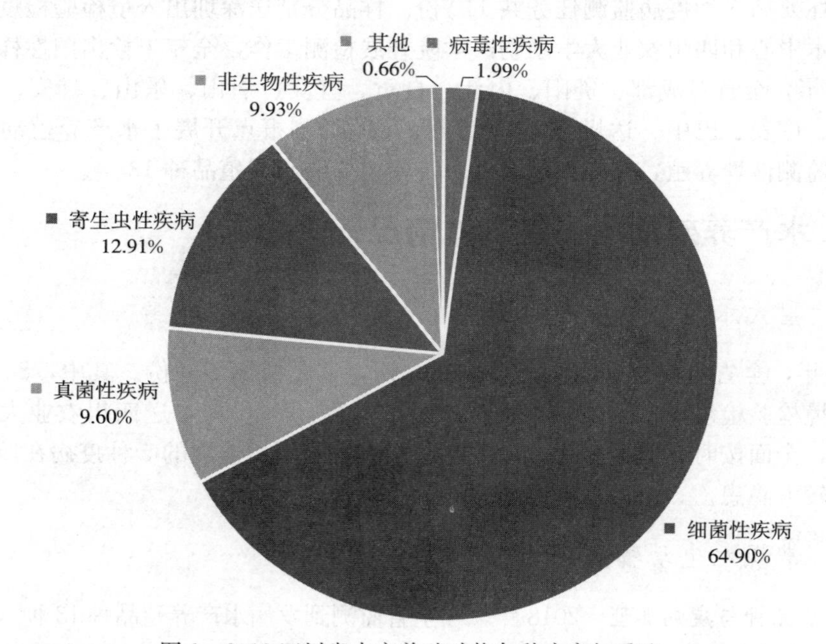

图 1　2018 四川省水产养殖动物各种病害权重比

2. *病害流行情况*　2018 年各养殖品种中，总发病面积比例均值最高的是鳊，均值达 45.45%；草鱼、长吻鮠、克氏螯虾的总发病面积也较高，均值达到 10%以上；鳙、鲇、鮰、黄颡鱼以及鲈的发病面积比均较低。从疾病的占比来看，危害最严重的为烂鳃病，占比为 30.98%；其次为细菌性肠炎，占比为 15.49%（图 2）。

3. *主要养殖或特色品种病害情况*

（1）草鱼　全年共发生 14 种疾病。其中，病毒性疾病 1 种，细菌性疾病 4 种，真菌性疾病 2 种，寄生虫病 5 种，非生物性疾病 2 种。其中，烂鳃病和细菌性肠炎的发病面积比最高，而鳃霉病和小瓜虫病在发病区域的死亡率较高，均超过了 50%（图 3）。从季节来看，在夏季的发病面积比最高，春季较低（图 4）。

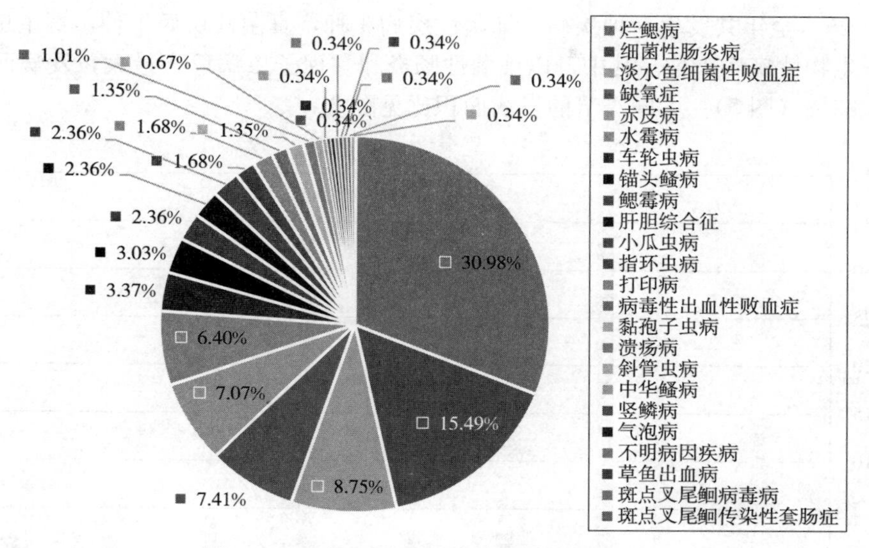

图 2　2018 年四川省监测到的鱼类疾病比例

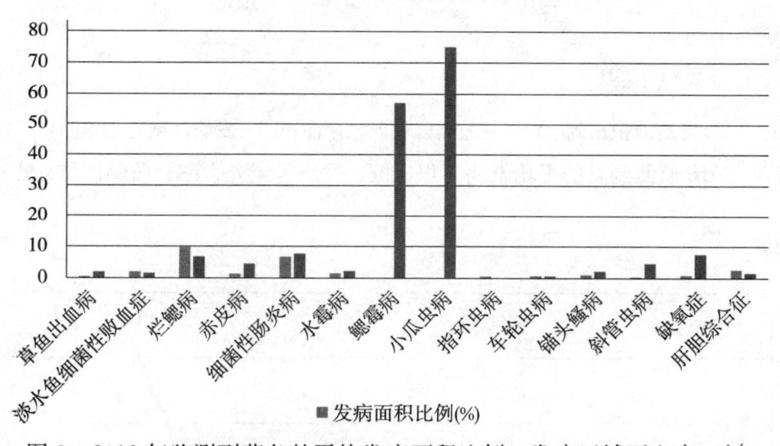

图 3　2018 年监测到草鱼的平均发病面积比例、发病区域死亡率（%）

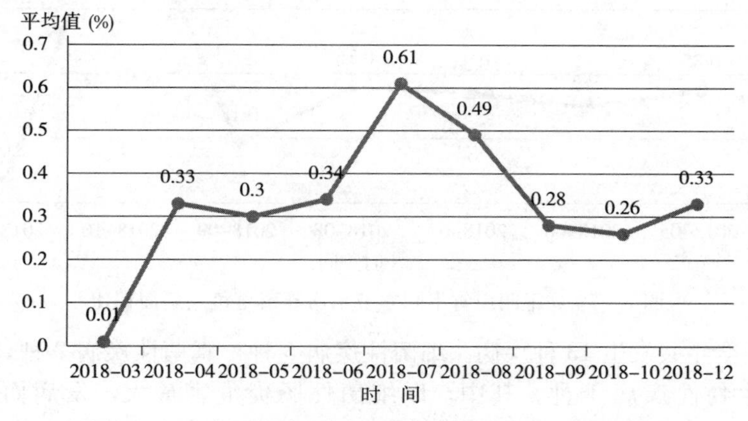

图 4　2018 年四川省不同季节水产养殖草鱼发病面积比

（2）鲢　全年共发生 9 种疾病。细菌性疾病 4 种，真菌性疾病 1 种，寄生虫性疾病 3 种，非生物性疾病 1 种。其中，以细菌性肠炎和黏孢子虫病危害最大，发病面积占比均为 33.33%（图 5）。不同季节的发病面积比见图 6。

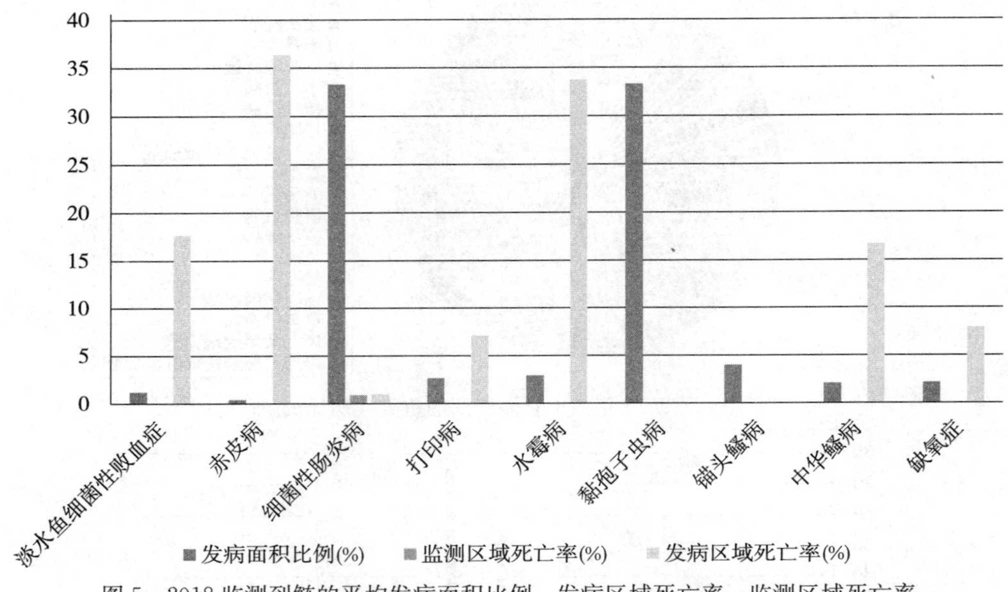

图 5　2018 监测到鲢的平均发病面积比例、发病区域死亡率、监测区域死亡率

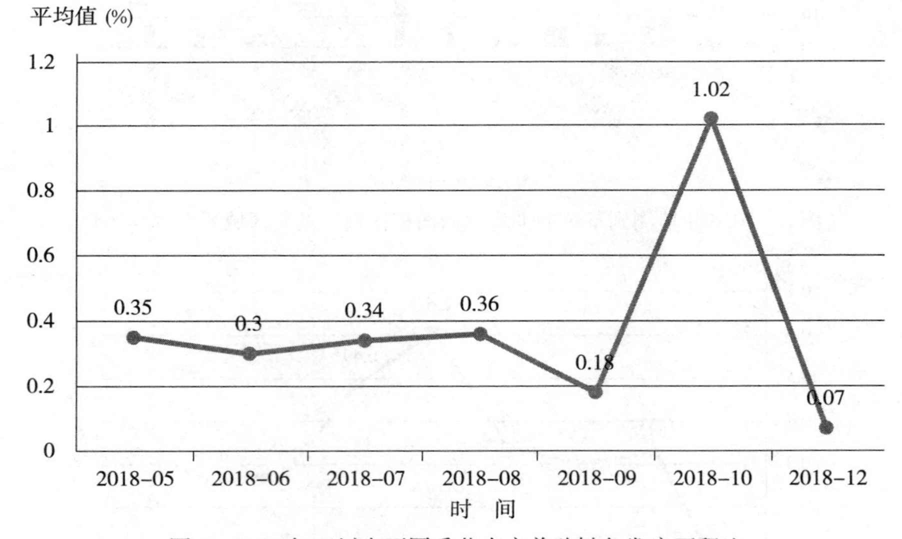

图 6　2018 年四川省不同季节水产养殖鲢鱼发病面积比

（3）鲤　全年共发生 13 种疾病。细菌性疾病 5 种，真菌性疾病 2 种，寄生虫性疾病 5 种，非生物性疾病 1 种。其中，以细菌性肠炎危害最大，发病面积占比均为 33.33%；其次为烂鳃病和鳃霉病（图 7）。不同季节的发病面积比见图 8。

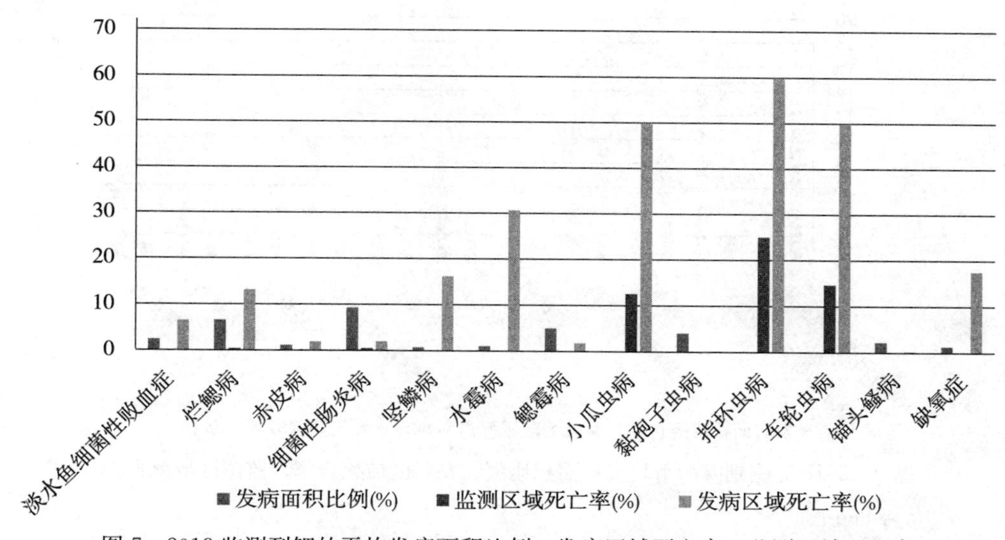

图 7　2018 监测到鲤的平均发病面积比例、发病区域死亡率、监测区域死亡率

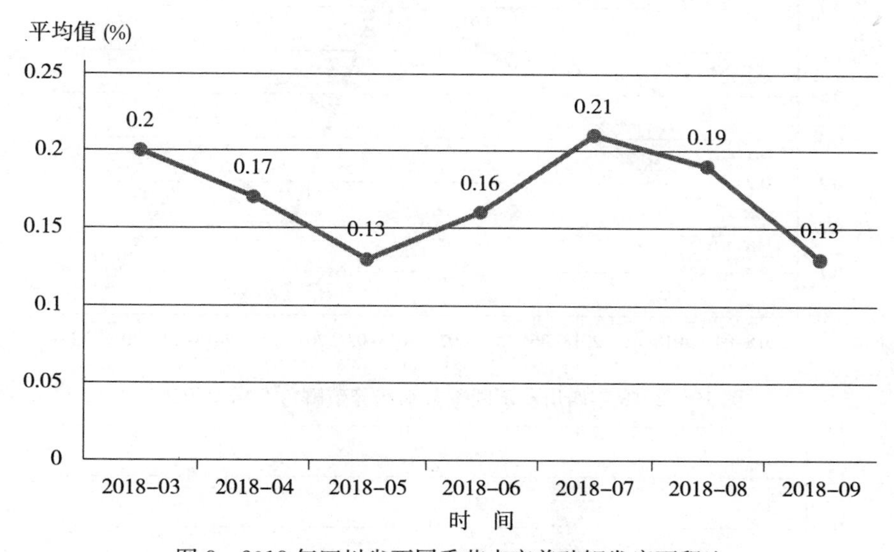

图 8　2018 年四川省不同季节水产养殖鲤发病面积比

（4）鲫　全年共发生 11 种疾病。病毒性疾病 1 种，细菌性疾病 4 种，真菌性疾病 2 种，寄生虫性疾病 4 种。其中，以病毒性出血性败血症和烂鳃病的危害最大，发病面积占比分别为 12.63％和 9.2％（图 9）。不同季节的发病面积比见图 10。

（5）泥鳅　全年共发生 4 种疾病，全部为细菌性疾病。其中，烂鳃病最为严重，发病面积占比为 11.88％（图 11）。不同季节的发病面积比见图 12。

（6）鮰　全年共发生 11 种疾病。病毒性疾病 2 种，细菌性疾病 5 种，真菌性疾病 1 种，寄生虫性疾病 2 种，非生物性疾病 1 种。其中，细菌性肠炎较为严重，发病面积占比为 5.93％（图 13）。不同季节的发病面积比见图 14。

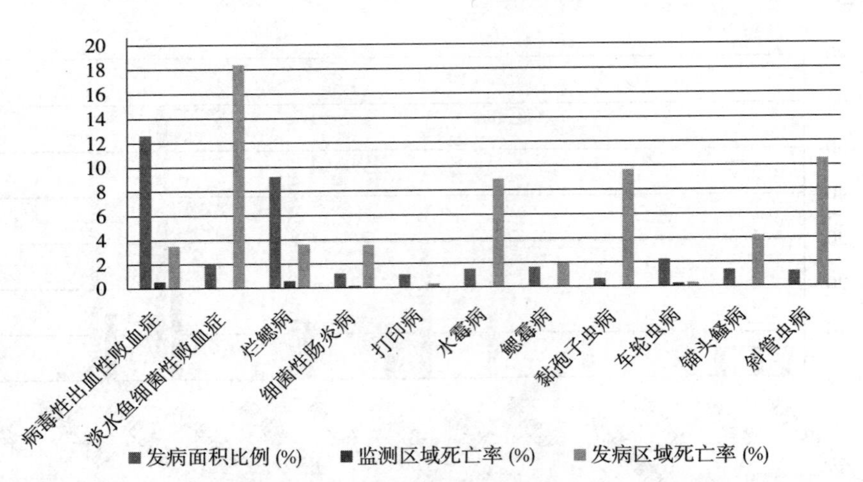

图 9　2018 监测到鲫的平均发病面积比例、发病区域死亡率、监测区域死亡率

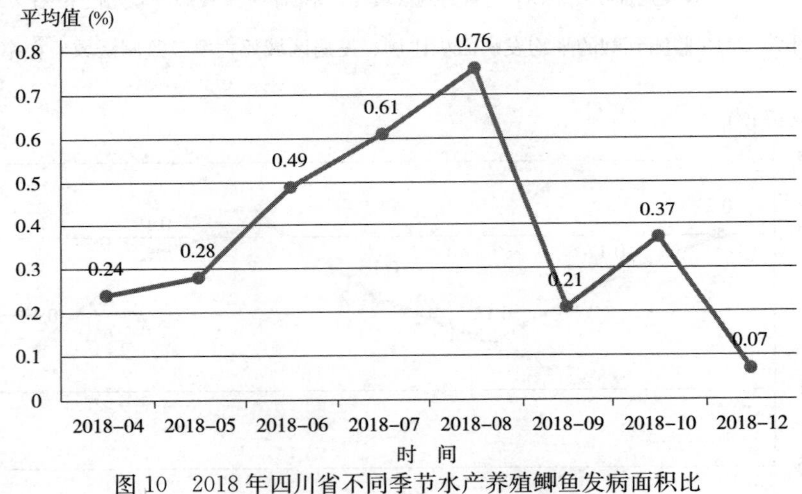

图 10　2018 年四川省不同季节水产养殖鲫鱼发病面积比

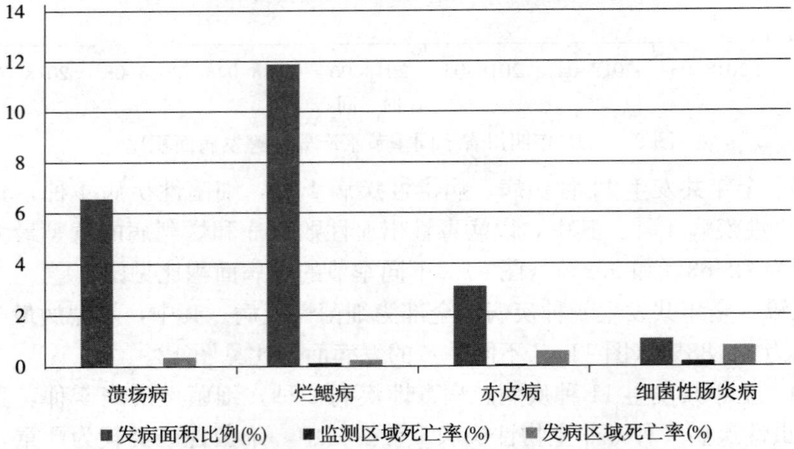

14
12
10
8
6
4
2
0
溃疡病
烂鳃病
赤皮病
细菌性肠炎病
发病面积比例(%)
监测区域死亡率(%)
发病区域死亡率(%)

图 11　2018 监测到泥鳅的平均发病面积比例、发病区域死亡率、监测区域死亡率

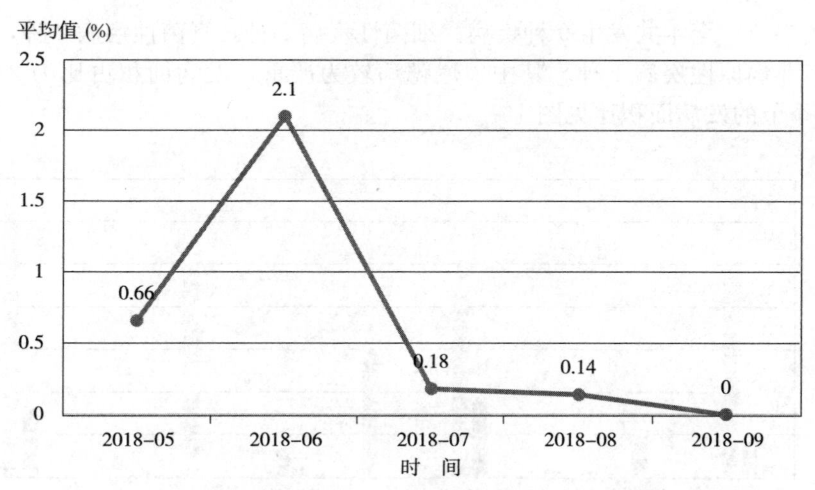

图 12　2018 年四川省不同季节水产养殖泥鳅发病面积比

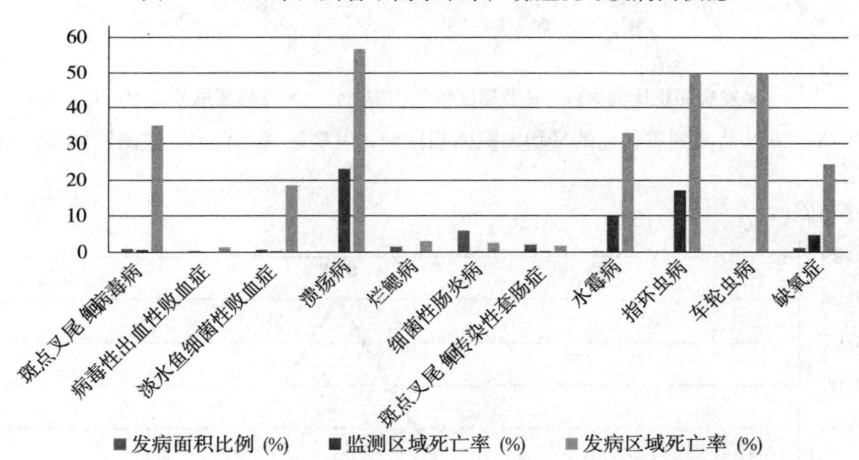

图 13　2018 监测到鮰的平均发病面积比例、发病区域死亡率、监测区域死亡率

图 14　2018 年四川省不同季节水产养殖鮰发病面积比

（7）黄颡鱼　全年共发生 9 种疾病。细菌性疾病 3 种，真菌性疾病 2 种，寄生虫性疾病 3 种，非病原性疾病 1 种。其中，烂鳃病较为严重，发病面积占比为 2.92%（图 15）。不同季节的发病面积比见图 16。

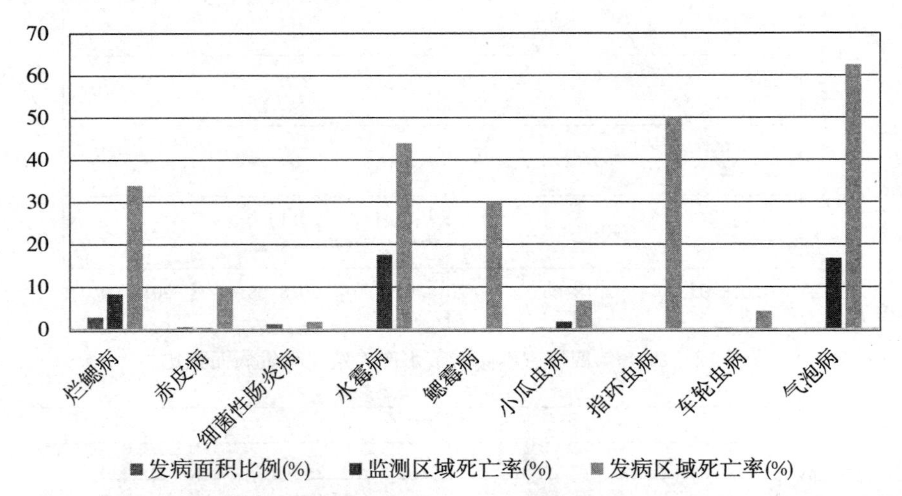

图 15　2018 监测到黄颡鱼的平均发病面积比例、发病区域死亡率、监测区域死亡率

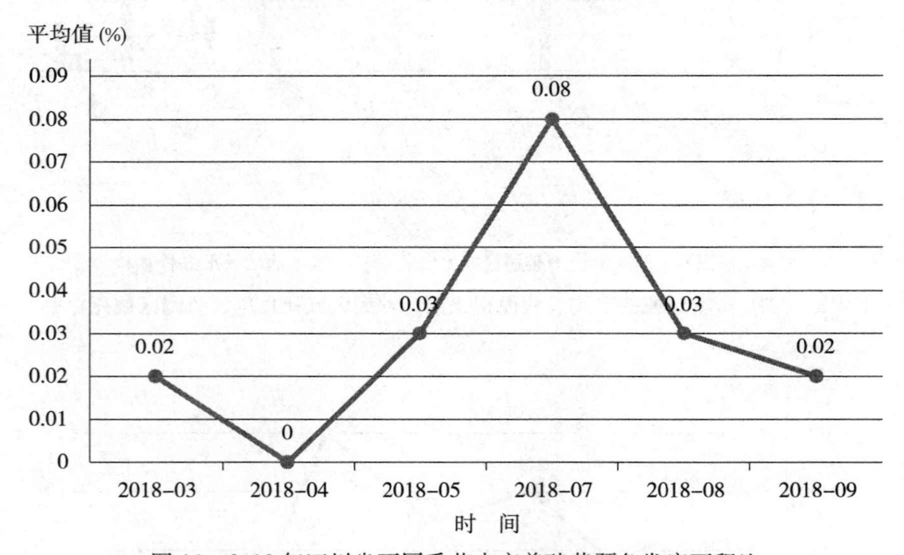

图 16　2018 年四川省不同季节水产养殖黄颡鱼发病面积比

（8）长吻鮠　全年共发生 2 种疾病，病毒性疾病和寄生虫性疾病各 1 种。其中，病毒性出血性败血症较为严重，发病面积占比为 28.12%（图 17）。不同季节的发病面积比见图 18。

（9）克氏原螯虾　全年受不明病因疾病影响严重，发病面积占比为 11.76%，发病区域的死亡率高达 37.5%（图 19）。不同季节的发病面积比见图 20。

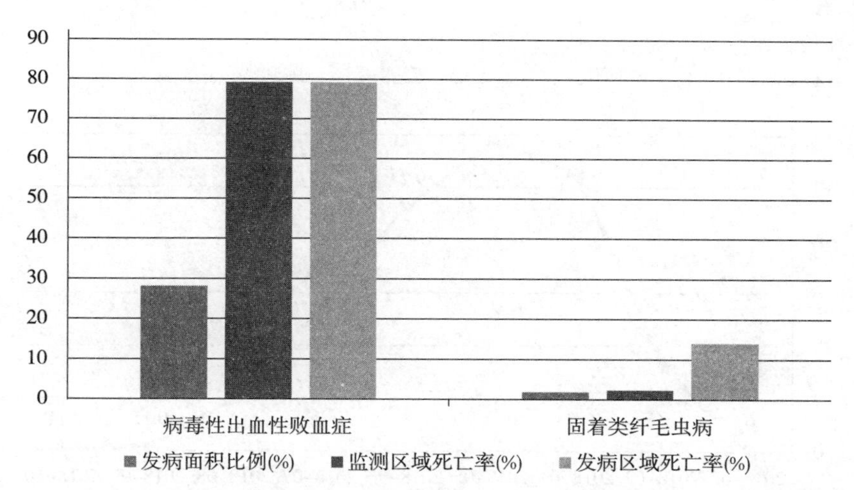

图 17　2018 监测到长吻鮠的平均发病面积比例、发病区域死亡率、监测区域死亡率

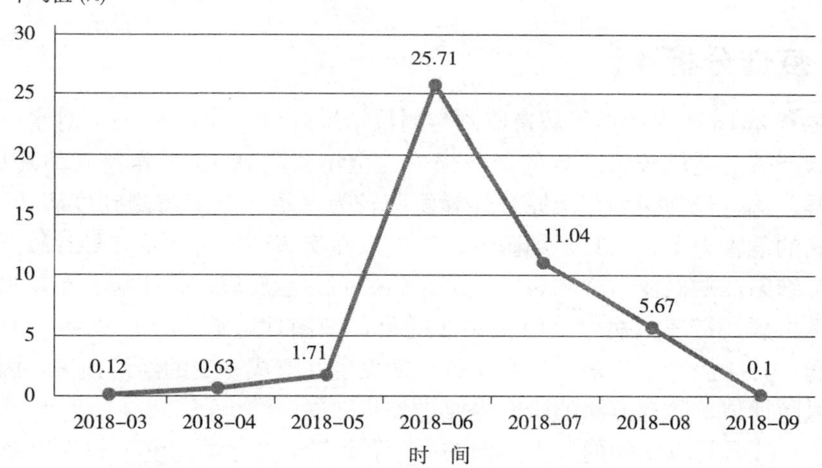

图 18　2018 年四川省不同季节水产养殖长吻鮠发病面积比

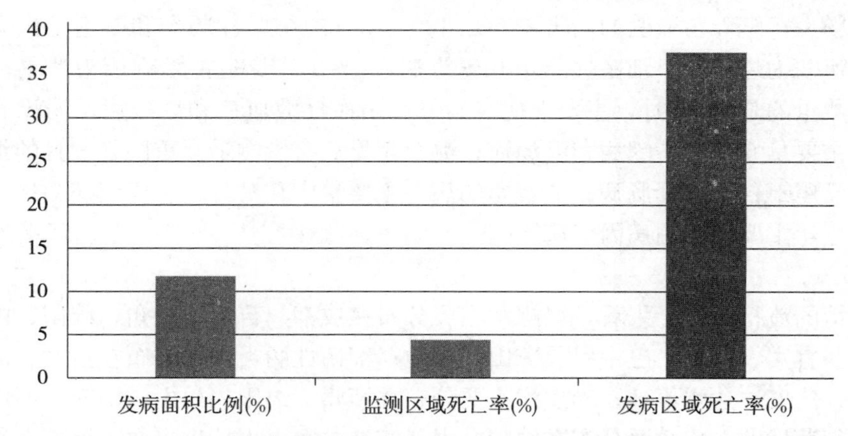

图 19　2018 监测到克氏原螯虾平均发病面积比例、发病区域死亡率与监测区域死亡率

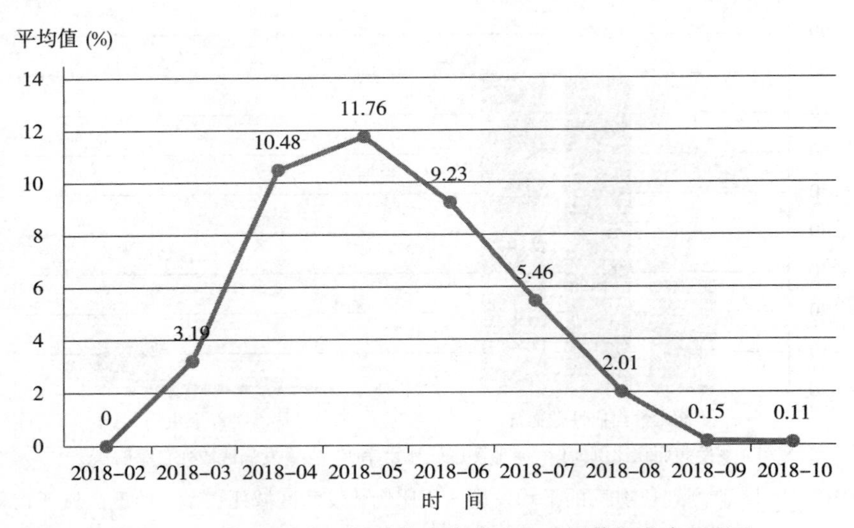

图 20 2018 年四川省不同季节水产养殖克氏原螯虾发病面积比

三、疫情分析

根据全省 2018 年水产养殖病害监测与测报结果分析，2018 年病害对水产养殖的威胁仍然较为严峻，造成较为严重的经济损失。全年监测到 13 个养殖品种发病，其中，以草鱼、鲫、鳊、长吻鮠、克氏原螯虾等发病较为严重。全年监测到疫病 26 种，但以生物性疾病的危害为主，尤其是细菌性、寄生虫性疾病的危害严重，导致较严重危害的疾病主要有细菌性败血症、烂鳃病、细菌性肠炎病、赤皮病、打印病、车轮虫病、锚头鳋病、小瓜虫病、指环虫病等。值得关注的是，细菌性败血症、烂鳃病、细菌性肠炎病、赤皮病、打印病等多年来一直在全省局部发生并造成一定的经济损失，因此针对这些疾病的风险评估、防控方法的研究需要进一步开展。

全年 1～12 月均有疾病的发生，但 5～8 月病害发生种类、发生频率以及鱼死亡率相对较高。在养殖的品种中，草鱼受到的病害主要集中在 7～8 月，疾病主要有烂鳃病和细菌性肠炎；鲢养殖遭受的病害主要是 10～11 月的细菌性肠炎和黏孢子虫病；鲤养殖中主要疾病为烂鳃病、细菌性肠炎和鳃霉病，7～8 月受病害影响最为严重；鲫受病害影响最严重的是 6～8 月，主要疾病有病毒性出血性败血症和烂鳃病；泥鳅养殖中受到的危害主要是 6 月的烂鳃病和溃疡症；鮰全年受病害影响最严重的是 8 月的细菌性肠炎和斑点叉尾鮰传染性套肠病；黄颡鱼的病害主要集中在 7 月，主要疾病为烂鳃病；克氏原螯虾全年主要受不明病因疾病影响，发病主要集中在 4～6 月，发病区平均死亡率高达 37.5%。

从疫情的流行分布上来看，烂鳃病主要分布在成都、自贡、泸州、绵阳、内江、乐山、南充、宜宾、广安、巴中以及凉山州等地；细菌性肠炎主要分布在自贡、泸州、内江、宜宾、广安、达州等地；赤皮病主要分布在泸州、绵阳、乐山、南充、眉山以及宜宾等地；细菌性败血症主要分布在绵阳、内江等地；寄生虫性疾病在各地都有发生，其中，自贡、乐山、眉山、宜宾以及达州较为严重。

纵观全年全省水产各养殖种类的病害情况，细菌性疾病仍然是防控的重点。

四、对疫情发生原因的分析

1. *检疫薄弱，防治意识缺乏* 检疫在疫病的防控中具有重要作用，而水生动物防疫检疫工作需投入大量的人力和经费，人员编制少，经费短缺，导致检疫工作的开展受到诸多困难；另外，部分养殖户对疫病的预防意识淡薄，存在侥幸心理，不注重平时饲养管理过程的疫病预防工作。

2. *管理操作不规范* 药品使用不够科学，给鱼类疾病埋下隐患，增加了养殖成本，达不到预期的治疗效果。养殖过程操作不规范，使鱼体受伤，为病害发生提供了条件。

3. *苗种质量退化* 水产原良种场及苗种繁育基地均存在亲本使用年限较长、缺乏基因交流等问题，尤其是斑点叉尾鮰等引入品种这样的问题更为突出，导致苗种质量退化，生长性能、抗病能力下降，对病原的易感性增强，疫病的危害逐年加重。

4. *病原变异或耐药性增强问题* 病原的变异导致其侵袭力与致病力的增强，对水产养殖动物危害的加大。病原菌的耐药性增强，发病后使用药物的治疗效果降低，致疫病的损失加大。

五、应对措施

1. *加强检疫及专业知识培训，逐步提高行业疫病防控意识与水平* 加大检疫力度，组织行业内专家与技术能手在全省主要养殖区定期与不定期地开展技术培训，逐步提升从业者的疫病防控意识，并传授可操作的疫病防控技术，提高全省水产行业的疫病防控水平。

2. *进一步完善全省水产动物疫病监测与预报体系建设* 在现有基础上，进一步完善省、市、县各级实验室的建设，完善工作机制、技术体系、稳定人员、保障经费等，提高水产动物疫病监测的准确性，摸清全省水产动物疫病流行的基本情况，为制订更为科学、有效的疫病防控体系提供必要的基础。

3. *开展病原菌耐药性的监测，指导有效用药* 在全省主要养殖区开展嗜水气单胞菌、维氏气单胞菌、链球菌、诺卡氏菌、耶尔森菌与爱德华氏菌等主要病原菌的耐药性监测，明确其对抗菌药物与消毒药物的敏感性，为临床上有效用药提供指导。

2018年贵州省水生动物病情分析

贵州省水产技术推广站

（温燕玲）

一、水产养殖病害总体情况

2018年，贵州省的水产养殖动植物病情测报点覆盖了全省9个市、州的49个区县，测报点共85个，并且将全省的60家农业农村部水产健康养殖示范场全部纳入监测范围。2018年，监测面积共计528.999 4公顷。其中，淡水池塘143.013 2公顷，淡水网栏24.533 5公顷，淡水工厂化15.969 3公顷，淡水其他345.483 4公顷。测报品种有青鱼、草鱼、鲢、鳙、鲤、鲫、鳊、泥鳅、鮰、鲑、鳟、长吻鮠、鲈、罗非鱼、鲟、月鳢、克氏原螯虾、中华绒螯蟹、蛙、大鲵共计20种。监测到发病的养殖种类有草鱼、鲢、鳙、鲤、鲟、克氏原螯虾、中华绒螯蟹、大鲵8个品种。发生的病害有15种，其中，鱼类的细菌性疾病5种，占比33.33%；病毒性疾病1种，占比6.67%；真菌性疾病1种，占比6.67%；非病原性疾病1种，占比6.67%；寄生虫性疾病2种，占比13.33%。虾类的细菌性疾病1种，占比6.67%；非病原性疾病2种，占比13.33%。蟹类的非病原性疾病1种，占比6.67%。大鲵的细菌性疾病1种，占比6.67%（表1）。

表1　2018年监测到的水产养殖病害汇总

类别		病名	数量	占比（%）
鱼类	细菌性疾病	烂鳃病、赤皮病、细菌性肠炎病、淡水鱼细菌性败血症、腹水病	5	33.33
	病毒性疾病	鲤浮肿病	1	6.67
	真菌性疾病	水霉病	1	6.67
	非病原性疾病	缺氧症	1	6.67
	寄生虫性疾病	锚头鳋病、车轮虫病	2	13.33
虾类	细菌性疾病	肠炎病	1	6.67
	非病原性疾病	冻死、缺氧	2	13.33
蟹类	非病原性疾病	蜕壳不遂症	1	6.67
其他类	细菌性疾病	大鲵烂嘴病	1	6.67
	合计		15	

2018年监测到的病害种类数，与2017年的12种比较增加了3种，主要是细菌性疾病2017年有3种，2018年增加为5种。2018年监测到的发病数共有28例，类别发

生数量及所占比例见表2和图1，相比2017年监测到的发病数量43例减少了15例。发生的28例病害中，主要有鲤浮肿病1例，烂鳃病8例，细菌性肠炎病3例，水霉病2例，锚头鳋病2例，大鲵烂嘴病3例。具体疾病发生数及所占比例见表3，发病的水产类别比例见表4。

表2　2018年监测到的疾病类别发病数量及比例

疾病类别	病毒性疾病	细菌性疾病	真菌性疾病	寄生虫性疾病	非病原性疾病	合计
个数	1	18	2	3	4	28
占比（%）	3.57	64.29	7.14	10.71	14.29	

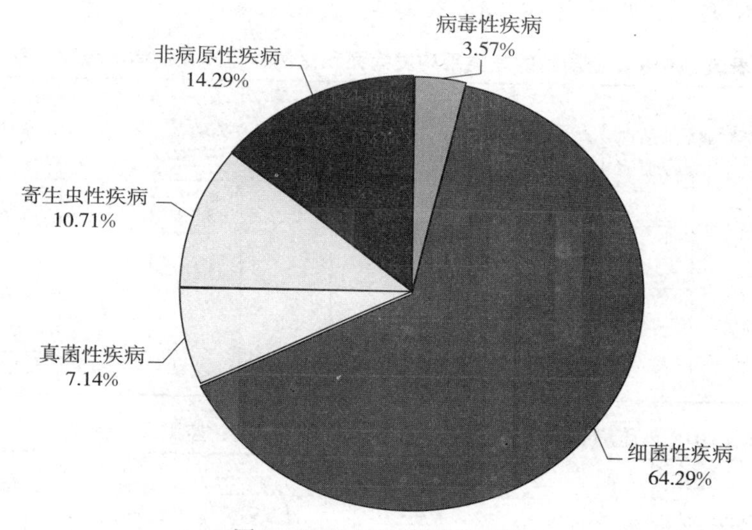

图1　2018年疾病种类比例

表3　2018年监测到的具体疾病数量及比例

类别	鱼类										虾类			蟹类	其他	
疾病名称	鲤浮肿病	烂鳃病	细菌性肠炎病	赤皮病	淡水鱼细菌性败血症	腹水病	水霉病	缺氧症	锚头鳋病	车轮虫病	肠炎病	冻死	缺氧	蜕壳不遂症	大鲵烂嘴病	合计
个数	1	8	3	1	1	1	2	1	2	1	1	1	1	1	3	28
占比（%）	3.57	28.57	10.71	3.57	3.57	3.57	7.14	3.57	7.14	3.57	3.57	3.57	3.57	3.57	10.71	

表4　2018年监测到的发病水产类别比例

类别	鱼类	虾类	蟹类	其他类	总个数
个数	21	3	1	3	28
占比（%）	75	10.71	3.57	10.71	

2018 监测到的鱼类平均发病面积比例 8.595%，平均监测区域死亡率 6.478%，平均发病区域死亡率 13.406%；虾类平均发病面积比例 35.92%，平均监测区域死亡率 0.893%，平均发病区域死亡率 3.477%；蟹类平均发病面积比例 18.290%，平均监测区域死亡率 2.670%，平均发病区域死亡率 8.330%；其他类（大鲵）平均发病面积比例 3.500%，平均监测区域死亡率 0.933%，平均发病区域死亡率 1.167%。鱼类发病面积比例排名在前的是淡水鱼细菌性败血症 34.67%，烂鳃病 11.99%，锚头鳋病 10.67%，腹水病 8.04%；虾类的冻死和蟹类的蜕壳不遂症发病面积比例也是很高的。监测区域死亡率较高的是淡水鱼细菌性败血症 70.77%，腹水病 26.04%，赤皮病 12.5%；发病区域死亡率较高的是淡水鱼细菌性败血症 75.41%，赤皮病 33.33%，细菌性肠炎病 28.42%，腹水病 27.78%（表 5、表 6）。

表 5　2018 年监测到的鱼类平均发病面积比例、监测及发病区域死亡率

疾病名称	鲤浮肿病	淡水鱼细菌性败血症	烂鳃病	赤皮病	细菌性肠炎病	腹水病	水霉病	车轮虫病	锚头鳋病	缺氧症
发病面积比例（%）	—	34.67	11.99	0.14	1.75	8.04	5.71	1.86	10.67	0.04
监测区域死亡率（%）	—	70.77	1.11	12.5	0.15	26.04	0	0	0.02	0.18
发病区域死亡率（%）	80	75.41	1.45	33.33	28.42	27.78	4.25	0	0.17	2

表 6　2018 年监测到的虾蟹、大鲵平均发病面积比例、监测及发病区域死亡率

类别	虾类			蟹类	其他类
疾病名称	肠炎病	冻死	缺氧	蜕壳不遂症	大鲵烂嘴病
发病面积比例（%）	6	100	1.76	18.29	3.5
监测区域死亡率（%）	0.03	2.55	0.1	2.67	0.93
发病区域死亡率（%）	2	5.1	3.33	8.33	1.17

在农业农村部 2018 年动物疫情监测与防治项目中，全省的任务是组织对主要养殖区域草鱼出血病及传染性造血器官坏死病进行专项监测，采集 5 组草鱼种样品和 5 组鲑鳟鱼苗样品，分别送至中国水产科学研究院珠江水产研究所及北京市水产技术推广站进行检测，检测结果均为阴性。

二、监测结果与分析

1. 草鱼　在监测的草鱼品种中，发生的病害有烂鳃病、水霉病和缺氧症。3 月监测到水霉病，4～7 月监测到烂鳃病，这两种病发病时间短，治疗及时，很快控制了病情；8 月监测到草鱼有缺氧症发生，当气温升高、水体表层和底层温差大，特别是在静止、水质富营养化的水体及养殖密度大等情况下，容易造成缺氧甚至窒息死亡。在 2018 年动物疫情监测与防治项目中，全省采集了草鱼种样品检测草鱼出血鱼，8 月 23 日在黔西南州施秉县牛大场、马号、城关3镇采集5组草鱼种样品送至珠江水产研究所检测中心检测，结果均为阴性。

2. 鲤　监测到的病害中，细菌性的有烂鳃病、赤皮病和细菌性肠炎病，真菌性的有水霉病，寄生虫性的有锚头鳋病和车轮虫病，病毒性的有鲤浮肿病，共有7种病害。比较严重的病害是2018年9月某县池塘养鲤和稻田养鲤发生鲤浮肿病疫病，发病的有鱼种和成鱼，9月20日抽样后送往中国水产科学研究院珠江水产研究所检测，鲤浮肿病毒检测结果均为阳性。此次疫情涉及10户山塘养殖户、61户稻田田鱼养殖户，山塘、稻田面积约200多亩，造成鲤死亡7 790.5千克，经济损失30多万元，死亡率80%以上。鲤浮肿病是一种新发疫病，目前尚没有找到有效治疗途径，部总站、省农业农村厅渔业处及我站高度重视，立即派专业技术人员前往调查及负责指导工作，对经检测有鲤浮肿病毒阳性的区域，要求必须严格按照农业农村部全国水产技术推广总站《关于规范＜国家水生动物疫病监测计划＞疫情报告及疫病处置的通知》（农渔技疫函［2018］195号）要求执行。采取隔离、消毒及无害化处理等措施，划定疫病区域范围，制订管控措施，防止病原扩散。

3. 鲟　监测到的病害有淡水鱼细菌性败血症、细菌性肠炎病和腹水病。较严重的是2018年9月在一鲟鱼养殖场10厘米左右的鲟发生淡水鱼细菌性败血症，监测面积0.28公顷，发病面积0.23公顷，发病面积比例82.14%，监测区域月初存塘量91 500尾，发病区域月初存塘量为91 500尾，死亡69 000尾，监测区域死亡率75.41%，发病区域死亡率为75.41%，造成经济损失13.8万元；2018年8月一养殖场20～35厘米的鲟发生腹水病，此场监测面积0.28公顷，发病面积0.053 3公顷，发病面积比例19.04%，监测区域月初存塘量90 000尾，发病区域月初存塘量为90 000尾，死亡25 000尾，监测区域死亡率27.78%，发病区域死亡率为27.78%，经济损失6万元。

4. 鲢、鳙　均监测到烂鳃病、锚头鳋病。特别是鳙，监测到的发病次数较多，但造成的损失较小。

5. 克氏原螯虾　监测到的病害有肠炎病、冻死、缺氧，虽造成的损失较小，但平均发病面积比例高，要注意冻死和缺氧现象发生，做好预防措施。

6. 中华绒螯蟹　监测到的病害有蜕壳不遂症。

7. 大鲵　监测到的病害有大鲵烂嘴病。

从监测数据综合分析，鲟和鲤品种发生的病害较多，造成的经济损失较大，鲟的平均监测区域死亡率和平均发病区域死亡率是最高的，鲤的平均发病区域死亡率也很高（表7，图2）。夏季气温越高的市州发生的病害越多，池塘养殖比其他养殖方式发生的病害较多。

表7　2018年发病面积比例及死亡率

品种	草鱼	鲤	鲟	鲢	鳙	克氏原螯虾	中华绒螯蟹	大鲵
平均发病面积比例（%）	16.155	0.511	11.978	1.300	10.825	35.920	18.290	3.500

（续）

品种	草鱼	鲤	鲟	鲢	鳙	克氏原鳌虾	中华绒鳌蟹	大鲵
平均监测区域死亡率（%）	0.763	2.128	24.255	1.000	1.000	0.893	2.670	0.933
平均发病区域死亡率（%）	1.826	20.122	27.110	1.000	1.000	3.477	8.330	1.167

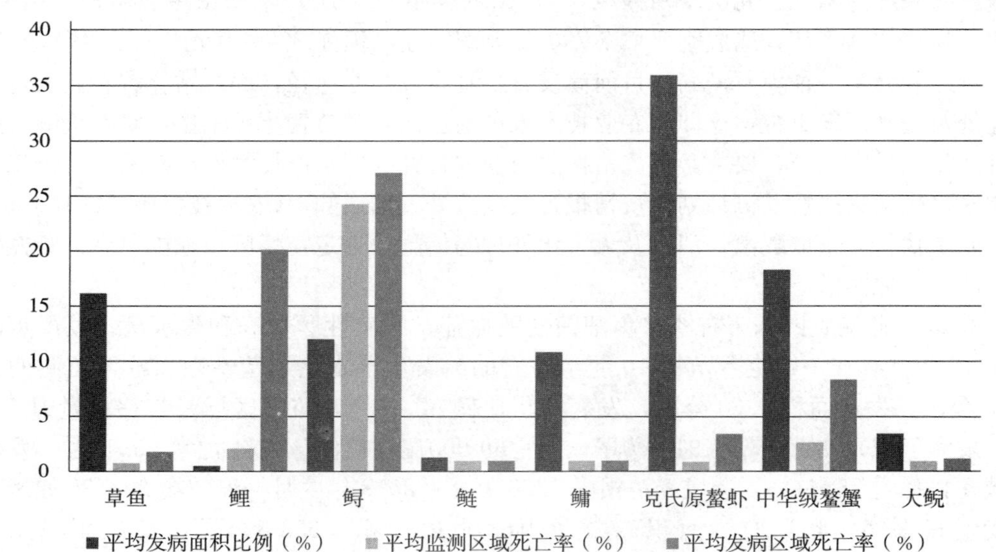

图 2　2018 年发病面积比例及死亡率

三、存在的问题及建议

（1）全省无规模苗种培育场，多为零星分布的池塘常规苗种培育，很多养殖户自行从省外采购鱼苗，各级水产技术部门难以掌握疫病情况。建议加强水产苗种质量管理，严格做好苗种产地检疫，从源头切断病原的传入。

（2）全省虽开展病害测报多年，但办公设施及检验检测设备落后，这项基础性、公益性工作仍无专项经费支持。建议将此项工作经费纳入财政预算。

（3）病情测报人员大多由水产推广人员兼职，人员流动大，队伍不稳定；有些测报员还是改行的，专业素质参差不齐，难以确保测报工作的有效进行和质量的提高。建议多举办病害防治及测报方面的培训班，加强省、市、县级病情测报人员培训，提高测报人员的业务水平。

（4）全省水生动物病害检疫防疫体系薄弱，目前无省级水生动物疫病防控机构，已建成 5 个县级水生动物防疫站，均无编制及工作经费，无法开展正常的监测及检疫工作，面对水生动物突发疫病往往难以在第一时间予以诊断防控。建议各级主管部门从资金、人员配备等方面，支持省级水生动物防疫中心的项目建设。

四、2019年水产养殖病害发病趋势预测

根据2018年监测点发生的病害情况，发生次数较多是细菌性疾病，其次是寄生虫性疾病和非病原性疾病。2019年还将以这几种病害为主，同时要特别注意病毒性疾病。如全省2018年9月发生了鲤浮肿病这一新发疫病，这种病毒性疾病危害大，很难控制，所以必须加强防疫意识，做好苗种消毒和检疫工作。由于稻渔综合种养及鲟健康养殖项目被列为全省2019年生态渔业发展的重点项目，随着养殖规模不断扩大，虽然稻田养殖的水产品产量不高，但稻田的水源不易控制，一旦地势高的稻田养殖品种发生病害，会通过排出的水传染给其他稻田。同时，也要做好养殖品种发生冻死和缺氧等非病原性疾病的防范措施。

2018年云南省水生动物病情分析

云南省渔业科学研究院
（宋建宇　熊　燕）

一、水生动物疫病预防控制工作开展情况

2018年，全省的监测项目为传染性造血器官坏死病（IHN），监测点为丽江市玉龙县的5个养殖场（含一省级良种场）。4月25～26日，云南省渔业科学研究院与玉龙县渔政执法大队相关工作人员按规程分别对5个养殖场的虹鳟、金鳟鱼苗进行了抽样采样工作，5批次IHN监测样品送至北京市水产技术推广站进行检测。

按照农业农村部渔业渔政管理局和全国水产技术推广总站的要求，云南省渔业科学研究院牵头组织昆明市、曲靖市、大理州、普洱市、红河州、德宏州等重点养殖地区开展了水产养殖病害的测报工作。测报期内，确定草鱼、鲤、鲫、鲢、鳙和中华鳖6个养殖品种为测报对象，共设测报点96个，测报面积106 150亩，测报疾病9种（其中，病毒性1种、细菌性8种）。

二、工作成效

（一）监测阳性结果处理

5月15日，经北京市水产技术推广站检测并通过“国家水生动物疫病信息管理系统”反馈5份送检样品，有1例样品呈阳性，阳性率20%。经核对送检的丽江秀丽山川生态农业综合开发有限公司养殖场（省级良种场）的三倍体虹鳟鱼苗显阳性，携带有IHNV，云南省渔业科学研究院立即将检测结果告知玉龙县渔政执法大队及养殖单位。

5月18日，在省渔业科学研究院的指导下，到该养殖场进行勘验，养殖场各批次鱼均生长正常，未发生明显症状及大规模死亡现象。5月20至6月20日，已将该养殖场苗种进行隔离、限制流通及清塘，对场内的每个养殖池用碘制剂进行彻底的消毒处理，并把每个苗种培育池用“汽油喷灯”高温消毒后，用环保涂料进行了涂刷改造。

（二）初步掌握IHN病原携带情况

据调查，监测县内包括省内大多鳟养殖场的三倍体虹鳟苗种，都是通过中介由美国、挪威、丹麦、西班牙等国外引进“发眼卵”自繁自育自用的。且鳟养殖场近些年来在苗种繁育阶段都发生不同程度的苗种病害，对养殖户的生产经营造成了一定程度损失。根据省渔业科学研究院组织开展的流行病学调查和病原溯源工作分析，三倍体虹鳟

各种传染性鱼病都是通过国外引进的“发眼卵”携带进来的。

（三）提高了养殖户对疫病的应急应变能力及防疫意识

通过项目的实施，监测点养殖户增加了对疫病知识的掌握，包括发病症状、病理变化、预防及发病后的处理措施，尤其提高了养殖户对疫病发生的应急应变能力。同时，也认识到苗种检疫的重要性，并带动周边养殖户，从无到有提高了科学防病意识。

（四）病害测报进一步完善

各测报单位每月汇总、整理和分析相关测报材料，上报全国水产推广总站和渔业行政管理部门。通过及时发布预测和预报信息，使养殖生产单位了解病害发生情况，控制疫病流行，减少养殖生产损失。

三、存在的问题

（一）阳性结果处理方式缺乏明确的指导意见

目前，养殖户大多是以自愿方式成为本监测计划的监控点，这既是养殖户防疫意识的提高，也是对政府工作的支持。若对于阳性检测结果的养殖场进行销毁等简单处理且无相应的补偿措施，对于今后监测计划的实施可能带来较大阻碍。建议给出明确处理指导意见，或将监测点纳入农业保险范畴，减少监测点农户的顾虑。

（二）疫病防控意识、防控能力有待进一步加强

大多养殖户缺乏疫病防控意识，苗种流动未能及时报告和报检以及自繁自育等现象存在，影响了水产苗种的质量。此外，全省缺少具备资质和能力的水生动物疫病防控机构，且受资金、技术和专业人才等因素限制，开展水产苗种检疫存在一定的问题，为疫病的防控带来难度。

（三）经费投入不足

云南省至今没有开展水生动物防疫检疫工作的专项经费，由于经费制约、实验室用房偏紧、仪器设备未能完全配套等实际困难，制约了业务工作的全面开展。此外，云南独特的地势结构及交通欠发达，给采样带来了一定程度的困难，也大大增加了经费的支出。

（四）水生动物防疫检疫体系建设不完善

1. *检疫基础设施不完善* 根据《全国动植物保护能力提升工程建设规划（2017—2025年）》的通知要求，云南省水生动物疫病监测中心建设项目于2017年12月已获云南省发展和改革委员会审批通过，但由于一些特殊情况，该项目还未启动，因此，云南省还未建立省级水生动物疫病防控中心；此外，按照农业农村部《全国动物防疫体系

建设规划》，云南省共建设了 13 家县级水生动物防疫站，但建立的 13 家县级水生动物防疫站都没有取得检疫资质。

2. 检疫技术力量不够　云南省水生动物防疫工作相对于动物防疫起步较晚，水生动物疫病监测和水产养殖病害测报作为技术性、规范性很强的工作，相关技术人员的数量、专业理论和实验室操作能力也亟待提高，目前尚不能满足全面开展检疫工作的需要。

四、2019 年云南省水产养殖病害发病趋势预测

目前，云南省各级渔业行政部门及水产站积极参与水产养殖病害测报工作。回顾前几年发现，云南省水产养殖发病比较稳定，多为常见疾病，且采取措施及时，避免了疾病大规模发生。2019 年，云南省将继续积极开展水产养殖病害的测报工作。据实际情况，可预测 2019 年云南省水产养殖病害发病较稳定且可控。

2018年陕西省水生动物病情分析

陕西省水产工作总站

（任武成　夏广济　王西耀）

一、监测基本情况

2018年，对全省15个主要养殖鱼类品种进行了全年的病害监测和预报，以“提质增效、减量增收、绿色发展、富裕渔民”为目标，通过推广绿色生态健康养殖新技术，确保了全省渔业生产和水产品质量安全，促进了渔业的健康发展。

（一）监测工作情况

1. 监测点设置　根据各地水产养殖生产实际，全省设置30个测报县（区）（表1），每个测报县设置3个测报点。全省共设置鱼类病情监测点90个，监测水生动物15种，监测面积2 567公顷（表2）。

表1　陕西省2018年度水产养殖病情测报县分布表

测报区域	市名	测报县	备　注
关中片区	西安	灞桥区、长安区、临潼区、蓝田县	
	宝鸡	陈仓区、眉县、扶风县、凤翔县	
	咸阳	兴平市、礼泉县	
	渭南	合阳县、华阴市、大荔县	
陕南片区	汉中	汉台区、西乡县、城固县、南郑县、勉县、佛坪县	
	安康	汉滨区、石泉县	
	商洛	商州区、镇安县、洛南县	
陕北片区	铜川	耀州区	
	延安	宝塔区、黄陵县	
	榆林	榆阳区、横山县、靖边县	
合计（个）	10	30	

表2　2018年全省水产养殖病害监测种类、面积分类汇总

省 份	监测种类数量				监测面积（公顷）			
	鱼类	虾类	其他类	观赏鱼（锦鲤）	池塘	网箱	工厂化	其他
陕西省	11	1	2	1	1 963.824 0	81.166 6	3.466 7	518.506 7
合 计	15				2 566.964 0			

注：监测水产养殖种类合计数不是上述监测种类的直接合计数，而是剔除相同种类后的数量。

2. 测报内容　对草鱼、青鱼、鲤、鲫、鲢、鳙、虹鳟、杂交鲟、罗非鱼、泥鳅、白鲳、小龙虾、鳖、大鲵、锦鲤等15个养殖品种的38种病害（表3）开展了监测预报工作。

表3　监测养殖品种和病情种类

养殖品种	病害种类
青鱼、草鱼、鲤、白鲳、鲫、鲢、鳙、罗非鱼、虹鳟、泥鳅、大鲵、南美白对虾、克氏原螯虾、鳖、锦鲤	①病毒性疾病：草鱼出血病、鲤春病毒病、传染性造血器官坏死病、传染性胰脏坏死病、病毒性出血性败血症、暴发性出血病（6种） ②细菌性疾病：出血性败血症、溃疡病、烂鳃病、肠炎病、赤皮病、疖疮病、白皮病、打印病、竖鳞病、链球菌病、爱德华氏病、白头白嘴病（12种） ③真菌性疾病：水霉病、鳃霉病（2种） ④藻类疾病：楔形藻病、卵甲藻病、淀粉卵甲藻病、丝状藻附着病、三毛金藻病（5种） ⑤原生动物病：黏孢子虫病、小瓜虫病、车轮虫病（3种） ⑥后生动物病：三代虫病、复口吸虫病、指环虫病、中华鳋病、锚头鳋病、鱼鲺病（6种） ⑦其他：缺氧症、中毒、维生素缺乏症、肝胆综合征（4种）
合计：15个	38种

（二）监测结果

2018年，全省监测点共监测出草鱼、鲤、鲢、鳙、鲫、虹鳟、杂交鲟、中华鳖8个养殖品种共发生疾病148次。其中，草鱼、鳙发病率较高，年均发病面积比分别为20.43%和10.97%；鲫、鲢次之，年均发病面积比分别为10.61%和9.69%；虹鳟、杂交鲟发病率较小，年均发病面积比分别为1.85%和2.63%。其他养殖品种如青鱼、泥鳅、白鲳、罗非鱼、南美白对虾、克氏原螯虾、锦鲤因养殖规模小、数量少、监测点少，各监测点未监测出病害（表4）。

全年共监测出草鱼出血病、细菌性败血症、烂鳃病、赤皮病、车轮虫病等22种水产养殖病害。其中，病毒性疾病1种，细菌性疾病9种，真菌性疾病2种，寄生虫病5种，非病源疾病（氨中毒症、脂肪肝、肝胆综合征、缺氧症）4种，不明病因疾病1种。全年无重大疫情发生，渔业生产总体平稳。

表4　各养殖种类平均发病面积率

养殖种类	淡水							
	鱼类							其他类
	草鱼	鲢	鳙	鲤	鲫	鳟	鲟	中华鳖
总监测面积（公顷）	852.097 1	822.390 4	498.366 9	798.870 4	283.500 1	10.456 7	5.066 7	13.333 3
总发病面积（公顷）	174.092 6	79.666 7	54.666 7	48.353 4	30.066 7	0.193 3	0.133 3	0.766 5
平均发病面积比例（%）	20.43	9.69	10.97	6.05	10.61	1.85	2.63	5.75

（三）经济损失

据统计，2018 年全省水产养殖因病害造成的直接经济损失 320 万元。从养殖品种看，草鱼、鲤损失较大，分别为 165 万元和 83 万元；鲫、中华鳖损失较小，分别为鲫 6 万元、中华鳖 9 万元（表 5）。

表 5　2018 年养殖品种经济损失统计

品　种	草鱼	鲤	鲢	鳙	鲫	虹鳟	鲟	鳖	合计
金额（万元）	165	83	12	17	6	12	16	9	320
比例（%）	51.56	25.95	3.75	5.31	1.88	3.75	5.00	2.81	100

二、疾病发生情况

（一）疾病流行情况

2018 年，全省对水产养殖品种进行了为期 12 个月全年监测。其中，1～2 月和 11～12 月水温低，鱼处于冬眠状态，未监测到疾病。水产养殖病害主要发生在 3～10 月，全省共监测到草鱼、鲤、鲢、鳙、鲫、虹鳟、杂交鲟和中华鳖 8 个养殖品种发生草鱼出血病、烂鳃病、肠炎病、车轮虫病等 22 种病害。从发病时间看，养殖病害的发生呈现了 2 个发病高峰期（表 6），分别发生在 3～4 月和 6～7 月。6 月发病率 4.361%，为全年最高，死亡率 0.188%；8 月发病率 2.864%，死亡率 0.352%，死亡率为全年最高，死亡率高的原因主要是部分池塘缺氧泛塘。从养殖品种看，草鱼发病率最高，发病面积比率达到 20.43%；虹鳟发病率最低，发病面积比率为 1.85%。从病害发生种类看，水产养殖病害仍以细菌性疾病和寄生虫性疾病为主，其中，肠炎病、烂鳃病、细菌性败血症及车轮虫病危害较大。

表 6　各月份的发病率和死亡率

时间	3 月	4 月	5 月	6 月	7 月	8 月	9 月	10 月
发病率（%）	3.495	4.335	0.863	4.361	3.137	2.864	2.914	2.239
死亡率（%）	0.137	0.027	0.013	0.188	0.164	0.352	0.114	0.034

2018 年，全省水产养殖病害发生情况基本与往年类似，呈现一定规律性。3～4 月和 6～7 月是发病高峰期，其原因是鱼类经过越冬后，体能消耗大、体质弱、抗病力降低，加之拉网运输投放定塘过程中受伤，故发病率较高。6～7 月养殖池塘负荷较大，气温高，天气多变，池塘不时缺氧诱发疾病，故发病率有所回升；8 月立秋后，随着气温水温降低，养殖鱼类摄食量少，水产养殖病害呈下降趋势。

（二）水产养殖疾病

1. **草鱼**　草鱼养殖期间发病率、死亡率较高，全年共监测出草鱼病害 19 种，分别为草鱼出血病、细菌性败血症、溃疡病、烂鳃病、赤皮病、细菌性肠炎病、烂尾病、水霉病、鳃霉病、黏孢子虫病、指环虫病、车轮虫病、锚头鳋病、中华鳋病、气泡病、缺氧症、脂肪肝、肝胆综合征、不明病因疾病等，其中，烂鳃病、细菌性肠炎病、指环虫病发病率较高。全年发病率最高出现在6月，为5.574%；死亡率最高出现在7月，为0.305%。全年共监测到草鱼疾病72例，以细菌性疾病和寄生虫性疾病为主。细菌性疾病34例，占发病比例47.22%；寄生虫性疾病14例，占发病比例19.44%。

2. 鲤　全年共监测出鲤病害11种，分别为溃疡病、烂鳃病、赤皮病、细菌性肠炎病、打印病、烂尾病、水霉病、鳃霉病、缺氧症、脂肪肝、肝胆综合征，其中，烂鳃病、细菌性肠炎病危害较大。从时间上看，9月发病率、死亡率最高，分别为6.500%和0.100%。

鲤全年共发生疾病47例，其中，细菌性疾病25例，真菌性疾病14例，非病原性疾病8例（图1，表7）。

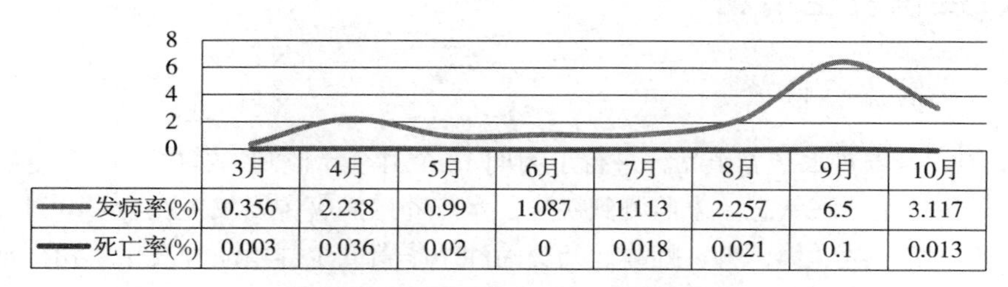

	3月	4月	5月	6月	7月	8月	9月	10月
发病率(%)	0.356	2.238	0.99	1.087	1.113	2.257	6.5	3.117
死亡率(%)	0.003	0.036	0.02	0	0.018	0.021	0.1	0.013

图1　鲤各月发病率和死亡率

表7　鲤监测到的疾病种类比例

疾病类别	细菌性疾病	真菌性疾病	非病原性疾病	总数
个数	25	14	8	47
占比（%）	53.19	29.79	17.02	

3. 鲢　监测出鲢疾病4种，分别是细菌性败血症、鳃霉病、锚头鳋病和缺氧症。6月发生细菌性败血症1例，发病率11.44%，死亡率0.22%；8月发生缺氧症，发病率10.30%，死亡率4.90%；9月发生鳃霉病和锚头鳋病各1例，鳃霉病发病率和死亡率分别为0.45%和0.01%，锚头鳋病发病率和死亡率分别为3.18%和0.02%。

4. 鳙　监测出鳙疾病2种。6月发生细菌性败血症1例，发病率为11.44%，死亡率0.21%；9月发生锚头鳋病1例，发病率为3.18%，死亡率0.05%。

5. 鲫　监测出鲫疾病1种。6月发生鲫烂鳃病1例，发病率为1.33%，死亡率为0.11%。

6. 虹鳟　监测出虹鳟病害3种，分别为溃疡病、肠炎病和缺氧症。溃疡病发病率为3.88%，死亡率为0.01%；肠炎病发病率为4.65%，死亡率为0.04%；缺氧症发病率为4.27%，死亡率为0.09%。

7. 杂交鲟　监测出杂交鲟病害3种，分别为溃疡病、肠炎病和缺氧症。溃疡病发病率为5.00%，死亡率为0.03%；肠炎病发病率为5.00%，死亡率为0.03%；缺氧症发病率为5.00%，死亡率为0.07%。

8. 中华鳖　监测处疾病2种，分别为鳖溃烂病和白斑病。鳖溃烂病发病率为5.19%，死亡率为0.11%；白斑病发病率5.00%，死亡率为0.01%。

（三）疾病种类分析

全年共监测到水产养殖病害如草鱼出血病、细菌性败血症、赤皮病、肠炎病、车轮虫病等22种。其中，病毒性疾病1种，细菌性疾病7种，真菌性疾病2种，寄生虫性疾病5种，非病源疾病4种，不明原因疾病1种，中华鳖病害2种（表8）。

细菌性疾病占50.00%、寄生虫性疾病占11.49%，细菌性疾病和寄生虫性疾病为主要病害。养殖阶段的疾病以烂鳃病、肠炎病、水霉病危害最为严重，烂鳃病发病率15.38%，肠炎病发病率12.59%，水霉病发病率，14.69%。

表8　2018监测到的水产养殖病害汇总

类别		病名	数量
鱼类	病毒性疾病	草鱼出血病	1
	细菌性疾病	淡水鱼细菌性败血症、溃疡病、烂鳃病、赤皮病、细菌性肠炎病、烂尾病、打印病	7
	真菌性疾病	水霉病、鳃霉病	2
	寄生虫性疾病	黏孢子虫病、指环虫病、车轮虫病、锚头鳋病、中华鳋病	5
	非病原性疾病	气泡病、缺氧症、脂肪肝、肝胆综合征	4
	其他	不明病因疾病	1
其他类（鳖）	细菌性疾病	鳖溃烂病	1
	真菌性疾病	白斑病	1
合　计			22

1. *病毒性疾病*　全年监测出病毒性疾病1例，即草鱼出血病。这种病的病原体是水生呼肠孤病毒，隶属呼肠孤病毒科、呼肠孤病毒属，直径70～80纳米，二十面体球形颗粒，含有11个片段的双链RNA。不同地区存在不同的毒株。草鱼、青鱼都可发病，但主要危害草鱼，全国各地均有发生，2.5～15厘米的草鱼都可发病，发病死亡率可高达80%以上，有时2足龄以上的大草鱼也患病。近年来，由于各地忽视了疫苗免疫工作，草鱼病毒病的发病呈上升趋势。

2. *细菌性疾病*　从疾病的种类看，细菌性疾病占50.00%。监测到的有细菌性肠炎病、烂鳃病、水霉病、细菌性败血症、赤皮病、打印病、溃疡病、烂尾病等。其中，细菌性肠炎病、烂鳃病、水霉发病率较高；病细菌性败血症次之；打印病、溃疡病、烂尾病发病率较低。

（1）细菌性肠炎病　全年发病18次，占疾病比例的12.59%。此病月均发病率1.73%，年死亡率0.13%。病原为嗜水气单胞菌和豚鼠气单胞菌。主要危害草鱼，近年发现鲤、鲢、鳙也有少量发病。此病流行于3～9月，全省2018年发病为6～9月。8月为发病高峰期，发病率为2.26%；9月为死亡高峰期，死亡率为0.08%。

（2）细菌性烂鳃病　全年发病22次，占疾病比例的15.38%。此病月均发病率3.46%，年死亡率2.03%。3月发病率最高达10.12%，6月死亡率最高达0.87%。烂鳃病主要危害草鱼、鲤和鲫。

（3）细菌性败血症　全年发生7次，占疾病比例的4.90%。此病月均发病率9.75%，年死亡率0.69%。病原为嗜水气单胞菌、河弧菌、鲁克氏耶尔森氏菌等，有些病鱼体表和鳃部同时有原生动物寄生。全省主要养殖品种均有不同程度发生，高密度养殖易发此病，水质恶化是促本病的外部生态条件。对草鱼、鲤、鲢、鲫都有危害。细菌性败血症流行时间为4～8月，6、7月发病率达到最高均为11.44%，死亡率最高是6月为0.20%（图2）。

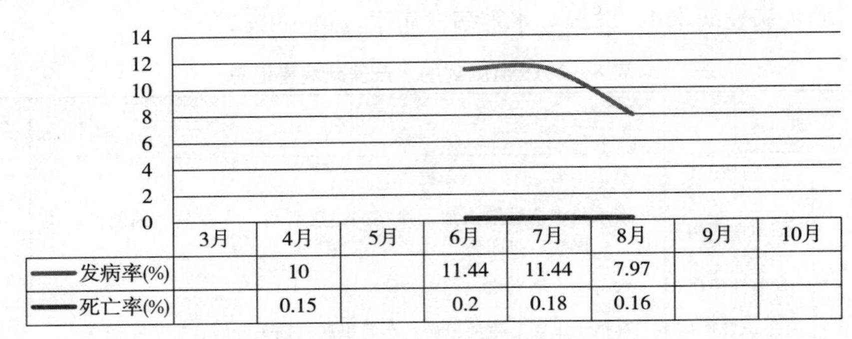

图2　细菌性败血症月均发病率及死亡率

3. 寄生虫性疾病

（1）车轮虫病　常见的一种寄生虫性疾病，全省全年发病9次，占鱼类发病比例的6.29%，月均发病率1.44%，年死亡率0.57%。车轮虫可寄生在各种鱼的体表、鳃等各处，有时在鼻孔、膀胱和输尿管中也有寄生。主要危害鱼苗和鱼种，严重感染时可引起病鱼的大批死亡。全省各个地区一年四季均有发生，能够引起病鱼大批死亡，主要是在4～7月。2018年全省发病在4～9月，其中，6月发病率最高为3.50%，死亡率9月最高为0.31%。车轮虫以直接接触鱼体而传播，离开鱼体的车轮虫能够在水中游泳，转移宿主，可以随水、水中生物及工具等而传播。池小、水浅、水质不良、食料不足、放养过密、连续阴雨天气等，均容易引起车轮虫病的暴发（图3）。

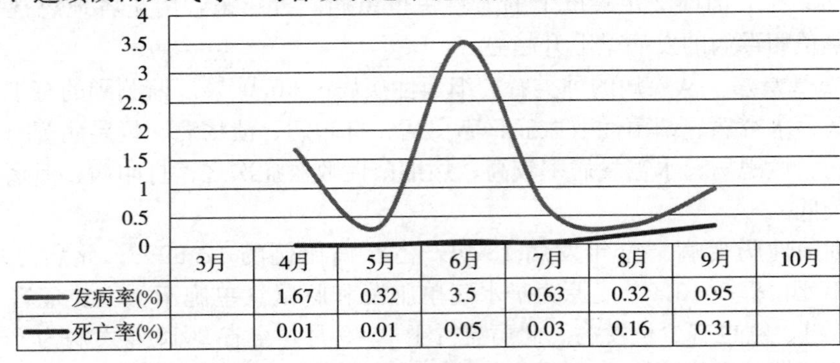

图3　车轮虫病月均发病率及死亡率

（2）锚头鳋病　监测出发病5次，占鱼类发病比例的3.5%。2018年7月和9月监测到锚头鳋病，7月的发病率和死亡率分别为3.26%和0.06%，9月的发病率和死亡率分别为3.21%和0.07%。该病在水中一年四季均有，夏、秋季较多。水温低时，会潜入鱼鳞下过冬，当水温达到15℃左右时，就开始滋生。雌虫于鱼体皮下、鳍或口腔处寄生；雄虫一般不寄生。锚头鳋对鱼种和成鱼均可造成危害。对鲢、鳙危害最大，可造成鲢、鳙鱼种大批死亡。被锚头鳋寄生的患病鱼，表现为焦躁不安、减食、消瘦。它主要寄生在鱼儿与外界接触的部位，使其发炎红肿，影响吃食和呼吸，最终导致死亡。若寄生在鱼儿口腔中，则患病鱼嘴巴一直开着，称"开口病"；若寄生在鳞片和肌肉中，造成鱼儿体表面出血和发炎；老虫阶段寄生部位的鳞片往往有"缺口"，寄生处伤口不规则，给其他病菌入侵开了方便之门。因此，被锚头鳋寄生的患病鱼，往往还会并发其他疾病。

4. 真菌性疾病

（1）水霉病　全省各养殖品种均有发生。水霉主要感染鱼体表受伤组织或鱼卵孵化时的死卵，形成灰白色如棉絮状的覆盖物，又称肤霉病或白毛病，是水产养殖鱼类主要的真菌性疾病。此病2018年发生21次，占疾病比例的14.69%。此病年发病率3.06%，年死亡率0.02%。此病主要发生在春季和秋季水温较低时。

（2）鳃霉病　鳃霉病是鱼的鳃感染了鳃霉菌而引发的一种疾病。此病流行于水质很坏、有机质含量很高的发臭池塘，常在4～10月发生，危害严重。2018年鳃霉病发生7次，占鱼类发病比例的4.90%。4月、5月、9月、10月监测到此病发生。5月发病率最高为1.81%，年死亡率为0.02%。

5. 非病原疾病

（1）缺氧症　主要发生在6月之后，由于池塘负荷量增加、池中有机物耗氧量最大所致，是养鱼常见现象。

（2）氨中毒症　当水体中非离子氨浓度超过0.02毫克/升时，鱼就会出现氨中毒。养殖水体中氨氮来源有鱼类粪便分解、人工施肥。降低水体氨氮浓度，可通过增氧曝气、培植浮游植物、降低pH等方法实现。

（3）脂肪肝　在养殖过程中，人工投喂的饲料不科学，对不同品种的鱼类投喂同一种饲料。造成有的鱼类摄食的营养中能量过高，如蛋白质过高易诱发肝脏脂肪积累，破坏肝脏功能，碳水化合物含量过高，会引起鱼类糖代谢紊乱，造成肝脏脂肪积累。造成肝肿大，色泽变淡，外表无光泽，严重的脂肪肝还可引发肝病变，使肝脏失去正常机能。

（4）肝胆综合征　以肝胆疾患为主要特征的新的鱼类疾病。由于高密度、集约化养殖模式的出现和发展，导致养殖环境恶化，鱼病的暴发和流行，从而出现了这种病症。该病是近两年在鱼病发生中很频繁的鱼病之一，流行季节主要从6月开始一直到10月都有发生，已普遍流行于全国各地，尤其是鱼苗、鱼种发病率高，危害的对象主要是鲤、鲫、草鱼、斑点叉尾鮰、云斑鮰、乌鳢、虹鳟、裂腹鱼、团头鲂、青鱼、罗非鱼等。

三、工作建议

1. *强化防疫检疫工作，完善执业兽医队伍建设* 全面开展水生动物的防疫检疫工作，按照农业农村部水生动物防疫检疫工作江苏试点改革精神，尽快成立水生动物卫生监督机构和培养官方兽医队伍，加强产地检疫。对发病和携带病原的水生动物进行隔离或无害化处理，确保水产苗种健康流通，有效预防和控制水生动物疫病的发生和蔓延，确保渔业环境良好和水产品质量安全。

根据新修订的《中华人民共和国动物防疫法》等法律法规要求，积极推行渔业执业兽医制度和渔用兽药处方制度，建立和完善水生动物疫病防控社会化服务体系。各级渔业主管部门和技术推广机构重视执业兽医队伍建设，重视人员培训，提高能力水平，培养一支熟悉水产养殖技术，能准确诊断水生动物疾病，全面指导渔民科学规范用药的渔业执业兽医和乡村兽医队伍，提高水生动物疫病防控能力，提升水产品质量安全水平及市场竞争力，促进全省渔业持续健康发展。

2. *积极开展病原菌耐药性普查* 为了更准确开展鱼病预防与治疗，指导有效用药，需要积极开展病原菌耐药性的普查与监测，掌握全省主要致病菌的耐药性，明确其对抗菌药物与消毒药物的敏感性，为临床治疗有效用药提供技术支撑。

同时，积极开展“规范用药活动”，把“水产病害防治与渔用药物安全使用”和“水产健康养殖技术”作为宣传培训的主要内容。根据全国水产技术推广总站发放的《水产养殖用药指南》《我国渔药管理政策法规》等技术资料，结合全省的实际情况，编制水产养殖安全用药技术资料。各市县水产站深入基层，开展水产养殖规范用药等宣传活动，实现资源共享，提高效益，切实为广大养殖户提供优质高效服务，减少渔民损失。

3. *继续实施水产健康养殖推进行动* 实施水产健康养殖推进行动，是转变渔业发展理念，推行水产健康养殖，构建资源节约、环境友好、质量安全的现代渔业的重要内容。对此要继续巩固和深化水产健康养殖示范场创建工作，大力宣传生态健康发展理念，推动水产健康养殖方式转变，促进标准化、规范化养殖生产，提升整体健康养殖水平。对已挂牌的农业农村部健康养殖示范场加强跟踪指导和督查，保持其示范带动作用。积极开展渔业科技入户活动，推广生态健康养殖技术。建立健全水生动物防疫体系，提高水生动物疫情应急反应能力。继续做好水生生物资源增殖放流活动，加快修复渔业资源及生态环境；加强苗繁体系建设，抓好品种改良和良种选育工作，开发更多适宜推广的新品种，不断提高水产良种化水平。

2018年甘肃省水生动物病情分析

甘肃省渔业技术推广总站

（孙文静）

一、水产养殖病害测报情况

2018年，甘肃省共有13个市（州）32个县（区）开展水产养殖病害监测。设置监测点80个，监测养殖品种有草鱼、鲢、鲤、鲫、罗非鱼、鲑、鳟、鲟、河蟹9个品种，监测面积281.87公顷，占全省养殖面积的12.26%。全年9个监测月度，上报数据686次。完成月报表9份，预测预报7期。

（一）概况

根据监测统计，2018年除鲫、罗非鱼、河蟹没有监测到养殖病害外，全年发生病害的养殖品种有草鱼、鲤、鲢、鳙、鲑、鲟、鳟7个品种，共监测到11种养殖病害，各养殖品种累计监测到病害18次。其中，病原性疾病7种，非病原性疾病3种，不明病因1种（图1，表1）。

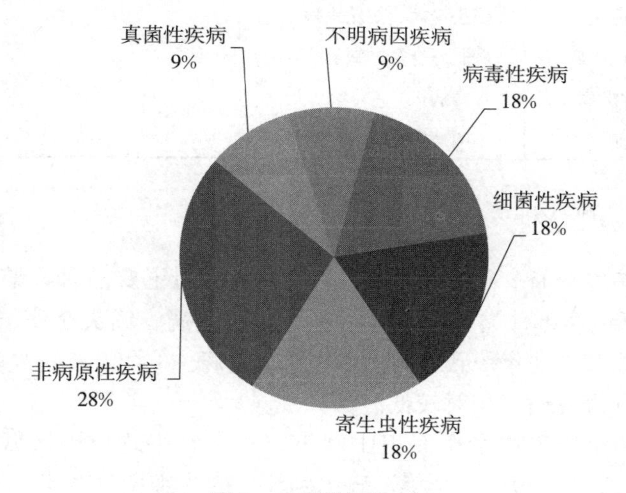

图1　疾病病原比例

表 1　2018 年各养殖品种累计监测到的疾病种类

疾病名称	水霉病	肠炎病	烂鳃病	草鱼出血病	传染性造血器官坏死病	锚头鳋病	车轮虫病	缺氧症	肝胆综合征	不明病因	脂肪肝	小计
草鱼		1	1	1		1			1	1		6
鲤		1				1	1	1	1		1	6
鲢鳙	1											1
鳟					1							1
鲑	1				1							2
鲟		1					1					2
小计	2	3	1	1	2	2	2	1	2	1	1	18

2018 年发病季节主要集中在 5～10 月。其中，又以 6 月、7 月、8 月 3 个月为疾病高发季节。大宗养殖品种主要病害有水霉病、烂鳃病和肠炎病、缺氧症等。冷水性养殖品种主要病害有烂鳃病、肠炎病、传染性造血器官坏死病、脂肪肝等。其中，病毒性疾病、细菌性疾病、寄生虫性疾病发病比较严重，分别占 18%；真菌性疾病和不明病因疾病各占 9%；非病原性疾病占 28%（表 2）。

表 2　水产养殖病害汇总分析

类别		病名	数量
鱼类	病毒性疾病	草鱼出血病、传染性造血器官坏死病	2
	细菌性疾病	烂鳃病、细菌性肠炎病	2
	寄生虫性疾病	锚头鳋病、车轮虫病	2
	非病原性疾病	肝胆综合征、缺氧症、脂肪肝	3
	真菌性疾病	水霉病	1
	其他	不明病因疾病	1

（二）病害监测分析

1. 草鱼养殖病害分析　草鱼是甘肃省水产养殖的主要品种，监测面积 114.53 公顷。全年监测到草鱼病害种类 3 种，分别是草鱼出血病、锚头鳋病、不明病因疾病等。2018 年草鱼发病季节与往年一致，5～10 月都有发病。6 月为发病高峰期，发病面积比为 0.76%；其余月份发病率相对较低。

2018 年，草鱼全年平均发病面积比例 10.396%；平均监测区域死亡率 0.860%；平均发病区域死亡率 1.550%。全年发病比例较高的为细菌性肠炎病、锚头鳋、肝胆综合征，占总发病面积的 12.5%；其次为烂鳃病和不明病因疾病，占比分别为 8.89%和 10.45%；此外，草鱼出血病发病率较低，占比为 3.43%。从各病害造成的死亡数量所占比例分析，烂鳃病和不明病因疾病造成的死亡数量最大，发病区域死亡率分别占比 6%和 3.13%。

2. 鲢、鳙养殖病害分析 2018年，鲢、鳙监测面积49.57公顷，共监测到1种病害，为真菌性水霉病，主要发病季节在10月。平均发病面积比例80.000%；平均监测区域死亡率1.230%；平均发病区域死亡率3.160%（图2）。

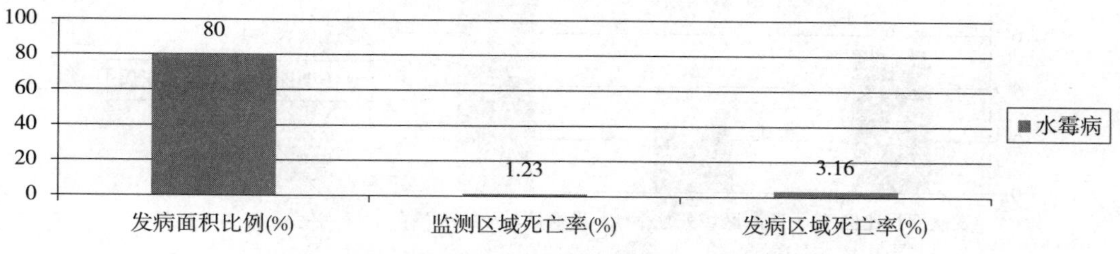

图2 2018年鲢、鳙平均发病面积比例/死亡率

3. 鲤养殖病害分析 2018年，鲤监测面积113.62公顷。全年共监测鲤疾病6种，分别为细菌性肠炎病、车轮虫病、锚头鳋病、缺氧症、脂肪肝病、肝胆综合征等。其中，非病原性疾病占42.86%；寄生虫病占42.86%；细菌性疾病占14.29%。

5～8月为鲤发病高峰季节，全年平均发病面积比例5.380%；平均监测区域死亡率0.006%；平均发病区域死亡率0.486%。其中，鲤细菌性肠炎病和缺氧症发病面积比相对较高，分别为5.38%；其次为脂肪肝病和肝胆综合征，发病面积比分别为3.38%；车轮虫和锚头鳋发病面积比分别为2.38%。从各病害造成的死亡数量所占比例分析，脂肪肝病和肝胆综合征造成的死亡数量较大，分别为1.14%和0.82%（图3）。

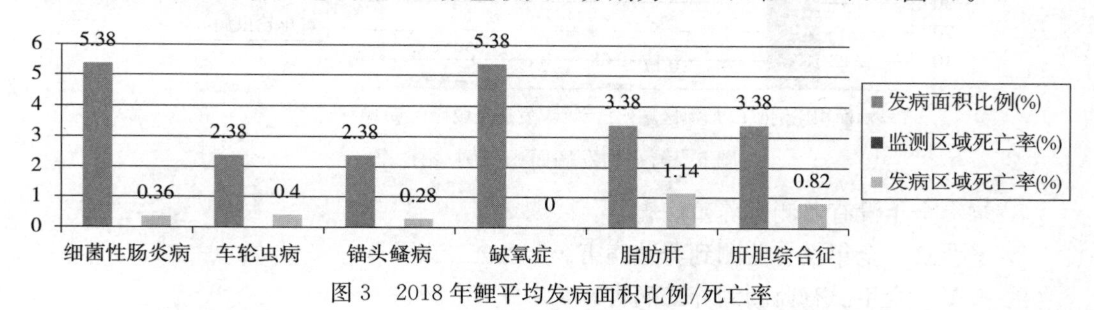

图3 2018年鲤平均发病面积比例/死亡率

4. 鲑养殖病害分析 2018年，全省监测七彩鲑1.14公顷。全年共监测到2种疾病，分别为传染性造血器官坏死病（IHN）和水霉病。其中，平均发病面积比例32.750%；平均监测区域死亡率：0.235%；平均发病区域死亡率2.500%。病害造成的死亡数量所占比例分析，IHN死亡率较高，发病区域死亡率为4%（图4）。

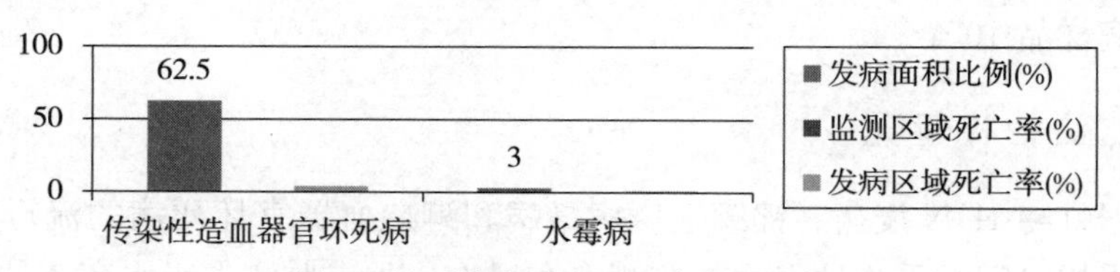

图4 鲑平均发病面积比例/死亡率

5. 鳟养殖病害分析 2018年，全省监测虹鳟、金鳟及三文鳟共4.57公顷。全年只

监测到传染性造血器官坏死病（IHN）。平均发病面积比例 5.480%；平均监测区域死亡率 2.455%；平均发病区域死亡率较高达 7.435%（图 5）。

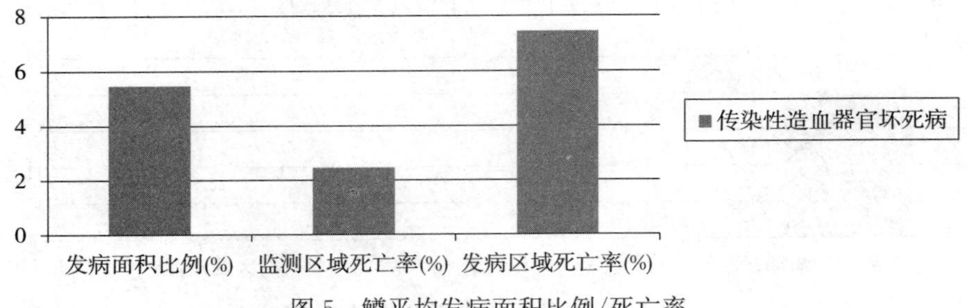

图 5　鳟平均发病面积比例/死亡率

6. *鲟养殖病害分析*　2018 年，全省监测鲟共 3.83 公顷。全年共监测到 2 种疾病，分别为细菌性肠炎病和车轮虫病。平均发病面积比例 26.110%；平均监测区域死亡率 1.125%；平均发病区域死亡率 4.000%。其中，鲟车轮虫发病面积比例较高达到 50%，发病区域死亡率 5%；细菌性肠炎病发病面积比例较低为 2.22%，发病区域死亡率 3%（图 6）。

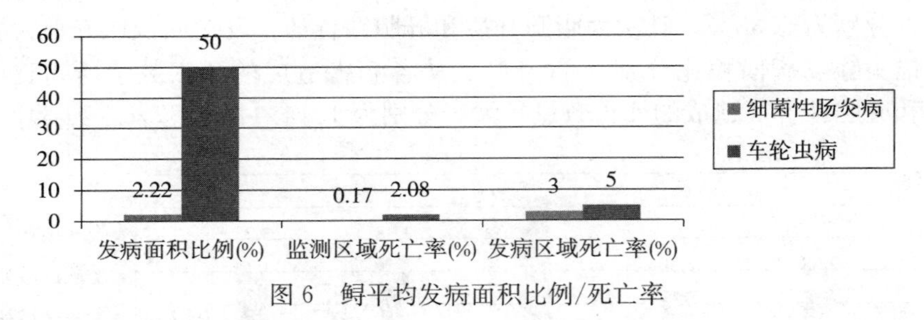

图 6　鲟平均发病面积比例/死亡率

7. *鲫*　全年没有监测到养殖病害。

8. *罗非鱼*　全年没有监测到养殖病害。

9. *河蟹*　全年没有监测到养殖病害。

二、重大水生动物疫病专项监测情况

2018 年，根据农业农村部国家水生动物疫病监测计划，全省承担 3 个品种共 90 个样品的专项监测任务。其中，虹鳟 IHN 样品 40 个；锦鲤疱疹病毒病样品 20 个；鲫造血器官坏死病样品 10 个。

（一）监测抽样情况

（1）根据虹鳟 IHN 疫病、锦鲤疱疹病毒病和鲫造血器官坏死病的流行特点和发病规律，确定采样时间和采样地点。在监测点布局上，重点监测省级水产苗种场和养殖主产区的养殖场。

（2）2018 年，先后于 4 月、5 月、6 月、10 月期间，分别在临泽、永登、永昌、永靖、武山县等地抽送虹鳟、金鳟、三文鳟、七彩鲑样品40个；在临泽、甘州、白银区、麦积区、永靖县抽送鲤样品40个，鲫样品10个。

（二）检测结果

（1）虹鳟IHN检测样品40份，检出阳性样品10个，阳性率25%。阳性结果样品分布在永昌、武山、刘家峡。其中，永靖县1个阳性样品；武山县2个阳性样品；永昌县7个阳性样品。

（2）锦鲤疱疹病毒病（鲤浮肿病）样品40份，全部阴性。

（3）鲫造血器官坏死病样品10份，全部阴性。

（三）监测结果分析

（1）全省永靖、永昌、武山的虹鳟IHN疫情依然存在。疫区永昌县阳性检出率升高，疫病的危害程度增加。

（2）疫病造成死亡呈现出两个特点：一是年初和年底水温适宜时患病率、死亡率升高；二是苗种的患病率和死亡率高于成鱼。

三、主要工作措施

1. *加强病害测报，提高预测预警能力*　通过测报系统逐级完成测报数据的填报，完成月报上报，定期编写《预测预报》。根据往年同期病害流行情况，及时开展养殖病害预警信息的发布，对下月的病害发生情况进行预测，对可能发生的养殖病害提出具体的防治措施，有效指导当地渔业生产，减少鱼病发生。

2. *加强技术培训，提高防病水平*　通过举办培训班、科技下乡等形式，开展病害综合防控技术培训与指导，指导养殖户规范用药，科学防病。通过培训，逐步提高测报员的测报技术水平，提高养殖户的治病防病能力。

3. *加强疫情监管，有效防控疫病蔓延*　各地渔业主管部门高度重视疫情的危害，提高警惕，严禁从省内外疫区引进鲑鳟发眼卵和苗种；采购发眼卵、苗种时，要加强检疫，索要检疫合格证明，确认鱼卵、苗种不携带IHNV时方能采购拉运。从源头控制虹鳟IHN的发生和传播，防止疫情继续扩散。

4. *加强疫情应急处置，有效指导疫情防控*　依据《染疫水生动物无害化处理规程》（SN/T 7015—2011），指导对染疫死鱼采取焚烧、掩埋、高温等方法进行无害化处理；对养殖水体、塘边（网箱框架）区域、接触过疫病水体的网具、工具、器皿等物品进行消毒杀菌处理；严禁活鱼带水运输，切断病原传播途径；及时在辖区内进行预警，做好防控工作。

四、存在的问题及建议

（1）没有病害监测工作经费，各监测点无法配备病害诊断所需的常规仪器，监测数据采集困难增大。病害诊断主要依靠测报人员肉眼观察、经验判断，监测过程中误诊、漏诊情况较多。专项监测的经费只能满足样品的抽检，水生动物检疫、疫病防控宣传、培训等相关工作经费几乎是零。建议加强基层能力建设经费支持。

（2）基层水产专业人员少，大部分为畜牧、农业等兼职人员，对水产养殖的病害监测和病害防治工作不熟悉，实践经验不足。人力、财力、物力的空缺，影响了病害测报工作质量。建议组织病害测报技术培训和实验室操作技能培训。

（3）专项监测已经开展8年，全省的虹鳟IHN疫情依然存在，建议组成专家团队，加大疫病综合防控技术研究。如流水池塘养殖防病模式和大水面网箱养殖防病模式的研究，各地区安全有效疫苗的研制等，使防控措施更加科学，更加有操作性。

五、2019 年测报工作计划

1. *继续做好病害测报和预测预报*　继续做好水产养殖动植物病情的测报工作，根据历年甘肃省水产养殖病害测报结果，2019 年全省水产品在养殖过程中仍将发生不同程度的养殖病害，疾病种类仍可能是细菌性、病毒性和寄生虫等生物源性疾病。认真开展病害测报和重大疫病专项监测工作，及时发布病害预警信息，积极开展水产养殖病害的防控工作。

2. *积极申请经费支持，提高能力建设*　经费是一切工作的保障，积极申请经费支持，不断提升基层病害监测能力建设，完善监测手段，保证第一手监测数据的准确性，为正确指导养殖户开展养殖病害防控提供有力的技术保障。

3. *加强基层人员培训提高测报水平*　积极组织开展病害测报、疫病防控、科学用药等技术培训，通过培训、科技下乡、用药减量等行动的实施，不断提高基层技术服务能力，有效指导养殖户做好病害的防控工作。

2018年青海省水生动物病情分析

青海省渔业环境监测站

（赵　娟　龙存敏）

一、水产养殖动物疾病总体情况

2018年，对全省28个监测点3个水产养殖品种（表1）开展了疾病监测工作，监测到发病品种1种（表2）。监测面积35.13公顷，其中，鲑监测面积1.54公顷，虹鳟监测面积30.89公顷，河蟹监测面积2.7公顷。监测到水产养殖动物疾病6种，其中，病毒性疾病1种，细菌性疾病2种，真菌性疾病1种，寄生虫性疾病2种（表3）。6种疾病中，病毒性疾病占17.00%，细菌性疾病占33.00%，真菌性疾病占17.00%，寄生虫性疾病占33.00%（图1）。

表1　2018年开展疾病监测的水产养殖品种

类别	养殖品种	数量
鱼类	虹鳟、白鲑	2
甲壳类	河蟹	1
合计		3

表2　2018年监测到的水产养殖发病品种

类别	发病品种	数量
鱼类	虹鳟	1
合计		1

表3　2018年监测到的水产养殖动物疾病种数统计结果

类别		鱼类	合计
疾病性质	病毒性疾病	1	1
	细菌性疾病	2	2
	真菌性疾病	1	1
	寄生虫性疾病	2	2
合计		6	6

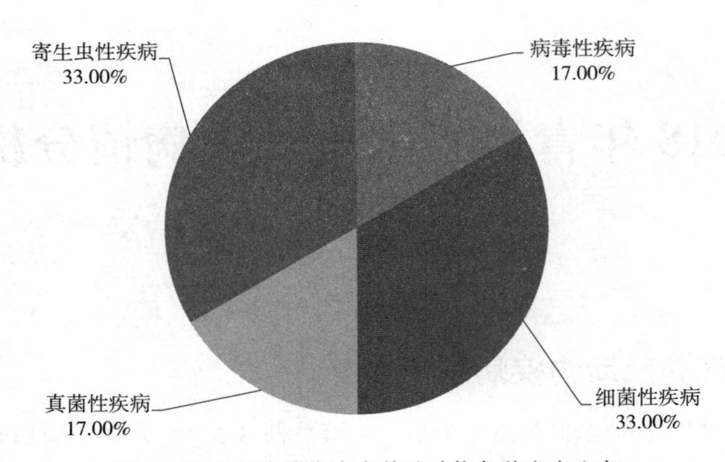

图 1　2018 年青海省水产养殖动物各种疾病比率

2018 年，水产养殖动物发病率 8 月最高，为 8.141 2%；7 月次之，为 1.309 4%；4 月最低，为 0.190 2%；1～3 月未发病（图 2）。水产养殖动物死亡率 9 月最高，为 1.699 3%；12 月次之，为 0.714 7%；7 月最低，为 0.004 6%（图 2）。月平均发病率为 1.644 3%，月平均死亡率为 0.273 9（表 4）。水产养殖动物发病率、死亡率变化趋势与水温变化呈正相关，且受病原侵袭力强弱、水环境恶化等因素的影响。

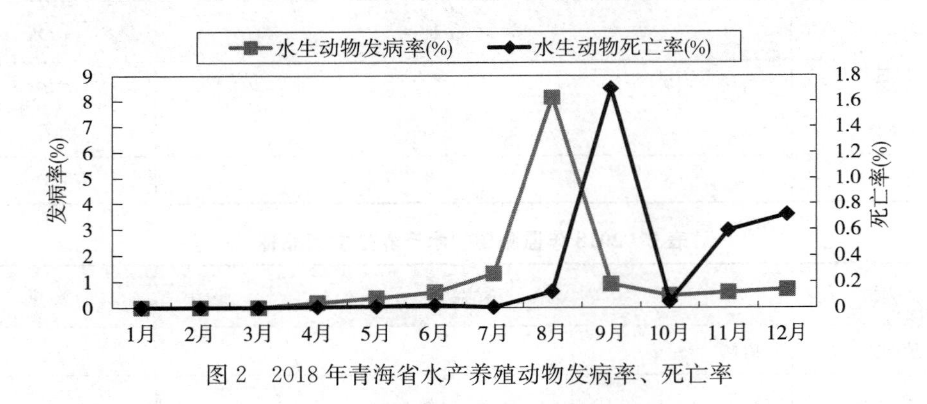

图 2　2018 年青海省水产养殖动物发病率、死亡率

表 4　水产养殖动物月发病率、月死亡率

品种	项目	1月	2月	3月	4月	5月	6月	7月	8月	9月	10月	11月	12月	月均值*
水产养殖动物	发病率（%）	0	0	0	0.190 2	0.370 8	0.597 8	1.309 4	8.141 2	0.910 9	0.474 9	0.594 0	0.714 7	1.644 3
	死亡率（%）	0	0	0	0.005 4	0.009 2	0.018 6	0.004 6	0.124 0	1.699 3	0.049 0	0.594 0	0.714 7	0.273 9

*　月发病率均值=监测期月发病面积总和÷监测期月监测面积总和×100%；
月死亡率均值=监测期月死亡尾数总和÷监测期月监测尾数总和×100%。下同。

2018 年青海省水产养殖动物表现出以下发病特点：水产养殖动物疾病主要流行于

4～12月，8月和9月危害较重。各种疾病中，寄生虫性疾病的危害范围广，尤其是传染性造血器官坏死病和小瓜虫病对虹鳟鱼类危害较重。细菌性烂鳃病和疖疮病对养殖鱼类的危害较重。

二、鱼类疾病发病情况

（一）鱼类疾病流行情况

监测时间1～12月，监测面积32.43公顷。2018年共监测到鱼类疾病6种，其中，病毒性疾病1种，细菌性疾病2种，真菌性疾病1种，寄生虫性疾病2种（表5）。

2018年鱼类发病率8月最高，为8.819 0%；7月次之，为1.418 4%；4月最低，为0.206 1%（图3）。鱼类死亡率9月最高，为1.730 3%；12月次之，为0.717 6%；7月最低，为0.004 8%（图3）。月平均发病率为1.781 2%，月平均死亡率为0.277 3%（表6）。

表5　养殖鱼类疾病

疾病类别	疾病名称	种　数
病毒性疾病	传染性造血器官坏死病	1
细菌性疾病	烂鳃病、疖疮病	2
真菌性疾病	水霉病	1
寄生虫性疾病	三代虫病、小瓜虫病	2
合 计		6

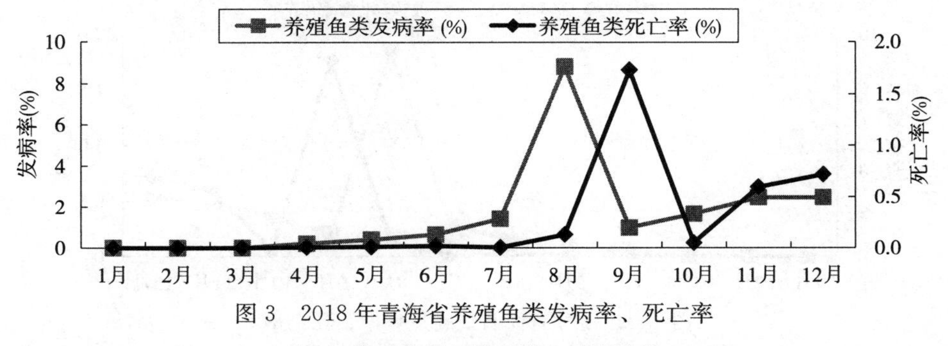

图3　2018年青海省养殖鱼类发病率、死亡率

表6　养殖鱼类月发病率、月死亡率

品种	项目	1月	2月	3月	4月	5月	6月	7月	8月	9月	10月	11月	12月	月均值
鱼类	发病率（%）	0	0	0	0.206 1	0.401 7	0.647 5	1.418 4	8.819 0	0.986 7	1.656 8	2.466 9	2.466 9	1.781 2
	死亡率（%）	0	0	0	0.005 6	0.009 4	0.018 7	0.004 8	0.127 9	1.730 3	0.049 2	0.595 9	0.717 6	0.277 3

（二）养殖鱼类品种疾病发病情况

1. 白鲑　监测时间 1～12 月，监测面积 1.54 公顷，未监测到疾病发生。

2. 虹鳟　监测时间 1～12 月，监测面积 30.89 公顷。2018 年共监测到虹鳟疾病 6 种，其中，病毒性疾病 1 种，细菌性疾病 2 种，真菌性疾病 1 种，寄生虫性疾病 2 种（表 7）。

从总体来看，虹鳟发病率 8 月最高，为 9.258 7%；7 月次之，为 1.489 2 %；4 月最低，为 0.216 4 %（图 4）。死亡率 9 月最高，为 1.770 0%；12 月次之，为 0.723 2%；7 月最低，为 0.004 9%（图 4）。月平均发病率为 1.870 0%，月平均死亡率为 0.282 0%（表 8）。各种疾病中，传染性造血器官坏死病和小瓜虫病对虹鳟鱼类危害较重。细菌性烂鳃病和疖疮病对养殖鱼类的危害较重。三代虫发生在发生于春季；细菌性烂鳃病多发生于夏、秋季。主要疾病的发病情况见表 9 和图 5。每种疾病的发病情况见图 6 至图 11。

表 7　虹鳟疾病

疾病类别	疾病名称	种 数
病毒性疾病	传染性造血器官坏死病	1
细菌性疾病	烂鳃病、疖疮病	2
真菌性疾病	水霉病	1
寄生虫性疾病	三代虫病、小瓜虫病	2
合 计		6

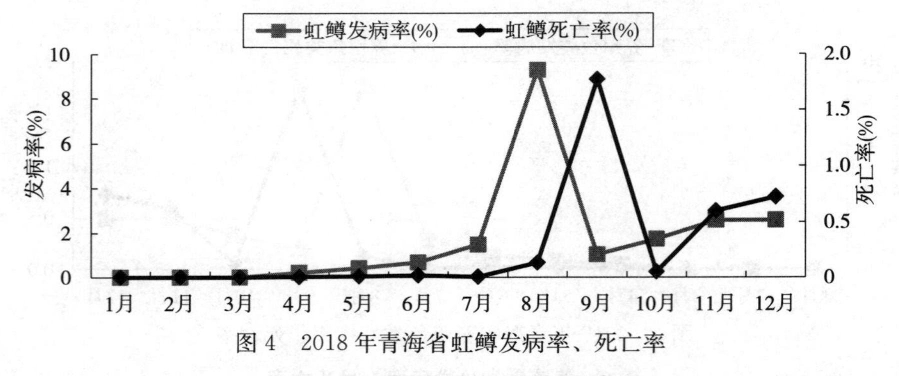

图 4　2018 年青海省虹鳟发病率、死亡率

表 8　虹鳟月发病率、月死亡率

品种	项目	1月	2月	3月	4月	5月	6月	7月	8月	9月	10月	11月	12月	月均值
虹鳟	发病率（%）	0	0	0	0.216 4	0.421 8	0.679 8	1.489 2	9.258 7	1.035 9	1.739 4	2.589 8	2.589 8	1.870 0
	死亡率（%）	0	0	0	0.005 6	0.009 6	0.019 0	0.004 9	0.131 9	1.770 0	0.050 6	0.599 5	0.723 2	0.282 0

表9 虹鳟主要疾病发病情况（%）

品种	项目	1月	2月	3月	4月	5月	6月	7月	8月	9月	10月	11月	12月	月均值
传染性造血器官坏死病	发病率	0	0	0	0	0	0	0	0	0	0.962 4	0	0	0.080 2
	死亡率	0	0	0	0	0	0	0	0	0	0	0	0	0.000 0
烂鳃病	发病率	0	0	0	0	0	0	0	9.258 7	0	0.777 0	2.589 8	0	1.052 1
	死亡率	0	0	0	0	0	0	0	0.131 9	0	0.050 6	0.599 5	0	0.065 2
疖疮病	发病率	0	0	0	0	0	0	0	0	0	0	0	2.589 8	0.215 8
	死亡率	0	0	0	0	0	0	0	0	0	0	0	0.723 2	0.060 3
水霉病	发病率	0	0	0	0	0	0.582 7	1.489 2	0	0	0	0	0	0.172 7
	死亡率	0	0	0	0	0	0.002 8	0.004 9	0	0	0	0	0	0.000 6
三代虫病	发病率	0	0	0	0.216 4	0.421 8	0.097 1	0	0	0	0	0	0	0.061 3
	死亡率	0	0	0	0.005 6	0.009 6	0.016 2	0	0	0	0	0	0	0.002 6
小瓜虫病	发病率	0	0	0	0	0	0	0	0	1.035 9	0	0	0	0.086 3
	死亡率	0	0	0	0	0	0	0	0	1.770 0	0	0	0	0.147 5

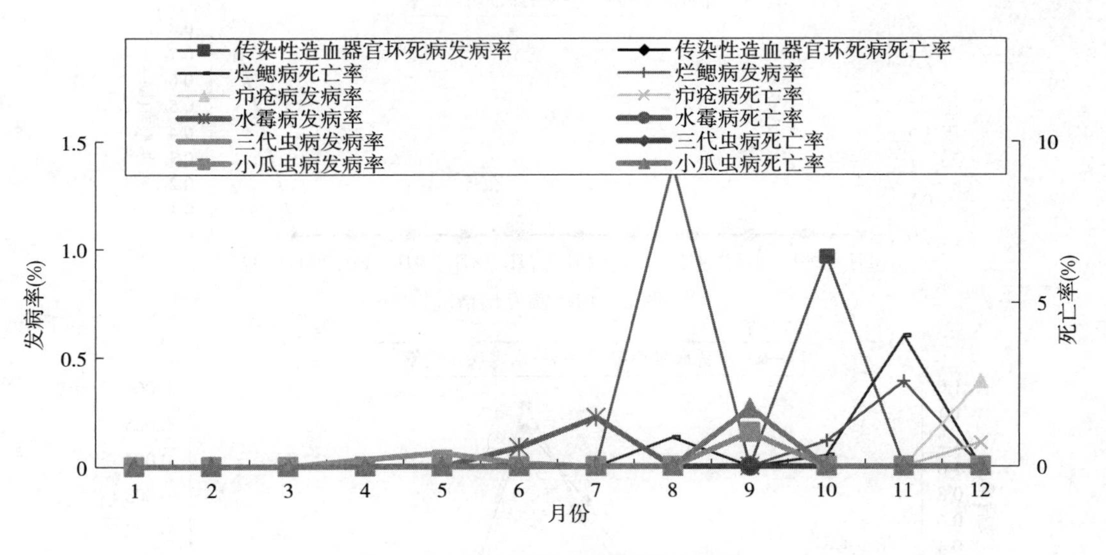

图5 2018年虹鳟主要疾病发病情况

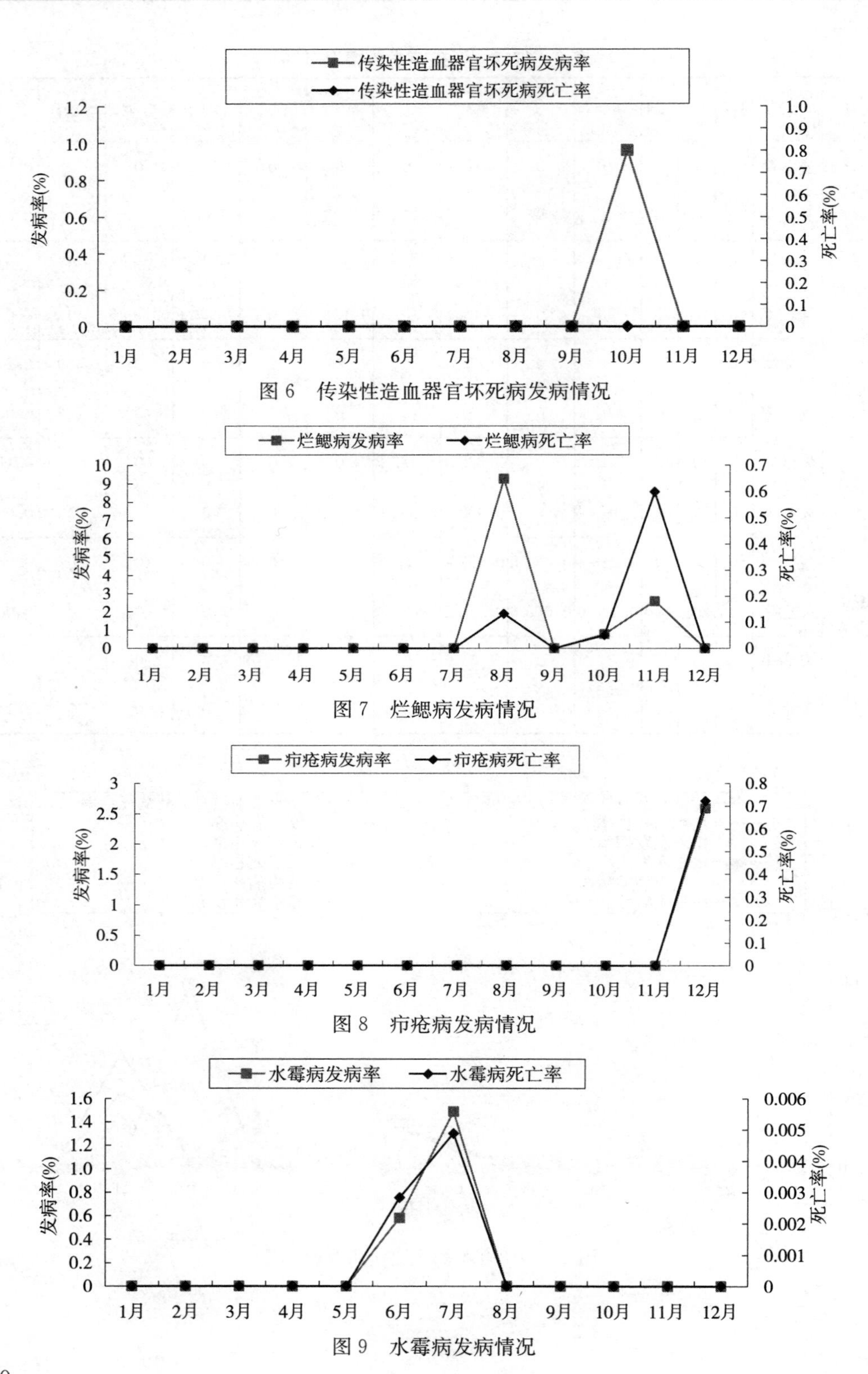

图 6　传染性造血器官坏死病发病情况

图 7　烂鳃病发病情况

图 8　疖疮病发病情况

图 9　水霉病发病情况

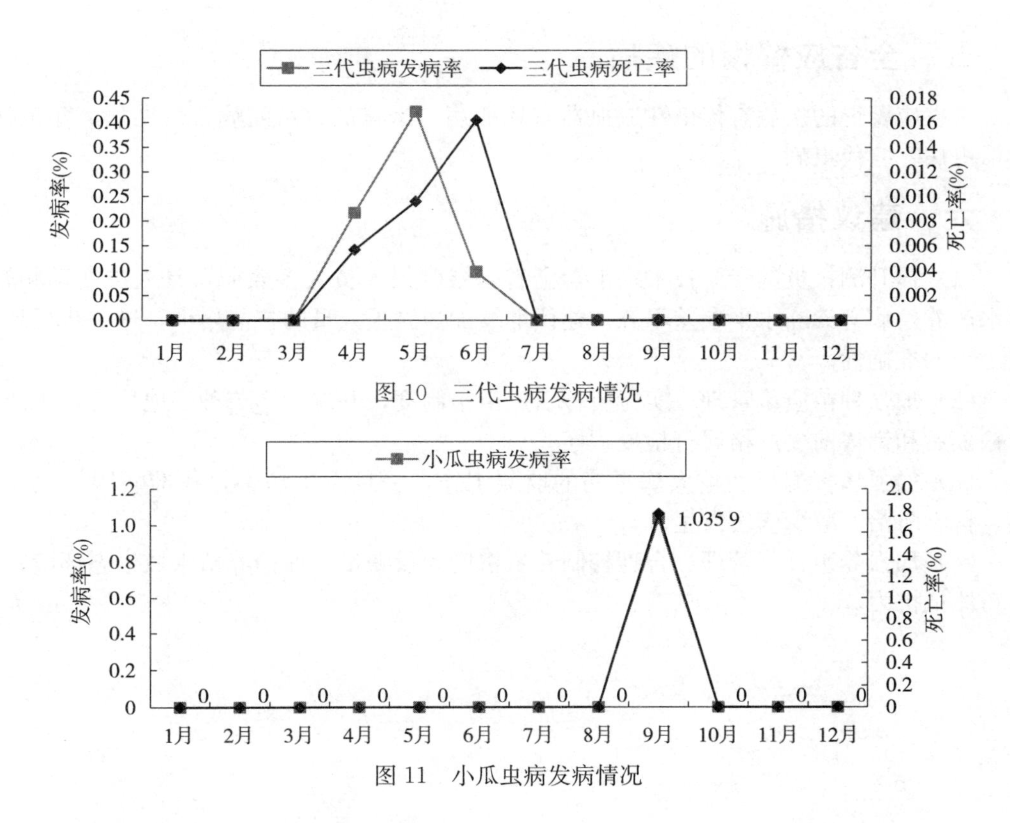

图10　三代虫病发病情况

图11　小瓜虫病发病情况

三、甲壳类疾病发病情况

全省1个监测点1个水产养殖品种（河蟹）开展了疾病监测工作，监测时间1～12月，监测面积2.70公顷，未监测到疾病发生。

四、病情分析

2018年，对养殖鱼类危害较严重的疾病有传染性造血器官坏死病、烂鳃病、疖疮病、水霉病、三代虫病、小瓜虫病。从疾病的流行分布来看，传染性造血器官坏死病主要分布在李家峡库区上游库湾，烂鳃病、疖疮病、水霉病、三代虫病、小瓜虫病主要分布于龙羊峡水库。2018年，养殖虹鳟发病较严重的月份集中在8～9月，其中，9月死亡率最高，达1.730 3%。从历年月平均发病率、月平均死亡率来看，发病率和死亡率成逐年上升趋势，月平均发病率由2016年的0.303 3%上升到2018年的1.781 2%，月平均死亡率由2016年的0.061 2%上升到2018年的0.277 3%；疾病对鱼类的危害呈上升趋势，应引起广大从业者的高度重视。以上疫情分析结果表明，全省网箱养殖鱼类疫情防控形势依然严峻。从应对策略方面看，应加强对病毒性疾病、寄生虫病、真菌性疾病、细菌性疾病的防控，病毒性疾病应采取强化苗种检疫、疾病检测，加强对发病鱼和发病池塘的隔离管控等措施，防止疾病传播。

五、全省应警惕的疾病

全省应警惕的疾病有传染性造血器官坏死病、水霉病、烂鳃病、烂尾病、疖疮病、小瓜虫病、三代虫病。

六、建议措施

（1）提升测报员的专业技术水平，全省基层测报人员大多兼职，且人员变动频繁，对水产养殖病害诊断水平参差不齐。建议继续加强测报人员的技能培训，进一步提高测报工作的准确性。

（2）加强种苗质量管理，实行苗种引进申报制度，开展水产苗种产地检疫，水产苗种输入后和销售前要严格履行检疫程序。

（3）加强病害测报和重大病毒病的监测工作，一旦发生病害，找准病因，对症下药，科学防治，减少病害发生。

（4）加强养殖日常管理，合理控制养殖密度和投喂量，保护养殖水域生态环境，提高鱼体抵抗力。

2018年宁夏回族自治区水生动物病情分析

宁夏回族自治区鱼病防治中心

（杨　锐）

一、宁夏水生动物疫病监测基本信息

1. 养殖品种　鲤、草、鲢、鳙、鲫、鮰、鲇、鲈、河蟹共9种。

2. 监测时间　4～11月。

3. 监测点　共设置了54个测报点（测报员34人），涵盖全区不同养殖模式和养殖类型的池塘和湖塘，具有较高的代表性。

4. 监测面积　2018年，宁夏水生动物疾病监测总面积为10 707.90公顷（160 618.5亩），占全区水产养殖总面积56 666.67公顷（85万亩）的18.9%（比2017年增加了3.9个百分点）。其中，池塘面积6 066.80公顷（91 002.00亩），其他养殖面积4 641.10公顷（69 616.50亩）。

二、2018年宁夏养殖鱼类疾病监测结果

（一）宁夏养殖鱼类疾病发生情况

2018年累计监测到已发生疾病150次，年发病频次前三名的均属于细菌性疾病，分别为烂鳃病年发病57次，占比38%；细菌性肠炎病年发病18次，占比12%；赤皮病年发病16次，占比10.67%（图1）。

按水生动物疾病类型可划分为6类，21种疾病。其中，病毒性疾病年发病率2%，细菌性疾病发病率67.33%，真菌类疾病发病率6%，寄生虫类疾病发病率11.33%，非病原性疾病发病率10.67%，其他（不明病因）疾病发病率2.67%（表1）。

表1　监测到的疾病类型及发病率

疾病类型	疾病名称	疾病数量	发病次数	发病率（%）
病毒性	草鱼出血病	1种	3次	2
细菌性	细菌性败血症、细菌性烂鳃病、赤皮病、细菌性肠炎病、疖疮病、打印病、竖鳞病、烂尾病	8种	101次	67.33
真菌性	水霉病、鳃霉病	2种	9次	6
寄生虫	指环虫、车轮虫、锚头鳋、头槽绦虫、小瓜虫	5种	17次	11.33

（续）

疾病类型	疾病名称	疾病数量	发病次数	发病率（%）
非病原	气泡病、缺氧症、三毛金藻中毒症、肝胆综合征	4 种	16 次	10.67
其　他	不明病因疾病	1 种	4 次	2.67
合计		21 种	150 次	100

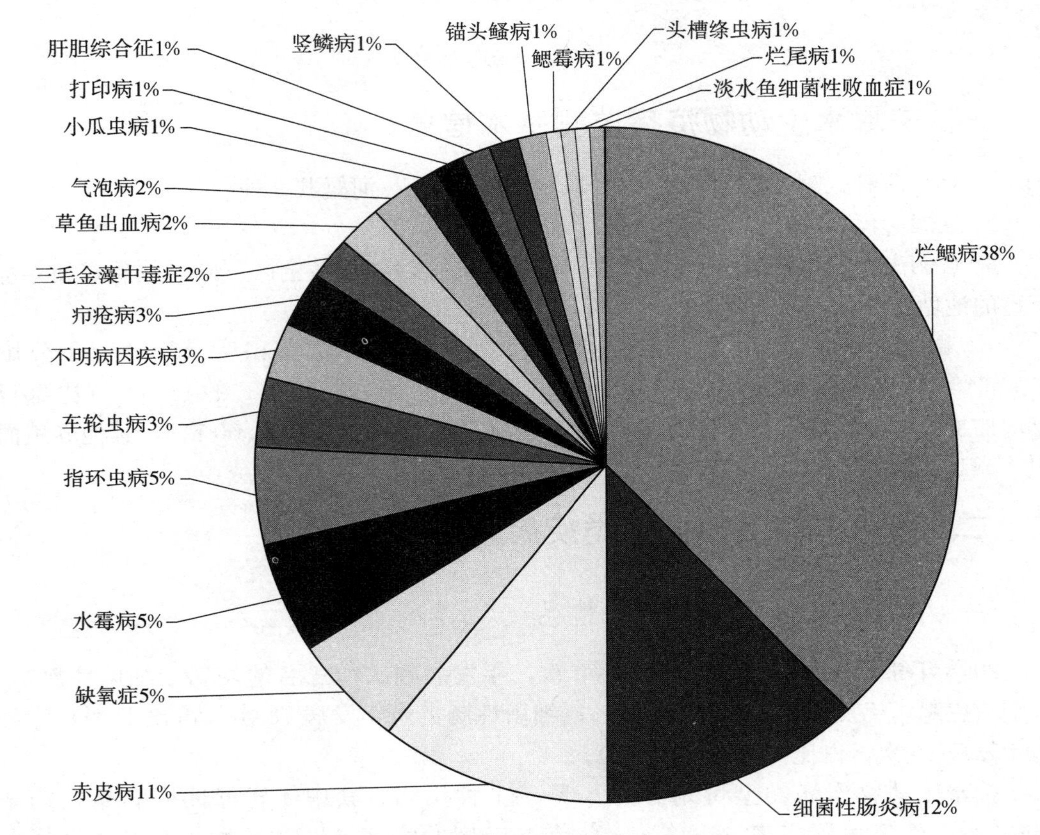

图 1　2018 年宁夏水生动物疾病发病率

（二）主要养殖鱼类疾病监测结果

2018 年，宁夏主要养殖鱼类疾病平均发病面积比为 1.46%，平均监测区域死亡率 0.28%，发病区域平均死亡率 9.16%。养殖鱼类不同月份发病面积比显示，5 月最高，为 0.67%；6 月次之，为 0.44%；10 月最低，仅有 0.05%（图 2）。

2018 年主要养殖鱼类监测面积超过万亩的降序排列依次为：鲤 2 429.86 公顷（36 447.90 亩）、草鱼 1 958.06 公顷（29 370.90 亩）、鲢 1 849.73 公顷（27 745.95 亩）、鲫 1 708.19 公顷（25 622.85 亩）、鳙 718.99 公顷（10 784.85 亩）。月发病面积比例均值的降序排列依次为：鳙 2.19%、草鱼 1.80%、鲢 1.39%、鲤 0.86%、鲫

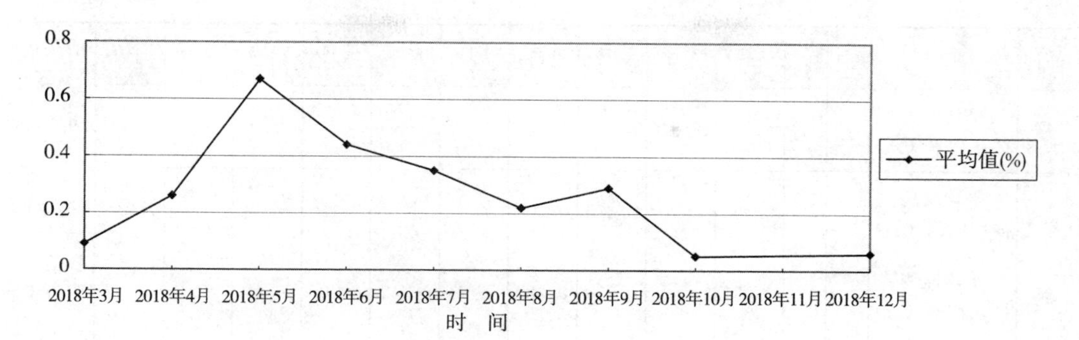

图 2 主要养殖鱼类发病面积比

0.32%。月死亡率均值较高的有鲢、草鱼和鲤（表 2)。

表 2 养殖鱼类发病面积比例及死亡率

品种	项目	1月	2月	3月	4月	5月	6月	7月	8月	9月	10月	11月	12月	月均值
鲤	平均发病面积比例（%）			0.402	0.823	1.783	1.197	1.072	0.686	2.384	0.270		0.645	0.858
	平均监测区死亡率（%）			0.042	0.168	0.043	0.043	0.378	0.330	0.194	0.010		0.010	0.143
	平均发病区死亡率（%）			4.194	3.105	8.840	10.000	18.715	10.320	2.812	0.563		1.095	8.262
草鱼	平均发病面积比例（%）			0.585	0.630	2.074	3.460	1.749	1.127	2.322			0.060	1.798
	平均监测区死亡率（%）			0.018	0.168	0.064	0.057	0.097	0.048	0.156			0.010	0.085
	平均发病区死亡率（%）			1.002	3.144	8.694	4.846	9.027	9.937	19.640			4.000	8.606
鲢	平均发病面积比例（%）			0.295	2.213	1.120	2.190	1.520	0.840	0.210				1.393
	平均监测区死亡率（%）				3.953	0.065	0.290	0.330	0.070	0.020				1.270
	平均发病区死亡率（%）				23.947	15.835	6.900	40.000	5.630	10.670				16.671
鳙	平均发病面积比例（%）			0.420	3.165	1.820	2.360							2.186
	平均监测区死亡率（%）				3.865	0.110	0.100							1.588

（续）

品种	项目	1月	2月	3月	4月	5月	6月	7月	8月	9月	10月	11月	12月	月均值
鳙	平均发病区死亡率（%）				18.940	6.540	4.420							9.768
鲫	平均发病面积比例（%）			0.392		0.305	0.200			0.420				0.324
	平均监测区死亡率（%）			0.031		0.070	0.020			0.060				0.050
	平均发病区死亡率（%）			5.714		9.170	0.600			12.500				7.431

1. *主要养殖品种鲤的发病情况*　鲤年度监测已发疾病 49 次。细菌性疾病 36 次，占比 73.47%；真菌性疾病 2 次，占比 4.08%；寄生虫性疾病 7 次，占比 14.29%；非病原性疾病 4 次，占比 8.16%。鲤各月发病面积比显示，5 月最高，为 0.62%；7 月次之，为 0.36%；10 月最低，仅有 0.05%（图 3）。本年度对养殖品种鲤危害较重的疾病包括：①细菌性烂鳃病，平均发病面积比例 1.46%，平均发病区域死亡率 20.42%，平均监测区域死亡率 0.36%；②水霉病，平均发病面积比例 1.83%，平均发病区域死亡率 9.52%，平均监测区域死亡率 0.65%。

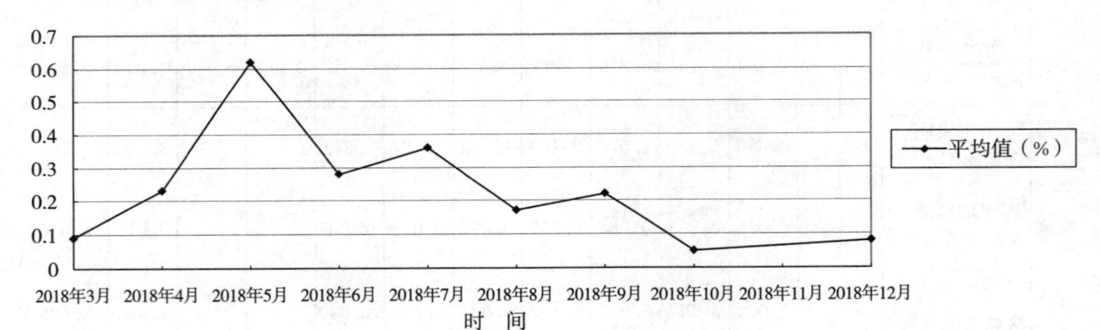

图 3　鲤发病面积比

2. *主要养殖品种草鱼的发病情况*　草鱼年度监测已发疾病 72 次。病毒性疾病 3 次（疑似），占比 4.17%；细菌性疾病 46 次，占比 63.89%；真菌性疾病 3 次，占比 4.17%；寄生虫性疾病 9 次，占比 12.5%；非病原性疾病 8 次，占比 11.11%；其他疾病 3 次，占比 4.17%。草鱼各月发病面积比显示，5 月最高，为 0.89%；9 月次之，为 0.69%；12 月最低，仅有 0.08%（图 4）。本年度对养殖品种草鱼危害较重的疾病包括：①细菌性肠炎病，平均发病面积比例 2.29%，平均发病区域死亡率 18.32%，平均监测区域死亡率 0.13%；②水霉病，平均发病面积比例 0.66%，平均发病区域死亡率 24.43%，平均监测区域死亡率 0.40%；③草鱼出血病（疑似），平均发病面积比例 0.33%，平均发病区域死亡率 19.47%，平均监测区域死亡率 0.07%。

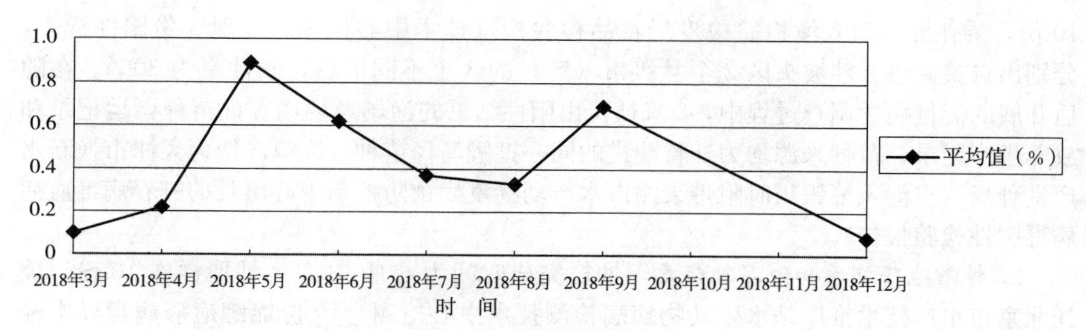

图4 草鱼发病面积比

3. *主要养殖品种鲢的发病情况* 鲢年度监测已发疾病15次。细菌性疾病10次，占比66.67%；真菌性疾病1次，占比6.67%；寄生虫性疾病1次，占比6.67%；非病原性疾病2次，占比13.33%；其他疾病1次，占比6.67%。鲢各月发病面积比折线图显示，6月最高，为0.24%；7月次之，为0.19%；9月最低，为0.04%（图5）。本年度对养殖品种鲢危害较重的疾病包括：①水霉病，平均发病面积比例6.03%，平均发病区域死亡率37.50%，平均监测区域死亡率11.78%；②赤皮病，平均发病面积比例1.52%，平均发病区域死亡率40%，平均监测区域死亡率0.33%；③细菌性烂鳃病，平均发病面积比例1.38%，平均发病区域死亡率5.35%，平均监测区域死亡率0.12%。

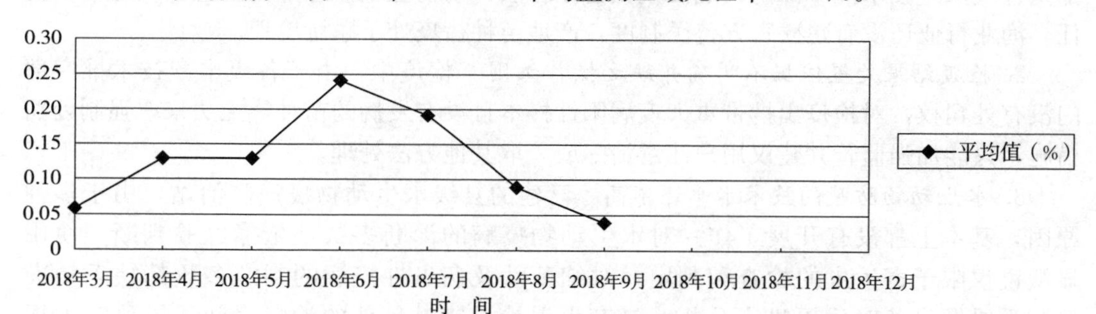

图5 鲢发病面积比

三、宁夏重大水生动物疫病监测

（一）监测区基本情况

2018年5～7月，在银川、中卫、石嘴山3个市，5个县、市（区）的10个渔场，对鲤和草鱼2个养殖品种，分别进行鲤春病毒血症、锦鲤疱疹病毒和鲤浮肿病毒、草鱼出血病3批抽样（平均每个渔场抽取2份鲤样本、1份草鱼样本），共计抽取样本30份。

（二）监测结果

1. *鲤春病毒血症* 抽样完成时间为5月27日，监测抽样水温18～20℃，抽取样本

10份，委托深圳出入境检验检疫局食品检验检疫技术中心检测。发现3份阳性样本，分别出自灵武市、沙坡头区2个县级市（区）的3个不同渔场，阳性率为30%。在随后开展的流行病学调查过程中，3家被检出阳性结果的渔场经现场查证苗种调运记录和放养生产记录，苗种来源均为外省购进的同一批鲤乌仔苗种，溯源产地为天津市换新水产良种场（空港入境银川时附带天津市水产动物疫病预防控制中心出具的鲤春病毒血症病毒阴性检验报告）。

2. *锦鲤疱疹病毒和鲤浮肿病毒* 抽样完成时间为6月13日，抽取样本10份，委托北京市水产技术推广站水生动物疾病检测技术中心检测。10份锦鲤疱疹病毒样本经检测全部为阴性。之后追加了10份鲤浮肿病毒样本检测，发现2个阳性样本，均出自中宁县的2个不同渔场，阳性率20%。在随后开展的流行病学调查过程中，2家被检出阳性结果的渔场经现场查证，苗种来源均为中卫市鱼种场。

3. *草鱼出血病* 抽样完成时间为6月27日，抽取样本10份，委托北京市水产技术推广站水生动物疾病检测技术中心检测，经检测全部为阴性。

四、存在的问题

1. *产地苗种检疫及检疫证明开具难以协调* 目前，实际从事产地苗种检疫的单位都是各级水产技术推广部门，既没授权也不合法，动物卫生监督部门不愿放权也怕担责任。渔业行业还没有建立官方兽医制度，产地苗种检疫处于尴尬境地。

2. *检疫结果处置依据不明确并缺乏操作细则* 检疫中，由于各级水产技术推广部门没有处罚权，对检疫出携带重大疫病阳性样本且没有发病的苗种，无法采取强制处罚措施，只能加强监管并建议用户注意治疗或采取其他方法处理。

3. *水生动物防疫的技术水平还不高* 已建的县级水生动物疫病防治站，由于多种原因，基本上都没有开展工作。对水生动物疫病的诊断多数还依靠经验判断，使用显微镜仅限于寄生虫的检查和判定，对细菌性及病毒性疫病的判定多数都缺乏精准检测手段及设备对病原进行分析，易产生误诊，错过最佳的治疗时间，导致病害损失的增加。

4. *基层水生动物防疫人员短缺* 随着基层农业推广机构的改革和合并，水产技术推广专业技术人员流失严重，基层水生动物病害监测人员严重不足。同时，因受地方事业总编制数的限制，有的县级水产技术推广机构已有10多年没有补充大中专毕业生，技术推广队伍人员出现青黄不接的状况，有的单位多年没有招收水产专业的毕业生，由于就业机会少，相关水产大学近年来已不在宁夏招收淡水养殖专业学生。水生动物防疫工作难以全面开展工作。

五、2019年宁夏水产养殖病害发病趋势预测

根据历年的监测结果及水生动物疾病的发病特点和流行趋势，2019年要紧紧围绕“严防细菌性疾病的频发、兼顾寄生虫疾病的袭扰、警惕病毒性疾病的突发”开展养殖鱼类疾病的防控工作。坚持“以防为主、防治结合”的基本原则，密切关注细菌性疾

病：烂鳃病、肠炎病、赤皮病和疖疮病等；寄生虫性疾病：车轮虫、指环虫和锚头鳋等疾病的发生；藻类疾病以小三毛金藻中毒症为重点预防对象；同时，在放苗、捕捞和并塘时轻捕轻放，避免造成鱼类体表出现机械性外伤，诱发水霉病。特别提示：时刻警惕鲤春病毒血症、锦鲤疱疹病毒病、鲤浮肿病毒病和草鱼出血病等病毒性疫病的突发。

2018年新疆维吾尔自治区水生动物病情分析

新疆维吾尔自治区水产技术推广站

（陈　朋）

一、基本情况

（一）重大、新发水生动物疫病专项监测

为及时掌握全区重大、新发水生动物疫病情况，提高疫病风险防控能力，避免发生区域性重大疫情，减少因水生动物疫病所造成的经济损失，按照《农业农村部关于印发〈2018年国家水生动物疫病监测计划〉的通知》（农渔发［2018］10号）要求，依据全区水产养殖产业发展实际，全站制定了《2018年新疆水生动物疫病监测实施方案》，组织开展了鲤春病毒血症、鲤浮肿病、传染性造血器官坏死病、白斑综合征、传染性皮下和造血器官坏死病、虾肝肠孢虫病、对虾虹彩病毒病7种国家重点防控疫病、新发疫病的专项监测，共计67批样品。

（二）常规水生动物疾病病情测报

依托县级水产技术推广站、县级水生动物疫病防疫站和大宗淡水鱼产业技术体系示范基地，在全区设置了25个水生动物疫病监测点，对草鱼、鲤、鲫、鲢、鳙、鮰、鲑、鳟等主养经济鱼类的疾病发生情况进行监测，通过“全国水产养殖动植物病情测报系统”报送监测数据。

二、监测结果与分析

2018年，全区开展了7种重大、新发水生动物疫病的专项监测和25个监测点2.2万亩养殖水面的病情测报工作。根据病害监测的发病死亡率情况，以及全区的水产养殖产量和水产品零售价格行情的不完全统计、测算，不将防治病害所用的药物费用计算在内，2018年全区水产养殖因疾病造成的直接经济损失为2 253万元，较2017年损失金额（453万元）增加了4倍。

（一）重大水生动物疫病疫情风险分析

1. *鲤春病毒血症（SVC）*　2018年，监测5个批次SVC样品，检测结果均为阴性。设置SVC监测点4个，涵盖自治区级原良种场2个、成鱼养殖场2个；品种包括福瑞鲤和鲤。监测月份为5月，水温范围为16～18℃。

全区2014年开始SVC监测，至2018年共计监测25个批次SVC样品，2016年检出1例阳性，其余均为阴性，全区未接到其他SVC疫情报告。从监测情况来看，SVC尚未在全区大范围传播。阳性样品流行病学调查结果表明，SVC病原是通过苗种由省外进入，这也是重大水生动物疫病传入全区的主要途径。为了降低SVC病原的传播和扩散风险，应加强水生动物苗种产地检疫的宣传，提高渔民选购无毒苗种的意识，水生动物卫生监督机构应加大检查力度，避免病原传入。水生动物防疫机构应加大监测力度，防止病原的传播（表1）。

表1　2014—2018年新疆水产养殖（苗种）场SVC监测情况

年份	监测样品批次	阳性样品批次	阳性率（%）
2014	5	0	0
2015	5	0	0
2016	5	1	20
2017	5	0	0
2018	5	0	0
合计	25	1	4.0

2. 传染性造血器官坏死病（IHN）　2018年，监测7个批次IHN鲑鳟样品，来自3个苗种场、2个成鱼养殖场，品种包括虹鳟、金樽和高白鲑。监测月份为5月，水温范围为12～15℃。检出1例阳性。

全区2016年开始IHN监测，至2018年共计监测15个批次IHN样品，2018年检出首例阳性，并在该阳性养殖场暴发疫情。监测结果表明，IHN开始在全区出现，尚未开始大范围传播，但其危害极大、传播能力极强，应严加控制。阳性IHN流行病学调查结果表明，受精卵来自省外，这也是目前重大水生动物疫病传入全区的主要途径。IHN是全区鲑鳟养殖的最大隐患，为降低IHN病原的传播和扩散风险，应加强水生动物苗种产地检疫的宣传，提高渔民选购无毒苗种的意识。水生动物卫生监督机构应加大检查力度，避免病原的传入。水生动物防疫机构应加大监测力度，防止病原的传播（表2）。

表2　2016—2018年新疆水产养殖（苗种）场IHN监测情况

年份	监测样品批次	阳性样品批次	阳性率（%）
2016	5	0	0
2017	3	0	0
2018	7	1	14.0
合计	15	1	6.7

3. 白斑综合征（WSD） 2018 年，监测 10 个批次 WSD 样品，品种为南美白对虾。规格在 10～25 克，采样水温范围为 25～30℃，监测结果均为阴性，全区未接到 WSD 疫情报告。

全区 2017 年开始 WSD 监测，未曾检出阳性。从监测情况来看，全区处于 WSD 无疫状态，近期出现该病疫情的可能性不大。但鉴于 WSD 疫情在我国多省份普遍发生，其致死率极高、传播速度快，且近年全区对虾养殖业正在快速发展，因此，建议加强水生动物苗种产地检疫的宣传，提高渔民选购无毒苗种的意识。同时，水生动物卫生监督机构应加大检查力度，避免病原的传入，保护好这片净土（表 3）。

表 3 2017—2018 年新疆南美白对虾 WSD 监测情况

年份	监测样品批次	阳性样品批次	阳性率（%）
2017	5	0	0
2018	10	0	0
合计	15	0	0

4. 传染性皮下和造血器官坏死病（IHHN） 2018 年，监测 10 个批次 IHHN 样品，品种为南美白对虾。规格在 10～25 克，采样水温范围为 25～30℃，监测结果均为阴性，全区未接到 IHHN 疫情报告。

全区 2017 年开始 IHHN 监测，未曾检出阳性。从监测情况来看，全区处于 IHHN 无疫状态，近期内出现该病疫情的可能性不大。但鉴于我国一些省份曾出现过该病疫情，且其致死率极高、传播速度快，应加强水生动物苗种产地检疫的宣传，提高渔民选购无毒苗种的意识。同时，水生动物卫生监督机构应加大检查力度，避免病原的传入（表 4）。

表 4 2017—2018 年新疆南美白对虾 IHHN 监测情况

年份	监测样品批次	阳性样品批次	阳性率（%）
2017	5	0	0
2018	10	0	0
合计	15	0	0

（二）新发水生动物疫病传入风险分析

1. 鲤浮肿病（KSD） 2018 年，全区首次开展 KSD 监测，共计监测 5 个批次 KSD 样品，检测结果均为阴性。设置 KSD 监测点 4 个，涵盖自治区级原良种场 2 个、成鱼养殖场 2 个；品种包括福瑞鲤和鲤。

监测结果表明，该新发外来疫病病原尚未传入全区，建议水生动物卫生监督机构应加大检疫力度，避免病原的传入。水生动物防疫机构应加大监测力度，防止病原的传播（表 5）。

表5　2018年新疆水产养殖（苗种）场KSD监测情况

年份	监测样品批次	阳性样品批次	阳性率（%）
2018	5	0	0
合计	5	0	0

2. 虾虹彩病毒病（SHIVD）　2018年，共监测15个批次SHIVD样品，品种为南美白对虾。规格在10～25克，采样水温范围为25～30℃，监测结果均为阴性，全区未接到SHIVD疫情报告。

全区2017年开始SHIVD监测，未曾检出阳性。从监测情况来看，SHIVD尚未传入全区。但鉴于我国一些省份已经检出该病，其危害极大，建议水生动物卫生监督机构应加大检疫力度，避免病原的传入。水生动物防疫机构应加大监测力度，防止病原的传播（表6）。

表6　2017—2018年新疆南美白对虾SHIVD监测情况

年份	监测样品批次	阳性样品批次	阳性率（%）
2017	5	0	0
2018	15	0	0
合计	25	0	0

3. 虾肝肠胞虫病（EHP）　2018年，共监测15个批次EHP样品，品种为南美白对虾。规格在10～25克，采样水温范围为25～30℃，检出4例阳性，阳性检出率为26.7%。

全区2017年开始EHP监测，2017年监测5个批次EHP样品，全部为阳性。从监测情况来看，EHP在全区广泛存在，虽未发生相关疫情，但极大地影响了南美白对虾的生长速度和养殖效益。为控制该病在全区的传播，建议水生动物卫生监督机构应加大检疫力度，避免病原的传入。水生动物防疫机构应加大监测力度，防止病原的传播（表7）。

表7　2017—2018年新疆南美白对虾EHP监测情况

年份	监测样品批次	阳性样品批次	阳性率（%）
2017	5	5	100.0
2018	15	4	26.7
合计	42	0	45.0

（三）常规水生动物疾病发生情况分析

2018年，在乌鲁木齐市、昌吉州、阿勒泰地区、博州、伊犁州、巴州、阿克苏地区、喀什地区、和田地区、吐鲁番市、哈密市、克拉玛依市等12个地州（市）设置25个测报点。对全区2.2万亩养殖水面，草鱼、鲤、鲫、鲢、鳙、鮰、鲑、鳟等主养经济鱼类病害发生情况进行了监测。监测结果表明，细菌性疾病是危害全区水产养殖最严重的病害（表8，图1）。2018年，全区共测报到病害种类10种，其中，病毒性疾病1种、细菌性疾病6种，真菌性疾病1种，寄生虫疾病2种。从图1中可以看出，细菌性疾病占主要地位，占60%；其次是寄生虫类疾病，占20%。由于全区养殖品种以鱼类为主，其中，鱼类细菌性疾病种又以烂鳃病、细菌性败血病、细菌性肠炎病为主（表8）。

表8　2018年全区监测到的水产养殖病害汇总

类别	病名	数量
病毒性疾病	传染性造血器官坏死病	1
细菌性疾病	烂鳃病、赤皮病、烂尾病、细菌性肠炎病、斑点叉尾鮰传染性套肠症、黑鳃病	6
真菌性疾病	水霉病	1
寄生虫性疾病	绦虫病、斜管虫病	2

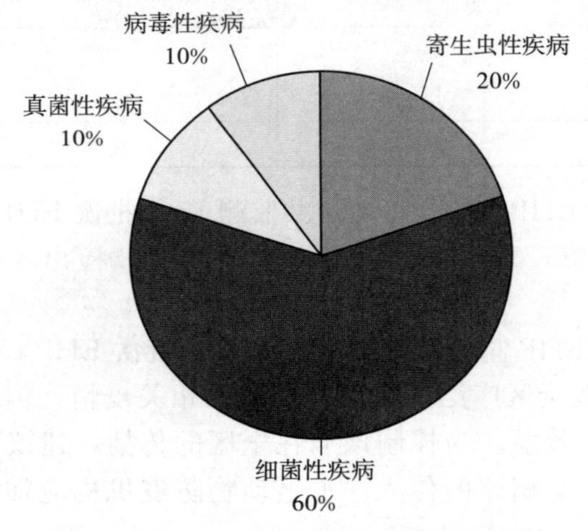

图1　2018年全区监测到的各类疾病比例

1. 草鱼　2018年，新疆监测到草鱼病害5种，包括草鱼出血病、烂鳃病、赤皮病、细菌性肠炎病、水霉病。其中，草鱼出血病、烂鳃病、赤皮病、细菌性肠炎病感染率、致死率较高。6～9月是草鱼发病高峰期，10月以后发病率下降。

2. 鲤、鲫　鲤、鲫监测到的病害6种，包括出血病、烂鳃病、细菌性肠炎病、水霉病、绦虫病、斜管虫病。出血病、烂鳃病、细菌性肠炎、水霉病感染率、致死率较高。开春、冬季池塘养殖、工厂化养殖的鲤、鲫均易感染斜管虫病，致死率约2.5%。

3. 鲑鳟　鳗鲡的主要疾病是水霉病和传染性造血器官坏死病。2018年全区首次检出传染性造血器官坏死病阳性，并暴发疫情。

4. 南美白对虾　危害南美白对虾比较大的主要有细菌性肠炎、黑鳃病和虾肝肠胞虫病。细菌性肠炎、黑鳃病致死率较高，危害全区南美白对虾养殖的主要是细菌性疾病。虾肝肠胞虫病感染率为26.7%，尚未发现造成死亡的案例。

（四）2018全省水生动物病害发生特点分析

根据2018年全区重大、新发水生动物疫病专项监测、常规水生动物疾病病情测报结果和统计显示，全区水产养殖病害有两个突出特点：①疫病种类不断增加，2018年监测到疫病10种，其中，专项监测重大及新发疫病相继出现，继2016年检出SVC、2017年检出EHP，2018年IHN在全区首次检出；②重大疫情多发，2018年全区暴发重大疫情2例，全年因病害造成的经济损失达2 253万元，为近年最高。

疫病种类的增加、疫情的加重与养殖单位防病意识淡薄、苗种的带病流通、病害防治技术落后以及近年气候多变等有直接的关系。

全区近年检出SVC、EHP和IHN阳性样品的苗种均来自省外，而目前内地苗种基本可以自由进入。2013年，自治区人民政府发布了《新疆维吾尔自治区水生动物防疫检疫办法》，全区陆续开展了水生动物的防疫检疫工作。2014年以前，由乌鲁木齐市动物卫生监督所在机场设置了检查站，负责检查进入全区水产苗种的动物检疫合格证明，然而，由于内地各省较少开展水产苗种产地检疫工作，内地进入新疆的苗种大多无法提供检疫证明。近几年，产地检疫证明持有率虽逐年升高，但仍有较高比例无证流通。2018年，乌鲁木齐机场共计检查水产苗种30批次、58.86万尾，品种包括草鱼、鲤、鲢、鳙等，产地检疫证明持有率为80%。受产业发展的需要和全区不具备重大疫病实验室检测能力的限制，多数无证苗种仍会放行。而且，受检查时间和检查点的限制，实际上接受检查的水产苗种只是进入全区流通领域的一部分。目前，无证苗种仍然可以自由进入全区，极大地增加了通过苗种传入引发重大疫病的概率，这也是全区重大疫病传播和发生的重要隐患。

新疆地处温带大陆性气候区，冬季较长，春、秋季节气温较不稳定，常常出现寒流。而且水生动物越冬期和养殖周期相对较长，越冬后期体质较差，开食期水温突变，增加了水生动物发病的风险。而且，新疆水产养殖业经过近30多年的快速发展，受频繁引种、池塘老化等因素的影响，病害种类越来越与内地省份趋同。而全区水产技术服务人员和养殖户受新疆水好、养殖密度低、病害少等传统思想的影响，普遍不太重视病害预防，且病害防治技术水平整体较差。

三、存在的问题及建议

（一）存在的主要问题

1. 技术力量不足，无法满足基层的需求 因地缘问题，全区企事业单位招聘水产专业技术人员比较困难，长期无法保证满编，全区水产技术推广系统在编人员227人，尚有11.3%的空编。且渔业专业技术人员较少，技术力量薄弱，缺少基层经验，导致病害防治技术服务、病害测报等工作较难开展。

全区虽已建成5个县级水生动物疫病防疫站，但目前只配备了相应的仪器设备，普遍存在技术人员空缺、经费缺乏等问题，导致县级水生动物疫病防治站难以发挥应有的作用。

2. 基础设施不完善，制约了重大疫病监测工作的开展　全区尚无省级水生动物疾病监控中心，受制于设备和场地的限制，部分重大疫病的检测无法在本地完成，大规模的检测任务也难以开展。而新疆渔场普遍路途遥远，活体送样较为困难，而且成本较高。

3. 疫病检测技术力量薄弱，难以满足实验室检测技术需求　全区实验室检测能力严重不足，2018 年首次参加能力验证，但 8 个项目只通过了 2 个。全区 5 个县级水生动物疫病防疫站，均无能力参与能力验证工作。

4. 研究工作开展较少　新疆具有其地缘特点，气候环境、水文水质、苗种来源、养殖模式等有其特殊性，养殖管理技术水平、病害防治技术水平均较低，且病毒性疾病、细菌性疾病病原菌地域差异大、变异快，因此，开展适宜本地区病害防治技术的研究很有必要。而受制于人员队伍、研究水平的限制，相关研究工作开展较少。

（二）建议

（1）建议农业农村部或全国水产技术推广总站统一组织省级站技术骨干集中实操培训，培训时间 1～2 周，培训内容为疫病的检测全过程。提高省级站疫病检测水平后，再由省级站培训地区或县级检测技术骨干。

（2）尽快实施无规定疫病良种场的认定工作，对苗种供应单位全部实施出省检疫规定并监督执行。

（3）加大对抽检出阳性的养殖场和疫区的跟踪监测及技术服务工作。

（4）开展水产养殖病害防治技术指导工作。充分发挥“全国水生动物疾病远程辅助诊断服务网”的功能和技术指导作用。增加科技下乡活动次数和服务范围，为养殖户做好病害防控与质量安全技术的指导服务。

四、2019 年新疆水产养殖病害发病趋势预测

根据近年来全区水生动物病情情况以及养殖现状，2019 年发生的疾病种类仍是以细菌病、病毒病和寄生虫病等生物源性疾病为主。根据历年病害监测情况，做以下发病趋势预测及防控建议。

（1）12～3 月天气寒冷，气温、水温偏低，病害发生率和死亡率相对较低，但要做好防冻工作，池塘水深保持在 2 米以上，提高水体保温能力，做好充氧，避免鱼类缺氧浮头及上浮冻伤。

（2）4～6 月气温逐渐回升，此时鱼类经过漫长的越冬期，体质较弱，抵抗力相对较差，加上气温、水温变化幅度大，昼夜温差大，水霉病、肠炎病、赤皮病、烂鳃病等疾病将陆续发生，应注意防范寒潮，做好药物预防。早春开食期，做好投喂管理，控制投喂量，循序增加。开食期内服多维、三黄粉、板黄散等维持肠道健康、排毒、保肝类药物，提高鱼体免疹力和抗病力。对于计划放苗的池塘做好清塘消毒，选购无毒苗种，

注意气温变化，把握放苗时机。

（3）7～8月水温大幅度升高，养殖动物进入生长旺盛期，投饲量大幅增加，导致残饵和排泄物增多，水质易恶化，病害处于高发期。日常管理中做好调水、改底，掌握好投饲量，定期内服维持肠道健康、排毒、保肝类药物和免疫增强剂，提高鱼体免疫力和抗病力；密切注意天气变化，适时开增氧机。

（4）9～11月，准备进入停食、并塘、越冬期。这一时期，不要过早停食，投喂一些脂肪含量较高的饵料，在饲料中添加免疫增强剂，提高鱼体免疹力和抗病力，以防越冬后由于体质差而得病；对于并塘的养殖对象，注意并塘操作，减少并塘的机械损伤，降低应激反应。